K. Eriksson · D. Estep · C. Johnson

Angewandte Mathematik: Body and Soul

[BAND 3]

Analysis in mehreren Dimensionen

Übersetzt von Josef Schüle
Mit 170 Abbildungen

 Springer

Kenneth Eriksson
Claes Johnson
Chalmers University of Technology
Department of Mathematics
41296 Göteborg, Sweden
e-mail: kenneth|claes@math.chalmers.se

Donald Estep
Colorado State University
Department of Mathematics
Fort Collins, CO 80523-1874,
USA
e-mail: estep@math.colostate.edu

Übersetzer:
Josef Schüle
Technische Universität Braunschweig
Rechenzentrum
Hans-Sommer-Str. 65
38106 Braunschweig
email: j.schuele@tu-bs.de

Englische Originalausgabe erschienen bei Springer Heidelberg, 2003.

Mathematics Subject Classification (2000): 15-01, 34-01, 49-01, 65-01, 70-01, 76-01

ISBN 978-3-540-24340-3   (Hardcover)
ISBN 978-3-642-31917-4   (Softcover)

Bibliografische Information der Deutschen Bibliothek
Die Deutsche Bibliothek verzeichnet diese Publikation in der Deutschen Nationalbibliografie;
detaillierte bibliografische Daten sind im Internet über <http://dnb.ddb.de> abrufbar.

Springer ist ein Unternehmen von Springer Science+Business Media

springer.de

© Springer-Verlag Berlin Heidelberg 2005, Softcover 2013

Satz: Josef Schüle, Braunschweig
Druckdatenerstellung und Herstellung: LE-TEX Jelonek, Schmidt & Vöckler GbR, Leipzig
Einbandgestaltung: *design & production,* Heidelberg
Gedruckt auf säurefreiem Papier   SPIN 11335283   46/3142/YL - 5 4 3 2 1 0

*Den Studierenden der Chemieingenieurwissenschaften an der
Chalmers Universität zwischen 1998–2002, die mit
Begeisterung an der Entwicklung des Reformprojekts, das zu
diesem Buch geführt hat, teilgenommen haben.*

Vorwort

Ich gebe zu, dass alles und jedes in seinem Zustand verharrt, solange
es keinen Grund zur Veränderung gibt. (Leibniz)

Die Notwendigkeit für eine Reform der Mathematikausbildung

Die Ausbildung in Mathematik muss nun, da wir in ein neues Jahrtau-
send schreiten, reformiert werden. Diese Überzeugung teilen wir mit einer
schnell wachsenden Zahl von Forschern und Lehrern sowohl der Mathematik als auch natur- und ingenieurwissenschaftlicher Disziplinen, die auf
mathematischen Modellen aufbauen. Dies hat natürlich seine Ursache in
der Revolution der elektronischen Datenverarbeitung, die grundlegend die
Möglichkeiten für den Einsatz mathematischer und rechnergestützter Techniken in der Modellbildung, Simulation und der Steuerung realer Vorgänge
verändert hat. Neue Produkte können mit Hilfe von Computersimulatio-
nen in Zeitspannen und zu Kosten entwickelt und getestet werden, die um
Größenordnungen kleiner sind als mit traditionellen Methoden, die auf ausgedehnten Laborversuchen, Berechnungen von Hand und Versuchszyklen
basieren.

Von zentraler Bedeutung für die neuen Simulationstechniken sind die
neuen Disziplinen des so genannten Computational Mathematical Modeling
(CMM) wie die rechnergestützte Mechanik, Physik, Strömungsmechanik,
Elektromagnetik und Chemie. Sie alle beruhen auf der Kombination von

Lösungen von Differentialgleichungen auf Rechnern und geometrischer Modellierung/Computer Aided Design (CAD). Rechnergestützte Modellierung eröffnet auch neue revolutionäre Anwendungen in der Biologie, Medizin, den Ökowissenschaften, Wirtschaftswissenschaften und auf Finanzmärkten.

Die Ausbildung in Mathematik legt die Grundlage für die natur- und ingenieurwissenschaftliche Ausbildung an Hochschulen und Universitäten, da diese Disziplinen weitgehend auf mathematischen Modellen aufbauen. Das Niveau und die Qualität der mathematischen Ausbildung bestimmt daher maßgeblich das Ausbildungsniveau im Ganzen. Die neuen CMM/CAD Techniken überschreiten die Grenze zwischen traditionellen Ingenieurwissenschaften und Schulen und erzwingen die Modernisierung der Ausbildung in den Ingenieurwissenschaften in Inhalt und Form sowohl bei den Grundlagen als auch bei weiterführenden Studien.

Unser Reformprogramm

Unser Reformprogramm begann vor etwa 20 Jahren in Kursen in CMM für fortgeschrittene Studierende. Es hat über die Jahre erfolgreich die Grundlagenausbildung in Infinitesimalrechnung und linearer Algebra beeinflusst. Unser Ziel wurde der Aufbau eines vollständigen Lehrangebots für die mathematische Ausbildung in natur- und ingenieurwissenschaftlichen Disziplinen, angefangen bei Studierenden in den Anfangssemestern bis hin zu Graduierten. Bis jetzt umfasst unser Programm folgende Bücher:

1. *Computational Differential Equations, (CDE)*

2. *Angewandte Mathematik: Body & Soul I–III, (AM I–III)*

3. *Applied Mathematics: Body & Soul IV–, (AM IV–)*.

Das vorliegende Buch *AM I–III* behandelt in drei Bänden I–III die Grundlagen der Infinitesimalrechnung und der linearen Algebra. *AM IV–* erscheint ab 2003 als Fortsetzungsreihe, die speziellen Anwendungsbereichen gewidmet ist, wie *Dynamical Systems (IV)*, *Fluid Mechanics (V)*, *Solid Mechanics (VI)* und *Electromagnetics (VII)*. Das 1996 erschienene Buch *CDE* kann als erste Version des Gesamtprojekts *Applied Mathematics: Body & Soul* angesehen werden.

Außerdem beinhaltet unser Lehrangebot verschiedene Software (gesammelt im *mathematischen Labor*) und ergänzendes Material mit schrittweisen Einführungen für Selbststudien, Aufgaben mit Lösungen und Projekten. Die Website dieses Buches ermöglicht freien Zugang dazu. Unser Ehrgeiz besteht darin eine "Box" mit einem Satz von Büchern, Software und Zusatzmaterial anzubieten, die als Grundlage für ein vollständiges Studium, angefangen bei den ersten Semestern bis zu graduierten Studien, in angewandter Mathematik in natur- und ingenieurwissenschaftlichen Disziplinen dienen kann. Natürlich hoffen wir, dass dieses Projekt durch ständig neu hinzugefügtes Material schrittweise ergänzt wird.

Basierend auf *AM I–III* haben wir seit Ende 1999 das Studium in angewandter Mathematik für angehende Chemieingenieure beginnend mit Erstsemesterstudierenden an der Chalmers Universität angeboten und Teile des Materials von *AM IV–* in Studiengängen für fortgeschrittene Studierende und frisch Graduierte eingesetzt.

Schwerpunkte des Lehrangebots:

- Das Angebot basiert auf einer Synthese von Mathematik, Datenverarbeitung und Anwendung.

- Das Lehrangebot basiert auf neuer Literatur und gibt damit von Anfang an eine einheitliche Darstellung, die auf konstruktiven mathematischen Methoden unter Einbeziehung von Berechnungsmethoden für Differentialgleichungen basiert.

- Das Lehrangebot enthält als integrierten Bestandteil Software unterschiedlicher Komplexität.

- Die Studierenden erarbeiten sich fundierte Fähigkeiten, um in Matlab Berechnungsmethoden umzusetzen und Anwendungen und Software zu entwickeln.

- Die Synthese von Mathematik und Datenverarbeitung eröffnet Anwendungen für die Ausbildung in Mathematik und legt die Grundlage für den effektiven Gebrauch moderner mathematischer Methoden in der Mechanik, Physik, Chemie und angewandten Disziplinen.

- Die Synthese, die auf praktischer Mathematik aufbaut, setzt Synergien frei, die es schon in einem frühen Stadium der Ausbildung erlauben, komplexe Zusammenhänge zu untersuchen, wie etwa Grundlagenmodelle mechanischer Systeme, Wärmeleitung, Wellenausbreitung, Elastizität, Strömungen, Elektromagnetismus, Diffusionsprozesse, molekulare Dynamik sowie auch damit zusammenhängende Multi-Physics Probleme.

- Das Lehrangebot erhöht die Motivation der Studierenden dadurch, dass bereits von Anfang an mathematische Methoden auf interessante und wichtige praktische Probleme angewendet werden.

- Schwerpunkte können auf Problemlösungen, Projektarbeit und Präsentationen gelegt werden.

- Das Lehrangebot vermittelt theoretische und rechnergestützte Werkzeuge und baut Vertrauen auf.

- Das Lehrangebot enthält einen Großteil des traditionellen Materials aus Grundlagenkursen in Analysis und linearer Algebra.

- Das Lehrangebot schließt vieles ein, das ansonsten oft in traditionellen Programmen vernachlässigt wird, wie konstruktive Beweise aller grundlegenden Sätze in Analysis und linearer Algebra und fortgeschrittener Themen sowie nicht lineare Systeme algebraischer Gleichungen bzw. Differentialgleichungen.

- Studierenden soll ein tiefes Verständnis grundlegender mathematischer Konzepte, wie das der reellen Zahlen, Cauchy-Folgen, Lipschitz-Stetigkeit und konstruktiver Werkzeuge für die Lösung algebraischer Gleichungen bzw. Differentialgleichungen, zusammen mit der Anwendung dieser Werkzeuge in fortgeschrittenen Anwendungen wie etwa der molekularen Dynamik, vermittelt werden.

- Das Lehrangebot lässt sich mit unterschiedlicher Schwerpunktssetzung sowohl in mathematischer Analysis als auch in elektronischer Datenverarbeitung umsetzen, ohne dabei den gemeinsamen Kern zu verlieren.

AM I–III in Kurzfassung

Allgemein formuliert, enthält *AM I–III* eine Synthese der Infinitesimalrechnung, linearer Algebra, Berechnungsmethoden und eine Vielzahl von Anwendungen. Rechnergestützte/praktische Methoden werden verstärkt behandelt mit dem doppelten Ziel, die Mathematik sowohl verständlich als auch benutzbar zu machen. Unser Ehrgeiz liegt darin, Studierende früh (verglichen zur traditionellen Ausbildung) mit fortgeschrittenen mathematischen Konzepten (wie Lipschitz-Stetigkeit, Cauchy-Folgen, kontrahierende Operatoren, Anfangswertprobleme für Differentialgleichungssysteme) und fortgeschrittenen Anwendungen wie Lagrange-Mechanik, Vielteilchen-Systeme, Bevölkerungsmodelle, Elastizität und Stromkreise bekannt zu machen, wobei die Herangehensweise auf praktische/rechnergestützte Methoden aufbaut.

Die Idee dahinter ist es, Studierende sowohl mit fortgeschrittenen mathematischen Konzepten als auch mit modernen Berechnungsmethoden vertraut zu machen und ihnen so eine Vielzahl von Möglichkeiten zu eröffnen, um Mathematik auf reale Probleme anzuwenden. Das steht im Widerspruch zur traditionellen Ausbildung, bei der normalerweise der Schwerpunkt auf analytische Techniken innerhalb eines eher eingeschränkten konzeptionellen Gebildes gelegt wird. So leiten wir Studierende bereits im zweiten

Halbjahr dazu an (in Matlab) einen eigenen Löser für allgemeine Systeme gewöhnlicher Differentialgleichungen auf gesundem mathematischen Boden zu schreiben (hohes Verständnis und Kenntnisse in Datenverarbeitung), wohingegen traditionelle Ausbildung sich oft zur selben Zeit darauf konzentriert, Studierende Kniffe und Techniken der symbolischen Integration zu vermitteln. Solche Kniffe bringen wir Studierenden auch bei, aber unser Ziel ist eigentlich ein anderes.

Praktische Mathematik: Body & Soul

In unserer Arbeit kamen wir zu der Überzeugung, dass praktische Gesichtspunkte der Infinitesimalrechnung und der linearen Algebra stärker betont werden müssen. Natürlich hängen praktische und rechnergestützte Mathematik eng zusammen und die Entwicklungen in der Datenverarbeitung haben die rechnergestützte Mathematik in den letzten Jahren stark vorangetrieben. Zwei Gesichtspunkte gilt es bei der mathematischen Modellierung zu berücksichtigen: Den symbolischen Aspekt und den praktisch numerischen. Dies reflektiert die Dualität zwischen infinit und finit bzw. zwischen kontinuierlich und diskret. Diese beiden Gesichtspunkte waren bei der Entwicklung einer modernen Wissenschaft, angefangen bei der Entwicklung der Infinitesimalrechnung in den Arbeiten von Euler, Lagrange und Gauss bis hin zu den Arbeiten von von Neumann zu unserer Zeit vollständig miteinander verwoben. So findet sich beispielsweise in Laplaces grandiosem fünfbändigen Werk *Mécanique Céleste* eine symbolische Berechnung eines mathematischen Modells der Gravitation in Form der Laplace-Gleichung zusammen mit ausführlichen numerischen Berechnungen zur Planetenbewegung in unserem Sonnensystem.

Beginnend mit der Suche nach einer exakten und strengen Formulierung der Infinitesimalrechnung im 19. Jahrhundert begannen sich jedoch symbolische und praktische Gesichtspunkte schrittweise zu trennen. Die Trennung beschleunigte sich mit der Erfindung elektronischer Rechenmaschinen ab 1940. Danach wurden praktische Aspekte in die neuen Disziplinen numerische Analysis und Informatik verbannt und hauptsächlich außerhalb mathematischer Institute weiterentwickelt. Als unglückliches Ergebnis zeigt sich heute, dass symbolische reine Mathematik und praktische numerische Mathematik weit voneinander entfernte Disziplinen sind und kaum zusammen gelehrt werden. Typischerweise treffen Studierende zuerst auf die Infinitesimalrechnung in ihrer reinen symbolischen Form und erst viel später, meist in anderem Zusammenhang, auf ihre rechnerische Seite. Dieser Vorgehensweise fehlt jegliche gesunde wissenschaftliche Motivation und sie verursacht schwere Probleme in Vorlesungen der Physik, Mechanik und angewandten Wissenschaften, die auf mathematischen Modellen beruhen.

Durch eine frühe Synthese von praktischer und reiner Mathematik eröffnen sich neue Möglichkeiten, die sich in der Synthese von Body & Soul widerspiegelt: Studierende können mit Hilfe rechnergestützter Verfahren bereits zu Beginn der Infinitesimalrechnung mit nicht-linearen Differentialgleichungssystemen und damit einer Fülle von Anwendungen vertraut gemacht werden. Als weitere Konsequenz werden die Grundlagen der Infinitesimalrechnung, mit ihrer Vorstellung zu reellen Zahlen, Cauchy-Folgen, Konvergenz, Fixpunkt-Iterationen, kontrahierenden Operatoren, aus dem Schrank mathematischer Skurrilitäten in das echte Leben mit praktischen Erfahrungen verschoben. Mit einem Schlag lässt sich die mathematische Ausbildung damit sowohl tiefer als auch breiter und anspruchsvoller gestalten. Diese Idee liegt dem vorliegenden Buch zugrunde, das im Sinne eines Standardlehrbuchs für Ingenieure alle grundlegenden Sätze der Infinitesimalrechnung zusammen mit deren Beweisen enthält, die normalerweise nur in Spezialkursen gelehrt werden, zusammen mit fortgeschrittenen Anwendungen wie nicht-lineare Differentialgleichungssysteme. Wir haben festgestellt, dass dieses scheinbar Unmögliche überraschend gut vermittelt werden kann. Zugegeben, dies ist kaum zu glauben ohne es selbst zu erfahren. Wir hoffen, dass die Leserin/der Leser sich dazu ermutigt fühlt.

Lipschitz-Stetigkeit und Cauchy-Folgen

Die üblichen Definitionen der Grundbegriffe *Stetigkeit* und *Ableitung*, die in den meisten modernen Büchern über Infinitesimalrechnung zu finden sind, basieren auf *Grenzwerten*: Eine reellwertige Funktion $f(x)$ einer reellen Variablen x heißt stetig in $\bar{x}$, wenn $\lim_{x \to \bar{x}} f(x) = f(\bar{x})$ ist. $f(x)$ heißt ableitbar in $\bar{x}$ mit der Ableitung $f'(\bar{x})$, wenn

$$\lim_{x \to \bar{x}} \frac{f(x) - f(\bar{x})}{x - \bar{x}}$$

existiert und gleich $f'(\bar{x})$ ist. Wir gebrauchen dafür andere Definitionen, die ohne den störenden Grenzwert auskommen: Eine reellwertige Funktion $f(x)$ heißt Lipschitz-stetig auf einem Intervall $[a, b]$ mit der Lipschitz-Konstanten L_f, falls für alle $x, \bar{x} \in [a, b]$

$$|f(x) - f(\bar{x})| \leq L_f |x - \bar{x}|$$

gilt. Ferner heißt $f(x)$ bei uns ableitbar in $\bar{x}$ mit der Ableitung $f'(\bar{x})$, wenn eine Konstante $K_f(\bar{x})$ existiert, so dass für alle x in der Nähe von $\bar{x}$

$$|f(x) - f(\bar{x}) - f'(\bar{x})(x - \bar{x})| \leq K_f(\bar{x})|x - \bar{x}|^2$$

gilt. Somit sind unsere Anforderungen an die Stetigkeit und Differenzierbarkeit strenger als üblich; genauer gesagt, wir verlangen *quantitative* Größen

L_f und $K_f(\bar{x})$, wohingegen die üblichen Definitionen mit Grenzwerten *rein qualitativ* arbeiten.

Mit diesen strengeren Definitionen vermeiden wir pathologische Fälle, die Studierende nur verwirren können (besonders am Anfang). Und, wie ausgeführt, vermeiden wir so den (schwierigen) Begriff des Grenzwerts, wo in der Tat keine Grenzwertbildung stattfindet. Somit geben wir Studierenden keine Definitionen der Stetigkeit und Differenzierbarkeit, die nahe legen, dass die Variable x stets gegen $\bar{x}$ strebt, d.h. stets ein (merkwürdiger) Grenzprozess stattfindet. Tatsächlich bedeutet Stetigkeit doch, dass die Differenz $f(x) - f(\bar{x})$ klein ist, wenn $x - \bar{x}$ klein ist und Differenzierbarkeit bedeutet, dass $f(x)$ lokal nahezu linear ist. Und um dies auszudrücken, brauchen wir nicht irgendeine Grenzwertbildung zu bemühen.

Diese Beispiele verdeutlichen unsere Philosophie, die Infinitesimalrechnung *quantitativ* zu formulieren, statt, wie sonst üblich, rein qualitativ. Und wir glauben, dass dies sowohl dem Verständnis als auch der Exaktheit hilft und dass der Preis, der für diese Vorteile zu bezahlen ist, es wert ist bezahlt zu werden, zumal die verloren gegangene allgemeine Gültigkeit nur einige pathologische Fälle von geringerem Interesse beinhaltet. Wir können unsere Definitionen natürlich lockern, zum Beispiel zur Hölder-Stetigkeit, ohne deswegen die quantitative Formulierung aufzugeben, so dass die Ausnahmen noch pathologischer werden.

Die üblichen Definitionen der Stetigkeit und Differenzierbarkeit bemühen sich um größtmögliche Allgemeinheit, eine der Tugenden der reinen Mathematik, die jedoch pathologische Nebenwirkungen hat. Bei einer praktisch orientierten Herangehensweise wird die praktische Welt ins Interesse gestellt und maximale Verallgemeinerungen sind an sich nicht so wichtig.

Natürlich werden auch bei uns Grenzwertbildungen behandelt, aber nur in Fällen, in denen der Grenzwert als solches zentral ist. Hervorzuheben ist dabei die Definition einer *reellen Zahl* als Grenzwert einer Cauchy-Folge rationaler Zahlen und die Lösung einer algebraischen Gleichung oder Differentialgleichung als Grenzwert einer Cauchy-Folge von Näherungslösungen. Cauchy-Folgen spielen bei uns somit eine zentrale Rolle. Aber wir suchen nach einer konstruktiven Annäherung mit möglichst praktischem Bezug, um Cauchy-Folgen zu erzeugen.

In Standardwerken zur Infinitesimalrechnung werden Cauchy-Folgen und Lipschitz-Stetigkeit im Glauben, dass diese Begriffe zu kompliziert für Anfänger seien, nicht behandelt, wohingegen der Begriff der reelle Zahlen undefiniert bleibt (offensichtlich glaubt man, dass ein Anfänger mit diesem Begriff von Kindesbeinen an vertraut sei, so dass sich jegliche Diskussion erübrige). Im Gegensatz dazu spielen diese Begriffe von Anfang an eine entscheidende Rolle in unserer praktisch orientierten Herangehensweise. Im Besonderen legen wir erhöhten Wert auf die grundlegenden Gesichtspunkte der Erzeugung reeller Zahlen (betrachtet als möglicherweise nie endende dezimale Entwicklung).

Wir betonen, dass eine konstruktive Annäherung das mathematische Leben nicht entscheidend komplizierter macht, wie es oft von Formalisten/Logikern führender mathematischer Schulen betont wird: Alle wichtigen Sätze der Infinitesimalrechnung und der linearen Algebra überleben, möglicherweise mit einigen unwesentlichen Änderungen, um den quantitativen Gesichtspunkt beizubehalten und ihre Beweise strenger führen zu können. Als Folge davon können wir grundlegende Sätze wie den der impliziten Funktionen, den der inversen Funktionen, den Begriff des kontrahierenden Operators, die Konvergenz der Newtonschen Methode in mehreren Variablen mit vollständigen Beweisen als Bestandteil unserer Grundlagen der Infinitesimalrechnung aufnehmen: Sätze, die in Standardwerken als zu schwierig für dieses Niveau eingestuft werden.

Beweise und Sätze

Die meisten Mathematikbücher wie auch die über Infinitesimalrechnung praktizieren den Satz-Beweis Stil, in dem zunächst ein Satz aufgestellt wird, der dann bewiesen wird. Dies wird von Studierenden, die oft ihre Schwierigkeiten mit der Art und Weise der Beweisführung haben, selten geschätzt.

Bei uns wird diese Vorgehensweise normalerweise umgekehrt. Wir formulieren zunächst Gedanken, ziehen Schlussfolgerungen daraus und stellen dann den zugehörigen Satz als Zusammenfassung der Annahme und der Ergebnisse vor. Unsere Vorgehensweise lässt sich daher eher als Beweis-Satz Stil bezeichnen. Wir glauben, dass dies in der Tat oft natürlicher ist als der Satz-Beweis Stil, zumal bei der Entwicklung der Gedanken die notwendigen Ergänzungen, wie Hypothesen, in logischer Reihenfolge hinzugefügt werden können. Der Beweis ähnelt dann jeder ansonsten üblichen Schlussfolgerung, bei der man ausgehend von einer Anfangsbetrachtung unter gewissen Annahmen (Hypothesen) Folgerungen zieht. Wir hoffen, dass diese Vorgehensweise das oft wahrgenommene Mysterium von Beweisen nimmt, ganz einfach schon deswegen, weil die Studierenden gar nicht merken werden, dass ein Beweis geführt wird; es sind einfach logische Folgerungen wie im täglichen Leben auch. Erst wenn die Argumentationslinie abgeschlossen ist wird sie als Beweis bezeichnet und die erzielten Ergebnisse zusammen mit den notwendigen Hypothesen in einem Satz zusammengestellt. Als Folge davon benötigen wir in der Latexfassung dieses Buches die Satzumgebung, aber nicht eine einzige Beweisumgebung; der Beweis ist nur eine logische Gedankenfolge, die einem Satz, der die Annahmen und das Hauptergebnis beinhaltet, vorangestellt wird.

Das mathematische Labor

Wir haben unterschiedliche Software entwickelt, um unseren Lehrgang in einer Art *mathematischem Labor* zu unterstützen. Einiges dieser Software dient der Veranschaulichung mathematischer Begriffe wie die Lösung von Gleichungen, Lipschitz-Stetigkeit, Fixpunkt-Iterationen, Differenzierbarkeit, der Definition des Integrals und der Analysis von Funktionen mehrerer Veränderlichen; anderes ist als Ausgangsmodell für eigene Computerprogramme von Studierenden gedacht; wieder anderes, wie die Löser für Differentialgleichungen, sind für Anwendungen gedacht. Ständig wird neue Software hinzugefügt. Wir wollen außerdem unterschiedliche Multimedia-Dokumente zu verschiedenen Teilen des Stoffes hinzuzufügen.

In unserem Lehrprogramm erhalten Studierende von Anfang an ein Training im Umgang mit $MATLAB^{©}$ als Werkzeug für Berechnungen. Die Entwicklung praktischer mathematischer Gesichtspunkte grundlegender Themen wie reelle Zahlen, Funktionen, Gleichungen, Ableitungen und Integrale geht Hand in Hand mit der Erfahrung, Gleichungen mit Fixpunkt-Iterationen oder der Newtonschen Methode zu lösen, der Quadratur, numerischen Methoden oder Differentialgleichungen. Studierende erkennen aus ihrer eigenen Erfahrung, dass abstrakte symbolische Konzepte tief mit praktischen Berechnungen verwurzelt sind, was ihnen einen direkten Zugang zu Anwendungen in physikalischer Realität vermittelt.

Besuchen sie http://www.phi.chalmers.se/bodysoul/

Das *Applied Mathematics: Body & Soul* Projekt hat eine eigene Website, die zusätzliches einführendes Material und das mathematische Labor (*Mathematics Laboratory*) enthält. Wir hoffen, dass diese Website für Studierende zum sinnvollen Helfer wird, der ihnen hilft, den Stoff (selbständig) zu verdauen und durchzugehen. Lehrende mögen durch diese Website angeregt werden. Außerdem hoffen wir, dass diese Website als Austauschforum für Ideen und Erfahrungen im Zusammenhang mit diesem Projekt genutzt wird und wir laden ausdrücklich Studierende und Lehrende ein, sich mit eigenem Material zu beteiligen.

Anerkennung

Die Autoren dieses Buches möchten ihren herzlichen Dank an die folgenden Kollegen und graduierten Studenten für ihre wertvollen Beiträge, Korrekturen und Verbesserungsvorschläge ausdrücken: Rickard Bergström, Niklas Eriksson, Johan Hoffman, Mats Larson, Stig Larsson, Mårten Levenstam, Anders Logg, Klas Samuelsson und Nils Svanstedt, die alle aktiv an unserem Reformprojekt teilgenommen haben. Und nochmals vielen Dank allen Studierenden des Studiengangs zum Chemieingenieur an der Chalmers Universität, die damit belastet wurden, neuen, oft unvollständigen Materialien ausgesetzt zu sein und die viel enthusiastische Kritik und Rückmeldung gegeben haben.

Dem MacTutor Archiv für Geschichte der Mathematik verdanken wir die mathematischen Bilder. Einige Bilder wurden aus älteren Exemplaren des Jahresberichts des Schwedischen Technikmuseums, Daedalus, kopiert.

> My heart is sad and lonely
> for you I sigh, dear, only
> Why haven't you seen it
> I'm all for you body and soul
> (Green, Body and Soul)

Inhalt Band 3

Band 3

Mehr-dimensionale Infinitesimalrechnung

$$\Delta u = \nabla \cdot \nabla u$$

$$\frac{\partial u}{\partial t} - \Delta u - f$$

$$\frac{\partial^2 u}{\partial t^2} - \Delta u = f$$

$$i\frac{\partial u}{\partial t} = -\frac{1}{2}\Delta u + V u$$

$$\frac{\partial u}{\partial t} + u \cdot \nabla u - \nu \Delta u = f, \quad \nabla \cdot u = 0$$

$$\nabla \times H = J, \quad \nabla \cdot B = 0, \quad B = \mu H.$$

54

Vektorwertige Funktionen mehrerer reeller Variablen

Auch die Chemiker müssen sich allmählich an den Gedanken gewöhnen, dass ihnen die theoretische Chemie ohne die Beherrschung der Elemente der höheren Analysis ein Buch mit sieben Siegeln bleiben wird. Ein Differential- oder Integralzeichen muss aufhören, für den Chemiker eine unverständliche Hieroglyphe zu sein,... wenn er sich nicht der Gefahr aussetzen will, für die Entwicklung der theoretischen Chemie jedes Verständnis zu verlieren. (H. Jahn, Grundriss der Elektrochemie, 1895)

54.1 Einleitung

Wir wenden uns nun der Erweiterung zentraler Begriffe wie der Lipschitz-Stetigkeit und der Differenzierbarkeit für reellwertige Funktionen einer reellen Variablen auf vektorwertige Funktionen mehrerer reeller Variablen zu. Wir sind gut darauf vorbereitet, so dass die Erweiterung so natürlich und glatt wie möglich verlaufen wird. Wir werden sehen, dass die Beweise der zentralen Sätze, wie der der Kettenregel, der Mittelwertsatz, der Satz von Taylor, der der kontrahierenden Abbildung und der zu inversen Funktionen, sich fast wortwörtlich auf die kompliziertere Situation von vektorwertigen Funktionen mehrerer reeller Variablen übertragen lassen.

Wir betrachten Funktionen $f : \mathbb{R}^n \to \mathbb{R}^m$, die in dem Sinne vektorwertig sind, dass der Wert $f(x) = (f_1(x), \ldots, f_m(x))$ ein Vektor in $\mathbb{R}^m$ ist, mit den Komponenten $f_i : \mathbb{R}^n \to \mathbb{R}$ für $i = 1, \ldots, m$, mit $f_i(x) = f_i(x_1, \ldots, x_n)$ und

$x = (x_1, \ldots, x_n) \in \mathbb{R}^n$. Wie üblich betrachten wir $x = (x_1, \ldots, x_n)$ als einen n-Spaltenvektor und $f(x) = (f_1(x), \ldots, f_m(x))$ als einen m-Spaltenvektor.

Als ein besonderes Beispiel vektorwertiger Funktionen betrachten wir zunächst *Kurven*, das sind Funktionen $g : \mathbb{R} \to \mathbb{R}^n$, und *Oberflächen*, das sind Funktionen $g : \mathbb{R}^2 \to \mathbb{R}^n$. Dann werden wir zusammengesetzte Funktionen $f \circ g : \mathbb{R} \to \mathbb{R}^m$ betrachten, wobei $g : \mathbb{R} \to \mathbb{R}^n$ eine Kurve ist und $f : \mathbb{R}^n \to \mathbb{R}^m$, wobei $f \circ g$ wiederum eine Kurve ist. Wir erinnern daran, dass $f \circ g(t) = f(g(t))$.

Die Argumente, die wir für die Funktionen benutzen werden, haben ihren Ursprung im n-dimensionalen Vektorraum $\mathbb{R}^n$, weswegen es lohnenswert ist, die Eigenschaften von $\mathbb{R}^n$ zu betrachten. Von besonderem Interesse ist dabei die Schreibweise der Cauchy-Folge und die Konvergenz von Folgen $\{x^{(j)}\}_{j=1}^{\infty}$ von Vektoren $x^{(j)} = (x_1^{(j)}, \ldots, x_n^{(j)}) \in \mathbb{R}^n$ mit den Koordinaten $x_k^{(j)}$, $k = 1, \ldots, n$. Wir sagen, dass die Folge $\{x^{(j)}\}_{j=1}^{\infty}$ eine *Cauchy-Folge* ist, wenn für alle $\epsilon > 0$ eine natürliche Zahl N existiert, so dass

$$\|x^{(i)} - x^{(j)}\| \leq \epsilon \quad \text{für } i, j > N.$$

Hierbei ist $\| \cdot \|$ die euklidische Norm in $\mathbb{R}^n$, d.h. $\|x\| = (\sum_{i=1}^{n} x_i^2)^{1/2}$. Manchmal ist es auch angemessen, mit den Normen $\|x\|_1 = \sum_{i=1}^{n} |x_i|$ und $\|x\|_{\infty} = \max_{i=1,\ldots,n} |x_i|$ zu arbeiten. Wir sagen, dass die Folge $\{x^{(j)}\}_{j=1}^{\infty}$ von Vektoren in $\mathbb{R}^n$ gegen $x \in \mathbb{R}^n$ *konvergiert*, wenn für alle $\epsilon > 0$ eine natürliche Zahl N existiert, so dass

$$\|x - x^{(i)}\| \leq \epsilon \quad \text{für } i > N.$$

Es lässt sich einfach zeigen, dass eine konvergente Folge eine Cauchy-Folge ist und umgekehrt, dass eine Cauchy-Folge konvergiert. Wir erhalten diese Ergebnisse, wenn wir die entsprechenden Ergebnisse für Folgen in $\mathbb{R}$ auf jede der Koordinaten der Vektoren in $\mathbb{R}^n$ anwenden.

Beispiel 54.1. Die Folge $\{x^{(i)}\}_{i=1}^{\infty}$ in $\mathbb{R}^2$, $x^{(i)} = (1 - i^{-2}, \exp(-i))$ konvergiert gegen $(1, 0)$.

54.2 Kurven in $\mathbb{R}^n$

Eine Funktion $g : I \to \mathbb{R}^n$, wobei $I = [a, b]$ ein Intervall reeller Zahlen ist, ist eine *Kurve* in $\mathbb{R}^n$, vgl. Abb. 54.1. Wenn wir t als unabhängige Variable in I benutzen, nennen wir die Kurve $g(t)$ durch die Variable t *parametrisiert*. Wir bezeichnen auch die Menge der Punkte $\Gamma = \{g(t) \in \mathbb{R}^n : t \in I\}$ als die durch die Funktion $g : I \to \mathbb{R}^n$ parametrisierte Kurve Γ.

Beispiel 54.2. Das einfachste Beispiel einer Kurve ist eine Gerade. Die Funktion $g : \mathbb{R} \to \mathbb{R}^2$:

$$g(t) = \bar{x} + ta,$$

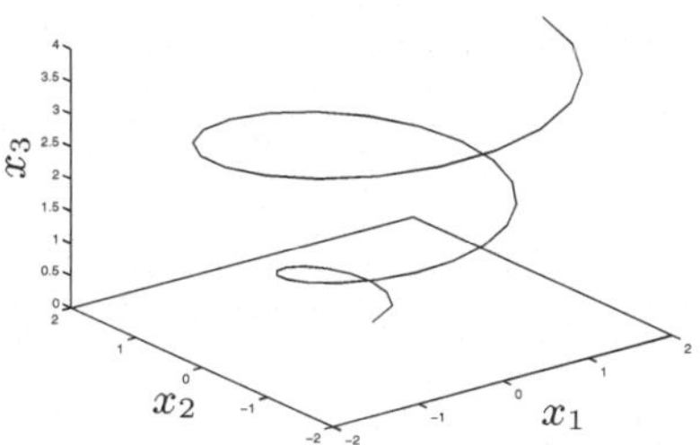

Abb. 54.1. Die Kurve $g : [0,4] \to \mathbb{R}^3$ mit $g(t) = \left(t^{1/2}\cos(\pi t),\ t^{1/2}\sin(\pi t),t\right)$

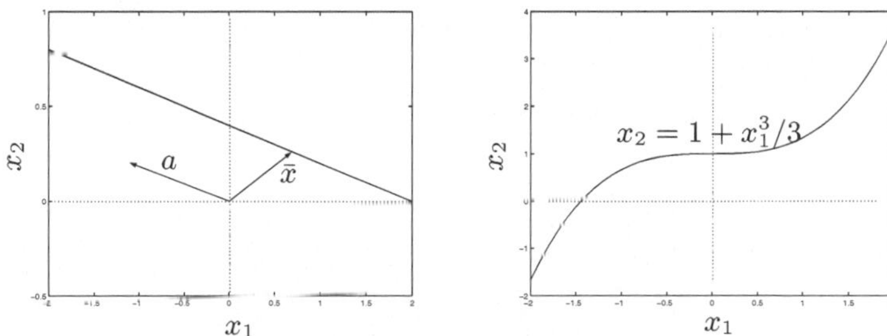

Abb. 54.2. *Links*: Die Kurve $g(t) = \bar{x} + ta$. *Rechts*: Eine Kurve $g(t) = (t, f(t))$

mit $a \in \mathbb{R}^2$ und $\bar{x} \in \mathbb{R}^2$ ist eine Gerade in $\mathbb{R}^2$ durch den Punkt $\bar{x}$ in Richtung a, vgl. Abb. 54.2.

Beispiel 54.3. Sei $f : [a,b] \to \mathbb{R}$ gegeben. Wir definieren $g : [a,b] \to \mathbb{R}^2$ durch $g(t) = (g_1(t), g_2(t)) = (t, f(t))$. Diese Kurve ist einfach der Graph der Funktion $f : [a,b] \to \mathbb{R}$, vgl. Abb. 54.2.

54.3   Verschiedene Parametrisierungen einer Kurve

Wir können für die Menge an Punkten einer Kurve verschiedene Parametrisierungen benutzen. Ist $h : [c,d] \to [a,b]$ eine eins-zu-eins Abbildung, dann ist die zusammengesetzte Funktion $f = g \circ h : [c,d] \to \mathbb{R}^2$ eine durch $g : [a,b] \to \mathbb{R}^2$ definierte *Reparametrisierung* der Kurve $\{g(t) : t \in [a,b]\}$.

Beispiel 54.4. Die Funktion $f : [0, \infty) \to \mathbb{R}^3$ mit

$$f(\tau) = (\tau \cos(\pi \tau^2), \tau \sin(\pi \tau^2), \tau^2),$$

ist eine Reparametrisierung der Kurve $g : [0, \infty) \to \mathbb{R}^3$, gegeben durch

$$g(t) = (\sqrt{t}\cos(\pi t), \sqrt{t}\sin(\pi t), t),$$

wie wir mit Hilfe von $t = h(\tau) = \tau^2$ erkennen. Es gilt $f = g \circ h$.

54.4   Oberflächen in $\mathbb{R}^n$ für $n \geq 3$

Eine Funktion $g : Q \to \mathbb{R}^n$ mit $n \geq 3$ auf einem Teilgebiet Q von $\mathbb{R}^2$ kann als *Oberfläche* S in $\mathbb{R}^n$ betrachtet werden, vgl. Abb. 54.3. Wir schreiben $g = g(y)$ mit $y = (y_1, y_2) \in Q$ und sagen, dass S durch $y \in Q$ parametrisiert ist. Wir können folglich die Oberfläche S mit der Menge der Punkte $S = \{g(y) \in \mathbb{R}^n : y \in Q\}$ identifizieren und S durch $f = g \circ h : \tilde{Q} \to \mathbb{R}^n$ reparametrisieren, wenn $h : \tilde{Q} \to Q$ eine eins-zu-eins Abbildung eines Gebiets $\tilde{Q}$ in $\mathbb{R}^2$ auf Q ist.

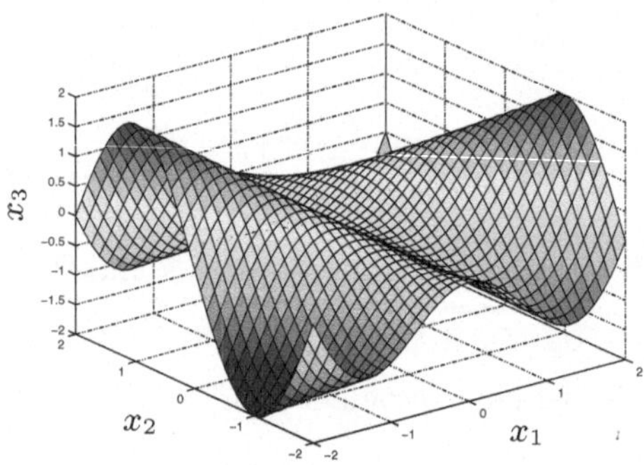

Abb. 54.3. Die Oberfläche $s(y_1, y_2) = \big(y_1, y_2, y_1 \sin((y_1 + y_2)\pi/2)\big)$ mit $-1 \leq y_1, y_2 \leq 1$, oder in Kurzform, die Oberfläche $x_3 = x_1 \sin((x_1 + x_2)\pi/2)$ für $-1 \leq x_1, x_2 \leq 1$

Beispiel 54.5. Das einfachste Beispiel für eine Oberfläche $g : \mathbb{R}^2 \to \mathbb{R}^3$ ist eine Ebene in $\mathbb{R}^3$, mit

$$g(y) = g(y_1, y_2) = \bar{x} + y_1 b_1 + y_2 b_2, \quad y \in \mathbb{R}^2,$$

mit $\bar{x}, b_1, b_2 \in \mathbb{R}^3$.

Beispiel 54.6. Sei $f : [0, 1] \times [0, 1] \to \mathbb{R}$ gegeben und $g : [0, 1] \times [0, 1] \to \mathbb{R}^3$ mit $g(y_1, y_2) = (y_1, y_2, f(y_1, y_2))$. Dies ist eine Oberfläche, die dem Graphen von $f : [0, 1] \times [0, 1] \to \mathbb{R}$ entspricht. Wir bezeichnen diese Oberfläche auch kurz als die Oberfläche, die durch die Funktion $x_3 = f(x_1, x_2)$ mit $(x_1, x_2) \in [0, 1] \times [0, 1]$ gegeben ist.

54.5 Lipschitz-Stetigkeit

Wir sagen, dass $f : \mathbb{R}^n \to \mathbb{R}^m$ auf $\mathbb{R}^n$ Lipschitz-stetig ist, falls es eine Konstante L gibt, so dass

$$\|f(x) - f(y)\| \leq L\|x - y\| \quad \text{für alle } x, y \in \mathbb{R}^n. \tag{54.1}$$

Diese Definition lässt sich einfach auf Funktionen $f : A \to \mathbb{R}^m$ erweitern, wobei das Gebiet $D(f) = A$ eine Untermenge des $\mathbb{R}^n$ ist. Beispielsweise kann A der Einheits-n-Würfel $[0,1]^n = \{x \in \mathbb{R}^n : 0 \leq x_i \leq 1, i = 1, \ldots, n\}$ oder die Einheits-n-Scheibe $\{x \in \mathbb{R}^n : \|x\| \leq 1\}$ sein.

Um zu überprüfen, ob eine Funktion $f : A \to \mathbb{R}^m$ auf einer Untermenge A von $\mathbb{R}^n$ Lipschitz-stetig ist, genügt es, zu überprüfen, ob die Komponentenfunktionen $f_i : A \to \mathbb{R}$ Lipschitz-stetig sind. Dies kommt daher, weil aus

$$|f_i(x) - f_i(y)| \leq L_i\|x - y\| \quad \text{für } i = 1, \ldots, m,$$

folgt, dass

$$\|f(x) - f(y)\|^2 = \sum_{i=1}^{m} |f_i(x) - f_i(y)|^2 \leq \sum_{i=1}^{m} L_i^2 \|x - y\|^2,$$

woraus wir sehen, dass $\|f(x) - f(y)\| \leq L\|x - y\|$ mit $L = (\sum_i L_i^2)^{\frac{1}{2}}$.

Beispiel 54.7. Die durch $f(x_1, x_2) = (x_1 + x_2, x_1 x_2)$ definierte Funktion $f : [0,1] \times [0,1] \to \mathbb{R}^2$ ist Lipschitz-stetig zur Lipschitz-Konstanten $L = 2$. Zur Kontrolle betrachten wir $f_1(x_1, x_2) = x_1 + x_2$ auf $[0,1] \times [0,1]$, die zur Lipschitz-Konstanten $L_1 = \sqrt{2}$ Lipschitz-stetig ist, da nach der Cauchyschen Ungleichung $|f_1(x_1, x_2) - f_1(y_1, y_2)| \leq |x_1 - y_1| + |x_2 - y_2| \leq \sqrt{2}\|x - y\|$. Ähnlich ist auch $f_2(x_1, x_2) = x_1 x_2$ Lipschitz-stetig auf $[0,1] \times [0,1]$ zur Lipschitz-Konstanten $L_2 = \sqrt{2}$, da $|x_1 x_2 - y_1 y_2| = |x_1 x_2 - y_1 x_2 + y_1 x_2 - y_1 y_2| \leq |x_1 - y_1| + |x_2 - y_2| \leq \sqrt{2}\|x - y\|$.

Beispiel 54.8. Die durch

$$f(x_1, \ldots, x_n) = (x_n, x_{n-1}, \ldots, x_1),$$

definierte Funktion $f : \mathbb{R}^n \to \mathbb{R}^n$ ist Lipschitz-stetig zur Lipschitz-Konstanten $L = 1$, vgl. Abb. 54.4.

Beispiel 54.9. Eine lineare Abbildung $f : \mathbb{R}^n \to \mathbb{R}^m$, die durch eine $m \times n$-Matrix $A = (a_{ij})$ mit $f(x) = Ax$ gegeben ist, wobei x ein n-Spaltenvektor ist, ist Lipschitz-stetig zur Lipschitz-Konstanten $L = \|A\|$. Wir haben diese

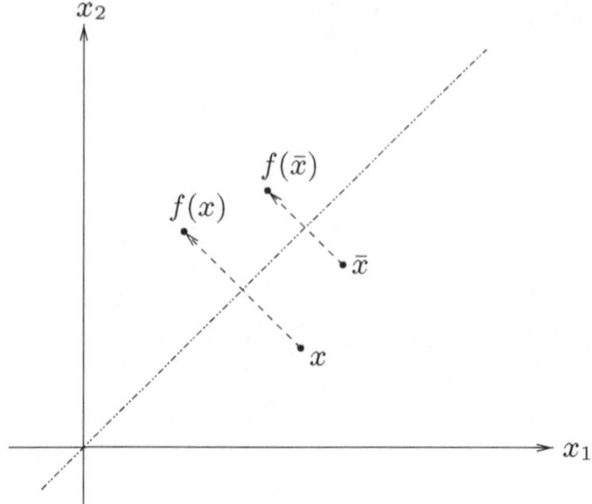

Abb. 54.4. Darstellung der Abbildung $f(x_1, x_2) = (x_2, x_1)$, die offensichtlich Lipschitz-stetig ist mit $L = 1$

Beobachtung bereits im Kapitel „Analytische Geometrie in $\mathbb{R}^{n}$" gemacht. Wir wiederholen die Argumente:

$$L = \max_{x \neq y} \frac{\|f(x) - f(y)\|}{\|x - y\|} = \max_{x \neq y} \frac{\|Ax - Ay\|}{\|x - y\|}$$

$$= \max_{x \neq y} \frac{\|A(x - y)\|}{\|x - y\|} = \max_{x \neq 0} \frac{\|Ax\|}{\|x\|} = \|A\|.$$

Bezüglich der Definition der Matrixnorm $\|A\|$ möchten wir klarstellen, dass die Funktion $F(x) = \|Ax\|/\|x\|$ homogen mit der Ordnung Null ist, d.h. $F(\lambda x) = F(x)$ für alle von Null verschiedenen reellen Zahlen λ und daher ist $\|A\|$ der maximale Wert von $F(x)$ auf der abgeschlossenen und beschränkten Menge $\{x \in \mathbb{R}^n : \|x\| = 1\}$ und folglich eine endliche reelle Zahl. Wir halten fest, dass für eine $n \times n$-Diagonalmatrix A mit Diagonalelementen λ_i gilt, dass $\|A\| = \max_i |\lambda_i|$.

54.6   Differenzierbarkeit: Jacobi-Matrix, Gradient und Tangente

Wir sagen, dass $f : \mathbb{R}^n \to \mathbb{R}^m$ in $\bar{x} \in \mathbb{R}^n$ *differenzierbar* ist, wenn eine $m \times n$-Matrix $M(\bar{x}) = (m_{ij}(\bar{x}))$, die *Jacobi-Matrix* der Funktion $f(x)$ in $\bar{x}$ genannt wird, und eine Konstante $K_f(\bar{x})$ existiert, so dass für alle x nahe bei $\bar{x}$ gilt:

$$f(x) = f(\bar{x}) + M(\bar{x})(x - \bar{x}) + E_f(x, \bar{x}), \tag{54.2}$$

mit dem m-Vektor $(E_f(x, \bar{x})_i)$, für den $\|E_f(x, \bar{x})\| \leq K_f(\bar{x}) \|x - \bar{x}\|^2$ gilt. Wir schreiben die Jacobi-Matrix auch $Df(\bar{x})$ oder $f'(\bar{x})$, so dass $M(\bar{x}) =$

$Df(\bar{x}) = f'(\bar{x})$. Da $f(x)$ ein m-Spaltenvektor ist, bzw. eine $m \times 1$-Matrix, und x ein n-Spaltenvektor, bzw. eine $n \times 1$-Matrix, ist $M(\bar{x})(x - \bar{x})$ das Produkt der $m \times n$-Matrix $M(\bar{x})$ mit der $n \times 1$-Matrix $x - \bar{x}$, das eine $m \times 1$-Matrix, bzw. einen m-Spaltenvektor, liefert.

Abb. 54.5. Carl Jacobi (1804–51): „Es ist oft angenehmer, die Asche eine großen Mannes zu besitzen, als den Mann zu seinen Lebzeiten." (Zur Rückkehr der Überreste von Descartes nach Frankreich)

Wir sagen, dass $f : A \to \mathbb{R}^m$ für eine Untermenge A des $\mathbb{R}^n$ *auf A differenzierbar* ist, wenn $f(x)$ in $\bar{x}$ für alle $\bar{x} \in A$ differenzierbar ist. Wir sagen, dass $f : A \to \mathbb{R}^m$ auf A *gleichmäßig differenzierbar* ist, wenn die Konstante $K_f(\bar{x}) = K_f$ unabhängig von $\bar{x} \in A$ gewählt werden kann.

Wir wollen nun zeigen, wie ein spezifisches Element $m_{ij}(\bar{x})$ der Jacobi-Matrix mit Hilfe der Beziehung (54.2) bestimmt werden kann. Wir betrachten dazu die Koordinatenfunktion $f_i(x_1, \ldots, x_n)$ und setzen $x = \bar{x} + se_j$, wobei e_j der j. Einheitsbasisvektor ist und s eine kleine reelle Zahl. Wir konzentrieren uns auf Veränderungen in $f_i(x_1, \ldots, x_n)$ bei Änderungen der Variablen x_j in der Nähe von $\bar{x}_j$. Die Beziehung (54.2) besagt, dass für kleine von Null verschiedene reelle Zahlen s

$$f_i(\bar{x} + se_j) = f_i(\bar{x}) + m_{ij}(\bar{x})s + E_f(\bar{x} + se_j, \bar{x})_i \qquad (54.3)$$

gilt, wobei $\|x - \bar{x}\|^2 = \|se_j\|^2 = s^2$ impliziert, dass

$$|E_f(\bar{x} + se_j, \bar{x})_i| \le K_f(\bar{x})s^2.$$

Wir halten fest, dass nach Voraussetzung $\|E_f(x, \bar{x})\| \le K_f(\bar{x})\|x - \bar{x}\|^2$ und daher erfüllt jede Koordinatenfunktion $E_f(\bar{x} + se_j, \bar{x})_i$ die Ungleichung $|E_f(x, \bar{x})_i| \le K_f(\bar{x})\|x - \bar{x}\|^2$.

Die Division durch s in (54.3) und Grenzwertbetrachtung für $s \to 0$ führt zu

$$m_{ij}(\bar{x}) = \lim_{s \to 0} \frac{f_i(\bar{x} + se_j) - f_i(\bar{x})}{s}, \tag{54.4}$$

was auch folgendermaßen geschrieben werden kann:

$$m_{ij}(\bar{x}) = \tag{54.5}$$
$$\lim_{x_j \to \bar{x}_j} \frac{f_i(\bar{x}_1, \ldots, \bar{x}_{j-1}, x_j, \bar{x}_{j+1}, \ldots, \bar{x}_n) - f_i(\bar{x}_1, \ldots, \bar{x}_{j-1}, \bar{x}_j, \bar{x}_{j+1}, \ldots, \bar{x}_n)}{x_j - \bar{x}_j}.$$

Wir bezeichnen $m_{ij}(\bar{x})$ als die *partielle Ableitung* von f_i nach x_j in $\bar{x}$ und wir benutzen die alternative Schreibweise $m_{ij}(\bar{x}) = \frac{\partial f_i}{\partial x_j}(\bar{x})$. Um $\frac{\partial f_i}{\partial x_j}(\bar{x})$ zu berechnen, frieren wir alle Koordinaten außer der Koordinate x_j in $\bar{x}$ ein und erlauben, dass sich x_j in der Nähe von $\bar{x}_j$ verändern kann. Die Formel

$$\frac{\partial f_i}{\partial x_j}(\bar{x}) = \tag{54.6}$$
$$\lim_{x_j \to \bar{x}_j} \frac{f_i(\bar{x}_1, \ldots, \bar{x}_{j-1}, x_j, \bar{x}_{j+1}, \ldots, \bar{x}_n) - f_i(\bar{x}_1, \ldots, \bar{x}_{j-1}, \bar{x}_j, \bar{x}_{j+1}, \ldots, \bar{x}_n)}{x_j - \bar{x}_j}$$

besagt, dass wir die partielle Ableitung nach der Variablen x_j berechnen, indem wir alle anderen Variablen $x_1, \ldots, x_{j-1}, x_{j+1}, \ldots, x_n$ konstant halten. Daher sollte uns das Berechnen von partiellen Ableitungen Vergnügen bereiten, wo wir doch unsere Fertigkeiten bei der Berechnung der Ableitungen von Funktionen mit einer reellen Variablen weiter benutzen können!

Wir können die Berechnung alternativ, wie folgt, ausdrücken:

$$\frac{\partial f_i}{\partial x_j}(\bar{x}) = m_{ij}(\bar{x}) = g'_{ij}(0) = \frac{dg_{ij}}{ds}(0), \tag{54.7}$$

mit $g_{ij}(s) = f_i(\bar{x} + se_j)$.

Beispiel 54.10. Sei $f : \mathbb{R}^3 \to \mathbb{R}$ mit $f(x_1, x_2, x_3) = x_1 e^{x_2} \sin(x_3)$ gegeben. Wir berechnen

$$\frac{\partial f}{\partial x_1}(\bar{x}) = e^{\bar{x}_2} \sin(\bar{x}_3), \quad \frac{\partial f}{\partial x_2}(\bar{x}) = \bar{x}_1 e^{\bar{x}_2} \sin(\bar{x}_3),$$
$$\frac{\partial f}{\partial x_3}(\bar{x}) = \bar{x}_1 e^{\bar{x}_2} \cos(\bar{x}_3)$$

und somit

$$f'(\bar{x}) = (e^{\bar{x}_2} \sin(\bar{x}_3), \bar{x}_1 e^{\bar{x}_2} \sin(\bar{x}_3), \bar{x}_1 e^{\bar{x}_2} \cos(\bar{x}_3)).$$

Beispiel 54.11. Sei $f : \mathbb{R}^3 \to \mathbb{R}^2$ mit $f(x) = \begin{pmatrix} \exp(x_1^2 + x_2^2) \\ \sin(x_2 + 2x_3) \end{pmatrix}$ gegeben. Wir berechnen

$$f'(x) = \begin{pmatrix} 2x_1 \exp(x_1^2 + x_2^2) & 2x_2 \exp(x_1^2 + x_2^2) & 0 \\ 0 & \cos(x_2 + 2x_3) & 2\cos(x_2 + 2x_3) \end{pmatrix}.$$

Wir haben nun die Berechnung von Elementen der Jacobi-Matrix vorgestellt, indem wir die üblichen Regel für die Ableitung nach einer reellen Variablen anwenden. Dies öffnet uns eine ganz neue Welt von zu erforschenden Anwendungen. Die Voraussetzung dabei ist eine differenzierbare Funktion $f : \mathbb{R}^n \to \mathbb{R}^m$, für die für geeignete $x, \bar{x} \in \mathbb{R}^n$ gilt:

$$f(x) = f(\bar{x}) + f'(\bar{x})(x - \bar{x}) + E_f(x, \bar{x}), \qquad (54.8)$$

mit $\|E_f(x, \bar{x})\| \leq K_f(\bar{x})\|x - \bar{x}\|^2$, wobei $f'(\bar{x}) = Df(\bar{x})$ die $m \times n$-Jacobi-Matrix mit den Elementen $\frac{\partial f_i}{\partial x_j}$ ist:

$$f'(\bar{x}) = Df(\bar{x}) = \begin{pmatrix} \frac{\partial f_1}{\partial x_1}(\bar{x}) & \frac{\partial f_1}{\partial x_2}(\bar{x}) & \ldots & \frac{\partial f_1}{\partial x_n}(\bar{x}) \\ \frac{\partial f_2}{\partial x_1}(\bar{x}) & \frac{\partial f_2}{\partial x_2}(\bar{x}) & \ldots & \frac{\partial f_2}{\partial x_n}(\bar{x}) \\ \ldots & \ldots & \ldots & \\ \frac{\partial f_m}{\partial x_1}(\bar{x}) & \frac{\partial f_m}{\partial x_2}(\bar{x}) & \ldots & \frac{\partial f_m}{\partial x_n}(\bar{x}) \end{pmatrix}.$$

Manchmal nutzen wir auch die folgende Schreibweise für die Jacobi-Matrix $f'(x)$, einer Funktion $y = f(x)$ mit $f : \mathbb{R}^n \to \mathbb{R}^m$:

$$f'(x) = \frac{dy_1, \ldots, dy_m}{dx_1, \ldots, dx_n}(x). \qquad (54.9)$$

Die Funktion $x \to \hat{f}(x) = f(\bar{x}) + f'(\bar{x})(x - \bar{x})$ wird *Linearisierung* der Funktion $x \to f(x)$ in $x = \bar{x}$ genannt. Es gilt

$$\hat{f}(x) = f'(\bar{x})x + f(\bar{x}) - f'(\bar{x})\bar{x} = Ax + b,$$

mit der $m \times n$-Matrix $A = f'(\bar{x})$ und dem m-Spaltenvektor $b = f(\bar{x}) - f'(\bar{x})\bar{x}$. Wir sagen, dass $\hat{f}(x)$ eine *affine Abbildung* ist, das ist eine Abbildung der Form $x \to Ax + b$, wobei x ein n-Spaltenvektor, A eine $m \times n$-Matrix und b ein m-Spaltenvektor ist. Die Jacobi-Matrix $\hat{f}'(x)$ der Linearisierung $\hat{f}(x) = Ax + b$ ist gleich der konstanten Matrix A, da die partiellen Ableitungen von Ax nach x einfach den Elementen der Matrix A entsprechen.

Ist $f : \mathbb{R}^n \to \mathbb{R}$, d.h. $m = 1$, dann schreiben wir auch ∇f für die Jacobi-Matrix f', d.h.

$$f'(\bar{x}) = \nabla f(\bar{x}) = \left(\frac{\partial f}{\partial x_1}(\bar{x}), \ldots, \frac{\partial f}{\partial x_n}(\bar{x}) \right).$$

In Worte gefasst, ist $\nabla f(\bar{x})$ der n-Zeilenvektor oder die $1 \times n$-Matrix der partiellen Ableitungen von $f(x)$ nach $x_1, x_2, \ldots, x_n$ in $\bar{x}$. Wir nennen $\nabla f(\bar{x})$ auch den *Gradienten* von $f(x)$ in $\bar{x}$. Ist $f : \mathbb{R}^n \to \mathbb{R}$ differenzierbar in $\bar{x}$, gilt folglich

$$f(x) = f(\bar{x}) + \nabla f(\bar{x})(x - \bar{x}) + E_f(x, \bar{x}), \qquad (54.10)$$

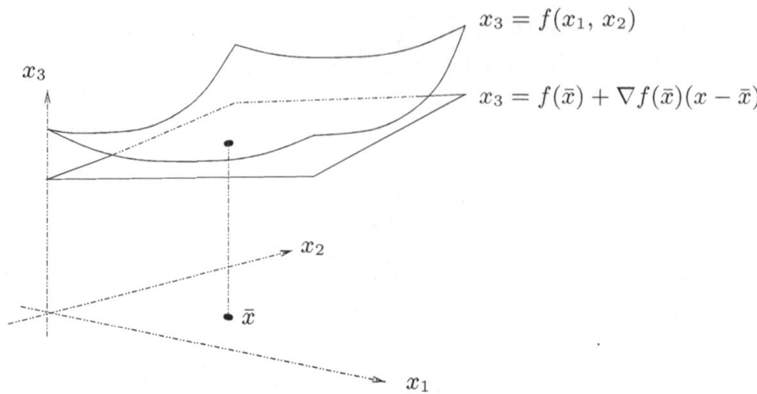

Abb. 54.6. Die Oberfläche $x_3 = f(x_1, x_2)$ mit ihrer Tangentialebene

mit $|E_f(x, \bar{x})| \le K_f(\bar{x})\|x - \bar{x}\|^2$. $\hat{f}(x) = f(\bar{x}) + \nabla f(\bar{x})(x - \bar{x})$ ist die Linearisierung von $f(x)$ in $x = \bar{x}$. Alternativ können wir das Produkt $\nabla f(\bar{x})(x - \bar{x})$ des n-Zeilenvektors ($1 \times n$-Matrix) $\nabla f(\bar{x})$ mit dem n-Spaltenvektor ($n \times 1$-Matrix) $(x - \bar{x})$ als das Skalarprodukt $\nabla f(\bar{x}) \cdot (x - \bar{x})$ des n-Vektors $\nabla f(\bar{x})$ mit dem n-Vektor $(x - \bar{x})$ auffassen. Wir schreiben daher (54.10) oft in der Form:

$$f(x) = f(\bar{x}) + \nabla f(\bar{x}) \cdot (x - \bar{x}) + E_f(x, \bar{x}). \tag{54.11}$$

Beispiel 54.12. Ist $f : \mathbb{R}^3 \to \mathbb{R}$ mit $f(x) = x_1^2 + 2x_2^3 + 3x_3^4$, dann ist

$$\nabla f(x) = (2x_1, 6x_2^2, 12x_3^3).$$

Beispiel 54.13. Die Gleichung $x_3 = f(x)$ mit $f : \mathbb{R}^2 \to \mathbb{R}$ und $x = (x_1, x_2)$ stellt eine Oberfläche im $\mathbb{R}^3$ dar (den Graphen der Funktion f). Die Linearisierung

$$x_3 = f(\bar{x}) + \nabla f(\bar{x}) \cdot (x - \bar{x})$$
$$= f(\bar{x}) + \frac{\partial f}{\partial x_1}(\bar{x})(x_1 - \bar{x}_1) + \frac{\partial f}{\partial x_2}(\bar{x})(x_2 - \bar{x}_2)$$

mit $\bar{x} = (\bar{x}_1, \bar{x}_2)$ entspricht der *Tangentialebene* in $x = \bar{x}$, vgl. Abb. 54.6.

Beispiel 54.14. Wir betrachten nun eine Kurve $f : \mathbb{R} \to \mathbb{R}^m$, d.h. $f(t) = (f_1(t), \ldots, f_m(t))$ mit $t \in \mathbb{R}$. Die Linearisierung $t \to \hat{f}(t) = f(\bar{t}) + f'(\bar{t})(t - \bar{t})$ in $\bar{t}$ entspricht einer Geraden in $\mathbb{R}^m$ durch den Punkt $f(\bar{t})$ und die Jacobi-Matrix $f'(\bar{t}) = (f_1'(\bar{t}), \ldots, f_m'(\bar{t}))$ entspricht der Richtung der *Tangente* der Kurve $f : \mathbb{R} \to \mathbb{R}^m$ in $f(\bar{t})$, vgl. Abb. 54.7.

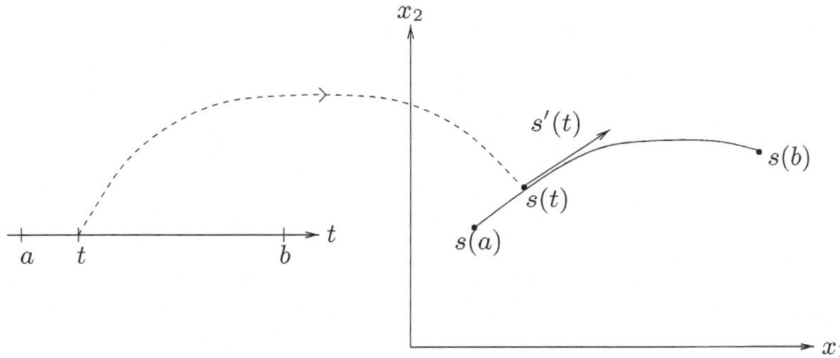

Abb. 54.7. Die Tangente $s'(t)$ an die Kurve $s(t)$

54.7   Die Kettenregel

Seien $g : \mathbb{R}^n \to \mathbb{R}^m$ und $f : \mathbb{R}^m \to \mathbb{R}^p$ gegeben. Wir betrachten die zusammengesetzte Funktion $f \circ g : \mathbb{R}^n \to \mathbb{R}^p$, die durch $f \circ g(x) = f(g(x))$ definiert ist. Unter geeigneten Annahmen für die Differenzierbarkeit und Lipschitz-Stetigkeit werden wir eine *Kettenregel* zeigen, mit der die Kettenregel aus dem Kapitel „Ableitungsregeln" mit $n = m = p = 1$ verallgemeinert wird. Mit Hilfe der Linearisierung von f und g erhalten wir

$$f(g(x)) = f(g(\bar{x})) + f'(g(\bar{x}))(g(x) - g(\bar{x})) + E_f(g(x), g(\bar{x}))$$
$$= f(g(\bar{x})) + f'(g(\bar{x}))g'(\bar{x})(x - \bar{x}) + f'(g(\bar{x}))E_g(x, \bar{x}) + E_f(g(x), g(\bar{x})),$$

wobei wir annehmen, dass

$$\|E_f(g(x), g(\bar{x}))\| \le K_f \|g(x) - g(\bar{x})\|^2 \le K_f L_g^2 \|x - \bar{x}\|^2$$

und $\|f'(g(\bar{x}))E_g(x, \bar{x})\| \le \|f'(g(\bar{x}))\| K_g \|x - \bar{x}\|^2$, mit geeigneten Konstanten K_f und K_g und Lipschitz-Konstanter L_g. Damit haben wir bewiesen:

Satz 54.1   (Kettenregel) *Seien $g : \mathbb{R}^n \to \mathbb{R}^m$ in $\bar{x} \in \mathbb{R}^n$ und $f : \mathbb{R}^m \to \mathbb{R}^p$ in $g(\bar{x}) \in \mathbb{R}^m$ differenzierbar und außerdem sei $g : \mathbb{R}^n \to \mathbb{R}^m$ Lipschitz-stetig. Dann ist die zusammengesetzte Funktion $f \circ g : \mathbb{R}^n \to \mathbb{R}^p$ in $\bar{x} \in \mathbb{R}^n$ differenzierbar mit der Jacobi-Matrix*

$$(f \circ g)'(\bar{x}) = f'(g(\bar{x}))g'(\bar{x}).$$

Die Kettenregel besitzt eine Fülle von Anwendungen und wir wollen nun einige der wichtigsten Beispiele als Ernte einbringen.

54.8   Der Mittelwertsatz

Sei $f : \mathbb{R}^n \to \mathbb{R}$ auf $\mathbb{R}^n$ differenzierbar mit einem Lipschitz-stetigen Gradienten. Für gegebenes $x, \bar{x} \in \mathbb{R}^n$ betrachten wir die Funktion $h : \mathbb{R} \to \mathbb{R}$, die durch

$$h(t) = f(\bar{x} + t(x - \bar{x})) = f \circ g(t),$$

definiert ist, wobei $g(t) = \bar{x} + t(x - \bar{x})$ die Geradengleichung zwischen $\bar{x}$ und x ist. Es gilt

$$f(x) - f(\bar{x}) = h(1) - h(0) = h'(\bar{t}),$$

für ein $\bar{t} \in [0, 1]$, wobei wir den üblichen Mittelwertsatz auf die Funktion $h(t)$ angewandt haben. Nach der Kettenregel gilt

$$h'(t) = \nabla f(g(t)) \cdot g'(t) = \nabla f(g(t)) \cdot (x - \bar{x}),$$

womit wir bewiesen haben:

Satz 54.2 (Mittelwertsatz) *Sei* $f : \mathbb{R}^n \to \mathbb{R}$ *auf* $\mathbb{R}^n$ *differenzierbar mit einem Lipschitz-stetigen Gradienten* ∇f. *Dann gibt es zu jedem* x *und* $\bar{x}$ *in* $\mathbb{R}^n$ *ein* $y = x + \bar{t}(x - \bar{x})$ *mit* $\bar{t} \in [0, 1]$, *so dass*

$$f(x) - f(\bar{x}) = \nabla f(y) \cdot (x - \bar{x}).$$

Mit Hilfe des Mittelwertsatzes können wir die Differenz $f(x) - f(\bar{x})$ als das Skalarprodukt des Gradienten $\nabla f(y)$ mit der Differenz $x - \bar{x}$ ausdrücken, wobei y ein Punkt irgendwo auf der Geraden zwischen x und $\bar{x}$ ist.

Wir können den Mittelwertsatz auf eine Funktion $f : \mathbb{R}^n \to \mathbb{R}^m$ erweitern. Er nimmt dann die Form

$$f(x) - f(\bar{x}) = f'(y)(x - \bar{x})$$

an, wobei y ein Punkt auf der Geraden zwischen x und $\bar{x}$ ist, der für verschiedene Zeilen von $f'(y)$ unterschiedlich sein kann. Wir können dann abschätzen:

$$\|f(x) - f(\bar{x})\| = \|f'(y) \cdot (x - \bar{x})\| \le \|f'(y)\| \|x - \bar{x}\|$$

und wir können daher die Lipschitz-Konstante von f durch $\max_y \|f'(y)\|$ abschätzen, wobei $\|f'(y)\|$ die (euklidische) Matrixnorm von $f'(y)$ ist.

Beispiel 54.15. Sei $f : \mathbb{R}^n \to \mathbb{R}$ durch $f(x) = \sin(\sum_{j=1}^n x_j)$ gegeben. Es gilt

$$\frac{\partial f}{\partial x_i}(\bar{x}) = \cos\left(\sum_{j=1}^n \bar{x}_j\right) \quad \text{für } i = 1, \dots, n$$

und daher ist $|\frac{\partial f}{\partial x_i}(\bar{x})| \le 1$ für $i = 1, \dots, n$ und somit

$$\|\nabla f(\bar{x})\| \le \sqrt{n}.$$

Wir folgern, dass $f(x) = \sin(\sum_{j=1}^n x_j)$ Lipschitz-stetig ist zur Lipschitz-Konstanten $\sqrt{n}$.

54.9   Die Richtung des steilsten Abstiegs und der Gradient

Sei $f : \mathbb{R}^n \to \mathbb{R}$ eine gegebene Funktion. Wir wollen die Veränderungen von $f(x)$ in der Nähe eines bestimmten Punktes $\bar{x} \in \mathbb{R}^n$ untersuchen. Genauer gesagt, so lassen wir Änderungen von x auf der Geraden durch $\bar{x}$ in eine bestimmte Richtung $z \in \mathbb{R}^n$ zu, d.h. wir nehmen an, dass $x = \bar{x}+tz$, wobei t eine reelle Variable ist, die sich in der Nähe von 0 verändert. Vorausgesetzt, dass f differenzierbar ist, so impliziert die Linearisierungsformel (54.8), dass

$$f(x) = f(\bar{x}) + t\nabla f(\bar{x}) \cdot z + E_f(x, \bar{x}), \qquad (54.12)$$

mit $|E_f(x, \bar{x})| \leq t^2 K_f \|z\|^2$. Dabei ist $\nabla f(\bar{x}) \cdot z$ das Skalarprodukt des Gradienten $\nabla f(\bar{x}) \in \mathbb{R}^n$ mit dem Richtungsvektor $z \in \mathbb{R}^n$. Ist $\nabla f(\bar{x}) \cdot z \neq 0$, dann wird der lineare Ausdruck $t\nabla f(\bar{x}) \cdot z$ für kleine t über den quadratischen Ausdruck $E_f(x, \bar{x})$ dominieren. Daher wird die Linearisierung

$$\hat{f}(x) = f(\bar{x}) + t\nabla f(\bar{x}) \cdot z$$

eine gute Näherung für $f(x)$ mit $x = \bar{x} + tz$ nahe bei $\bar{x}$ sein. Ist also $\nabla f(\bar{x}) \cdot z \neq 0$, so erhalten wir gute Informationen über die Veränderung von $f(x)$ entlang der Geraden $x = \bar{x} + tz$ durch die Untersuchung der linearen Funktion $t \to f(\bar{x}) + t\nabla f(\bar{x}) \cdot z$ mit der Steigung $\nabla f(\bar{x}) \cdot z$. Insbesondere wird $\hat{f}(x)$ mit größer werdendem t ansteigen, wenn $\nabla f(\bar{x}) \cdot z > 0$ und abnehmen, wenn t abnimmt. Ist dagegen $\nabla f(\bar{x}) \cdot z < 0$, dann wird ganz ähnlich $\hat{f}(x)$ abnehmen, wenn t zunimmt und zunehmen, wenn t abnimmt.

Alternativ können wir die zusammengesetzte Funktion $F_z : \mathbb{R} \to \mathbb{R}$ betrachten, die durch $F_z(t) = f(g_z(t))$ mit $g_z : \mathbb{R} \to \mathbb{R}^n$ und $g_z(t) = \bar{x} + tz$ definiert wird. Offensichtlich beschreibt $F_z(t)$ die Veränderung von $f(x)$ auf der Geraden durch $\bar{x}$ in Richtung z, mit $F_z(0) = f(\bar{x})$. Natürlich liefert die Ableitung $F'_z(0)$ nahe bei $\bar{x}$ wichtige Information über diese Veränderung. Nach der Kettenregel gilt dabei

$$F'_z(0) = \nabla f(\bar{x})z = \nabla f(\bar{x}) \cdot z,$$

und wir gelangen wiederum zu $\nabla f(\bar{x}) \cdot z$ als interessante Größe. Insbesondere bestimmt das Vorzeichen von $\nabla f(\bar{x}) \cdot z$, ob $F_z(t)$ in $t = 0$ anwächst oder abfällt.

Wir können uns nun fragen, wie wir die Richtung z wählen sollten, um einen maximalen Anstieg oder Abstieg zu erhalten. Wir setzen $\nabla f(\bar{x}) \neq 0$ voraus, um den Trivialfall mit $F'_z(0) = 0$ für alle z zu vermeiden. Es ist dann ganz natürlich, z so zu normieren, dass $\|z\| = 1$ und wir untersuchen die Größe $F'_z(0) = \nabla f(\bar{x}) \cdot z$, wenn wir z mit $\|z\| = 1$ verändern. Wir folgern, dass das Skalarprodukt $\nabla f(\bar{x}) \cdot z$ maximal wird, wenn wir z in Richtung des Gradienten $\nabla f(\bar{x})$ wählen:

$$z = \frac{\nabla f(\bar{x})}{\|\nabla f(\bar{x})\|},$$

was als Richtung des *steilsten Anstiegs* bezeichnet wird. Dann gilt nämlich

$$\max_{\|z\|=1} F_z'(0) = \nabla f(\bar{x}) \cdot \frac{\nabla f(\bar{x})}{\|\nabla f(\bar{x})\|} = \|\nabla f(\bar{x})\|.$$

Ganz ähnlich wird das Skalarprodukt minimiert, wenn wir z in die dem Gradienten $\nabla f(\bar{x})$ entgegengesetzte Richtung wählen:

$$z = -\frac{\nabla f(\bar{x})}{\|\nabla f(\bar{x})\|}.$$

Dies wird als Richtung des *steilsten Abstiegs*, vgl. Abb. 54.8, bezeichnet, da dann

$$\min_{\|z\|=1} F_z'(0) = -\nabla f(\bar{x}) \cdot \frac{\nabla f(\bar{x})}{\|\nabla f(\bar{x})\|} = -\|\nabla f(\bar{x})\|.$$

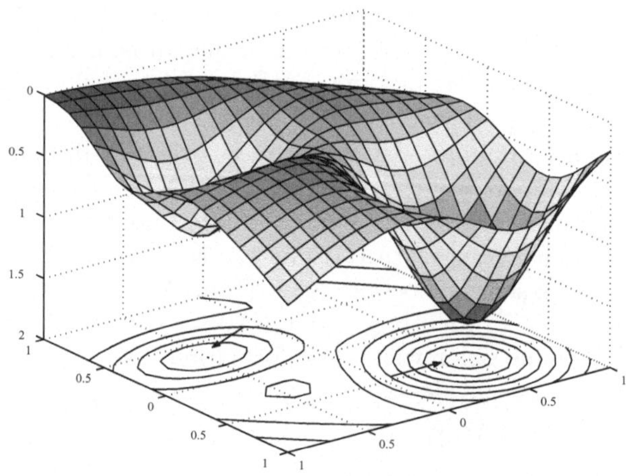

Abb. 54.8. Richtungen des steilsten Abstiegs auf einer „Wanderkarte"

Ist $\nabla f(\bar{x}) = 0$, dann wird $\bar{x}$ als *stationärer Punkt* bezeichnet. Ist $\bar{x}$ ein stationärer Punkt, dann gilt offensichtlich $\nabla f(\bar{x}) \cdot z = 0$ für jede Richtung z und

$$f(x) = f(\bar{x}) + E_f(x, \bar{x}).$$

Die Differenz $f(x) - f(\bar{x})$ ist dann im Abstand $\|x - \bar{x}\|$ quadratisch klein, d.h., $|f(x) - f(\bar{x})| \leq K_f \|x - \bar{x}\|^2$ und $f(x)$ kommt dem konstanten Wert $f(\bar{x})$ für x in der Nähe von $\bar{x}$ sehr nahe.

54.10 Ein Minimumspunkt ist ein stationärer Punkt

Angenommen $\bar{x} \in \mathbb{R}^n$ sei ein *Minimumspunkt* der Funktion $f : \mathbb{R}^n \to \mathbb{R}$, d.h.

$$f(x) \geq f(\bar{x}) \quad \text{für } x \in \mathbb{R}^n. \tag{54.13}$$

Wir werden zeigen, dass für differenzierbares $f(x)$ im Minimumspunkt $\bar{x}$

$$\nabla f(\bar{x}) = 0 \tag{54.14}$$

gilt. Ist nämlich $\nabla f(\bar{x}) \neq 0$, könnten wir uns in Richtung des steilsten Abstiegs von $\bar{x}$ zu einem Punkt x nahe bei $\bar{x}$ mit $f(x) < f(\bar{x})$ bewegen, was (54.13) widerspricht. Um also die Minima einer Funktion $f : \mathbb{R}^n \to \mathbb{R}$ zu bestimmen, können wir stattdessen die Gleichung $g(x) = 0$ lösen, mit $g = \nabla f : \mathbb{R}^n \to \mathbb{R}^n$. Hierbei interpretieren wir $\nabla f(x)$ als n-Spaltenvektor.

Eine breite Vielfalt von Anwendungen der Mechanik, Physik und anderen Disziplinen können als Lösungen der Gleichung $\nabla f(x) = 0$ formuliert werden, d.h. als Suche nach stationären Punkten. Wir werden unten auf viele Anwendungen treffen.

54.11 Die Methode des steilsten Abstiegs

Sei $f : \mathbb{R}^n \to \mathbb{R}$ gegeben. Wir betrachten das Problem, einen Minimumspunkt $\bar{x}$ zu finden. Um diesen zu erhalten, ist es nur natürlich, eine *Methode des steilsten Abstiegs* zu versuchen: Ist eine Näherung $\bar{y}$ von $\bar{x}$ mit $\nabla f(\bar{y}) \neq 0$ gegeben, so bewegen wir uns von $\bar{y}$ zu einem neuen Punkt y in der Richtung des steilsten Abstiegs:

$$y = \bar{y} - \alpha \frac{\nabla f(\bar{y})}{\|\nabla f(\bar{y})\|},$$

wobei $\alpha > 0$ eine wählbare Schrittlänge ist. Wir wissen, dass $f(y)$ abnimmt, wenn α von Null aus zunimmt und die Frage besteht darin, einen vernünftigen Wert für α zu finden. Dazu können wir α in kleinen Schritten größer wählen, bis $f(y)$ nicht mehr abnimmt. Dann wird das Verfahren wiederholt, wobei wir $\bar{y}$ durch y ersetzen. Offensichtlich ist die Methode des steilsten Abstiegs eng mit der Fixpunkt-Iteration für die Lösung der Gleichung $\nabla f(x) = 0$ in der Form

$$x = x - \alpha \nabla f(x)$$

verbunden, wobei wir den Normalisierungsfaktor $1/\|\nabla f(\bar{y})\|$ in $\alpha > 0$ einbeziehen.

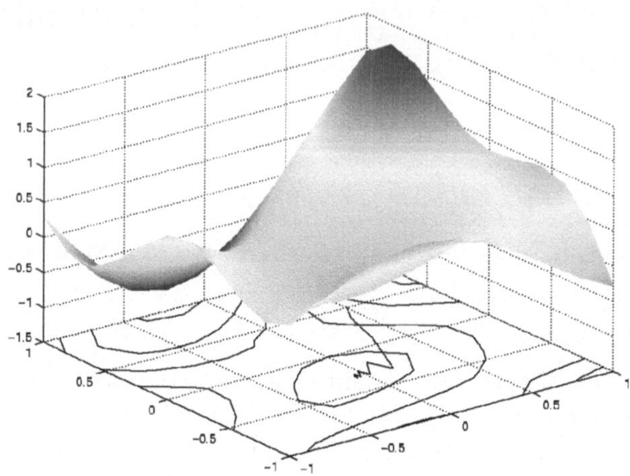

Abb. 54.9. Die Methode des steilsten Abstiegs für $f(x_1, x_2) = x_1 \sin(x_1 + x_2) + x_2 \cos(2x_1 - 3x_2)$ beginnend bei $(0,5; 0,5)$ mit $\alpha = 0,3$

54.12   Richtungsableitungen

Sei $g_z(t) = \bar{x} + tz$, wobei $z \in \mathbb{R}^n$ ein gegebener normierter Vektor ist mit $\|z\| = 1$. Wir betrachten eine Funktion $f : \mathbb{R}^n \to \mathbb{R}$ und die zusammengesetzte Funktion $F_z(t) = f(\bar{x} + tz)$. Die Kettenregel impliziert, dass

$$F_z'(0) = \nabla f(\bar{x}) \cdot z.$$

Daher wird

$$\nabla f(\bar{x}) \cdot z$$

die *Richtungsableitung* von $f(x)$ in $\bar{x}$ in *Richtung* von z genannt, vgl. Abb. 54.10.

54.13   Partielle Ableitungen höherer Ordnung

Sei $f : \mathbb{R}^n \to \mathbb{R}$ differenzierbar in $\mathbb{R}^n$. Jede partielle Ableitung $\frac{\partial f}{\partial x_i}(\bar{x})$ ist eine Funktion von $\bar{x} \in \mathbb{R}^n$, die ihrerseits wieder differenzierbar sein kann. Wir bezeichnen ihre partielle Ableitungen mit

$$\frac{\partial}{\partial x_j} \frac{\partial f}{\partial x_i}(\bar{x}) = \frac{\partial^2 f}{\partial x_j \partial x_i}(\bar{x}), \quad i, j = 1, \ldots, n, \ \bar{x} \in \mathbb{R}^n.$$

Sie werden *partielle Ableitungen zweiter Ordnung von f in $\bar{x}$* bezeichnet. Es stellt sich heraus, dass unter geeigneten Stetigkeitsbedingungen die Ableitungsreihenfolge beliebig ist. Anders formuliert, so werden wir beweisen,

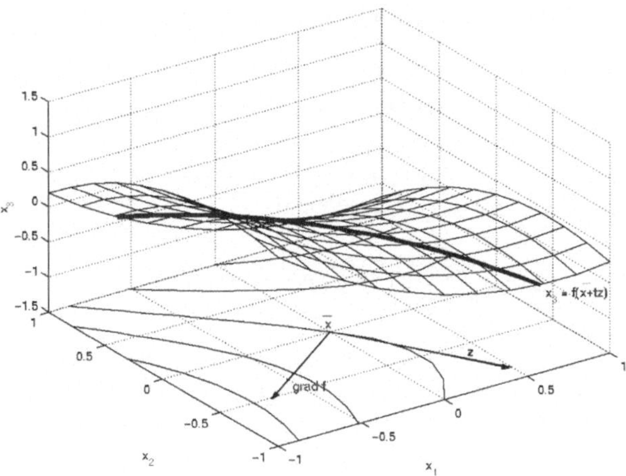

Abb. 54.10. Darstellung einer Richtungsableitung

dass

$$\frac{\partial^2 f}{\partial x_j \partial x_i}(\bar{x}) = \frac{\partial^2 f}{\partial x_i \partial x_j}(\bar{x}).$$

Wir führen den Beweis für den Fall $n = 2$ mit $i = 1$ und $j = 2$ aus. Wir schreiben den Ausdruck

$$A = f(x_1, x_2) - f(\bar{x}_1, x_2) - f(x_1, \bar{x}_2) + f(\bar{x}_1, \bar{x}_2) \tag{54.15}$$

in der Form

$$A = f(x_1, x_2) - f(x_1, \bar{x}_2) - f(\bar{x}_1, x_2) + f(\bar{x}_1, \bar{x}_2), \tag{54.16}$$

wobei wir die Reihenfolge der beiden mittleren Ausdrücke vertauscht haben. Zunächst setzen wir $F(x_1, x_2) = f(x_1, x_2) - f(\bar{x}_1, x_2)$ und benutzen (54.15) für

$$A = F(x_1, x_2) - F(x_1, \bar{x}_2).$$

Aus dem Mittelwertsatz folgt, dass

$$A = \frac{\partial F}{\partial x_2}(x_1, y_2)(x_2 - \bar{x}_2) = \left(\frac{\partial f}{\partial x_2}(x_1, y_2) - \frac{\partial f}{\partial x_2}(\bar{x}_1, y_2) \right)(x_2 - \bar{x}_2)$$

für ein $y_2 \in [\bar{x}_2, x_2]$. Wir benutzen wiederum den Mittelwertsatz, für

$$A = \frac{\partial^2 f}{\partial x_1 \partial x_2}(y_1, y_2)(x_1 - \bar{x}_1)(x_2 - \bar{x}_2),$$

mit $y_1 \in [\bar{x}_1, x_1]$. Als Nächstes schreiben wir A mit Hilfe von (54.16) in die Form

$$A = G(x_1, x_2) - G(\bar{x}_1, x_2),$$

wobei $G(x_1, x_2) = f(x_1, x_2) - f(x_1, \bar{x}_2)$. Wenn wir wie oben den Mittelwertsatz zweimal einsetzen, erhalten wir

$$A = \frac{\partial^2 f}{\partial x_2 \partial x_1}(z_1, z_2)(x_1 - \bar{x}_1)(x_2 - \bar{x}_2),$$

für $z_i \in [\bar{x}_i, x_i]$, $i = 1, 2$. Wenn wir annehmen, dass die zweite partielle Ableitung in $\bar{x}$ Lipschitz-stetig ist, so ergibt eine Annäherung von x_i an $\bar{x}_i$ für $i = 1, 2$:

$$\frac{\partial^2 f}{\partial x_1 \partial x_2}(\bar{x}) = \frac{\partial^2 f}{\partial x_2 \partial x_1}(\bar{x}).$$

Damit haben wir das folgende zentrale Ergebnis bewiesen:

Satz 54.3 *Sind alle partiellen Ableitungen zweiter Ordnung einer Funktion $f : \mathbb{R}^n \to \mathbb{R}$ Lipschitz-stetig, dann ist die Reihenfolge der Ableitungen zweiter Ordnung irrelevant.*

Das Ergebnis lässt sich direkt auf partielle Ableitungen von partiellen Ableitungen verallgemeinern: Sind die Ableitungen Lipschitz-stetig, dann ist die Reihenfolge der Ableitungen beliebig. Welche Erleichterung!

54.14   Der Satz von Taylor

Angenommen, $f : \mathbb{R}^n \to \mathbb{R}$ habe Lipschitz-stetige partielle Ableitungen zweiter Ordnung. Für gegebene $x, \bar{x} \in \mathbb{R}^n$ betrachten wir die Funktion $h : \mathbb{R} \to \mathbb{R}$ mit

$$h(t) = f(\bar{x} + t(x - \bar{x})) = f \circ g(t),$$

wobei $g(t) = \bar{x} + t(x - \bar{x})$ die Gerade durch $\bar{x}$ und x beschreibt. Offensichtlich ist $h(1) = f(x)$ und $h(0) = f(\bar{x})$, so dass der Satz von Taylor angewandt auf $h(t)$ für ein $\bar{t} \in [0, 1]$ zu

$$h(1) = h(0) + h'(0) + \frac{1}{2}h''(\bar{t})$$

führt. Mit Hilfe der Kettenregel berechnen wir:

$$h'(t) = \nabla f(g(t)) \cdot (x - \bar{x}) = \sum_{i=1}^{n} \frac{\partial f}{\partial x_i}(g(t))(x_i - \bar{x}_i)$$

und ähnlich nach weiterer Ableitung nach t:

$$h''(t) = \sum_{i=1}^{n} \sum_{j=1}^{n} \frac{\partial^2 f}{\partial x_i \partial x_j}(g(t))(x_i - \bar{x}_i)(x_j - \bar{x}_j).$$

Somit erhalten wir:

$$f(x) = f(\bar{x}) + \nabla f(\bar{x}) \cdot (x - \bar{x}) + \frac{1}{2} \sum_{i,j=1}^{n} \frac{\partial^2 f}{\partial x_i \partial x_j}(y)(x_i - \bar{x}_i)(x_j - \bar{x}_j), \quad (54.17)$$

für ein $y = \bar{x} + \bar{t}(x - \bar{x})$ mit $t \in [0,1]$. Die $n \times n$-Matrix $H(\bar{x}) = (h_{ij}(\bar{x}))$ mit den Elementen $h_{ij}(\bar{x}) = \frac{\partial^2 f}{\partial x_i \partial x_j}(\bar{x})$ wird *Hessesche Matrix* von $f(x)$ in $x = \bar{x}$ genannt. Die Hessesche Matrix enthält alle zweiten partiellen Ableitungen von $f : \mathbb{R}^n \to \mathbb{R}$. In Matrix-Vektor Schreibweise mit dem n-Spaltenvektor x können wir schreiben:

$$\sum_{i,j=1}^{n} \frac{\partial^2 f}{\partial x_i \partial x_j}(y)(x_i - \bar{x}_i)(x_j - \bar{x}_j) = (x - \bar{x})^\top H(y)(x - \bar{x}).$$

Wir fassen zusammen:

Satz 54.4 (Satz von Taylor) *Sei $f : \mathbb{R}^n \to \mathbb{R}$ zweimal differenzierbar mit Lipschitz-stetiger Hessescher Matrix $H = (h_{ij})$ mit den Elementen $h_{ij} = \frac{\partial^2 f}{\partial x_i \partial x_j}$. Dann gibt es für gegebene x und $\bar{x} \in \mathbb{R}^n$ ein $y = x + \bar{t}(x - \bar{x})$ mit $\bar{t} \in [0,1]$, so dass*

$$f(x) = f(\bar{x}) + \nabla f(\bar{x}) \cdot (x - \bar{x}) + \frac{1}{2} \sum_{i,j=1}^{n} \frac{\partial^2 f}{\partial x_i \partial x_j}(y)(x_i - \bar{x}_i)(x_j - \bar{x}_j)$$

$$= f(\bar{x}) + \nabla f(\bar{x}) \cdot (x - \bar{x}) + \frac{1}{2}(x - \bar{x})^\top H(y)(x - \bar{x}).$$

54.15   Der Kontraktionssatz

Wir wollen nun die folgende Verallgemeinerung des Kontraktionssatzes beweisen:

Satz 54.5 *Sei $g : \mathbb{R}^n \to \mathbb{R}^n$ eine Lipschitz-stetige Funktion zur Lipschitz-Konstanten $L < 1$. Dann besitzt die Gleichung $x = g(x)$ eine eindeutige Lösung $\bar{x} = \lim_{i \to \infty} x^{(i)}$, wobei $\{x^{(i)}\}_{i=1}^{\infty}$ eine Folge in $\mathbb{R}^n$ ist, die durch Fixpunkt-Iteration erzeugt wird: $x^{(i)} = g(x^{(i-1)})$, $i = 1, 2, \ldots$, beginnend mit einem Anfangswert $x^{(0)}$.*

Der Beweis ist Wort für Wort derselbe wie für den Fall $g : \mathbb{R} \to \mathbb{R}$, den wir im Kapitel „Fixpunkte und kontrahierende Abbildungen" betrachtet haben. Wir wiederholen den Beweis dem Leser zuliebe. Das Abziehen der Gleichung $x^{(k)} = g(x^{(k-1)})$ von $x^{(k+1)} = g(x^{(k)})$ liefert

$$x^{(k+1)} - x^{(k)} = g(x^{(k)}) - g(x^{(k-1)}).$$

Mit Hilfe der Lipschitz-Stetigkeit von g erhalten wir somit

$$\|x^{(k+1)} - x^{(k)}\| \le L\|x^{(k)} - x^{(k-1)}\|.$$

Wenn wir diese Abschätzung wiederholen, dann erkennen wir, dass

$$\|x^{(k+1)} - x^{(k)}\| \le L^k\|x^{(1)} - x^{(0)}\|$$

und somit für $j > i$

$$\|x^{(j)} - x^{(i)}\| \le \sum_{k=i}^{j-1} \|x^{(k+1)} - x^{(k)}\|$$

$$\le \|x^{(1)} - x^{(0)}\| \sum_{k=i}^{j-1} L^k = \|x^{(1)} - x^{(0)}\|L^i \frac{1 - L^{j-i}}{1 - L}.$$

Da $L < 1$, ist $\{x^{(i)}\}_{i=1}^{\infty}$ eine Cauchy-Folge in $\mathbb{R}^n$ und konvergiert daher zu einem Grenzwert $\bar{x} = \lim_{i \to \infty} x^{(i)}$. Wenn wir den Grenzwert in die Gleichung $x^{(i)} = g(x^{(i-1)})$ einsetzen, so erhalten wir $\bar{x} = g(\bar{x})$ und daher ist $\bar{x}$ ein Fixpunkt von $g : \mathbb{R}^n \to \mathbb{R}^n$. Eindeutigkeit ergibt sich aus der Tatsache, dass für $\bar{y} = g(\bar{y})$ folgt: $\|\bar{x} - \bar{y}\| = \|g(\bar{x}) - g(\bar{y})\| \le L\|\bar{x} - \bar{y}\|$. Dies ist unmöglich, außer wenn $\bar{y} = \bar{x}$, da $L < 1$.

Beispiel 54.16. Wir betrachten die Funktion $g : \mathbb{R}^2 \to \mathbb{R}^2$, definiert durch $g(x) = (g_1(x), g_2(x))$ mit

$$g_1(x) = \frac{1}{4 + |x_1| + |x_2|}, \quad g_2(x) = \frac{1}{4 + |\sin(x_1)| + |\cos(x_2)|}.$$

Es gilt

$$|\frac{\partial g_i}{\partial x_j}| \le \frac{1}{16},$$

und daher durch einfache Abschätzungen:

$$\|g(x) - g(y)\| \le \frac{1}{4}\|x - y\|,$$

woran wir erkennen, dass $g : \mathbb{R}^2 \to \mathbb{R}^2$ Lipschitz-stetig ist zur Lipschitz-Konstanten $L_g \le \frac{1}{4}$. Die Gleichung $x = g(x)$ hat also eine eindeutige Lösung.

54.16 Nullstellen von $f : \mathbb{R}^n \to \mathbb{R}^n$

Der Kontraktionssatz kann, wie folgt, angewendet werden. Angenommen, $f : \mathbb{R}^n \to \mathbb{R}^n$ sei gegeben und wir suchen eine Nullstelle von $f(x)$. Wir definieren

$$g(x) = x - Af(x),$$

wobei A eine wählbare nicht-singuläre $n \times n$-Matrix mit konstanten Koeffizienten ist. Die Gleichung $x = g(x)$ ist dann äquivalent zur Gleichung $f(x) = 0$. Ist $g : \mathbb{R}^n \to \mathbb{R}^n$ Lipschitz-stetig zur Lipschitz-Konstanten $L < 1$, dann besitzt $g(x)$ einen eindeutigen Fixpunkt $\bar{x}$, für den $f(\bar{x}) = 0$ gilt. Dabei ist

$$g'(x) = I - Af'(x),$$

was uns dazu führt, die Matrix A so zu wählen, dass

$$\|I - Af'(x)\| \leq 1$$

für x in der Nähe der Lösung x. Die ideale Wahl scheint

$$A = f'(\bar{x})^{-1}$$

zu sein, wenn wir voraussetzen, dass $f'(\bar{x})$ nicht-singulär ist, da dann $g'(\bar{x}) = 0$. In Anwendungen versuchen wir A nahe bei $f'(\bar{x})^{-1}$ zu wählen und wir hoffen dabei, dass das zugehörige $g'(x) = I - Af'(x)$ für x nahe bei der Lösung $\bar{x}$ eine kleine Norm $\|g'(x)\|$ besitzt und daher schnell konvergiert. Bei der Newton-Methode wählen wir $A = f'(x)^{-1}$, s.u.

Beispiel 54.17. Wir betrachten das Anfangswertproblem $\dot{u}(t) = f(u(t))$ für $t > 0$, $u(0) = u_0$, wobei $f : \mathbb{R}^n \to \mathbb{R}^n$ eine gegebene Lipschitz-stetige Funktion zur Lipschitz-Konstanten L_f ist und wie üblich ist $\dot{u} = \frac{du}{dt}$. Wir betrachten das rückwärtige Euler-Verfahren

$$U(t_i) = U(t_{i-1}) + k_i f(U(t_i)), \tag{54.18}$$

wobei $0 = t_0 < t_1 < t_2 \ldots$ eine Folge von anwachsenden diskreten Zeitpunkten mit den Zeitschritten $k_i = t_i - t_{i-1}$ ist. Haben wir bereits $U(t_{i-1})$ bestimmt, so müssen wir das nicht-lineare Gleichungssystem

$$V = U(t_{i-1}) + k_i f(V) \tag{54.19}$$

mit der Unbekannten $V \in \mathbb{R}^n$ lösen, um $U(t_i) \in \mathbb{R}^n$ als Lösung von (54.18) zu berechnen. Diese Gleichung besitzt die Gestalt $V = g(V)$ mit $g(V) = U(t_{i-1}) + k_i f(V)$ und $g : \mathbb{R}^n \to \mathbb{R}^n$.

Daher nutzen wir die Fixpunkt-Iteration

$$V^{(m)} = U(t_{i-1}) + k_i f(V^{(m-1)}), \quad m = 1, 2, \ldots,$$

mit der Wahl von $V^{(0)} = U(t_{i-1})$, um den neuen Wert zu berechnen. Bezeichnet L_f die Lipschitz-Konstante von $f : \mathbb{R}^n \to \mathbb{R}^n$, dann gilt

$$\|g(V) - g(W)\| = \|k_i(f(V) - f(W))\| \leq k_i L_f \|V - W\|, \quad V, W \in \mathbb{R}^n,$$

und daher ist $g : \mathbb{R}^n \to \mathbb{R}^n$ Lipschitz-stetig zur Lipschitz-Konstanten $L_g = k_i L_f$. Nun gilt $L_g < 1$, wenn für den Zeitschritt $k_i < 1/L_f$ gilt und daher konvergiert die Fixpunkt-Iteration zur Berechnung von $U(t_i)$ in (54.18), falls $k_i < 1/L_f$. Damit erhalten wir eine Methode für die numerische Lösung einer sehr großen Klasse von Anfangswertproblemen der Form $\dot{u}(t) = f(u(t))$ für $t > 0$, $u(0) = u_0$. Die einzige Einschränkung dabei ist, dass die Zeitschritte genügend klein gewählt werden müssen, was eine ernste Einschränkung sein kann, wenn die Lipschitz-Konstante L_f sehr groß ist, da die Lösung dann einen massiven Berechnungsaufwand (sehr kleine Zeitschritte) erfordert. Daher, Achtung bei großen Lipschitz-Konstanten L_f!!

54.17   Der Satz zur inversen Funktion

Sei $f : \mathbb{R}^n \to \mathbb{R}^n$ eine gegebene Funktion und $\bar{y} = f(\bar{x})$ für gegebenes $\bar{x} \in \mathbb{R}^n$. Wir werden beweisen, dass für nicht-singuläres $f'(\bar{x})$ die Gleichung

$$f(x) = y \tag{54.20}$$

für $y \in \mathbb{R}^n$ nahe bei $\bar{y}$ eine eindeutige Lösung x besitzt. Daher können wir für ein y nahe bei $\bar{y}$ das Argument x als Funktion von y definieren, die wir als *Umkehrabbildung* oder *inverse Funktion* $x = f^{-1}(y)$ von $y = f(x)$ bezeichnen. Um zu zeigen, dass (54.20) für alle y nahe bei $\bar{y}$ eine eindeutige Lösung x besitzt, betrachten wir die Fixpunkt-Iteration für $x = g(x)$ mit $g(x) = x - (f'(\bar{x}))^{-1}(f(x) - y)$ mit dem Fixpunkt x, für den wie gewünscht $f(x) = y$ gilt. Die Iteration ergibt mit $x^{(0)} = \bar{x}$:

$$x^{(j)} = x^{(j-1)} - (f'(\bar{x}))^{-1}(f(x^{(j-1)}) - y), \quad j = 1, 2, \ldots.$$

Zur Konvergenzanalyse subtrahieren wir

$$x^{(j-1)} = x^{(j-2)} - (f'(\bar{x}))^{-1}(f(x^{(j-2)}) - y)$$

und erhalten mit $e^j = x^{(j)} - x^{(j-1)}$

$$e^j = e^{j-1} - (f'(\bar{x}))^{-1}(f(x^{(j-1)}) - f(x^{(j-2)}) \quad \text{für } j = 1, 2, \ldots.$$

Aus dem Mittelwertsatz folgt nun, dass

$$f_i(x^{(j-1)}) - f_i(x^{(j-2)}) = f'(z)e^{j-1},$$

wobei z auf der Geraden zwischen $x^{(j-1)}$ und $x^{(j-2)}$ liegt. Bedenken Sie, dass für unterschiedliche Zeilen von $f'(z)$ diese z-Werte möglicherweise verschieden sein können. Wir folgern, dass

$$e^j = \left(I - (f'(\bar{x}))^{-1} f'(z)\right) e^{j-1}.$$

Wenn wir nun annehmen, dass

$$\|I - (f'(\bar{x}))^{-1} f'(z)\| \leq \theta, \tag{54.21}$$

wobei $\theta < 1$ eine positive Konstante ist, so erhalten wir

$$\|e^j\| \leq \theta \|e^{j-1}\|.$$

Wie beim Beweis des Kontraktionssatzes zeigt uns dies, dass die Folge $\{x^{(j)}\}_{j=1}^{\infty}$ eine Cauchy-Folge ist und daher gegen einen Vektor $x \in \mathbb{R}^n$ konvergiert, für den $f(x) = y$ gilt.

Die Bedingung für die Konvergenz ist offensichtlich (54.21). Diese Bedingung ist erfüllt, wenn die Koeffizienten der Jacobi-Matrix $f'(x)$ nahe bei $\bar{x}$ Lipschitz-stetig sind und $f'(x)$ nicht-singulär ist, so dass also $(f'(\bar{x}))^{-1}$ existiert und wir y darauf beschränken, genügend nahe bei y zu sein.

Wir fassen dies im folgenden (sehr berühmten) Satz zusammen:

Satz 54.6   (Satz zur inversen Funktion) *Sei $f : \mathbb{R}^n \to \mathbb{R}^n$. Wir nehmen an, dass die Koeffizienten von $f'(x)$ nahe bei $\bar{x}$ Lipschitz-stetig sind und dass $f'(x)$ nicht-singulär ist. Dann besitzt für y genügend nahe bei $\bar{y} = f(\bar{x})$ die Gleichung $f(x) = y$ eine eindeutige Lösung x. Dadurch wird x als Funktion $x = f^{-1}(y)$ von y definiert.*

Carl Jacobi (1804–51), deutscher Mathematiker, war der Erste, der die Rolle der Determinante der Jacobi-Matrix für die Existenz der Inversen untersuchte. Er leistete außerdem wichtige Beiträge auf vielen Gebieten der Mathematik inklusive zur aufkeimenden Theorie für partielle Differentialgleichungen erster Ordnung.

54.18   Der Satz über implizite Funktionen

Es gibt eine wichtige Verallgemeinerung des Satzes zur Inversen. Sei dazu $f : \mathbb{R}^n \times \mathbb{R}^m \to \mathbb{R}^n$ mit Werten $f(x,y) \in \mathbb{R}^n$ für $x \in \mathbb{R}^n$ und $y \in \mathbb{R}^m$ gegeben. Angenommen $f(\bar{x}, \bar{y}) = 0$, so betrachten wir die Gleichung in $x \in \mathbb{R}^n$

$$f(x,y) = 0,$$

für $y \in \mathbb{R}^m$ nahe bei $\bar{y}$. Im Falle des Satzes zur Inversen untersuchten wir einen Spezialfall dieser Situation mit $f : \mathbb{R}^n \times \mathbb{R} \to \mathbb{R}^n$, definiert als $f(x,y) = g(x) - y$ und $g : \mathbb{R}^n \to \mathbb{R}^n$.

Wir definieren die Jacobi-Matrix $f'_x(x, y)$ von $f(x, y)$ bezüglich x in (x, y) als die $n \times n$-Matrix mit den Elementen

$$\frac{\partial f_i}{\partial x_j}(x, y).$$

Wenn wir nun annehmen, dass $f'_x(\bar{x}, \bar{y})$ nicht-singulär ist, können wir die Fixpunkt-Iteration bilden:

$$x^{(j)} = x^{(j-1)} - (f'_x(\bar{x}, \bar{y}))^{-1} f(x^{(j-1)}, y).$$

Wir gelangen so zu einer Lösung von $f(x, y) = 0$. Wenn wir wie oben argumentieren, können wir zeigen, dass diese Iteration eine Folge $\{x^{(j)}\}_{j=1}^{\infty}$ erzeugt, die gegen $x \in \mathbb{R}^n$ konvergiert, für das $f(x, y) = 0$ gilt, wenn wir annehmen, dass $f'_x(x, y)$ Lipschitz-stetig ist, wenn x nahe bei $\bar{x}$ und y nahe bei $\bar{y}$ ist. Dadurch wird x als Funktion von $g(y)$ von y definiert, die für y nahe bei $\bar{y}$ gilt. Somit haben wir den (auch sehr berühmten) Satz bewiesen:

Satz 54.7 (Satz zur impliziten Funktion) *Sei* $f : \mathbb{R}^n \times \mathbb{R}^m \to \mathbb{R}^n$ *mit* $f(x, y) \in \mathbb{R}^n$ *und* $x \in \mathbb{R}^n$ *und* $y \in \mathbb{R}^m$ *unter der Annahme, dass* $f(\bar{x}, \bar{y}) = 0$. *Angenommen, dass die Jacobi-Matrix* $f'_x(x, y)$ *bezüglich* x *für* x *nahe bei* $\bar{x}$ *und* y *nahe bei* $\bar{y}$ *Lipschitz-stetig ist und dass* $f'_x(\bar{x}, \bar{y})$ *nicht-singulär ist. Dann besitzt für* y *nahe bei* $\bar{y}$ *die Gleichung* $f(x, y) = 0$ *eine eindeutige Lösung* $x = g(y)$. *Dadurch wird* x *als Funktion* $g(y)$ *von* y *definiert.*

54.19   Die Newton-Methode

Als Nächstes betrachten wir die *Newton-Methode* zur Lösung der Gleichung $f(x) = 0$ mit $f : \mathbb{R}^n \to \mathbb{R}^n$:

$$x^{(i+1)} = x^{(i)} - f'(x^{(i)})^{-1} f(x^{(i)}), \quad \text{für } i = 0, 1, 2, \ldots, \qquad (54.22)$$

mit Anfangswert $x^{(0)}$. Die Newton-Methode entspricht der Fixpunkt-Iteration für $x = g(x)$ mit $g(x) = x - f'(x)^{-1} f(x)$. Wir werden beweisen, dass die Newton-Methode nahe bei der Nullstelle $\bar{x}$ quadratisch konvergiert, wenn $f'(\bar{x})$ nicht-singulär ist. Die Argumente sind dieselben wie für den Fall $n = 1$, den wir oben untersucht haben. Wenn wir $e^i = \bar{x} - x^{(i)}$ setzen und $\bar{x} = \bar{x} - f'(x^{(i)})^{-1} f(\bar{x})$ mit $f(\bar{x}) = 0$ benutzen, dann erhalten wir:

$$\bar{x} - x^{(i+1)} = \bar{x} - x^{(i)} - f'(x^{(i)})^{-1} (f(\bar{x}) - f(x^{(i)}))$$

$$= \bar{x} - x^{(i)} - f'(x^{(i)})^{-1} (f'(x^{(i)}) + E_f(x^{(i)}, \bar{x})) = f'(x^{(i)})^{-1} E_f(x^{(i)}, \bar{x}).$$

Wir folgern, dass

$$\|\bar{x} - x^{(i+1)}\| \leq C \|\bar{x} - x^{(i)}\|^2$$

unter der Voraussetzung, dass

$$\|f'(x^{(i)})^{-1}\| \leq C,$$

wobei C eine positive Konstante ist. Somit haben wir das folgende wichtige Ergebnis bewiesen:

Satz 54.8 **(Newton-Methode)** *Sei $\bar{x}$ Nullstelle von $f : \mathbb{R}^n \to \mathbb{R}^n$ und $f(x)$ gleichmäßig differenzierbar mit einer Lipschitz-stetigen Ableitung nahe bei $\bar{x}$. Sei ferner $f'(\bar{x})$ nicht-singulär. Dann konvergiert die Newton-Methode zur Lösung von $f(x) = 0$ quadratisch, wenn wir genügend nahe bei $\bar{x}$ beginnen.*

In praktischen Implementierungen der Newton-Methode schreiben wir (54.22) in der Form:

$$f'(x^{(i)})z = -f(x^{(i)}),$$
$$x^{(i+1)} = x^{(i)} + z,$$

wobei $f'(x^{(i)})z = -f(x^{(i)})$ ein Gleichungssystem in z ist, das mit dem Gaussschen Eliminationsverfahren oder einem iterativen Verfahren gelöst wird.

Beispiel 54.18. Wir greifen nochmals die Gleichung (54.19), d.h.

$$h(v) = v - k_i f(v) - u(t_{i-1}) = 0$$

auf. Für die Newton-Methode berechnen wir

$$h'(v) = I - k_i f'(v)$$

und folgern, dass $h'(v)$ in v nicht-singulär ist, wenn $k_i < \|f'(v)\|^{-1}$. Wir erkennen daran, dass die Newton-Methode konvergiert, wenn k_i genügend klein ist und wir nahe bei der Lösung beginnen. Die Einschränkung für die Zeitschrittweite ist wiederum mit der Lipschitz-Konstanten L_f von f verknüpft, da L_f die Größe von $\|f'(v)\|$ widerspiegelt.

54.20   Ableitung unter dem Integral

Schließlich zeigen wir, dass sich die Bildung einer partiellen Ableitung nach x_1 hinter das Integralzeichen schieben lässt, wenn die Integralgrenzen eines Integrals von der Variablen x_1 unabhängig sind. Sei also $f : \mathbb{R}^2 \to \mathbb{R}$ eine Funktion zweier reeller Variablen x_1 und x_2. Wir betrachten das Integral

$$\int_0^1 f(x_1, x_2)\, dx_2 = g(x_1),$$

das eine Funktion $g(x_1)$ von x_1 definiert. Wir werden nun beweisen, dass

$$\frac{dg}{dx_1}(\bar{x}_1) = \int_0^1 \frac{\partial f}{\partial x_1}(\bar{x}_1, x_2)\, dx_2, \tag{54.23}$$

was als *Ableitung unter dem Integral* bezeichnet wird. Der Beweis beginnt mit

$$f(x_1, x_2) = f(\bar{x}_1, x_2) + \frac{\partial f}{\partial x_1}(\bar{x}_1, x_2)(x_1 - \bar{x}_1) + E_f(x_1, \bar{x}_1, x_2),$$

wobei wir annehmen, dass

$$|E_f(x_1, \bar{x}_1, x_2)| \leq K_f(\bar{x}_1 - x_1)^2.$$

Nach dem Satz von Taylor trifft dies unter der Voraussetzung zu, dass die zweite partielle Ableitung von f beschränkt ist. Die Integration nach x_2 führt zu

$$\int_0^1 f(x_1, x_2)\, dx_2 = \int_0^1 f(\bar{x}_1, x_2)\, dx_2$$
$$+ (x_1 - \bar{x}_1)\int_0^1 \frac{\partial f}{\partial x_1}(\bar{x}_1, x_2)\, dx_2 + \int_0^1 E_f(x_1, \bar{x}_1, x_2)\, dx_2.$$

Da

$$\left|\int_0^1 E_f(x_1, \bar{x}_1, x_2)\, dx_2\right| \leq K_f(\bar{x}_1 - x_1)^2,$$

ergibt sich (54.23) nach der Division mit $(x_1 - \bar{x}_1)$ und der Grenzwertbildung x_1 gegen $\bar{x}_1$. Wir fassen zusammen:

Satz 54.9 (Ableitung unter dem Integral) *Ist die zweite partielle Ableitung von $f(x_1, x_2)$ beschränkt, dann gilt für $x_1 \in \mathbb{R}$:*

$$\frac{d}{dx_1}\int_0^1 f(x_1, x_2)\, dx_2 = \int_0^1 \frac{\partial f}{\partial x_1}(x_1, x_2)\, dx_2. \tag{54.24}$$

Beispiel 54.19.

$$\frac{d}{dx}\int_0^1 (1 + xy^2)^{-1}\, dy = \int_0^1 \frac{\partial}{\partial x}(1 + xy^2)^{-1}\, dy = -\int_0^1 \frac{y^2}{(1 + xy^2)^2}\, dy.$$

Aufgaben zu Kapitel 54

54.1. Skizzieren Sie die folgenden Oberflächen in $\mathbb{R}^3$: (a) $\Gamma = \{x : x_3 = x_1^2 + x_2^2\}$, (b) $\Gamma = \{x : x_3 = x_1^2 - x_2^2\}$, (c) $\Gamma = \{x : x_3 = x_1 + x_2^2\}$, (d) $\Gamma = \{x : x_3 = x_1^4 + x_2^6\}$. Bestimmen Sie in verschiedenen Punkten die Tangentialebenen.

54.2. Bestimmen Sie, ob die folgenden Funktionen auf $\{x : |x| < 1\}$ Lipschitz-stetig sind oder nicht und bestimmen Sie die Lipschitz-Konstanten:

- $f : \mathbb{R}^3 \to \mathbb{R}^3$ für $f(x) = x|x|^2$,
- $f : \mathbb{R}^3 \to \mathbb{R}$ für $f(x) = \sin|x|^2$,
- $f : \mathbb{R}^2 \to \mathbb{R}^3$ für $f(x) = (x_1, x_2, \sin|x|^2)$,
- $f : \mathbb{R}^3 \to \mathbb{R}$ für $f(x) = 1/|x|$,
- $f : \mathbb{R}^3 \to \mathbb{R}^3$ für $f(x) = x\sin(|x|)$, (freiwillig)
- $f : \mathbb{R}^3 \to \mathbb{R}$ für $f(x) = \sin(|x|)/|x|$. (freiwillig)

54.3. Entscheiden Sie für die Funktionen der vorangehenden Aufgabe, welche davon in $\{x : |x| < 1\}$ Kontraktionen sind und bestimmen Sie deren Fixpunkte (freiwillig).

54.4. Linearisieren Sie die folgenden Funktionen in $\mathbb{R}^3$ in $x = (1, 2, 3)$:

- $f(x) = |x|^2$,
- $f(x) = \sin(|x|^2)$,
- $f(x) = (|x|^2, \sin(x_2))$,
- $f(x) = (|x|^2, \sin(x_2), x_1 x_2 \cos(x_3))$.

54.5. Berechnen Sie die Determinante der Jacobi-Matrix für folgende Funktionen: (a) $f(x) = (x_1^3 - 3x_1 x_2^2, 3x_1 x_2^2 - x_2^3)$, (b) $f(x) = (x_1 e^{x_2} \cos(x_3), x_1 e^{x_2} \sin(x_3), x_1 e^{x_2})$.

54.6. Berechnen Sie das Taylor-Polynom zweiter Ordnung in $(0, 0, 0)$ für die folgenden Funktionen $f : \mathbb{R}^3 \to \mathbb{R}$: (a) $f(x) = \sqrt{1 + x_1 + x_2 + x_3}$, (b) $f(x) = (x_1 - 1)x_2 x_3$, (c) $f(x) = \sin(\cos(x_1 x_2 x_3))$, (d) $\exp(-x_1^2 - x_2^2 - x_3^2)$, (e) Versuchen Sie, die Fehler in den Näherungen in $(a) - (d)$ abzuschätzen.

54.7. Linearisieren Sie $f \circ s$ für $f(x) = x_1 x_2 x_3$ in $t = 1$ mit (a) $s(t) = (t, t^2, t^3)$, (b) $s(t) = (\cos(t), \sin(t), t)$, (c) $s(t) = (t, 1, t^{-1})$.

54.8. Berechnen Sie $\int_0^\infty y^n e^{-xy}\, dy$ für $x > 0$ durch wiederholte Ableitungen nach x von $\int_0^\infty e^{-xy}\, dy$.

54.9. Versuchen Sie die Funktion $u(x) = x_1^2 + x_2^2 + 2x_3^2$ nach der Methode des steilsten Abstiegs zu minimieren, indem Sie in $x = (1, 1, 1)$ beginnen. Finden Sie die größte Schrittlänge, für welche die Iteration konvergiert.

54.10. Bestimmen Sie die Nullstellen für $(x_1^2 - x_2^2 - 3x_1 + x_2 + 4, 2x_1 x_2 - 3x_2 - x_1 + 3)$ nach der Newton-Methode.

54.11. Verallgemeinern Sie den Satz von Taylor für eine Funktion $f : \mathbb{R}^n \to \mathbb{R}$ für die dritte Ordnung.

54.12. Ist die Funktion $f(x_1, x_2) = \dfrac{x_1^2 - x_2^2}{x_1^2 + x_2^2}$ nahe bei $(0, 0)$ Lipschitz-stetig?

> Jacobi und Euler waren in ihrer Art, wie sie Mathematik betrieben, Verwandte im Geiste. Beide waren produktive Autoren und noch produktivere Rechner; beide erlangten ein beträchtliches Verständnis aus ihrer immensen algorithmischen Arbeit; beide arbeiteten auf vielen Gebieten der Mathematik (Euler übertraf in dieser Hinsicht Jacobi bei weitem); und beide konnten jederzeit aus der großen Waffenkammer mathematischer Methoden genau die Waffen zücken, die beim Angriff eines gestellten Problems den größtmöglichen Erfolg versprachen. (Sciba)

55
Höhenlinien/Niveauflächen und der Gradient

Es würde keinen Sinn machen, den Studenten mit allen möglichen Kleinigkeiten, die gelegentlich benutzt werden, zu überladen. Es ist stattdessen wichtig, Studenten mit dem mathematischen Denken vertraut zu machen, so dass sie die Notwendigkeit mathematischer Methoden in Ingenieursproblemen erkennen und sich bewusst werden, dass Mathematik eine systematische Wissenschaft ist, die auf relativ wenigen Prinzipien aufbaut und ihnen ein sicheres Gefühl für das Wechselspiel zwischen Theorie, Berechnung und Experiment zu vermitteln. (E. Kreyszig, im Vorwort zu „Advanced Engineering Mathematics", 1993)

55.1   Höhenlinien

Eine *Höhenlinie* einer Funktion $u : \mathbb{R}^2 \to \mathbb{R}$ ist eine Kurve $g : [a, b] \to \mathbb{R}^2$, so dass

$$u(g(t)) = c \quad \text{für } t \in [a, b], \tag{55.1}$$

mit konstantem c. Eine Höhenlinie wird auch *Isolinie* oder Konturkurve genannt. Die Punkte x auf einer Höhenlinie $x = g(t)$, die (55.1) erfüllen, besitzen alle denselben Funktionswert $u(x) = u(g(t)) = c$. Wenn wir die Höhenlinien oder Isolinien für eine Ansammlung verschiedener Konstanten c zeichnen, erhalten wir eine *Höhenlinienzeichnung* oder *Konturzeichnung* der Funktion $u(x)$, vgl. Abb. 55.1. Die Höhenlinien entsprechen den Projektionen der Schnitte des Graphen $\{x \in \mathbb{R}^2 : x_3 = u(x_1, x_2), (x_1, x_2) \in \mathbb{R}^2\}$

mit den Ebenen $x_3 = c$ in $\mathbb{R}^3$ auf $\mathbb{R}^2$. Wir veranschaulichen dies bildlich in Abb. 55.2.

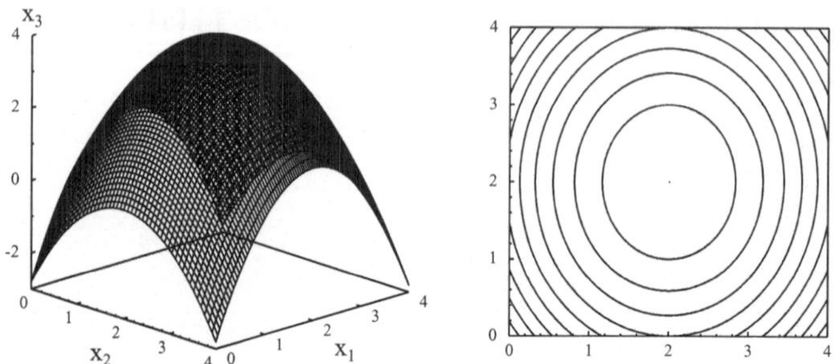

Abb. 55.1. Die Zeichnung einer Oberfläche mit zugehöriger Konturzeichnung. Die Höhenlinien beginnen bei der Maximalhöhe 4 und sie sind alle $0,7$ Einheiten aufgetragen

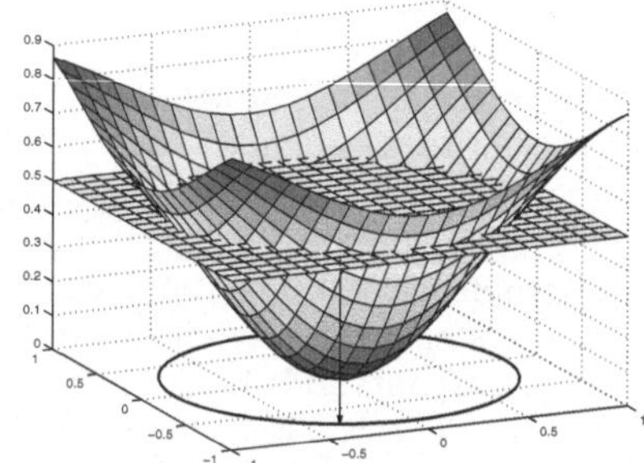

Abb. 55.2. Die Projektion auf $\mathbb{R}^2$ des Schnitts von $x_3 = c$ und $x_3 = u(x_1, x_2)$ (mit $u(x_1, x_2) = 1 - \exp(-x_1^2 - x_2^2)$ und $c = 0,5$) ergibt eine Höhenlinie

Beispiel 55.1. Die Höhenlinien der Funktion $u(x) = x_1^2 + x_2^2$ sind Kreise $x_1^2 + x_2^2 = c$ mit $c \geq 0$. Die Höhenlinien der Funktion $u(x) = 2x_1^2 + x_2^2$ sind die Ellipsen $2x_1^2 + x_2^2 = c$ mit $c \geq 0$. Die Höhenlinien der Funktion $u(x) = x_1^2 - x_2$ sind die Parabeln $x_2 = x_1^2 - c$ mit konstantem c.

Beispiel 55.2. Eine gute Wanderkarte enthält die Höhenlinien der Funktion $u : \mathbb{R}^2 \to \mathbb{R}$, die der Höhe eines Punktes $x \in \mathbb{R}^2$ relativ zur Meereshöhe entspricht. Der Höhenunterschied zwischen zwei benachbarten Linien ist üblicherweise 10 Meter. Der Höhenunterschied zwischen zwei Punkten kann durch Zählen der Höhenlinien entlang einer Strecke zwischen den beiden Punkten erhalten werden. Dies ist bei der Planung einer Wanderung nützlich. Vergleichen Sie mit Abb. 54.8.

Eine Höhenlinie $u(g(t)) = c$ kann man sich auch als Uferlinie eines Sees denken, dessen Wasserspiegel c Meter über dem Meer liegt.

55.2   Lokale Existenz von Höhenlinien

Die lokale Existenz von Höhenlinien folgt aus dem folgenden Spezialfall des Satzes über implizite Funktionen, wobei die Höhenlinie für $g : \mathbb{R} \to \mathbb{R}$ durch $t \to (t, g(t))$ bzw. $t \to (g(t), t)$ gegeben ist.

Satz 55.1 *Angenommen, $u : \mathbb{R}^2 \to \mathbb{R}$ habe stetige partielle Ableitungen und $u(\bar{x}_1, \bar{x}_2) = c$. Ist $\frac{\partial u}{\partial x_2}(\bar{x}_1, \bar{x}_2) \neq 0$, dann existiert ein $\delta > 0$, so dass $u(x_1, x_2) = c$ eine eindeutige Lösung $x_2 = g(x_1)$ für $|x_1 - \bar{x}_1| < \delta$ besitzt. Ist $\frac{\partial u}{\partial x_1}(\bar{x}_1, \bar{x}_2) \neq 0$, dann existiert ein $\delta > 0$, so dass $u(x_1, x_2) = c$ eine eindeutige Lösung $x_1 = g(x_2)$ für $|x_2 - \bar{x}_2| < \delta$ besitzt.*

Wir halten fest, dass die Höhenlinie für $\frac{\partial u}{\partial x_2}(\bar{x}_1, \bar{x}_2) = 0$ parallel zur x_2-Achse verläuft, weswegen wir nicht erwarten können, dass durch die Gleichung $u(x_1, x_2) = c$ die Variable x_2 als Funktion von x_1 (die zugehörige Funktion $x_2 = g(x_1)$ würde dann in $x_1 = \bar{x}_1$ unendliche Steigung besitzen) definiert wird.

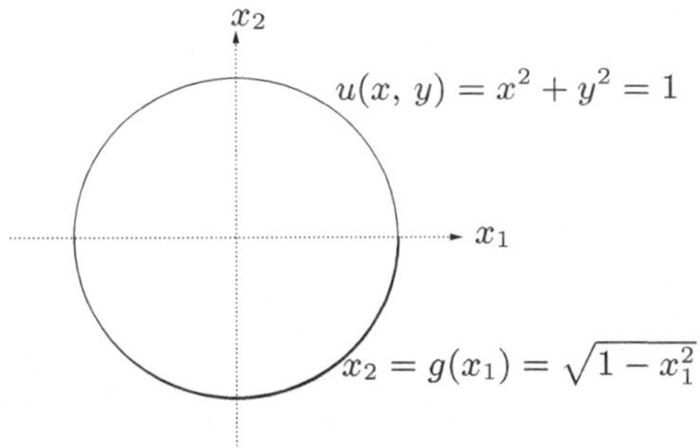

Abb. 55.3. $x_2 = -\sqrt{1 - x_1^2}$ als Teil der Höhenlinie $u(x_1, x_2) = x_1^2 + x_2^2 = 1$

55.3   Höhenlinien und der Gradient

Durch Ableiten beider Seiten von (55.1) erhalten wir mit der Kettenregel

$$\frac{d}{dt}u(g(t)) = \nabla u(x) \cdot g'(t) = \frac{\partial u}{\partial x_1}(g(t))g_1'(t) + \frac{\partial u}{\partial x_2}(g(t))g_2'(t) = 0.$$

Da $g'(t) = (g_1'(t), g_2'(t))$ der Richtung der Tangente der Kurve $g(t)$ entspricht, bedeutet dies, dass die Richtung $g'(t)$ einer Höhenlinie einer Funktion $u : \mathbb{R}^2 \to \mathbb{R}$ zum Gradienten $\nabla u(g(t))$ orthogonal ist. Dabei zeigt der

Gradient $\nabla u(x)$ in die Richtung des steilsten Abstiegs der Funktion $u(x)$ in x, und die Richtung senkrecht zum Gradienten (die Richtung der Höhenlinie) ist eine Richtung, in der u konstant bleibt, vgl. Abb. 55.4. Wenn wir uns entlang einer Höhenlinie bewegen, bleibt die Funktion konstant und wenn wir uns in Richtung des Gradienten bewegen, verändert sich die Funktion so stark wie möglich!

Da der Gradient $\nabla u(\bar{x})$ zur Tangente der Höhenlinie durch $\bar{x}$ normal ist, können wir die Gleichung für die Tangente einer Höhenlinie durch $\bar{x}$ auch als $\nabla u(\bar{x}) \cdot (x - \bar{x}) = 0$ schreiben.

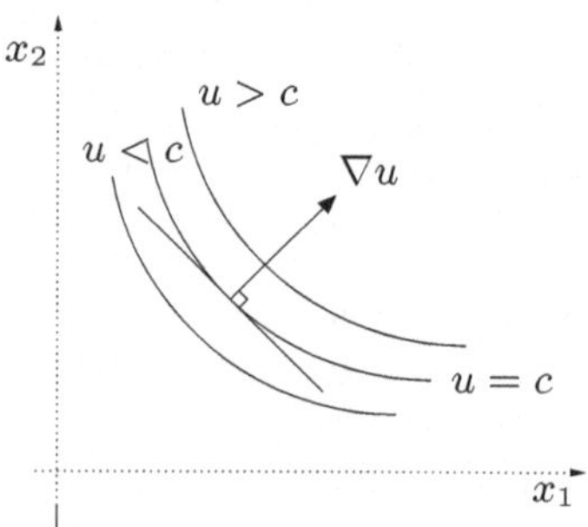

Abb. 55.4. Der Gradient $\nabla u(x)$ einer Funktion $u : \mathbb{R}^2 \to \mathbb{R}$ ist orthogonal zur Höhenlinie von u durch x

Wir fassen zusammen:

Satz 55.2 *Der Gradient $\nabla u(g(t))$ einer Funktion $u : \mathbb{R}^2 \to \mathbb{R}$ ist zur Tangente $g'(t)$ einer Höhenlinie $g : I \to \mathbb{R}$ orthogonal. Die Gleichung für die Tangente einer Höhenlinie durch $\bar{x}$ kann auch als $\nabla u(\bar{x}) \cdot (x - \bar{x}) = 0$ geschrieben werden.*

Beispiel 55.3. Wir betrachten die Funktion $u(x_1, x_2) = x_1^2 + x_2^2$ mit kreisförmigen Höhenlinien $g(t) = (g_1(t), g_2(t))$ für die $g_1^2(t) + g_2^2(t) = c^2$ gilt. Wir erhalten $\nabla u(x) = (2x_1, 2x_2)$ und Ableiten von $g_1^2(t) + g_2^2(t) = c^2$ nach t liefert wie erwartet $0 = 2g_1(t)g_1'(t) + 2g_2(t)g_2'(t) = \nabla u(g(t)) \cdot g'(t)$. Alternativ können wir eine Höhenlinie $g(t)$ mit $g_1^2(t) + g_2^2(t) = c^2$ auch durch $g(t) = c(\cos(t), \sin(t))$ parametrisieren. Wir erhalten $g'(t) = c(-\sin(t), \cos(t)) = (-x_2(t), x_1(t))$ mit $x = g(t)$. Wir überprüfen, dass $\nabla u(g(t)) \cdot g'(t) = 2(x_1(t), x_2(t)) \times (-x_2(t), x_1(t)) = 0$.

Beispiel 55.4. Besitzt $u : \mathbb{R}^2 \to \mathbb{R}$ die Gestalt $u(x_1, x_2) = f(x_1) - x_2$ mit $f : \mathbb{R} \to \mathbb{R}$, dann gilt $\nabla u(x) = (f'(x_1), -1)$. Eine Höhenlinie $u(g(t)) = c$ kann durch $g(t) = (t, f(t) - c)$ parametrisiert werden, mit $g'(t) = (1, f'(t))$. Offensichtlich gilt $\nabla u(g(t)) \cdot g'(t) = (f'(t), -1) \cdot (1, f'(t)) = 0$.

55.4   Niveauflächen

Eine *Niveaufläche* einer Funktion $u : \mathbb{R}^3 \to \mathbb{R}$ ist eine Oberfläche $g : Q \to \mathbb{R}^3$, wobei Q eine Teilmenge von $\mathbb{R}^2$ ist, so dass

$$u(g(y)) = c \quad \text{für } y \in Q \tag{55.2}$$

für eine Konstante c gilt. Eine Niveaufläche wird auch *Isofläche* genannt. Die Punkte auf einer Niveaufläche $g(t)$, die (55.2) erfüllen, besitzen alle den gleichen Funktionswert $u(g(y)) = c$.

55.5   Lokale Existenz von Niveauflächen

Die lokale Existenz von Niveauflächen ergibt sich direkt als Spezialfall des Satzes über implizite Funktionen. Wir erkennen, dass die Niveaufläche als $g(y_1, y_2) = (y_1, y_2, f(y_1, y_2))$, $g(y_1, y_3) = (y_1, f(y_1, y_2), y_3)$ oder $g(y_2, y_3) = (f(y_2, y_3), y_2, y_3)$ parametrisiert ist, mit einer Funktion $f : \mathbb{R}^2 \to \mathbb{R}$, in Abhängigkeit davon, welche der partiellen Ableitungen ungleich Null ist.

Satz 55.3 *Angenommen* $u : \mathbb{R}^3 \to \mathbb{R}$ *habe stetige partielle Ableitungen und* $u(\bar{x}_1, \bar{x}_2, \bar{x}_3) = c$ *mit konstantem* c. *Ist* $\partial u / \partial x_3 \neq 0$, *dann existiert ein* $\delta > 0$, *so dass* $u(x_1, x_2, x_3) = c$ *eine eindeutige Lösung* $x_3 = g(x_1, x_2)$ *besitzt, mit* $\|(x_1, x_2) - (\bar{x}_1, \bar{x}_2)\| < \delta$. *Ist* $\partial u / \partial x_2 \neq 0$, *dann existiert ein* $\delta > 0$, *so dass* $u(x_1, x_2, x_3) = c$ *eine eindeutige Lösung* $x_2 = g(x_1, x_3)$ *besitzt, mit* $\|(x_1, x_3) - (\bar{x}_1, \bar{x}_3)\| < \delta$. *Ist* $\partial u / \partial x_1 \neq 0$, *dann existiert ein* $\delta > 0$, *so dass* $u(x_1, x_2, x_3) = c$ *eine eindeutige Lösung* $x_1 = g(x_2, x_3)$ *besitzt, mit* $\|(x_2, x_3) - (\bar{x}_2, \bar{x}_3)\| < \delta$.

55.6   Niveauflächen und der Gradient

Das Ableiten beider Seiten von (55.2) nach y_1 und y_2 für $y = (y_1, y_2)$ liefert mit der Kettenregel

$$\frac{\partial}{\partial y_i} u(g(y)) = \nabla u(g(y)) \cdot g'_{,i}(y) = 0, \quad i = 1, 2,$$

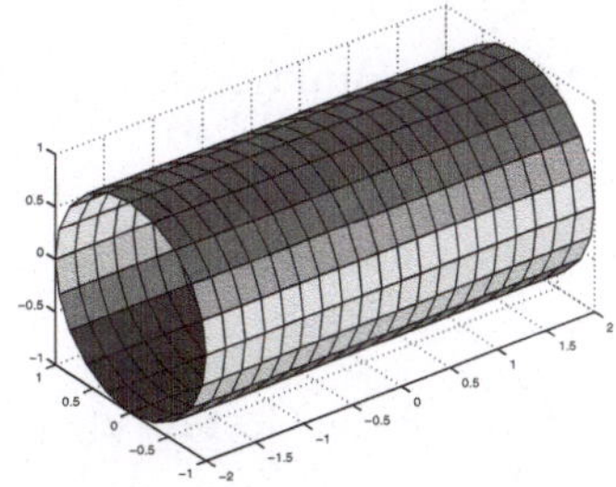

Abb. 55.5. Eine Stück der Niveaufläche $u(x_1, x_2, x_3) = x_1^2 + x_3^2 = 1$

wobei wir die Schreibweise

$$g'_{,i}(y) = \frac{\partial}{\partial y_i} g(y)$$

benutzen. Wir verwenden das Komma in $g'_{,i}$, um die Ableitung nach x_i anzudeuten, wohingegen g_i für Komponente i von $g = (g_1, g_2, g_3)$ steht. Wir erinnern daran, dass die Tangentialebene (Linearisierung) von $g(y)$ in $\bar{x} = g(\bar{y})$ durch $(y_1, y_2) \to g(\bar{y}) + (y_1 - \bar{y}_1)g'_{,1}(\bar{y}) + (y_2 - \bar{y}_2)g'_{,2}(\bar{y})$ gegeben ist und wir folgern, dass $\nabla u(g(\bar{y}))$ zur Tangentialebene der Niveaufläche durch $\bar{x} = g(\bar{y})$ orthogonal ist. Wir sagen, dass $\nabla u(g(\bar{y}))$ zur *Niveaufläche* $u(x) = c$ durch $\bar{x} = g(\bar{y})$ *orthogonal* ist oder dass $\nabla u(g(\bar{y}))$ eine *Normale* zur *Niveaufläche* $u(x) = c$ in $\bar{x} = g(\bar{y})$ ist, vgl. Abb. 55.6. Da $\nabla u(\bar{x})$ folglich eine Normale zur Tangentialebene in x ist, kann die Gleichung für die Tangentialebene einer Niveaufläche durch $\bar{x}$ auch in der Form $\nabla u(\bar{x}) \cdot (x - \bar{x}) = 0$ geschrieben werden.

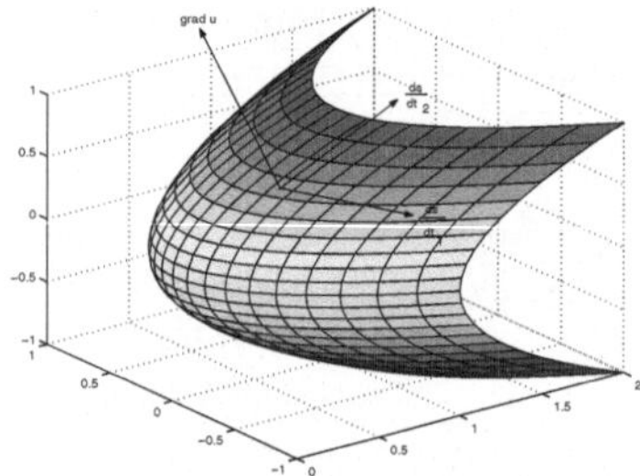

Abb. 55.6. Der Gradient $\nabla u(x) = (2x_1, -1, 2x_3)$ von $u(x_1, x_2, x_3) = x_1^2 + x_3^2 - x_2$ ist orthogonal zur Niveaufläche $(x_1, x_3) \to g(x_1, x_3) = (x_1, x_1^2 + x_3^2 + c, x_3)$, da $g'_1 = (1, 2x_1, 0)$ und $g'_3 = (0, 2x_3, 1)$

Wir fassen zusammen:

Satz 55.4 *Der Gradient $\nabla u(\bar{x})$ einer Funktion $u : \mathbb{R}^3 \to \mathbb{R}$ ist orthogonal zur Tangentialebene $(y_1, y_2) \to g(\bar{y}) + (y_1 - \bar{y}_1)g'_{,1}(\bar{y}) + (y_2 - \bar{y}_2)g'_{,2}(\bar{y})$ einer Niveaufläche $y \to x = g(y)$ für $\bar{x} = g(\bar{y})$. Die Gleichung für die Tangentialebene einer Niveaufläche durch $\bar{x}$ kann auch in der Form $\nabla u(\bar{x}) \cdot (x - \bar{x}) = 0$ geschrieben werden.*

Beispiel 55.5. Wir betrachten die Funktion $u(x) = x_1^2 + x_2^2 + x_3^2$ mit den Niveauflächen $g(y)$, für die $g_1^2(y) + g_2^2(y) + g_3^2(y) = c^2$ gilt, wodurch Kugeln um den Ursprung mit Radius c beschrieben werden. Der Gradient $\nabla u(x) = 2x$ ist offensichtlich orthogonal zu einer Tangentialebene einer Niveaufläche in x.

Beispiel 55.6. Besitzt $u : \mathbb{R}^3 \to \mathbb{R}$ die Gestalt $u(x_1, x_2, x_3) = f(x_1, x_2) - x_3$ mit $f : \mathbb{R}^2 \to \mathbb{R}$, dann ist $\nabla u(x) = (f'_{,1}(x_1, x_2), f'_{,2}(x_1, x_2), -1)$. Eine Niveaufläche $u(g(y)) = c$ kann durch $g(y) = ((y_1, y_2, f(y_1, y_2) - c)$ parametrisiert werden, mit $g'_{,1}(y) = (1, 0, f'_{,1}(y))$ und $g'_{,2}(y) = (0, 1, f'_{,2}(y))$. Offensichtlich gilt $\nabla u(g(y)) \cdot g'_{,i}(y) = 0$ für $i = 1, 2$.

Aufgaben zu Kapitel 55

55.1. Skizzieren Sie die folgenden Oberflächen in $\mathbb{R}^3$: (a) $\Gamma = \{x : x_1^2 + x_2^2 = x_3\}$, (b) $\Gamma = \{x : x_1^2 + 2x_2^2 + 3x_3^2 = 6\}$, (c) $\Gamma = \{x : x_1^2 + x_2^2 = -x_3^2\}$, (d) $\Gamma = \{x : x_1^2 + x_2^2 = x_3^2\}$. Bestimmen Sie Tangentialebenen für die Flächen in verschiedenen Punkten.

55.2. Suchen Sie eine Parametrisierung für die Schnittkurven der Flächen der vorangegangenen Aufgabe mit der Ebene $x_3 - 1$.

55.3. Zeigen Sie, dass die Oberfläche $\Gamma = \{x : x_1^2 + 2x_2^2 + 3x_3^2 + x_1 x_3^3 = 7\}$ nahe bei $(1, 1, 1)$ auch in der Form $x_3 = g(x_1, x_2)$ ausgedrückt werden kann.

55.4. Berechnen Sie die Gradienten für folgende Funktionen $f : \mathbb{R}^3 \to \mathbb{R}$: (a) $f(x) = x_1^n(x_2^n + x_3^n)$, (b) $f(x) = |x|$, (c) $f(x) - |x|^2$, (d) $f(x) = 1/|x|$, (e) $f(x) = \exp(x_1 x_2 x_3)$.

55.5. Bestimmen Sie für jede der Funktionen der vorangegangenen Aufgabe die Gleichung für die Tangentialebene zur Niveaufläche $f(x) = f(1, 1, 1)$ in $x = (1, 1, 1)$.

55.6. Bestimmen Sie die Gleichung für die Tangentialebene in $x = (1, 2, 3)$ für die folgenden Flächen: (a) $x_3 = \frac{3}{2}x_1 x_2$, (b) $x_2 = \sin(2\pi x_1) + 2\cos(2\pi x_3)$, (c) $x_1^2 + x_2^2 + x_3^2 = 14$.

55.7. Bestimmen Sie die Tangentialebene und den Normalenvektor für die Ellipse $x_1^2 + 3x_2^2 = 10$ in $x = (1, \sqrt{3})$.

55.8. Sei $f : Q \to \mathbb{R}$, wobei $Q = [0, 1] \times [0, 1]$ das Einheitsquadrat ist, mit $f(x) = 0$ für x auf der Grenze von Q. Beweisen Sie mit praktischen Annahmen, dass es einen Punkt $y \in Q$ gibt, so dass $\nabla f(y) = 0$.

56

Linearisierung und Stabilität von Anfangswertproblemen

The logos of somewome to that base anything, when most characte-
ristically mantissa minus, comes to nullum in the endth: orso, here
is nowet badder than the sin of Aha with his cosin Lil, verswaysed
on coversvised, and all that's consecants and cotangincies...
(Finnegans Wake, James Joyce)

56.1 Einleitung

Wir setzen die Untersuchung des allgemeinen Anfangswertproblems (40.1)
fort und konzentrieren uns diesmal auf die *Stabilität* der Lösungen, die ein
Maß sind für die *Sensitivität der Lösungen auf Störungen in den gegebenen Daten*. Dies ist ein sehr wichtiger Gesichtspunkt für das Verhalten
von Lösungen, wie wir bereits im Kapitel „Das allgemeine Anfangswertproblem" angedeutet haben und nun etwas genauer untersuchen wollen.

Wir betrachten ein autonomes Problem der Form

$$\dot{u}(t) = f(u(t)) \quad \text{für } 0 < t \le T,\ u(0) = u^0, \tag{56.1}$$

wobei $f : \mathbb{R}^d \to \mathbb{R}^d$ eine gegebene beschränkte Lipschitz-stetige Funktion ist und $u^0 \in \mathbb{R}^d$ sind gegebene Anfangswerte. Wir suchen eine Lösung
$u : [0, T] \to \mathbb{R}^d$, wobei wir uns $[0, T]$ als ein gegebenes Zeitintervall vorstellen. Um die Stabilität einer gegebenen Lösung $u(t)$ gegen kleine Störungen
in den Eingangsdaten u^0 zu untersuchen, werden wir ein assoziiertes *linea-
risiertes Problem* betrachten, das wir durch Linearisierung der Funktion
$v \to f(v)$ um die Lösung $u(t)$ herum erhalten.

56.2   Stationäre Lösungen

Wir betrachten zunächst den einfachsten Fall einer *stationären Lösung* $u(t) = \bar{u}$ für $0 \leq t \leq T$, d.h. eine Lösung $u(t)$ von (56.1), die von der Zeit t unabhängig ist. Da $\dot{u}(t) = 0$, wenn $u(t)$ von der Zeit unabhängig ist, ist $u(t) = \bar{u}$ eine stationäre Lösung, falls $f(\bar{u}) = 0$ und $u^0 = \bar{u}$, für $\bar{u} = (\bar{u}_1, \ldots, \bar{u}_d) \in \mathbb{R}^d$. Die Gleichung $f(\bar{u}) = 0$ entspricht einem System von d Gleichungen $f_i(\bar{u}_1, \ldots, \bar{u}_d) = 0$, $i = 1, \ldots, d$ mit d Unbekannten $\bar{u}_1, \ldots, \bar{u}_d$, wobei die f_i die Komponenten von f sind. Wir untersuchten derartige Gleichungssysteme im Kapitel „Vektorwertige Funktionen mehrerer reeller Variablen". Hier nehmen wir die Existenz einer stationären Lösung $u(t) = \bar{u}$ an, so dass $\bar{u} \in \mathbb{R}^d$ die Gleichung $f(\bar{u}) = 0$ erfüllt. Im Allgemeinen werden mehrere Lösungen $\bar{u}$ der Gleichung $f(u) = 0$ existieren, weswegen es mehrere stationäre Lösung geben kann. Wir bezeichnen eine stationäre Lösung $u(t) = \bar{u}$ auch als *Gleichgewichtslösung*.

Beispiel 56.1. Die stationären Lösungen $\bar{u}$ des Unfallmodells

$$\begin{cases} \dot{u}_1 + \nu u_1 - \kappa u_1 u_2 = \nu & t > 0, \\ \dot{u}_2 + 2\nu u_2 - \nu u_2 u_1 = 0 & t > 0, \end{cases} \tag{56.2}$$

der Form $\dot{u} = f(u)$ mit $f(u) = (-\nu u_1 + \kappa u_1 u_2 + \nu, -2\nu u_2 + \nu u_2 u_1)$ lauten $\bar{u} = (1, 0)$ und $\bar{u} = (2, \frac{\nu}{\kappa})$.

56.3   Linearisierung bei einer stationären Lösung

Wir werden nun Störungen einer gegebenen stationären Lösung bei kleinen Störungen in den Eingangsdaten untersuchen. Wir setzen daher voraus, dass $f(\bar{u}) = 0$ und bezeichnen die zugehörige Gleichgewichtslösung mit $\bar{u}(t)$ für $t > 0$, d.h. $\bar{u}(t) = \bar{u}$ für $t > 0$. Wir betrachten das Anfangswertproblem (56.1) mit $u^0 = \bar{u} + \varphi^0$, wobei $\varphi^0 \in \mathbb{R}^d$ eine gegebene kleine Störung der Eingangsdaten $\bar{u}$ ist. Wir bezeichnen die zugehörige Lösung mit $u(t)$ und konzentrieren uns auf die Störung der Lösung, d.h., auf $\psi(t) = u(t) - \bar{u}(t) = u(t) - \bar{u}$. Wir wollen für die Störung $\psi(t)$ eine Differentialgleichung herleiten, wozu wir f in $\bar{u}$ linearisieren:

$$f(u(t)) = f(\bar{u} + \psi(t)) = f(\bar{u}) + f'(\bar{u})\psi(t) + e(t),$$

wobei $f'(\bar{u})$ die Jacobi-Matrix von $f : \mathbb{R}^d \to \mathbb{R}^d$ in $\bar{u}$ ist. Der Fehlerausdruck $e(t)$ ist quadratisch in $\psi(t)$ (und daher sehr klein, falls $\psi(t)$ klein ist). Da $f(\bar{u}) = 0$ und $u(t)$ Gleichung (56.1) erfüllt, gilt

$$\dot{\psi}(t) = \frac{d}{dt}\left(\bar{u} + \psi(t)\right) = f(u(t)) = f'(\bar{u})\psi(t) + e(t).$$

Wenn wir den quadratischen Ausdruck $e(t)$ vernachlässigen, führt uns das auf ein lineares Anfangswertproblem:

$$\dot{\varphi}(t) = f'(\bar{u})\varphi(t) \quad \text{für } t > 0, \quad \varphi(0) = \varphi^0, \tag{56.3}$$

wobei $\varphi(t)$ eine Näherung der Störung $\psi(t) = u(t) - \bar{u}$ ist, die bis auf einen Ausdruck zweiter Ordnung miteinander übereinstimmen. Wir bezeichnen (56.3) als das *linearisierte Problem*, das mit der stationären Lösung $\bar{u}$ von (56.1) im Zusammenhang steht. Da $f'(\bar{u})$ eine konstante $d \times d$-Matrix ist, können wir die Lösung von (56.3) mit Hilfe der Exponentialfunktion für Matrizen als

$$\varphi(t) = \exp(tA)\varphi^0 \quad \text{für } 0 < t \leq T \tag{56.4}$$

schreiben, mit $A = f'(\bar{u})$. Somit haben wir eine Formel gefunden, die die Entwicklung der Störung $\varphi(t)$ beschreibt, die mit einer Anfangsstörung $\varphi(0) = \varphi^0$ beginnt. Abhängig von den Eigenschaften der Matrix $\exp(tA)$ kann die Störung mit der Zeit anwachsen oder abnehmen, was einer stärkeren oder schwächeren Sensitivität der Lösung $u(t)$ auf Störungen in den Eingangsdaten entspricht und somit unterschiedliche Stabilitätseigenschaften des gegebenen Problems aufzeigt.

Ist A diagonalisierbar, so dass also $A = B\Lambda B^{-1}$ mit einer $d \times d$ Matrix B und einer Diagonalmatrix Λ mit den Eigenwerten $\lambda_1, \ldots, \lambda_d$ von A, so wissen wir, dass

$$\varphi(t) = B \exp(t\Lambda)B^{-1}\varphi^0 \quad \text{für } t \geq 0. \tag{56.5}$$

Daran sehen wir, dass jede der Komponenten von $\varphi(t)$ eine Linearkombination von $\exp(t\lambda_1), \ldots, \exp(t\lambda_d)$ ist und dass das Vorzeichen des Realteils Re λ_i von λ_i darüber entscheidet, ob der zugehörige Ausdruck exponentiell wächst oder abnimmt. Sind einige der Re $\lambda_i > 0$, dann werden bestimmte Störungen exponentielles Wachstum bewirken, was bedeutet, dass die zugehörige stationäre Lösung $\bar{u}$ *instabil* ist. Sind andererseits alle Re $\lambda_i < 0$, dann erwarten wir, dass $\bar{u}$ *stabil* ist.

Diese Betrachtungen sind qualitativer Natur und um genauer zu sein, sollten wir Beurteilungen zur Stabilität oder Instabilität auf quantitative Abschätzungen des Störungseinflusses abstützen. Im diagonalisierbaren Fall folgt aus (56.5) in der euklidischen Vektor- und Matrixnorm, dass

$$\|\varphi(t)\| \leq \|B\|\|B^{-1}\| \max_{i=1,\ldots,d} \exp(t\lambda_i)\|\varphi^0\|. \tag{56.6}$$

Wir erkennen, dass das maximale Wachstum einer Störung durch den größten exponentiellen Faktoren $\exp(t\lambda_i)$ und die Faktoren $\|B\|$ und $\|B^{-1}\|$ beschränkt ist. Ist die Matrix B orthonormal, dann ist $\|B\| = \|B^{-1}\| = 1$ und das Wachstum einer Störung hängt alleine von den exponentiellen Faktoren $\exp(t\lambda_i)$ ab. Wir widmen diesem Fall besondere Aufmerksamkeit.

56.4 Stabilitätsanalyse für symmetrisches $f'(\bar{u})$

Ist $A = f'(\bar{u})$ symmetrisch, so dass $A = Q\Lambda Q^{-1}$ mit orthonormalem Q und Diagonalmatrix Λ mit reellen Diagonalelementen λ_i, dann gilt

$$\|\varphi(t)\| \leq \max_{i=1,\ldots,d} \exp(t\lambda_i)\|\varphi^0\|. \tag{56.7}$$

Sind insbesondere alle Eigenwerte $\lambda_i \leq 0$, dann können Störungen $\varphi(t)$ nicht mit der Zeit anwachsen, weswegen wir die Lösung $\bar{u}$ *stabil* nennen. Ist andererseits ein $\lambda_i > 0$ mit zugehörigem Eigenvektor g_i, dann löst $\varphi(t) = \exp(t\lambda_i)g_i$ das linearisierte Anfangswertproblem (56.3) mit $\varphi^0 = g_i$ und die besondere Störung $\varphi(t)$ wächst dann exponentiell. Wir bezeichnen die Lösung $\bar{u}$ dann als *instabil*. Natürlich beeinflusst die Größe des positiven Eigenwerts das Wachstum der Störung. Ist also $\lambda_i > 0$ klein, dann ist auch das Wachstum klein und die Instabilität ist schwach ausgeprägt. Ist andererseits λ_i negativ und klein, dann ist auch die exponentielle Abnahme langsam.

56.5 Stabilitätsfaktoren

Wir können die Stabilitätseigenschaften einer gegebenen Störung φ^0 durch den folgendermaßen definierten *Stabilitätsfaktor* $S(T, \varphi^0)$ ausdrücken:

$$S(T, \varphi_0) = \max_{0 \leq t \leq T} \frac{\|\varphi(t)\|}{\|\varphi^0\|},$$

wobei $\varphi(t)$ das linearisierte Problem (56.3) zu den Eingangsdaten φ^0 löst. Der Stabilitätsfaktor $S(T, \varphi^0)$ ist ein Maß für das maximale Wachstum der Norm von $\varphi(t)$ im Zeitintervall $[0, T]$ relativ zur Norm des Anfangswerts φ^0.

Wir können nun versuchen, die Stabilitätseigenschaften einer stationären Lösung $\bar{u}$ durch Maximierung über alle verschiedenen Störungen zu erfassen:

$$S(T) = \max_{\varphi^0 \neq 0} S(T, \varphi^0).$$

Ist der Stabilitätsfaktor $S(T)$ groß, dann wachsen einige Störungen sehr stark im Zeitintervall $[0, T]$ an, was große Sensitivität auf Störungen oder *Instabilität* bedeutet. Ist andererseits $S(T)$ nur moderat groß, dann ist auch der Störungseinfluß moderat, was *Stabilität* bedeutet. Mit Hilfe der euklidischen Matrixnorm können wir $S(T)$ auch, wie folgt, schreiben:

$$S(T) = \max_{0 \leq t \leq T} \|\exp(tA)\|.$$

Beispiel 56.2. Sei $A = f'(\bar{u})$ symmetrisch mit den Eigenwerten $\lambda_1, \ldots, \lambda_d$. Dann ist

$$S(T) = \max_{i=1,\ldots,d} \max_{0 \leq t \leq T} \exp(t\lambda_i).$$

Insbesondere ist $S(T) = 1$, falls alle $\lambda_i \leq 0$.

Beispiel 56.3. Das Anfangswertproblem für ein Pendel besitzt die Form

$$\dot{u}_1 = u_2, \quad \dot{u}_2 = -\sin(u_1) \quad \text{für } t > 0,$$
$$u_1(0) = u_{01}, \ u_2(0) = u_{02},$$

was $f(u) = (u_2, -\sin(u_1))$ entspricht. Die Gleichgewichtslösungen sind $\bar{u} = (0,0)$ und $\bar{u} = (\pi, 0)$. Es gilt

$$f'(\bar{u}) = \begin{pmatrix} 0 & 1 \\ -\cos(\bar{u}_1) & 0 \end{pmatrix}$$

und das linearisierte Problem in $\bar{u} - (0,0)$ nimmt die Form

$$\dot{\varphi}(t) = \begin{pmatrix} 0 & 1 \\ -1 & 0 \end{pmatrix} \varphi(t) = A_0\varphi(t) \quad \text{für } t > 0, \quad \varphi(0) = \varphi^0$$

an, mit der Lösung

$$\varphi_1(t) = \varphi_1^0 \cos(t) + \varphi_2^0 \sin(t), \quad \varphi_2(t) = -\varphi_1^0 \sin(t) + \varphi_2^0 \cos(t).$$

Durch direkte Berechnung (oder unter Ausnutzung, dass $\begin{pmatrix} \cos(t) & \sin(t) \\ -\sin(t) & \cos(t) \end{pmatrix}$ eine orthonormale Matrix ist) erhalten wir, dass für $t > 0$

$$\|\varphi(t)\|^2 = \|\varphi_0\|^2$$

gilt, d.h., die Norm $\|\varphi(t)\|$ einer Lösung $\varphi(t)$ der linearisierten Gleichungen ist von der Zeit unabhängig, was bedeutet, dass der Stabilitätsfaktor $S(T) = 1$ für alle $t > 0$. Wir folgern, dass die Norm einer Störung für immer klein bleibt, wenn sie zu Beginn klein ist. Dies bedeutet, dass die Gleichgewichtslösung $\bar{u} = (0,0)$ *stabil* ist. Genauer gesagt, so wird das Pendel mit konstanter Amplitude um die Ausgangsposition vor- und zurückschwingen, wenn es anfänglich ein bisschen in seiner Ruhelage gestört wird. Dies entspricht natürlich unserer experimentellen Erfahrung.

Dabei ist der linearisierte Operator A_0 unsymmetrisch; die Eigenwerte von A_0 sind rein imaginär $\pm i$, woraus folgt, dass $\|\varphi(t)\| = \|\varphi^0\|$ und dass eine Störung weder wächst noch abnimmt. Wir können auf eine andere Art zu demselben Ergebnis kommen, indem wir ausnutzen, dass A_0 *antisymmetrisch* ist, d.h. dass $A_0^\top = -A_0$. Daraus folgt, dass $(A_0\varphi, \varphi) = (\varphi, A_0^\top \varphi) =$

$-(\varphi, A_0\varphi) = -(A_0\varphi, \varphi)$ und somit $(A_0\varphi, \varphi) = 0$, wobei $(\cdot, \cdot)$ das Skalarprodukt in $\mathbb{R}^2$ ist. Aus der Gleichung $\dot{\varphi} = A_0\varphi$ folgt nach Multiplikation mit φ, dass $0 = (\dot{\varphi}, \varphi) = \frac{1}{2}\frac{d}{dt}(\varphi, \varphi) = \frac{1}{2}\frac{d}{dt}\|\varphi\|^2$, woraus sich $\|\varphi(t)\|^2 = \|\varphi_0\|^2$ ergibt.

Das linearisierte Problem in $\bar{u} = (\pi, 0)$ lautet:

$$\dot{\varphi}(t) = \begin{pmatrix} 0 & 1 \\ 1 & 0 \end{pmatrix} \varphi(t) = A_\pi\varphi(t) \quad \text{für } t > 0, \quad \varphi(0) = \varphi^0,$$

mit symmetrischer Matrix A_π mit den Eigenwerten ± 1. Da ein Eigenwert positiv ist, ist die stationäre Lösung $\bar{u} = (\pi, 0)$ instabil. Genauer gesagt, so ergibt sich die Lösung zu

$$\varphi_1 = \frac{\varphi_1^0}{2}(e^t + e^{-t}) + \frac{\varphi_2^0}{2}(e^t - e^{-t}), \quad \varphi_2 = \frac{\varphi_1^0}{2}(e^t - e^{-t}) + \frac{\varphi_2^0}{2}(e^t + e^{-t}).$$

Aufgrund des exponentiellen Faktors e^t, wachsen Störungen mit der Zeit exponentiell und daher wird eine anfänglich kleine Störung groß werden, sobald etwa $t \geq 10$. Physikalisch bedeutet dies, dass selbst eine winzig kleine Störung das Pendel aus seiner „Über-Kopf-Lage" bringen wird. Dies stimmt natürlich mit unserer Beobachtung überein: Ein Pendel über Kopf auszubalanzieren ist ein kniffliges Unterfangen. Bereits kleinste Störungen wachsen schnell zu großen Störungen an und die Gleichgewichtslösung $(\pi, 0)$ des Pendels ist instabil.

Beispiel 56.4. Die Linearisierung des Unfallmodells (56.2) in der Gleichgewichtslösung $\bar{u} = (1, 0)$ nimmt folgende Form an:

$$\dot{\varphi}(t) = \begin{pmatrix} -\nu & \kappa \\ 0 & -\nu \end{pmatrix} \varphi(t) = A_{\nu,\kappa}\varphi(t) \quad \text{für } t > 0, \quad \varphi(0) = \varphi^0. \tag{56.8}$$

Die Lösung ergibt sich zu $\varphi_1(t) = t\kappa \exp(-\nu t)\varphi_2^0 + \exp(-\nu t)\varphi_1^0$ und $\varphi_2(t) = \varphi_2^0 \exp(-\nu t)$. Offensichtlich nimmt $\varphi_2(t)$ monoton auf Null ab, wie auch $\varphi_1(t)$ für $\kappa = 0$. Ist jedoch $\kappa \neq 0$, erreicht $\varphi_1(t)$, wenn wir der Einfachheit halber annehmen, dass $\varphi_1^0 = 0$, den folgenden Wert an:

$$\varphi_1(\nu^{-1}) = \nu^{-1}\kappa \exp(-1)\varphi_2^0,$$

worin der Faktor ν^{-1} enthalten ist, der groß wird, wenn ν klein ist. Anders formuliert, so ist der Stabilitätsfaktor $S(\nu^{-1}) \sim \nu^{-1}$ groß, wenn ν klein ist. Schließlich wird $\varphi_1(t)$ jedoch auf Null abnehmen. Als Folge davon ist die Gleichgewichtslösung $(1, 0)$ nur gegen kleine Störungen stabil. Wie wir im Kapitel „Das Unfallmodellierung" gesehen haben, ist $(1, 0)$ instabil gegenüber Störungen oberhalb einer von λ abhängigen Schwelle. Wir halten fest, dass die Jacobi-Matrix $f'(\bar{u}) = A_{\nu,\kappa}$ einen doppelten Eigenwert $-\nu$ besitzt. $A_{\nu,\kappa}$ ist jedoch nicht-symmetrisch und der Raum der Eigenvektoren ist eindimensional und wird von $(1, 0)$ aufgespannt. Als Folge davon tritt der Ausdruck $t\kappa \exp(-\nu t)\varphi_2^0$, der linear in t ist, auf. Daher kann für ein hochgradig nicht-symmetrisches Problem (wenn ν klein ist) ein großes Wachstum $\sim \nu^{-1}$ der Störung möglich sein, obwohl alle Eigenwerte nicht positiv sind.

Die Matrix $A_{\nu,\kappa}$ ist ein Beispiel für eine *nicht-normale* Matrix. Eine nicht-normale Matrix A ist eine Matrix, für die $A^{\top}A \neq AA^{\top}$. Eine nicht-normale Matrix kann diagonalisierbar sein oder nicht. Ist sie diagonalisierbar, so dass also $A = B\Lambda B^{-1}$, dann kann $\|B\|$ oder $\|B^{-1}\|$ groß sein, was zu großen Stabilitätsfaktoren für das zugehörige linearisierte Problem führt, wie wir gerade gesehen haben (vgl. Aufgabe 56.5).

Die Linearisierung der Gleichgewichtslösung $\bar{u} = (2, \frac{\nu}{\kappa})$ nimmt die Form

$$\dot{\varphi}(t) = \begin{pmatrix} 0 & 2\kappa \\ \frac{\nu^2}{\kappa} & 0 \end{pmatrix} \varphi(t) \quad \text{für } t > 0, \quad \varphi(0) = \varphi^0 \tag{56.9}$$

an. Die Eigenwerte der Jacobi-Matrix sind $\pm\sqrt{2}\nu$ und die Lösung ist eine Linearkombination von $\exp(\sqrt{2}\nu t)$ und $\exp(-\sqrt{2}\nu t)$. Sie besitzt folglich einen exponentiell wachsenden Teil mit dem Wachstumsfaktor $\exp(\sqrt{2}\nu t)$. Die Gleichgewichtslösung $u = (2, \frac{\nu}{\kappa})$ ist daher instabil.

56.6 Stabilität zeitabhängiger Lösungen

Wir wollen nun versuchen, die Reichweite unserer Aussagen auf die Linearisierung und die linearisierte Stabilität für die zeitabhängige Lösung $\bar{u}(t)$ von (56.1) auszudehnen. Wir wollen Lösungen der Form $u(t) = \bar{u}(t) + \psi(t)$ untersuchen, wobei $\psi(t)$ eine Störung ist. Mit Hilfe von $\frac{d}{dt}\bar{u} = f(\bar{u})$ und der Linearisierung von f in $\bar{u}(t)$ erhalten wir

$$\frac{d}{dt}(\bar{u} + \psi)(t) = f(\bar{u}(t)) + f'(\bar{u}(t))\psi(t) + e(t),$$

wobei $e(t)$ ein in $\psi(t)$ quadratischer Ausdruck ist. Dies führt uns auf die linearisierte Gleichung

$$\dot{\varphi}(t) = A(t)\varphi(t) \quad \text{für } t > 0, \varphi(0) = \varphi^0, \tag{56.10}$$

wobei $A(t) = f'(\bar{u}(t))$ eine $d \times d$-Matrix ist, die von t abhängt, wenn $\bar{u}(t)$ von t abhängt. Wir kennen keine analytische Lösungsformel für dieses allgemeine Problem, weswegen ein analytischer Zugang zu den Stabilitätseigenschaften des linearisierten Problems (56.10) schwierig sein kann, auch wenn sich die Eigenschaften der Lösung $\bar{u}(t)$ durch Lösungen $\varphi(t)$ von (56.10) ausdrücken lassen. Wir können wie oben Stabilitätsfaktoren $S(T, \varphi^0)$ und $S(T)$ definieren, und wir können sagen, dass die Lösung $\bar{u}(t)$ stabil ist, wenn $S(T)$ mäßig groß ist und instabil, wenn $S(T)$ groß ist. Um $S(T)$ im

Allgemeinen zu bestimmen, müssen wir numerische Methoden anwenden und (56.10) für verschiedene Eingangsdaten φ^0 lösen. Wir werden auf die Berechnung von Stabilitätsfaktoren im nächsten Kapitel zurückkommen, wenn wir adaptive Löser für Anfangswertprobleme untersuchen.

56.7 Zusammenfassung

Die Frage nach der Stabilität von Lösungen von Anfangswertproblemen ist von zentraler Wichtigkeit. Wir können für den Fall einer stationären Lösung mit zugehöriger symmetrischer Jacobi-Matrix klare Aussagen machen. Für den Fall bedeutet ein positiver Eigenwert Instabilität, wobei die Instabilität mit dem Eigenwert anwächst; sind alle Eigenwerte negativ, bedeutet dies Stabilität. Für den Fall einer anti-symmetrischen Jacobi-Matrix liegt ebenso Stabilität vor, wobei die Norm der Störungen über die Zeit konstant bleibt. Ist die Jacobi-Matrix nicht-normal, müssen wir vorsichtig sein und bedenken, dass pure Sicht auf das Vorzeichen des Realteils der Eigenwerte in die Irre führen kann: Im nicht-normalen Fall, kann algebraisches Wachstum tatsächlich für eine bestimmte Zeit gegenüber langsamer exponentieller Abnahme überwiegen. In diesen Fällen, wie auch für zeitabhängige Lösungen, kann eine analytische Stabilitätsanalyse jenseits unserer Möglichkeiten sein und die gewünschte Information zur Stabilität kann dann nur durch numerische Lösung des assoziierten linearisierten Problems erhalten werden.

Aufgaben zu Kapitel 56

56.1. Bestimmen Sie die stationären Lösungen für das System

$$\dot{u}_1 = u_2(1 - u_1^2),$$
$$\dot{u}_2 = 2 - u_1 u_2$$

und untersuchen Sie die Stabilität dieser Lösungen.

56.2. Bestimmen Sie die stationären Lösungen für das folgende System (Minea-Gleichungen) für verschiedene $\delta > 0$ und γ:

$$\dot{u}_1 = -u_1 - \delta(u_2^2 + u_3^2) + \gamma,$$
$$\dot{u}_2 = -u_2 - \delta u_1 u_2,$$
$$\dot{u}_3 = -u_3 - \delta u_1 u_3.$$

Untersuchen Sie die Stabilität dieser Lösungen.

56.3. Bestimmen Sie die stationären Lösungen für das System (56.1) mit
(a) $f(u) = (u_1(1 - u_2), u_2(1 - u_1))$,

(b) $f(u) = (-2(u_1 - 10) + u_2 \exp(u_1), -2u_2 - u_2 \exp(u_1))$,

(c) $f(u) = (u_1 + u_1 u_2^2 + u_1 u_3^2, -u_1 + u_2 - u_2 u_3 + u_1 u_2 u_3, u_2 + u_3 - u_1^2)$

und untersuchen Sie die Stabilität dieser Lösungen.

56.4. Bestimmen Sie die stationären Lösungen für das System (56.1) mit

(a) $f(u) = (-1001u_1 + 999u_2, 999u_1 - 1001u_2)$,

(b) $f(u) = (-u_1 + 3u_2 + 5u_3, -4u_2 + 6u_3, u_3)$,

(c) $f(u) = (u_2, -u_1 - 4u_2)$

und untersuchen Sie die Stabilität dieser Lösungen.

56.5. Analysieren Sie die Stabilität der folgenden Variante des linearisierten Problems (56.8) mit kleinem $\epsilon > 0$:

$$\dot{\varphi}(t) = \begin{pmatrix} -\nu & \kappa \\ \epsilon & -\nu \end{pmatrix} \varphi(t) = A_{\nu,\kappa,\epsilon}\varphi(t) \quad \text{für } t > 0, \quad \varphi(0) = \varphi^0. \tag{56.11}$$

Diagonalisieren Sie dazu die Matrix $A_{\nu,\kappa,\epsilon}$. Beachten Sie, dass die Diagonalisierung entartet, wenn ϵ gegen Null strebt (d.h. dass zwei Eigenvektoren parallel werden). Prüfen Sie, ob $A_{\nu,\kappa,\epsilon}$ eine normale oder eine nicht-normale Matrix ist.

57
Adaptive Löser für Anfangswertprobleme

Bei zwei Gelegenheiten wurde ich (von Mitgliedern des Parlaments) gefragt: „Sagen Sie, Mr. Babbage, wenn Sie falsche Zahlen in die Maschine geben, wird dann die richtige Antwort herauskommen?". Ich kann die Art von Verwirrung nicht richtig verstehen, die solch eine Frage hervorrufen kann.
(Babbage (1792–1871))

57.1   Einleitung

In diesem Kapitel untersuchen wir den wichtigen Gesichtspunkt der *adaptiven Fehlerkontrolle* bei numerischen Methoden zur Berechnung von Anfangswertproblemen. Uns interessiert dabei eine automatische Zeitschrittwahl, um den numerischen Fehler innerhalb einer Toleranz zu halten und dabei so wenige Zeitschritte wie möglich zu benötigen. Die zentrale Idee ist dabei, *Rückkopplungsinformationen* aus der Berechnung des *Residuums* der berechneten Lösung mit den Ergebnissen zusätzlicher Berechnungen des *Stabilitätsfaktors* zu kombinieren. Wir konzentrieren uns dabei zunächst auf die cG(1)-Methode und werden dann das rückwärtige Euler Verfahren kommentieren, das auch als diskontinuierliche Galerkin-Methode mit stückweise konstanten Funktionen, dG(0), bezeichnet wird.

Daneben werden wir auch Anwendungen der cG(1)- und der dG(0)-Methode für eine Klasse sogenannter *steifer* Anfangswertprobleme, AWP, diskutieren, die typischerweise bei der Modellierung chemischer Reaktionen auftreten.

57.2   Die cG(1)-Methode

Wir wiederholen zunächst, dass cG(1), die stetige Galerkin-Methode mit Polynomen vom Grade 1, für das Anfangswertproblem $\dot{u}(t) = f(u(t))$ für $t > 0$, $u(0) = u^0$ mit $f : \mathbb{R}^d \to \mathbb{R}^d$ die folgende Form annimmt:

$$U(t_n) = U(t_{n-1}) + \int_{t_{n-1}}^{t_n} f(U(t))\, dt, \quad n = 1, 2, \dots . \tag{57.1}$$

Dabei ist $U(t)$ eine stetige stückweise lineare Funktion mit Knotenwerten $U(t_n) \in \mathbb{R}^d$ in diskreten Zeitpunkten $0 = t_0 < t_1 < \dots$ in ansteigender Folge und $U(0) = u^0$. Wenn wir das Integral in (57.1) mit der Mittelpunktsregel der Quadratur auswerten, erhalten wir das Mittelpunktsverfahren:

$$U(t_n) = U(t_{n-1}) + k_n f\left(\frac{U(t_n) + U(t_{n-1})}{2} \right), \quad n = 1, 2, \dots, \tag{57.2}$$

wobei $k_n = t_n - t_{n-1}$ der Zeitschritt ist. Die cG(1)-Methode ist die erste einer Familie von cG(q)-Methoden mit $q = 1, 2, \dots$, bei der die Lösung durch stetige stückweise definierte Polynome der Ordnung q angenähert wird. Die „Orthogonalität" der cG(1)-Methode wird durch die Tatsache ausgedrückt, dass die Methode auch in der Form

$$\int_{t_{n-1}}^{t_n} (\dot{U}(t) - f(U(t))) \cdot v\, dt = 0, \quad n = 1, 2, \dots, \tag{57.3}$$

für alle $v \in \mathbb{R}^d$ geschrieben werden kann. Dies besagt, dass das *Residuum*

$$R(U(t)) = \dot{U}(t) - f(U(t)), \quad t \in [0, T], \tag{57.4}$$

der stetigen stückweise linearen Näherungslösung $U(t)$ auf jedem Teilintervall (t_{n-1}, t_n) *orthogonal* zu den konstanten Funktionen $v(t) \in \mathbb{R}^d$ ist. Das Residuum $\dot{u}(t) - f(u(t))$ der exakten Lösung ist Null, da $\dot{u}(t) = f(u(t))$, wohingegen das Residuum $R(U(t))$ der Näherungslösung $U(t)$ im Allgemeine ungleich Null ist. Ähnlicherweise ist das Residuum bei cG(q)-Methoden auf (t_{n-1}, t_n) orthogonal zu Polynomen des Grades $q - 1$. Wir betonen, dass (57.1) eine Vektorgleichung ist, mit den Komponenten

$$U_i(t_n) = U_i(t_{n-1}) + \int_{t_{n-1}}^{t_n} f_i(U(t))\, dt, \quad n = 1, 2, \dots, i = 1, \dots, d,$$

wie man aus (57.3) durch Einsetzen von $v = e_i$, $i = 1, \dots, d$ erkennen kann.

Wir werden nun das Problem der *automatischen Schrittweitenkontrolle* untersuchen, um den Fehler durch

$$\|u(T) - U(T)\| \le TOL$$

zu beschränken, wobei $T = t_N$ der Abschlusszeit entspricht und TOL eine gegebene Toleranz ist, wobei wir so wenige Zeitschritte wie möglich benutzen wollen. Das Ziel ist dasselbe wie das bei der Berechnung eines Integrals über das Intervall $[0, T]$ mit Hilfe der numerischen Quadratur, wo wir mit so wenigen Quadraturpunkten wie möglich eine bestimmte Genauigkeit erreichen wollen. Dies entspricht exakt dem Problem, das wir im Falle eines skalaren Anfangswertproblems $\dot{u}(t) = f(u(t), t)$ mit $f(u(t), t) = f(t)$ vorfinden.

Wir werden eine *a posteriori Fehlerabschätzung* herleiten, bei der der abschließende Fehler $\|u(T) - U(T)\|$ mit Hilfe des Residuums $R(U(t)) = \dot{U}(t) - f(U(t))$ und bestimmter *Stabilitätsfaktoren* abgeschätzt wird, womit die *Anhäufung* numerischer Fehler, die in jedem Zeitschritt auftreten, berücksichtigt wird.

Die a posteriori Fehlerabschätzung nimmt die Form

$$\|u(T) - U(T)\| \leq S_c(T) \max_{0 \leq t \leq T} \|k(t) R(U(t))\| \qquad (57.5)$$

an, mit $k(t) = k_n = t_n - t_{n-1}$ für $t \in [t_{n-1}, t_n)$. Der Stabilitätsfaktor $S_c(T)$ ist folgendermaßen definiert. Wir betrachten dazu das linearisierte Problem

$$-\dot{\varphi}(t) = A^\top(t)\varphi(t) \quad \text{für } 0 < t < T, \; \varphi(T) = \varphi^0, \qquad (57.6)$$

mit

$$A(t) = \int_0^1 f'(su(t) + (1 - s)U(t)) \, ds.$$

Wir halten fest, dass der Austausch von $u(t)$ gegen $U(t)$ zur folgenden Näherungsformel für $A(t)$ führt, wobei vorausgesetzt wird, dass $U(t)$ nahe bei $u(t)$ ist:

$$A(t) \approx f'(U(t)).$$

Wir folgern daraus, dass $A(t)$ nahezu der Jacobi-Matrix $f'(u(t))$ von $f(v)$ in $v = u(t)$ entspricht, falls $U(t)$ eine sinnvolle Näherung von $u(t)$ ist. Beachten Sie, dass in (57.6) die Transponierte (oder Duale) $A^\top(t)$ von $A(t)$ vorkommt und dass das linearisierte duale Problem (57.6) *rückwärts* in der Zeit läuft, da der Anfangswert $\varphi(T) = \varphi^0$ für die Zeit $t = T$ spezifiziert ist. Nun sind wir bereit, die folgenden Stabilitätsfaktoren einzuführen:

$$
\begin{aligned}
S_d(T) &= \max_{\varphi^0 \in \mathbb{R}^d} \frac{\|\varphi(t)\|}{\|\varphi^0\|}, \\
S_c(T) &= \max_{\varphi^0 \in \mathbb{R}^d} \frac{\int_0^t \|\dot{\varphi}(s)\| \, ds}{\|\varphi^0\|},
\end{aligned}
\qquad (57.7)
$$

wobei φ die Gleichung (57.6) löst. Wir halten fest, dass die Stabilitätsfaktoren unterschiedliche Eigenschaften der dualen Lösung φ messen. Der

Stabilitätsfaktor $S_d(t)$ misst das maximale Wachstum einer Störung über das Zeitintervall $[0, T]$. Wir haben diesen Faktor bereits im vorangegangenen Kapitel angetroffen. Wir werden sehen, dass dieser Faktor darauf zugeschnitten ist, den Einfluss eines Fehlers in den Eingangsdaten u^0 zu messen. Das „d" in S_d verweist auf „Daten". Der Stabilitätsfaktor $S_c(t)$ misst das Integral von $\|\dot{\varphi}\|$ über $[0, T]$ und ist dazu angelegt, den in der cG(1)-Methode inhärenten Fehler zu bestimmen und das „c" in S_c verweist auf „Computation".

Wir werden unten einen Beweis von (57.5) geben. Zunächst für einen einfachen Fall mit $n = 1$ und $f(u(t)) = au(t)$ mit einer Konstante a und dann für den allgemeinen Fall. Die Beweise sind sehr einfach. Bevor wir aber in die Beweise eintauchen, werden wir zunächst versuchen, die a posteriori Fehlerabschätzung zu verstehen und uns anschauen, wie diese eingesetzt werden kann, um einen adaptiven Algorithmus zu entwerfen, um den abschließenden Fehler $\|u(T) - U(T)\|$ zu kontrollieren, so dass er mit so wenigen Zeitschritten wie möglich innerhalb einer Toleranz verbleibt.

Die Stabilitätsfaktoren $S_c(T)$ und $S_d(T)$ können durch numerische Lösung des linearisierten Dualproblems (57.6) mit $\varphi^0 = e_i$ für $i = 1, \ldots, d$ berechnet werden. Ist d groß, können wir die Änderungen der Eingangsdaten reduzieren, indem wir die Fehlerkontrolle auf gewisse Komponenten einschränken oder indem wir φ^0 parallel zu $u(T) - U(T)$ wählen, was wir durch $U_h(T) - U_H(T)$ annähern können, wobei die Näherungen $U_h(T)$ und $U_H(T)$ mit zwei unterschiedlichen Fehlertoleranzen berechnet werden.

57.3 Adaptive Zeitschrittkontrolle für cG(1)

Wir erinnern an die wichtige Fehlerabschätzung (57.5):

$$\|u(T) - U(T)\| \leq S_c(T) \max_{0 \leq t \leq T} \|k(t)R(t)\|, \tag{57.8}$$

mit $R(t) = \dot{U}(t) - f(U(t))$. Wir setzen voraus, dass der Stabilitätsfaktor $S_c(T)$ berechnet oder geschätzt wurde. Wir werden auf diesen Punkt unten zurückkommen. Um $\|u(T) - U(T)\| \leq TOL$ zu erreichen, benutzen wir (57.5), um die Zeitschritte $k_n = t_n - t_{n-1}$ so zu wählen, dass

$$k(t) = k_n \approx \frac{TOL}{S_c(T)R_n} \quad \text{für } t \in [t_{n-1}, t_n), \tag{57.9}$$

wobei

$$R_n = \max_{t_{n-1} \leq t \leq t_n} \|\dot{U}(t) - f(U(t))\|$$

das Residuum auf dem Zeitintervall $[t_{n-1}, t_n)$ ist. Beachten Sie, dass das Residuum R_n aus der berechneten Lösung $U(t)$ berechenbar ist. Wenn $S_c(T)$

bekannt ist, dann haben wir mit (57.9) eine Gleichung für den Zeitschritt $k_n = t_n - t_{n-1}$, wobei t_{n-1} bereits bekannt ist. Wie bei der adaptiven numerischen Quadratur führt (57.9) auf eine nicht-lineare Gleichung für den Zeitschritt $k_n = t_n - t_{n-1}$. Indem wir eine Strategie mit Ausprobieren nutzen oder eine Vorhersage-Strategie, bei der wir R_n durch R_{n-1} ersetzen, können wir versuchen, diese Gleichung zu lösen.

57.4   Analyse von cG(1) für ein lineares skalares AWP

Wir wollen nun eine a posteriori Fehlerabschätzung für cG(1) für ein lineares skalares AWP der Form

$$\dot{u}(t) = au(t) + f(t) \quad \text{für } t > 0, u(0) = u^0 \tag{57.10}$$

beweisen, wobei a eine Konstante ist und $f(t)$ eine gegebene Funktion. Die Analyse basiert auf der Darstellung des Fehlers mit Hilfe der Lösung $\varphi(t)$ für das folgende duale Problem:

$$\begin{cases} -\dot{\varphi} = a\varphi & \text{für } T > t \geq 0, \\ \varphi(T) = e(T), \end{cases} \tag{57.11}$$

mit $e = u - U$. Beachten Sie, dass (57.11) wiederum in der Zeit „rückwärts" läuft, beginnend mit der Zeit t_N und dass die Ableitung $\dot{\varphi}$ nach der Zeit ein negatives Vorzeichen hat. Wir beginnen mit der Gleichung

$$\|e(T)\|^2 = \|e(T)\|^2 + \int_0^T e\,(-\dot{\varphi} - a\varphi)\,dt$$

und integrieren partiell. Dadurch erhalten wir die folgende Darstellung von $\|e(T)\|^2$:

$$\|e(T)\|^2 = \int_0^T (\dot{e} - ae)\varphi\,dt + e(0)\varphi(0).$$

Hierbei darf sich $U(0)$ von $u(0)$ unterscheiden, was einem Fehler im Anfangswert $u(0)$ entspricht. Da u die Differentialgleichung (57.10) löst, d.h. $\dot{u} - au = f$, erhalten wir

$$\dot{e} - ae = \dot{u} - au - \dot{U} + aU = f - \dot{U} + aU,$$

woraus wir die folgende Darstellung des Fehlers $\|e(T)\|^2$ in Abhängigkeit vom Residuum $R(U) = \dot{U} - aU - f$ und der dualen Lösung φ erhalten:

$$\|e(T)\|^2 = \int_0^T (f + aU - \dot{U})\varphi\,dt + e(0)\varphi(0) = -\int_0^{t_N} R(U)\varphi\,dt + e(0)\varphi(0). \tag{57.12}$$

Als Nächstes nutzen wir die Galerkin-Orthogonalität von cG(1)

$$\int_{t_{n-1}}^{t_n} R(U)\, dt = 0 \quad \text{für } n = 1, 2, \ldots,$$

um (57.12) in der Form

$$e(T)^2 = -\int_0^T R(U)(\varphi - \bar{\varphi})\, dt + e(0)\varphi(0) \qquad (57.13)$$

zu schreiben, wobei $\bar{\varphi}$ dem Mittelwert von φ über jedem Teilintervall entspricht, d.h.

$$\bar{\varphi}(t) = \frac{1}{k_n} \int_{t_{n-1}}^{t_n} \varphi(s)\, ds \quad \text{für } t \in [t_{n-1}, t_n).$$

Nun nutzen wir

$$\int_{I_n} \|\varphi - \bar{\varphi}\|\, dt \leq k_n \int_{I_n} \|\dot{\varphi}\|\, dt,$$

was sich durch Integration und der Tatsache, dass sowohl

$$\varphi(t) - \bar{\varphi}(t) = \frac{1}{k_n} \int_{t_{n-1}}^{t_n} (\varphi(t) - \varphi(s))\, ds$$

als auch

$$\|\varphi(t) - \varphi(s)\| \leq \int_s^t \|\dot{\varphi}(\sigma)\|\, d\sigma \leq \int_{t_{n-1}}^{t_n} \|\dot{\varphi}(\sigma)\|\, d\sigma \quad \text{für } s, t \in [t_{n-1}, t_n]$$

ergibt. Daher impliziert (57.13)

$$\begin{aligned}
\|e(T)\|^2 &\leq \sum_{n=1}^N R_n \int_{I_n} \|\varphi - \bar{\varphi}\| dt + \|e(0)\|\|\varphi(0)\| \\
&\leq \sum_{n=1}^N k_n R_n \int_{I_n} \|\dot{\varphi}\| dt + \|e(0)\|\|\varphi(0)\|,
\end{aligned} \qquad (57.14)$$

mit

$$R_n = \max_{t_{n-1} \leq t \leq t_n} \|R(U(t))\|.$$

Mit Hilfe von $\max_n k_n R_n$ erhalten wir:

$$\|e(T)\|^2 \leq \max_{1 \leq n \leq N} k_n R_n \int_0^{t_N} \|\dot{\varphi}\|\, dt + \|e(0)\|\|\varphi(0)\|.$$

Nun bedenken wir, dass $\varphi(T) = e(T)$ und berücksichtigen die Definitionen von $S_c(t_N)$ und $S_d(t_N)$ und erhalten dadurch die folgende endgültige Abschätzung:

$$\|e(T)\| \leq S_c(T) \max_{0 \leq t \leq T} \|k(t)R(U(t))\| + S_d(T)\|e(0)\|.$$

Die Stabilitätsfaktoren $S_c(T)$ und $S_d(T)$ sind ein Maß für die Fehleransammlung in der Näherung. Damit die Analyse eine quantitative Bedeutung erhält, müssen wir diesen Faktor quantitativ beschränken. Das folgende Lemma erlaubt eine Abschätzung für $S_c(T)$ und $S_d(T)$ für den Fall $a \leq 0$ und $a \geq 0$ mit möglicherweise stark unterschiedlichen Stabilitätsfaktoren. Wir halten fest, dass die Lösung $\varphi(t)$ von (57.11) durch die explizite Formel

$$\varphi(t) = e(T)\exp(a(T - t))$$

gegeben wird. Wir erkennen, dass die Lösung $\varphi(t)$ für $a \leq 0$ abnimmt, wenn t kleiner als T wird, weswegen der Fall $a \leq 0$ der „stabile Fall" ist. Ist dagegen $a > 0$, gewinnt der exponentielle Faktor $\exp(aT)$ die Oberhand, wodurch der Fall abhängig von a „instabil" ist. Genauer formuliert, so folgern wir direkt aus der expliziten Lösungsformel, dass:

Lemma 57.1 *Die Stabilitätsfaktoren $S_c(T)$ und $S_d(T)$ erfüllen für $a > 0$*

$$S_d(T) \leq \exp(aT), \quad S_c(T) \leq \exp(aT) \tag{57.15}$$

und für $a \leq 0$:

$$S_d(T) \leq 1, \quad S_c(T) \leq 1. \tag{57.16}$$

57.5   Analyse von cG(1) für ein allgemeines AWP

Die Erweiterung der a posteriori Fehleranalyse auf ein allgemeines AWP $\dot{u} = f(u)$ mit $f : \mathbb{R}^d \to \mathbb{R}^d$ erhalten wir folgendermaßen: Wir erinnern uns daran, dass das linearisierte duale Problem, die Form

$$-\dot{\varphi}(t) = A^\top(t)\varphi(t) \quad \text{für } 0 < t < T, \; \varphi(T) = e(T) \tag{57.17}$$

annimmt, mit

$$A(t) = \int_0^1 f'(su(t) + (1 - s)U(t))\,ds,$$

wobei $u(t)$ die exakte Lösung ist und $U(t)$ die Näherungslösung. Wir nutzen nun die Tatsache, dass

$$\begin{aligned} A(t)e(t) &= \int_0^1 f'(su(t) + (1 - s)U(t))e(t)\,ds \\ &= \int_0^1 \frac{d}{ds}f(su(t) + (1 - s)U(t))\,ds = f(u(t)) - f(U(t)), \end{aligned} \tag{57.18}$$

wobei wir auf die Kettenregel und den Fundamentalsatz der Integral- und Differentialgleichung zurckgreifen. Wir beginnen mit der Gleichung

$$\|e(T)\|^2 = \|e(T)\|^2 + \int_0^T e \cdot (-\dot{\varphi} - A^\top \varphi)\, dt,$$

integrieren partiell und erhalten so die Fehlerdarstellung

$$\|e(T)\|^2 = \int_0^T (\dot{e} - Ae) \cdot \varphi\, dt + e(0) \cdot \varphi(0),$$

wobei wir zulassen, dass $U(0)$ von $u(0)$ verschieden ist, was einem Fehler im Anfangswert $u(0)$ entspricht. Da u die Differentialgleichung $\dot{u} - f(u) = 0$ löst, impliziert (57.18), dass

$$\dot{e} - Ae = \dot{u} - f(u) - \dot{U} + f(U) = -\dot{U} + f(U)$$

und somit erhalten wir die folgende Darstellung für den Fehler $\|e(T)\|^2$ mit Hilfe des Residuums $R(U) = \dot{U} - f(U)$ und der dualen Lösung φ:

$$\|e(T)\|^2 = -\int_0^{t_N} R(U)\varphi\, dt + e(0)\varphi(0). \tag{57.19}$$

An dieser Stelle wird der Beweis wie im skalaren Fall, den wir oben untersucht haben, fortgesetzt und wir erhalten schließlich die folgende a posteriori Fehlerabschätzung

$$\|e(T)\| \leq S_c(T) \max_{0 \leq t \leq T} \|k(t)R(U(t))\| + S_d(T)\|e(0)\|,$$

die, wie oben angeführt, als Basis für die adaptive Zeitschrittkontrolle benutzt werden kann. Die Stabilitätsfaktoren $S_c(T)$ und $S_d(T)$ können durch die Lösung des dualen Problems mit geeigneten Anfangsdaten abgeschätzt werden. Der Beweis für die a posteriori Fehlerabschätzung zeigt, dass die Stabilitätsfaktoren durch

$$S_d(T) = \frac{\|\varphi(t)\|}{\|e(T)\|},$$
$$S_c(T) = \frac{\int_0^t \|\dot{\varphi}(s)\|\, ds}{\|e(T)\|} \tag{57.20}$$

definiert werden können, wobei φ das linearisierte duale Problem mit den Eingangsdaten $\varphi(T) = e(T)$ löst. Wie angedeutet, können wir das duale Problem mit einer Abschätzung von $e(T)$ lösen, um die Stabilitätsfaktoren $S_c(T)$ und $S_d(T)$ zu berechnen. Die Abschätzung für $e(T)$ gewinnen wir nach Lösung des Anfangswertproblems mit zwei Toleranzen als Differenz der entsprechenden Näherungslösungen. Alternativ können wir $\varphi(T) = e_i$

wählen und erhalten so eine a posteriori Fehlerkontrolle für die Fehler-komponente $e_i(T)$. Ist d nicht groß, können wir so alle Fehlerkomponenten kontrollieren. Ist d groß, können wir einige i zufällig wählen.

Die Größe der Stabilitätsfaktoren weist auf den Stabilitätsgrad der be-rechneten Lösung $u(t)$ hin. Sind die Stabilitätsfaktoren groß, müssen das Residuum $R(U(t))$ und $e(0)$ entsprechend kleiner gemacht werden, indem kleinere Zeitschritte gewählt werden. Der Berechnungsaufwand wächst ent-sprechend an.

57.6 Analyse des rückwärtigen Euler Verfahrens für ein allgemeines AWP

Wir leiten nun eine a posteriori Fehlerabschätzung für das rückwärtige Euler Verfahren für das AWP (56.1) her:

$$U(t_n) = U(t_{n-1}) + k_n f(U(t_n)), \quad n = 1, 2, \ldots, N, \quad U(0) = u^0.$$

Dazu verknüpfen wir eine Funktion $U(t)$, die auf $[0, T]$ definiert ist, folgen-dermaßen mit den Funktionswerten $U(t_n)$, $n = 0, 1, \ldots, N$:

$$U(t) = U(t_n) \quad \text{für } t \in (t_{n-1}, t_n].$$

Anders formuliert, so ist $U(t)$ auf $[0, T]$ stückweise konstant und nimmt auf $(t_{n-1}, t_n]$ den Wert $U(t_n)$ an und besitzt daher zum Zeitpunkt t_{n-1} einen Sprung vom Funktionswert $U(t_{n-1})$ auf den Wert $U(t_n)$.

Nun können wir das rückwärtige Euler Verfahren als

$$U(t_n) = U(t_{n-1}) + \int_{t_{n-1}}^{t_n} f(U(t)) \, dt$$

schreiben oder äquivalent als

$$U(t_n) \cdot v = U(t_{n-1}) \cdot v + \int_{t_{n-1}}^{t_n} f(U(t)) \cdot v \, dt, \qquad (57.21)$$

für alle $v \in \mathbb{R}^d$. Dieses Verfahren wird auch als dG(0) bezeichnet, bzw. *diskontinuierliches Galerkinverfahren der Ordnung Null.* Dadurch soll ei-ne exakte Lösung durch eine stückweise konstante Funktion $U(t)$, die die Orthogonalitätsbeziehung (57.21) erfüllt, angenähert werden.

Nun sind wir in der Lage, eine a posteriori Fehlerabschätzung herzuleiten, wobei wir dieselbe Strategie einschlagen wie bei der cG(1)-Methode. Wir beginnen mit der Gleichung

$$\|e(T)\|^2 = \|e(T)\|^2 + \sum_{n=1}^{N} \int_{t_{n-1}}^{t_n} e \cdot (-\dot{\varphi} - A^\mathsf{T} \varphi) \, dt$$

und integrieren partiell auf jedem Teilintervall (t_{n-1}, t_n). Dadurch erhalten wir die folgende Fehlerdarstellung:

$$\|e(T)\|^2 = \sum_{n=1}^{N} \int_{t_{n-1}}^{t_n} (\dot{e} - Ae) \cdot \varphi \, dt$$
$$- \sum_{n=2}^{N-1} (U(t_n) - U(t_{n-1}))\varphi(t_{n-1}),$$

wobei die letzte Summe von den Sprüngen von $U(t)$ in den Knoten $t = t_{n-1}$ herrührt und wir der Einfachheit halber davon ausgehen, dass $U(0) = u(0)$. Da u die Differentialgleichung $\dot{u} - f(u) = 0$ löst, folgt aus (57.18) und der Tatsache, dass $\dot{U} = 0$ auf (t_{n-1}, t_n), dass

$$\dot{e} - Ae = \dot{u} - f(u) - \dot{U} + f(U) = -\dot{U} + f(U) = f(U) \quad \text{auf } (t_{n-1}, t_n)$$

und dadurch erhalten wir

$$\|e(T)\|^2 = - \sum_{n=2}^{N-1} (U(t_n) - U(t_{n-1}))\varphi(t_{n-1}) + \int_{0}^{t_N} f(U)\varphi \, dt.$$

Mit Hilfe von (57.21) und $v = \bar{\varphi}$, das ist wie oben der Mittelwert von φ, erhalten wir

$$\|e(T)\|^2 = - \sum_{n=2}^{N-1} (U(t_n) - U(t_{n-1})) \cdot (\varphi(t_{n-1}) - \bar{\varphi}(t_{n-1}))$$
$$+ \sum_{n=1}^{n} \int_{t_{n-1}}^{t_n} f(U)(\varphi - \bar{\varphi}) \, dt.$$

Wir halten fest, dass

$$\int_{t_{n-1}}^{t_n} f(U)(\varphi - \bar{\varphi}) \, dt = 0,$$

da $f(U(t))$ auf $(t_{n-1}, t_n]$ konstant ist. Da $\bar{\varphi}$ der Mittelwert von φ ist, nimmt die Fehlerdarstellung daher die folgende abschließende Form an:

$$\|e(T)\|^2 = - \sum_{n=2}^{N-1} (U(t_n) - U(t_{n-1})) \cdot (\varphi(t_{n-1}) - \bar{\varphi}(t_{n-1})).$$

Mit Hilfe von

$$\|\varphi(t_{n-1}) - \bar{\varphi}(t_{n-1})\| \leq \int_{t_{n-1}}^{t_n} \|\dot{\varphi}(t)\| \, dt,$$

erhalten wir die folgende a posteriori Fehlerabschätzung für das rückwärtige Euler Verfahren:

$$\|e(T)\| \leq S_c(T) \max_{1 \leq n \leq N} \|U(t_n) - U(t_{n-1})\|. \tag{57.22}$$

Beachten Sie die sehr einfache Form dieser Abschätzung, bei der die Sprünge $\|U(t_n) - U(t_{n-1})\|$ die Rolle des Residuums übernehmen. Die a posteriori Fehlerabschätzung (57.22) kann folgendermaßen als Ausgangspunkt für einen Algorithmus mit adaptiver Zeitschrittkontrolle dienen: Für $n = 1, 2, \ldots$, wählen wir k_n so, dass

$$\|U(t_n) - U(t_{n-1})\| \approx \frac{TOL}{S_c(T)}.$$

57.7 Steife Anfangswertprobleme

Ein *steifes* Anfangswertproblem $\dot{u} = f(u)$ kann dadurch charakterisiert werden, dass die Stabilitätsfaktoren $S_d(T)$ und $S_c(T)$ auch für große T mäßig groß sind, wohingegen die Norm des linearen Operators $f'(u(t))$ groß ist, d.h. die Lipschitz-Konstante L_f ist sehr groß. Solche Anfangswertprobleme treten beispielsweise bei der Modellierung chemischer Reaktionen, bei denen langsame und schnelle Reaktionen vorkommen, auf. Typische Lösungen beinhalten sogenannte *Übergangszustände*, in denen die schnellen Reaktionen (anfänglich) zu schnellen Änderungen der Lösung in kurzen Zeitintervallen führen. Danach ist die schnelle Reaktion „ausgebrannt" und die langsamen Reaktionen verändern die Lösung auf einer größeren Zeitskala.

Der Prototyp für ein steifes Anfangswertproblem besitzt die Form

$$\dot{u} = f(u) = -Au \quad \text{für } t > 0, \, u(t) = u^0 = (u_i^0), \tag{57.23}$$

wobei A eine konstante symmetrische und positiv-semidefinite $d \times d$-Matrix mit nicht-negativen Eigenwerten λ_i ist, die sich von Null bis hin zu großen positiven Werten erstrecken. Entsprechend ist die Norm der Matrix A groß und daher ist auch L_f groß. Durch die Diagonalisierung können wir das Problem auf den Fall einer Diagonalmatrix A mit nicht-negativen Diagonalelementen λ_i reduzieren. Die Lösung dafür lautet

$$u_i(t) = \exp(-\lambda_i t)u_i^0 \quad \text{für } t > 0 \tag{57.24}$$

mit $u^0 = (u_i^0)$. Diese explizite Lösungsformel zeigt, dass eine Komponente $u_i(t)$, die zu einem großen positiven Eigenwert λ_i gehört, sehr schnell auf Null abnimmt, wohingegen eine Komponente mit einem kleinen Eigenwert, für eine lange Zeit nahezu konstant bleibt, bevor sie schließlich Null wird. Das Vorzeichen der Eigenwerte ist offensichtlich ganz entscheidend: Wären einige der λ_i negativ, dann würde die zugehörige Lösungskomponente exponentiell explodieren und zwar mehr oder weniger schnell, was vom Betrag von λ_i abhängt. Insbesondere folgt aus (57.24) für ein nicht-negatives λ_i, dass

$$\|u(t)\| \leq \|u^0\| \quad \text{für } t > 0, \tag{57.25}$$

was eine Art von Stabilität andeutet, wobei der Stabilitätsfaktor 1 ist, in dem Sinne, dass die Norm der Lösung nicht mit der Zeit anwächst.

Das (57.23) entsprechende duale Problem besitzt die Form

$$-\dot\varphi + A\varphi = 0 \quad \text{für } T > t > 0,\ \varphi(T) = \psi,$$

wobei ψ zur Zeit $t = T$ gegeben ist. Als Konsequenz aus (57.25) folgern wir, dass $S_d(T) \leq 1$. Ähnlich können wir zeigen, dass $S_c(T)$ mit wachsendem T sehr langsam anwächst. Wir fassen zusammen: (57.23) stellt ein steifes Problem dar; Stabilitätsfaktoren sind auch für große T mäßig groß, wohingegen der (linearisierte) Operator A eine große Norm besitzt.

Vom numerischen Standpunkt aus scheinen steife Probleme besonders angenehm zu sein, da die Stabilitätsfaktoren sehr langsam mit der Zeit anwachsen. Es gibt dabei jedoch einen Haken, der eine Menge Aufmerksamkeit in der Literatur zu numerischen Methoden für Anfangswertprobleme auf sich gezogen hat, nämlich das Scheitern einer expliziten Methode wie dem vorwärtigen Euler Verfahren. Wir schreiben das Verfahren für die Gleichung $\dot u = -Au$ in der Form

$$U^n = U^{n-1} - k_n A U^{n-1},$$

wobei U^n eine Näherung für $u(t_n)$ ist und $0 = t_0 < t_1 < \ldots$ eine anwachsende Folge von Zeitpunkten mit $k_n = t_n - t_{n-1}$. Ist A diagonal mit den Diagonalelementen $\lambda_i \geq 0$, dann gilt

$$U_i^n = (1 - k_n\lambda_i)U_i^{n-1}.$$

Ist λ_i positiv und groß, dann kann $|1 - k_n\lambda_i|$ sehr viel größer sein als 1, wenn der Zeitschritt k_n nicht genügend klein ist ($k_n \leq 2/|\lambda_i|$ für alle i). Dann wird die numerische Lösung schnell gegen Unendlich explodieren, wohingegen die exakte Lösung schnell auf Null abnimmt. Das explizite Euler Verfahren ergibt daher völlig falsche Ergebnisse, außer wenn genügend kleine Zeitschritte benutzt werden. Dies kann zu einer sehr ineffizienten Zeitschrittwahl führen, da sich nach dem Übergangszustand die Lösung nur wenig verändert und daher große Zeitschritte wünschenswert wären. Wir halten fest, dass die Grenze für die Zeitschritte $k_n \leq 2/|\lambda_i|$ für alle i durch den größten Eigenwert $\max \lambda_i$ bestimmt wird, wohingegen die Zeitskala für das Langzeitverhalten durch den kleinsten Eigenwert $\min \lambda_i$ bestimmt wird. Daher wird das explizite Euler Verfahren jenseits der Übergangszustände ineffizient, falls der Quotient $\max \lambda_i / \min \lambda_i$ groß ist (wodurch ein steifes Problem charakterisiert wird).

Auf der anderen Seite ist dG(0) oder das implizite Euler Verfahren

$$U^n + k_n A U^n = U^{n-1}$$

mit

$$U_i^n = (1 + k_n \lambda_i)^{-1} U_i^{n-1}$$

stabil und funktioniert ohne Schrittweitenbeschränkungen ausgezeichnet, da $1 + k_n \lambda_i \geq 1$ für alle $\lambda_i \leq 0$.

Für die cG(1)-Methode erhalten wir

$$U_i^n = \frac{1 - k_n \lambda_i}{1 + k_n \lambda_i} U_i^{n-1}$$

und Stabilität wird vorherrschen, da

$$\left| \frac{1 - k_n \lambda_i}{1 + k_n \lambda_i} \right| \leq 1$$

für alle $\lambda_i \geq 0$.

Wir folgern, dass sowohl dG(0) als auch cG(1) für steife Probleme benutzt werden können, aber beide Methoden sind implizit und erfordern die Lösung eines Gleichungssystems in jedem Zeitschritt. Um genauer zu sein, so nimmt dG(0) für ein Problem der Form $\dot{u} = f(u)$ die Gestalt

$$U^n - k_n f(U^n) = U^{n-1}$$

an. Zu jedem Zeitschritt müssen wir eine Gleichung der Form $v - k_n f(v) = U^{n-1}$ lösen, wobei U^{n-1} gegeben ist. An dieser Stelle können wir versuchen, eine gedämpfte Fixpunkt-Iteration der Form

$$v^{(m)} = v^{(m-1)} - \alpha(v^{(m-1)} - k_n f(v^{(m-1)}) - U^{n-1})$$

einzusetzen, mit einer geeigneten Matrix α (oder im einfachsten Fall einer Konstanten). Wählen wir $\alpha = I$ und iterieren wir einmal mit $v^0 = 0$, so erhalten wir das explizite Euler Verfahren. Damit die Fixpunkt-Iteration konvergiert, muss

$$\|I + k_n \alpha f'(v)\| < 1$$

für wichtige Werte von v sein, was ein kleines α erzwingen könnte (d.h. für den steifen Fall, wenn $f'(v)$ große negative Eigenwerte besitzt) und zu langsamer Konvergenz führt. Als ersten Versuch könnten wir α als Diagonalmatrix wählen, mit $\alpha_i = (f'_{ii}(v^{m-1}))^{-1}$ (dies entspricht *diagonaler Skalierung*) und hoffen, dass die Zahl der Iterationen nicht zu groß wird. In einigen Fällen muss auf effektivere iterative Lösungsmethoden zurückgegriffen werden.

57.8   Explizite Zeitschrittwahl für steife Probleme

Wir haben eben gesehen, dass explizite Zeitschrittwahl für steife Probleme auch außerhalb von Übergangszuständen zu kleinen Zeitschritten führt und daher sehr ineffektiv sein kann. Wir werden nun eine Möglichkeit andeuten, um diese Einschränkung durch einen Stabilisationsprozess zu überwinden, wobei ein großer Zeitschritt von einer Reihe kleiner Zeitschritte begleitet wird. Das Ergebnis besitzt Ähnlichkeiten mit dem Kontrollsystem eines modernen (instabilen) Kampfjets wie der schwedischen JAS Gripen, bei dem der Flug durch schnelle kleine Schläge kleiner zusätzlicher Flügel, die vor dem Hauptflügel angebracht sind, kontrolliert wird oder, falls wir eher an einer alltäglichen Anwendung interessiert sind, mit der Balancierung eines senkrechten Stocks auf einer Fingerspitze.

Wir wollen nun die zentrale (einfache) Idee hinter dieser Stabilisierung erklären und sie mit einigen Beispielen unterfüttern, die die zentralen Gesichtspunkte adaptiver Löser für AWP und steifer Probleme verdeutlichen sollen. Daher beginnen wir mit der Anwendung des expliziten Euler Verfahrens auf das skalare Problem

$$\dot{u}(t) + \lambda u(t) = 0 \quad \text{für } t > 0.$$
$$u(0) = u^0, \tag{57.26}$$

mit $\lambda > 0$. Wir machen zunächst einen großen Zeitschritt K mit $K\lambda > 2$ und dann m kleine Zeitschritte k mit $k\lambda < 2$. So erhalten wir das Verfahren

$$U^n = (1 - k\lambda)^m (1 - K\lambda) U^{n-1}, \tag{57.27}$$

mit einer Gesamtschrittweite von $k_n = K + mk$. Hierbei bedeutet K einen großen instabilen Zeitschritt mit $|1 - K\lambda| > 1$ und k einen kleinen Zeitschritt mit $|1 - k\lambda| < 1$. Nach Definition des Polynoms $p(x) = (1 - \theta x)^m (1 - x)$ mit $\theta = \frac{k}{K}$ können wir das Verfahren (57.27) in der Form

$$U^n = p(K\lambda) U^{n-1}$$

schreiben. Für die Stabilität benötigen wir

$$|p(K\lambda)| \leq 1, \quad \text{das heißt} \quad |1 - k\lambda|^m (K\lambda - 1) \leq 1,$$

bzw.

$$m \geq \frac{\log(K\lambda - 1)}{-\log|1 - k\lambda|} \approx 2\log(K\lambda), \tag{57.28}$$

mit $k\lambda \approx 1/2$, um ein definites Problem zu erhalten.

Wir folgern, dass m auch für große $K\lambda$ ziemlich klein sein kann, da der Logarithmus langsam anwächst, so dass also nur ein kleiner Bruchteil der Gesamtzeit mit stabilisierenden Zeitschrittweiten der Größe k zugebracht wird.

Zur Abschätzung des Effektivitätsgewinns führen wir

$$\alpha = \frac{1+m}{K+km} \in (1/K, 1/k)$$

ein, was der Anzahl der Zeitschritte pro Einheitsintervall mit dem stabilisierten expliziten Euler Verfahren entspricht. Nach (57.28) gilt:

$$\alpha \approx \frac{1+2\log(K\lambda)}{K+\log(K\lambda)/\lambda} \approx 2\lambda\frac{\log(K\lambda)}{K\lambda} \ll 2\lambda, \qquad (57.29)$$

für $K\lambda \gg 1$. Auf der anderen Seite beträgt die Zahl der Zeitschritte pro Einheitsintervall mit dem normalen expliziten Euler Verfahren

$$\alpha_0 = 1/k = \lambda/2, \qquad (57.30)$$

wenn wir eine maximale Schrittlänge von $k = 2/\lambda$ wählen.

Somit beträgt die Ersparnis für das stabilisierte explizite Euler Verfahren

$$\frac{\alpha}{\alpha_0} \approx \frac{4\log(K\lambda)}{K\lambda},$$

was für große Werte von $K\lambda$ beträchtlich sein kann.

Wir wollen nun einige Beispiele mit einem adaptiven cG(1) AWP-Löser in der stabilisierten expliziten Form mit einigen wenigen Iterationen in jedem Zeitschritt, wodurch wir große Zeitschritte machen können, vorstellen. Bei allen Problemen beobachten wir den anfänglichen Übergangszustand, in dem die Lösungskomponenten sich schnell verändern, und die oszillierende Natur der Zeitschrittfolge nach dem Übergangszustand mit großen Zeitschritten, die von einigen kleinen stabilisierenden Zeitschritten begleitet werden.

Beispiel 57.1. Wir wenden das vorgestellte Verfahren auf die skalare Gleichung (57.26) mit $u^0 = 1$ und $\lambda = 1000$ an und stellen das Ergebnis in Abb. 57.1 dar. Die Ersparnis zum üblichen expliziten Verfahren ist groß: $\alpha/\alpha_0 \approx 1/310$.

Beispiel 57.2. Wir betrachten nun das diagonale 2×2-System

$$\dot{u}(t) + \begin{pmatrix} 100 & 0 \\ 0 & 1000 \end{pmatrix} u(t) = 0 \quad \text{für } t > 0, \qquad (57.31)$$

$$u(0) = u^0$$

mit $u^0 = (1, 1)$. Hierbei treten zwei Eigenmoden mit großen Eigenwerten auf, die stabilisiert werden müssen. Die Ersparnis dabei beträgt $\alpha/\alpha_0 \approx 1/104$.

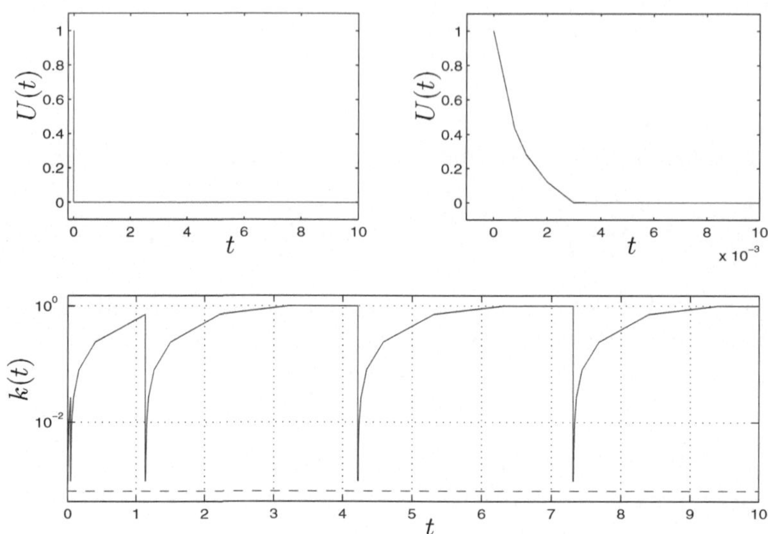

Abb. 57.1. Lösung und Zeitschrittfolge für (57.26); $\alpha/\alpha_0 \approx 1/310$

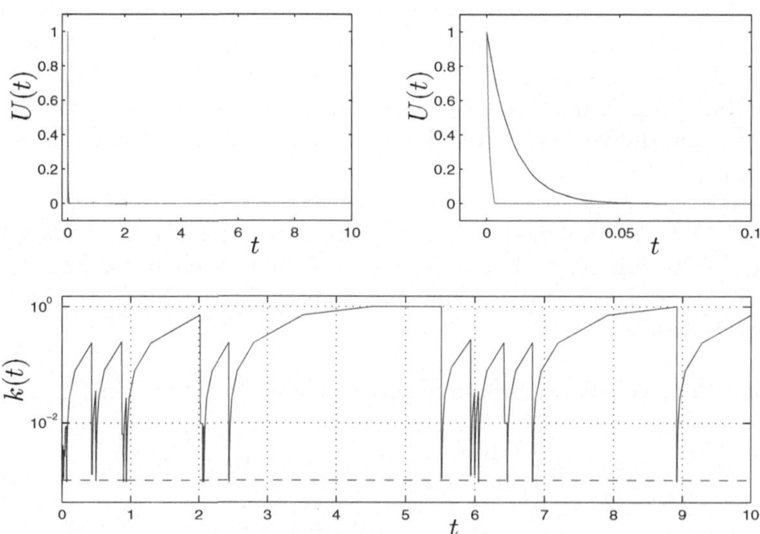

Abb. 57.2. Lösung und Zeitschrittfolge für (57.31); $\alpha/\alpha_0 \approx 1/104$

Beispiel 57.3. Das sogenannte HIRES Problem („High Irradiance RESponse") der Pflanzenphysiologie besteht aus den folgenden acht Gleichungen:

$$\begin{cases} \dot{u}_1 &= -1,71u_1 + 0,43u_2 + 8,32u_3 + 0,0007, \\ \dot{u}_2 &= 1,71u_1 - 8,75u_2, \\ \dot{u}_3 &= -10,03u_3 + 0,43u_4 + 0,035u_5, \\ \dot{u}_4 &= 8,32u_2 + 1,71u_3 - 1,12u_4, \\ \dot{u}_5 &= -1,745u_5 + 0,43u_6 + 0,43u_7, \\ \dot{u}_6 &= -280,0u_6u_8 + 0,69u_4 + 1,71u_5 - 0,43u_6 + 0,69u_7, \\ \dot{u}_7 &= 280,0u_6u_8 - 1,81u_7, \\ \dot{u}_8 &= -280,0u_6u_8 + 1,81u_7. \end{cases} \tag{57.32}$$

Anfangswert sei $u^0 = (1; 0; 0; 0; 0; 0; 0; 0,0057)$. Wir geben die Lösung und die Zeitschrittfolge in Abb. 57.3 wieder. Der Aufwand beträgt nun $\alpha \approx 8$ und die Ersparnis $\alpha/\alpha_0 \approx 1/33$.

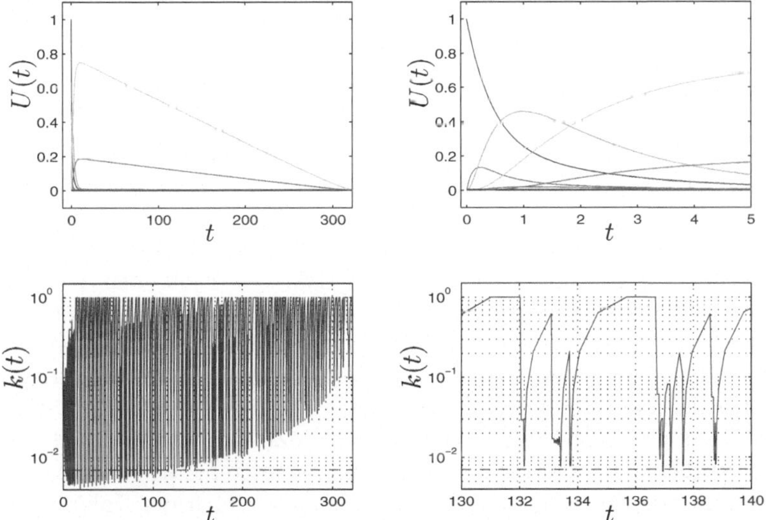

Abb. 57.3. Lösung und Zeitschrittfolge für (57.32); $\alpha/\alpha_0 \approx 1/33$

Beispiel 57.4. Das „chemische Akzo-Nobel" Problem besteht aus den folgenden sechs Gleichungen:

$$\begin{cases} \dot{u}_1 &= -2r_1 + r_2 - r_3 - r_4, \\ \dot{u}_2 &= -0,5r_1 - r_4 - 0,5r_5 + F, \\ \dot{u}_3 &= r_1 - r_2 + r_3, \\ \dot{u}_4 &= -r_2 + r_3 - 2r_4, \\ \dot{u}_5 &= r_2 - r_3 + r_5, \\ \dot{u}_6 &= -r_5, \end{cases} \tag{57.33}$$

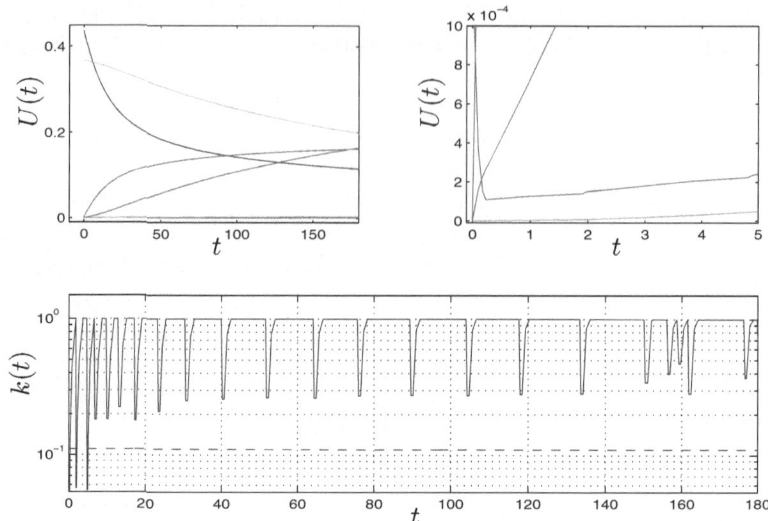

Abb. 57.4. Lösung und Zeitschrittfolge für (57.33); $\alpha/\alpha_0 \approx 1/9$

mit $F = 3,3 \cdot (0,9/737 - u_2)$ und die Reaktionsgeschwindigkeiten betragen $r_1 = 18,7 \cdot u_1^4\sqrt{u_2}$, $r_2 = 0,58 \cdot u_3 u_4$, $r_3 = 0,58/34,4 \cdot u_1 u_5$, $r_4 = 0,09 \cdot u_1 u_4^2$ und $r_5 = 0,42 \cdot u_6^2\sqrt{u_2}$. Wir integrieren über das Intervall $[0,180]$ mit der Anfangsbedingung $u^0 = (0,437; 0,00123; 0; 0; 0; 0,367)$. Wenn wir eine maximale (beliebig gewählte) Zeitschrittlänge $k_{\max} = 1$ zulassen, beträgt der Aufwand nur $\alpha \approx 2$ und die Ersparnis ungefähr $\alpha/\alpha_0 \approx 1/9$. Der aktuelle Gewinn bei einer spezifischen Situation hängt sowohl vom Quotienten zwischen den großen Zeitschritten und den kleinen Dämpfungsschritten als auch von der Zahl der Dämpfungsschritte ab. In diesem Fall ist die Zahl der Dämpfungsschritte klein, aber die großen Zeitschritte sind nicht so viel größer verglichen zu den kleinen Dämpfungsschritten. Die Ersparnis hängt also sowohl von der Steifigkeit des Problems als auch der Toleranz (bzw. der maximal erlaubten Zeitschrittweite) ab.

Beispiel 57.5. Wir betrachten nun die Van der Pol Gleichung:

$$\ddot{u} + \mu(u^2 - 1)\dot{u} + u = 0,$$

die wir in der Form

$$\begin{cases} \dot{u}_1 &= u_2, \\ \dot{u}_2 &= -\mu(u_1^2 - 1)u_2 - u_1 \end{cases} \tag{57.34}$$

schreiben. Wir wählen $\mu = 1000$ und lösen auf dem Intervall $[0,10]$ mit dem Anfangswert $u^0 = (2,0)$. Die Zeitschrittfolge verhält sich wie gewünscht und erfordert nur einige wenige Dämpfungsschritte. Der Aufwand beträgt nun $\alpha \approx 140$ und die Ersparnis $\alpha/\alpha_0 \approx 1/75$.

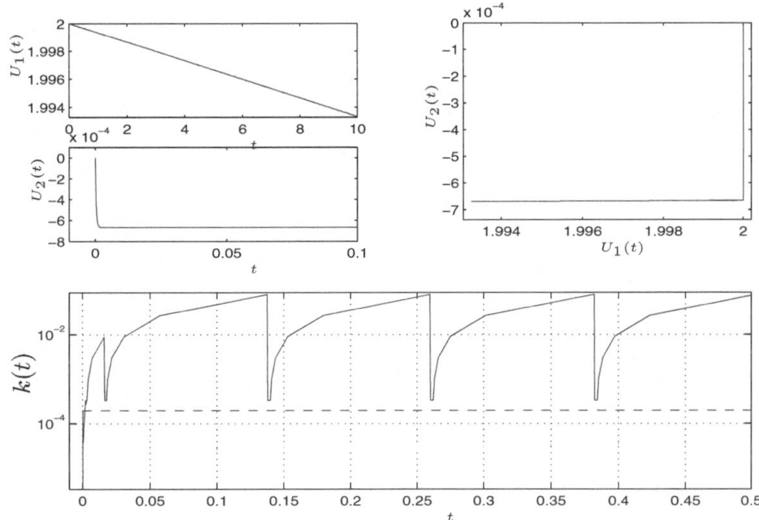

Abb. 57.5. Lösung und Zeitschrittfolge für (57.34); $\alpha/\alpha_0 \approx 1/75$

Aufgaben zu Kapitel 57

57.1. Berechnen Sie die Stabilitätsfaktoren $S_d(T)$ und $S_c(T)$ für das lineare skalare AWP $\dot{u}(t) = -\lambda(t)u(t)$ für $t > 0$, $u(0) = u^0$, wobei $\lambda(t)$ von der Zeit t abhängt und (a) $\lambda(t) \geq 0$, (b) $\lambda(t) < 0$.

57.2. Berechnen Sie $S_d(T)$ und $S_c(T)$ für das lineare 2×2-System $\dot{u}_1 = u_2$, $\dot{u}_2 = -u_1$ für $t > 0$, $u(0) = u^0$.

57.3. Implementieren Sie adaptive AWP-Löser für dG(0) und cG(1) und nutzen Sie die Löser für unterschiedliche Probleme.

57.4. Zeigen Sie, dass die a posteriori Fehlerabschätzung für cG(1) auch in der Form $\|e(T)\| \leq S_c(T) \max_{0 \leq t \leq T} \|k(t)(f(U(t)) - \bar{f}(U(t)))\| + S_d(T)\|e(0)\|$ geschrieben werden kann, wobei $\bar{f}(U(t))$ der Mittelwert von $f(U(t))$ in jedem Zeitintervall ist.

57.5. Zeigen Sie, dass die Wahl des dualen Problems $\varphi(T) = e_i$ zur Fehlerkontrolle der Komponente $e_i(T)$ führt.

57.6. Entwickeln Sie explizite Versionen von dG(0) und cG(1), die auf der Fixpunkt-Iteration in jedem Zeitschritt beruhen. Zeigen Sie, dass sich solch ein Verfahren mit Diagonalskalierung sehr gut für einige steife Probleme eignen kann.

58

Lorenz und das Wesentliche am Chaos*

Ich bin davon überzeugt, dass das Chaos, zusammen mit den vielen damit zusammenhängenden Begriffen – seltsame Attraktoren, Beckengrenzen, die Periode verdoppelnde Bifokalisierungen und so weiter – ohne weiteres von Lesern, die weder mathematischen noch naturwissenschaftlichen Hintergrund besitzen, verstanden und sogar genossen werden kann ... (E. Lorenz im Vorwort zu *The Essence of Chaos*)

58.1   Einleitung

Am 29. Dezember 1972 hielt der Meteorologe Edward Lorenz in einer Sitzung zum „Global Atmospheric Research Program" auf der 139. Sitzung der „American Association for the Advancement of Science" in Washington D.C. eine Rede mit dem Titel *Vorhersagbarkeit: Kann das Flattern eines Schmetterlings in Brasilien einen Tornado in Texas auslösen?* Die Rede von Lorenz mit seinem „Schmetterlingseffekt" wurde ein Jahrzehnt später mit der Entwicklung der „Chaos-Theorie" schlagartig berühmt. Die Chaos-Theorie, die in der Mathematik und Physik in den 80er-Jahren in Mode kam, maßte sich an, eine Vielzahl von Phänomenen, angefangen bei turbulenten Strömungen bis zum Börsenzusammenbruch, über ihre Gemeinsamkeit der *Unvorhersehbarkeit* erklären zu können. Ein Jahrzehnt früher spielte die „Katastrophen-Theorie" eine ähnliche Rolle, wobei sich heute kaum jemand mehr an dieses faszinierende Thema erinnern kann. Natürlich ist Unvorhersagbarkeit bzw. „Chaos" ein Phänomen, das der Menschheit seit langem bekannt ist. Das Wort „Chaos" entstammt der frühen griechischen Kosmologie und bezeichnet das vollständige Fehlen einer Ordnung im Universum vor der Erschaffung von Gaea und Eros (Erde und Verlangen).

Die Fragestellung von Lorenz hängt mit der offensichtlichen Schwierigkeit zusammen, das tägliche Wetter über einen längeren Zeitraum als eine Woche zuverlässig vorherzusagen. Eine Wettervorhersage entspringt einer numerischen Lösung eines AWP, das atmosphärische Veränderungen modelliert und Variablen wie die Temperatur, die Windgeschwindigkeit und den Luftdruck beinhaltet. Es gibt für diese Art von Wettervorhersage viele Fehlerquellen: Fehler in den Eingangsdaten, Modellierungsfehler und numerische Fehler. Es hat den Anschein, dass diese Fehler mit einer Geschwindigkeit vergrößert werden, die Vorhersagen auf einige wenige Stunden für sehr lokalisierte Modelle bzw. Wochen in globalen Zirkulationsmodellen beschränken.

Das Schmetterlingsanalogon von Lorenz deutet an, dass in bestimmten dynamischen Systemen sehr kleine Ursachen nach einer Zeit große Wirkungen auslösen können. Wir haben in dem über Kopf stehenden Pendel bereits ein derartiges System kennengelernt: Abhängig von der anfänglichen Störung wird sich das Pendel nach kurzer Zeit in einer der möglichen deutlich unterschiedlichen Positionen befinden (auf der einen Seite oder der anderen). In der Meteorologie treffen wir auf ähnliche Verhältnisse, wenn bei der Wettervorhersage nicht klar ist, welchen Weg etwa ein Tiefdruckgebiet einschlagen wird, so dass keine Vorhersage darüber möglich wird, ob es morgen in Berlin regnen wird oder nicht. In seinem Buch führt Lorenz weitere Beispiele von instabilen Systemen an wie etwa einen Flipper, bei dem marginale Einflussnahmen des Spielers zu völlig unterschiedlichen Resultaten führen kann. Natürlich gibt es viele andere Beispiele im täglichen Leben, bei denen kleine Ursachen große Wirkungen haben können, angefangen bei einem Fußballspiel bis zur Ermordung des Kronprinzen Francis Ferdinand am 28. Juni 1914 durch den serbischen Nationalisten Gavrilo Princip in Sarajevo, wodurch der erste Weltkrieg ausgelöst wurde.

58.2 Das Lorenz-System

Lorenz formulierte ein AWP der Gestalt $\dot{u} = f(u)$ für $f : \mathbb{R}^3 \to \mathbb{R}^3$ mit

$$f(u) = \left(-10u_1 + 10u_2, 28u_1 - u_2 - u_1u_3, -\frac{8}{3}u_3 + u_1u_2 \right),$$

was als *Lorenz-System* berühmt wurde. Lorenz fand heraus, dass die Lösung dieses Systems sehr empfindlich auf Störungen reagiert. Das System hat gewisse Ähnlichkeit mit einem sehr einfachen Modell für das Fließen von Flüssigkeiten und wurde für die Erklärung von Bewegungen, wie der Turbulenz, in Flüssigkeiten eingesetzt. Dies war ursprünglich nicht die Idee von

Lorenz, dem nur an einer Verbindung zur offensichtlichen Unvorhersagbarkeit gelegen war und die Störungsanfälligkeit von üblichen meteorologischen Modellen in den Raum stellte. Wenn das scheinbar so harmlose und unschuldige Lorenz-System unvorhersagbare Lösungen haben kann, sollte es einen nicht überraschen, dass auch das Wetter unvorhersehbar sein könnte.

Genauer formuliert, so fand Lorenz heraus, dass zwei verschiedene Lösungen des Lorenz-Systems mit nahe beieinander liegenden Anfangswerten für eine gewisse Zeit nahezu gleich verlaufen, aber schließlich vollständig verschiedene Wege einschlagen werden. Das Lorenz-System lässt sich daher nur sehr schwer genau für mehr als etwa 30 Zeiteinheiten numerisch lösen. Die numerische Lösung wird zunächst nahezu gleich verlaufen wie die exakte Lösung, sich dann aber schließlich signifikant anders verhalten. Natürlich gibt es viele AWP, die ebenfalls diese Instabilitätseigenschaft besitzen. Sogar das einfache Pendel besitzt diese Eigenschaft, wenn sich das Pendel sehr langsam in die „über Kopf" Position bewegt. Daher ist es erstaunlich, dass das Lorenz-System für die wissenschaftliche Welt überraschend zu sein schien. Aber so war es und es ist inzwischen ziemlich beliebt, unterschiedliche Phänomene, von der Turbulenz bis zur Politik, durch einen Hinweis auf die „merkwürdige Anziehung" zu erklären, die scheinbar in Zeichnungen von Lösungen des Lorenz-Systems auftritt.

Die einzelnen Komponenten des Lorenz-Systems lauten:

$$\begin{cases} \dot{u}_1 = -10u_1 + 10u_2, \\ \dot{u}_2 = 28u_1 - u_2 - u_1u_3, \\ \dot{u}_3 = -\frac{8}{3}u_3 + u_1u_2, \\ u_1(0) = u_{01},\ u_2(0) = u_{02},\ u_3(0) = u_{03} \end{cases} \tag{58.1}$$

mit gegebener Anfangsbedingung u_0. Das System (58.1) besitzt drei Gleichgewichtspunkte $\bar{u}$ mit $f(\bar{u}) = 0$: $\bar{u} = (0, 0, 0)$ und $\bar{u} = (\pm 6\sqrt{2}, \pm 6\sqrt{2}, 27)$. Der Gleichgewichtspunkt $\bar{u} = (0, 0, 0)$ ist instabil und die zugehörige Jacobi-Matrix $f'(\bar{u})$ besitzt einen positiven (instabilen) und zwei negative Eigenwerte. Die Gleichgewichtspunkte $\bar{u} = (\pm 6\sqrt{2}, \pm 6\sqrt{2}, 27)$ sind schwach instabil und die zugehörigen Jacobi-Matrizen besitzen einen negativen (stabilen) Eigenwert und zwei imaginäre (schwach instabile) Eigenwerte mit einem sehr kleinen positiven Realteil. Um genauer zu sein, so lauten die Eigenwerte der Gleichgewichtspunkte ungleich Null $\lambda_1 \approx -13,9$ und $\lambda_{2,3} \approx 0,0939 \pm 10,1i$.

In Abb. 58.1 sind zwei verschiedene Blickwinkel auf eine Lösung $u(t)$ dargestellt, die bei $u(0) = (1, 0, 0)$ beginnt und mit einer Fehlertoleranz TOL $= 0,5$ bis zur Zeit 30 mit Hilfe eines adaptiven AWP-Lösers, wie im Kapitel „Adaptive AWP-Löser" vorgestellt, berechnet wurden. Wir können uns $u(t) = (x(t), y(t), z(t))$ als die Position zur Zeit t für ein Teilchen denken, das sich entsprechend der Gleichung $\dot{u} = f(u)$ bewegt. In Abb. 58.1 haben wir daher die Bahnlinie oder die Trajektorie, den das Teilchen mit der Zeit zurücklegt, dargestellt. Die gezeichnete Bahnlinie ist typisch: Das

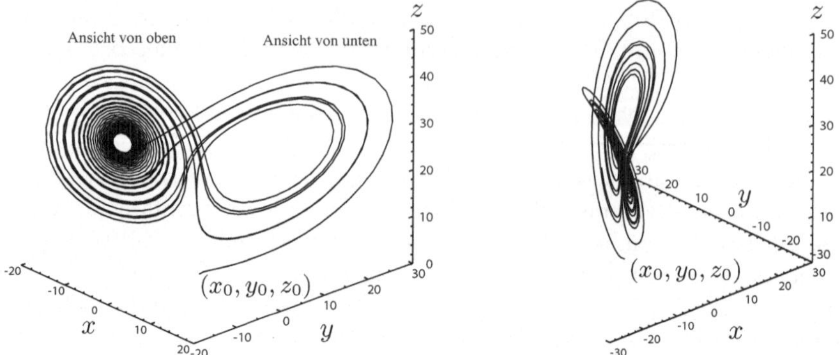

Abb. 58.1. Zwei Blickwinkel einer numerischen Bahnlinie des Lorenz-Systems im Zeitintervall $[0, 30]$. Die Berechnung beginnt in $(1, 0, 0)$ mit einer absoluten Fehlertoleranz von TOL $= 0, 5$

Teilchen wird vom instabilen Punkt $(0, 0, 0)$ förmlich weggestoßen und bewegt sich zu einem der von Null verschiedenen Gleichgewichtspunkte. Es entfernt sich kreisförmig von diesem Punkt, um nach einer bestimmten Zeit zu beschließen, sich zu dem anderen Gleichgewichtspunkt zu bewegen. Dort wiederholt sich das Spiel: Kreisförmige Entfernung, Übergang zum anderen Punkt, kreisförmige Entfernung usw. Das Muster der Kreise um einen von Null verschiedenen Gleichgewichtspunkt, gefolgt von einem Übergang zum anderen Gleichgewichtspunkt, wird mit scheinbar zufälliger Zahl von Umdrehungen um jeden Gleichgewichtspunkt wiederholt.

Wie Lorenz bereits bemerkte, so lässt eine genaue Untersuchung der Bahnlinie in Abb. 58.1 einige Struktur im Verhalten der Lösung erkennen. Der Weg der Bahnlinie scheint, schlicht formuliert, zwei flache „Lappen" zu bilden, in denen sich die Kreise um die von Null verschiedenen Gleichgewichtspunkte bewegen. In jedem Lappen scheinen die spiralförmigen Teile der Bahnlinie in „Streifen" gruppiert zu sein, die aus Teilen der Bahnlinie bestehen, die sich kreisförmig vom Gleichgewichtspunkt entfernen, und Teilen der Bahnlinie, die Sprünge vom anderen Gleichgewichtspunkt anzeigen. Nur die Bahnlinien im äußersten Streifen wechseln zu dem anderen Gleichgewichtspunkt. Dadurch kommt eine scharfe Trennung zwischen den Bahnlinien im äußersten Streifen und den Bahnlinien im nächsten inneren Streifen zustande. Wir bezeichnen dies als *Schnitt* mit einer „Klinge", wodurch die Bahnlinien in äußere Streifen getrennt werden. Die Bahnlinien im äußersten Streifen dehnen sich in der Breite aus, wenn sie sich dem anderen Gleichgewichtspunkt annähern, wobei die Bahnlinien umso näher an den Fixpunkt kommen, je weiter außen sie verlaufen. Wir bezeichnen dies mit *Ausdehnung* und *Wegklappen*. Wie weit sich eine Bahnlinie an den Gleichgewichtspunkt annähert, bestimmt die Anzahl der Kreise, die die Bahnlinie in diesem Lappen beschreibt, bevor sie sich dem anderen Gleichgewichtspunkt zuwendet. Schließlich erkennen wir, dass die Kreise in einem Streifen nach einer Umdrehung nahe an den nächsten äußeren Streifen ankommen. Dies passiert in jedem Streifen der Bahnlinie, bis sie alle schließlich im äußersten Streifen enden und zum anderen Gleichgewichtspunkt springen. Wir bezeichnen dies als *verflechten*. Zusammengefasst, so können wir die Dynamik des Lorenz-Systems als nie endenden Vorgang des Schneidens, Ausdehnens, Wegklappens und des Verflechtens beschreiben.

58.3   Die Genauigkeit der Berechnungen

Unsere erste Aufgabe ist es, die Verlässlichkeit der berechneten Fehlergrenzen einer a posteriori Fehlerabschätzung, wie wir sie im Kapitel „Adaptive Löser für AWP" vorgestellt haben, zu messen. Da wir die exakte Lösung nicht kennen, führen wir das folgende Experiment aus: Mit Hilfe der Anfangsdaten $(0, 1, 0)$ führen wir die Berechnungen mit den Residualtoleranzen 10^{-5} und 10^{-9} durch und schätzen den Fehler in der weniger genauen Berechnung, wobei wir den Unterschied zwischen den Ergebnissen beiden Berechnungen als Maßstab nehmen. In Abb. 58.2 stellen wir die berechnete Fehlergrenze und den geschätzten Fehler dar. Die Größe des Fehlers wird trotz der Sensitivität der Lösung gegenüber Störungen durch die Fehlergrenze ziemlich gut vorhergesagt. Wir erhalten für eine Vielzahl von Anfangsdaten ähnliche Ergebnisse.

Damit wir eine Vorstellung von dem Verhalten der Fehlerkontrolle bekommen, stellen wir die Schrittweiten, die wir bei einer Berechnung mit absoluter Fehlertoleranz $0,75$ benutzen, in Abb. 58.3 dar. Die Schrittweiten variieren ungefähr mit einem Faktor 6 im Berechnungsintervall. In

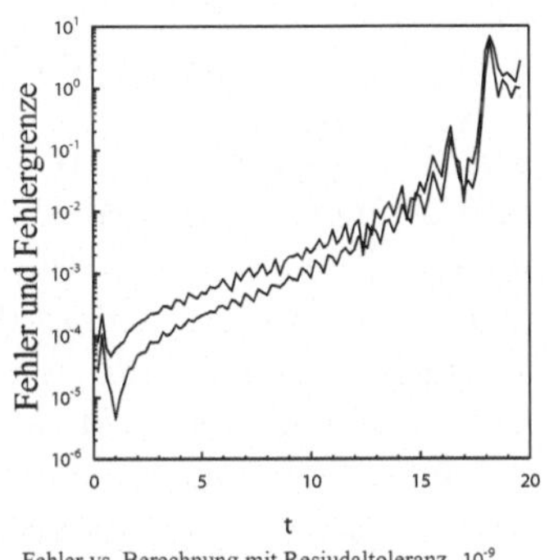

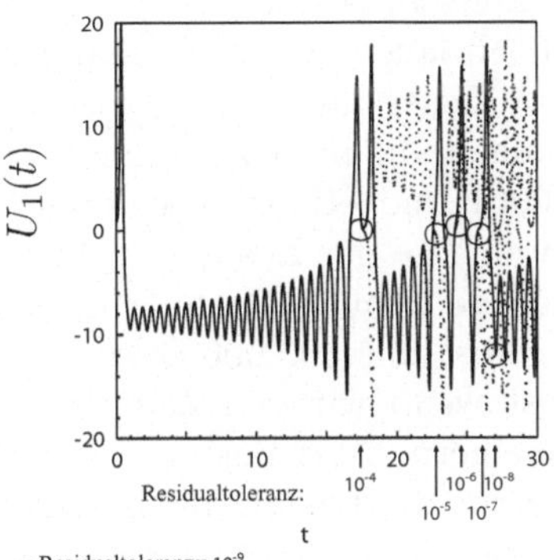

Abb. 58.2. *Links* sind die Ergebnisse des Verlässlichkeitstests der berechneten Fehlergrenze für die Anfangsdaten $(0, 1, 0)$ dargestellt. *Rechts* stellen wir den Einfluss einer Änderung der Residualtoleranz auf die Genauigkeit der $U_1(t)$-Komponente für die Anfangsdaten $(0, 1, 0)$ dar

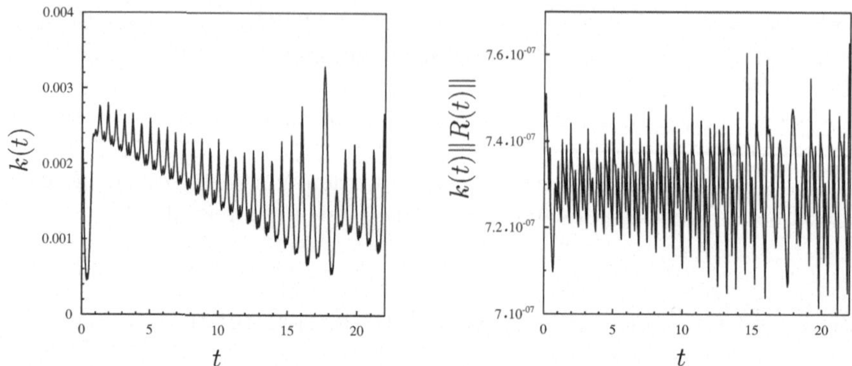

Abb. 58.3. Zeitschritte und Residuum $\times$ Zeitschrittweite einer Berechnung als Funktion der Zeit mit den Anfangsdaten $(1,0,0)$ und absoluter Fehlertoleranz $0,75$

Abb. 58.3 stellen wir das Produkt der Schrittweite mit dem Residuum für diese Berechnung dar. Wir können beobachten, dass sich diese Werte innerhalb von 10% um einen konstanten Wert herum bewegen. Mit größerem Berechnungsaufwand können die Schwankungen reduziert werden, wodurch wir eine glattere Fehlergrenze erhalten.

58.4   Berechenbarkeit des Lorenz-Systems

Von diesen Ergebnissen ermutigt, verringern wir die Toleranz oder äquivalent den Zeitschritt und versuchen eine exakte Lösung des Lorenz-Systems für ein noch längeres Zeitintervall zu berechnen. Mit Hilfe der im Kapitel „Adaptive Löser für AWP" beschriebenen cG(1)-Methode berechnen wir die Lösungen mit immer kleineren Zeitschritten, $k = 0,01$, $k = 0,001$ und $k = 0,0001$ und erhalten so immer genauere Lösungen. Wir stellen die U_1-Komponente der Lösung in Abb. 58.4 dar, wobei wir auch den Punkt eintragen, ab dem die Lösung nicht mehr genau ist. Wir sehen, dass die Lösung selbst mit 300.000 Zeitschritten nicht länger als bis $t = 26$ genau ist. Selbst wenn wir den Zeitschritt nochmals um einen Faktor 10 oder 100 verkleinern, führt uns das nicht wesentlich weiter. Wir folgern, dass es schwierig ist, die Lösung für das Lorenz-System für längere Zeitintervalle zu berechnen.

Um die Berechenbarkeit des Lorenz-Systems im Detail zu untersuchen, kehren wir zur Fehlerabschätzung zurück, die wir für den Fehler $e(t)$ der cG(1)-Methode hergeleitet haben:

$$\|e(t)\| \le S_c(T) \max_{0 \le t \le T} \|k(t)R(t)\|. \tag{58.2}$$

Beachten Sie, dass der Stabilitätsfaktor $S_c(T)$ für das Lorenz-System mit Hilfe der Lösung für das duale linearisierte Problem definiert ist:

$$S_c(T) = \max_{\varphi_0 \in \mathbb{R}^3} \frac{\int_0^T \|\dot{\varphi}(t)\|\, dt}{\|\varphi_0\|}.$$

Wenn wir nur die Fehlerabschätzung betrachten, sollten wir so lange sinnvoll rechnen können, wie wir wollen, wenn wir nur den Zeitschritt $k(t)$ und das Residuum $R(t)$ klein genug halten. Eine etwas sorgfältigere Analyse ergibt jedoch, dass ein weiterer Fehlerbeitrag vorhanden ist, der meistens vernachlässigt wird. Wenn wir diesen Ausdruck bei unserer Fehlerabschätzung berücksichtigen, erhalten wir:

$$\|e(t)\| \leq S_c(T) \max_{0 \leq t \leq T} \|k(t)R(t)\| + S_0(T) \max_{0 < t < T} \epsilon/k(t), \tag{58.3}$$

wobei ϵ die *Maschinengenauigkeit* des Computers ist, d.h. die kleinste Zahl, für die (mit Computer-Arithmetik) $1 + \epsilon \neq 1$ gilt; $S_0(T)$ ist ein neuer Stabilitätsfaktor. Für einen normalen Computer (im Jahr 2002) mit sogenannter „doppelt-genauer Arithmetik", beträgt die Maschinengenauigkeit $\epsilon \approx 10^{-16}$. Der Stabilitätsfaktor $S_0(T)$ wird mit Hilfe der dualen Lösung definiert als:

$$S_0(T) = \max_{\varphi_0 \in \mathbb{R}^3} \frac{\int_0^T \|\varphi(t)\|\, dt}{\|\varphi_0\|}.$$

Der zusätzliche Ausdruck in unserer verfeinerten Fehlerabschätzung (58.3) berücksichtigt den Rundungsfehler, den wir in jedem Zeitschritt bei der

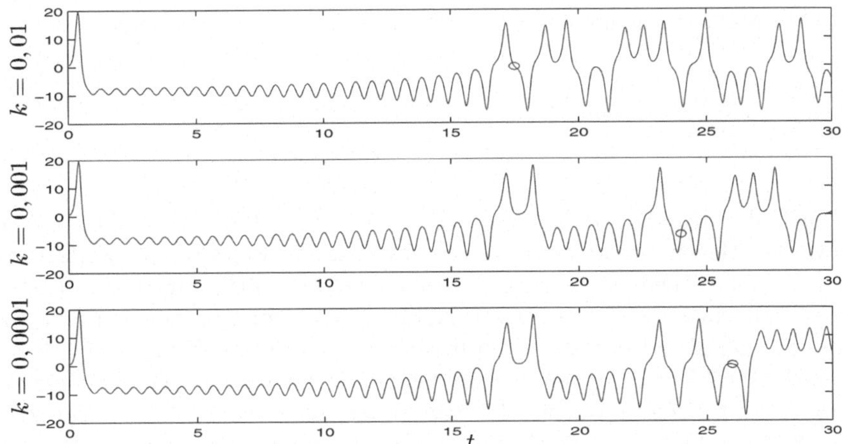

Abb. 58.4. Die U_1-Komponente der cG(1)-Lösung für verschiedene Zeitschritte. Die *kleinen Kreise* geben jeweils den Punkt an, ab dem die Lösung nicht länger genau ist

Berechnung machen; wenn wir in jedem Zeitschritt den neuen Wert $U(t_n)$ bei der cG(1)-Lösung berechnen, so kommen wir nicht umhin, einen Rundungsfehler der Größe ϵ zu begehen. Wie wir erkennen werden, so limitiert dieser zweite Ausdruck die Berechenbarkeit des Lorenz-Systems; der zweite Ausdruck in (58.3) kann groß werden, auch wenn der erste Ausdruck klein ist.

Die Schwierigkeit bei der Berechnung genauer Lösungen des Lorenz-Systems wird deutlich, wenn wir die Größe der Stabilitätsfaktoren betrachten. In Abb. 58.5 haben wir die Größe des Anteils des Rundungsfehlers im Stabilitätsfaktor $S_0(T)$ als Funktion des Endzeitpunkts T dargestellt. Beachten Sie die logarithmische Einteilung der y-Achse. Eine einfache Nähe-

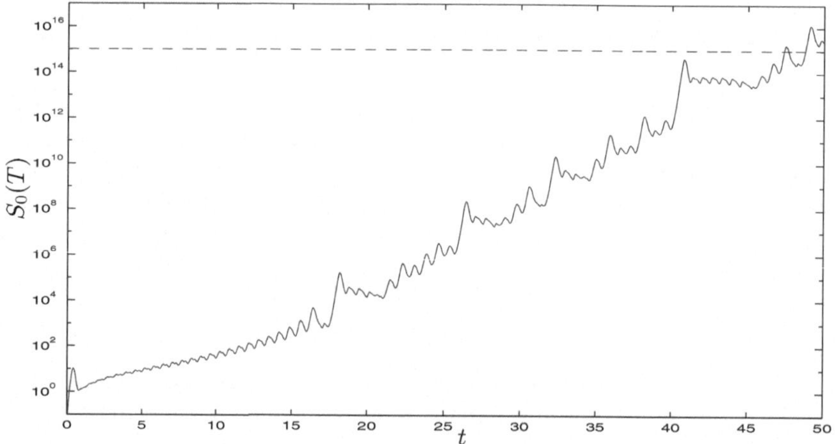

Abb. 58.5. Wachstum des Stabilitätsfaktors $S_0(T)$ für das Lorenz-System

rung für das Wachstum des Stabilitätsfaktors lautet

$$S_0(T) \approx 10^{T/3},$$

wonach der Rundungsfehler wie $E_r = 10^{T/3} \times 10^{-16}/k = 10^{T/3-16}/k$ anwächst. Beachten Sie, dass der Fehler anwächst, wenn wir die Zeitschritte verkleinern! Dies ist natürlich (wenn auch unüblich), da wir mit kleineren Zeitschritten eine größere Anzahl von Zeitschritten machen müssen, wodurch der Rundungsfehler vergrößert wird. Um den Einfluss des Rundungsfehlers klein zu halten, verwenden wir besser einen großen Zeitschritt, etwa $k = 0,1$; dann wächst der Rundungsfehler wie $10^{T/3-15}$. Zur Zeit $T = 3 \cdot 15 = 45$ beträgt der akkumulierte Rundungsfehler folglich $E_r = 1$, was bedeutet, dass wir nicht erwarten können, beträchtlich weiter als zur Zeit $T = 45$ rechnen zu können, da ab dann der Rundungsfehler dominieren wird. Mit der cG(1)-Methode werden wir noch nicht einmal $T = 45$ erreichen, da wir kleinere Zeitschritte als $k = 0,1$ benutzen müssen (was wir aus

Abb. 58.4 erkennen), um den ersten Ausdruck bei der Fehlerabschätzung klein zu halten.

58.5   Die Herausforderung

Aus der vorangegangenen Diskussion ist nun klar, dass die mysteriöse Unvorhersagbarkeit und das „chaotische" Verhalten des Lorenz-Systems nur bedeutet, dass die Stabilitätsfaktoren schnell anwachsen und es uns dadurch schwer machen, Lösungen über längere Zeit genau zu berechnen. Offensichtlich stehen wir vor der Herausforderung, mit einer Methode unserer Wahl, *eine genaue Lösung für das Lorenz-System über ein so groß wie mögliches Zeitintervall* $[0, T]$ *zu berechnen.*

Wir mussten im vorangegangenen Abschnitt eingestehen, dass schiere Gewalt keine Antwort für unser Problem ist. Es genügt nicht, einen sehr schnellen Computer für sehr kleine und sehr viele Zeitschritte zu benutzen. Mit der cG(1)-Methode können wir nicht weiter als bis $T = 30$ gelangen, unabhängig davon, wie klein wir die Zeitschritte wählen, da der akkumulierte Rundungsfehler dann schnell anwachsen wird. Eine Lösung für unser Problem wäre, eine neue Methode, ähnlich wie cG(1), zu entwerfen, die mit größeren Zeitschritten als die cG(1)-Methode arbeiten kann. Wie wir bereits vermuten, so existieren entsprechende Methoden wie cG(2), cG(3) usw., die mit größeren Zeitschritten verwendet werden können. Es kann gezeigt werden, dass für diese cG(q)-Methode der Fehler mit k^{2q} anwächst, d.h. wir finden *a priori* Fehlerabschätzungen der Gestalt

$$\|e(T)\| \le C(T)k^{2q},$$

wobei $C(T)$ eine (unbekannte!) Konstante ist, die von der exakten Lösung $u(t)$ abhängt. Wir sagen, dass die cG(q)-Methoden die *Ordnung* $2q$ besitzen. Die normale cG(1)-Methode ist daher eine Methode zweiter Ordnung. (Dies stimmt mit (58.2) überein, da in $R(t)$ noch ein Faktor $k(t)$ enthalten ist.) Mit einer Methode höherer Ordnung, d.h. $q > 1$, können wir daher mit größeren Zeitschritten kleinere Fehler erhalten. Daraus folgt wiederum, dass wir mit einer Methode höherer Ordnung den Rundungsfehler kleiner halten können und somit länger sinnvoll rechnen können, als es mit der cG(1)-Methode möglich ist. In Abb. 58.6 haben wir die U_1-Komponenten der Lösungen für das Lorenz-System dargestellt, die für den Zeitschritt $k = 0,1$ für eine Folge von Methoden höherer Ordnung berechnet wurden. Wir sehen, dass die Lösungen bei einer Methode mit genügend großer Ordnung bis zu einem Punkt kurz hinter $T = 45$ exakt sind, wie wir vorhergesagt haben; der erste Ausdruck in unserer Fehlerabschätzung (58.3) wird dadurch reduziert, dass die Ordnung der Methode vergrößert wird, weswegen der zweite Ausdruck dominiert. Man kann bis jenseits $T = 50$ gelangen, vielleicht zu $T = 100$, aber dazu müssen wir von doppelter Genauigkeit zu vierfacher Genauigkeit übergehen.

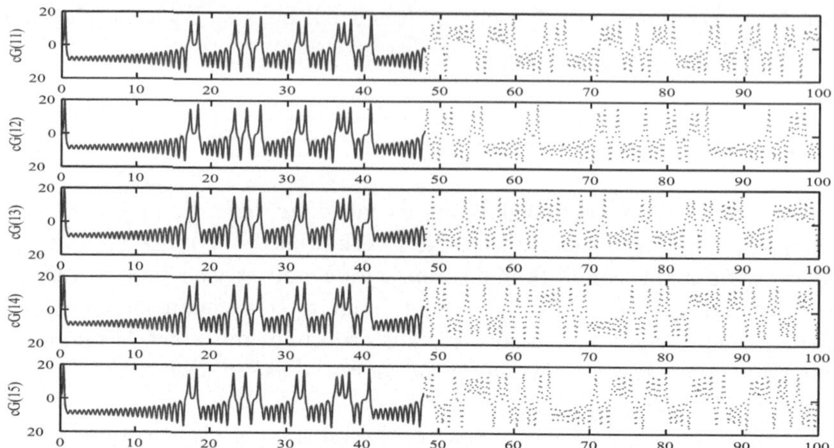

Abb. 58.6. Die U_1-Komponenten von cG(q)-Methoden für $q = 11, 12, 13, 14, 15$ mit Zeitschrittweite $k = 0,1$. Bei den *gestrichelten Linien* ist die Lösung nicht mehr genau

Aufgaben zu Kapitel 58

58.1. Zeigen Sie, dass die drei Gleichgewichtspunkte, die im Text angeführt wurden, die Gleichung $f(u) = 0$ erfüllen. Linearisieren Sie das System in diesen Gleichgewichtspunkten, d.h., berechnen Sie die Eigenwerte (und Eigenvektoren) für die Jacobi-Matrix von f in den drei Gleichgewichtspunkten.

58.2. Berechnen Sie die Lösung für das Lorenz-System und zeichnen Sie die Kreisbahnen $(x(t), y(t), z(t))$ für $t \in [0, T]$. Stimmen Sie mit der Beschreibung der Dynamik des Lorenz-Systems als nie endender Vorgang des Schneidens, Ausdehnens, Wegklappens und des Verflechtens überein?

58.3. Wiederholen Sie das Experiment, dass wir in Abschnitt 58.4 beschrieben haben, d.h. berechnen Sie die Lösungen für das Lorenz-System mit der cG(1)-Methode mit einer Folge kleiner werdender Zeitschritte und untersuchen Sie die Genauigkeit der Lösungen (indem Sie sie untereinander vergleichen). Gelangen Sie weiter als $T = 25$?

58.4. Wiederholen Sie das Experiment aus der vorangegangenen Aufgabe, aber nur mit Verfahren geringerer Ordnung; dem expliziten Euler und dem impliziten Euler Verfahren. Wie weit gelangen Sie nun?

58.5. Implementieren Sie eine einfache Version der cG(2)-Methode vierter Ordnung:

$$\begin{aligned}
U(t_{n-1/2}) &= U(t_{n-1}) + \int_{t_{n-1}}^{t^n} f(U(t), t) \cdot (5 - 6(t - t_{n-1})/k_n)/4 \, dt, \\
U(t_n) &= U(t_{n-1}) + \int_{t_{n-1}}^{t^n} f(U(t), t) \, dt,
\end{aligned}$$

wobei $U(t)$ das quadratische Polynom auf $[t_{n-1}, t_n]$ ist, das durch die drei Werte $U(t_{n-1})$, $U(t_{n-1/2})$ und $U(t_n)$ bestimmt wird. Wie weit gelangen Sie mit dieser Methode?

58.6. Liefern Sie eine Begründung für den zusätzlichen Ausdruck in der verfeinerten Fehleranalyse (58.3), indem Sie bei der Näherung beginnen, die durch fehlerhafte Anfangsbedingungen verursachte Fehler berücksichtigt (vgl. Kapitel „Löser für adaptive AWP").

58.7. Stellen Sie sich der Herausforderung des Lorenz-Systems, d.h. berechnen Sie eine exakte Lösung für $[0, T]$ mit so groß wie möglichem T. Keine Regeln; alles ist erlaubt!

> Aber Aristarchus veröffentlichte ein Buch, das bestimmte Hypothesen enthielt. Scheinbar als Folge der getroffenen Annahmen ist das Universum um vieles größer als das oben angesprochene „Universum". Seine Hypothesen besagen, dass die Fixsterne und die Sonne unverändert bleiben und die Erde sich auf einem Kreis um die Sonne dreht, wobei die Sonne im Mittelpunkt des Kreises liegt. Die Sphäre der Fixsterne, die oberhalb desselben Zentrums wie die Sonne liegt, sei so groß, dass der Kreis, auf dem seiner Meinung nach die Erde sich bewegt, etwa im selben Verhältnis zum Abstand von den Fixsternen steht, wie das Verhältnis zwischen dem Zentrum der Sphäre zu seiner Fläche. (Archimedes über Aristharcus von Samos)

59

Das Sonnensystem*

Es ward gedacht eines neuen Astrologi, der wollte bewcisen, dass die Erde bewegt würde und umginge, nicht der Himmel oder das Firmament, Sonne und Monde; gleich als wenn einer auf einem Wagen oder einem Schiffe sitzt und bewegt wird, er säße still und ruhete, das Erdreich aber und die Bäume gingen um und bewegten sich. Aber es gehet jtzt also: wer da will klug seyn, der soll ihm nichts lassen gefallen, was Andere machen, er muß ihm etwas Eigens machen, das muß das Allerbeste seyn, wie ers machet. Der Narr will die ganze Kunst Astronomiae umkehren. Aber wie die heilige Schrift anzeiget, so hieß Josua die Sonne still stehen, und nicht das Erdreich. (M. Luther in seinen „Tischreden", als Antwort auf Kopernikus' Pamphlet *Commentariolus*, 1514)

59.1   Einleitung

Das Problem der mathematischen Modellierung unseres Sonnensystems, inklusive der Sonne und den neun Planeten Venus, Merkur, Tellus (die Erde), Mars, Jupiter, Saturn, Uranus, Neptun und Pluto und einer großen Anzahl von Monden, Asteroiden und gelegentlichen Kometen war seit alters her einer der Hauptfragen der Menschheit. Die abschließende Herausforderung beschäftigt sich mit der mathematischen Modellierung des Universums, das aus Milliarden von Galaxien besteht, von denen jede aus Milliarden von Sternen besteht, von denen einer unsere eigene Sonne ist, die sich in den äußeren Bereichen der Milchstraße befindet.

Das *geozentrische* Weltbild, das Aristoteles (384–322 v.Chr.) in „*Vom Himmel*" vorstellte und von Ptolemäus (87–150 n.Chr.) in „*Hypotheses planetarum*" weiterentwickelt wurde, beherrschte die Vorstellung der Menschen über 1800 Jahre. Danach ist die Erde das Zentrum des Universums, um das sich die Sonne, der Mond, die anderen Planeten und die Sterne in einem komplizierten Muster von Kreisen (sogenannten Epizyklen) bewegen. Kopernikus (1473–1543) veränderte das Weltbild in „*De revolutionibus orbium coelestium*" und stellte die Sonne in das Zentrum in einer neuen *heliozentrischen* Theorie, behielt dabei allerdings das komplizierte System von Epizyklen (erweitert zu einem sehr komplizierten System von 80 Kreisen in Kreisen). Johannes Kepler (1572–1630) entdeckte, basierend auf ausgedehnten genauesten Beobachtungen durch den schwedischen/dänischen Wissenschaftler Tycho Brahe (1546–1601), dass sich die Planeten in elliptischen Kreisbahnen bewegen, in deren einem Brennpunkt sich die Sonne befindet. Sie gehorchen dabei den *Keplerschen Gesetzen*, die eine enorme Vereinfachung und wissenschaftliche Rationalisierung gegenüber dem System von Epizyklen bedeuteten.

Abb. 59.1. Die Erde mit dem Mond und einigen anderen Planeten auf Umlaufbahnen; Jupiter und die galileischen Satelliten, Io, Europa, Ganymed und Callisto

Tatsächlich verstand bereits Aristarchus von Samos (310–230 v.Chr.), dass die Erde sich um ihre Achse drehte und er konnte damit die (offensichtliche) Bewegung der Sterne erklären, aber Aristoteles widersprach diesen Ansichten mit folgender Argumentation: Sollte die Erde sich drehen, wie kann dann ein nach oben geworfener Körper auf denselben Punkt zurückfallen? Sollte diese Drehung nicht einen sehr starken Wind bewirken? Vor Kopernikus konnte niemand diese Argumente hinterfragen. Können Sie es?

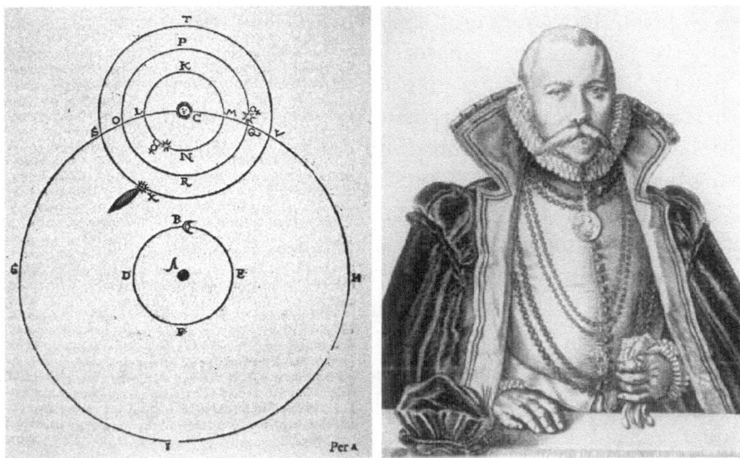

Abb. 59.2. Tycho Brahe: „Ich glaube, dass die Sonne und der Mond um die Erde kreisen, aber dass die anderen Planeten sich um die Sonne bewegen"

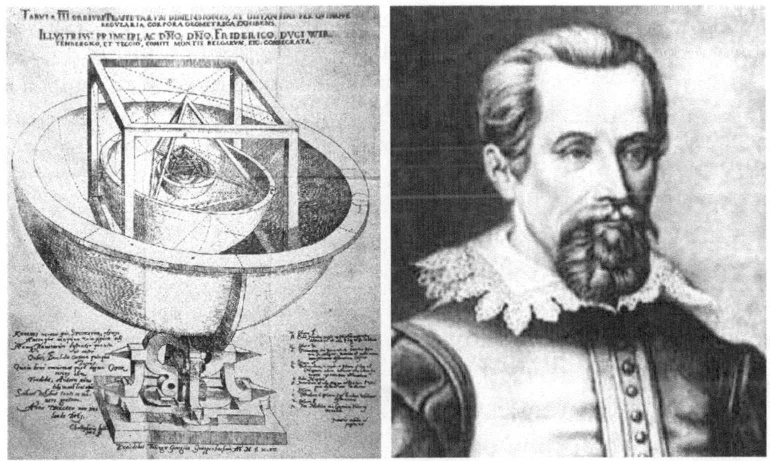

Abb. 59.3. Johannes Kepler: „Ich glaube, dass die Planeten durch unsichtbare reguläre Vielecke voneinander getrennt sind: Tetraeder, Würfel, Oktaeder, Dodekaeder und Ikosaeder und außerdem, dass die Planeten, inklusive der Erde, sich in elliptischen Bahnen um die Sonne bewegen"

Newton (1642–1727) bereinigte die Theorien, indem er zeigte, dass sich die Bewegung der Planeten durch eine einzige Hypothese erklären lässt: Das Gravitationsgesetz mit inverser Proportionalität zum Quadrat des Abstands, vgl. das Kapitel „Der Albtraum von Newton". Insbesondere leitete Newton das Keplersche Gesetz für das *Problem zweier Körper* her, bei dem ein (kleiner) Planet in einer elliptischen Bahn eine (große) Sonne umkreist, vgl. das Kapitel „Lagrange und das Prinzip der kleinsten Wirkung". Leibniz kritisierte Newton, weil dieser keine Erklärung für das Gravitationsgesetz liefern konnte. Leibniz glaubte, dass es von einer zentralen Eigenschaft herrührte und nicht nur, wie die vorherrschende Meinung vertrat, auf „gegenseitiger Liebe" beruhte, die ziemlich beliebt war. Eine gewisse Erklärung lieferte Einstein (1879–1955) in seiner „*Allgemeinen Relativitätstheorie*", bei der sich die Gravitation als Folge einer durch eine Masse verursachten „Krümmung" der Raumzeit ergibt. Einstein revolutionierte die *Kosmologie*, die Lehre von der Entstehung und Entwicklung des Weltalls, aber relativistische Effekte führten nur zu kleinen Korrekturen im Newtonschen Modell unseres Sonnensystems, das auf der inversen Proportionalität zum Abstandsquadrat beruhte. Einstein konnte nicht erklären, warum die Raumzeit durch Massen gekrümmt wird und selbst heute gibt es keine überzeugende Theorie für die Gravitation, die nahezu mystisch über einen noch zu entdeckenden Mechanismus „aus der Entfernung wirkt". Im Kapitel „Laplacesche Modelle" geben wir eine Herleitung für das Gravitationsgesetz, wie es von Laplace vorgestellt wurde.

Trotz der mangelnden physikalischen Erklärung des Gravitationsgesetzes bedeutete die Newtonsche Theorie für die mathematischen Wissenschaften einen enormen Schub und eine entsprechende Stimulation für das Selbstbewusstsein der Wissenschaftler: Wenn das menschliche Gehirn in der Lage ist, (so einfach und endgültig) die Geheimnisse des Sonnensystems zu verstehen, dann sollte es keine Grenzen für die Möglichkeiten des wissenschaftlichen Fortschritt mehr geben...

59.2   Die Newtonsche Gleichung

Die Grundlage für die Himmelsmechanik ist das zweite Newtonsche Gesetz

$$F = m \cdot a, \tag{59.1}$$

nachdem die *Kraft F* für einen Körper der Masse m zu einer Beschleunigung der Größe a führt, zusammen mit der Formel für die Gravitationskraft im Gesetz mit der inversen Proportionalität zum Abstandsquadrat:

$$F = G \frac{m m_a}{r^2}, \tag{59.2}$$

wobei $G \approx 6,67 \cdot 10^{-11} \mathrm{Nm}^2/\mathrm{kg}^2$ die *Gravitationskonstante* ist, m_a ist die Masse des anziehenden Körpers und r der Abstand zum anziehenden Körper.

(59.1) und (59.2) ergeben zusammen eine Menge von Differentialgleichungen für die Bewegung im Sonnensystem. Wenn wir die Anfangspositionen und -geschwindigkeiten für alle Körper im Sonnensystem kennen, dann können wir mit denselben Techniken, die wir oben im Kapitel „Adaptive AWP-Löser" vorgestellt haben, das Differentialgleichungssystem lösen.

Wir diskutieren dies ausführlich im Abschnitt 59.4. Zur Vorbereitung bringen wir (59.1) und (59.2) in eine dimensionslose Gestalt, was sich als sehr bequem erweisen wird. Die drei zentralen Einheiten, die in den Gleichungen auftreten, sind der *Raum*, die *Zeit* und die *Masse*, die durch die Variablen x (oder r), t und m repräsentiert werden. Wir führen nun neue dimensionslose Variablen $x' = x/\mathrm{AU}$, $t' = t/\mathrm{Jahr}$ und $m' = m/M$ ein, wobei $1/\mathrm{AU}$ der durchschnittliche Abstand der Sonne zur Erde ist und M die Masse der Sonne. Mit Hilfe der Kettenregel erhalten wir für die dimensionslose Beschleunigung $a' = \frac{d}{dt'}\frac{d}{dt'}x' = \frac{dt}{dt'}\frac{d}{dt}\frac{dt}{dt'}\frac{d}{dt}x/\mathrm{AU} = \frac{\mathrm{Jahr}^2}{\mathrm{AU}}a$. Wenn wir mit unseren neuen dimensionslosen Variablen in die Gleichungen (59.1) und (59.2) einsetzen, erhalten wir:

$$m'M\frac{\mathrm{AU}}{\mathrm{Jahr}^2}a' = G\frac{m'M \cdot m'_a M}{r'^2 \mathrm{AU}^2}, \qquad (59.3)$$

bzw.

$$a' = G'\frac{m'_a}{r'^2}, \qquad (59.4)$$

wobei die neue Gravitationskonstante nun folgendermaßen lautet:

$$G' = \frac{G \cdot \mathrm{Jahr}^2 M}{\mathrm{AU}^3}. \qquad (59.5)$$

Wir überlasen es Ihnen als Übung, zu zeigen, dass mit sinnvollen Definitionen der Einheiten Jahr und AU die neue dimensionslose Gravitationskonstante, wie folgt, lautet:

$$G' = 4\pi^2. \qquad (59.6)$$

59.3   Die Einsteinsche Gleichung

Bei der allgemeinen Relativitätstheorie ist nicht die *Kraft* die zentrale Größe, wie in der Newtonschen Theorie, sondern die *Krümmung* der Raumzeit. Einstein erklärt die Bewegung der Planeten in unserem Sonnensystem folgendermaßen: Die Planeten bewegen sich durch die Raumzeit entlang Gerader, sogenannter *Geodäsien*, die sich nur deswegen als kreisförmige (oder elliptische) Bahnen zeigen, weil die Raumzeit durch die große Masse der Sonne gekrümmt ist. Wir wollen nun versuchen, eine Vorstellung davon zu vermitteln, wie dies funktionieren kann.

Die Krümmung der Raumzeit ergibt sich durch ihre *Metrik*. Eine Metrik definiert den Abstand zwischen zwei benachbarten Punkten in der Raumzeit. In der euklidischen Geometrie, die wir ausführlich in diesem Buch untersucht haben, wird der Abstand zwischen zwei Punkten $x = (x_1, x_2, x_3)$ und $y = (y_1, y_2, y_3)$ durch die Quadratwurzel des Skalarprodukts $dx \cdot dx$

gegeben, wobei dx der Differenz $dx = x - y$ entspricht. Mit der Schreibweise $ds = |x - y|$ gilt daher:

$$ds = \sqrt{dx \cdot dx} = \left(\sum_{i=1}^{3} dx_i^2 \right)^{1/2}, \tag{59.7}$$

bzw.

$$ds^2 = \sum_{i=1}^{3} dx_i^2. \tag{59.8}$$

In der Schreibweise der allgemeinen Relativitätstheorie wird die euklidische Metrik mit Hilfe der Matrix (des Tensors)

$$g = \begin{bmatrix} 1 & 0 & 0 \\ 0 & 1 & 0 \\ 0 & 0 & 1 \end{bmatrix}, \tag{59.9}$$

als

$$ds^2 = dx^T g dx \tag{59.10}$$

gegeben. In der Raumzeit nutzen wir die Zeit t als vierte Koordinate und je-der Vorgang in der Raumzeit wird durch den Vektor (t, x_1, x_2, x_3) beschrie-ben. Bei der *Minkowskischen* Raumzeit ist die Krümmung bei Abwesenheit von Massen Null, und die Metrik wird gegeben durch

$$g = \begin{bmatrix} -1 & 0 & 0 & 0 \\ 0 & 1 & 0 & 0 \\ 0 & 0 & 1 & 0 \\ 0 & 0 & 0 & 1 \end{bmatrix}, \tag{59.11}$$

wodurch wir

$$ds^2 = -dt^2 + dx_1^2 + dx_2^2 + dx_3^2 \tag{59.12}$$

erhalten. Unter Berücksichtigung von Massen erhalten wir eine andere Me-trik, die nicht einmal diagonal sein muss.

Aus der Metrik g lassen sich die Geraden der Raumzeit bestimmen, wo-durch wir die Umlaufbahnen der Planeten erhalten. Die Metrik selbst wird durch die Verteilung der Masse in der Raumzeit bestimmt. Sie ergibt sich als Lösung aus der Einsteinschen Gleichung

$$R_{ij} - \frac{1}{2} R g_{ij} = 8\pi T_{ij}, \tag{59.13}$$

wobei (R_{ij}) der sogenannte *Ricci-Tensor* ist. R ist die sogenannte *skalare Krümmung* und (T_{ij}) ist der sogenannte *Spannungs-Energie-Tensor*. (R_{ij}) und R hängen von den Ableitungen der Metrik $g = (g_{ij})$ ab, d.h., (59.13) ist eine partielle Differentialgleichung für die Metrik g.

Die Lösung für die Umlaufbahnen der Planeten, die sich aus der Einsteinschen Gleichung ergeben, unterscheiden sich leicht von den Lösungen, die aus (59.4) nach Newton erzielt werden. Obwohl der Unterschied nur gering ist, so konnte die Einsteinsche Gleichung doch bei Beobachtungen der Umlaufbahn des Planeten Merkur, dem Planeten, der der Sonne am nächsten ist, verifiziert werden. Wir werden diese „relativistischen Effekte" im nächsten Abschnitt, in dem wir die Berechnung der Bewegungen im Sonnensystem fortsetzen, vernachlässigen.

59.4 Das Sonnensystem als ein System von gewöhnlichen Differentialgleichungen

Damit wir die Techniken aus dem Kapitel „Adaptive Löser für AWP" für die Beschreibung der Bewegungen im Sonnensystem benutzen können, müssen wir das System von gewöhnlichen Differentialgleichungen (ODEs von engl. ordinary differential equations), das wir mit (59.4) erhalten, in die Standardform $\dot{u} = f$ bringen. Wir beginnen dabei mit der Einführung der Koordinaten $x^i(t) = (x_1^i(t), x_2^i(t), x_3^i(t))$ für alle Körper im Sonnensystem, inklusive der Planeten, der Sonne und dem Mond. Wir erhalten insgesamt $n = 9 + 2 = 11$ Körper und in Summe $3n = 33$ Koordinaten. Damit wir die Gleichungen in ein System von Gleichungen erster Ordnung $\dot{u} = f$ umschreiben können, müssen wir die Geschwindigkeiten aller Körper $\dot{x}^i(t) = (\dot{x}_1^i(t), \dot{x}_2^i(t), \dot{x}_3^i(t))$ einführen, wodurch wir insgesamt $N = 6n = 66$ Koordinaten erhalten. Wir fassen alle diese Koordinaten im Vektor $u(t)$ der Länge N mit der folgenden Reihenfolge zusammen:

$$u(t) = (x_1^1(t), x_2^1(t), x_3^1(t), \ldots, x_1^n(t), x_2^n(t), x_3^n(t),$$
$$\dot{x}_1^1(t), \dot{x}_2^1(t), \dot{x}_3^1(t), \ldots, \dot{x}_1^n(t), \dot{x}_2^n(t), \dot{x}_3^n(t)), \tag{59.14}$$

d.h. die erste Hälfte des Vektors $u(t)$ enthält die Ortskoordinaten aller Körper und die zweite Hälfte die zugehörigen Geschwindigkeiten.

Damit wir die Differentialgleichung für $u(t)$ erhalten, bilden wir die Ableitung nach der Zeit und beachten dabei, dass die Ableitung der ersten Hälfte von $u(t)$ der zweiten Hälfte von $u(t)$ entspricht:

$$\dot{u}_i(t) = u_{3n+i}(t), \quad i = 1, \ldots, 3n, \tag{59.15}$$

d.h. für $n = 11$ gilt $\dot{u}_1(t) = \dot{x}_1^1(t) = u_{34}(t)$ usw.

Die Ableitung der zweiten Hälfte von $u(t)$ enthält dann die zweite Ableitung der Ortskoordinaten, d.h. die Beschleunigungen, die durch (59.4) gegeben sind. Die Gleichung (59.4) ist als skalare Gleichung formuliert und muss in Vektorform umformuliert werden. Für jeden Körper im Sonnensystem muss der Anteil der Gesamtkraft auf jeden Körper als Summe der Beiträge durch alle anderen Körper berechnet werden. Wenn wir davon ausgehen, dass wir mit dimensionslosen Variablen arbeiten (aber dennoch aus Bequemlichkeit x anstelle von x', m_i anstelle von m_i' usw. schreiben), dann müssen wir die folgenden Summen berechnen:

$$\ddot{x}_i(t) = \sum_{j \neq i} \frac{G'm_j}{|x^j - x^i|^2} \frac{x^j - x^i}{|x^j - x^i|}, \tag{59.16}$$

wobei der Einheitsvektor $\frac{x^j - x^i}{|x^j - x^i|}$ wie in Abb. 59.4 dargestellt die Richtung der Kraft angibt.

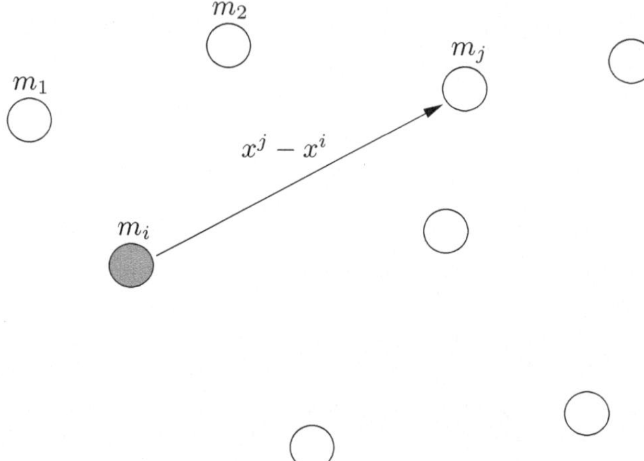

Abb. 59.4. Die Gesamtkraft auf den Körper i entspricht der Summe der Beiträge aller anderen Körper

Unsere endgültige Differentialgleichung für die Bewegungen im Sonnensystem in der Form $\dot{u} = f$ lautet somit

$$\dot{u}(t) = f(u(t)) = \begin{bmatrix} u_{3n+1}(t) \\ \vdots \\ u_{6n}(t) \\ \sum_{j \neq 1} \frac{G'm_j}{|x^j - x^1|^2} \frac{x_1^j - x_1^1}{|x^j - x^1|} \\ \vdots \\ \sum_{j \neq n} \frac{G'm_j}{|x^j - x^n|^2} \frac{x_3^j - x_3^n}{|x^j - x^n|} \end{bmatrix}, \tag{59.17}$$

wobei wir der Einfachheit halber die Schreibweise $x^1 = (x_1^1, x_2^1, x_3^1)$ anstelle von (u_1, u_2, u_3) usw. auf der rechten Seite benutzen. Die Bewegungen unseres Sonnensystems können nun mit den Anfangswerten in Tabelle 59.1 mit

Table 59.1. Anfangswerte für das Sonnensystem zur Zeit 00:00 Universal Time (UT1, etwa GMT) am 1. Januar 2000 mit dimensionslosen Ortskoordinaten und Geschwindigkeiten, die mit 1 AU $= 1,49597870 \cdot 10^{11}$ m (einer astronomischen Einheit), 1 Jahr $= 365,24$ Tage und $M = 1,989 \cdot 10^{30}$ kg (einer Sonnenmasse) skaliert sind

	Position	Geschwindigkeit	Masse
Merkur	$x^1(0) = \begin{matrix} -0,147853935 \\ -0,400627944 \\ -0,198916163 \end{matrix}$	$\dot{x}^1(0) = \begin{matrix} 7,733816715 \\ -2,014137426 \\ -1,877564183 \end{matrix}$	$1,0/6023600$
Venus	$x^2(0) = \begin{matrix} -0,725771746 \\ -0,039677000 \\ 0,027897127 \end{matrix}$	$\dot{x}^2(0) - \begin{matrix} 0,189682646 \\ -6,762413869 \\ -3,054194695 \end{matrix}$	$1,0/408523,5$
Erde	$x^3(0) = \begin{matrix} -0,175679599 \\ 0,886201933 \\ 0,384435698 \end{matrix}$	$\dot{x}^3(0) = \begin{matrix} -6,292645274 \\ -1,010423954 \\ -0,438086386 \end{matrix}$	$1,0/328900,5$
Mars	$x^4(0) = \begin{matrix} 1,383219717 \\ -0,008134314 \\ -0,041033184 \end{matrix}$	$\dot{x}^4(0) = \begin{matrix} 0,275092348 \\ 5,042903370 \\ 2,305658434 \end{matrix}$	$1,0/3098710$
Jupiter	$x^5(0) = \begin{matrix} 3,996313003 \\ 2,731004338 \\ 1,073280866 \end{matrix}$	$\dot{x}^5(0) = \begin{matrix} -1,664796930 \\ 2,146870503 \\ 0,960782651 \end{matrix}$	$1,0/1047,355$
Saturn	$x^6(0) = \begin{matrix} 6,401404019 \\ 6,170259699 \\ 2,273032684 \end{matrix}$	$\dot{x}^6(0) = \begin{matrix} -1,565320566 \\ 1,286649577 \\ 0,598747577 \end{matrix}$	$1,0/3498,5$
Uran	$x^7(0) = \begin{matrix} 14,423408013 \\ -12,510136707 \\ -5,683124574 \end{matrix}$	$\dot{x}^7(0) = \begin{matrix} 0,980209400 \\ 0,896663122 \\ 0,378850106 \end{matrix}$	$1,0/22869$
Neptun	$x^8(0) = \begin{matrix} 16,803677095 \\ -22,983473914 \\ -9,825609566 \end{matrix}$	$\dot{x}^8(0) = \begin{matrix} 0,944045755 \\ 0,606863295 \\ 0,224889959 \end{matrix}$	$1,0/19314$
Pluto	$x^9(0) = \begin{matrix} -9,884656563 \\ -27,981265594 \\ -5,753969974 \end{matrix}$	$\dot{x}^9(0) = \begin{matrix} 1,108139341 \\ -0,414389073 \\ -0,463196118 \end{matrix}$	$1,0/150000000$
Sonne	$x^{10}(0) = \begin{matrix} -0,007141917 \\ -0,002638933 \\ -0,000919462 \end{matrix}$	$\dot{x}^{10}(0) = \begin{matrix} 0,001962209 \\ -0,002469700 \\ -0,001108260 \end{matrix}$	1
Mond	$x^{11}(0) = \begin{matrix} -0,177802714 \\ 0,884620944 \\ 0,384016593 \end{matrix}$	$\dot{x}^{11}(0) = \begin{matrix} -6,164023246 \\ -1,164502534 \\ -0,506131880 \end{matrix}$	$1,0/2,674 \cdot 10^7$

den Standardtechniken berechnet werden, die wir im Kapitel „Adaptive Löser für AWP" vorgestellt haben.

59.5 Vorhersagbarkeit und Berechenbarkeit

Die zwei wichtigen Fragen, die sich natürlicherweise stellen, wenn wir numerische Lösungen der Bewegung in unserem Sonnensystem wie in Abb. 59.5 untersuchen, sind die Fragen nach der *Vorhersagbarkeit* und der *Berechenbarkeit.*

Die Vorhersagbarkeit des Sonnensystems ist die Frage nach der Genauigkeit einer Berechnung bei vorgegebener Genauigkeit der Anfangsdaten. Sind die Anfangsdaten etwa mit einer Genauigkeit von fünf Dezimalstellen bekannt, wie lange dauert es dann, bis selbst bei genauer numerischer Rechnung die Lösung nicht einmal mehr in einer Dezimalstelle genau ist?

Die Berechenbarkeit des Sonnensystems ist die Frage nach der Genauigkeit einer numerischen Lösung, wenn die Anfangsdaten exakt sind, d.h. wie lange wir eine genaue Lösung mit den verfügbaren Methoden und der verfügbaren Rechenleistung berechnen können.

Sowohl die Vorhersagbarkeit als auch die Berechenbarkeit werden durch die Wachstumsrate der Fehler bestimmt. Glücklicherweise wächst der Fehler nicht wie beim Lorenz-System exponentiell. Wenn wir uns vorstellen, die Erde leicht aus ihrer Umlaufbahn zu entfernen und dann die Berechnung zu beginnen, wird die Umlaufbahn und die Geschwindigkeit der Er-

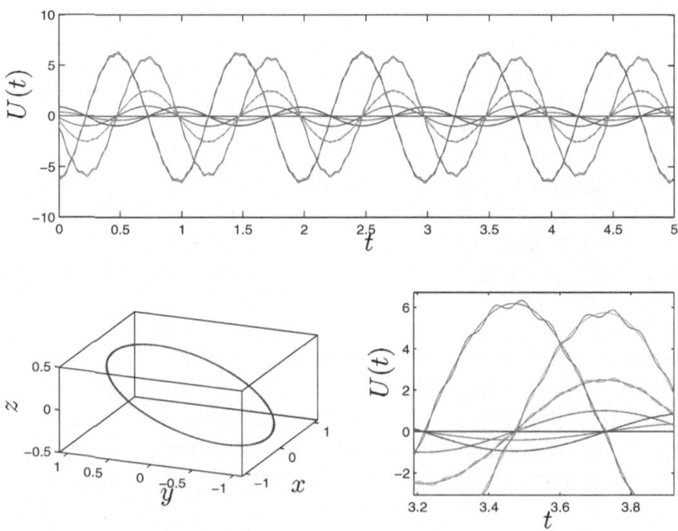

Abb. 59.5. Eine numerische Berechnung der Bewegungen im Sonnensystem, inklusive der Erde, der Sonne und des Mondes

de etwas anders sein, was zu einem Fehler führt, der mit der Zeit *linear* anwächst. Das bedeutet, dass die Vorhersagbarkeit des Sonnensystems ziemlich gut ist, da jede weitere genaue Dezimalstelle in den Anfangsdaten bedeutet, dass die Vorhersagbarkeitsgrenze um einen Faktor zehn erhöht wird. Wird jedoch die Lösung mit einer numerischen Methode, wie der adaptiven cG(1)-Methode, berechnet, wird dies zu einem zusätzlichen Fehler führen. Wir können uns vorstellen, dass der Fehler, den eine numerische Methode bewirkt, einer kleinen Störung in jedem neuen Zeitschritt gleicht. Wenn wir die Beiträge aus allen Zeitschritten zusammenzählen, finden wir, dass der numerische Fehler *quadratisch* anwächst, vgl. Aufgabe 59.2.

Es zeigt sich jedoch, dass der Fehler bei der cG(1)-Methode nicht quadratisch anwächst, sondern nur linear, wie in Abb. 59.6 verdeutlicht: Die Energie wird erhalten. Als Folge davon zeigt die cG(1)-Methode in einer Langzeitstudie bessere numerische Eigenschaften als die (genauere) dG(2)-Methode höherer Ordnung.

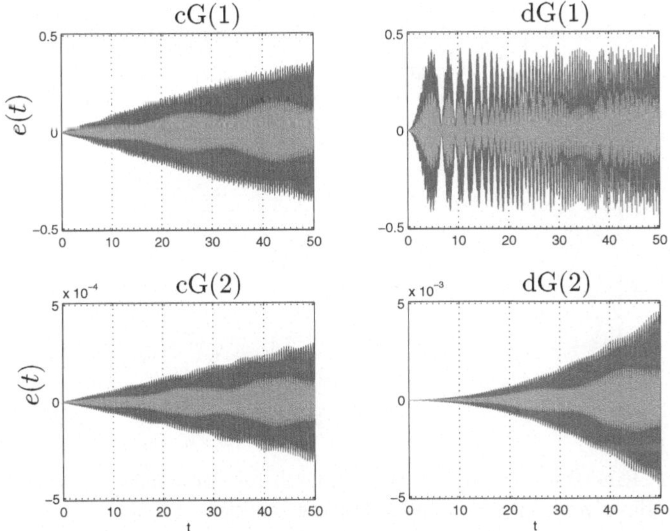

Abb. 59.6. Das Wachstum des numerischen Fehlers bei Simulationen des Sonnensystems mit verschiedenen numerischen Methoden. Die beiden Methoden *links* erhalten die Energie, wodurch der Fehler linear statt quadratisch anwächst

59.6 Adaptive Zeitschrittwahl

Wenn wir die Bewegungen im Sonnensystem mit der adaptiven cG(1)-Methode berechnen, so erkennen wir, dass die Zeitschritte klein genug sein müssen, um der Umlaufbahn des Mondes (oder von Merkur, falls der Mond unberücksichtigt bleibt) zu folgen. Dies ist ineffektiv, da die Zeitskalen der anderen Körper bedeutend größer sind: Die Periode des Mondes beträgt einen Monat, aber die Periode von Pluto dauert 250 Jahre, weswegen die Zeitschritte für Pluto ungefähr um einen Faktor 3000 größer sein sollten als die Zeitschritte für den Mond. Erst kürzlich konnte gezeigt werden, dass die Standardverfahren cG(q), inklusive cG(1), und dG(q) auf individuelle *multi-adaptive* Zeitschrittwahl für unterschiedliche Körper erweitert werden können. In Abb. 59.7 stellen wir eine Berechnung mit individuellen Zeitschritten für unterschiedliche Planeten dar. Beachten Sie, dass der Fehler quadratisch anwächst, woran wir erkennen, dass die Energie bei dieser Methode nicht erhalten bleibt. (Es können auch multi-adaptive Methoden konstruiert werden, die die Energie erhalten.)

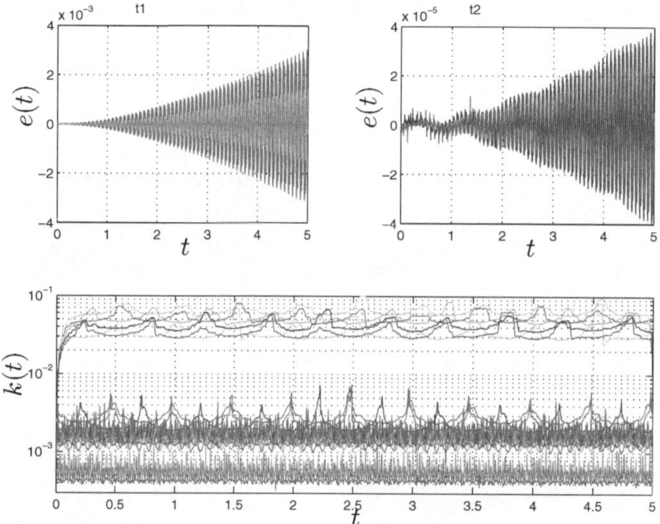

Abb. 59.7. Eine Berechnung der Bewegungen im Sonnensystem mit individuellen, multi-adaptiven Zeitschritten für unterschiedliche Planeten

59.7   Grenzen der Berechenbarkeit und Vorhersagbarkeit

Mit Hilfe der multi-adaptiven cG(2) scheint die Grenze der Berechenbarkeit des Sonnensystems (für den Mond und die neun Planeten) mit Berechnungen in doppelter Genauigkeit bei etwa 10^6 Jahren zu liegen. Bei der Vorhersagbarkeit desselben Systems scheint es, dass wir für jede genaue Dezimalstelle mehr als die 5. Stelle, einen Faktor zehn in der Zeit gewinnen, so dass beispielsweise eine Vorhersagbarkeit des Mondes für die nächsten 1000 Jahre eine Genauigkeit von etwa 8 genauen Dezimalstellen bei den Anfangspositionen, den Geschwindigkeiten, den Massen und der Gravitationskonstante erfordert. Wir folgern, dass üblicherweise die Genauigkeit der Daten eine Grenze für genaue Simulationen der Bewegungen im Sonnensystem zu setzen scheint, wenn wir einen multi-adaptiven Löser hoher Ordnung benutzen.

Aufgaben zu Kapitel 59

59.1. Zeigen Sie, dass mit geeigneten Definitionen der Einheiten für das Jahr und AU die Gravitationskonstante $G' = 4\pi^2$ beträgt. *Hinweis:* Gehen Sie davon aus, dass die Erde eine Kreisbahn beschreibt, bei der die Zentrifugalkraft mv^2/r der Gravitationskraft GmM/r^2 entspricht.

59.2. Begründen Sie das quadratische Anwachsen des numerischen Fehlers für das Sonnensystem. *Hinweis:* Gehen Sie davon aus, dass der Fehlereintrag zur Geschwindigkeit in jedem Zeitschritt in der Größenordnung von ϵ liegt.

59.3. (*Schwierig!*) Zeigen Sie im Allgemeinen, dass für ein bestimmtes Anfangswertproblem ein Fehlerwachstum mit

$$|c(T)| \lesssim S(T)|c(0)|$$

zu einem Fehler in der numerischen Lösung des Anfangswertproblems mit

$$|e(T)| \lesssim \epsilon \int_0^T S(t)\, dt$$

anwächst, vorausgesetzt, dass der zusätzliche Fehler in jedem Zeitschritt unterhalb von $k_n \epsilon$ bleibt.

59.4. Zeigen Sie, dass die cG(1)-Methode die Energie für ein Hamiltonsches System erhält, d.h., zeigen Sie, dass für ein System, für das $\ddot{x} = F = -\nabla_x P(x)$ gilt, die Gesamtenergie

$$E(t) = K(\dot{x}(t)) + P(x(t))$$

erhält. Hierbei ist $P(x)$ ein gegebenes Potential und $K(\dot{x}) = \frac{\dot{x}^2}{2}$ die kinetische Energie. *Hinweis:* Formulieren Sie ein System erster Ordnung für den Vektor $[u, v] = [x, \dot{x}]$, benutzen Sie $[\dot{v}, \dot{u}]$ als Testfunktion und nutzen Sie die Kettenregel.

59.5. Untersuchen Sie die Vorhersagbarkeit und Berechenbarkeit des Sonnensystems numerisch. Können Sie das lineare Fehlerwachstum für die cG(1)-Methode verifizieren?

60
Optimierung

1. Alle Lebewesen werden durch den Wunsch nach maximaler Freude getrieben. 2. Es gibt dabei Freude für den Körper und Freude für die Seele. Bei der Freude für die Seele kann der Körper keinen Anteil nehmen, wohingegen die Freude für den Körper beiden gleichermaßen gemeinsam ist.
(Die beiden ersten von 14 zentralen Prinzipien in *Anthropologica physica*, von König Karl XII von Schweden, 1717)

60.1   Einleitung

In diesem Kapitel werden wir einige wichtige Gesichtspunkte der Optimierung weiter ausführen, die wir bereits im vorangegangenen Kapitel in Verbindung mit der Minimierung angesprochen haben.

Optimierung ist ein sehr breites Themengebiet und wir werden unten auf weitere Gesichtspunkte stoßen. Hier werden wir vor allem solche Themen aufgreifen, die eng mit zentralen Aspekten der Infinitesimalrechnung verknüpft sind. Sie gelten als „tief gehend" und als nur verständlich für die besten fortgeschrittenen Mathematikstudenten. Sie können sich eine eigene Meinung zu den hier vorgestellten Untersuchungen bilden. Falls Sie dabei das zu erwartende Gefühl der Verwirrung überkommt, sollte Sie das nicht weiter beunruhigen. Fahren Sie dann einfach mit dem nächsten Kapitel fort. Wenn Sie andererseits das Gefühl bekommen, dass sie wider alle Erwartungen die Hauptgedanken verstehen, so können Sie sich gratulieren und Sie sind besser zur Mathematik geeignet, als Sie bisher dachten!

In unserer modernen Welt ist *Optimierung* ein Kodewort. Etwas zu *optimieren* bedeutet, vorhandene Ressourcen so effektiv wie möglich zu benutzen oder die bestmögliche Alternative zu finden. In unserem Privatleben, können wir uns beispielsweise das Ziel setzen, dass unser Auto so wenig Benzin wie möglich verbraucht, dass wir etwas zum kleinstmöglichen Preis kaufen, dass wir mit dem geringstmöglichen Aufwand das Haus putzen oder dass wir auf einer Urlaubsreise das größtmögliche Vergnügen erleben.

Bei der automatisierten Herstellung ist die Optimierung das führende Prinzip, um so wenig Energie, Material und Arbeitskräfte bei der Herstellung einer gewissen Menge von Gütern einzusetzen wie möglich. Eine der wichtigsten Vorstellungen unserer kapitalistischen Gesellschaft ist es, dass auf lange Sicht das effektivste Herstellungsverfahren den Markt beherrschen wird.

Das zentrale Problem der Optimierung ist die Suche nach einem Maximum oder Minimum für eine gegebene Funktion $f : \Omega \to \mathbb{R}$, die auf einer bestimmten Zahlenmenge Ω definiert ist. Üblicherweise ist Ω ein Gebiet in $\mathbb{R}^d$ mit $d = 1, 2, 3, \ldots$, das beschränkt oder unbeschränkt sein kann, oder aber Ω ist eine endliche Menge, wie die Menge der natürlichen Zahlen $1, 2, \ldots, 100$. Genauer formuliert, so bedeutet die Suche nach einem *Minimum* $\bar{x}$ in Ω, dass wir einen Punkt $\bar{x} \in \Omega$ suchen, so dass

$$f(x) \geq f(\bar{x}) \quad \text{für alle } x \in \Omega. \tag{60.1}$$

Wir sagen dann, dass $f(\bar{x})$ der *Minimalwert* von $f : \Omega \to \mathbb{R}$ ist. Beachten Sie, dass es zwar mehrere Minima geben kann, aber natürlich nur einen einzigen Minimalwert. Wenn in einem olympischen 100m Lauf drei Wettkämpfer die Bestzeit von 9,99 Sekunden laufen, dann kann an alle drei Läufer die Goldmedaille verliehen werden. Es kann jedoch keine zwei Wettkämpfer mit unterschiedlichen Endzeiten geben, die beide die Goldmedaille erhalten.

Als Nächstes wollen wir das Problem betrachten, den Minimalwert und das zugehörige Minimum, oder die Minima, für eine gegebene Funktion $f : \Omega \to \mathbb{R}$ zu finden. Wir können zwei Fälle unterscheiden: (a) Ω ist ein Gebiet in $\mathbb{R}^d$ mit unendlich vielen Punkten, wie etwa, wenn Ω die Einheitsscheibe $\{x \in \mathbb{R}^d : \|x\| \leq 1\}$ ist; (b) Ω enthält endlich viele Punkte, wie beispielsweise für $\Omega = \{1, 2, 3, \ldots, 10\}$. Fall (a) wird als „kontinuierlich" und Fall (b) wird als „diskret" bezeichnet. Die beiden Fälle sind nicht vollständig voneinander verschieden; es kann einen fließenden Übergang von „diskret" zu „kontinuierlich" geben, wenn die Zahl der Elemente in Ω anwächst. Im diskreten Fall mit endlich vielen Punkten können wir den Minimalwert und zugehörige Minima von $f : \Omega \to \mathbb{R}$ durch verschiedene *Sortieralgorithmen* finden. Ist Ω kontinuierlich mit unendlich vielen Punkten, kann das Sortieren unmöglich werden und oft werden andere Algorithmen, die Informationen über die Ableitung von $f(x)$ verlangen, in Kombination mit verschiedenartigen Methoden des steilsten Abstiegs eingesetzt.

60.2   Sortieren für endliches Ω

Ist Ω eine endliche Zahlenmenge, beispielsweise $\Omega = \{1, 2, \ldots, 9, 10\}$. Dann können wir eine Liste der zugehörigen 10 Funktionswerte $f(1), \ldots, f(10)$ aufstellen, diese nach aufsteigenden Funktionswerten sortieren und somit den Minimalwert $f(\bar{x})$ und das zugehörige Argument $\bar{x}$ finden. Natürlich müssen wir nicht alle Zahlen entsprechend ihrer Größe sortieren, um die Kleinste zu finden. Wir benötigen nur das erste Element in der Liste, die nach aufsteigender Größe sortiert ist. Wenn wir diesen Vorgang wiederholen, gelangen wir zu einer vollständig sortierten Liste.

Beispiel 60.1. Sei beispielsweise $\Omega = \{1, 2, \ldots, 9, 10\}$ und $f(1) = 143$, $f(2) = 538$, $f(3) = 67$, $f(4) = 964$, $f(5) = 287$, $f(6) = 64$, $f(7) = 123$, $f(8) = 333$, $f(9) = 63$ und $f(10) = 88$. Einfaches Betrachten liefert uns das Minimum in $\bar{x} = 9$ mit dem Minimalwert $f(x) = 63$.

Sortieren klingt zwar einfach, effektiv zu sortieren ist aber durchaus ein ernst zu nehmendes schwieriges Problem, wenn eine Vielzahl von Werten sortiert werden muss. Es gibt verschiedene Algorithmen zur Sortierung und Sortierungsalgorithmen spielen in der Informatik eine wichtige Rolle. Das folgende Verfahren ist ein einfacher Algorithmus, um das Minimum m von N Zahlen $f(1), \ldots, f(N)$ zu finden:

1. Sei $m = f(1)$ und $\bar{x} = 1$.

2. Für $x = 2, \ldots, N$ ist $m = f(x)$ und $\bar{x} = x$, falls $f(x) < m$.

Der Minimalwert ist dann $m = f(\bar{x})$ und das Minimum tritt in $x = \bar{x}$ auf. Der Algorithmus beruht auf dem sich wiederholenden Vergleich von Zahlenpaaren (falls $f(x) < m$, wird m und $\bar{x}$ verändert). Die Anzahl der nötigen Vergleiche im vorgestellten Algorithmus ist offensichtlich gleich $N - 1$. Wenn wir den Algorithmus ohne $f(\bar{x})$ wiederholen, erhalten wir eine vollständig sortierte Liste mit Hilfe von $(N-1) + (N-2) + \cdots + 1 \approx \frac{1}{2} N^2$ Vergleichen.

60.3   Was tun, wenn Ω nicht endlich ist?

Ist Ω ein Intervall reeller Zahlen, beispielsweise $\Omega = [0, 1]$, dann enthält Ω unendlich viele Punkte. An eine Sortierung durch paarweises Vergleichen der Werte $f(x)$ für $x \in \Omega$ ist dann für eine gegebene Funktion $f : \Omega \to \mathbb{R}$ nicht zu denken, da wir nicht unendlich viele Vergleiche durchführen können. Natürlich ersetzen wir Ω in der Praxis durch eine endliche Zahlenmenge, indem wir beispielsweise mit einer Zahlendarstellung der Punkte in Ω in einfacher Genauigkeit arbeiten. Daher können wir im Prinzip die oben vorgestellte Sortierungsstrategie anwenden. Aber die Berechnung wird sehr berechnungsaufwändig sein. Mit sieben Dezimal-stellen müssten wir 10^7 Werte von $f(x)$ vergleichen, was mit dem obigen Algorithmus etwa 10^7 Vergleiche benötigen würde, um das Minimum zu finden. Ist das Intervall Ω und die gewünschte Genauigkeit größer, dann wäre auch die Zahl der notwendigen Vergleiche entsprechend größer. Der Berechnungsaufwand enthält außerdem die Kosten für die Auswertung der Funktionswerte $f(x)$ für jedes x als multiplikativen Faktor, was für jede Auswertung viele arithmetische Operationen erfordern wird. Die Gesamt-kosten für den Vergleichsalgorithmus werden daher viel zu hoch sein.

Wir suchen nun nach effektiven Algorithmen, um den Fall zu behandeln, dass Ω ein Gebiet in $\mathbb{R}^d$ ist und die Funktion $f(x)$ Lipschitz-stetig ist zur Lipschitz-Konstanten L. Für diesen Fall können sich die Funktionswerte $f(x)$ nicht mehr verändern, als das Produkt aus L mit x. Wollen wir den Minimalwert bis auf eine bestimmte Toleranzgrenze TOL genau bestim-men, benötigen wir in etwa $(L/TOL)^d$ Vergleiche, falls der Durchmesser von Ω in der Größenordnung von Eins ist. Abhängig von der Wahl der Toleranz TOL und von L mag dies akzeptabel sein oder nicht.

Ist die Funktion $f(x)$ differenzierbar, können wir die Suche weiter ein-schränken, indem wir Informationen der Ableitung zur Hilfe nehmen, wie wir unten noch sehen werden.

60.4 Die Existenz eines Minimums

Wie können wir uns davon überzeugen, dass tatsächlich ein Minimum exi-stiert? Wir untersuchen unten den Beweis des folgenden wichtigen Satzes als Antwort auf diese Frage.

Satz 60.1 *Sei $f : \Omega \to \mathbb{R}$ Lipschitz-stetig und Ω eine abgeschlossene und beschränkte Teilmenge des $\mathbb{R}^d$. Dann existiert ein Minimum $\bar{x} \in \Omega$, so dass $f(\bar{x}) \leq f(x)$ für alle $x \in \Omega$.*

Die Annahme, dass Ω abgeschlossen und beschränkt ist, ist unbedingt erforderlich, um die Existenz eines Minimums zu garantieren, wie wir an folgendem Beispiel sehen.

Beispiel 60.2. Die Funktion $f : (0,1) \to \mathbb{R}$ mit $f(x) = x$ besitzt kein Minimum in $(0,1)$. Bei diesem Beispiel ist Ω nicht abgeschlossen.

Beispiel 60.3. Die Funktion $f : [1, \infty) \to \mathbb{R}$ mit $f(x) = 1/x$ besitzt kein Minimum in $[1, \infty)$. Bei diesem Beispiel ist Ω nicht beschränkt.

Wir wollen jedoch darauf hinweisen, dass eine Funktion $f : \Omega \to \mathbb{R}$ durchaus ein Minimum besitzen kann, wenn Ω unbeschränkt ist. Insbeson-dere werden wir, wenn $f(x)$ gegen Unendlich strebt falls $\|x\|$ anwächst, die Suche nach einem Minimum ganz einfach auf ein beschränktes Intervall einschränken.

Beispiel 60.4. Die Funktion $f : [0, \infty)$ mit $f(x) = x^2 - 2x$ besitzt einen Minimalwert $f(1) = -1$; da $f(x) \geq 0$ für $x \geq 2$, können wir die Suche nach einem Minimum auf $[0, 2]$ einschränken.

60.5 In einem inneren Minimum ist die Ableitung gleich Null

Wir setzen voraus, dass $f : \Omega \to \mathbb{R}$ eine gegebene Lipschitz-stetige differenzierbare Funktion ist, wobei Ω ein Gebiet in $\mathbb{R}^d$ ist. Wir wollen nun beweisen, dass in einem *inneren Minimum* von $f : \Omega \to \mathbb{R}$, d.h. $\bar{x}$ ist ein Minimum und die Kugel $\{x \in \mathbb{R}^d : \|x - \bar{x}\| < \delta\}$ ist für ein $\delta > 0$ in Ω enthalten, für den Gradienten $f' = \nabla f$ von f gilt, dass $f'(\bar{x}) = \nabla f(\bar{x}) = 0$. Dies ergibt sich aus

$$f(x) = f(\bar{x}) + f'(\bar{x}) \cdot (x - \bar{x}) + E_f(x, \bar{x})$$

mit $\|E_f(x, \bar{x})\| \leq K_f(\bar{x})\|x - x\|^2$. Ist nun $f'(\bar{x}) \neq 0$, so können wir $x - \bar{x} - \epsilon f'(\bar{x}) \in \Omega$ für ein $\epsilon > 0$ wählen und abschätzen:

$$f(x) \leq f(\bar{x}) - \epsilon\|f'(\bar{x})\|^2 + \epsilon^2 K_f(\bar{x})\|f'(\bar{x})\|^2$$
$$= f(x) - \epsilon\|f'(\bar{x})\|^2(1 - \epsilon K_f(\bar{x})) < f(\bar{x}).$$

Ist ϵ genügend klein, so führt uns dies zu einem Widerspruch zu der Annahme, dass $\bar{x}$ ein Minimum ist. Wir haben somit das folgende wichtige Ergebnis bewiesen, vgl. Abb. 60.1 und Abb. 60.2:

Satz 60.2 *Angenommen, $f : \Omega \to \mathbb{R}$ habe ein Minimum in einem inneren Punkt $\bar{x}$ in Ω und sei ferner $f : \Omega \to \mathbb{R}$ in $\bar{x}$ differenzierbar. Dann gilt: $f'(\bar{x}) = 0$.*

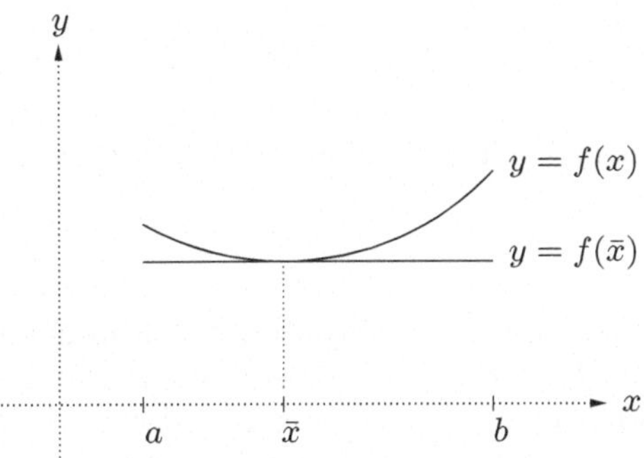

Abb. 60.1. In einem inneren Minimum $\bar{x}$ gilt: $f'(\bar{x}) = 0$

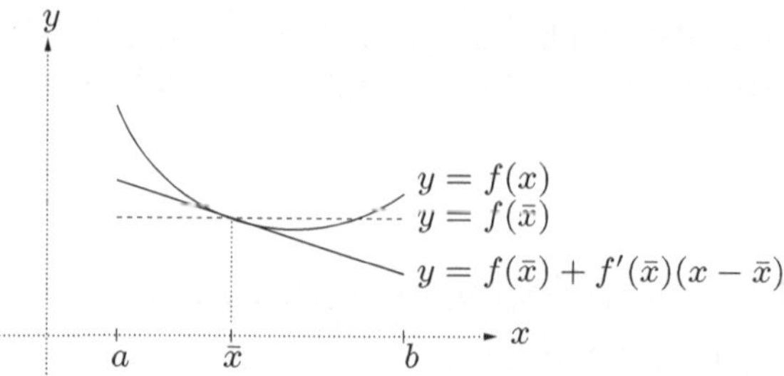

Abb. 60.2. Aus $f'(\bar{x}) < 0$ folgt, dass $f(x) < f(\bar{x})$ für ein x nahe bei $\bar{x}$ mit $\bar{x} > x$, d.h. $\bar{x}$ kann kein Minimum sein

Mit Hilfe dieses Ergebnisses können wir die Nullstellen der Ableitung $f'(x)$ in Ω nach einem Minimum von $f(x)$ durchsuchen. Um diese Nullstellen zu bestimmen, können wir einen beliebigen Algorithmus für die Nullstellensuche verwenden, wie die Fixpunkt-Iteration, die Newton-Methode oder die Bisektion. Es gibt daher eine enge Verbindung zwischen Algorithmen für die Suche nach einem inneren Minimum von $f : \Omega \to \mathbb{R}$ und Algorithmen für die Berechnung der Lösung von $f'(x) = 0$.

Bitte beachten Sie, dass $f'(x)$ ungleich Null sein kann, wenn das Minimum $\bar{x}$ von $f : \Omega \to \mathbb{R}$ kein innerer Punkt von Ω ist, d.h. wenn $\bar{x}$ auf einer Grenze von Ω liegt, vgl. Abb. 60.3.

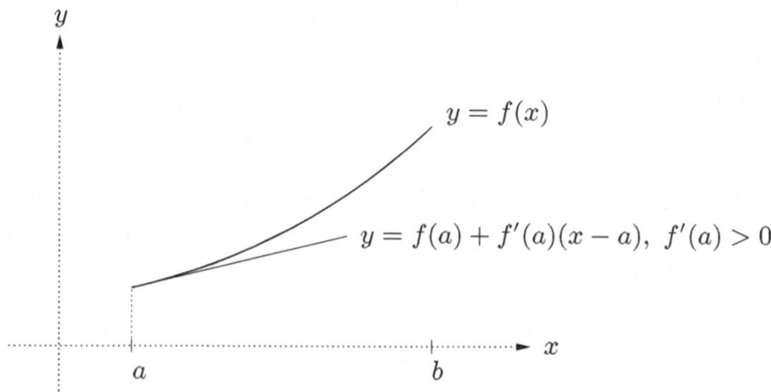

Abb. 60.3. $f'(\bar{x})$ kann in einem Minimum $\bar{x}$, das auf der Grenze liegt, ungleich Null sein

Beispiel 60.5. Angenommen, wir wollten das Minimum von $f : \Omega \to \mathbb{R}$ mit $\Omega = [0, 2]$ und $f(x) = x^2 - 2x$ bestimmen. Da Ω abgeschlossen und beschränkt ist und $f(x)$ Lipschitz-stetig ist, wissen wir, dass ein Minimum $\bar{x} \in [0, 2]$ existiert. Ist $\bar{x}$ ein innerer Punkt in $[0, 2]$, d.h. $0 < \bar{x} < 2$, dann gilt $f'(\bar{x}) = 2\bar{x} - 2 = 0$ und folglich $\bar{x} = 1$. Wir vergleichen den Wert $f(1) = -1$ mit den Werten $f(0) = 0$ und $f(2) = 0$ auf den Grenzen von $[0, 2]$ und folgern, dass $f(1) = -1$ der Minimalwert mit zugehörigem Minimum in $\bar{x} = 1$ ist.

Beispiel 60.6. Angenommen, wir wollten das Minimum von $f : \Omega \to \mathbb{R}$ mit $f(x) = f(x_1, x_2) = x_1^2 + x_2^2 - 2x_1 - x_2$ auf einem abgeschlossenen Quadrat $Q = [0, 2] \times [0, 2]$ bestimmen, vgl. Abb. 60.4. Wir wissen, dass in Q ein Minimum existiert. Wir berechnen zunächst die inneren Punkte $\hat{x}$ für die $f'(\hat{x}) = 0$ gilt. Da $f'(x) = (2x_1 - 2, 2x_2 - 1)$, ist $\hat{x} = (1; 0,5)$ mit dem Funktionswert $f(1; 0,5) = -1,25$. Nun müssen wir nur noch $f(x)$ auf der Begrenzung von Q kontrollieren, um festzustellen, ob dort Werte kleiner als $-1,25$ vorkommen. Wir betrachten dazu jedes Teilstück der Grenze für sich. Auf dem Stück $x_2 = 0$ gilt: $f(x) = x_1^2 - 2x_1$ mit $x_1 \in [0, 2]$ und wir erkennen mit Hilfe des vorangegangenen Beispiels, dass der Minimalwert $f(1, 0) = -1$ ist. Auf dem Stück $x_2 = 2$ gilt: $f(x_1, 2) = x_1^2 - 2x_1 + 3$ mit Minimalwert $f(1, 2) = 2$. Auf dem Stück $x_1 = 0$ gilt: $f(0, x_2) = x_2^2 - x_2$ mit Minimalwert $f(0; 0,5) = -0,25$ und auf dem Stück $x_1 = 2$ gilt $f(2, x_2) = x_2^2 - x_2$ mit Minimalwert $f(2; 0,5) = -0,25$. Wir fassen zusammen, dass der innere Punkt $\bar{x} = (1; 0,5)$ auch Minimum ist und dass der Minimalwert $f(1; 0,5) = -1,25$ beträgt.

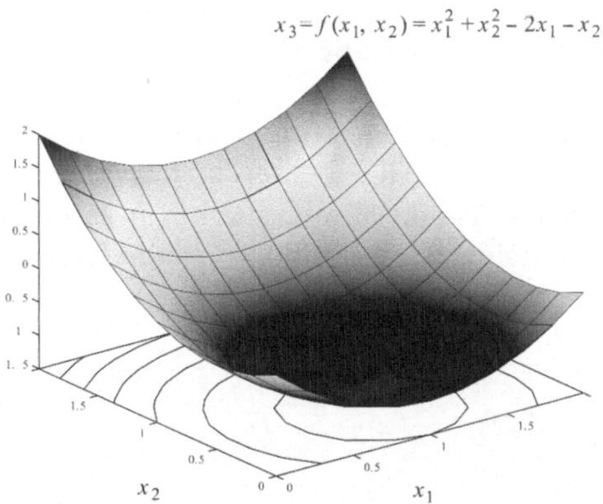

Abb. 60.4. Die Suche nach einem Minimum für $f(x) = x_1^2 + x_2^2 - 2x_1 - x_2$ auf $Q = [0, 2] \times [0, 2]$

Beispiel 60.7. Ihnen wird die Aufgabe gestellt, eine Schachtel (ohne Deckel) mit einem vorgegebenen Volumen zu entwerfen und dabei so wenig Material wie möglich zu verwenden. Es seien x_1, x_2 und x_3 die Seiten der Schachtel und das Volumen folglich $V = x_1 x_2 x_3$. Die zu minimierende Fläche lautet $x_1 x_2 + 2x_1 x_3 + 2x_2 x_3$. Elimination von x_3 führt zu

$$f(x_1, x_2) = x_1 x_2 + 2V \left(\frac{1}{x_1} + \frac{1}{x_2} \right),$$

was auf $\Omega = [0,\infty) \times [0,\infty)$ minimiert werden soll. Die Suche nach Punkten $\hat{x}$ mit $f'(\hat{x}) = (0,0)$ liefert $\hat{x}_1 = \hat{x}_2 = (2V)^{1/3}$ mit zugehöriger Höhe $\hat{x}_3 = \frac{1}{2}(2V)^{1/3}$ und Fläche

$$f(\hat{x}) = (2V)^{2/3} + 2(2V)^{2/3}.$$

Ein Vergleich mit (x_1, x_2) mit sehr großem oder sehr kleinem x_1 und x_2 führt zu großen Werten von $f(x_1, x_2)$ und daher ist $\hat{x}$ das Minimum. Die Lösung ergibt eine Schachtel mit quadratischem Boden und einer Höhe, die halb so groß ist wie die Breite.

Wir wollen noch betonen, dass ein Minimum auch an einem inneren Punkt bestimmt werden kann, wenn die Funktion dort *nicht differenzierbar* ist. So erhält man das Minimum der Funktion $f(x) = |x - 1|$ auf $[0,2]$ in $\bar{x} = 1$ mit Minimalwert $f(\bar{x}) = f(1) = 0$. Diese Art von Minimum muss besonders untersucht werden. Daher müssen wir, um alle möglichen Minima zu finden, alle Punkte $\bar{x}$ mit $f'(\bar{x}) = 0$ betrachten, zusätzlich noch die Grenzen der Definitionsmenge und die inneren Punkte, in denen $f(x)$ nicht differenzierbar ist.

60.6   Die Rolle der Hesseschen Matrix

Wir wissen, dass für ein inneres Minimum einer Funktion $f : \Omega \to \mathbb{R}$, $f'(\bar{x}) = 0$ gilt. Aber es ist im Allgemeinen nicht wahr, dass $\bar{x}$ ein Minimum ist, wenn $f'(\bar{x}) = 0$. Ein Punkt $\bar{x}$ mit $f'(\bar{x}) = 0$ kann auch ein *Maximum* oder ein *Wendepunkt* sein, vgl. Abb. 60.5. Ist die Hessesche Matrix H von $f : \Omega \to \mathbb{R}$ nahe bei $\bar{x}$ positiv-definit und $f'(\bar{x}) = 0$, dann gilt nach dem Satz von Taylor:

$$f(x) = f(\bar{x}) + \frac{1}{2}(x - \bar{x})^\top H(y) \cdot (x - \bar{x}) > f(\bar{x})$$

für x nahe bei $\bar{x}$ und ein y zwischen x und $\bar{x}$ und folglich ist $\bar{x}$ ein *lokales Minimum*.

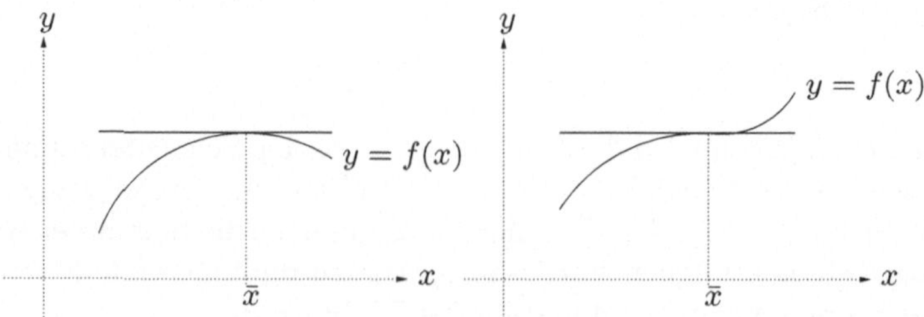

Abb. 60.5. $f'(\bar{x}) = 0$ kann ebenso auf ein Maximum oder auf einen Wendepunkt hinweisen

Wir wiederholen, dass eine $n \times n$-Matrix A positiv-definit genannt wird, falls

$$v^\top A v > 0$$

für alle von Null verschiedenen $v \in \mathbb{R}^n$. Nach dem Spektralsatz ergibt sich, dass A genau dann und nur dann positiv-definit ist, wenn alle Eigenwerte von A positiv sind.

Beispiel 60.8. Sei $A = (a_{ij})$ eine symmetrische 2×2-Matrix. Dann ist A positiv-definit, falls

$$a_{11}a_{22} - a_{12}^2 > 0 \quad \text{und } a_{11} > 0.$$

Dies ergibt sich durch quadratische Ergänzung aus

$$v^\top A v - a_{11}v_1^2 \mid a_{22}v_2^2 \mid 2a_{12}v_1 v_2.$$

60.7 Minimierungsalgorithmen: Der steilste Abstieg

Wir werden kurz diskutieren, wie wir Kandidaten für Minima für eine gegebene Funktion $f : \Omega \to \mathbb{R}$ finden können, wobei Ω ein Gebiet in $\mathbb{R}^d$ ist. Wir setzen voraus, dass $f : \Omega \to \mathbb{R}$ Lipschitz-stetig und differenzierbar auf Ω ist.

Bei der *Methode des steilsten Abstiegs* konstruieren wir eine Folge $\{x_i\}$ in $\mathbb{R}^d$, die hoffentlich nach der Iterationsvorschrift

$$x_{i+1} = x_i - \alpha_i f'(x_i) \tag{60.2}$$

gegen ein (lokales) Minimum konvergiert, wobei α_i ein positiver Parameter ist. Da $\alpha_i > 0$, ist $x_{i+1} < x_i$, wenn $f'(x_i) > 0$. Und ist $f'(x_i) < 0$, dann ist $x_{i+1} > x_i$. Somit wird, wenn $f'(x_i) > 0$ und folglich $f(x)$ in $x = x_i$ anwächst, die Wahl von $x_{i+1} < x_i$ zu $f(x_{i+1}) < f(x_i)$ führen. Daher sollte x_{i+1} näher am Minimum liegen als x_i. Für $f'(x_i) < 0$ können wir ähnlich argumentieren.

Es ist klar, dass die Wahl des Parameters α_i wichtig ist. Ist α_i zu klein, dann wird die Konvergenz langsam und falls α_i zu groß ist, kann die Folge $\{x_i\}$ hin und her schwingen.

Beachten Sie, dass wir die Gradienten-Methode (60.2) zur Minimierung von $f(x)$ als Fixpunkt-Iteration zur Berechnung der Nullstelle von $f'(x)$ betrachten können.

Falls uns der steilste Abstieg an die Grenze Γ von Ω führt, dann können wir die Methode des steilsten Abstiegs durch die *projizierte Gradienten-Methode*

$$x_{i+1} = x_i - \alpha_i P f'(x_i)$$

ersetzen, wobei $Pf'(x_i)$ die Projektion von $f'(x_i)$ auf die Tangentialebene zu Γ in $x_i \in \Gamma$ beschreibt.

Die prinzipielle Idee für die Minimierung von $f(x)$ ist folglich, Nullstellen von $f'(x)$ mit Hilfe der Methode des steilsten Abstiegs zu finden oder äquivalent, die Fixpunkt-Iteration für $f'(x) = 0$ anzuwenden. Wurden die Nullstellen von $f'(x)$ erst einmal bestimmt, so kann die Minimierung auf die Suche auf der Grenze von Ω und auf innere Nullstellen von $f'(x)$ reduziert werden.

60.8 Existenz eines Minimalwerts und eines Minimums

Wir kehren zum wichtigen Ergebnis zurück, dass für eine Lipschitz-stetige Funktion $f : \Omega \to \mathbb{R}$ auf einem abgeschlossenen und beschränkten Gebiet Ω in $\mathbb{R}^d$ ein Minimum $\bar{x} \in \Omega$ mit zugehörigem Minimalwert $f(\bar{x})$ existiert und wollen es nun beweisen. Wir führen den Beweis für $d = 1$ durch, so dass also $\Omega = [a, b]$ ein abgeschlossenes Intervall ist. Der Beweis für $d > 1$ verläuft ähnlich.

Dass eine Lipschitz-stetige Funktion $f : [a, b] \to \mathbb{R}$ auf einem abgeschlossenen und beschränkten Intervall $[a, b]$ ein Minimum besitzt, werden wir so beweisen, dass wir dabei ein Minimum mit dem Bisektionsalgorithmus „konstruieren". Wir werden bei der Konstruktion auf einen umstrittenen Schritt stoßen. Wenn es uns gelingt, diese Streitfrage zu klären, werden wir dadurch zusätzliche Einblicke in das Prinzip von Minimierungsalgorithmen gewinnen.

Normalerweise wird der hier vorgestellte Beweis als so „schwierig" angesehen, dass er nur „fortgeschrittenen" Studierenden präsentiert wird. Mit unserer guten Vorbereitung bezüglich des Bisektionsalgorithmuses und der Natur der reellen Zahlen, wollen wir nun in den Beweis eintauchen und dabei werden wir feststellen, dass er, abgesehen von den nicht-konstruktiven Gesichtspunkten, „einfach" ist.

Wir wiederholen zunächst, dass aus der Lipschitz-Stetigkeit von $f(x)$ und der Tatsache dass $[a, b]$ beschränkt ist, folgt, dass $f : [a, b] \to \mathbb{R}$ von unten und oben beschränkt ist. Insbesondere gibt es ein $m \in \mathbb{R}$, so dass

$$f(x) \geq m \quad \text{für alle } x \in [a, b]. \tag{60.3}$$

Wir sagen, dass m eine *untere Schranke* von $f : [a, b] \to \mathbb{R}$ ist, wenn (60.3) gilt. Natürlich gibt es viele untere Schranken, da jede Zahl $\underline{m} < m$ auch eine untere Schranke ist, wenn m eine untere Schranke ist.

In unserem Beweis werden wir den Begriff der *größten unteren Schranke* benutzen, die wie folgt definiert ist: Wir sagen, dass $\overline{m}$ eine größte untere

Schranke von $f : [a, b] \to \mathbb{R}$ ist, wenn

$$f(x) \geq \overline{m} \quad \text{für alle } x \in [a, b] \quad \text{und} \tag{60.4}$$
$$\text{für alle } M > \overline{m}, \quad \text{gibt es ein } x \in [a, b] \quad \text{so dass } f(x) < M.$$

In Worten formuliert, ist $\overline{m}$ eine größte untere Schranke von $f : [a, b] \to \mathbb{R}$, wenn $\overline{m}$ eine untere Schranke von $f : [a, b] \to \mathbb{R}$ ist und jede Zahl größer als $\overline{m}$ keine untere Schranke von $f : [a, b] \to \mathbb{R}$ ist. Der Begriff der größten unteren Schranke spielte eine wichtige Rolle bei der Entwicklung der Infinitesimalrechnung im Laufe des 20. Jahrhunderts.

Der Beweis vollzieht sich nun in zwei Schritten:

Schritt 1: Existenz einer größten unteren Schranke $\overline{m}$ für $f : [a, b] \to \mathbb{R}$

Wir werden die Existenz einer größten unteren Schranke $\overline{m}$ mit Hilfe des Bisektionsalgorithmuses beweisen. Wie oben ausgeführt, existiert eine untere Schranke m von $f : [a, b] \to \mathbb{R}$. Sei $y_0 = m$ und $Y_0 = f(b)$. Nun definieren wir $\hat{y}_1 = \frac{1}{2}(y_0 + Y_0) = \frac{1}{2}(m + f(b))$. Beachten Sie, dass $y_0 \leq \hat{y}_1 \leq Y_0$. Ist $f(x) \geq \hat{y}_1$ für alle $x \in [a, b]$, dann setzen wir $y_1 = \hat{y}_1$ und $Y_1 = Y_0$. Falls dies nicht der Fall ist, dann gibt es ein $x \in [a, b]$, so dass $f(x) < \hat{y}_1$ und wir setzen $y_1 = m$ und $Y_1 = \hat{y}_1$. Dadurch gelangen wir vom Paar (y_0, Y_0) oder vom Intervall (y_0, Y_0) zum Intervall (y_1, Y_1). Nach unserer Konstruktion ist $f(x) \geq y_i$ für alle $x \in [a, b]$ und $i = 0, 1$ und es gibt ein $x \in [a, b]$, so dass $f(x) < Y_i$, falls nicht Y_0 oder Y_1 bereits größte untere Schranken sind.

Wenn wir diesen Vorgang wiederholen, erhalten wir die Folgen $\{y_i\}$ und $\{Y_i\}$, so dass für $i = 0, 1, 2, \ldots$ gilt:

$$y_i < Y_i, \quad y_{i+1} \geq y_i \quad Y_{i+1} \leq Y_i,$$
$$0 < Y_i - y_i = 2^{-i}(Y_0 - m),$$
$$f(x) \geq y_i \quad \text{für alle } x \in [a, b],$$
$$\text{es gibt ein } x \in [a, b], \quad \text{so dass } f(x) < Y_i,$$

oder eines der Y_i ist eine größte untere Schranke. Wie im Kapitel „Wurzel Zwei", sind die Folgen $\{y_i\}$ und $\{Y_i\}$ Cauchy-Folgen und beide konvergieren gegen eine reelle Zahl, die wir als $\overline{m}$ bezeichnen. Die Zahl $\overline{m}$ ist die größte untere Schranke von $f : [a, b] \to \mathbb{R}$, da $\overline{m}$ die folgenden beiden Bedingungen erfüllt:

$$f(x) \geq \overline{m} \quad \text{für alle } x \in [a, b],$$
$$\text{für alle } M > \overline{m} \quad \text{gibt es ein } x \in [a, b] \quad \text{so dass } f(x) < M.$$

Somit haben wir die Existenz einer größten unteren Schranke für eine Lipschitz-stetige Funktion $f : [a, b] \to \mathbb{R}$ auf einem abgeschlossenen und beschränkten Intervall $[a, b]$ bewiesen. Beachten Sie, dass dieses Ergebnis auch gilt, wenn (a, b) ein beschränktes offenes Intervall ist. Wir haben nämlich bisher nicht davon Gebrauch gemacht, dass $[a, b]$ abgeschlossen ist.

Schritt 2: Existenz eines Minimums

Wir konstruieren nun eine konvergente Folge $\{x_i\}$ mit $x_i \in [a, b]$ und

$$\lim_{i \to \infty} f(x_i) = \overline{m}.$$

Wenn wir $\bar{x} = \lim_{i \to \infty} x_i$ setzen, so erhalten wir, dass $f(\bar{x}) = \overline{m}$ und folglich ist $\bar{x}$ ein Minimum, womit wir mit dem Beweis fertig sind.

Zur Konstruktion von $\{x_i\}$ nutzen wir wiederum den Bisektionsalgorithmus: Wir beginnen mit $x_0 = a$ und $X_0 = b$ und definieren $\hat{x}_1 = \frac{1}{2}(x_0 + X_0)$. Ist $f(x) > \overline{m}$ für alle x mit $\hat{x}_1 < x \leq X_0$, dann setzen wir $x_1 = x_0$ und $X_1 = \hat{x}_1$. Falls nicht, setzen wir $x_1 = \hat{x}_1$ und $X_1 = X_0$. Wenn wir diesen Vorgang wiederholen, erhalten wir eine konvergente Folge $\{x_i\}$ mit dem Grenzwert $\bar{x}$ und nach Konstruktion gilt $f(\bar{x}) = \overline{m}$. Beachten Sie, dass $[a, b]$ abgeschlossen sein muss, um zu garantieren, dass $\bar{x} \in [a, b]$. Wir stellen fest, dass das Minimum (natürlich) mit der größten unteren Schranke übereinstimmt.

Wir fassen dies in folgendem Satz zusammen:

Satz 60.3 (Existenz eines Minimums) *Sei $f : I \to \mathbb{R}$ Lipschitz-stetig und $I = [a, b]$ ein abgeschlossenes und beschränktes Intervall. Dann existiert ein Punkt $\bar{x} \in [a, b]$, in dem $f : I \to \mathbb{R}$ einen Minimalwert $\overline{m}$ annimmt, d.h., $f(x) \geq \overline{m}$ für alle $x \in [a, b]$ und $f(\bar{x}) = \overline{m}$.*

Beim Beweis dieses Satzes haben wir den Bisektionsalgorithmus zweimal eingesetzt. Wenn wir $y = f(x)$ setzen, können wir sagen, dass wir zunächst den Bisektionsalgorithmus in der Variablen y benutzt haben, um die Existenz einer größten unteren Schranke $\overline{m}$ zu beweisen und danach in der Variablen x, um die Existenz eines Minumums $\bar{x}$ zu beweisen, für das $f(\bar{x}) = \overline{m}$ gilt.

60.9 Existenz einer größten unteren Schranke

Wenn wir uns den Beweis zur Existenz einer größten unteren Schranke für die Lipschitz-stetige Funktion $f : I \to \mathbb{R}$ vergegenwärtigen, erkennen wir, dass der entscheidende Schritt beim Beweis der ist, dass $f : [a, b] \to \mathbb{R}$ von unten beschränkt ist, d.h., dass es eine reelle Zahl m gibt, so dass $f(x) \geq m$ für alle $x \in [a, b]$. Wir können dies als Eigenschaft des Wertebereichs $W(f) = \{y : y = f(x)\text{ für ein } x \in D(f) = [a, b]\}$ interpretieren, nämlich dass

$$y \geq m, \quad \text{für alle } y \in W(f).$$

Dies besagt, dass die Menge $W(f)$ *von unten beschränkt* ist.

Noch allgemeiner sagen wir, dass eine Menge A reeller Zahlen von unten beschränkt ist, wenn eine reelle Zahl m existiert, so dass $y \geq m$ für alle $y \in A$. Mit Hilfe derselben Argumentation, die wir eben für den Fall $A = W(f)$ benutzt haben, erhalten wir die folgende zentrale Eigenschaft reeller Zahlen:

Satz 60.4 (Existenz einer größten unteren Schranke) *Angenommen, A sei eine Menge reeller Zahlen, die von unten beschränkt ist, d.h. es gibt eine reelle Zahl m, so dass $x \geq m$ für $x \in A$. Dann besitzt die Menge A eine größte untere Schranke $\overline{m} \in \mathbb{R}$ mit $x \geq \overline{m}$ für alle $x \in A$ und für alle $M > \overline{m}$ existiert ein $x \in A$, so dass $x < M$.*

60.10 Konstruierbarkeit eines Minimums und eines Minimalwerts

Wir wollen nun untersuchen, bis zu welchem Grad der obige Beweis konstruktiv ist. Es gibt zwei wichtige Schritte: (i) Die Konstruktion der größten unteren Schranke, die dem Minimalwert entspricht, und (ii) die Konstruktion eines Minimums.

Bei der Anwendung des Bisektionsalgorithmuses in (i) müssen wir überprüfen, ob

$$f(x) \geq \hat{y}_i \quad \text{für alle } x \in [a, b],$$

während wir bei der Anwendung in (ii) prüfen müssen, ob

$$f(x) > \overline{m} \text{ für alle } x, \text{ so dass } \hat{x}_1 < x \leq X_0.$$

Beide Überprüfungen scheinen eine *unendliche Zahl* von x Werten zu betreffen, was im schlimmsten Fall unendlich viele Vergleiche benötigen würde. Diese Zahl kann verringert werden, wenn $f(x)$ differenzierbar ist und wir die Informationen aus $f'(x)$ ausnutzen. So zeigt uns beispielsweise das Vorzeichen von $f'(x)$, ob $f(x)$ ansteigend oder abfallend ist, wodurch wir die Zahl der Vergleiche verringern können.

Daher ist der vorgestellte Beweis zur Existenz eines Minimalwerts und eines Minimums in Abhängigkeit von den Eigenschaften der gegebenen Funktion $f : I \to \mathbb{R}$ mehr oder weniger konstruktiv.

Lässt sich der Beweis so verändern, dass wir die Minimierung stets praktisch durchführen können? Wir nehmen an, dass dies möglich ist, wenn wir uns damit zufrieden geben, den Minimalwert bis auf eine Toleranz $TOL > 0$ genau zu bestimmen. Angenommen, die Funktion $f(x)$ sei Lipschitz-stetig zur Lipschitz-Konstanten L. Wir können dann die Vergleiche auf ein diskretes Gitter der Gitterweite $\frac{1}{L}TOL$ zwischen benachbarten Punkten einschränken.

Um zusammenzufassen, so können wir für eine Lipschitz-stetige Funktion $f : I \to \mathbb{R}$ auf einem abgeschlossenen I den Minimalwert bis auf eine Toleranz TOL mit einer endlichen Zahl von Operationen bestimmen.

Um ein inneres Minimum zu finden, müssen wir eine Nullstelle von $f'(x)$ bestimmen, wodurch sich die Konstruktion eines Minimums auf die Konstruktion einer Nullstelle von $f'(x)$ reduzieren lässt. Wir haben den Berechnungsaufwand für die Bestimmung von Nullstellen bereits in den Kapiteln „Fixpunkte" und „Newton-Methode" untersucht.

60.11   Eine beschränkte abnehmende Folge konvergiert!

Sei $\{x_i\}$ eine beschränkte abnehmende Folge, so dass $x_1 \geq x_2 \geq \cdots \geq x_n \geq x_{n+1} \geq \ldots$ und es gelte $x_n \geq m$ für alle n mit einer Zahl m. Dann ist die Menge aller Zahlen x_n von unten beschränkt und besitzt daher eine größte untere Schranke $\overline{m}$. Wir wollen zeigen, dass $\lim_{n\to\infty} x_n = \overline{m}$. Aus der Definition der größten unteren Schranke folgt, dass für alle $\epsilon > 0$ ein x_N existiert, so dass $\overline{m} \leq x_N \leq \overline{m} + \epsilon$. Da $x_n \leq x_N$ für $n \geq N$ und $x_n \geq \overline{m}$, folgt, dass $\overline{m} \leq x_n \leq \overline{m} + \epsilon$ für alle $n \geq N$, womit der Beweis abgeschlossen ist. Wir fassen dies in dem folgenden Satz zusammen, der ein Eckstein der Funktionalanalysis reeller Variablen ist.

Satz 60.5 *Sei $\{x_i\}_{i=1}^{\infty}$ eine abnehmende Folge, die von unten beschränkt ist oder eine anwachsende Folge, die von oben beschränkt ist. Dann konvergiert $\{x_i\}_{i=1}^{\infty}$.*

Aufgaben zu Kapitel 60

60.1. Bestimmen Sie Maximal- und Minimalwert der Funktion $f(x_1, x_2) = x_1^2 + 2x_2^2 - x_1$ auf dem Einheitskreis $x_1^2 + x_2^2 \leq 1$.

60.2. Bestimmen Sie den Punkt in der Ebene $3x_1 + 4x_2 - x_3 = 26$, der dem Ursprung am nächsten kommt.

60.3. Bestimmen Sie die Form einer Schachtel (mit Deckel), die bei vorgegebener Oberfläche das größte Volumen besitzt.

60.4. Bestimmen Sie Maximalwerte und Minimalwerte für folgende Funktionen: (a) $f(x_1, x_2) = (1 + x_1^2 + x_2^2)^{-1}$ für $(x_1, x_2) \in \mathbb{R}^2$, (b) $f(x_1, x_2) = x_1 x_2$ für $x_1^2 + x_2^2 \leq 1$, (c) $f(x_1, x_2, x_3) = x_1 + x_2 + x_3$ für $x_1^2 + x_2^2 + x_3^2 \leq 1$.

60.5. Zeigen Sie, dass die Funktion $x_1^4 + x_2^4 + x_3^4 - 4x_1 x_2 x_3$ in $(x_1, x_2, x_3) = (1, 1, 1)$ ein Minimum besitzt.

60.6. Bestimmen Sie das Dreieck mit der größten Fläche, das in einen vorgegeben Kreis eingebettet werden kann.

60.7. Bestimmen Sie den Punkt auf der Kurve $x_2 = x_1^2$, der dem Punkt $(0, 1)$ am nächsten kommt.

60.8. Bestimmen Sie die Konstanten a_0 und a_1, die für eine gegebene Funktion $f : [0, 1] \to \mathbb{R}$ das Integral

$$\int_0^1 (f(x) - a_0 - a_1 x)^2 \, dx$$

minimieren.

60.9. Bestimmen Sie den Maximalwert von $x_1 + x_2 + \cdots + x_n$ unter der Bedingung, dass $x_1^2 + x_2^2 + \ldots + x_n^2 \le 1$.

60.10. Ein *stationärer Punkt* einer Funktion $f : \mathbb{R}^n \to \mathbb{R}$ ist ein Punkt $x \in \mathbb{R}^n$, für den $f'(x) = 0$. Bestimmen Sie, welche der stationären Punkte der folgenden Funktionen ein Maximum oder ein Minimum ist:
(a) $f(x_1, x_2, x_3) = x_1^2 + x_2^2 + x_3^2 - x_1 - x_2 + x_3 + 1$,
(b) $f(x_1, x_2, x_3) = x_1^2 + x_2^2 + 2x_3^2 + 4x_1 - x_2 + x_3 + 5$,
(c) $f(x_1, x_2, x_3) = \cos(x_1) + \cos(x_2) + \cos(x_3)$.

61
Divergenz, Rotation und Laplace-Operator

... Stokes besaß einen sehr wichtigen prägenden Einfluss auf die folgenden Generationen von Cambridge-Studenten, unter ihnen auch Maxwell. Zusammen mit Green, der ihn auch beeinflusst hatte, folgte Stokes den Arbeiten der Franzosen, insbesondere Lagrange, Laplace, Fourier, Poisson und Cauchy. Dies wird in seinen theoretischen Untersuchungen zur Optik und Hydrodynamik deutlich; aber wir sollten nicht vergessen, dass Stokes sogar schon als Student unaufhörlich experimentierte. Dennoch gingen seine Interessen und Untersuchungen über die Physik hinaus, da sein Wissen in Chemie und Botanik beträchtlich war und seine Arbeiten in der Optik führten ihn oft auf diese Gebiete. (Parkinson)

Ampère wurde 1809 zum Professor für Mathematik an der Ecole Polytechnique ernannt und er hatte diese Stelle bis 1828 inne. Ampère und Cauchy teilten sich die Lehrveranstaltungen in Analysis und Mechanik, aber es herrschte ein beträchtlicher Unterschied zwischen den beiden. Cauchy lehrte strikt analytisch, was zu großen mathematischen Fortschritten führte, aber von den Studierenden als extrem schwierig angesehen wurde, die daher Ampères eher herkömmlichen Zugang zur Analysis und Mechanik bevorzugten.
(O'Connor und Robertson)

61.1 Einleitung

Wir haben oben gesehen, dass der Gradient einer Funktion mehrerer Variablen ein in der Praxis nützlicher *Differentialoperator* ist. In diesem Kapitel werden wir noch weitere nützliche Operatoren einführen, inklusive der *Divergenz*, der *Rotation* und dem *Laplace-Operator*, die zusammen mit dem Gradienten eine wichtige Rolle bei der mathematischen Modellierung in den Naturwissenschaften und den Ingenieurwissenschaften spielen. Wir werden diese Operatoren zunächst in $\mathbb{R}^2$ und dann in $\mathbb{R}^3$ definieren und dabei feststellen, dass die Rotation in $\mathbb{R}^2$ und $\mathbb{R}^3$ etwas unterschiedliche Formen annimmt.

Abb. 61.1. Napoleon zu Laplace (1749–1827): „Sie haben dieses gewaltige Buch über das System der Welt geschrieben, ohne den Autor des Universums zu nennen". Laplace zu Napoleon: „Sire, eine derartige Annahme war nicht nötig"

61.2   Betrachtung für $\mathbb{R}^2$

Wir wiederholen, dass der *Gradient* einer Funktion $u : \mathbb{R}^2 \to \mathbb{R}$, den wir mit grad u oder ∇u bezeichnen, der vektorwertigen Funktion entspricht, die durch die partiellen Ableitungen erster Ordnung von u gebildet wird:

$$\text{grad } u = \nabla u = \left(\frac{\partial u}{\partial x_1}, \frac{\partial u}{\partial x_2} \right).$$

Die *Divergenz* einer Vektorfunktion $u = (u_1, u_2) : \mathbb{R}^2 \to \mathbb{R}^2$, die div u oder $\nabla \cdot u$ bezeichnet wird, ist die folgendermaßen definierte skalare Funktion:

$$\text{div } u = \nabla \cdot u = \frac{\partial u_1}{\partial x_1} + \frac{\partial u_2}{\partial x_2}.$$

Rein formal gilt

$$\nabla \cdot u = \left(\frac{\partial}{\partial x_1}, \frac{\partial}{\partial x_2} \right) \cdot (u_1, u_2),$$

wobei wir uns $\left(\frac{\partial}{\partial x_1}, \frac{\partial}{\partial x_2} \right)$ „als einen Vektor" denken können und den Punkt als Zeichen für das „Skalarprodukt" auffassen. Diese Vorstellung kann für alle Formeln unten verwendet werden, in denen ∇ mit dem Operator $\cdot$ kombiniert wird.

Die *Rotation* einer Vektorfunktion $u : \mathbb{R}^2 \to \mathbb{R}^2$, die rot u oder $\nabla \times u$ bezeichnet wird, ist die skalare Funktion

$$\operatorname{rot} u = \nabla \times u = \frac{\partial u_2}{\partial x_1} - \frac{\partial u_1}{\partial x_2} = \left(\frac{\partial}{\partial x_1}, \frac{\partial}{\partial x_2} \right) \times (u_1, u_2).$$

Ist $u : \mathbb{R}^2 \to \mathbb{R}$ eine skalare Funktion, dann wird rot $u = \nabla \times u$ als die Vektorfunktion

$$\operatorname{rot} u = \nabla \times u = \left(\frac{\partial u}{\partial x_2}, -\frac{\partial u}{\partial x_1} \right)$$

definiert. Das unterschiedliche Aussehen von rot $u = \nabla \times u$ für eine skalare Funktion u und eine Vektorfunktion $u = (u_1, u_2)$ wird unten beim Übergang zu $\mathbb{R}^3$ analysiert. Für den Augenblick kann es hilfreich sein, sich das unterschiedliche Aussehen von $a \times b$ für $a, b \in \mathbb{R}^2$ und $a, b \in \mathbb{R}^3$ ins Gedächtnis zu rufen.

Die folgenden Gleichungen für jede beliebige Funktion u ergeben sich direkt aus den Definitionen:

$$\begin{aligned} \nabla \cdot (\nabla \times u) &= \operatorname{div} (\operatorname{rot} u) = 0, \qquad (u : \mathbb{R}^2 \to \mathbb{R}^2) \\ \nabla \times (\nabla u) &= \operatorname{rot} (\operatorname{grad} u) = 0, \qquad (u : \mathbb{R}^2 \to \mathbb{R}). \end{aligned} \tag{61.1}$$

Schließlich ist der *Laplace-Operator* Δu einer Funktion $u : \mathbb{R}^2 \to \mathbb{R}$ definiert durch

$$\Delta u = \nabla \cdot (\nabla u) = \operatorname{div} (\operatorname{grad} u) = \frac{\partial^2 u}{\partial x_1^2} + \frac{\partial^2 u}{\partial x_2^2},$$

mit $\frac{\partial^2 u}{\partial x_i^2} = \frac{\partial}{\partial x_i}\left(\frac{\partial u}{\partial x_i} \right)$.

61.3   Der Laplace-Operator in Polarkoordinaten

In Polarkoordinaten $x = (x_1, x_2) = (r \cos(\theta), r \sin(\theta))$ mit $r \geq 0$ und $0 \leq \theta < 2\pi$ nimmt der Laplace-Operator folgende Form an:

$$\Delta u = \frac{1}{r} \frac{\partial}{\partial r} \left(r \frac{\partial u}{\partial r} \right) + \frac{1}{r^2} \frac{\partial^2 u}{\partial \theta^2}. \tag{61.2}$$

Dies ergibt sich aus einer Routine-Rechnung mit Hilfe der Tatsache, dass die Jacobi-Matrix der Abbildung $x = (r\cos(\theta), r\sin(\theta))$ in der Schreibweise von (54.9) die Form

$$\frac{d(x_1, x_2)}{d(r, \theta)} = \begin{pmatrix} \cos(\theta) & -r\sin(\theta) \\ \sin(\theta) & r\cos(\theta) \end{pmatrix}$$

annimmt, so dass also

$$\frac{d(r, \theta)}{d(x_1, x_2)} = \begin{pmatrix} \cos(\theta) & \sin(\theta) \\ -\sin(\theta)/r & \cos(\theta)/r \end{pmatrix}$$

und folglich mit Hilfe der Kettenregel

$$\frac{\partial}{\partial x_1} = \cos(\theta)\frac{\partial}{\partial r} - \frac{\sin(\theta)}{r}\frac{\partial}{\partial \theta} \quad \text{und} \quad \frac{\partial}{\partial x_2} = \sin(\theta)\frac{\partial}{\partial r} + \frac{\cos(\theta)}{r}\frac{\partial}{\partial \theta}.$$

61.4   Einige wichtige Beispiele

Die Funktion $u : \mathbb{R}^2 \to \mathbb{R}^2$ mit $u(x) = \frac{1}{2}(x_1, x_2)$ erfüllt

$$\nabla \cdot u(x) = 1.$$

Die Funktion $v : \mathbb{R}^2 \to \mathbb{R}^2$ mit $v(x) = \frac{1}{2}(-x_2, x_1)$ erfüllt

$$\nabla \times v(x) = 1.$$

Die Funktion $w : \mathbb{R}^2 \to \mathbb{R}^2$ mit $w(x) = \frac{1}{4}(x_1^2 + x_2^2)$ erfüllt

$$\Delta w = 1.$$

Wir haben diese wichtigen Beispiele in Abb. 61.2 dargestellt. Wir können erkennen, dass $u(x)$ „explodiert", $v(x)$ „rotiert", und $w(x)$ bildet einen umgedrehten „Höcker".

61.5   Der Laplace-Operator bei starren Koordinatentransformationen

Aus der Formulierung des Laplace-Operators in Polarkoordinaten folgt, dass der Laplace-Operator unter Rotationen und Translationen in $\mathbb{R}^2$, das sind sogenannte *starre Koordinatentransformationen* der Form

$$\tilde{x}_1 = \cos(\alpha)x_1 + \sin(\alpha)x_2 + a_1,$$
$$\tilde{x}_2 = -\sin(\alpha)x_1 + \cos(\alpha)x_2 + a_2,$$

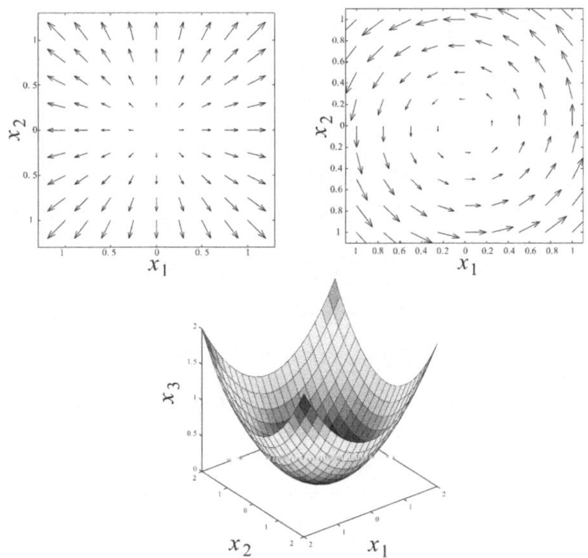

Abb. 61.2. Wichtige Beispiele mit $\nabla \cdot u = 1$, $\nabla \times v = 1$ und $\Delta w = 1$

invariant ist. Dabei sind (x_1, x_2) die alten Koordinaten und $(\tilde{x}_1, \tilde{x}_2)$ die neuen. Anders formuliert, so nimmt der Laplace-Operator in den beiden Koordinatensystemen exakt dieselbe Gestalt an:

$$\frac{\partial^2 u}{\partial x_1^2} + \frac{\partial^2 u}{\partial x_2^2} = \frac{\partial^2 u}{\partial \tilde{x}_1^2} + \frac{\partial^2 u}{\partial \tilde{x}_2^2}.$$

Diese Tatsache spiegelt sich in der Beobachtung wider, dass der Laplace-Operator üblicherweise in *isotropen* Modellen auftritt, die in allen Richtungen dieselben Eigenschaften besitzen.

61.6   Betrachtung für $\mathbb{R}^3$

Der *Gradient* einer Funktion $u : \mathbb{R}^3 \to \mathbb{R}$, den wir grad u oder ∇u bezeichnen, ist die vektorwertige Funktion, die durch die partiellen Ableitungen erster Ordnung von u gebildet wird:

$$\text{grad } u = \nabla u = \left(\frac{\partial u}{\partial x_1}, \frac{\partial u}{\partial x_2}, \frac{\partial u}{\partial x_3} \right).$$

Für eine Vektorfunktion $u : \mathbb{R}^3 \to \mathbb{R}^3$ bezeichnet die Divergenz div u folgende skalare Funktion:

$$\text{div } u = \sum_{i=1}^{3} \frac{\partial u_i}{\partial x_i}$$

und rot u die Vektorfunktion

$$\text{rot } u = \nabla \times u = \left(\frac{\partial u_3}{\partial x_2} - \frac{\partial u_2}{\partial x_3}, \frac{\partial u_1}{\partial x_3} - \frac{\partial u_3}{\partial x_1}, \frac{\partial u_2}{\partial x_1} - \frac{\partial u_1}{\partial x_2} \right).$$

Wir wollen nun die Beziehung des Rotationsoperators $\nabla\times$ in $\mathbb{R}^3$ zum Rotationsoperator $\nabla\times$ in $\mathbb{R}^2$, den wir oben eingeführt haben, erklären. Dazu betrachten wir zunächst eine Funktion $u : \mathbb{R}^3 \to \mathbb{R}^3$ der Form $u = (u_1, u_2, 0)$ mit von x_3 unabhängigem u_1 und u_2, so dass also $u_i : \mathbb{R}^2 \to \mathbb{R}$ mit $u_i = u_i(x_1, x_2)$ für $i = 1, 2$. Es gilt dann

$$\nabla \times u = \left(0, 0, \frac{\partial u_2}{\partial x_1} - \frac{\partial u_1}{\partial x_2} \right) = (0, 0, \nabla \times (u_1, u_2)).$$

Als Nächstes gilt, wenn $u : \mathbb{R}^3 \to \mathbb{R}^3$ die Form $u = (0, 0, u_3)$ besitzt mit von x_3 unabhängigem u_3, so dass also $u_3 : \mathbb{R}^2 \to \mathbb{R}$, dass:

$$\nabla \times u = \left(\frac{\partial u_3}{\partial x_2}, -\frac{\partial u_3}{\partial x_1}, 0 \right) = (\nabla \times u_3, 0).$$

Wir folgern, dass $\nabla \times u$ für $u : \mathbb{R}^2 \to \mathbb{R}$ und $\nabla \times u$ für $u : \mathbb{R}^2 \to \mathbb{R}^2$, als Spezialfälle von $\nabla \times u$ für $u : \mathbb{R}^3 \to \mathbb{R}^3$ betrachtet werden können.

Der *Laplace-Operator* Δu einer Funktion $u : \mathbb{R}^3 \to \mathbb{R}$ wird definiert durch:

$$\Delta u = \nabla \cdot (\nabla u) = \text{div } (\text{grad } u) = \sum_{i=1}^{3} \frac{\partial^2 u}{\partial x_i^2}.$$

Durch direkte Berechnungen erhalten wir die folgenden Gleichungen:

$$\begin{aligned}
\nabla \cdot (\nabla \times u) &= 0, \\
\nabla \times (\nabla u) &= 0, \\
\nabla \times (\nabla \times u) &= -\Delta u + \nabla(\nabla \cdot u).
\end{aligned} \tag{61.3}$$

61.7   Weitere wichtige Beispiele

Für die Funktion $u : \mathbb{R}^3 \to \mathbb{R}^3$ mit $u(x) = \frac{1}{3}x$ gilt:

$$\nabla \cdot u(x) = 1.$$

Für die Funktion $v : \mathbb{R}^3 \to \mathbb{R}^3$ mit $v(x) = \frac{1}{2}(-x_2, x_1, 0)$ gilt:

$$\nabla \times v(x) = (0, 0, 1).$$

Für die Funktion $w : \mathbb{R}^3 \to \mathbb{R}$ mit $w(x) = \frac{1}{6}\|x\|^2$ gilt:

$$\Delta w = 1.$$

Wir haben zwei dieser wichtigen Beispiele in Abb. 61.3 dargestellt. Wir sehen wiederum, dass $u(x)$ „explodiert" und $v(x)$ parallel zur x_3-Achse „rotiert". Der „Höcker" von $w(x)$ ist graphisch schwer darstellbar.

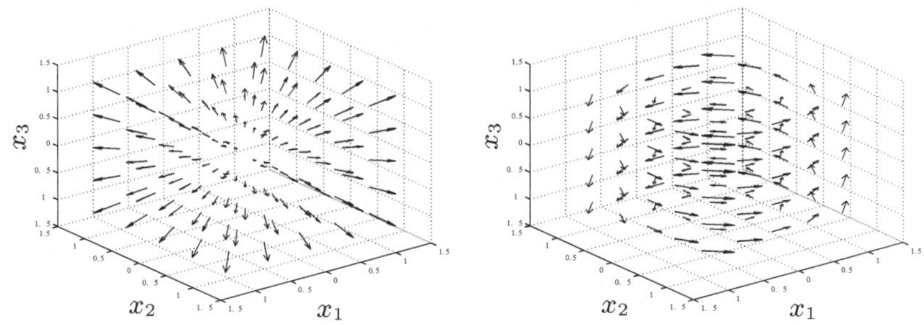

Abb. 61.3. Wichtige Beispiele in $\mathbb{R}^3$ mit $\nabla \cdot u = 1$, $\nabla \times v = 1$

61.8 Der Laplace-Operator in sphärischen Koordinaten

In den *sphärischen Koordinaten*

$$x = (x_1, x_2, x_3) = (r\sin(\varphi)\cos(\theta), r\sin(\varphi)\sin(\theta), r\cos(\varphi)),$$

wobei $r \geq 0$, $0 \leq \theta < 2\pi$ und $0 \leq \varphi < \pi$, nimmt der Laplace-Operator die folgende Form an:

$$\Delta u = \frac{1}{r^2}\frac{\partial}{\partial r}\left(r^2\frac{\partial u}{\partial r}\right) + \frac{1}{r^2\sin(\theta)}\frac{\partial}{\partial\theta}\left(\sin(\theta)\frac{\partial u}{\partial\theta}\right) + \frac{1}{r^2\sin^2(\theta)}\frac{\partial^2 u}{\partial\varphi^2}. \quad (61.4)$$

Der Laplace-Operator ist gegenüber orthogonalen Koordinatentransformationen in $\mathbb{R}^3$ invariant.

Beispiel 61.1. Wir betrachten das Geschwindigkeitsfeld, das durch Rotation um einen Vektor $\omega \in \mathbb{R}^3$ mit der Winkelgeschwindigkeit $\|\omega\|$ erzeugt wird, d.h. das Vektorfeld

$$v(x) = \omega \times x.$$

Wir berechnen

$$\begin{aligned}
\nabla \times v(x) &= \nabla \times (\omega_2 x_3 - \omega_3 x_2, \omega_3 x_1 - \omega_1 x_3, \omega_1 x_2 - \omega_2 x_1) \\
&= (2\omega_1, 2\omega_2, 2\omega_3) = 2\omega.
\end{aligned}$$

Wir folgern, dass die Rotation $\nabla \times v(x)$ eines Geschwindigkeitfelds $v(x)$, das durch Rotation um einen Vektor ω erzeugt wird, gleich 2ω ist. Daher der Name „Rotation" für den Differentialoperator $\nabla\times$.

Beispiel 61.2. Eine wichtige Formel der Elektromagnetik, die das Ampèresche Gesetz ausdrückt, besagt, dass das *magnetische Feld H*, das durch

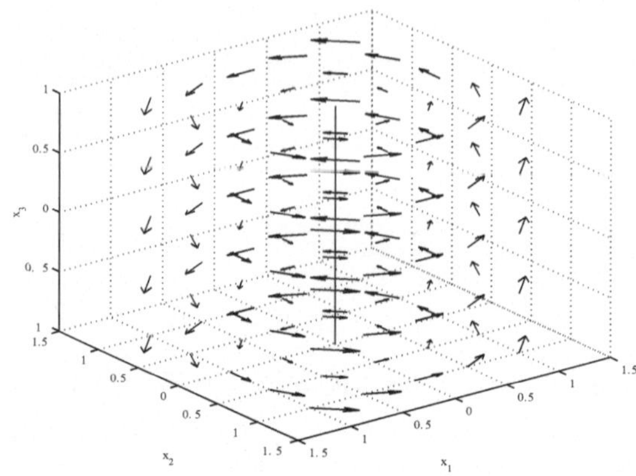

Abb. 61.4. Das magnetische Feld um einen Strom durch die x_3-Achse

einen durch die x_3-Achse in positiver Richtung fließenden elektrischen Einheitsstrom erzeugt wird, lautet:

$$H(x) = H(x_1, x_2, x_3) = \frac{1}{2\pi} \frac{(-x_2, x_1, 0)}{x_1^2 + x_2^2}, \quad \text{für } x_1^2 + x_2^2 > 0. \qquad (61.5)$$

Wir berechnen

$$\nabla \times H(x) = \frac{1}{2\pi} \left(0, 0, \frac{\partial}{\partial x_1} \frac{x_1}{x_1^2 + x_2^2} - \frac{\partial}{\partial x_2} \frac{-x_2}{x_1^2 + x_2^2} \right) = 0 \text{ für } x_1^2 + x_2^2 > 0.$$

Folglich ist $\nabla \times H(x) = 0$ für $x_1^2 + x_2^2 > 0$, was dem *Ampèreschen Gesetz* $\nabla \times H = J$ entspricht, wobei J die Stromdichte ist. Folglich ist $J(x) = 0$ für $x_1^2 + x_2^2 > 0$, d.h. außerhalb der x_3-Achse. Das Ampèresche Gesetz ist einer der *Maxwellschen Gleichungen*. Unten werden wir zeigen, wie die Gleichung $\nabla \times H(x) = J(x)$ für $x_1^2 + x_2^2 = 0$ interpretiert werden kann und dabei den Faktor $\frac{1}{2\pi}$ in (61.5) begründen.

Aufgaben zu Kapitel 61

61.1. Sei $F = (5x_1 - 3x_1 x_2 + x_3^2, \sin(x_1)\cos(x_1) + x_1, \sin(x_1)\exp(x_1 x_2))$. Berechnen Sie für $x = (1, 2, 3)$ (a) $\nabla \cdot F$, (b) $\nabla \times F$, (c) $\nabla(\nabla \cdot F)$, (d) $\nabla \times (\nabla \times F)$.

61.2. Interpretieren Sie den Ausdruck $(\nabla \times \nabla)u$ auf vernünftige Weise und zeigen Sie, dass $(\nabla \times \nabla)u = 0$ für alle u. Vergleichen Sie dies mit $\nabla \times (\nabla \times u)$.

61.3. Zeigen Sie, dass das Geschwindigkeitsfeld $v(x) = \omega \times x$ für einen gegebenen Vektor $\omega \in \mathbb{R}^3$ die Gleichung $\nabla \cdot v(x) = 0$ erfüllt. Interpretieren Sie das Ergebnis aus strömungsmechanischer Sicht.

61.4. Zeigen Sie, dass für geeignete Funktionen u und v gilt:

1. $\nabla(uv) = (\nabla u)v + u(\nabla v)$,
2. $\nabla \cdot (uv) = (\nabla u) \cdot v + u(\nabla \cdot v)$,
3. $\nabla \times (uv) = (\nabla u) \times v + u(\nabla \times v)$,
4. $\nabla \cdot (u \times v) = v \cdot (\nabla \times u) - u \cdot (\nabla \times v)$,
5. $\nabla \times (u \times v) = (v \cdot \nabla)u - (\nabla \cdot u)v - (u \cdot \nabla)v + (\nabla \cdot v)u$,
6. $\nabla(u \cdot v) = (u \cdot \nabla)v + (v \cdot \nabla)u + u \times (\nabla \times v) + v \times (\nabla \times u)$.

61.5. Berechnen Sie $\nabla(r \cdot F(r))$ für $r = \|x\|$.

61.6. Zeigen Sie direkt mit Hilfe der Kettenregel, dass der Laplace-Operator in $\mathbb{R}^2$ und $\mathbb{R}^3$ unter starren Koordinatentransformationen invariant ist.

61.7. Beweisen Sie (61.3), (61.2) und (61.4).

61.8. Zeigen Sie, dass für $u : \mathbb{R}^2 \to \mathbb{R}$ gilt: $\nabla \times (\nabla \times u) = \text{rot}\,(\text{rot u}) = -\Delta u$.

61.9. Zeigen Sie, dass die Funktion $u : \mathbb{R}^2 \to \mathbb{R}$ für $u(x) = c_1 \log(\|x\|) + c_2$ mit Konstanten c_1 und c_2 die Laplace-Gleichung $\Delta u(x) = 0$ in $\mathbb{R}^2$ für $x \neq 0$ löst.

61.10. Beweisen Sie, dass die Funktion $u : \mathbb{R}^3 \to \mathbb{R}$ für $u(x) = c_1\|x\|^{-1} + c_2$ mit Konstanten c_1 und c_2 die Laplace-Gleichung $\Delta u(x) = 0$ in $\mathbb{R}^3$ für $x \neq 0$ löst.

61.11. Zeigen Sie, dass die Divergenz unter starren Koordinatentransformationen invariant ist. Besitzt die Rotation dieselbe Eigenschaft?

Alle Wirkungen der Natur sind nur mathematische Folgerungen einer kleinen Zahl von unveränderlichen Gesetzen. (Laplace)

62

Meteorologie und Corioliskraft*

Jeder Lehrer, der sich vor eine Klasse stellt und behauptet, dass die Corioliskraft dafür verantwortlich ist, wie das Wasser in einem Abfluss oder einer Badewanne abfließt, sollte Frasers WWW-Seite (www.ems.psu.edu/~fraser/Bad/BadCoriolis.html) nicht nur lesen, sondern gezwungen werden, sie 100mal an die Tafel zu schreiben. (Jack Williams, USA TODAY)

62.1   Einleitung

Eine normale Wetterkarte zeigt Konturlinien des Luftdrucks p, die sogenannten *Isobaren*. Unsere Intuition sagt uns, dass der Wind aus Gebieten mit hohem Druck zu Gebieten mit geringem Druck bläst, d.h. entgegen dem Druckgradienten ∇p und orthogonal zu den Isobaren. Dies stellt sich jedoch als völlig falsch heraus. Stattdessen zirkuliert der Wind auf der Nordhalbkugel entgegen dem Uhrzeigersinn um ein Zentrum mit niedrigem Druck und auf der Südhalbkugel im Uhrzeigersinn. Für Hochdruckzentren gilt jeweils die entgegengesetzte Richtung. Somit bläst der Wind also entlang der Isobaren statt senkrecht zu den Isobaren. Dieser Sachverhalt ist bei Seglern wohl bekannt, da dadurch die Windrichtung einfach und genau vorhergesagt werden kann, wenn nur die Lage der Tiefdruckgebiete und der Hochdruckgebiete bekannt ist. Der Grund liegt darin, dass die Erde rotiert, wodurch eine Beschleunigungskraft entsteht, die *Corioliskraft* genannt wird. Dadurch wird der Wind auf der Nordhalbkugel nach rechts abgelenkt und nach links auf der Südhalbkugel (vom Äquator weg). Als

Folge davon rotiert der Wind um Tiefdruckzentren entgegen dem Uhrzeigersinn auf der Nordhalbkugel, so wie es die Wetterkarte in jeder Zeitung angibt. Wir spüren die Corioliskraft bei einer Umdrehung, wenn wir versuchen, die Position in radialer Richtung zu verändern, wodurch wir eine (unerwartete) Kraft in tangentialer Richtung erfahren.

62.2   Ein grundlegendes meteorologisches Modell

Wir wollen nun ein einfaches Modell für die Bewegung der Atmosphäre herleiten, um vorherzusagen, dass sich der Wind um Tief- und Hochdruckzentren drehen sollte. Die Modellgleichung lautet

$$\nabla p = \rho 2\omega \times v, \tag{62.1}$$

wobei p der Druck ist, v die Windgeschwindigkeit, $\omega \in \mathbb{R}^3$ die Winkelgeschwindigkeit der Erde und ρ die Dichte der Atmosphäre. Die Coriolisbeschleunigung wird durch die Größe $2\omega \times v$ angenähert und die Gleichung $\nabla p = \rho 2\omega \times v$ bringt die Balance zwischen der durch den Druckunterschied verursachten Kraft ∇p und der Corioliskraft $\rho 2\omega \times v$ zum Ausdruck. Dabei steht ∇p für den Druckgradienten in einer ebenen Erdoberfläche. Daher kann das Modell für die „Kappen" im Norden und Süden eingesetzt werden, etwa oberhalb oder unterhalb von 60 Grad geographischer Breite, wo die Oberfläche der Erde durch eine flache Scheibe angenähert werden kann, vgl. Abb. 62.1. Dadurch scheint die „Welt" des Seglers und des Windes eine große ebene Umdrehung zu sein.

Wir erkennen, dass nach (62.1) der Gradient ∇p zur Windrichtung orthogonal ist. Kennen wir den Druck p, so können wir die Windrichtung und -geschwindigkeit aus (62.1) bestimmen.

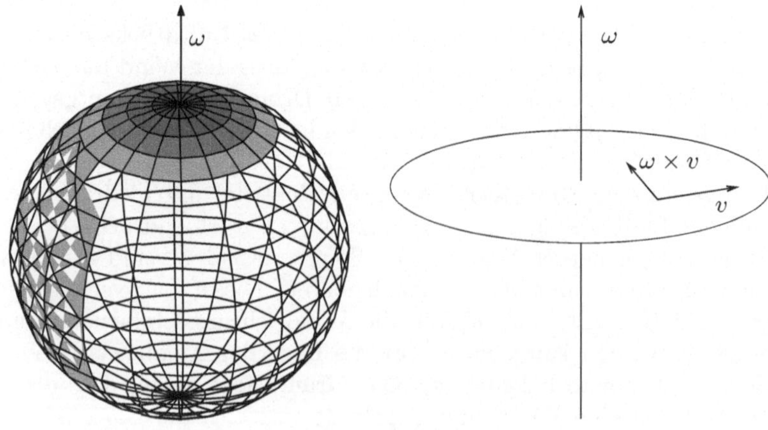

Abb. 62.1. Nordhalbkugel

62.3 Rotierende Koordinatensysteme und die Coriolisbeschleunigung

Um in der Corioliskraft den Ausdruck $2\omega \times v$ herzuleiten, müssen wir Koordinatentransformationen von einem festen Koordinatensystem in ein sich rotierendes Koordinatensystem untersuchen. Sei daher $\{e_1, e_2, e_3\}$ ein festes orthonormales Referenzkoordinatensystem für den $\mathbb{R}^3$ und sei $\{\bar{e}_1, \bar{e}_2, \bar{e}_3\}$ ein anderes orthonormales Koordinatensystem mit demselben Ursprung, das um den fest vorgegebenen Vektor $\omega \in \mathbb{R}^3$ mit der Winkelgeschwindigkeit $\|\omega\|$ rotiert. Genauer gesagt, so gilt für einen Punkt x mit den Referenzkoordinaten $x(t) = x_1(t)e_1 + x_2(t)e_2 + x_3(t)e_3$, der im rotierenden Koordinatensystem fest vorgegeben ist, in Anlehnung an Abb. 62.2:

$$\frac{dx}{dt} = \omega \times x, \tag{62.2}$$

da $\frac{dx}{dt}$ sowohl zu ω als auch x senkrecht ist und $\|\frac{dx}{dt}\| = \|\omega\| \|x\| \sin(\theta)$, wobei $\theta \in [0, \pi]$ den Winkel zwischen ω und x bezeichnet. Insbesondere gilt für die Basisvektoren des sich bewegenden Koordinatensystems:

$$\frac{d\bar{e}_i}{dt} = \omega \times \bar{e}_i, \quad i = 1, 2, 3. \tag{62.3}$$

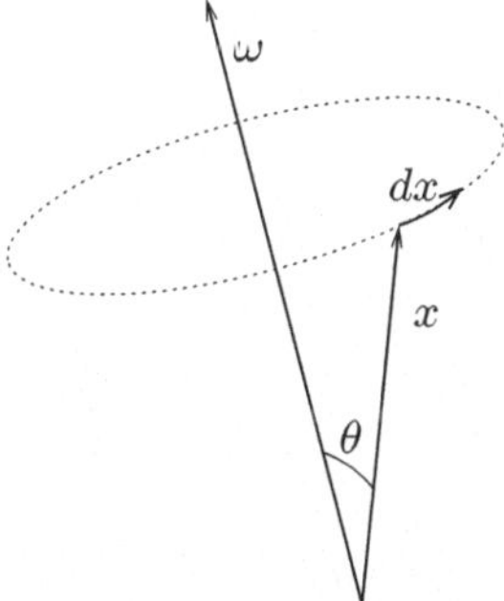

Abb. 62.2. Ein Vektor x, der sich mit der Winkelgeschwindigkeit ω bewegt

Nun wollen wir einen sich bewegenden Punkt betrachten, der im Referenzsystem die Koordinaten $x(t)$ besitzt und im rotierenden System die Koordinaten $\bar{x}(t)$, so dass also

$$x(t) = x_1(t)e_1 + x_2(t)e_2 + x_3(t)e_3,$$
$$\bar{x}(t) = \bar{x}_1(t)\bar{e}_1(t) + \bar{x}_2(t)\bar{e}_2(t) + \bar{x}_3(t)\bar{e}_3(t).$$

Natürlich gilt $x(t) = \bar{x}(t)$. Insbesondere können wir nun nach den Koordinaten der Basisvektoren $\bar{e}_i(t)$ im festen System $\{e_1, e_2, e_3\}$ fragen. Nun berechnen wir die Geschwindigkeit $\frac{dx}{dt}$, indem wir $x(t) = \bar{x}(t)$ nach t ableiten:

$$\frac{dx}{dt} = \frac{d}{dt}\bar{x}(t) = \frac{d\bar{x}_1}{dt}\bar{e}_1 + \frac{d\bar{x}_2}{dt}\bar{e}_2 + \frac{d\bar{x}_3}{dt}\bar{e}_3 + \bar{x}_1\frac{d\bar{e}_1}{dt} + \bar{x}_2\frac{d\bar{e}_2}{dt} + \bar{x}_3\frac{d\bar{e}_3}{dt}$$

$$= \frac{d\bar{x}_1}{dt}\bar{e}_1 + \frac{d\bar{x}_2}{dt}\bar{e}_2 + \frac{d\bar{x}_3}{dt}\bar{e}_3 + \bar{x}_1(\omega \times \bar{e}_1) + \bar{x}_2(\omega \times \bar{e}_2) + \bar{x}_3(\omega \times \bar{e}_3).$$

Hierbei haben wir noch (62.3) benutzt. Wir können diesen Ausdruck in der Form

$$\frac{dx}{dt} = \frac{\bar{d}\bar{x}}{dt} + \omega \times x \tag{62.4}$$

schreiben, wenn wir uns darauf einigen,

$$\frac{\bar{d}\bar{x}}{dt} = \frac{d\bar{x}_1}{dt}\bar{e}_1 + \frac{d\bar{x}_2}{dt}\bar{e}_2 + \frac{d\bar{x}_3}{dt}\bar{e}_3$$

zu schreiben. Die Geschwindigkeit des Punktes $x(t) = \bar{x}(t)$ im festen Referenzsystem ist nun $\frac{dx}{dt}$, wohingegen $\frac{\bar{d}\bar{x}}{dt}$ die Geschwindigkeit des Punktes gegenüber dem rotierenden Systems ist, mit den Ableitungen $\frac{\bar{d}}{dt}\bar{x}_i(t)$. Insbesondere erhalten wir für einen im rotierenden System festen Punkt mit $\frac{\bar{d}\bar{x}}{dt} = 0$ wieder die Gleichungen (62.2) und (62.3).

Nun suchen wir entsprechende Formeln für die Beschleunigungen. Dazu leiten wir noch einmal nach t ab und erhalten mit Hilfe von (62.4) nach Ersetzen von x durch $\frac{\bar{d}\bar{x}}{dt}$:

$$\frac{d^2x}{dt^2} = \frac{d}{dt}\left(\frac{\bar{d}\bar{x}}{dt} + \omega \times x\right) = \frac{d}{dt}\left(\frac{\bar{d}\bar{x}}{dt}\right) + \omega \times \frac{dx}{dt}$$

$$= \frac{\bar{d}}{dt}\left(\frac{\bar{d}\bar{x}}{dt}\right) + \omega \times \frac{\bar{d}\bar{x}}{dt} + \omega \times \left(\frac{\bar{d}\bar{x}}{dt} + \omega \times x\right).$$

Wir können dies auch in der Form

$$\frac{d^2x}{dt^2} = \frac{\bar{d}^2\bar{x}}{dt^2} + 2\omega \times \frac{\bar{d}\bar{x}}{dt} + \omega \times (\omega \times x) \tag{62.5}$$

schreiben. Hierbei steht $\omega \times (\omega \times x)$ für die zentripetale Beschleunigung und $2\omega \times \frac{\bar{d}\bar{x}}{dt}$ für die *Coriolisbeschleunigung*. $\frac{d^2x}{dt^2}$ ist die Beschleunigung gegenüber dem Referenzsystem und $\frac{\bar{d}^2\bar{x}}{dt^2}$ die Beschleunigung gegenüber dem rotierenden System.

Nach dem Newtonschen Gesetz $f = ma$ hängt die *Beschleunigung* direkt mit einer *Kraft* zusammen, weswegen sowohl die zentripetale wie auch die Coriolisbeschleunigung im Referenzsystem als Kräfte auftreten. Beide Kräfte haben nach wie vor einen etwas mysteriösen Charakter; während wir

im täglichen Leben mit der zentripetalen Beschleunigung vertraut sind, ruft
die Corioliskraft bei den meisten von uns Erstaunen hervor.

Ist die Drehgeschwindigkeit $\|\omega\|$ verhältnismäßig gering, dann können
wir die zentripetale Beschleunigung vernachlässigen und erhalten:

$$\frac{d^2 x}{dt^2} \approx \frac{\bar{d}^2 \bar{x}}{dt^2} + 2\omega \times \frac{d\bar{x}}{dt}, \tag{62.6}$$

womit wir wieder beim Modell (62.1) angelangen. Beachten Sie, dass wir
dabei das rotierende Koordinatensystem in unserer „Welt" betrachten und
dass somit $\frac{d\bar{x}}{dt}$ die für uns relevante Geschwindigkeit ist.

Aufgaben zu Kapitel 62

62.1. Begründen Sie (62.1) und (62.6).

62.2. Untersuchen Sie die Isobaren auf einer Wetterkarte und berechnen Sie die
Windrichtung aus (62.1) und vergleichen Sie ihr Ergebnis mit der Windrichtung
auf der Karte.

62.3. Untersuchen Sie die Wirkung der Coriolisbeschleunigung am Äquator.

62.4. Zeigen Sie, dass die zentripetale Beschleunigung eines Körpers, der sich auf
einem Kreis mit Radius r mit der Geschwindigkeit v bewegt, $\frac{v^2}{r}$ beträgt.

62.5. Dem Golfstrom verdanken wir, dass Skandinavien nicht wie Alaska tiefge-
froren ist. Erklären Sie, warum der Golfstrom von Nordamerika nach Nordeuropa
gebogen ist.

62.6. Stellen Sie sich ein Auto vor, das auf einem bestimmten Breitengrad von
Osten nach Westen fährt. Bei welcher Geschwindigkeit ist die Corioliskraft auf
den Wagen gleich groß zur Zentripetalkraft? Bestimmen Sie diese Geschwindigkeit
als Funktion vom Breitengrad und finden Sie heraus, in welchen Breitengraden
das Minimum und das Maximum angenommen wird.

62.7. Ein Wassereimer drehe sich um sein Zentrum mit der Winkelgeschwindigkeit ω. Welche Form besitzt die Wasseroberfläche?

62.8. Ein Pendel der Länge l schwinge hin und her mit einer Periode von $t = \sqrt{l/g}$, wobei g die Erdbeschleunigung ist. Berechnen Sie die auf das Pendel im
Breitengrad θ einwirkende Corioliskraft (d.h. im Winkel θ vom Äquator aus). Die
Corioliskraft bewirkt, dass sich die Ebene, in der das Pendel schwingt, dreht, d.h.,
wenn das Pendel zu Beginn in Nord-Süd-Richtung schwingt, so schwingt es später
in West-Ost-Richtung. Bestimmen Sie die Zeit T als Funktion des Breitengrads,
nachdem das Pendel wieder in dieselbe Richtung wie zu Anfang schwingt.

63
Kurvenintegrale

Wir können kaum glauben, dass Ampère tatsächlich das Wirkungs-
gesetz mit den Experimenten, die er beschreibt, entdeckt hat. Stattdessen müssen wir vermuten, wie er auch selbst zugibt, dass er das
Gesetz auf eine andere Weise entdeckte, die er uns verheimlicht und
dass er, nachdem er im Nachhinein eine perfekte Demonstration aufgebaut hat, alle Spuren des Gerüstes entfernte, mit dem er sie konstruiert hat. (Maxwell über Ampères „*Memoir on the Mathematical
Theory of Electrodynamic Phenomena, Uniquely Deduced from Experience*")

63.1   Einleitung

In diesem Kapitel werden wir den Begriff des *Integrals über eine Kurve*
oder einfacher das *Kurvenintegral* einführen und damit einige Anwendungen wie die *Bogenlänge*, die *Arbeit* und das *Linienintegral* einführen. Wir
beginnen mit ebenen Kurven, die durch Funktionen $s : I \to \mathbb{R}^2$ parametrisiert werden, wobei $I = [a, b]$ ein Intervall auf der reellen Zahlengeraden
$\mathbb{R}$ ist. Danach werden wir auf Kurven in $\mathbb{R}^n$ verallgemeinern, die durch
Funktionen $s : I \to \mathbb{R}^n$ mit $n \geq 2$ parametrisiert werden.

63.2   Die Länge einer Kurve in $\mathbb{R}^2$

Sei Γ eine Kurve in $\mathbb{R}^2$, die durch die Funktion $s : I \to \mathbb{R}^2$ beschrieben
wird, wobei $I = [a, b]$ ein Intervall in $\mathbb{R}$ ist, d.h., $\Gamma = \{s(t) \in \mathbb{R}^2 : t \in I\}$

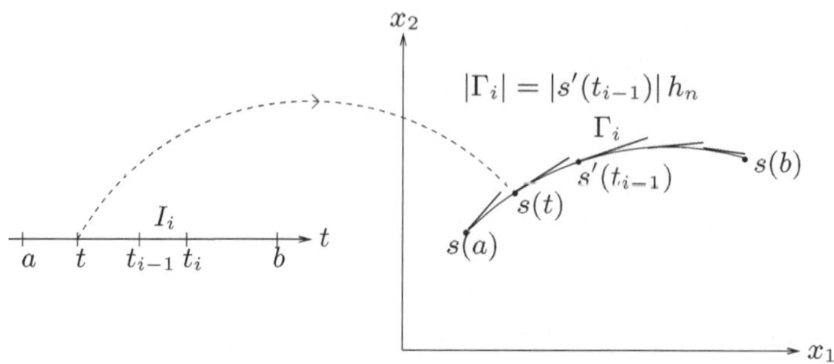

Abb. 63.1. Die Gesamtlänge einer Kurve entspricht der Summe der Längen kleiner Teile der Kurve

oder $\Gamma = s(I)$, vgl. Abb. 63.1. Wir wollen nun versuchen, die *Länge* von Γ zu bestimmen. Wir werden sehen, dass wir dadurch zu Integralen über einer Kurve oder einfacher zu Kurvenintegralen geführt werden.

Um die Länge einer Kurve zu bestimmen, stellen wir uns die Kurve Γ als aus kleinen Stücken zusammengesetzt vor. Sind die kleinen Stücke genügend klein, können wir sie ohne Probleme durch gerade Strecken approximieren und die Länge von geraden Teilen einer Kurve kann einfach berechnet werden. Die Gesamtlänge von Γ erhalten wir dann durch Summation der Längen aller kleinen Teilstücke, die Γ bilden. Wir werden sehen, dass das Integral zu diesem Zweck nützlich sein wird.

Sei $a = t_0 < t_1 < \ldots < t_n = b$ eine Unterteilung von I in Teilintervalle $I_i = (t_{i-1}, t_i]$. Wir betrachten die folgende lineare Näherung der Abbildung $s(t)$, die auf das Teilintervall I_i beschränkt ist, vgl. Abb. 63.1:

$$\bar{s}(t) = s(t_{i-1}) + (t - t_{i-1})s'(t_{i-1}).$$

Die Abbildung $\bar{s}$ bildet I_i auf das Streckenstück Γ_i der Länge

$$\|s'(t_{i-1})\|(t_i - t_{i-1})$$

ab. Dies führt uns ganz natürlich auf

$$L_n(\Gamma) = \sum_{i=1}^{n} \|s'(t_{i-1})\|(t_i - t_{i-1})$$

als Näherung für die Länge von Γ. Wenn wir annehmen, dass $\|s'(t)\|$ auf I Lipschitz-stetig ist und dass $\max_i(t_i - t_{i-1})$ gegen Null geht, wenn n gegen Unendlich strebt, können wir mit Hilfe der üblichen Argumente zeigen, dass durch $\{L_n(\Gamma)\}_{n=1}^{\infty}$ eine Cauchy-Folge gebildet wird, die folglich gegen einen Grenzwert konvergiert, den wir mit $L(\Gamma)$ bezeichnen. Wir definieren diesen Grenzwert als die *Länge* von Γ:

$$L(\Gamma) = \int_I \|s'(t)\|\, dt. \tag{63.1}$$

In dieser Gleichung formulieren wir die Länge einer Kurve $\Gamma = s(I)$ als ein Integral über das Gebiet I, wobei der Betrag $\|s'(t)\|$ der Ableitung der zugehörigen Funktion $s : I \to \mathbb{R}^2$ als Gewicht auftritt. Rein formal gilt $ds = \|s'(t)\|dt$, wobei ds für das Anwachsen der Länge der Kurve in Verbindung mit einem Anwachsen von dt des Parameters t steht; die Funktion $\|s'(t)\|$ liefert die lokale „Einheitsänderung" zwischen den „Elementen der Kurvenlänge" ds und den „Parameterelementen" dt, vgl. Abb. 63.1. Dies führt uns zur Schreibweise

$$L(\Gamma) = \int_\Gamma ds = \int_I \|s'(t)\|\, dt,$$

auf die wir im nächsten Abschnitt zurückkommen.

Beispiel 63.1. Wir berechnen die Länge des Umfangs Γ eines Kreises mit Radius 1, dessen Zentrum im Ursprung liegt. Die Kurve wird durch die Funktion $s : [0, 2\pi) \to \mathbb{R}^2$ mit $s(t) = (\cos(t), \sin(t))$ für $0 \le t < 2\pi$ gegeben. Es gilt $s'(t) = (-\sin(t), \cos(t))$ und $\|s'(t)\| = 1$ und folglich

$$L(\Gamma) = \int_0^{2\pi} \|s'(t)\|\, dt = \int_0^{2\pi} dt = 2\pi.$$

Wir folgern, dass der Umfang eines Kreises mit Radius 1 gleich 2π ist (keine große Überraschung). Wir überprüfen das Ergebnis anhand einer anderen Parametrisierung. Der obere Halbkreis Γ_+ von Γ kann in der Form $s : [-1, 1] \to \mathbb{R}^2$ mit $s(t) = (t, \sqrt{1 - t^2})$ für $-1 \le t \le 1$ parametrisiert werden. Dies führt uns zu

$$s'(t) = \left(1, -\frac{t}{\sqrt{1 - t^2}}\right), \quad \|s'(t)\| = \frac{1}{\sqrt{1 - t^2}}$$

und wir erhalten folglich

$$L(\Gamma) = 2L(\Gamma_+)$$
$$= \int_{-1}^{1} \frac{1}{\sqrt{1 - t^2}}\, dt = 2\big[\arcsin(t)\big]_{-1}^{1} = 2\left(\frac{\pi}{2} - \left(-\frac{\pi}{2}\right)\right) = 2\pi.$$

63.3 Kurvenintegrale

Sei $\Gamma = s(I)$ eine Kurve in $\mathbb{R}^2$, die durch die Funktion $s : I \to \mathbb{R}^2$ gegeben ist. Dabei ist $I = [a, b]$ ein Intervall in $\mathbb{R}$. Sei ferner $u : \Gamma \to \mathbb{R}$ eine auf Γ definierte Funktion. Wir setzen voraus, dass sowohl die Tangente $s' : I \to \mathbb{R}^2$ als auch die Funktion $u : \Gamma \to \mathbb{R}$ Lipschitz-stetig sind, wodurch garantiert wird, dass $\|s'(t)\|$ und $u(s(t))$ auf I Lipschitz-stetig sind. Wir definieren das *Integral von u über Γ* durch

$$\int_\Gamma u\, ds = \int_\Gamma u(x)\, ds(x) = \int_a^b u(s(t))\|s'(t)\|\, dt.$$

Rein formal gilt $ds = ds(x) = \|s'(t)\|\, dt$ mit $x = s(t)$.

Beispiel 63.2. Sei Γ ein Intervall $[a, b]$ auf der x_1-Achse, das durch $s(t) = (t, 0)$ für $a \leq t \leq b$ gegeben ist. Dann gilt $s'(t) = (1, 0)$, $\|s'(t)\| = 1$ und

$$\int_\Gamma u\, ds = \int_a^b u(x_1, 0)\, dx_1 = \int_a^b u(t, 0)\, dt.$$

Beispiel 63.3. Sei $\Gamma = s(I)$ ein Halbkreis mit $s(t) = (\cos(t), \sin(t))$, für $0 \leq t \leq \pi$ und $u(x) = u(x_1, x_2) = x_1^2$. Mit Hilfe von $\|s'(t)\| = 1$ erhalten wir

$$\int_\Gamma u\, ds = \int_0^\pi \cos^2(t)\, dt = \frac{1}{2} \int_0^\pi (1 - \cos(2t))\, dt = \frac{\pi}{2}.$$

63.4   Reparametrisierung

Eine wichtige Beobachtung, die wir bereits oben in Beispielen gesehen haben, ist, dass der Wert des Kurvenintegrals von der Parametrisierung der Kurve unabhängig ist. Um dies im Allgemeinen zu zeigen, gehen wir von zwei verschiedenen Parametrisierungen $s : [a, b] \to \Gamma$ und $\sigma : [c, d] \to \Gamma$ einer Kurve Γ in $\mathbb{R}$ aus. Wir verknüpfen mit jedem $\tau \in [c, d]$ einen eindeutigen Wert $t \in [a, b]$, so dass $s(t) = \sigma(\tau)$, wodurch $t = t(\tau)$ als Funktion von τ definiert wird (unter der Annahme, dass die Kurve sich nicht kreuzt). Somit ist also $\sigma(\tau) = s(t(\tau))$, vgl. Abb. 63.2.

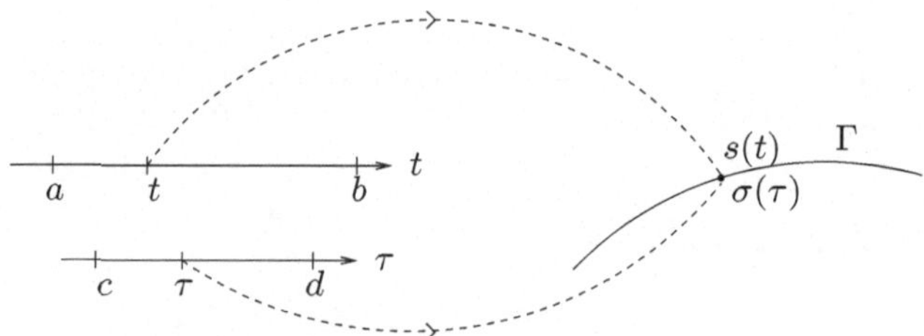

Abb. 63.2. Reparametrisierung einer Kurve

Wir nutzen nun die Formel mit der veränderten Integrationsvariablen und beachten, dass nach der Kettenregel

$$\sigma'(\tau) = \frac{d\sigma}{d\tau} = \frac{ds}{dt}\frac{dt}{d\tau} = s'(t)\frac{dt}{d\tau}$$

gilt. Daraus erhalten wir mit der Voraussetzung, dass $\frac{dt}{d\tau} \geq 0$:

$$\int_a^b u(s(t))\|s'(t)\|\,dt = \int_c^d u(s(t(\tau)))\|s'(t(\tau))\|\frac{dt}{d\tau}\,d\tau$$

$$= \int_c^d u(\sigma(\tau))\|\sigma'(\tau)\|\,d\tau.$$

Dadurch haben wir gezeigt, dass das Kurvenintegral

$$\int_\Gamma u\,ds = \int_\Gamma u\,d\sigma$$

von der Parametrisierung $s : [a,b] \to \Gamma$ oder $\sigma : [c,d] \to \Gamma$ von Γ unabhängig ist.

Beispiel 63.4. Wir reparametrisieren den Halbkreis Γ aus Beispiel 63.3 durch $s(t) = (t, \sqrt{1-t^2})$ mit $-1 \leq t \leq 1$ und erhalten mit $u(x) = x_1^2$ mit Hilfe von partieller Integration:

$$\int_\Gamma u\,ds = \int_{-1}^1 t\frac{t}{\sqrt{1-t^2}}\,dt = \left[-t\sqrt{1-t^2}\right]_{-1}^1 + \int_{-1}^1 \sqrt{1-t^2}\,dt$$

$$= \int_{-\pi}^0 \sqrt{1-\cos^2(\theta)}(-\sin(\theta))\,d\theta = \int_0^\pi \sin^2(\theta)\,d\theta = \frac{\pi}{2}.$$

63.5   Arbeit und Linienintegrale

Sei $F : \mathbb{R}^2 \to \mathbb{R}^2$ eine Vektorfunktion, die eine variable Kraft oder ein *Kraftfeld* repräsentiert und sei Γ eine Kurve in $\mathbb{R}^2$, die durch $s : [a,b] \to \mathbb{R}^2$ gegeben ist und in $A = s(a)$ beginnt und in $B = s(b)$ endet. Wir stellen uns nun ein Teilchen vor, auf das die Kraft F einwirkt, während es sich entlang Γ von A nach B bewegt, vgl. Abb. 63.3. Die Projektion $F_s(s(t))$ der Kraft $F(s(t))$ auf die Richtung $s'(t)$ der Tangente an $s(t)$ lautet:

$$F_s(s(t)) = F(s(t)) \cdot s'(t)\frac{1}{\|s'(t)\|}. \tag{63.2}$$

Mit der Vorstellung, dass „die Arbeit gleich ist mit der Strecke $\times$ der Projektion der Kraft auf die Richtung der Strecke", ergibt sich die *Arbeit*, die durch die Kraft $F(s(t))$ aufgebracht wird, um ein Teilchen von $s(t_{i-1})$ nach $s(t_i)$ zu bewegen, durch

$$F(s(t_i)) \cdot s'(t_i)\frac{1}{\|s'(t_i)\|}\|s(t_i) - s(t_{i-1})\|$$

$$\approx F(s(t_i)) \cdot s'(t_i)\frac{1}{\|s'(t_i)\|}\|s'(t_i)\|(t_i - t_{i-1}) = F(s(t_i)) \cdot s'(t)(t_i - t_{i-1}).$$

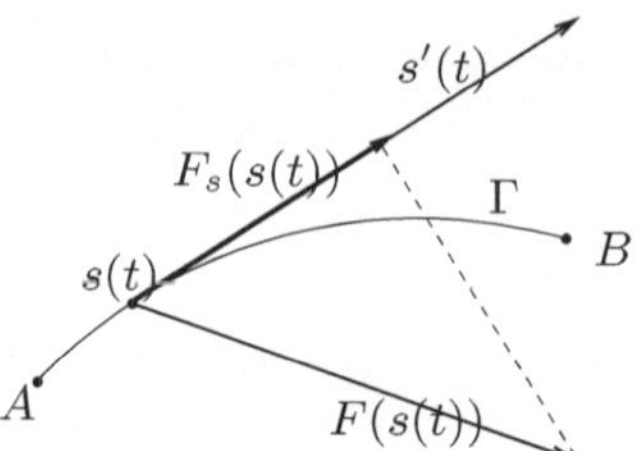

Abb. 63.3. Kraftfeld F, Kurve Γ und Projektion von F auf $s'(t)$

Sei $a = t_0 < \ldots < t_{i-1} < t_i < \ldots < t_n = b$ wie oben eine anwachsende Folge diskreter Zeiten, wobei wir uns vorstellen, dass die Zeitschritte $t_i - t_{i-1}$ gegen Null streben. Dies führt uns zur Definition der *Gesamtarbeit* $W(F, \Gamma)$ für die Bewegung des Teilchens von $A = s(a)$ nach $B = s(b)$ entlang Γ:

$$W(F, \Gamma) = \int_a^b F(s(t)) \cdot s'(t)\, dt.$$

Indem wir $ds = s'(t)\, dt$ setzen, können wir

$$\int_\Gamma F \cdot ds = \int_a^b F(t) \cdot s'(t)\, dt$$

schreiben, was wir als *Linienintegral* bezeichnen. Um zusammenzufassen, so haben wir

$$\begin{aligned}
W(F, \Gamma) &= \int_\Gamma F \cdot ds = \int_a^b F(t) \cdot s'(t)\, dt \\
&= \int_a^b (F_1(t)s_1'(t) + F_2(t)s_2'(t))\, dt.
\end{aligned} \tag{63.3}$$

Alternativ können wir auch

$$W(F, \Gamma) = \int_\Gamma F_s\, ds = \int_a^b F_s \|s'(t)\|\, dt = \int_\Gamma F \cdot ds \tag{63.4}$$

schreiben, wobei F_s gemäß (63.2) die Projektion von F auf $s'(t)$ ist.

Beispiel 63.5. Wenn wir annehmen, dass $F(x) = (x_2, -x_1)$ und Γ durch $s(t) = (\cos(t), \sin(t))$ für $0 \le t < 2\pi$ gegeben ist, erhalten wir:

$$\begin{aligned}
W(F, \Gamma) &= \int_\Gamma F \cdot ds = \int_0^{2\pi} (\sin(t), -\cos(t)) \cdot (-\sin(t), \cos(t))\, dt \\
&= -\int_0^{2\pi} dt = -2\pi.
\end{aligned}$$

63.6   Arbeit und Gradientenfelder

Es gibt einen wichtigen Spezialfall. Ist $F = \nabla\varphi$, d.h., das Kraftfeld F entspricht dem *Gradientenfeld* eines *Potentials*, dann ergibt sich mit der Kettenregel

$$W(F,\Gamma) = \int_\Gamma F \cdot ds = \int_a^b \nabla\varphi(s(t)) \cdot s'(t)\, dt$$

$$= \int_a^b \frac{d}{dt}\varphi(s(t))\, dt = \varphi(B) - \varphi(A).$$

Entspricht das Kraftfeld F dem Gradientenfeld $F = \nabla\varphi$ eines Potentials $\varphi(x)$, dann ist die Arbeit, um ein Teilchen entlang der Kurve Γ von A nach B mit der Kraft F zu bewegen, gleich der Potentialdifferenz $\varphi(B) - \varphi(A)$ zwischen dem Potential im Endpunkt B und dem Anfangspunkt A. Anders ausgedrückt, so ist die Arbeit unabhängig von der Kurve zwischen A und B. Insbesondere ist die Arbeit Null, wenn die Kurve *geschlossen* ist, so dass $B = s(b) = s(a) = A$ ist.

Unten werden wir die Frage untersuchen, unter welchen Bedingungen eine gegebene Kraft $F(x)$ dem Gradienten eines Potentials entspricht, so dass also $F(x) = \nabla\varphi(x)$ mit einer skalaren Funktion $\varphi(x)$.

Beispiel 63.6. Als eine wichtige Anwendung betrachten wir die anziehende *Gravitationskraft* $F(x) = \nabla\varphi(x)$ mit dem *Newtonschen Potential* $\varphi(x) = 1/\|x\|$, entsprechend einer Einheitsmasse im Ursprung, d.h.,

$$F(x) = -\frac{1}{\|x\|^2}\frac{x}{\|x\|},$$

wobei die Gravitationskonstante auf Eins normiert ist. Wir erkennen, dass $F(x)$ zum Ursprung hin gerichtet ist und zum inversen Abstandsquadrat proportional ist: $\|F(x)\| = \|x\|^{-2}$. Es gilt

$$W(F,\Gamma) = \frac{1}{\|B\|} - \frac{1}{\|A\|}$$

für die Arbeit, um eine Einheitsmasse im Gravitationsfeld vom Abstand $\|A\|$ zum Abstand $\|B\|$ relativ zum Ursprung zu bewegen. Insbesondere ist bei $\|A\| = \infty$ die Arbeit $W(F,\Gamma) = 1/\|B\|$. Liegt ein anziehendes Gravitationsfeld mit Einheitsstärke im Ursprung vor, so folgern wir, dass die Arbeit, die nötig ist, um ein Teilchen mit Einheitsmasse aus einem Abstand r auf einen unendlichen Abstand „anzuheben", gleich $1/r$ ist.

63.7   Die Bogenlänge als Parameter

Bedenken Sie, dass für $u(x) = 1$ für alle $x \in \Gamma$ gilt, dass

$$\int_\Gamma ds = \int_\Gamma 1\, ds = \int_\Gamma u(x)\, ds(x) = \int_a^b \|s'(t)\|\, dt$$

die Länge der Kurve $\Gamma = s(I)$ mit $I = [a, b]$ wiedergibt. Insbesondere ist

$$\sigma(\bar t) = \int_a^{\bar t} \|s'(t)\|\, dt$$

die *Bogenlänge* der Teilkurve von $s(a)$ nach $s(\bar t)$. Aus dem Fundamentalsatz der Infinitesimalrechnung folgt, dass

$$\sigma'(\bar t) = \|s'(\bar t)\|. \tag{63.5}$$

Wir können nun die Bogenlänge $\sigma = \sigma(t)$ anstelle von t als Parameter wählen, da es für jedes t eine eindeutige Bogenlänge $\sigma(t)$ gibt und umgekehrt. Dadurch erhalten wir eine Reparametrisierung von $s(t) = \bar s(\sigma)$ mit

$$\|\bar s'(\sigma)\| = \|\frac{ds}{dt}\| |\frac{dt}{d\sigma}| = \|s'(t)\| \frac{1}{|\sigma'(t)|} = \frac{\|s'(t)\|}{\|s'(t)\|} = 1.$$

Wir folgern, dass $\|s'(\sigma)\| = 1$ und, vgl. Abb. 63.4,

$$L(\Gamma) = \int_\Gamma ds = \int_0^{L(\Gamma)} d\sigma,$$

falls die Bogenlänge σ benutzt wird, um die Kurve $s : I \to \mathbb{R}^2$ zu parametrisieren.

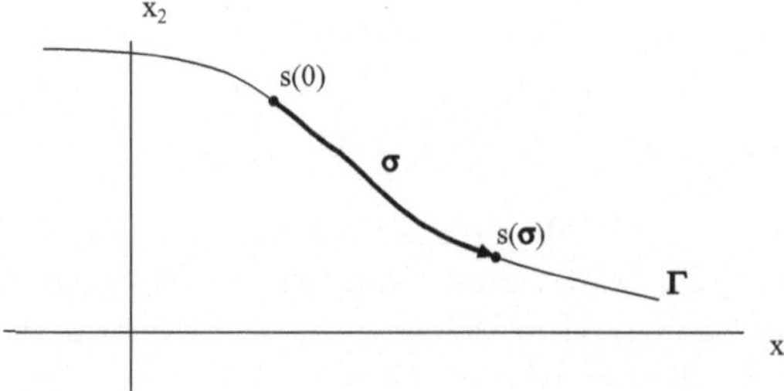

Abb. 63.4. Eine durch die Bogenlänge σ parametrisierte Kurve Γ

63.8   Die Krümmung einer ebenen Kurve

Die *Krümmung* einer Kurve $s : [a,b] \to \mathbb{R}^2$ ist ein Maß dafür, wie schnell sich die Kurve beugt, wenn wir uns auf ihr bewegen. Sie wird durch

$$\kappa = \frac{d\theta}{d\sigma}$$

definiert, wobei θ der Polarwinkel des Tangentenvektors $s' = (s_1', s_2')$ ist, der durch $\theta(t) = \tan^{-1}(s_2'/s_1')$ definiert ist; σ ist die Bogenlänge. Im Falle einer Geraden ist der Polarwinkel $\theta(t)$ konstant und die Krümmung ist Null, vgl. Abb. 63.5.

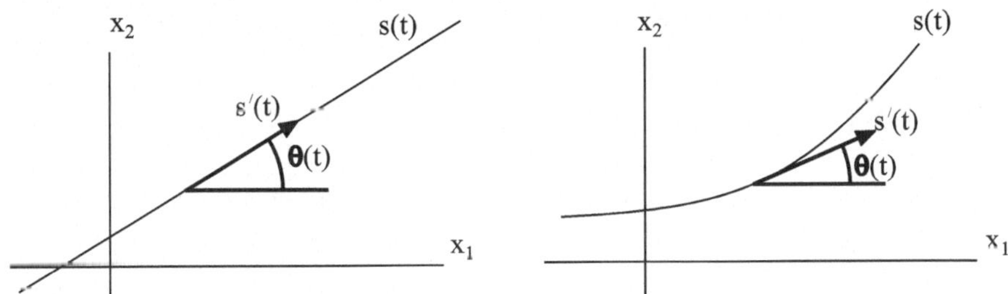

Abb. 63.5. Der Polarwinkel θ des Tangentialvektors einer Geraden ist konstant, wie links zu sehen ist. Der Tangentialvektor einer gebogenen Kurve, wie im Beispiel rechts, besitzt in jedem Punkt einen unterschiedlichen Polarwinkel

Die Bogenlänge $\sigma(t)$ erfüllt, wenn wir uns an (63.5) erinnern, $\frac{d\sigma}{dt} = |s'|$ und somit ist $\frac{dt}{d\sigma} = |s'|^{-1}$. Mit der Kettenregel erhalten wir

$$\kappa(t) = \frac{d\theta}{dt}\frac{dt}{d\sigma} = \frac{\theta'(t)}{\|s'(t)\|}.$$

Die Berechnung von $\theta'(t)$ liefert

$$\kappa(t) = \frac{s_1'(t)s_2''(t) - s_1''(t)s_2'(t)}{\left(s_1'(t)^2 + s_2'(t)^2\right)^{3/2}}.$$

Besitzt $f : \mathbb{R} \to \mathbb{R}$ eine stetige zweite Ableitung und wird die Kurve durch $s(x_1) = (x_1, f(x_1))$ parametrisiert, so wird insbesondere die Krümmung im Punkt $(x_1, f(x_1))$ durch folgende Gleichung gegeben:

$$\kappa(x_1) = \frac{f''(x_1)}{\left(1 + (f'(x_1))^2\right)^{3/2}}.$$

Wir definieren den *Krümmungskreis* im Punkt $P = s(t)$ einer Kurve $s : [a,b] \to \mathbb{R}^2$, als den Kreis mit Radius $|\kappa|^{-1}(t)$ (vorausgesetzt, dass $\kappa \neq 0$), der in P dieselbe Tangente besitzt wie Γ und auf der linken Seite von S liegt, wenn $\kappa > 0$ und auf der rechten Seite, falls $\kappa < 0$, vgl. Abb. 63.6. Der *Krümmungsradius* in P beträgt $|\kappa|^{-1}(t)$.

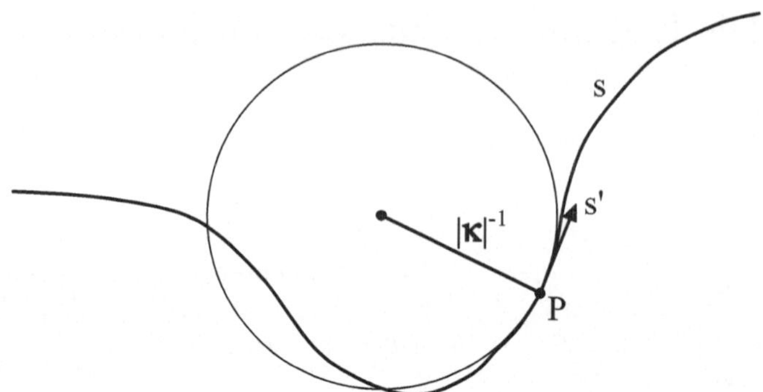

Abb. 63.6. Der Krümmungskreis von Γ in P

63.9   Erweiterung auf Kurven in $\mathbb{R}^n$

Die Definitionen von Kurvenintegralen und Linienintegralen lassen sich direkt auf Kurven in $\mathbb{R}^n$, die durch $s : [a, b] \to \mathbb{R}^n$ mit $n \geq 2$ beschrieben werden, erweitern.

Beispiel 63.7. Wir betrachten die kreisförmige Helix Γ in $\mathbb{R}^3$, die durch $s(t) = (\cos(t), \sin(t), t)$ gegeben ist, mit $0 \leq t \leq 20\pi$ und $u(x) = x_3^2$. Da $s'(t) = (-\sin(t), \cos(t), 1)$, ist $\|s'(t)\| = \sqrt{2}$ und es gilt

$$\int_\Gamma u \, ds = \int_0^{20\pi} t^2 \sqrt{2} \, dt = \frac{\sqrt{2}}{3}(20\pi)^3.$$

Aufgaben zu Kapitel 63

63.1. Berechnen Sie die Länge von (a) einer hängenden Kette, die durch $s(t) = (t, \cosh(t))$ mit $-1 \leq t \leq 1$ beschrieben wird, (b) einer *kreisförmigen Helix* $s(t) = (\cos(t), \sin(t), t)$ mit $0 \leq t \leq 4\pi$, (c) des *Zykloids* $s(t) = (t - \sin(t), 1 - \cos(t))$ mit $0 \leq t \leq 2\pi$, (d) der *semi-kubischen Parabel* $s(t) = (t^3, t^2)$ mit $0 \leq t \leq 2$, (e) des *Hyperzykloids mit vier Zacken* $s(t) = (\cos^3(t), \sin^3(t))$.

63.2. Sei Γ die kreisförmige Helix $s(t) = (\cos(t), \sin(t), t)$ für $t \in [0, 2\pi)$. Berechnen Sie den Wert des Kurvenintegrals $\int_\Gamma u \, ds$ für (a) $u(x) = 1$, (b) $u(x) = x_3$, (c) $u(x) = x_1 x_2 x_3$.

63.3. Berechnen Sie das Kurvenintegral $\int_\Gamma x_1 x_2 \, ds$, wenn (a) Γ einen Teil des Einheitskreises in der $x_1 x_2$-Ebene von $(1, 0, 0)$ nach $(0, 1, 0)$ beschreibt, (b) Γ einen Teil des Einheitsquadrats in der $x_1 x_2$-Ebene von $(1, 0, 0)$ nach $(0, 1, 0)$ beschreibt und (c) Γ der kürzester Weg von $(1, 0, 0)$ nach $(0, 1, 0)$ ist.

63.4. (a) Berechnen Sie das Linienintegral $\int_\Gamma F \cdot ds$, wobei Γ der Einheitskreis in der $x_1 x_2$-Ebene ist. (b) Setzen Sie andere geschlossene Kurven Γ an und berechnen Sie das Integral.

63.5. Berechnen Sie das Linienintegral $\int_\Gamma F \cdot ds$, wobei Γ der Einheitskreis in der $x_1 x_2$-Ebene ist und (a) $F(x) = \frac{(x_1, x_2)}{|x|^2}$, (b) $F(x) = \frac{(-x_2, x_1)}{|x|^2}$. Hängt das Ergebnis davon ab, ob Sie mit oder gegen den Uhrzeigersinn um den Einheitskreis integrieren?

63.6. Ein Teilchen wird gegen den Uhrzeigersinn um das Quadrat $0 \leq x_1, x_2 \leq 1$, $x_3 = 0$ unter der Einwirkung eines Kraftfelds $f(x) = ((x_1 - x_2)^2, 2x_2 + x_1^2, x_1)$ bewegt. Berechnen Sie die verrichtete Arbeit.

63.7. Sei $f(x) = (2x_1 + x_2, 3x_1 - 2x_2)$. Berechnen Sie $\int_\Gamma f \cdot ds$ für Γ als (a) die Gerade von $(0,0)$ nach $(1,1)$, (b) die Parabel $x_2 = x_1^2$ von $(0,0)$ nach $(1,1)$, (c) die Kurve $x_2 = sin(\pi x_1/2)$ von $(0,0)$ nach $(1,1)$, (d) die Kurve $x_2 = x_1^n$ mit $n > 0$ von $(0,0)$ nach $(1,1)$.

63.8. Berechnen Sie das Integral von $u = x_1 x_2$ über den Rand des Einheitsquadrats $[0,1] \times [0,1]$.

63.9. Bestimmen Sie den Krümmungskreis von $x_2 - x_1^2$ in $x_1 = 0$.

63.10. Bestimmen Sie die Krümmung der ebenen Kurve $(R\cos(\theta), R\sin(\theta))$, wobei R konstant ist. Folgern Sie daraus, dass die Krümmung eines Kreises vom Radius R stets R^{-1} beträgt.

63.11. Beweisen Sie die zwei Formeln für die Krümmung.

63.12. Berechnen Sie die Krümmung der Kurven (a) (x_1, x_1^2), (b) (x_1, x_1^3). Diskutieren Sie das Geschehen im Beugungspunkt.

63.13. Betrachten Sie eine hängende Kette, die durch die Funktion $y(x)$ mit $-1 \leq x \leq 1$ und $y(-1) = y(1)$ gegeben ist. Sei für $0 \leq x \leq 1$ in x der Betrag der Kettenkraft gleich $T(x)$ und sei $s(x)$ die Länge der Kette von 0 nach x. Leiten Sie die vertikale Gleichgewichtsgleichung

$$y'(x) = cs(x) = c \int_0^1 \sqrt{1 + (y'(x))^2}\, dx,$$

mit der Konstanten c her. Zeigen Sie, dass diese Gleichung mit $y'(x) = \sinh(\frac{x}{c})$ erfüllt ist und folgern Sie, dass $y(x) = c\cosh(\frac{x}{c})$.

63.14. Bestimmen Sie die Richtung der Tangente im Punkt $(1,1,1)$ des Kurvenausschnitts auf der Fläche $x_1^2 + x_1^2 x_2 + x_2^2 x_3 + x_3^2 = 0$. Hinweis: Nutzen Sie implizite Ableitung.

63.15. Zeigen Sie, dass, wenn eine ebene Kurve Γ in Polarkoordinaten $(\rho(\theta), \theta)$ dargestellt wird, wobei $\rho(\theta)$ eine Funktion von θ ist und $a \leq \theta \leq b$, dass dann $ds^2 = \rho^2\, d\theta^2 + d\rho^2$ gilt und somit

$$L(\Gamma) = \int_a^b (\rho^2 + (\rho')^2)^{1/2}\, d\theta.$$

Berechnen Sie die Länge des *Kardoids* $\rho = (1 - \cos(\theta))$ mit $0 \leq \theta \leq 2\pi$.

63.16. Berechnen Sie die Länge eines Fadens, der auf einen kreisförmigen Kegel mit gleichförmiger Neigung gewickelt ist.

64
Doppelintegrale

Um dies mit seinen Sinnen zu verstehen, braucht ein Mann nicht notwendigerweise ein Geometriker oder Logiker zu sein, sondern er sollte verrückt sein. [„Dies" bezieht sich darauf, dass das Volumen, das durch Drehung des Bereichs unterhalb von $1/x$ entsteht, beginnend bei 1 und endend bei Unendlich, ein endliches Volumen ist.] (Hobbes 1588–1679)

Er war 40 Jahre alt, als er sich der Geometrie zuwandte; was rein zufällig war. In einer Bibliothek lag „47 El. Buch I" von Euklids Elementen offen [der Satz von Pythagoras]. Er las die Behauptung. „Bei Gott", sagte er, „das ist unmöglich". Also las er den Beweis, der ihn zu einer anderen Behauptung führte, deren Beweis er las. Die führte ihn zu einer weiteren Behauptung, die er auch las. Et sic deinceps, dass er schließlich völlig von der Wahrheit der Behauptung überzeugt war. Damit hatte er sich in die Geometrie verliebt. (Über Thomas Hobbes von John Aubrey 1626–1697)

64.1 Einleitung

Wir haben das Integral

$$\int_0^1 f(x)\, dx,$$

für eine Lipschitz-stetige Funktion $f : [0,1] \to \mathbb{R}$ einer Variablen untersucht. Wir bezeichnen dies als ein *ein-dimensionales Integral*. Nun wollen wir diese Vorstellung auf *Doppelintegrale*

$$\int_0^1 \int_0^1 f(x_1, x_2)\, dx_1\, dx_2 \tag{64.1}$$

erweitern, die *zwei Integrationsvariable* x_1 und x_2 besitzen, die sich von 0 nach 1 bewegen. Hierbei sei $f : Q \to \mathbb{R}$ eine Lipschitz-stetige Funktion, die auf dem Einheitsquadrat $Q = [0,1] \times [0,1] = \{x = (x_1, x_2) : 0 \le x_1 \le 1, 0 \le x_2 \le 1\}$ definiert ist und für die gilt:

$$|f(x) - f(y)| \le L_f \|x - y\| \quad \text{für } x, y \in Q. \tag{64.2}$$

64.2 Doppelintegrale über dem Einheitsquadrat

Wir erinnern daran, dass wir das ein-dimensionale Integral durch

$$\int_0^1 f(x)\, dx = \lim_{n \to \infty} \sum_{i=1}^{N} f(x_i^n) h_n, \tag{64.3}$$

definiert haben, mit einer Unterteilung $0 = x_0^n < x_1^n < \ldots < x_N^n = 1$ des Intervalls $[0,1]$ für $x_i^n = i h_n$, $i = 1, \ldots, N$ mit $h_n = 2^{-n}$ und $N = 2^n$.

Um das Doppelintegral zu definieren, seien $0 = x_{1,0}^n < x_{1,1}^n < \ldots < x_{1,N}^n = 1$ und $0 = x_{2,0}^n < x_{2,1}^n < \ldots < x_{2,N}^n = 1$ Unterteilungen des Intervalls $[0,1]$ für $x_{1,i}^n = i h_n$, $i = 0, \ldots, N$, und $x_{2,j}^n = j h_n$, $j = 0, \ldots, N$, mit $h_n = 2^{-n}$ und $N = 2^n$. Dadurch wird das Einheitsquadrat $Q = [0,1] \times [0,1]$ in kleine Quadrate $Q_{ij}^n = I_i^n \times J_j^n$ mit der Fläche $h_n h_n$ unterteilt, mit $I_i^n = (x_{1,i-1}^n, x_{1,i}^n]$ und $J_j^n = (x_{2,j-1}^n, x_{2,j}^n]$, für $i, j = 1, \ldots, N$, vgl. Abb. 64.1.

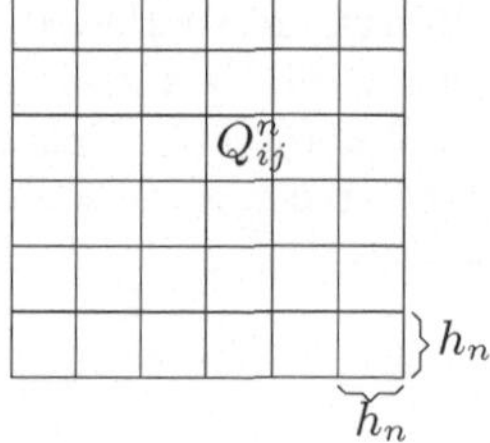

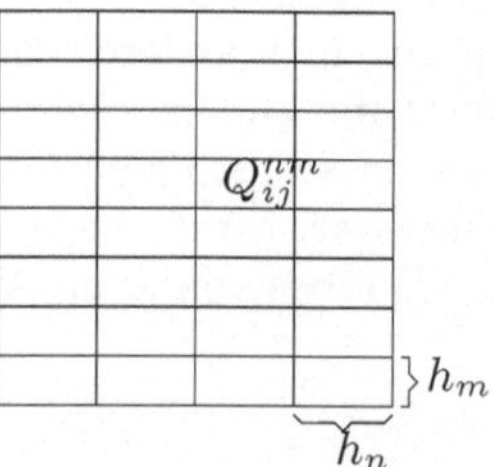

Abb. 64.1. Unterteilung des Einheitsquadrats Q in quadratische oder rechteckige Teilgebiete Q_{ij}^n bzw. Q_{ij}^{nm}

Wir wollen zeigen, dass der Grenzwert $\lim_{n \to \infty} S_n$ existiert, wobei

$$S_n = \sum_{i=1}^{N} \sum_{j=1}^{N} f(x_{1,i}^n, x_{2,j}^n) h_n h_n \tag{64.4}$$

die *Riemannsche Summe* über alle kleinen Quadrate Q_{ij}^n ist. Wir definieren dann

$$\int_0^1 \int_0^1 f(x_1, x_2)\, dx_1\, dx_2 = \lim_{n \to \infty} \sum_{i=1}^N \sum_{j=1}^N f(x_{1,i}^n, x_{2,j}^n) h_n h_n. \tag{64.5}$$

Wir beginnen zunächst mit der Abschätzung der Differenz $S_n - S_{n+1}$, um so zu beweisen, dass $\{S_n\}$ eine Cauchy-Folge bildet. Jedes Quadrat Q_{ij}^n besteht aus 4 kleinen Quadraten $Q_{2i,2j}^{n+1}$, $Q_{2i-1,2j}^{n+1}$, $Q_{2i,2j-1}^{n+1}$ und $Q_{2i-1,2j-1}^{n+1}$, vgl. Abb. 64.2. Es gilt daher

$$S_n - S_{n+1} = \sum_{i=1}^N \sum_{j=1}^N a_{ij} h_n h_n,$$

mit, vgl. Abb. 64.2,

$$a_{ij} = f(x_{1,i}^n, x_{2,j}^n) - \frac{1}{4}\big(f(x_{1,2i}^{n+1}, x_{2,2j}^{n+1}) + f(x_{1,2i-1}^{n+1}, x_{2,2j}^{n+1})$$
$$+ f(x_{1,2i}^{n+1}, x_{2,2j-1}^{n+1}) + f(x_{1,2i-1}^{n+1}, x_{2,2j-1}^{n+1})\big).$$

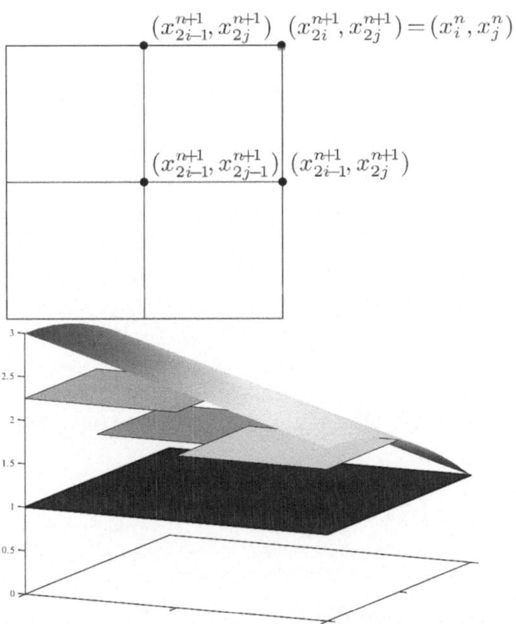

Abb. 64.2. *Oben:* Q_{ij}^n und vier Teilquadrate mit Quadraturpunkten. *Unten:* Eine Funktion $f(x_1, x_2)$ und ihre stückweise auf Q_{ij}^n und den vier Teilquadraten konstante Näherung

Aus der Annahme der Lipschitz-Stetigkeit (64.2) folgt

$$|a_{ij}| \leq \frac{1}{4} L_f \left(h_{n+1} + h_{n+1} + \sqrt{2} h_{n+1} \right) \leq L_f h_{n+1}$$

und somit

$$|S_n - S_{n+1}| \leq \sum_{i=1}^{N} \sum_{j=1}^{N} |a_{ij}| h_n h_n \leq L_f h_{n+1} \sum_{i=1}^{N} \sum_{j=1}^{N} h_n h_n = L_f h_{n+1}.$$

Mit den üblichen Argumenten können wir zeigen, dass für ein $m > n$ gilt:

$$|S_n - S_m| \leq 2 L_f h_{n+1} = L_f h_n,$$

womit wir bewiesen haben, dass $\{S_n\}$ eine Cauchy-Folge ist und folglich gegen eine reelle Zahl konvergiert. Auf den Spuren unserer lieb gewonnenen Freunde Leibniz und Cauchy beschließen wir, wie üblich, diese reelle Zahl als

$$\int_0^1 \int_0^1 f(x_1, x_2)\, dx_1\, dx_2 = \lim_{n \to \infty} S_n = \lim_{n \to \infty} \sum_{i=1}^{N} \sum_{j=1}^{N} f(x_{1,i}^n, x_{2,j}^n) h_n h_n$$

zu schreiben. Wir werden auch die Schreibweise

$$\int_Q f(x)\, dx = \int_0^1 \int_0^1 f(x_1, x_2)\, dx_1\, dx_2.$$

benutzen. Wir fassen zusammen:

Satz 64.1 *Sei $f : [0,1] \times [0,1] \to \mathbb{R}$ Lipschitz-stetig. Dann existiert der Grenzwert*

$$\lim_{n \to \infty} \sum_{i=1}^{N} \sum_{j=1}^{N} f(x_{1,i}^n, x_{2,j}^n) h_n h_n,$$

mit $h_n = 2^{-n}$, $N = 2^n$, $x_{1,i}^n = i h_n$ und $x_{2,j}^n = j h_n$, und wir definieren

$$\int_Q f(x)\, dx = \int_0^1 \int_0^1 f(x_1, x_2)\, dx_1\, dx_2 = \lim_{n \to \infty} \sum_{i=1}^{N} \sum_{j=1}^{N} f(x_{1,i}^n, x_{2,j}^n) h_n h_n.$$

$$(64.6)$$

Im Allgemeinen können die Einteilungen für x_1 und x_2 voneinander unabhängig sein, was uns zu Riemannschen Summen der Form

$$S_{nm} = \sum_{i=1}^{N} \sum_{j=1}^{M} f(x_{1,i}^n, x_{2,j}^m) h_n h_m \qquad (64.7)$$

führt, mit $h_n = 2^{-n}$, $N = 2^n$, $h_m = 2^{-m}$ und $M = 2^m$. Dies entspricht einer Unterteilung von Q in kleine Rechtecke $Q_{ij}^{nm} = I_i^n \times J_j^m$. Der obige Beweis lässt sich direkt verallgemeinern und wir können beweisen, dass für $\overline{n} \geq n$ und $\overline{m} \geq m$

$$|S_{nm} - S_{\overline{nm}}| \leq L_f \max(h_n, h_m)$$

gilt. Damit haben wir die folgende Verallgemeinerung des obigen Satzes gezeigt:

Satz 64.2 *Sei $f : [0,1] \times [0,1] \to \mathbb{R}$ Lipschitz-stetig. Dann existiert der folgende Grenzwert:*

$$\lim_{n,m \to \infty} \sum_{i=1}^{N} \sum_{j=1}^{M} f(x_{1,i}^n, x_{2,j}^m) h_n h_m,$$

mit $h_n = 2^{-n}$, $N = 2^n$, $h_m = 2^{-m}$, $M = 2^m$, $x_{1,i}^n = ih_n$, $x_{2,j}^m = jh_m$ und

$$\int_Q f(x)\, dx = \int_0^1 \int_0^1 f(x_1, x_2)\, dx_1\, dx_2 = \lim_{n,m \to \infty} \sum_{i=1}^{N} \sum_{j=1}^{M} f(x_{1,i}^n, x_{2,j}^m) h_n h_m.$$

$$(64.8)$$

64.3 Doppelintegrale mit Hilfe ein-dimensionaler Integration

Um die Riemannsche Summe S_{nm} zu berechnen, müssen wir über alle Teilrechtecke Q_{ij}^{nm} in Q summieren. Die Summation kann dabei in verschiedenen Reihenfolgen, d.h. zeilenweise, spaltenweise oder einer anderen Reihenfolge, erfolgen. So erhalten wir die folgenden alternativen Ausdrücke für das Doppelintegral von $f(x_1, x_2)$ über Q:

$$\int_0^1 \int_0^1 f(x_1, x_2)\, dx_1\, dx_2 = \lim_{n,m \to \infty} \sum_{i=1}^{N} \sum_{j=1}^{M} f(x_{1,i}^n, x_{2,j}^m) h_n h_m$$

$$= \lim_{n,m \to \infty} \sum_{i=1}^{N} \left(\sum_{j=1}^{M} f(x_{1,i}^n, x_{2,j}^m) h_m \right) h_n$$

$$= \lim_{n,m \to \infty} \sum_{j=1}^{M} \left(\sum_{i=1}^{N} f(x_{1,i}^n, x_{2,j}^m) h_n \right) h_m.$$

Dabei steht $\sum_{i=1}^{N} \sum_{j=1}^{M}$ für eine beliebige Reihenfolge bei der Summation, $\sum_{i=1}^{N} \left(\sum_{j=1}^{M} \right)$ für spaltenweise Summation und $\sum_{j=1}^{M} \left(\sum_{i=1}^{N} \right)$ für zeilenweise Summation über die Teilgebiete Q_{ij}^{nm} von Q in der $x_1 x_2$-Ebene, vgl. Abb. 64.3.

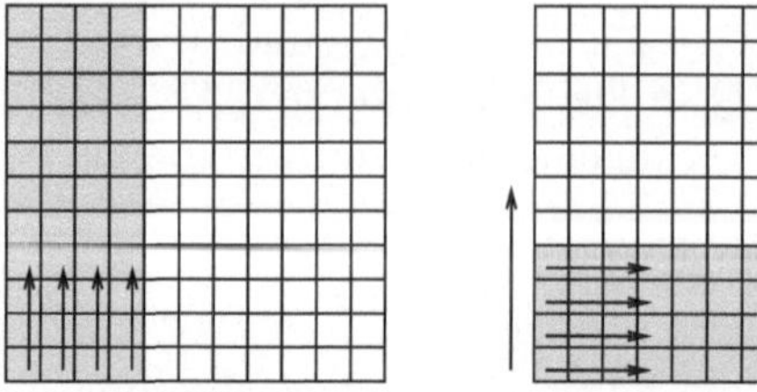

Abb. 64.3. Verschiedene Summationsreihenfolgen

Wir können auch die Grenzwerte nach n und m unabhängig voneinander bilden und gelangen so zur Gleichung:

$$\int_0^1 \int_0^1 f(x_1, x_2)\, dx_1\, dx_2 = \lim_{n,m\to\infty} \sum_{i=1}^{N} \sum_{j=1}^{M} f(x_{1,i}^n, x_{2,j}^m) h_n h_m$$

$$= \lim_{n\to\infty} \sum_{i=1}^{N} \left(\lim_{m\to\infty} \sum_{j=1}^{M} f(x_{1,i}^n, x_{2,j}^m) h_m \right) h_n$$

$$= \lim_{m\to\infty} \sum_{j=1}^{M} \left(\lim_{n\to\infty} \sum_{i=1}^{N} f(x_{1,i}^n, x_{2,j}^m) h_n \right) h_m.$$

Dies entspricht folgender Gleichung:

$$\int_0^1 \int_0^1 f(x_1, x_2)\, dx_1\, dx_2 = \int_0^1 \left(\int_0^1 f(x_1, x_2)\, dx_2 \right) dx_1$$

$$= \int_0^1 \left(\int_0^1 f(x_1, x_2)\, dx_1 \right) dx_2,$$

bzw.

$$\int_0^1 \int_0^1 f(x_1, x_2)\, dx_1\, dx_2 = \int_0^1 g_1(x_1)\, dx_1 = \int_0^1 g_2(x_2)\, dx_2,$$

wobei durch

$$g_1(x_1) = \int_0^1 f(x_1, x_2)\, dx_2 = \lim_{m\to\infty} \sum_{j=1}^{M} f(x_1, x_{2,j}^m) h_m$$

und

$$g_2(x_2) = \int_0^1 f(x_1, x_2)\, dx_1 = \lim_{n\to\infty} \sum_{i=1}^{N} f(x_{1,i}^n, x_2) h_n$$

die Funktionen $g_1(x_1)$ und $g_2(x_2)$ für jeweils x_1 und x_2 definiert werden. In anderen Worten ist das Doppelintegral von $f(x_1, x_2)$ über $[0, 1] \times [0, 1]$

gleich dem Integral von $g_2(x_2)$ über $[0, 1]$

$$\int_0^1 \int_0^1 f(x_1, x_2)\, dx_1\, dx_2 = \int_0^1 g_2(x_2)dx_2 = \lim_{m \to \infty} \sum_{j=1}^{M} g_2(x_{2,j}^m)h_m,$$

wie auch gleich dem Integral von $g_1(x_1)$ über $[0, 1]$:

$$\int_0^1 \int_0^1 f(x_1, x_2)\, dx_1\, dx_2 = \int_0^1 g_1(x_1)dx_1 = \lim_{n \to \infty} \sum_{i=1}^{N} g_1(x_{1,i}^n)h_n.$$

Wir folgern, dass ein Doppelintegral durch wiederholtes oder iteratives ein-dimensionales Integrieren berechnet werden kann. Wir können diese Erfahrung, wie folgt, zusammenfassen:

Satz 64.3 *Sei* $f : [0, 1] \times [0, 1] \to \mathbb{R}$ *Lipschitz-stetig. Dann gilt*

$$\int_Q f(x)\, dx = \int_0^1 \int_0^1 f(x_1, x_2)\, dx_1\, dx_2 =$$
$$= \int_0^1 \left(\int_0^1 f(x_1, x_2)\, dx_2 \right) dx_1 = \int_0^1 \left(\int_0^1 f(x_1, x_2)\, dx_1 \right) dx_2.$$

Wir können die Aussage dieses Satzes als *Veränderung der Integrationsreihenfolge* interpretieren, in dem Sinne, dass Integration bezüglich x_1 und dann bezüglich x_2 dasselbe Ergebnis ergibt wie eine Integration nach zunächst x_2 und dann nach x_1. Üblicherweise werden Doppelintegrale durch iterierte ein-dimensionale Integrationen in einer bestimmten Reihenfolge berechnet.

Beispiel 64.1. Für $Q = [0, 1] \times [0, 1]$ gilt

$$\int_Q x_1 x_2^3\, dx = \int_0^1 \int_0^1 x_1 x_2^3\, dx_1 dx_2 = \int_0^1 x_1 \left(\int_0^1 x_2^3\, dx_2 \right) dx_1$$
$$= \int_0^1 x_1 \left[\frac{x_2^4}{4} \right]_0^1 dx_1 = \frac{1}{4} \int_0^1 x_1 dx_1 = \frac{1}{4} \left[\frac{x_1^2}{2} \right]_0^1 = \frac{1}{8}.$$

Alternativ können wir zuerst nach x_1 und dann nach x_2 integrieren und erhalten so:

$$\int_Q x_1 x_2^3\, dx = \int_0^1 \int_0^1 x_1 x_2^3\, dx_1 dx_2 = \int_0^1 x_2^3 \left(\int_0^1 x_1\, dx_1 \right) dx_2$$
$$= \int_0^1 x_2^3 \left[\frac{x_1^2}{2} \right]_0^1 dx_2 = \frac{1}{2} \int_0^1 x_2^3 dx_2 = \frac{1}{2} \left[\frac{x_2^4}{4} \right]_0^1 = \frac{1}{8}.$$

64.4   Verallgemeinerung auf ein beliebiges Rechteck

Das Doppelintegral, das wir auf dem Einheitsquadrat definiert haben, lässt sich direkt auf Integrale über beliebige Rechtecke $Q = [a_1, b_1] \times [a_2, b_2]$ verallgemeinern, deren Seiten parallel zu den Achsen verlaufen. Ist nämlich $f : Q \to \mathbb{R}$ Lipschitz-stetig, dann gilt:

$$\int_Q f(x)\,dx = \int_Q f(x_1, x_2)\,dx_1 dx_2 = \int_{a_1}^{b_1} \left(\int_{a_2}^{b_2} f(x_1, x_2)\,dx_2 \right) dx_1$$

$$= \int_{a_2}^{b_2} \left(\int_{a_1}^{b_1} f(x_1, x_2)\,dx_1 \right) dx_2.$$

64.5   Interpretation des Doppelintegrals als Volumen

In der Summe

$$\sum_{i=1}^{N} \sum_{j=1}^{N} f(x_{1,i}^n, x_{2,j}^n) h_n h_n \tag{64.9}$$

werden kleine Volumina der Größe

$$f(x_{1,i}^n, x_{2,j}^n) h_n h_n, \tag{64.10}$$

die die Grundfläche $h_n h_n$ und die Höhe $f(x_{1,i}^n, x_{2,j}^n)$ besitzen, addiert. Intuitiv verstehen wir dies als Näherung für das Volumen unter dem Graphen von $f(x_1, x_2)$, wobei sich (x_1, x_2) innerhalb von Q verändert. Daher ist es natürlich, das Volumen $V(f, Q)$ unter dem Graphen von $f(x_1, x_2)$ über Q, wie folgt, zu definieren:

$$V(f, Q) = \int_0^1 \int_0^1 f(x_1, x_2)\,dx_1\,dx_2. \tag{64.11}$$

Beispiel 64.2. Wir berechnen das Volumen einer Pyramide mit Höhe 1 und Grundfläche $[0, 2] \times [0, 2]$, vgl. Abb. 64.4. Ein Viertel des Volumens ist gleich dem Integral $\int_Q f(x)\,dx$, wobei $Q = [0, 1] \times [0, 1]$, $f(x) = x_2$ für $x \in Q$ mit $x_2 \leq x_1$ und $f(x) = x_1$ für $x \in Q$ mit $x_1 \leq x_2$. Wir erhalten

$$V(f, Q) = \int_Q f(x)\,dx = \int_0^1 \left(\int_0^{x_1} x_2\,dx_2 + \int_{x_1}^1 x_1\,dx_2 \right) dx_1$$

$$= \int_0^1 \left(\frac{x_1^2}{2} + x_1(1 - x_1) \right) dx_1 = \left[\frac{x_1^2}{2} - \frac{x_1^3}{6} \right]_0^1 = \frac{1}{2} - \frac{1}{6} = \frac{1}{3}.$$

Wir folgern, dass das Volumen einer Pyramide gleich $\frac{4}{3}$ ist. Dies stimmt mit der Standardformel überein, nach der das Volumen einer Pyramide gleich $\frac{1}{3} Bh$ ist, wobei B der Grundfläche entspricht und h der Höhe.

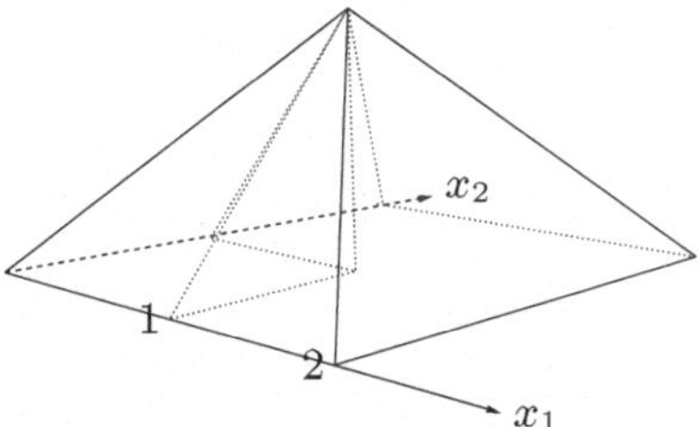

Abb. 64.4. Volumen einer Pyramide

64.6   Erweiterung auf beliebige Gebiete

Als Nächstes definieren wir das Doppelintegral einer Funktion $f(x)$ über ein allgemeineres ebenes Gebiet Ω. Wir beginnen mit der Annahme, dass die Begrenzung Γ von Ω durch zwei Kurven $x_2 = \gamma_1(x_1)$ und $x_2 = \gamma_2(x_1)$ für $0 \leq x_1 \leq 1$ beschrieben wird, wie in Abb. 64.5 dargestellt, so dass $\Omega = \{x \in [0,1] \times \mathbb{R} : \gamma_1(x_1) \leq x_2 \leq \gamma_2(x_1)\}$. Wir nehmen an, dass die Funktionen $\gamma_i : [0,1] \to \mathbb{R}$ Lipschitz-stetig sind zur Lipschitz-Konstanten L_γ. Ferner nehmen wir an, dass $f : \Omega \to \mathbb{R}$ Lipschitz-stetig ist zur Lipschitz-Konstanten L_f.

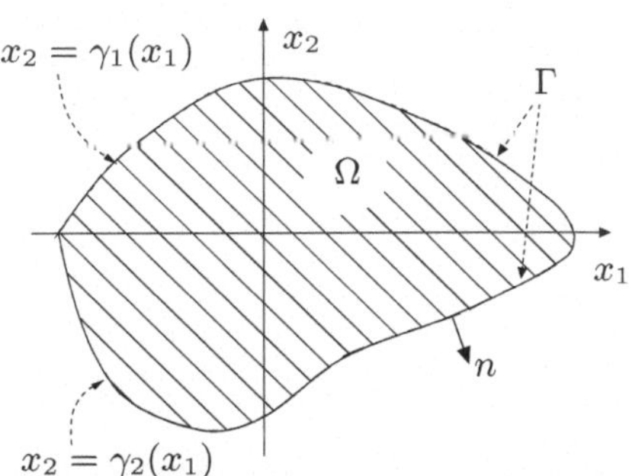

Abb. 64.5. Das ebene Gebiet Ω

Zunächst gehen wir davon aus, dass Ω im Einheitsquadrat Q enthalten ist. Wir unterteilen Q wie oben in Quadrate $I_i^n \times J_j^n$ mit der Grundfläche $h_n h_n$, mit $I_i^n = (x_{1,i-1}^n, x_{1,i}^n]$ und $J_j^n = (x_{2,j-1}^n, x_{2,j}^n]$. Wir bezeichnen die Indexmenge (i,j), für die die Quadrate $I_i^n \times J_j^n$ in Ω liegen oder das Gebiet Ω schneiden, mit ω_n und fassen die Quadrate $I_i^n \times J_j^n$ mit Indizes in $(i,j) \in \omega_n$ in Ω_n zusammen. Anders ausgedrückt, so ist Ω_n eine Näherung von Ω, die aus allen Quadraten $I_i^n \times J_j^n$ in Q besteht, so dass Ω durch Ω_n vollständig überdeckt wird. Wir betrachten die Riemannsche Summe

$$S_n = \sum_{(i,j) \in \omega_n} f(x_{1,i}^n, x_{2,j}^n) h_n h_n. \tag{64.12}$$

Wir werden beweisen, dass der Grenzwert $\lim_{n\to\infty} S_n$ existiert und so ganz natürlich

$$\int_\Omega f(x)\,dx = \lim_{n\to\infty} \sum_{(i,j)\in\omega_n} f(x_{1,i}^n, x_{2,j}^n) h_n h_n \qquad (64.13)$$

definieren. An dieser Stellen schätzen wir die Differenzen $S_n - S_{n+1}$ ab, die Einträge von zwei Quellen haben; (i) von der Änderung von $f(x)$ auf jedem Teilquadrat $I_i^n \times J_j^n$ und (ii) von dem Unterschied zwischen Ω_n und Ω_{n+1}.

Es lässt sich zeigen, dass der erste Beitrag durch $L_f h_n$ beschränkt ist, indem wir wie bei der Integration über das Einheitsquadrat argumentieren. Der zweite Beitrag ist durch $2A(1+L_\gamma)h_n$ beschränkt, wobei A eine Grenze für $|f(x)|$ ist, d.h., $|f(x)| \le A$ für $x \in \Omega$. Dies ergibt sich aus der Beobachtung, dass für ein Quadrat $I_i^n \times J_j^n$ von Ω_n, das vollständig außerhalb oder innerhalb von Ω liegt, auch alle vier Quadrate von Ω_{n+1} in $I_i^n \times J_j^n$ außerhalb oder innerhalb liegen. Der Unterschied zwischen Ω_n und Ω_{n+1} entstammt aus den Quadraten $I_i^n \times J_j^n$, die teilweise innerhalb oder teilweise außerhalb von Ω liegen. Die Fläche dieser Quadrate ist durch $2L_\gamma h_n$ beschränkt, wobei der Faktor 2 von der Tatsache herrührt, dass zwei Kurven γ_1 und γ_2 existieren, vgl. Abb. 64.6. Der Flächenunterschied zwischen Ω_n und Ω_{n+1} ist somit durch $2L_\gamma h_n$ beschränkt.

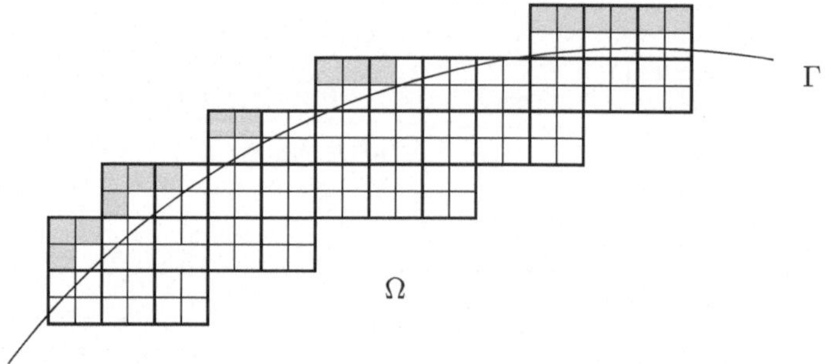

Abb. 64.6. Die schraffierten Quadrate verdeutlichen den Unterschied zwischen Ω_n und Ω_{n+1}

Zusammen erhalten wir, dass

$$|S_n - S_{n+1}| \le (L_f + 2AL_\gamma)h_n, \qquad (64.14)$$

wodurch deutlich wird, dass $\lim_{n\to\infty} S_n$ existiert. Wir fassen zusammen:

Satz 64.4 *Sei* $\Omega = \{x \in [0,1] \times \mathbb{R} : \gamma_2(x_1) \le x_2 \le \gamma_1(x_1)\}$, *wobei die* $\gamma_i : [0,1] \to \mathbb{R}$ *Lipschitz-stetig sind und sei* $f : \Omega \to \mathbb{R}$ *Lipschitz-stetig. Dann existiert* $\lim_{n\to\infty} S_n$, *wobei* S_n *die Riemannsche Summe ist, die durch* (64.12) *gegeben ist und wir definieren:*

$$\int_\Omega f(x)\,dx = \int_\Omega f(x_1, x_2)\,dx_1 dx_2 = \lim_{n\to\infty} S_n. \qquad (64.15)$$

64.7   Iterierte Integrale über allgemeine Gebiete

Das Integral einer Funktion $f(x)$ über ein Gebiet $\Omega = \{x \in [0,1] \times \mathbb{R} : \gamma_2(x_1) \leq x_2 \leq \gamma_1(x_1)\}$ lässt sich durch iterierte Integration in einer Dimension wie folgt berechnen:

$$\int_\Omega f(x)\, dx = \int_\Omega f(x_1, x_2)\, dx_1\, dx_2 = \int_0^1 \left(\int_{\gamma_2(x_1)}^{\gamma_1(x_1)} f(x_1, x_2)\, dx_2 \right) dx_1.$$

$$(64.16)$$

Dies ist nur eine andere Formulierung für

$$\int_\Omega f(x)\, dx = \lim_{n \to \infty} \sum_{(i,j) \in \omega_n} f(x_{1,i}^n, x_{2,j}^n) h_n h_n$$

$$= \lim_{n \to \infty} \sum_{i=1}^N \left(\sum_{j:(i,j) \in \omega_n} f(x_{1,i}^n, x_{2,j}^n) h_n \right) h_n.$$

Die Rollen von x_1 und x_2 können vertauscht werden und das Integral ist unabhängig von einer besonderen Darstellung von Γ. Um ein allgemeineres Gebiet Ω zu behandeln, unterteilen wir Ω in geeignete Teilintervalle Ω_j und definieren $\int_\Omega f\, dx = \sum_j \int_{\Omega_j} f\, dx$. Wie bekannt, steht das Integral von f über Ω für das Volumen über das Gebiet Ω unter dem Graphen von f.

Die Berechnung eines Integrals über ein zwei-dimensionales Gebiet durch wiederholte Integration wurde 1738 von Euler benutzt, als er die Gravitationskraft auf einen elliptischen Körper berechnete.

Beispiel 64.3. Wir berechnen das Doppelintegral

$$I = \int_\Omega (x_1^2 + x_2)\, dx$$

über dem Gebiet $\Omega = \{x \in \mathbb{R}^2 : x_1^2 \leq x_2 \leq x_1, \, 0 \leq x_1 \leq 1\}$. Es gilt:

$$I = \int_0^1 \left(\int_{x_1^2}^{x_1} (x_1^2 + x_2)\, dx_2 \right) dx_1 = \int_0^1 \left[x_1^2 x_2 + \frac{x_2^2}{2} \right]_{x_1^2}^{x_1} dx_1$$

$$= \int_0^1 \left(x_1^3 + \frac{x_1^2}{2} - x_1^4 - \frac{x_1^4}{2} \right) dx_1 = \frac{1}{4} + \frac{1}{6} - \frac{1}{5} - \frac{1}{10} = \frac{7}{60}.$$

Beispiel 64.4. Wir berechnen das Doppelintegral

$$I = \int_\Omega \frac{1}{x_2}\, dx$$

über dem Gebiet $\Omega = \{x \in \mathbb{R}^2 : 1 \leq x_2 \leq \exp(x_1),\, 0 \leq x_1 \leq 1\}$. Es gilt

$$I = \int_0^1 \left(\int_1^{\exp(x_1)} \frac{1}{x_2}\, dx_2 \right) dx_1 = \int_0^1 [\log(x_2)]_1^{\exp(x_1)}\, dx_1$$

$$= \int_0^1 x_1 dx_1 = \frac{1}{2}.$$

64.8 Die Fläche eines zwei-dimensionalen Gebiets

Wir definieren die *Fläche* $A(\Omega)$ eines Gebiets Ω in $\mathbb{R}^2$ durch

$$A(\Omega) = \int_\Omega dx, \tag{64.17}$$

d.h., durch Integration der konstanten Funktion $f(x) = 1$ über Ω. Für $\Omega = \{x \in [0,1] \times \mathbb{R} : \gamma_1(x_1) \leq x_2 \leq \gamma_2(x_1)\}$, erhalten wir

$$A(\Omega) = \int_0^1 \left(\int_{\gamma_1(x_1)}^{\gamma_2(x_1)} dx_2 \right) dx_1 = \int_0^1 (\gamma_2(x_1) - \gamma_1(x_1))\, dx_1,$$

was mit der vorangegangenen Formel für die Fläche zwischen den Kurven $\gamma_1(x_1)$ und $\gamma_2(x_1)$ als dem Integral der Differenz von $\gamma_2(x_1) - \gamma_1(x_1)$ übereinstimmt.

Beispiel 64.5. Die Fläche des Dreiecks Ω mit den Ecken $(0,0)$, $(1,0)$ und $(1,1)$ kann folgendermaßen berechnet werden:

$$A(\Omega) = \int_\Omega dx = \int_0^1 \left(\int_0^{x_1} dx_2 \right) dx_1 = \int_0^1 \frac{1}{2}\, dx_1 = \frac{1}{2}.$$

64.9 Das Integral als Grenzwert einer allgemeinen Riemannschen Summe

Wir haben das Integral mit Hilfe gleichmäßiger Unterteilungen von x_1 und x_2 definiert, was uns zu angenäherten Unterteilungen eines gegebenen Gebiets Ω in $\mathbb{R}^2$ durch Quadrate oder Rechtecke führte. Wir können jedoch allgemeinere Unterteilungen von Ω benutzen. Angenommen, $f : \Omega \to \mathbb{R}$ sei eine Lipschitz-stetige Funktion und die Begrenzung eines Gebiets Ω könne durch Teile Lipschitz-stetiger Kurven $x_2 = \gamma(x_1)$ oder $x_1 = \gamma(x_2)$ beschrieben werden. Dann unterteilen wir für $N = 1, 2, \ldots$ das Gebiet Ω in eine Ansammlung $\{\Omega_i\}_{i=1}^N$ paarweise unzusammenhängender Mengen Ω_i, so dass die Vereinigung der Ω_i mit Ω übereinstimmt. Sei $d\Omega_i$ die Fläche

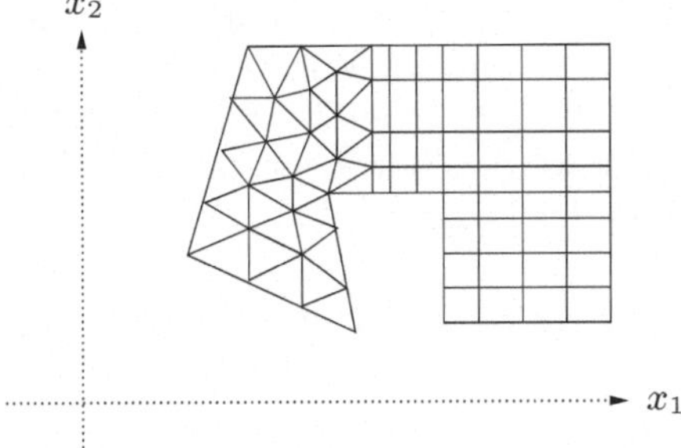

Abb. 64.7. Unterteilung eines allgemeinen Gebiets

von Ω_i und sei d_N der maximale Durchmesser der Ω_i für $i = 1, \ldots, N$, vgl. Abb. 64.7. Wir gehen davon aus, dass d_N gegen Null geht, wenn N gegen Unendlich strebt.

Die oben ausgeführten Argumente zeigen, dass

$$\int_\Omega f(x)\,dx - \lim_{N \to \infty} \sum_{i=1}^{N} f(x_i)d\Omega_i, \tag{64.18}$$

wobei x_i ein Punkt in Ω_i für $i = 1, \ldots, N$ ist. Der erste Schritt beim Beweis dieses Ergebnisses erfordert die Abschätzung

$$|f(x) \quad f(y)| \leq L_f d_N \quad \text{für } x, y \in \Omega_i, \tag{64.19}$$

woraus folgt, dass die Veränderung von $f(x)$ für x in Ω_i klein ist, wenn der Durchmesser von Ω_i klein ist. Der zweite Schritt benutzt die Lipschitz-Stetigkeit der Begrenzung von Ω und die Beschränktheit von $f(x)$. Und ganz nebenbei erhalten wir als Zugabe des Beweises dieses Ergebnisses die Abschätzung

$$\left| \int_\Omega f(x)\,dx - \sum_{i=1}^{N} f(x_i)d\Omega_i \right| \leq L_f d_N A(\Omega), \tag{64.20}$$

wobei $A(\Omega)$ der Fläche von Ω entspricht.

64.10 Substitution bei Doppelintegralen

Als Nächstes werden wir die Substitution, die wir von ein-dimensionalen Integralen kennen, auf zwei-dimensionale Integrale erweitern. Genauer formuliert, so wollen wir die Substitution für ein Integral

$$\int_\Omega f(x)\,dx = \int_\Omega f(x_1, x_2)\,dx_1 dx_2 \tag{64.21}$$

einführen, wobei Ω ein vorgegebenes Gebiet in $\mathbb{R}^2$ ist und die Integrationsvariable x sich in Ω verändert. Wir nehmen an, dass $g : \tilde{\Omega} \to \Omega$ eine eindeutige Abbildung von $y \in \tilde{\Omega}$ auf $x = g(y)$ in Ω ist, die die Substitution repräsentiert. Wir werden beweisen, dass (64.21) bezüglich x als ein Integral bezüglich y in der Form

$$\int_\Omega f(x)\,dx = \int_{\tilde{\Omega}} f(g(y))\,G(y)\,dy \qquad (64.22)$$

geschrieben werden kann, wobei $G(y)$ durch

$$G(y) = |\det g'(y)|$$

definiert wird. Das heißt, dass $G(y)$ dem Absolutwert der Determinante der Jacobi-Matrix $g'(y)$ von $g(y)$ entspricht. Rein formal führt uns dies zu $dx = |\det g'(y)|\,dy$, bzw. $|\det g'(y)| = |\det \frac{dx}{dy}|$, wobei $|\det g'(y)|$ der lokalen Veränderung des Flächenmaßes entspricht, wenn wir von den y-Koordinaten zu den x-Koordinaten übergehen. Daher lässt sich die Substitutionsformel auch schreiben:

$$\int_\Omega f(x)\,dx = \int_{\tilde{\Omega}} f(g(y))|\det g'(y)|\,dy. \qquad (64.23)$$

Um dies zu beweisen, sei $\tilde{\Omega}_i$ ein kleines Teilgebiet von $\tilde{\Omega}$ und $\Omega_i = g(\tilde{\Omega}_i)$ das Bild von $\tilde{\Omega}_i$ unter der Abbildung $x = g(y)$. Ist nun $g'(y)$ auf $\tilde{\Omega}_i$ konstant, muss $g(y)$ auf $\tilde{\Omega}_i$ linear sein und

$$d\Omega_i = |\det g'(y_i)|d\tilde{\Omega}_i,$$

wobei y_i ein Punkt in $\tilde{\Omega}_i$ ist, $d\Omega_i$ ist die Fläche von Ω_i und $d\tilde{\Omega}_i$ die Fläche des Gebiets $\tilde{\Omega}_i$. Ist nun $\{\tilde{\Omega}_i\}_{i=1}^n$ eine Unterteilung von $\tilde{\Omega}$ in Teilgebiete $\tilde{\Omega}_i$ mit größtem Durchmesser d_n, so gilt:

$$\int_\Omega f(x)\,dx \approx \sum_i f(x_i)d\Omega_i$$

$$\approx \sum_i f(g(y_i))|\det g'(y_i)|d\tilde{\Omega}_i \approx \int_{\tilde{\Omega}} f(g(y))|\det g'(y)|\,dy,$$

mit $x_i = g(y_i)$. Die Näherungen sind durch das Produkt der Lipschitz-Konstanten der Funktionen $f(x)$, $f(g(y))$ und $|\det g'(y)|$ mit d_n beschränkt. Die Substitutionsformel (64.23) ergibt sich aus der Grenzwertbetrachtung für n gegen Unendlich, wobei d_n gegen Null strebt.

Wir fassen zusammen:

Satz 64.5 (Substitution) *Angenommen $y \to x = g(y)$ sei eine Abbildung eines Gebiets $\tilde{\Omega}$ in $\mathbb{R}^2$ auf ein Gebiet Ω in $\mathbb{R}^2$, wobei die Jacobi-Matrix* *von g Lipschitz-stetig ist. Ferner sei $f : \Omega \to \mathbb{R}$ eine Lipschitz-stetige Funktion. Dann gilt:*

$$\int_\Omega f(x)\,dx = \int_{\tilde{\Omega}} f(g(y))|\det g'(y)|\,dy. \tag{64.24}$$

Beispiel 64.6. Wir betrachten die Abbildung $x = g(y) = (2y_1 + y_2, y_1 - 2y_2)$, mit der das Einheitsquadrat $\tilde{\Omega} = [0,1] \times [0,1]$ auf das Parallelogramm Ω abgebildet wird, das durch die Vektoren $(2,1)$ und $(1,-2)$ aufgespannt wird. Es gilt dann $\det g'(y) = -5$ und somit

$$\int_\Omega f(x)\,dx = \int_{\tilde{\Omega}} f(2y_1 + y_2, y_1 - 2y_2)\,|-5|\,dy$$
$$= 5 \int_0^1 \int_0^1 f(2y_1 + y_2, y_1 - 2y_2)\,dy.$$

Für $f(x) = x_2$ erhalten wir

$$\int_\Omega f(x)\,dx = 5 \int_0^1 \int_0^1 (y_1 - 2y_2)\,dy = 5\left(\frac{1}{2} - 1\right) = -\frac{5}{2}.$$

Polarkoordinaten

Ein Wechsel von kartesischen Koordinaten zu Polarkoordinaten

$$(x_1, x_2) - (r\cos(\theta), r\sin(\theta))$$

mit $x = (x_1, x_2) \in \mathbb{R}^2$ und $r \geq 0$, $0 \leq \theta < 2\pi$, vgl. (64.8), ist eine besonders wichtige Substitution.

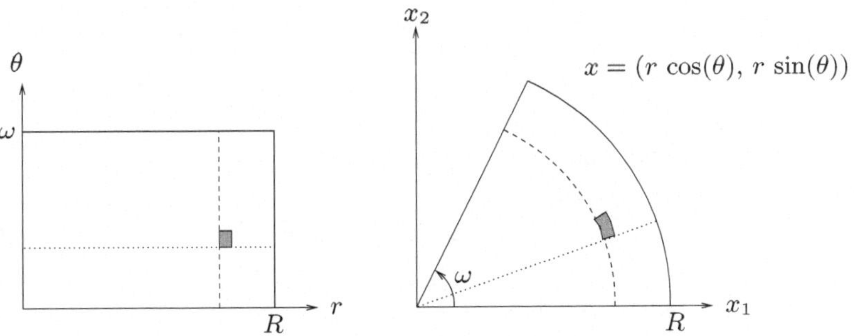

Abb. 64.8. Polarkoordinaten

Die Jacobi-Matrix der Abbildung $(r, \theta) \to (x_1, x_2)$ lautet

$$\frac{d(x_1, x_2)}{d(r, \theta)} = \begin{pmatrix} \cos(\theta) & -r\sin(\theta) \\ \sin(\theta) & r\cos(\theta) \end{pmatrix},$$

mit

$$\det \frac{d(x_1, x_2)}{d(r, \theta)} = r(\cos^2(\theta) + \sin^2(\theta)) = r.$$

Beispiel 64.7. Für den Teil des Einheitskreises im positiven Quadranten $\Omega = \{x \in \mathbb{R}^2 : |x| \leq 1, x_1 \geq 0, x_2 \geq 0\}$ lautet das entsprechende Gebiet in Polarkoordinaten $\tilde{\Omega} = \{(r, \theta) : 0 \leq r \leq 1, 0 \leq \theta \leq \frac{\pi}{2}\}$ mit

$$\int_\Omega f(x_1, x_2)\, dx_1 dx_2 = \int_{\tilde{\Omega}} f(r\cos(\theta), r\sin(\theta))\, r dr\, d\theta.$$

Insbesondere erhalten wir für $f(x) = 1$:

$$A(\Omega) = \int_\Omega dx_1 dx_2 = \int_{\tilde{\Omega}} r dr\, d\theta$$
$$= \int_0^{\frac{\pi}{2}} \int_0^1 r\, dr\, d\theta = \int_0^{\frac{\pi}{2}} \frac{1}{2}\, d\theta = \frac{\pi}{4}.$$

Somit haben wir die Fläche eines Viertels einer Einheitsscheibe zu $\frac{\pi}{4}$ berechnet, weswegen die Fläche einer Einheitsscheibe gleich π ist. Ein wichtiges Ergebnis für die Mathematik!

Beispiel 64.8. Mit Hilfe von Polarkoordinaten erhalten wir

$$\int_{\mathbb{R}^2} e^{-x_1^2 - x_2^2}\, dx = \int_0^{2\pi} \int_0^\infty e^{-r^2} r\, dr\, d\theta = 2\pi \left[-\frac{1}{2} e^{-r^2}\right]_0^\infty = \pi.$$

Da

$$\int_{\mathbb{R}^2} e^{-x_1^2 - x_2^2}\, dx = \int_{-\infty}^\infty e^{-x_1^2}\, dx_1 \int_{-\infty}^\infty e^{-x_2^2}\, dx_2,$$

können wir folgern, dass

$$\int_{-\infty}^\infty e^{-x^2}\, dx = \sqrt{\pi}. \tag{64.25}$$

Offensichtlich haben wir dabei etwas Magisches vollbracht: Obwohl wir die Stammfunktion von e^{-x^2} nicht kennen, sind wir dennoch in der Lage, einen analytischen Ausdruck für $\int_{-\infty}^\infty e^{-x^2}\, dx$ anzugeben.

Aufgaben zu Kapitel 64

64.1. Berechnen Sie für das Einheitsquadrat $\Omega = [0,1] \times [0,1]$ die Integrale
(a) $\int_\Omega (x_1 + x_2)\, dx$,   (b) $\int_\Omega x_1 x_2\, dx$,   (c) $\int_\Omega \frac{dx}{x_1 + x_2}$ und (d) $\int_\Omega \exp(-x_1 x_2)\, dx$.

64.2. Berechnen Sie für $\Omega = \{(x_1, x_2) : 0 \leq x_1 \leq x_2 \leq 1\}$ die Integrale
(a) $\int_\Omega \frac{x_1}{x_2}\, dx$,   (b) $\int_\Omega \exp^{2x_2} dx$ und (c) $\int_\Omega \exp^{x_2^2} dx$.

64.3. Verändern Sie die Integrationsreihenfolge für die folgenden Integrale:

1. $\int_{1/2}^1 \int_0^{1-x_1} f(x_1, x_2)\, dx_2 dx_1$,

2. $\int_0^1 \int_0^{\sqrt{1-x_1^2}} f(x_1, x_2)\, dx_2 dx_1$,

3. $\int_0^1 \int_{x_2-1}^0 f(x_1, x_2)\, dx_1 dx_2$,

4. $\int_0^1 \int_{1-x_1}^{1+x_1} f(x_1, x_2)\, dx_2 dx_1$.

64.4. Berechnen Sie die folgenden Integrale:

1. $\int_\Omega (x_1^2 + 2x_2^3)\, dx$, wenn Ω ein Dreieck mit den Kanten $(0,0)$, $(1,0)$, $(0,1)$ ist,

2. $\int_\Omega x_1^2 x_2\, dx$ für $\Omega = \{x \in \mathbb{R}^2 : x_1^2 + x_2^2 \leq 1,\, 0 \leq x_2\}$,

3. $\int_\Omega (x_1 + x_2) dx$, wenn Ω ein Tetraeder mit den Kanten $(0,0), (1,0), (2,1),$ $(2,2)$ ist,

4. $\int_\Omega |1 - x_1 - x_2|\, dx$, wenn Ω das Einheitsquadrat ist.

64.5. Berechnen Sie das Volumen unter dem Graphen für die folgenden Funktionen:

1. $f(x) = e^{x_1} \cos(x_2)$, $0 \leq x_1 \leq 1$, $0 \leq x_2 \leq \frac{\pi}{2}$,
2. $f(x) = x_1^2 e^{-x_1 - x_2}$, $0 \leq x_1 \leq 1$, $0 \leq x_2 \leq 2$,
3. $f(x) = x_1^2 x_2$, $0 \leq x_1 \leq 1$, $x_1 + 1 \leq x_2 \leq x_1 + 2$,
4. $f(x) = \sqrt{x_1^2 - x_2^2}$, $x_1^2 - x_2^2 \geq 0$, $0 \leq x_1 \leq 1$.

64.6. Ein zylindrisches Loch mit Radius b wird symmetrisch durch eine Metallkugel mit Radius $a > b$ gedrillt. Berechnen Sie das Volumen des entfernten Metalls.

64.7. Berechnen Sie

$$\int_\Omega \left(1 - \frac{x_1^2}{a_1^2} - \frac{x_2^2}{a_2^2}\right)^{3/2} dx,$$

wenn Ω der Ellipse $\{x \in \mathbb{R}^2 : \frac{x_1^2}{a_1^2} + \frac{x_2^2}{a_2^2} \leq 1\}$ entspricht.

64.8. Berechnen Sie

$$\int_\Omega \frac{x_1 + x_2}{x_1^2} e^{x_1 + x_2}\, dx,$$

für $\Omega = \{x \in \mathbb{R}^2 : x_2 \leq x_1 \leq 2 - x_2,\, 0 \leq x_2 \leq 1\}$. Hinweis: Benutzen Sie die Substitution $y_1 = x_1 + x_2$, $y_2 = \frac{x_2}{x_1}$.

64.9. Berechnen Sie die Fläche eines Blütenblatts einer Rose $0 \leq r \leq 3\sin(\theta)$ (Polarkoordinaten).

64.10. Berechnen Sie die Fläche innerhalb des Cardoids $r = 1 + \cos(\theta)$.

64.11. Berechnen Sie die folgenden Doppelintegrale:

1. $\int_\Omega \exp(-x_1)\, dx$, für $\Omega = \{x : 0 \leq x_1 \leq 1, |x_2| \leq x_1\}$,
2. $\int_\Omega x_1 x_2 \|x\|\, dx$, für $\Omega = \{x : 0 \leq x_1 \leq 1, 1 \leq x_2 \leq 2\}$,
3. $\int_\Omega \frac{x_1}{1+x_2}\, dx$, für $\Omega = \{x : 0 \leq x_1 \leq 1, 0 \leq x_2 \leq 1 - x_1\}$.

64.12. Berechnen Sie die folgenden Doppelintegrale:

1. $\int_\Omega \exp(-x_1)\, dx$, für $\Omega = \{x : 0 \leq x_1 \leq 1, |x_2| \leq x_1\}$,
2. $\int_\Omega x_1 x_2 \|x\|\, dx$, für $\Omega = \{x : 0 \leq x_1 \leq 1, 1 \leq x_2 \leq 2\}$,
3. $\int_\Omega \frac{x_1}{1+x_2}\, dx$, für $\Omega = \{x : 0 \leq x_1 \leq 1, 0 \leq x_2 \leq 1 - x_1\}$.

64.13. Berechnen Sie die folgenden Doppelintegrale durch Substitution:

1. $\int_\Omega \|x\|^2\, dx$, für $\Omega = \{x : x_1^2 + x_2^2 - 2x_1 - 2x_2 \leq 0\}$,
2. $\int_\Omega x_1 x_2\, dx$, für $\Omega = \{x : 3x_1^2 + x_2^2 - 2x_1 \leq 0\}$,
3. $\int_\Omega \exp(-\|x\|^2)\, dx$, für $\Omega = \mathbb{R}^2$.

65
Oberflächenintegrale

König Karl XII von Schweden (1682–1717) hatte ein außerordentliches Talent für die Mathematik. Er wurde von Swedenborg (dem großen schwedischen Universalgenie (1688–1772) selbst im Vergleich zu Leibniz als gleichwertig, wenn nicht sogar als überlegen angesehen. König Karl XII konnte große Zahlen ohne Papier und Bleistift spielend miteinander multiplizieren und er schlug 64 als die richtige Wahl für die Basis der natürlichen Zahlen vor. Über Nacht entwickelte er Symbole und erfand Namen für alle Ziffern $0, 1, \ldots, 62, 63$. (aus *Die Geschichte Schwedens* von Hermann Lindquist)

65.1 Einleitung

Im Kapitel „Kurvenintegrale" haben wir die Bezeichnung für ein Integral über einer Kurve bzw. ein Kurvenintegral eingeführt. In diesem Kapitel benutzen wir dieselben Ideen, um ein Integral über eine Oberfläche oder ein *Oberflächenintegral* zu definieren. Wir beginnen mit dem Oberflächenintegral für die *Fläche* einer Oberfläche.

65.2 Die Fläche einer Oberfläche

Sei S eine Oberfläche in $\mathbb{R}^3$, die durch die Abbildung $s : \Omega \to \mathbb{R}^3$ parametrisiert ist, wobei Ω ein Gebiet in $\mathbb{R}^2$ mit den Koordinaten $y = (y_1, y_2) \in \mathbb{R}^2$ ist, so dass $s = s(y) = (s_1(y), s_2(y), s_3(y))$. Wir definieren die *Fläche $A(S)$*

einer Oberfläche S durch das folgende Integral über das parametrisierte Gebiet Ω:

$$A(S) = \int_\Omega \|s'_{,1} \times s'_{,2}\| \, dy. \tag{65.1}$$

Dabei entsprechen

$$s'_{,1} = \begin{pmatrix} \dfrac{\partial s_1}{\partial y_1} \\[2mm] \dfrac{\partial s_2}{\partial y_1} \\[2mm] \dfrac{\partial s_3}{\partial y_1} \end{pmatrix} \quad \text{und} \quad s'_{,2} = \begin{pmatrix} \dfrac{\partial s_1}{\partial y_2} \\[2mm] \dfrac{\partial s_2}{\partial y_2} \\[2mm] \dfrac{\partial s_3}{\partial y_2} \end{pmatrix}$$

den Spalten der Jacobi-Matrix

$$s' = \begin{pmatrix} \dfrac{\partial s_1}{\partial y_1} & \dfrac{\partial s_1}{\partial y_2} \\[2mm] \dfrac{\partial s_2}{\partial y_1} & \dfrac{\partial s_2}{\partial y_2} \\[2mm] \dfrac{\partial s_3}{\partial y_1} & \dfrac{\partial s_3}{\partial y_2} \end{pmatrix}.$$

Beachten Sie, dass alle Koeffizienten Funktionen von $y \in \Omega$ sind.

Um diese Definition zu begründen, erinnern wir an die Linearisierung der Abbildung $s : \Omega \to \mathbb{R}^3$ in $\bar{y}$, die durch

$$y \to \hat{s}(y) = s(\bar{y}) + (y_1 - \bar{y}_1)s'_{,1}(\bar{y}) + (y_2 - \bar{y}_2)s'_{,2}(\bar{y})$$

gegeben ist. Dazu stellen wir uns ein kleines Quadrat $R(\bar{y}, h) = [\bar{y}_1, \bar{y}_1+h] \times [\bar{y}_2, \bar{y}_2 + h]$ in Ω mit der Seitenlänge h und der Fläche h^2 vor, dessen untere linke Ecke im Punkt $\bar{y} \in \Omega$ liegt, wobei h klein sei. Durch die Linearisierung $\hat{s}(y)$ wird das Quadrat $R(\bar{y}, h)$ in ein kleines Parallelogramm $P(s(\bar{y}), h)$ abgebildet, das in der Tangentialebene von S durch $s(\bar{y})$ liegt. Diese Tangentialebene wird durch die beiden Vektoren $s'_{,1}(\bar{y})$ und $s'_{,2}(\bar{y})$ aufgespannt. Dabei liegt eine der Ecken des Parallelogramms in $s(\bar{y})$. Wenn wir nun an das Kapitel „Analytische Geometrie in $\mathbb{R}^2$" zurückdenken, so beträgt die Fläche eines Parallelogramms, das durch zwei Vektoren a und b in $\mathbb{R}^2$ aufgespannt wird, $\|a \times b\|$. Somit ist die Fläche von $P(s(\bar{y}), h)$ gleich

$$\|s'_{,1}(\bar{y}) \times s'_{,2}(\bar{y})\|h^2.$$

Die Fläche verändert sich also um den Faktor $\|s'_{,1}(\bar{y}) \times s'_{,1}(\bar{y})\|$. Ein kleines Stück (Quadrat) mit der Fläche h^2 in $\bar{y} \in \Omega$ im Parameter-Gebiet entspricht also einem kleinen Stück auf der Oberfläche S in $s(\bar{y})$, dessen Fläche etwa $\|s'_{,1}(\bar{y}) \times s'_{,2}(\bar{y})\|h^2$ beträgt, wobei die Näherung umso besser wird, je kleiner h wird.

Wenn wir über alle kleinen Stücke in S summieren und dabei h kleiner werden lassen, kommen wir zur Definition der Fläche $A(S)$ der Oberfläche

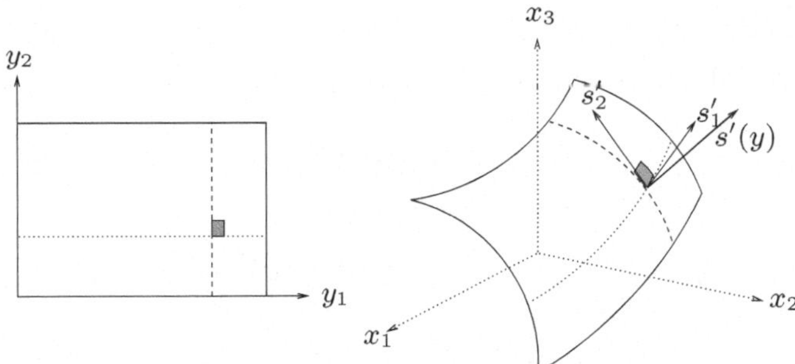

Abb. 65.1. Maßstab der Fläche einer Oberfläche

S durch (65.1), was wir folgendermaßen schreiben:

$$A(S) = \int_\Omega \|s'_{,1}(y) \times s'_{,2}(y)\|\, dy = \int_\Omega \|s'_{,1} \times s'_{,2}\|\, dy = \int_S ds.$$

Wir schreiben $ds = \|s'_{,1} \times s'_{,2}\|\, dy$, womit die Veränderung des Maßstabs zum Ausdruck gebracht wird. Natürlich gehen wir davon aus, dass $\|s'_{,1} \times s'_{,2}\|$ Lipschitz-stetig ist, um sicherzustellen, dass das Integral existiert.

Beispiel 65.1. Wir betrachten die Oberfläche S einer Kugel mit Radius 1, die im Ursprung ihren Mittelpunkt besitzt. Wir beschreiben das Problem in sphärischen Koordinaten

$$x = s(y_1, y_2) = (\sin(y_2)\cos(y_1), \sin(y_2)\sin(y_1), \cos(y_2))^\top,$$

mit $0 \le y_1 < 2\pi$, $0 \le y_2 < \pi$, vgl. Abb. 66.3. Es gilt:

$$\begin{aligned}
s'_{,1} &= (-\sin(y_2)\sin(y_1), \sin(y_2)\cos(y_1), 0)^\top, \\
s'_{,2} &= (\cos(y_2)\cos(y_1), \cos(y_2)\sin(y_1), -\sin(y_2))^\top,
\end{aligned} \tag{65.2}$$

woraus wir durch direkte Berechnung $\|s'\| = \sin(y_2)$ erhalten. Wir berechnen

$$A(S) = \int_0^{2\pi} \int_0^\pi \sin(y_2)\, dy_2\, dy_1 = \int_0^{2\pi} 2\, dy_1 = 4\pi$$

und folgern daraus, dass die Oberfläche einer Kugel mit Radius 1 gleich 4π ist.

Beispiel 65.2. Wir berechnen die Fläche $A(S)$ einer Oberfläche S, die durch $s(y_1, y_2) = (2y_1 y_2, y_1^2, 2y_2^2)$ mit $0 \le y_1, y_2 \le 1$ gegeben ist. Wir erhalten

$$s'(y) = (2y_2, 2y_1, 0) \times (2y_1, 0, 4y_2) = 4(2y_1 y_2, -2y_2^2, -y_1^2),$$

so dass $\|s'(y)\| = 4(y_1^2 + 2y_2^2)$. Somit ist

$$A(S) = \int_0^1 \int_0^1 4(y_1^2 + 2y_2^2)\, dy_1 dy_2 = 4\left(\frac{1}{3} + \frac{2}{3}\right) = 4.$$

65.3 Die Fläche der Oberfläche des Graphen einer Funktion zweier Variabler

Für den Fall, dass S als Graph einer Funktion $f : \Omega \to \mathbb{R}$ gegeben ist, so dass also $s(y_1, y_2) = (y_1, y_2, f(y_1, y_2))$, gilt:

$$A(S) = \int_S ds = \int_\Omega \|s'_{,1} \times s'_{,2}\| \, dy = \int_\Omega \sqrt{1 + f_{,1}^2 + f_{,2}^2} \, dy_1 dy_2, \qquad (65.3)$$

wobei $f_{,i}$ die partielle Ableitung von f nach y_i bezeichnet. Dies ergibt sich aus

$$s'_{,1} \times s'_{,2} = (1, 0, f_{,1}) \times (0, 1, f_{,2}) = (-f_{,1}, -f_{,2}, 1).$$

Beispiel 65.3. Die Oberfläche S einer Halbkugel mit Radius 1, die ihr Zentrum im Ursprung besitzt, wird durch $s(y_1, y_2) = (y_1, y_2, \sqrt{1 - y_1^2 - y_2^2})$ mit $y \in \Omega = \{y \in \mathbb{R}^2 : y_1^2 + y_2^2 \leq 1\}$ gegeben. Wir erhalten:

$$
\begin{aligned}
A(S) &= \int_\Omega \sqrt{1 + f_{,1}^2 + f_{,2}^2} \, dy_1 dy_2 = \int_\Omega \frac{1}{\sqrt{1 - y_1^2 - y_2^2}} \, dy \\
&= \int_0^{2\pi} \int_0^1 \frac{1}{\sqrt{1 - r^2}} \, r \, dr \, d\theta = 2\pi \left[-\sqrt{1 - r^2} \right]_0^1 = 2\pi.
\end{aligned}
\qquad (65.4)
$$

Wir erinnern uns an das obige Ergebnis, nach dem die Oberfläche einer Kugel mit Radius 1 gleich 4π ist.

65.4 Oberflächen von Drehkörpern

Oberflächen von Drehkörpern treten in vielen praktischen Anwendungen auf. Um die Oberfläche eines Drehkörpers zu erzeugen, gehen wir von einer vorgegebenen positiven Funktion $f : [a, b] \to \mathbb{R}$ aus und betrachten die Oberfläche S, die durch

$$s(x_1, x_2) = (x_1, f(x_1) \cos(\theta), f(x_1) \sin(\theta))$$

beschrieben wird, mit $a \leq x_1 \leq b$ und $0 \leq \theta < 2\pi$, vgl. Abb. 65.2. Wir benutzen dabei (x_1, x_2) als Referenzkoordinaten anstelle von (y_1, y_2) und erhalten so:

$$
\begin{aligned}
s'_{,1} \times s'_{,2} =&(1, f'(x_1) \cos(\theta), f'(x_1) \sin(\theta)) \times \\
&(0, -f(x_1) \sin(\theta), f(x_1) \cos(\theta)).
\end{aligned}
$$

Daraus ergibt sich durch direkte Berechnung:

$$\|s'_{,1} \times s'_{,2}\| = f(x_1) \sqrt{1 + (f'(x_1))^2}. \qquad (65.5)$$

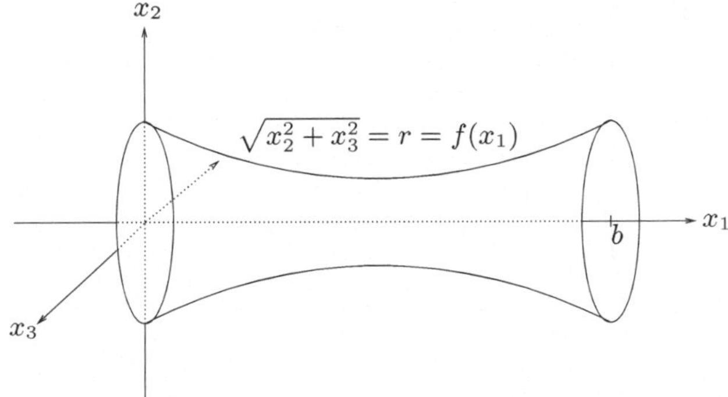

Abb. 65.2. Die Oberfläche eines Drehkörpers

Die Fläche $A(S)$ von S lautet:

$$A(S) = \int_0^{2\pi} \int_a^b f(x_1)\sqrt{1 + (f'(x_1))^2}\, dx_1 d\theta$$

$$= 2\pi \int_a^b f(x_1)\sqrt{1 + (f'(x_1))^2}\, dx_1. \quad (65.6)$$

Beispiel 65.4. Wir betrachten die Oberfläche S eines Parabolspiegels, die wir durch Rotation der Kurve $f(x_1) = \sqrt{x_1}$ um die x_1-Achse zwischen $x_1 = 0$ und $x_1 = 1$ erhalten. Es gilt:

$$A(S) = 2\pi \int_0^1 \sqrt{x_1}\sqrt{1 + \frac{1}{4x_1}}\, dx_1 = \pi \int_0^1 \sqrt{4x_1 + 1}\, dx_1 = \frac{\pi}{6}(5^{3/2} - 1).$$

65.5   Unabhängigkeit von der Parametrisierung

Wir werden beweisen, dass für eine eindeutige Abbildung $t : \tilde{\Omega} \to \Omega$ von $\eta \in \tilde{\Omega} \subset \mathbb{R}^2$ auf $y = t(\eta) \in \Omega$, wobei $r(\eta) = s(t(\eta))$ das Gebiet $\tilde{\Omega}$ auf S abbildet, gilt:

$$\int_S ds = \int_{\tilde{\Omega}} \|r'_{,1} \times r'_{,2}\|\, d\eta = \int_{\Omega} \|s'_{,1} \times s'_{,2}\|\, dy. \quad (65.7)$$

Daran erkennen wir, dass die Fläche der Oberfläche S unabhängig von der Parametrisierung von S ist.

Dazu müssen wir nur zeigen, dass für $y = t(\eta)$ gilt:

$$\|r'_{,1}(\eta) \times r'_{,2}(\eta)\| = \|s'_{,1}(y) \times s'_{,2}(y)\| \,|\det t'(\eta)|, \quad (65.8)$$

wobei $|\det t'|$ der Determinante der Jacobi-Matrix $t'(\eta)$ von $t(\eta)$ entspricht. Dies ergibt sich nach einer längeren Berechnung, die mit der Ableitung von $r(\eta) = s(t(\eta))$ nach der Kettenregel beginnt.

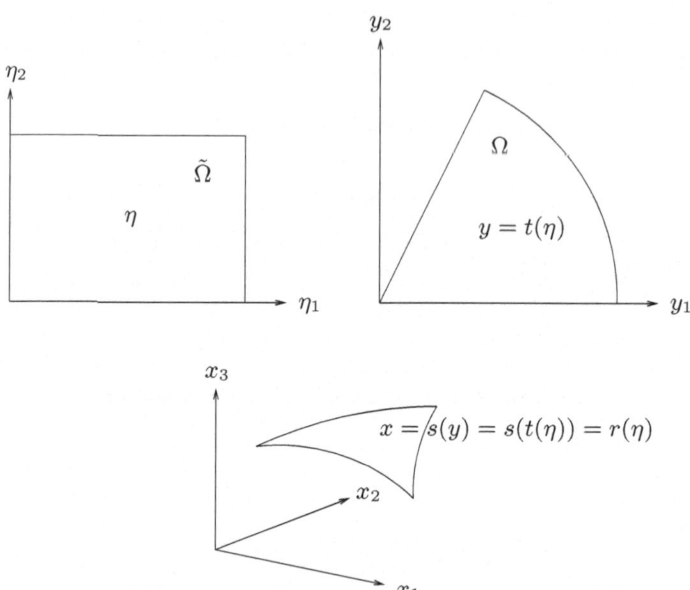

Abb. 65.3. Reparametrisierung $r(\eta) = s(t(\eta))$ einer durch $s(y)$ parametrisierten Oberfläche

65.6 Oberflächenintegrale

Sei $S = s(\Omega)$ eine Oberfläche in $\mathbb{R}^3$, die durch die Abbildung $s : \Omega \to \mathbb{R}^3$ reparametrisiert ist, wobei Ω ein Gebiet in $\mathbb{R}^2$ ist. Ferner sei $u : S \to \mathbb{R}$ eine reellwertige Funktion, die auf S definiert ist. Wir nehmen an, dass u, s und $\|s'_{,1} \times s'_{,2}\|$ Lipschitz-stetig sind und definieren das Integral von u über S zu:

$$\int_S u \, ds = \int_\Omega u(s(y))\|s'_{,1}(y) \times s'_{,2}(y)\| \, dy. \tag{65.9}$$

Beispiel 65.5. Sei $S = s(\Omega)$ das „Gewölbe", das durch $s(y_1, y_2) = (y_1, y_2, 1 - y_1^2 - y_2^2)$ und $\Omega = \{y \in \mathbb{R}^2 : y_1^2 + y_2^2 \leq 1\}$ gegeben ist, mit $u(x) = (5x_1^2 + 5x_2^2 + x_3)^{1/2}$, so dass

$$u(s(y)) = (5y_1^2 + 5y_2^2 + 1 - y_1^2 - y_2^2)^{1/2} = (1 + 4y_1^2 + 4y_2^2)^{1/2}.$$

Wir berechnen

$$\|s'_{,1}(y) \times s'_{,2}(y)\| = \|(1, 0, -2y_1) \times (0, 1, -2y_2)\| = (1 + 4y_1^2 + 4y_2^2)^{1/2}$$

und erhalten mit Hilfe von Polarkoordinaten:

$$\int_S u\,ds = \int_\Omega u(s(y))\|s'_{,1}(y) \times s'_{,2}(y)\|\,dy$$

$$= \int_\Omega (1 + 4y_1^2 + 4y_2^2)^{1/2}(1 + 4y_1^2 + 4y_2^2)^{1/2}\,dy$$

$$= 2\pi \int_0^1 (1 + 4r^2)r\,dr = \frac{3}{2}.$$

65.7   Das Trägheitsmoment einer dünnen kugelförmigen Schale

Das Trägheitsmoment um die x_3-Achse einer dünnen Kugel $S = \{\|x\| = 1\}$ mit (einheitlich verteilter) Gesamtmasse m ist gleich

$$I = \frac{m}{4\pi} \int_S (x_1^2 + x_2^2)\,ds. \tag{65.10}$$

Wenn sich die Kugel mit Winkelgeschwindigkeit ω um die x_3-Achse dreht, dann ist die gesamte *kinetische Energie* gleich

$$E = \frac{1}{2}\frac{m}{4\pi} \int_S \omega^2(x_1^2 + x_2^2)\,ds = \frac{1}{2}\omega^2 I. \tag{65.11}$$

Mit Hilfe sphärischer Koordinaten für die Berechnung erhalten wir

$$I = \frac{2m}{3}. \tag{65.12}$$

Aufgaben zu Kapitel 65

65.1. (a) Zeigen Sie, dass in (65.2) gilt: $\|s'_{,1}(y) \times s'_{,2}(y)\| = \sin(y_2)$. (b) Beweisen Sie (65.5).

65.2. Finden Sie heraus, welches berühmte Gebäude durch die unten angeführten *MATLAB*© Anweisungen beschrieben wird und berechnen Sie die Dachfläche.

```
r=0:.1:1;
v=0:pi/20:2*pi;
[R,V]=meshgrid(r,v);
surf(10*cos(V),10*sin(V),R.*(5+cos(V).^2-sin(V).^2))
hold on
surf(10*R.*cos(V),10*R.*sin(V),5+(R.*cos(V)).^2-(R.*sin(V)).^2)
hold off
axis('equal')
```

65.3. Hier handelt es sich um ein anderes berühmtes Gebäude. Wieviel Farbe benötigen Sie, um es neu zu streichen?

```
w=0:pi/20:3*pi/4;
v=0:pi/20:2*pi;
[W,V]=meshgrid(w,v);
h=surf(sin(W).*cos(V),sin(W).*sin(V),cos(W));
set(h,'FaceColor',[1 1 1])
axis('equal')
```

65.4. Begründen Sie (65.11) und beweisen Sie (65.12).

65.5. (a) Betrachten Sie die Oberfläche $S = \{x : x = y_1 a + y_2 b + (1 - y_1 - y_2)c, y \in T\}$, mit $a, b, c \in \mathbb{R}^3$ und $T = \{y \in \mathbb{R}^2 : y_1 + y_2 \leq 1, y_i \geq 0, i = 1, 2\}$. Geben Sie eine geometrische Beschreibung von S und berechnen Sie ihre Fläche.
(b) Bestimmen Sie eine Parametrisierung der Gestalt $x = My + b$ einer (ebenen) dreiecksförmigen Fläche S mit Ecken in $(1, 0, 0)$, $(0, 0, 3)$ und $(0, 3, -9)$. Das Parametergebiet T soll ähnlich wie in (a) lauten, wobei b ein 3-Vektor ist und M eine 3×2-Matrix.
(c) Berechnen Sie die Fläche von S. Hängt die Fläche von b ab? Interpretieren Sie das Ergebnis.
(d) Berechnen Sie $\int_S (x_1 + 2x_2)\, dS$.

65.6. Berechnen Sie (a) $\int_S dS$ und (b) $\int_S f(x)\, dS$ mit $S = \{x : x = My, y \in Q\}$, wobei Q das Einheitsquadrat in $\mathbb{R}^2$ ist und M eine 3×2-Matrix mit den Spalten $(1, 0, 1)^\top$ und $(0, 1, 2)^\top$ und $f(x) = x_3$. Zeichnen Sie außerdem die Oberfläche S und interpretieren Sie (a) als Fläche von S. Vergleichen Sie die Berechnung von (a) mit der Methode für die Berechnung der Fläche für ein Parallelogramm mit Hilfe des Kreuzprodukts der linearen Algebra.

65.7. Berechnen Sie (a) $\int_S dS$ und (b) $\int_S x_2\, dS$ mit

$$S = \{x : x = y_1(1 - y_2)(1, 0, 0) + (1 - y_1)(1 - y_2)(1, 2, 0) +$$
$$(1 - y_1)y_2(0, 1, 1) + y_1 y_2(0, 0, 3), 0 \leq y_i \leq 1, i = 1, 2\}.$$

Zeichnen Sie die Oberfläche und beschreiben Sie ihre Geometrie.

65.8. Berechnen Sie (a) $\int_S dS$ und (b) $\int_S x_1 x_2\, dS$ für $S = \{(y_1, y_2, y_1 y_2) : 0 \leq y_i \leq 1, i = 1, 2\}$.

65.9. Betrachten Sie für gegebenes $r > 0$ und $h > 0$ die Oberfläche

$$S = \{x : x = (r\cos(v), r\sin(v), z), 0 \leq v \leq 2\pi, 0 \leq z \leq h\}.$$

(a) Geben Sie eine geometrische Beschreibung von S und finden sie zugehörige Parametrisierungen der Oberflächen. (b) $S = \{x \in \mathbb{R}^3 : x_2^2 + x_3^2 = 4, |x_1| \leq 5\}$ (c) $S = \{x \in \mathbb{R}^3 : x_2^2 + 4x_3^2 = 4, 0 \leq x_1 \leq x_2^2 + x_3^2\}$.

65.10. Berechnen Sie $\int_S (x_1 + x_2 + x_3)\, dS$ für $S = \{(x_1, x_2, x_3) : x_1 = y_1\cos(y_2), x_2 = y_1\sin(y_2), x_3 = y_1(\cos(y_2) + \sin(y_2))\}$.

65.11. Berechnen Sie $\int_S (x_1, x_2, x_3) \cdot n \, ds$, wenn S der Begrenzung von $\Omega = \{x : x_1 + x_2 + x_3 \leq 1, x_i \geq 0, i = 1, 2, 3\}$ entspricht.

65.12. Berechnen Sie $\int_S \frac{(x_1, x_2, x_3)}{\|x\|^2} \cdot n \, dS$ für die zylindrische Schale $S = \{x \in \mathbb{R}^3 : x_1^2 + x_2^2 = 1, -a \leq x_3 \leq a\}$ zusammen mit dem entsprechenden Grenzwert für $a \to \infty$.

65.13. Berechnen Sie das Trägheitsmoment einer zylindrischen Schale $S = \{x \in \mathbb{R}^3 : x_1^2 + x_2^2 = 1, -1 \leq x_3 \leq 1\}$ bezüglich der x_1-Achse.

65.14. Berechnen Sie $\int_S (x_1, 0, x_3) \cdot n \, dS$ für $S = \{(y_1 + y_2, y_1^2 - y_2^2, y_1 y_2) : 0 \leq y_1 \leq 1, 0 \leq y_2 \leq 1\}$, wobei n die Normale zu S ist mit $n_3 < 0$.

65.15. Berechnen Sie die Fläche eines Torus (Karpfens) in $\mathbb{R}^3$, der durch

$$s(y_1, y_2) = \big((a + b\cos(y_2))\cos(y_1), (a + b\cos(y_2))\sin(y_1), b\sin(y_2)\big)$$

gegeben ist, für $0 \leq y_1, y_2 < 2\pi$, wobei $a > b$ Konstanten sind.

65.16. Zeichnen und berechnen Sie die Fläche der Oberfläche

$$S = \{(r\cos(v), r\sin(v), v) : 1 \leq r \leq 2, 0 \leq v \leq 4\pi\}.$$

In welcher Art von Gebäuden kann man auf ähnliche Konstruktionen treffen?

65.17. Beschreiben und zeichnen Sie die Oberflächen (von Drehkörpern, wenn Sie wollen) von (a) $x_1^2 + x_2^2 = x_3^2, x_3 > 0$ (b) $5 + x_1^2 + x_2^2 = x_3^2 \leq 9, x_3 > 0$. Berechnen Sie die Flächen.

66
Mehrfachintegrale

Wir trafen uns wöchentlich (manchmal im möblierten Zimmer von Dr. Goddard, manchmal in der Mitra in der nahe gelegenen Wood Street) zu einer bestimmten Stunde mit einem bestimmten Reglement und einem wöchentlichen Beitrag für die Kosten der Experimente, wobei wir uns an vereinbarte Regeln hielten. Dabei vermieden wir, um Ablenkung zu anderen Themen zu vermeiden und aus anderen Gründen, alle Diskussionen über den Glauben, die Politik und von Nachrichten (andere als solche, die unsere philosophischen Tätigkeiten betrafen) und beschränkten uns auf philosophische Untersuchungen und verwandte Gebiete; wie die Medizin, die Anatomie, die Geometrie, die Astronomie, die Navigation, die Statik, die Mechanik und naturwissenschaftliche Experimente. (Wallis über die Gründung der Royal Society)

66.1 Einleitung

Wir betrachten nun *Dreifachintegrale* über Gebiete in $\mathbb{R}^3$ und ganz allgemein *Mehrfachintegrale* über Gebiete in $\mathbb{R}^n$ mit $n > 3$.

66.2 Dreifachintegrale über dem Einheitswürfel

Ein Dreifachintegral einer Lipschitz-stetigen Funktion $f : Q \to \mathbb{R}$ über dem Einheitswürfel $Q = \{x \in \mathbb{R}^3 : 0 \leq x_i \leq 1,\, i = 1, 2, 3\}$ nimmt die folgende

Gestalt an:

$$\int_Q f(x)\,dx = \int_0^1 \int_0^1 \int_0^1 f(x_1, x_2, x_3)\,dx_1\,dx_2\,dx_3.$$

Es kann durch wiederholte Integration in beliebiger Reihenfolge berechnet werden, wie beispielsweise

$$\int_Q f(x)\,dx = \int_0^1 \left(\int_0^1 \left(\int_0^1 f(x_1, x_2, x_3)\,dx_3 \right) dx_2 \right) dx_1.$$

Die Definition des Integrals und die wiederholte Integrationsformel ist eine direkte Verallgemeinerung der entsprechenden Schritte für den Fall des Doppelintegrals über dem Einheitsquadrat.

Beispiel 66.1. Wir berechnen das Integral von $x_1^2 x_2 e^{x_1 x_2 x_3}$ über dem Einheitswürfel Q:

$$\int_Q x_1^2 x_2 e^{x_1 x_2 x_3}\,dx = \int_0^1 \int_0^1 \left(\int_0^1 x_1^2 x_2 e^{x_1 x_2 x_3}\,dx_3 \right) dx_1 dx_2$$

$$= \int_0^1 \int_0^1 \left[x_1 e^{x_1 x_2 x_3} \right]_{x_3=0}^{x_3=1} dx_1 dx_2 = \int_0^1 \int_0^1 x_1 (e^{x_1 x_2} - 1)\,dx_1 dx_2.$$

Wir erhalten so ein Doppelintegral, mit dem wir umzugehen wissen.

66.3 Dreifachintegrale über allgemeine Gebiete in $\mathbb{R}^3$

Sei $\Omega = \{x \in \mathbb{R}^3 : \gamma_2(x_1, x_2) \leq x_3 \leq \gamma_1(x_1, x_2),\ (x_1, x_2) \in \omega\}$, wobei ω ein Gebiet in $\mathbb{R}^2$ ist. $\gamma_1 : \omega \to \mathbb{R}$ und $\gamma_2 : \omega \to \mathbb{R}$ sind vorgegebene Funktionen von (x_1, x_2), vgl. Abb. 66.1. Sei $f : \Omega \to \mathbb{R}$ Lipschitz-stetig. Wir definieren das Dreifachintegral von $f(x)$ über Ω durch

$$\int_\Omega f(x)\,dx = \int_\omega \left(\int_{\gamma_2(x_1,x_2)}^{\gamma_1(x_1,x_2)} f(x_1, x_2, x_3)\,dx_3 \right) dx_1 dx_2$$

mit wiederholter Integration zunächst bezüglich x_3 und dann bezüglich $(x_1, x_2) \in \omega$.

Wenn wir das Doppelintegral über ω in zwei ein-dimensionale Integrale, unter der Annahme, dass $\omega = \{(x_1, x_2, x_3) : \alpha_2 \leq x_1 \leq \alpha_1,\ \beta_2(x_1) \leq x_2 \leq \beta_1(x_1)\}$ umformulieren, erhalten wir:

$$\int_\Omega f(x)\,dx = \int_{\alpha_2}^{\alpha_1} \left(\int_{\beta_2(x_1)}^{\beta_1(x_1)} \left(\int_{\gamma_2(x_1,x_2)}^{\gamma_1(x_1,x_2)} f(x)\,dx_3 \right) dx_2 \right) dx_1$$

$$= \int_{\alpha_2}^{\alpha_1} \left(\int_{\omega(x_1)} f(x_1, x_2, x_3)\,dx_2 dx_3 \right) dx_1.$$

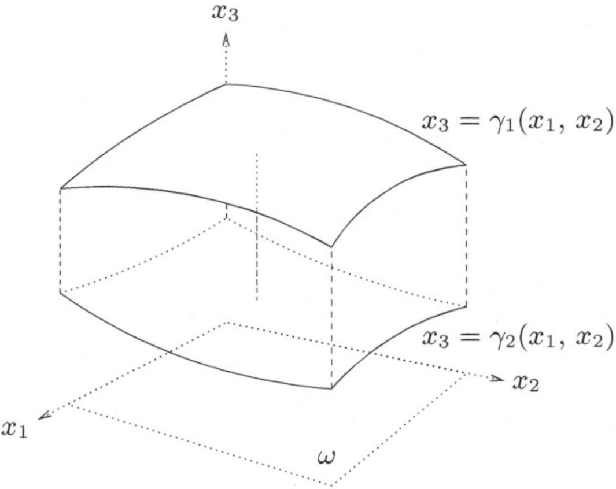

Abb. 66.1. Integration über ein Volumen, wobei zunächst in der x_3-Richtung integriert wird

Dabei ist $\omega(x_1) = \{(x_2, x_3) : \beta_2(x_1) < x_2 \leq \beta_1(x_1), \gamma_2(x_1, x_2) \leq x_3 \leq \gamma_1(x_1, x_2)\}$ die Schnittmenge des Gebiets Ω mit einer Ebene mit fester x_1-Koordinate. Diese Art und Weise, ein Dreifachintegral in ein ein-dimensionales Integral von Doppelintegralen über Gebietsschnitte zu unterteilen, entspricht dem Aufschneiden eines Brotlaibs oder eines Schinkens in Scheiben.

Wir können so Dreifachintegrale für allgemeinere Gebiete definieren, indem wir das Gebiet geeignet unterteilen.

66.4   Das Volumen eines drei-dimensionalen Gebiets

Wir definieren das Volumen $V(\Omega)$ eines Gebiets Ω in $\mathbb{R}^3$ durch

$$V(\Omega) = \int_\Omega dx,$$

d.h., durch Integration von $f(x) = 1$ über $x \in \Omega$. Für $\Omega = \{x \in [0, 1] \times [0, 1] \times \mathbb{R} : \gamma_2(x_1, x_2) \leq x_3 \leq \gamma_1(x_1, x_2)\}$ gilt:

$$V(\Omega) = \int_0^1 \int_0^1 \left(\int_{\gamma_2(x_1, x_2)}^{\gamma_1(x_1, x_2)} dx_3 \right) dx_1 dx_2$$

$$= \int_0^1 \int_0^1 (\gamma_1(x_1, x_2) - \gamma_2(x_1, x_2)) \, dx_1 \, dx_2.$$

Dies entspricht der vorangegangenen Formel, nach der das Volumen zwischen den Oberflächen $\gamma_1(x_1, x_2)$ und $\gamma_2(x_1, x_2)$ zum Integral über die Differenz $\gamma_1(x_1, x_2) - \gamma_2(x_1, x_2)$ gleich ist.

Beispiel 66.2. Das Volumen der Pyramide Ω mit Ecken in $(0,0,0)$, $(1,0,0)$, $(0,1,0)$ und $(0,0,1)$ kann durch $\{x \in \mathbb{R}^3 : 0 \leq x_1 + x_2 + x_3 \leq 1,\ x_1, x_2, x_3 \geq 0\}$ beschrieben werden und mit $\omega = \{(x_1, x_2) : 0 \leq x_1 \leq 1,\ 0 \leq x_2 \leq 1 - x_1\}$ folgendermaßen berechnt werden:

$$
\begin{aligned}
V(\Omega) &= \int_\omega \left(\int_0^{1-x_1-x_2} dx_3 \right) dx_1 dx_2 = \int_\Omega dx \\
&= \int_0^1 \left(\int_0^{1-x_1} \left(\int_0^{1-x_1-x_2} dx_3 \right) dx_2 \right) dx_1 \\
&= \int_0^1 \left(\int_0^{1-x_1} (1 - x_1 - x_2)\, dx_2 \right) dx_1 = \int_0^1 (1 - x_1)^2/2\, dx_1 = \frac{1}{6}.
\end{aligned}
$$

Dies stimmt mit den früheren Berechnungen überein, nach denen das Volumen einer Pyramide gleich $\frac{1}{3}Bh$ ist, wobei B die Grundfläche ist und h die Höhe, vgl. Abb. 66.2.

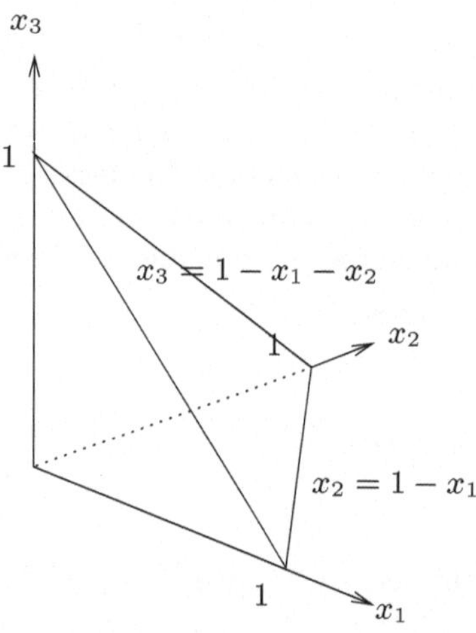

Abb. 66.2. Integration über eine Pyramide

66.5 Dreifachintegrale als Grenzwerte Riemannscher Summen

Wir können auch Integrale über Gebiete in $\mathbb{R}^3$ als Grenzwerte Riemannscher Summen

$$
\int_\Omega f(x)\, dx = \lim_{N \to \infty} \sum_{i=1}^N f(x_i) d\Omega_i \tag{66.1}
$$

formulieren, wobei $\{\Omega_i\}_{i=1}^N$ eine Unterteilung eines gegebenen Gebiets Ω in Stücke Ω_i ist. Diese Teilstücke besitzen das Volumen $V(\Omega_i) \le d_N$ und die Quadraturpunkte $x_i \in \Omega_i$, wobei d_N gegen Null strebt, wenn N gegen Unendlich geht. Die Fehlerabschätzung (64.20) für Doppelintegrale lässt sich direkt auf drei Dimensionen verallgemeinern.

66.6   Substitution bei Dreifachintegralen

Als Nächstes beweisen wir ein Analogon der Substitutionsformel für zwei-dimensionale Integrale. Wir wollen also eine Substitution im Integral

$$\int_\Omega f(x)\,dx = \int_\Omega f(x_1, x_2, x_3)\,dx_1 dx_2 dx_3 \tag{66.2}$$

durchführen, wobei Ω ein gegebenes Gebiet in $\mathbb{R}^3$ ist und die Integrations-variable x sich in Ω verändert. Ist $g : \tilde{\Omega} \to \Omega$ eine eindeutige Abbildung von $y \in \tilde{\Omega}$ auf $x = g(y)$ in Ω, so gilt die folgende Substitutionsformel:

$$\int_\Omega f(x)\,dx = \int_{\tilde{\Omega}} f(g(y))|\det g'(y)|\,dy. \tag{66.3}$$

Dabei ist $|\det g'(y)|$ der Betrag der Determinante der Jacobi-Matrix $g'(y)$ von $g(y)$. Rein formal schreiben wir $dx = |\det g'(y)|dy$ oder $|\det g'(y)| = |\frac{dx}{dy}|$ und $|\det g'(y)|$ beschreibt die Änderung im Maß für das Volumen, wenn wir von den y-Koordinaten zu den x-Koordinaten wechseln.

Um dies zu beweisen, sei $\tilde{\Omega}_i$ eine kleines Teilgebiet von $\tilde{\Omega}$ und sei $\Omega_i = g(\tilde{\Omega}_i)$ das Bild von $\tilde{\Omega}_i$ unter der Abbildung $x = g(y)$. Wäre $g'(y)$ konstant, wäre $g(y)$ linear auf $\tilde{\Omega}_i$ und folglich

$$\int_\Omega f(x)\,dx \approx \sum_i f(x_i)d\Omega_i$$

$$\approx \sum_i f(g(y_i))|\det g'(y_i)|d\tilde{\Omega}_i \approx \int_{\tilde{\Omega}} f(g(y))|\det g'(y)|\,dy,$$

mit $x_i = g(y_i)$. Die Folge $\{\tilde{\Omega}_i\}_{i=1}^N$ ist eine Unterteilung von $\tilde{\Omega}$ mit dem jeweils größten Durchmesser d_N. Wenn wir nun annehmen, dass $f(x)$, $f(g(y))$ und $|\det g'(y)|$ Lipschitz-stetig sind, dann ergibt sich die Formel (66.3) durch Übergang zum Grenzwert, wenn d_N gegen Null strebt.

Sphärische Koordinaten

Als Beispiel für eine besonders wichtige Substitution betrachten wir die sphärischen Koordinaten

$$(x_1, x_2, x_3) = (r\sin(\varphi)\cos(\theta), r\sin(\varphi)\sin(\theta), r\cos(\varphi)),$$

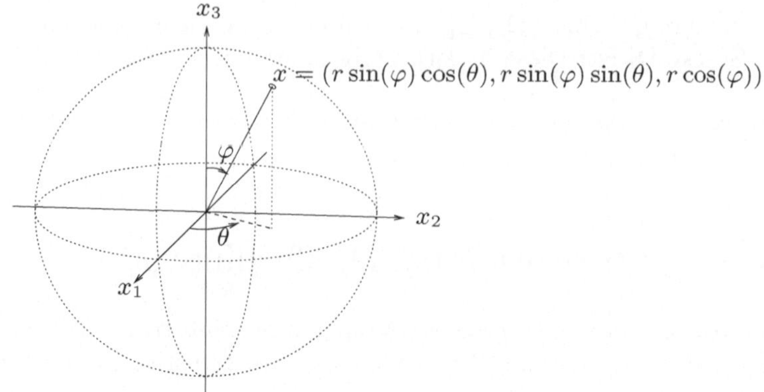

Abb. 66.3. Sphärische Koordinaten

mit $x = (x_1, x_2, x_3) \in \mathbb{R}^3$ und $r \geq 0$, $0 \leq \theta < 2\pi$, $0 \leq \varphi < \pi$, vgl. Abb. 66.3. Die Jacobi-Matrix der Abbildung $(r, \theta, \varphi) \to (x_1, x_2, x_3)$ lautet:

$$\frac{d(x_1, x_2, x_3)}{d(r, \theta, \varphi)} = \begin{pmatrix} \sin(\varphi)\cos(\theta) & -r\sin(\varphi)\sin(\theta) & r\cos(\varphi)\cos(\theta) \\ \sin(\varphi)\sin(\theta) & r\sin(\varphi)\cos(\theta) & r\cos(\varphi)\sin(\theta) \\ \cos(\varphi) & 0 & -r\sin(\varphi) \end{pmatrix}$$

und die direkte Berechnung liefert:

$$\left| \det \frac{d(x_1, x_2, x_3)}{d(r, \theta, \varphi)} \right| = r^2 \sin(\varphi). \tag{66.4}$$

Die Formel für die Substitution von kartesischen Koordinaten zu sphärischen Koordinaten nimmt folgende Gestalt an:

$$\int_\Omega f(x)\, dx$$

$$= \int_{\tilde{\Omega}} f\big(r\sin(\varphi)\cos(\theta), r\sin(\varphi)\sin(\theta), r\cos(\varphi)\big) r^2 \sin(\varphi)\, dr\, d\theta\, d\varphi,$$

wobei $\tilde{\Omega}$ ein Teilgebiet von $\{(r, \theta, \varphi) : 0 \leq r,\ 0 \leq \theta \leq 2\pi,\ 0 \leq \varphi \leq \pi\}$ ist, so dass $(r, \theta, \varphi) \to x$ eine eindeutige Abbildung von $\tilde{\Omega}$ auf Ω ist.

Beispiel 66.3. Die Einheitskugel $B = \{x \in \mathbb{R}^3 : |x| \leq 1,\}$ wird in sphärischen Koordinaten durch $\tilde{B} = \{(r, \theta, \varphi) : 0 \leq r \leq 1,\ 0 \leq \theta < 2\pi,\ 0 \leq \varphi < \pi\}$ beschrieben. Das Volumen $V(B)$ von B ergibt sich zu:

$$B = \int_B dx = \int_{\tilde{B}} dr\, d\theta\, d\varphi = \int_0^\pi \int_0^{2\pi} \int_0^1 r^2 \sin(\varphi)\, dr\, d\theta\, d\varphi$$

$$= \int_0^\pi \sin(\varphi)\, d\varphi \int_0^{2\pi} d\theta \int_0^1 r^2\, dr = 2 \cdot 2\pi \frac{1}{3} = \frac{4\pi}{3}.$$

Beachten Sie, dass das Dreifachintegral in ein Produkt von drei ein-dimensionalen Integralen zerfällt, da die Integrationsgrenzen in allen Koordinatenrichtungen feste Zahlen sind und die zu integrierende Funktion ein Produkt von Funktionen unterschiedlicher Variabler ist.

Wir haben gezeigt, dass das Volumen der Einheitskugel in $\mathbb{R}^3$ gleich $\frac{4\pi}{3}$ ist. Wieder ein wichtiges Ergebnis der Infinitesimalrechnung!

66.7   Drehkörper

Um einen *Drehkörper* zu erzeugen, gehen wir von einer gegebenen (positiven) Funktion $f : [a, b] \to \mathbb{R}$ aus und betrachten den Körper B in $\mathbb{R}^3$, der durch $s(x_1, r, \theta) = (x_1, r\cos(\theta), r\sin(\theta))$ dargestellt wird, mit $a \leq x_1 \leq b$, $0 \leq \theta < 2\pi$ und $0 \leq r \leq f(x_1)$, vgl. Abb. 66.4. Es gilt:

$$\frac{d(x_1, x_2, x_3)}{d(x_1, r, \theta)} = \begin{pmatrix} 1 & 0 & 0 \\ 0 & \cos(\theta) & \sin(\theta) \\ 0 & -r\sin(\theta) & r\cos(\theta) \end{pmatrix}$$

und wir erhalten durch direkte Berechnung

$$\left| \det \frac{d(x_1, x_2, x_3)}{d(x_1, r, \theta)} \right| = r.$$

Das Koordinatensystem (x_1, r, θ) ist ein Beispiel für sogenannte zylindrische Koordinaten, die in Verbindung mit Rotationssymmetrien sehr praktisch sind.

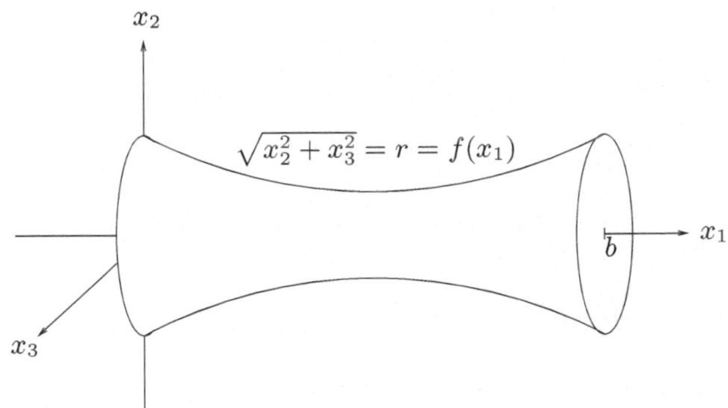

Abb. 66.4. Ein Drehkörper

Das Volumen $V(B)$ von B ergibt sich zu:

$$V(B) = \int_0^{2\pi} \int_a^b \int_0^{f(x_1)} r\, dr dx_1 d\theta = \pi \int_a^b f^2(x_1)\, dx_1. \tag{66.5}$$

Beispiel 66.4. Wir betrachten den Körper B, der durch Drehung der Parabel $f(x_1) = \sqrt{x_1}$ um die x_1-Achse zwischen $x_1 = 0$ und $x_1 = 1$ erhalten wird:

$$V(B) = \pi \int_0^1 x_1 \, dx_1 = \frac{\pi}{2}.$$

Beispiel 66.5. Das Massenzentrum $\bar{x}$ eines Drehkörpers B, der durch Drehung der Kurve $f(x_1)$ um die x_1-Achse von $x_1 = a$ bis $x_1 = b$ erhalten wird, besitzt die Koordinaten $\bar{x}_2 = \bar{x}_3 = 0$ (Rotationssymmetrie) und

$$\bar{x}_1 = \frac{\pi}{V(B)} \int_a^b x_1 f^2(x_1) \, dx_1.$$

66.8   Das Trägheitsmoment einer Kugel

Das *Trägheitsmoment* um die x_3-Achse der Kugel $B = \{\|x\| = 1\}$ mit (gleichmäßig verteilter) Gesamtmasse m entspricht

$$I = \frac{m}{V(B)} \int_B (x_1^2 + x_2^2) \, dx. \tag{66.6}$$

Wenn sich die Kugel mit der Winkelgeschwindigkeit ω um die x_3-Achse dreht, ergibt sich die gesamte *kinetische Energie* zu:

$$E = \frac{1}{2} \frac{m}{V(B)} \int_B \omega^2 (x_1^2 + x_2^2) \, dx = \frac{1}{2} \omega^2 I. \tag{66.7}$$

Mit Hilfe von sphärischen Koordinaten wird dies zu:

$$I = \frac{2m}{5}. \tag{66.8}$$

Aufgaben zu Kapitel 66

66.1. Begründen Sie (66.7) und (66.8).

66.2. Beweisen Sie (66.4).

66.3. Berechnen Sie die folgenden Dreifachintegrale:

1. $\int_\Omega \|x\|^2 \, dx$, für $\Omega = \{x \in \mathbb{R}^3 : 0 \leq x_i \leq 1, i = 1, 2, 3\}$,
2. $\int_\Omega \exp(x_1 + x_2 + x_3) \, dx$, für $\Omega = \{x \in \mathbb{R}^3 : 0 \leq x_i \leq 1, i = 1, 2, x_3 \leq x_1 + x_2\}$,
3. $\int_\Omega 1/\|x\|^2 \, dx$, für $\Omega = \{x \in \mathbb{R}^3 : 1 \leq \|x\| \leq 2\}$.

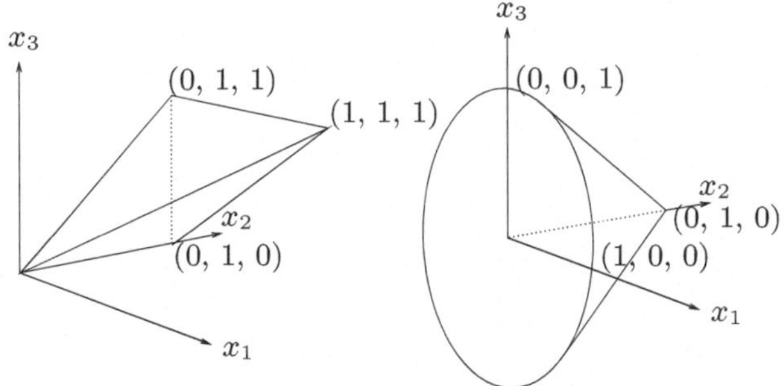

66.4. Berechnen Sie für die Gebiete Ω in obiger Figur das Integral $\int_\Omega (1 - x_2)\, dx$.

66.5. Berechnen Sie für $\Omega = \{(x_1, x_2, x_3) : x_1^2 + x_2^2 \leq 1, |x_3| \leq 1\}$

1. $\int_\Omega \frac{dx}{\|x\|^2}$,
2. Das Trägheitsmoment von Ω bezüglich der x_3-Achse,
3. Das Trägheitsmoment von Ω bezüglich der x_2-Achse.

66.6. Berechnen Sie die folgenden Mehrfachintegrale:

1. $\int_\Omega \frac{\exp(-\|x\|)}{\|x\|}\, dx$, für $\Omega = \{x \in \mathbb{R}^3 : \|x\| > 1\}$,
2. $\int_\Omega x_1 + x_2 + x_3 + x_4\, dx$, für $\Omega = \{x \in \mathbb{R}^4 : 0 \leq x_i \leq 1, i = 1, 2, 3, 4\}$,
3. $\int_\Omega x_1 + \ldots + x_n\, dx$, für $\Omega = \{x \in \mathbb{R}^n : 0 \leq x_i \leq 1, i = 1, \ldots, n\}$.

66.7. Berechnen Sie die folgenden Mehrfachintegrale:

1. $\int_\Omega x\, dx$,
2. $\int_\Omega \|x\|\, dx$,
3. $\int_\Omega \|x\|^2\, dx$,

für $\Omega = \{x \in \mathbb{R}^3 : \|x\| \leq 1\}$.

66.8. Versuchen Sie, das Ergebnis in der vorangegangenen Aufgabe auf $\mathbb{R}^n$ zu verallgemeinern, indem Sie die Fläche der Einheitskugel $\{x \in \mathbb{R}^n : \|x\| = 1\}$ mit S_n bezeichnen.

66.9. Berechnen Sie das Integral $\int_{\mathbb{R}^2} \exp(-\|x\|^2)\, dx$ und nutzen Sie das Ergebnis, um $\int_{\mathbb{R}^n} \exp(-\|x\|^2)\, dx$ zu berechnen.

66.10. Bestimmen Sie das Trägheitsmoment eines Einheitswürfels bezüglich seiner Diagonale.

66.11. Sei E_y das Gebiet in $\mathbb{R}^n$, definiert dadurch, dass der Absolutbetrag von $f : \mathbb{R}^n \to \mathbb{R}$ größer als y ist, d.h. $E_y = \{x \in \mathbb{R}^n : |f(x)| > y\}$. Sei ferner $g(y)$ das Volumen (Größe, Maß) dieses Gebiets, d.h. $g(y) = \int_{E_y} dx$. Zeigen Sie durch Veränderung der Integrationsreihenfolge, dass

$$\int_{\mathbb{R}^n} |f(x)|\, dx = \int_0^\infty g(y)\, dy.$$

67

Der Satz von Gauss und die Greensche Formel in $\mathbb{R}^2$

67.1 Einleitung

Wir kommen nun zu zwei Ecksteinen der mehr-dimensionalen Infinitesimalrechnung, nämlich dem *Satz von Gauss* und der *Greenschen Formel*, wobei wir zwei-dimensional beginnen. Wir werden sehen, dass diese berühmten (und nützlichen) Ergebnisse direkte Folgerungen der wichtigen Gleichung

$$\int_\Omega \frac{\partial u}{\partial x_2}\, dx = \int_\Gamma u\, n_2\, ds \qquad (67.1)$$

sind, wobei Ω ein Gebiet in $\mathbb{R}^2$ mit der Begrenzung Γ ist. Mit $n(x) = (n_1(x), n_2(x))$ bezeichnen wir die *auswärts gerichtete Einheitsnormale* zu Γ in $x \in \Gamma$, d.h. $n(x)$ steht senkrecht zur Tangente an Γ in x, weist aus dem Gebiet Ω hinaus und es gilt: $\|n(x)\| = 1$, vgl. Abb. 67.1. Wir werden sehen, dass diese Formel ein Analogon zum Fundamentalsatz

$$\int_a^b \frac{du}{dx}\, dx = u(b) - u(a) \qquad (67.2)$$

ist, nach dem das Integral der Ableitung $\frac{du}{dx}$ einer Funktion u über ein Intervall $[a, b]$ der Differenz zwischen den Funktionswerten in den Endpunkten $u(b)$ und $u(a)$ entspricht.

67.2 Der Spezialfall eines Quadrats

Um den Zusammenhang zwischen (67.1) und (67.2) herzustellen, betrachten wir zunächst das Einheitsquadrat $[0,1] \times [0,1]$ als Gebiet Ω. In diesem Fall ist $n_2 = 1$ für Γ_1, $n_2 = -1$ für Γ_3 und $n_2 = 0$ auf den senkrechten Seiten Γ_2 und Γ_4, vgl. Abb. 67.1. Daher ist

$$\int_\Gamma u\, n_2\, ds = \int_0^1 u(x_1, 1)\, dx_1 - \int_0^1 u(x_1, 0)\, dx_1,$$

falls wir Γ_1 durch $s(x_1) = (x_1, 1)$ und Γ_3 durch $s(x_1) = (x_1, 0)$ parametrisieren. Wenn wir auf der anderen Seite zuerst nach x_2 und dann nach x_1 integrieren und dabei Gebrauch von (67.2) machen, dann erhalten wir

$$\int_\Omega \frac{\partial u}{\partial x_2}\, dx = \int_0^1 \left(\int_0^1 \frac{\partial u}{\partial x_2}(x_1, x_2)\, dx_2 \right) dx_1 = \int_0^1 \left(u(x_1, 1) - u(x_1, 0) \right) dx_1$$

$$= \int_0^1 u(x_1, 1)\, dx_1 - \int_0^1 u(x_1, 0)\, dx_1 = \int_\Gamma u\, n_2\, ds.$$

Damit haben wir (67.1) für ein Quadrat Ω bewiesen. Wir sehen, dass sich (67.1) daraus ergibt, dass wir (67.2) benutzen und dabei $\frac{du}{dx}\, dx$ durch $\frac{\partial u}{\partial x_2}\, dx_2$ ersetzen und anschließend nach x_1 integrieren. Das Gesamtergebnis ist, dass das Integral von $\frac{\partial u}{\partial x_2}\, dx_2$ über Ω durch das Kurvenintegral von $u n_2$ über die Grenze Γ von Ω ersetzt wird.

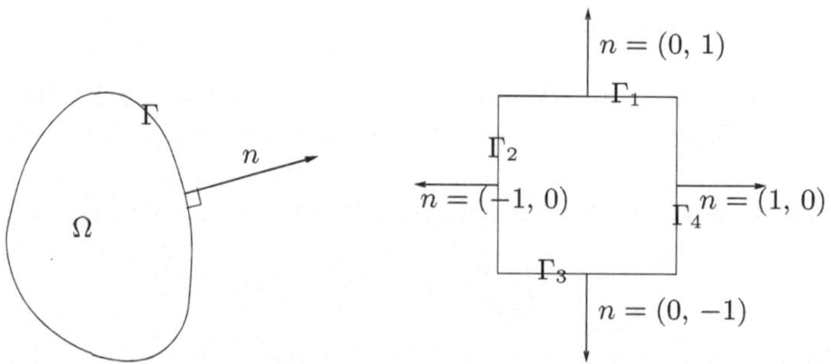

Abb. 67.1. *Links*: Ein Gebiet Ω mit Begrenzung Γ und Normaler n. *Rechts*: Ein Spezialfall

67.3 Der Allgemeinfall

Wir betrachten nun ein Gebiet Ω, dass durch zwei Kurven Γ_1, parametrisiert durch $s_1(x_1) = (x_1, \gamma_1(x_1))$ und Γ_2, parametrisiert durch $s_2(x_1) =$

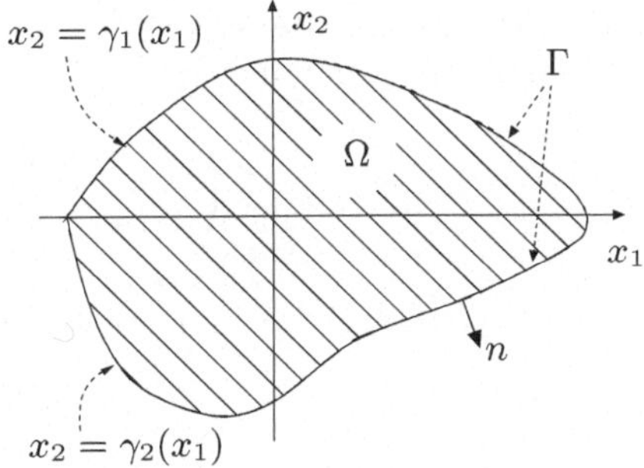

Abb. 67.2. Ein Gebiet Ω mit zwei Kurven, die die Begrenzung Γ definieren

$(x_1, \gamma_2(x_1))$, begrenzt ist. Dabei ist $a \le x_1 \le b$, und $n = (n_1, n_2)$ ist die auswärts gerichtete Normale zu Γ, vgl. Abb. 67.2.

Der Beweis von (67.1) hängt von der Schlüsselbeobachtung ab, dass

$$\left\| \frac{ds_1}{dx_1} \right\| = \sqrt{1 + (\gamma_1')^2}, \quad n_2 = \frac{1}{\sqrt{1 + (\gamma_1')^2}},$$

$$\left\| \frac{ds_2}{dx_1} \right\| = \sqrt{1 + (\gamma_2')^2}, \quad n_2 = -\frac{1}{\sqrt{1 + (\gamma_2')^2}}.$$

Rein formal ist $n_2 ds_1 = dx_1$ und $n_2 ds_2 = -dx_1$, vgl. Abb. 67.3.

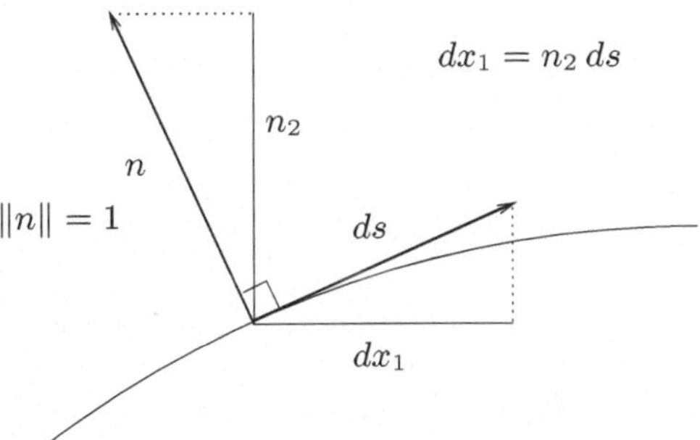

Abb. 67.3. Die Schlüsselbeobachtung: Aus der Ähnlichkeit folgt: $\frac{dx_1}{ds} = \frac{n_2}{1}$

Beachten Sie, dass n_2 auf der oberen Grenzkurve s_1 positiv ist und negativ auf der unteren Grenzkurve s_2. Daher gilt:

$$\int_{\Gamma_1} u n_2 \, ds_1 = \int_a^b u(x_1, \gamma_1(x_1)) n_2 \left\| \frac{ds_1}{dx_1} \right\| dx_1 = \int_a^b u(x_1, \gamma_1(x_1)) \, dx_1,$$

$$\int_{\Gamma_2} u n_2 \, ds_2 = \int_a^b u(x_1, \gamma_2(x_1)) n_2 \left\| \frac{ds_2}{dx_1} \right\| dx_1 = -\int_a^b u(x_1, \gamma_2(x_1)) \, dx_1.$$

Wenn wir als Nächstes nach x_2 und dann nach x_1 integrieren und dabei den Fundamentalsatz anwenden, erhalten wir:

$$\int_\Omega \frac{\partial u}{\partial x_2}\,dx = \int_\Omega \frac{\partial u}{\partial x_2}\,dx_2\,dx_1 = \int_a^b \left(\int_{\gamma_2(x_1)}^{\gamma_1(x_1)} \frac{\partial u}{\partial x_2}\,dx_2 \right) dx_1$$

$$= \int_a^b u(x_1, \gamma_1(x_1))\,dx_1 - \int_a^b u(x_1, \gamma_2(x_1))\,dx_1.$$

Da

$$\int_\Gamma u\,n_2\,ds = \int_{\Gamma_1} u n_2\,ds_1 + \int_{\Gamma_2} u n_2\,ds_2,$$

ergibt sich nun die erwünschte Formel (67.1). Der Beweis kann für beliebige Gebiete, die durch glatte Kurven mit Lipschitz-stetigen Tangenten begrenzt sind, verallgemeinert werden. Wir fassen dies in dem folgenden wichtigen Satz zusammen:

Satz 67.1 *Sei Ω ein Gebiet in $\mathbb{R}^2$ mit Begrenzung Γ, auswärts gerichteter Normaler (n_1, n_2) und differenzierbarer Funktion $u : \Omega \to \mathbb{R}$. Dann gilt:*

$$\int_\Omega \frac{\partial u}{\partial x_i}\,dx = \int_\Gamma u\,n_i\,ds, \quad i = 1, 2. \tag{67.3}$$

Wenn wir (67.3) auf das Produkt vw zweier Funktion v und w anwenden, dann erhalten wir das folgende Analogon für die partielle Integration in zwei Dimensionen:

Satz 67.2 (Partielle Integration in 2D) *Sei Ω ein Gebiet in $\mathbb{R}^2$ mit Grenze Γ, auswärts gerichteter Normaler (n_1, n_2) und $v, w : \Omega \to \mathbb{R}$. Dann gilt:*

$$\int_\Omega \frac{\partial v}{\partial x_i} w\,dx = \int_\Gamma vw\,n_i\,ds - \int_\Omega v\frac{\partial w}{\partial x_i}\,dx, \quad i = 1, 2. \tag{67.4}$$

Wenn wir (67.3) auf die Komponenten u_i einer vektorwertigen Funktion $u = (u_1, u_2)$ anwenden und über $i = 1, 2$ summieren, erhalten wir den *Divergenzsatz* oder den *Satz von Gauss*:

$$\int_\Omega \nabla \cdot u\,dx = \int_\Gamma u \cdot n\,ds, \tag{67.5}$$

mit $u \cdot n = u_1 n_1 + u_2 n_2$ und

$$\nabla \cdot u = \left(\frac{\partial}{\partial x_1}, \frac{\partial}{\partial x_2} \right) \cdot (u_1, u_2) = \frac{\partial u_1}{\partial x_1} + \frac{\partial u_2}{\partial x_2}.$$

Wenn wir (67.4) anwenden und dabei w durch $\frac{\partial w}{\partial x_i}$ ersetzen und über $i = 1, 2$ summieren, erhalten wir die *Greensche Formel*:

$$\int_\Omega \nabla v \cdot \nabla w\,dx = \int_\Gamma v\partial_n w\,ds - \int_\Omega v\Delta w\,dx, \tag{67.6}$$

wobei

$$\partial_n w = \nabla w \cdot n = \frac{\partial w}{\partial x_1} n_1 + \frac{\partial w}{\partial x_2} n_2, \qquad (67.7)$$

die *auswärts gerichtete Ableitung* von w auf Γ ist. Wir verwenden die Greensche Formel des Öfteren in der Gestalt

$$\int_\Omega v \Delta w \, dx - \int_\Omega \Delta v \, w \, dx = \int_\Gamma v \, \partial_n w \, ds - \int_\Gamma \partial_n v \, w \, ds. \qquad (67.8)$$

Wir erhalten sie, wenn wir (67.6) zweimal anwenden und dabei ausnutzen, dass

$$\Delta w = \operatorname{div} \operatorname{grad} w = \nabla \cdot \nabla w$$
$$= \left(\frac{\partial}{\partial x_1}, \frac{\partial}{\partial x_2} \right) \cdot \left(\frac{\partial w}{\partial x_1}, \frac{\partial w}{\partial x_2} \right) = \frac{\partial}{\partial x_1} \left(\frac{\partial w}{\partial x_1} \right) + \frac{\partial}{\partial x_2} \left(\frac{\partial w}{\partial x_2} \right),$$

was in Kurzform auch als $\Delta w = \frac{\partial^2 w}{\partial x_1^2} + \frac{\partial^2 w}{\partial x_2^2}$ geschrieben werden kann.

Wir wollen noch auf das folgende Analogon des Divergenzsatzes hinweisen:

$$\int_\Omega \nabla \times u \, dx = \int_\Gamma n \times u \, ds, \qquad (67.9)$$

wobei $u : \Omega \to \mathbb{R}^2$, $\nabla \times u = \frac{\partial u_2}{\partial x_1} - \frac{\partial u_1}{\partial x_2}$ und $n \times u = u_2 n_1 - u_1 n_2$. (67.9) ist nur eine Umformulierung von

$$\int_\Omega \left(\frac{\partial u_2}{\partial x_1} - \frac{\partial u_1}{\partial x_2} \right) dx = \int_\Gamma \left(u_2 n_1 - u_1 n_2 \right) ds, \qquad (67.10)$$

was aus (67.3) folgt. Wir weisen ferner darauf hin, dass $\tau = (-n_2, n_1)$ eine Einheitstangente an Γ ist, da $n = (n_1, n_2)$ eine Einheitsnormale ist und $(-n_2, n_1) \cdot (n_1, n_2) = 0$. Dabei ist $\tau = (-n_2, n_1)$ entgegen der Uhrzeigerrichtung von Γ gerichtet, vgl. Abb. 67.4.

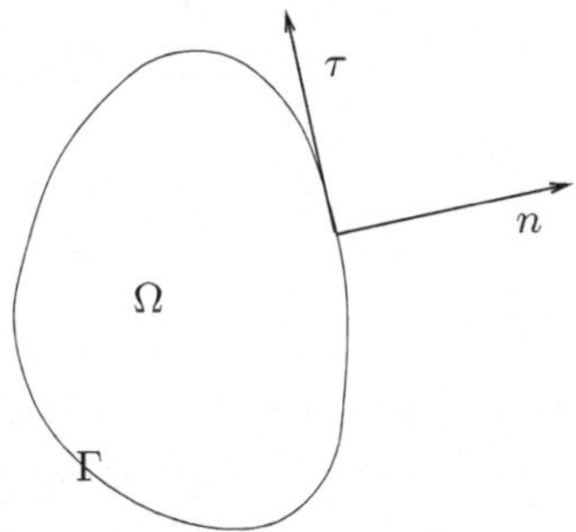

Abb. 67.4. Die Einheitstangente $\tau = (-n_2, n_1)$ an Γ, die mit Hilfe der Normalen $n = (n_1, n_2)$ definiert wird

Wir schreiben auch oft

$$\int_\Gamma u_2 n_1 - u_1 n_2 \, ds = \int_\Gamma u \cdot \tau \, ds = \int_\Gamma u \cdot ds,$$

wobei wir ds im letzten Integral als den *Vektor* τds interpretieren, wobei wir die alte Bedeutung von ds als Inkrement der Kurvenlänge nutzen. Dies stimmt mit folgender Schreibweise überein:

$$\int_\Gamma u \cdot ds = \int_a^b u(s(t)) \cdot s'(t) \, dt,$$

wobei $s : [a, b] \to \mathbb{R}^2$ die Begrenzung Γ beschreibt, wie wir es im Kapitel „Kurvenintegrale" eingeführt haben. Vorsicht: Wir benutzen hier „ds" in zwei unterschiedlichen Bedeutungen: Als Inkrement der Kurvenlänge (ein Skalar) und als ein Inkrement des Tangentialvektors (ein Vektor).

Wir fassen die wichtigen Ergebnisse, die wir in diesem Kapitel hergeleitet haben, folgendermaßen zusammen:

Satz 67.3 *Sei Ω ein Gebiet in $\mathbb{R}^2$ mit Begrenzung Γ , auswärts gerichteter Einheitsnormaler (n_1, n_2), $u : \Omega \to \mathbb{R}^2$ und $v, w : \Omega \to \mathbb{R}$. Dann gilt:*

$$\int_\Omega \frac{\partial v}{\partial x_i} \, dx = \int_\Gamma v \, n_i \, ds, \quad i = 1, 2, \qquad (67.11)$$

$$\int_\Omega \frac{\partial v}{\partial x_i} w \, dx = \int_\Gamma v w \, n_i \, ds - \int_\Omega v \frac{\partial w}{\partial x_i} \, dx, \quad i = 1, 2, \qquad (67.12)$$

$$\int_\Omega \nabla \cdot u \, dx = \int_\Gamma u \cdot n \, ds, \qquad (67.13)$$

$$\int_\Omega \nabla \times u \, dx = \int_\Gamma n \times u \, ds = \int_\Gamma u \cdot ds, \qquad (67.14)$$

$$\int_\Omega \nabla v \cdot \nabla w \, dx = \int_\Gamma v \partial_n w \, ds - \int_\Omega v \Delta w \, dx, \qquad (67.15)$$

$$\int_\Omega v \Delta w \, dx - \int_\Omega \Delta v \, w \, dx = \int_\Gamma v \, \partial_n w \, ds - \int_\Gamma \partial_n v \, w \, ds. \qquad (67.16)$$

Beispiel 67.1. Für $v(x_1, x_2) = x_1$ und $i = 1$ in (67.11) erhalten wir $\int_\Omega dx = \int_\Gamma x_1 n_1 \, ds = \int_\Gamma x_1 \, dx_2$. Eine interessante Beobachtung ist dabei, dass wir die Fläche $\int_\Omega dx$ bestimmen können, beispielsweise eines Stückes Land, indem wir einfach die Grenze ausmessen und $\int_\Gamma x_1 \, dx_2$ berechnen. Das *Planimeter* ist ein mechanisches Gerät zur Berechnung der Fläche ebener Gebiete, das auf diesem Prinzip beruht. Es wurde intensiv von Bauvermessern eingesetzt.

Beispiel 67.2. Sei $\nabla \times u = 0$ im Gebiet Ω zwischen zwei Kurven Γ_1 und Γ_2, die beide im Punkt a beginnen und im Punkt b enden. Dann gilt $\int_{\Gamma_1} u \cdot ds = \int_{\Gamma_2} u \cdot ds$, wobei ds die Vektortangente an die Kurven in Richtung von a nach b ist, deren Länge dem Inkrement der Kurvenlänge entspricht. Dies ergibt sich daraus, dass nach (67.4) $\int_{\Gamma_1 \cup \Gamma_2^-} u \cdot ds = \int_{\Gamma} u \cdot ds = 0$, wobei Γ_2^- die Kurve Γ_2 bedeutet mit umgedrehter Richtung von ds. Wir folgern daraus, dass Kurvenintegrale eines Feldes $u = (u_1, u_2)$ mit $\nabla \times u = 0$, d.h. von einem *nicht-drehenden* Feld, von dem speziellen „Weg" der Kurve von a nach b unabhängig sind. Das Integral von $u \cdot ds$ hängt nur von den beiden Endpunkten a und b der Integration ab. Felder $u = (u_1, u_2)$ mit dieser Eigenschaft werden als *konservativ* bezeichnet. Wie wir unten sehen werden, werden derartige Felder durch ein *Potential* erzeugt, d.h., sie entsprechen dem Gradientenfeld eines skalaren Potentials $\varphi = \varphi(x)$ mit $u = \nabla \varphi$.

Außerdem gilt $\int_{\gamma} u \cdot ds = \varphi(b) - \varphi(a)$ für eine Kurve von a nach b. So besitzt beispielsweise das Feld $u = (x_2, x_1)$ die Komponenten $u_1(x_1, x_2) = x_2$ und $u_2(x_1, x_2) = x_1$ und somit ist $\nabla u = \frac{\partial u_2}{\partial x_1} - \frac{\partial u_1}{\partial x_2} = 1 - 1 = 0$. Wir können einfach erkennen, dass $u = \nabla \varphi$ für $\varphi(x) = x_1 x_2$ und dass das Integral von $u \cdot ds$ von einem Punkt $a = (a_1, a_2)$ nach $b = (b_1, b_2)$ durch $b_1 b_2 - a_1 a_2$ gegeben wird.

Aufgaben zu Kapitel 67

67.1. Leiten Sie (67.4), (67.5), (67.6) und (67.8) aus (67.3) her.

67.2. (a) Erklären Sie, warum (67.1) auch für ein Gebiet wie $\{(x_1, x_2) : x_1 \leq |x_2|, x_1^2 + x_2^2 \leq 1\}$ gilt. (b) Zeigen Sie durch direkte Berechnung von $\int_{\Omega} \frac{\partial u}{\partial x_2} dx$ und $\int_{\Gamma} u n_2 ds$, dass (67.1) für $u = r^{1/4} \sin(v/4)$ und $\Omega = \{(r\cos(v), r\sin(v)) : 0 < r < 1, 0 < v < 2\pi\}$ Gültigkeit besitzt. Dabei sind $r = \sqrt{x_1^2 + x_2^2}$ und $v = \operatorname{arccot}(x_1/x_2)$ für $x_2 > 0$, $v = \operatorname{arccot}(x_1/x_2) + \pi$ für $x_2 < 0$ die üblichen Polarkoordinaten. Denken Sie daran, dass Sie mit der Kettenregel $\frac{\partial u}{\partial x_2}$ als Ausdruck von $\frac{\partial u}{\partial r}$ und $\frac{\partial u}{\partial v}$ formulieren können.

67.3. Sei $u = (u_1, u_2)$ divergenzfrei in Ω mit Begrenzung Γ. Was lässt sich über (a) $\int_{\Gamma} u \cdot n \, ds$ und (b) $u(x) \cdot n(x)$ für Punkte x auf Γ aussagen?

67.4. Sei $\int_{\Gamma} u \cdot n \, ds = 0$ mit Begrenzung Γ für ein Gebiet Ω mit auswärts gerichteter Normaler n. Was lässt sich über $\nabla \cdot u$ in Ω sagen? (Bevor Sie in ihrer Antwort ganz sicher sind, sollten Sie den Fall $u = (x_1^2, x_2^2)$ für den Einheitskreis Ω berücksichtigen). Sei $\int_{\gamma} u \cdot n \, ds = 0$ für alle geschlossenen Kurven γ in Ω, und die Ableitungen von u_i seien Lipschitz-stetig. Was lässt sich dann über u in Ω aussagen?

67.5. Stellen Sie sich eine "Verformung" von $\mathbb{R}^2$ vor, wobei die Punkte $x = (x_1, x_2)$ durch neue Positionen $x + u(x)$, $u = (u_1, u_2)$, $u_i = u_i(x)$ ersetzt werden.

Wir bezeichnen $u(x)$ als Versetzungsfeld und die Jacobi-Matrix $u'(x)$ von $u(x)$ als Versetzungstensor (Matrix). Betrachten Sie der Einfachheit halber den Fall $u_i(x) = a_i x_i, i = 1, 2$ und gehen Sie davon aus, dass die Versetzung die "Fläche erhält", was für das verformte Material bedeutet, dass es „nicht zusammendrückbar" ist. Zeigen Sie, dass für kleine Verformungen div $u \approx 0$ gilt. Hinweis: Betrachten Sie $x \rightarrow x + u(x)$ als Substitution und nutzen Sie eine Tatsache über die Jacobi-Matrix einer Abbildung, die die Fläche erhält.

67.6. Betrachten Sie das Vektorfeld $u(x) = x/\|x\|^2$. Sei Ω die Scheibe $\{x \in \mathbb{R}^2 :$ $\|x - a\| \leq 1\}$ und Γ die Begrenzung mit auswärts gerichteter Einheitsnormaler n. Berechnen Sie $\int_\Gamma u \cdot n \, ds$ für $a = (2, 0)$ und $a = 0$. Stimmen die Ergebnisse mit dem Divergenzsatz überein? Stellen Sie u in der (x_1, x_2)-Ebene als „Pfeilzeichnung" dar. Können Sie eine Ähnlichkeit mit einem Vulkanausbruch feststellen? Lässt sich der Divergenzsatz für den Fall $a = (0, 0)$ anwenden?

67.7. Seien Γ und $\bar{\Gamma}$ Kurven mit Normalen n und $\bar{n}$, wie in folgender Figur. Zeigen Sie, dass für $\nabla \cdot u = 0$ gilt: $\int_\Gamma u \cdot n \, ds = \int_{\bar\Gamma} u \cdot \bar{n} \, ds$.

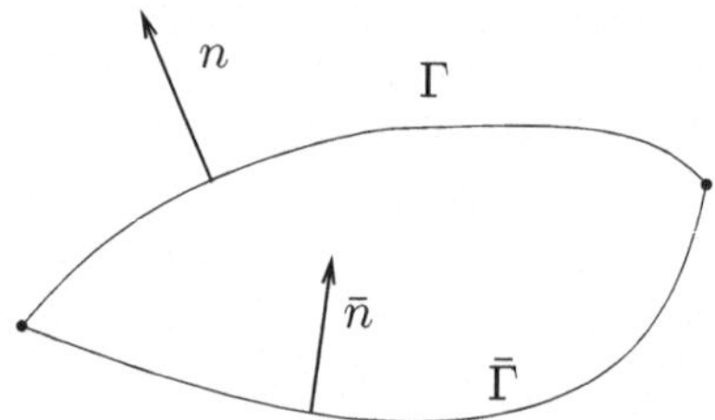

67.8. Berechnen Sie für $u = \left(\frac{2x_1 x_2}{1+x_2^2}, -\log(1 + x_2^2) \right)$ das Integral $\int_\Gamma u \cdot n \, ds$ mit Γ entsprechend der Kurve in (a) $\{(x_1, x_2) : x_1^2 + x_2^2 = 1, x_i \geq 0, i = 1, 2\}$ und (b) $\{(x_1, x_2) : x_1 = 2 - (x_2 - 1)^2, x_1 \geq 1\}$. Hinweis: Schließen Sie die Kurven und nutzen Sie den Divergenzsatz.

67.9. Zeigen Sie, dass das Feld $u = e^{x_1 x_2}(1 + x_1 x_2, x_1^2)$ nicht-drehend ist und finden Sie ein Potential φ, so dass $u = \nabla \varphi$.

67.10. Berechnen Sie die Integrale in (67.16) für ein w, das die *Differentialgleichung* $-\Delta w = f$ in $\Omega = \mathbb{R}^2$ löst und $v = -\frac{1}{2\pi} \log(x - \bar{x})$. Nehmen Sie an, dass w und $\partial_n w$ für großes $\|x\|$ verschwinden. Zeigen Sie, dass Sie dadurch eine Formel für $w(\bar{x})$ mit Ausdrücken in f und v erhalten. Hinweis: Nehmen Sie $\Omega = \{x \in \mathbb{R}^2 : \|x - \bar{x}\| > \epsilon\}$ an und lassen Sie ϵ gegen Null gehen.

67.11. Sei w die Lösung von $-\Delta w = f$ in der oberen Halbebene $x_2 > 0$ und $-\frac{\partial w}{\partial x_2} = g$ für $x_2 = 0$ und nehmen Sie an, dass w und ∇w für großes $\|x\|$ verschwinden. Zeigen Sie, dass wir für $\bar{x} = (\bar{x}_1, 0)$ auf $\Gamma = \{(x_1, x_2) : x_2 = 0\}$ erhalten: $\frac{1}{2} w(\bar{x}) = \int_{\{x:x_2 > 0\}} vf \, dx + \int_{\{x:x_2 = 0\}} vg \, ds$ mit $v = -\frac{1}{2\pi} \log(x - \bar{x})$. Hinweis: Gehen Sie von $\Omega = \{x \in \mathbb{R}^2 : x_2 > 0, \|x - \bar{x}\| > \epsilon\}$ in (67.16) aus und lassen Sie ϵ gegen Null gehen.

67.12. Zeigen Sie, dass für *harmonische Funktionen* v und w, d.h. Funktionen mit $\Delta v = 0$ und $\Delta w = 0$, für eine geschlossene Kurve Γ gilt: $\int_\Gamma \partial_n v w \, ds = \int_\Gamma v \partial_n w \, ds$.

67.13. Bestimmen Sie die Fläche des Gebiets, das durch die Kurve

$$\Gamma = \{(r\cos(v), r\sin(v)) : r = 2 + \sin(v),\ 0 \le v < 2\pi\}$$

eingeschlossen wird. Hinweis: Integrale der Form $\int \sin^4(v)\, dv$ und $\int \cos^4(v)\, dv$ können mit Hilfe partieller Integration, wie folgt, berechnet werden:

$$I = \int \cos^4(v)\, dv = \int (1 - \sin^2(v))\cos(v) \cdot \cos(v)\, dv = \{\text{part. Int.}\}$$

$$= \left(\sin(v) - \frac{1}{3}\sin^3(v)\right) \cdot \cos(v) - \int \left(\sin(v) - \frac{1}{3}\sin^3(v)\right)(-\sin(v))\, dv$$

$$= \left(\sin(v) - \frac{1}{3}\sin^3(v)\right) \cdot \cos(v) + \int \sin^2(v)\, dv - \frac{1}{3}\int (1 - \cos^2(v))^2\, dv$$

$$= \left(\sin(v) - \frac{1}{3}\sin^3(v)\right) \cdot \cos(v) + \int \sin^2(v)\, dv - \frac{1}{3}\int (1 - 2\cos^2(v))\, dv - \frac{1}{3}I,$$

woraus I berechenbar ist.

68

Der Satz von Gauss und die Greensche Formel in $\mathbb{R}^3$

Von all denen, die wie ich etwas über dieses Gebiet geschrieben haben, bin entweder ich verrückt oder ich alleine bin nicht verrückt. Eine andere Möglichkeit gibt es nicht, es sei denn, (was vielleicht für manche so scheinen mag), wir alle sind verrückt. (Hobbes zu Wallis)

Wenn Sie verrückt sind, werden Sie verstandesmäßig kaum überzeugt werden können; andererseits, wenn wir verrückt wären, wären wir nicht in der Lage, dies zu versuchen. (Wallis zu Hobbes)

68.1 Einleitung

Wir wollen nun die Ergebnisse des vorangegangenen Kapitels auf drei Dimensionen erweitern. Die zentrale Aussage ist das folgende Analogon zu (67.1): Sei Ω ein Gebiet in $\mathbb{R}^3$ mit Begrenzung Γ, dann gilt:

$$\int_{\Omega} \frac{\partial u}{\partial x_3}\, dx = \int_{\Gamma} u\, n_3\, ds, \tag{68.1}$$

wobei (n_1, n_2, n_3) die auswärts gerichtete Normale zu Γ ist. Um dies zu beweisen, gehen wir davon aus, dass Γ aus zwei Flächen Γ_1, definiert durch $s_1(x_1, x_2) = (x_1, x_2, \gamma_1(x_1, x_2))$, und Γ_2, definiert durch $s_2(x_1, x_2) = (x_1, x_2, \gamma_2(x_1, x_2))$, zusammengesetzt ist. Dabei ist $(x_1, x_2) \in \omega$ mit einem Parametergebiet $\omega \subset \mathbb{R}^2$ und wir nehmen an, dass $\Omega = \{x \in \mathbb{R}^3 : (x_1, x_2) \in \omega, \gamma_2(x_1, x_2) < x_3 < \gamma_1(x_1, x_2)\}$, vgl. Abb. 68.1. Es gilt dann $s'_{i,1} \times s'_{i,2} = (1, 0, \gamma_{i,1}) \times (0, 1, \gamma_{i,2})$ für $i = 1, 2$ mit $\gamma_{i,j} = \frac{\partial \gamma_i}{\partial x_j}$, weswegen auf

Γ_1 gilt:

$$\|s'_{1,1} \times s'_{1,2}\| = \sqrt{1 + (\gamma'_{1,1})^2 + (\gamma'_{1,2})^2}, \quad n_3 = \frac{1}{\sqrt{1 + (\gamma'_{1,1})^2 + (\gamma'_{1,2})^2}}.$$

Auf Γ_2 gilt:

$$\|s'_{2,1} \times s'_{2,2}\| = \sqrt{1 + (\gamma'_{2,1})^2 + (\gamma'_{2,2})^2}, \quad n_3 = -\frac{1}{\sqrt{1 + (\gamma'_{2,1})^2 + (\gamma'_{2,2})^2}}.$$

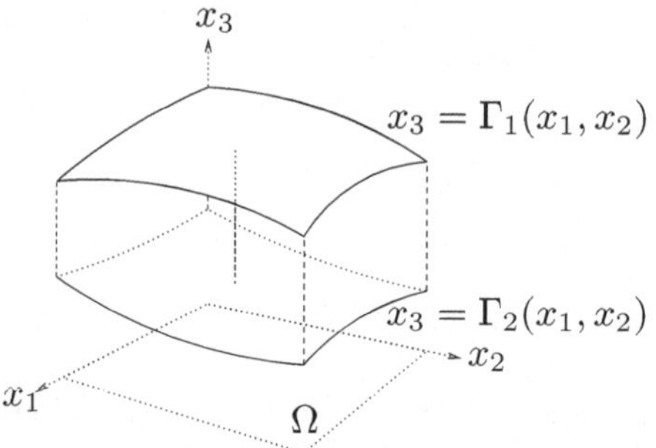

Abb. 68.1. Ein Gebiet Ω, das durch zwei Funktionen Γ_1 und Γ_2 begrenzt ist

Wenn wir zunächst nach x_3 integrieren und dabei den Fundamentalsatz einsetzen, erhalten wir

$$\int_\Omega \frac{\partial u}{\partial x_3} \, dx = \int_\Omega \frac{\partial u}{\partial x_3} \, dx_3 dx_1 dx_2$$
$$= \int_\omega u(x_1, x_2, \gamma_1(x_1, x_2)) \, dx_1 dx_2 - \int_\omega u(x_1, x_2, \gamma_2(x_1, x_2)) \, dx_1 dx_2$$
$$= \int_\omega u \, n_3 \|s'_{1,1} \times s'_{1,2}\| dx_1 dx_2 + \int_\omega u \, n_3 \|s'_{2,1} \times s'_{2,2}\| dx_1 dx_2$$
$$= \int_{\Gamma_1} u \, n_3 \, ds + \int_{\Gamma_2} u \, n_3 \, ds = \int_\Gamma u \, n_3 \, ds,$$

womit (68.1) bewiesen ist. Beachten Sie, dass auf den „senkrechten" Teilstücken von Γ gilt: $n_3 = 0$! Dieses Ergebnis lässt sich zu

$$\int_\Omega \frac{\partial u}{\partial x_i} \, dx = \int_\Gamma u \, n_i \, ds, \quad i = 1, 2, 3, \qquad (68.2)$$

für ein beliebiges Gebiet Ω in $\mathbb{R}^3$ mit Begrenzung Γ mit auswärts gerichteter Einheitsnormaler (n_1, n_2, n_3) verallgemeinern.

Wenn wir (68.2) für ein Produkt vw zweier Funktionen v und w anwenden, erhalten wir das Analogon zur partiellen Integration in drei Dimensionen:

$$\int_\Omega \frac{\partial v}{\partial x_i} w \, dx = \int_\Gamma vw \, n_i \, ds - \int_\Omega v \frac{\partial w}{\partial x_i} \, dx, \quad i = 1, 2, 3. \tag{68.3}$$

Wenn wir (68.3) auf die Komponenten u_i einer vektorwertigen Funktion $u = (u_1, u_2, u_3)$ mit $w = 1$ anwenden und über i summieren, gelangen wir zum *Divergenzsatz* oder dem *Satz von Gauss* in drei Dimensionen:

$$\int_\Omega \nabla \cdot u \, dx = \int_\Gamma u \cdot n \, ds. \tag{68.4}$$

Dabei ist $\nabla \cdot u = (\frac{\partial}{\partial x_1}, \frac{\partial}{\partial x_2}, \frac{\partial}{\partial x_3}) \cdot (u_1, u_2, u_3) = \frac{\partial u_1}{\partial x_1} + \frac{\partial u_2}{\partial x_2} + \frac{\partial u_3}{\partial x_3} = \sum_{i=1}^3 \frac{\partial u_i}{\partial x_i}$ und $u \cdot n = u_1 n_1 + u_2 n_2 + u_3 n_3$ ist die Komponente von u in Richtung der Normalen n. Steht u für die *Strömung* einer Größe, wie den Wärmefluss oder eine Wasserströmung, dann repräsentiert $u(x) \cdot n(x)$ in einem Punkt $x \in \Gamma$ den Fluss durch Γ (aus Ω heraus) oder den *Normalfluss*, so dass also

$$\int_\Gamma u \cdot n \, ds$$

für den *gesamten Fluss* durch Γ steht.

Wir erhalten auch das folgende Analogon des Satzes von Gauss für eine Funktion $u : \Omega \to \mathbb{R}^3$:

$$\int_\Omega \nabla \times u \, dx = \int_\Gamma n \times u \, ds, \tag{68.5}$$

Die Gleichung ist eine Vektorgleichung!

Eine andere Schlussfolgerung aus (68.3) ist die *Greensche Formel*:

$$\int_\Omega \nabla v \cdot \nabla w \, dx = \int_\Gamma v \partial_n w \, ds - \int_\Omega v \Delta w \, dx, \tag{68.6}$$

wobei $\partial_n v = \nabla v \cdot n = \frac{\partial v}{\partial x_1} n_1 + \frac{\partial v}{\partial x_2} n_2 + \frac{\partial v}{\partial x_3} n_3$ die auswärts gerichtete normale Ableitung von v auf Γ ist und $\Delta w = \frac{\partial^2 w}{\partial x_1^2} + \frac{\partial^2 w}{\partial x_2^2} + \frac{\partial^2 w}{\partial x_3^2}$. Wir benutzen die Greensche Formel auch oft in der Gestalt

$$\int_\Omega v \Delta w \, dx - \int_\Omega \Delta v \, w \, dx = \int_\Gamma v \, \partial_n w \, ds - \int_\Gamma \partial_n v \, w \, ds, \tag{68.7}$$

die sich ergibt, wenn wir (68.6) zweimal anwenden.

Wir fassen die in diesem Kapitel hergeleiteten wichtigen Ergebnisse in einem Satz zusammen:

Satz 68.1 *Sei Ω ein Gebiet in $\mathbb{R}^3$ mit Begrenzung Γ und auswärts gerichteter Einheitsnormaler $n = (n_1, n_2, n_3)$. Ferner sei $u : \Omega \to \mathbb{R}^3$ und $v, w : \Omega \to \mathbb{R}$. Dann gilt*

$$\int_\Omega \frac{\partial v}{\partial x_i}\, dx = \int_\Gamma v\, n_i\, ds, \quad i = 1, 2, \tag{68.8}$$

$$\int_\Omega \frac{\partial v}{\partial x_i} w\, dx = \int_\Gamma vw\, n_i\, ds - \int_\Omega v\frac{\partial w}{\partial x_i}\, dx, \quad i = 1, 2, \tag{68.9}$$

$$\int_\Omega \nabla \cdot u\, dx = \int_\Gamma u \cdot n\, ds, \tag{68.10}$$

$$\int_\Omega \nabla \times u\, dx = \int_\Gamma n \times u\, ds, \tag{68.11}$$

$$\int_\Omega \nabla v \cdot \nabla w\, dx = \int_\Gamma v\partial_n w\, ds - \int_\Omega v\Delta w\, dx, \tag{68.12}$$

$$\int_\Omega v\Delta w\, dx - \int_\Omega \Delta v\, w\, dx = \int_\Gamma v\, \partial_n w\, ds - \int_\Gamma \partial_n v\, w\, ds. \tag{68.13}$$

Beispiel 68.1. Wir berechnen den Gesamtfluss durch die Begrenzung S der Einheitskugel $B = \{x \in \mathbb{R}^3 : \|x\| = 1\}$ nach außen für das Vektorfeld $u(x) = (x_1 + x_2^5, x_2 + x_3 x_1, x_3 + x_1 x_2)$, d.h. das Integral

$$\int_S u \cdot n\, ds = \int_S \left((x_1 + x_2^5)x_1 + (x_2 + x_3 x_1)x_2 + (x_3 + x_1 x_2)x_3\right) ds, \tag{68.14}$$

wobei wir die zu S auswärts gerichtete Einheitsnormale n in $x \in S$ mit $n(x) = x$ benutzt haben. Da div $u(x) = 3$ für $x \in \mathbb{R}^3$, erhalten wir nach dem Satz von Gauss:

$$\int_S u \cdot n\, ds = \int_B 3\, dx = 3V(B) = 4\pi.$$

Dies eröffnet uns einen schnellen Weg, um das ziemlich schwierige Integral (68.14) zu berechnen.

68.2   George Green

George Green (1793–1841), Sohn eines Müllers und autodidaktischer Mathematiker (er verließ die Schule mit 9 nach dem 2. Schuljahr), veröffentlichte 1827 selbständig „An Essay on the Application of Mathematical Analysis to the Theories of Electricity and Magnetism", in dem er insbesondere sogenannte *Greensche Funktionen* einführt, die die Grundlage für moderne Theorien über partielle Differentialgleichungen bilden. Seine Bedeutung für die Mathematik wurde erst, insbesondere durch die Arbeiten von Maxwell über den Elektromagnetismus, nach seinem Tod erkannt.

Aufgaben zu Kapitel 68

68.1. Formulieren Sie detailliert und beweisen Sie (68.5) mit Hilfe von (68.2).

68.2. (a) Beweisen Sie die Greensche Formel (68.6) mit Hilfe von Formel (68.3). (b) Beweisen Sie (68.13).

68.3. Berechnen Sie das Integral $\int_\Gamma \frac{x}{\|x\|^3} \cdot n\, ds$ für $a > 0$ und $j = 0, 1, 2$ mit $\Gamma = \{x \in \mathbb{R}^3 : x_1^2 + x_2^2 + (x_3 - ja)^2 = a^2\}$, wobei n die auswärts gerichtete Einheitsnormale zu Γ ist. Interpretieren Sie die Ergebnisse.

68.4. Berechnen Sie das Integral $\int_\Gamma \frac{1}{x_1^2+x_2^2} \frac{(-x_2,x_1)}{x_1^2+x_2^2} \times ds$ mit $\Gamma = \{x \in \mathbb{R}^3 : x_1^2 + x_2^2 + x_3 = 1\}$.

68.5. Sei Γ die Einheitskugel in $\mathbb{R}^3$ mit auswärts gerichteter Einheitsnormale n und berechnen Sie die folgenden Integrale:

1. $\int_\Gamma x \cdot n\, ds$,
2. $\int_\Gamma x \times n\, ds$,
3. $\int_\Gamma \frac{1}{\|x\|^2} \frac{x}{\|x\|} \cdot n\, ds$,
4. $\int_\Gamma \frac{1}{\|x\|^2} \frac{x}{\|x\|} \times n\, ds$.

68.6. Zeigen Sie, dass für ein radiales Feld $F(x) = \|x\|^\alpha \frac{x}{\|x\|}$ gilt:

$$\operatorname{div} F = (\alpha + 2)\|x\|.$$

68.7. Welches ist der kleinstmögliche Wert des Integrals $\int_\Gamma F \cdot n\, ds$ für $F(x) = (x_1 x_2^2 - 4x_1 x_2, 4x_2 x_3^2 + 8x_2 x_3 + 5x_2, x_1^2 x_3 - 2x_1 x_3)$, wenn Γ eine geschlossene Kurve in $\mathbb{R}^3$ ist und n eine auswärts gerichtete Einheitsnormale? Hinweis: Beziehen Sie alle „Abflüsse" von F ein, d.h. betrachten Sie das Gebiet mit $\operatorname{div} F \leq 0$.

68.8. Berechnen Sie das Flächenintegral $\int_\Gamma F \cdot n\, ds$ für

$$F(x) = (x_2^2, x_1 x_2 (\cos(x_1))^2 + x_1 x_2^3 + \exp(\cos(x_1 x_3^2)), x_1 x_3 (\sin(x_1))^2 - 3x_1 x_2^2 x_3),$$

wenn Γ der Teil der Kugel $\|x\| = 2$ mit positiver x_3-Komponente ist. Hinweis: Die Funktion F ist nur zu ihrer Verwirrung *scheinbar* so kompliziert gewählt.

68.9. Sei $\{x_1, x_2, \ldots, x_N\}$ eine Menge von Punkten in $\mathbb{R}^n$ und sei

$$F(x) = \sum_{j=1}^N \frac{1}{4\pi \|x - x_j\|^2} \frac{x - x_j}{\|x - x_j\|}.$$

Berechnen Sie das Flächenintegral $\int_\Gamma F \cdot n\, ds$ für jede geschlossene Fläche Γ, die $k \leq N$ der Punkte $\{x_1, x_2, \ldots, x_N\}$ enthält, wobei n wie üblich die auswärts gerichtete Einheitsnormale ist.

68.10. Zeigen Sie wie im Kapitel „Der Albtraum von Newton", dass die Gravitationskraft, die von einer Kugel ausgeübt wird, identisch mit der Kraft ist, wobei alle Masse im Zentrum der Kugel konzentriert ist. Benutzen Sie den Satz von Gauss, um dies zu vereinfachen. Gehen Sie als Start davon aus, dass die Divergenz des Gravitationsfeldes (proportional zur) Dichte ist, d.h.

$$\nabla \cdot F = \rho/c$$

für eine Konstante c und nehmen sie sphärische Symmetrie an, d.h., dass die Richtung des Gravitationsfeldes in radialer Richtung aus dem Zentrum der Kugel entspringt.

68.11. Zeigen Sie für $-\Delta u = f$ in Ω, dass dann für jede Funktion v, die auf der Begrenzung Γ des Gebiets Ω Null ist, gilt:

$$\int_\Omega \nabla u \cdot \nabla v = \int_\Omega fv.$$

Zeigen Sie ferner, dass für $\partial_n u = g$ auf Γ für alle Funktionen v gilt:

$$\int_\Omega \nabla u \cdot \nabla v = \int_\Omega fv + \int_\Gamma gv \, ds.$$

69

Der Satz von Stokes

Ich meine auch, dass ich in der letzten Zeit zu viel nachgedacht habe, aber auf eine andere Weise: Mein Kopf beschäftigt sich fortlaufend mit divergenten Reihen, der Diskontinuität von beliebigen Konstanten, ... Ich dachte mir des Öfteren, dass du mir gut tun würdest, indem du mich davon abhalten würdest, mich durch diese Dinge so gefangen nehmen zu lassen. (Stokes, als er 1857 Mary Susanna Robinson bat, seine Frau zu werden)

69.1 Einleitung

Der *Satz von Stokes* besagt, dass für differenzierbares $u : \mathbb{R}^3 \to \mathbb{R}^3$

$$\int_S (\nabla \times u) \cdot n \, ds = \int_\Gamma u \cdot ds \qquad (69.1)$$

gilt, wobei S eine Fläche in $\mathbb{R}^3$ ist, die durch eine geschlossene Kurve Γ umschrieben wird und n ist eine Einheitsnormale auf S. Dabei ist Γ im Uhrzeigersinn orientiert und die Richtung des Normalenvektors n ist rechtshändig zur Umlaufrichtung von Γ gewählt, vgl. Abb. 69.1. Das Integral

$$\int_\Gamma u \cdot ds$$

wird *Zirkulation* von u um Γ genannt. Das Integral

$$\int_S (\nabla \times u) \cdot n \, ds$$

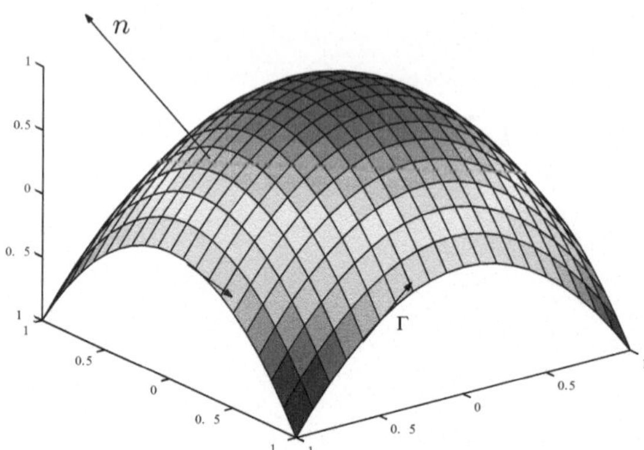

Abb. 69.1. Eine Stokesche Fläche mit Begrenzungskurve Γ

Abb. 69.2. Stokes im Alter von 22: „Nach meinem Abschluss behielt ich meinen Wohnsitz im College und nahm mir Privatschüler. Ich dachte daran, mich an der Grundlagenforschung zu versuchen …“

wird als *Gesamtfluss der Rotation* $\nabla \times u$ *durch die Oberfläche* S bezeichnet. Der Satz von Stokes besagt, dass der Gesamtfluss von $\nabla \times u$ durch S der Zirkulation von u längs der Begrenzung Γ von S entspricht.

Stokes (1819–1903), ein irischer Mathematiker/Physiker erhielt 1849 eine Professur in Cambridge. Er leistete wichtige Beiträge zur Theorie viskoser Flüssigkeiten, die durch die Navier-Stokes-Gleichungen beschrieben werden, vgl. Abb. 69.2.

69.2   Der Spezialfall einer Fläche in einer Ebene

Wir beginnen mit der Betrachtung des Spezialfalles einer ebenen Fläche in der Ebene $\{x \in \mathbb{R}^3 : x_3 = 0\}$ mit der Normalen $\bar{n} = (0,0,1)$ und mit der Begrenzung Γ, vgl. Abb. 69.3. Für diesen Fall nimmt der Satz von Stokes folgende Gestalt an:

$$\int_{\bar{S}} (\nabla \times u) \cdot \bar{n}\, ds = \int_{\bar{S}} \left(\frac{\partial u_2}{\partial x_1} - \frac{\partial u_1}{\partial x_2} \right) dx_1\, dx_2$$

$$= \int_{\Gamma} u \cdot ds = \int_{\Gamma} (u_2 n_1 - u_1 n_2)\, ds. \tag{69.2}$$

Wenn wir die Ebene $\{x_3 = 0\}$ mit $\mathbb{R}^2$ identifizieren, so erkennen wir darin die Gleichung (67.10), die sich direkt aus (67.3) ergibt. Dieses Ergebnis wird oft auch als *zwei-dimensionale Greensche Formel* bezeichnet. Wir haben folglich den Satz von Stokes für den Fall einer ebenen Fläche S in der Ebene $\{x_3 = 0\}$ schon bewiesen.

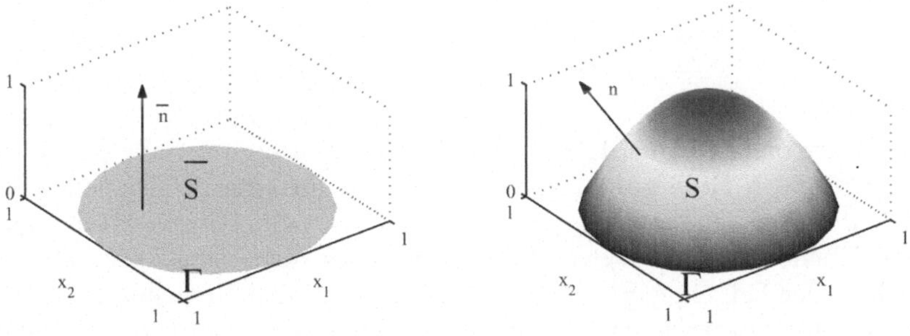

Abb. 69.3. Zwei Spezialfälle: Eine ebene Fläche $\bar{S}$ mit Normaler $\bar{n}$ und Begrenzung Γ und eine gekrümmte Fläche S mit Normaler n und einer ebenen Begrenzungskurve Γ

Beachten Sie, dass die Richtung der Einheitstangente $\tau = (-\tilde{n}_2, \tilde{n}_1)$ lautet, wobei $\tilde{n} = (\tilde{n}_1, \tilde{n}_2)$ die nach außen gerichtete Richtung der Normalen zu Γ in der Ebene $\{x : x_3 = 0\}$ ist, die von der Spitze der Normalen

$\bar{n} = (0, 0, 1)$ aus betrachtet eine Orientierung gegen den Uhrzeigersinn besitzt. Diese Orientierung ist mit der Spezifikation der Tangente τ konsistent, die im Uhrzeigersinn orientiert sein sollte, wenn wir in Richtung der Normalen zu $\bar{S}$ schauen.

Beispiel 69.1. Sei $S = \{x \in \mathbb{R}^3 : \|x\| \leq 1, x_3 = 0\}$ die Einheitsscheibe in der Ebene $\{x_3 = 0\}$, die durch die Kurve Γ umschrieben wird, die durch $s(t) = (\cos(t), \sin(t), 0)$, $0 \leq t \leq 2\pi$ parametrisiert ist. Wir wählen $n = (0, 0, 1)$ und $u(x) = (-x_2, x_1, 0)$, so dass $\nabla \times u(x) = (0, 0, 2)$. Wir berechnen mit Hilfe des Satzes von Stokes:

$$\int_S (\nabla \times u)\, ds = 2\pi, \quad \int_\Gamma u \cdot ds = \int_0^{2\pi} (\cos^2(t) + \sin^2(t))dt = 2\pi.$$

Beispiel 69.2. Nach dem Ampèreschen Gesetz ist $\nabla \times H = J$, wobei H das magnetische Feld ist und J der elektrische Strom. Nach dem Satz von Stokes ist die Zirkulation von H längs einer geschlossenen Kurve Γ, die eine Fläche S beschränkt, gleich dem Gesamtstrom durch die Fläche S. Der Satz von Stokes ist daher einer der zentralen Sätze der elektromagnetischen Feldtheorie.

69.3 Verallgemeinerung auf eine beliebige ebene Fläche

Wir wollen nun beweisen, dass sowohl die linke wie die rechte Seite der Gleichung von Stokes

$$\int_S (\nabla \times u) \cdot n\, ds = \int_\Gamma u \cdot ds$$

unter einer orthogonalen Koordinatentransformation invariant ist. Wir erhalten so einen Beweis des Satzes von Stokes für eine vorgegebene ebene Fläche S durch den Ursprung, indem wir die Koordinaten so wählen, dass S in der Ebene $\{x_3 = 0\}$ liegt und den Beweis des vorherigen Abschnitts verwenden. Der Fall einer Fläche S, die nicht durch den Ursprung läuft, lässt sich auf den vorherigen Fall reduzieren, indem wir einfach den Ursprung des Koordinatensystems verschieben.

Um die Invarianz zu beweisen, sei $x = Q\bar{x}$ eine orthogonale Koordinatentransformation eines Vektors mit den Koordinaten $\bar{x}$ auf den Vektor x, wobei Q eine orthogonale 3×3-Matrix ist. Die abhängige Vektorvariable u wird entsprechend $u = Q\bar{u}$ transformiert, wobei u die Komponenten in den x-Koordinaten bezeichnet und $\bar{u}$ die Komponenten desselben Vektors in den $\bar{x}$-Koordinaten. Für die Komponenten der Integrationsvariablen $ds = s'(t)dt$ und $d\bar{s} = \bar{s}'(t)dt$ ergibt sich eine ähnliche Beziehung, da

$s'(t) = Q\bar{s}'(t)$, d.h. $ds = Qd\bar{s}$. Daher gilt

$$\int_\Gamma u \cdot ds = \int_\Gamma Q\bar{u} \cdot Qd\bar{s} = \int_\Gamma Q^\top Q\bar{u} \cdot d\bar{s} = \int_\Gamma \bar{u} \cdot d\bar{s},$$

woraus sich die Invarianz der rechten Seite von (69.1) ergibt.

Um die Invarianz der linken Seite von (69.1) zu beweisen, nutzen wir die Kettenregel und erhalten so die folgende Beziehung zwischen dem Gradienten ∇ bezüglich x und dem Gradienten $\bar{\nabla}$ bezüglich $\bar{x}$:

$$\nabla = Q\bar{\nabla}.$$

Die direkte Berechnung ergibt nun

$$(\nabla \times u) \cdot n = (Q\bar{\nabla} \times Q\bar{u}) \cdot Q\bar{n} = (\bar{\nabla} \times \bar{u}) \cdot \bar{n}, \qquad (69.3)$$

womit die Invarianz bewiesen ist, da $d\bar{x} = dx$. Wir weisen darauf hin, dass (69.3) zur Beziehung

$$(Qa \times Qb) \cdot Qc = (a \times b) \cdot c$$

mit $a, b, c \in \mathbb{R}^3$ analog ist. Diese Gleichung bringt die Invarianz des Volumens, das durch die drei Vektoren a, b und c aufgespannt wird, unter orthogonalen Koordinatentransformationen zum Ausdruck.

69.4 Verallgemeinerung auf eine durch eine ebene Kurve beschränkte Fläche

Sei S eine Fläche, die durch eine Kurve Γ beschränkt ist, die in der Ebene $\{x_3 = 0\}$ liegt, vgl. Abb. 69.3. Wir gehen allerdings nicht davon aus, dass S in $\{x_3 = 0\}$ enthalten ist. Sei $\bar{S}$ die Fläche in der Ebene $\{x_3 = 0\}$ mit der Begrenzung Γ und sei Ω das Volumen, das durch die Fläche S und die ebene Fläche $\bar{S}$ eingeschlossen wird. Da $\nabla \cdot (\nabla \times u) = 0$, ergibt sich nach dem Divergenzsatz, dass

$$0 = \int_\Omega \nabla \cdot (\nabla \times u)\,dx = \int_S \nabla \times u \cdot n\,ds + \int_{\bar{S}} \nabla \times u \cdot n\,ds, \qquad (69.4)$$

wobei n die nach außen gerichtete Einheitsnormale an die Begrenzung $\partial\Omega$ von Ω ist. Ist n eine Normale zu S und $\bar{n} = -n$ eine Normale zu $\bar{S}$, so folgt aus (69.4), dass

$$\int_S \nabla \times u \cdot n\,ds = \int_{\bar{S}} \nabla \times u \cdot \bar{n}\,ds.$$

Wenn wir den Satz von Stokes auf $\bar{S}$ anwenden, erhalten wir

$$\int_S \nabla \times u \cdot n\, ds = \int_{\bar{S}} \nabla \times u \cdot \bar{n}\, ds = \int_\Gamma u \cdot ds,$$

womit wir den Satz von Stokes für die Fläche S, die durch die ebene Kurve Γ begrenzt ist, bewiesen haben.

Ein Beweis für den Satz von Stokes für den Fall einer allgemeinen Kurve ist in Aufgabe 69.1 skizziert. Wir fassen zusammen:

Satz 69.1 (Satz von Stokes) *Sei S eine Fläche in $\mathbb{R}^3$ mit der Einheitsnormalen n. Sei ferner Γ eine Begrenzung von S, deren Umlaufrichtung rechtshändig zur Richtung von n ist. Dann gilt*

$$\int_S (\nabla \times u) \cdot n\, ds = \int_\Gamma u \cdot ds.$$

Wir wollen noch folgende wichtige direkte Folgerung des Satzes von Stokes formulieren:

Satz 69.2 *Sei $u : \Omega \to \mathbb{R}^3$ für ein Gebiet Ω in $\mathbb{R}^3$ ein differenzierbares Vektorfeld, so dass*

$$\int_\Gamma u \cdot ds = 0$$

für alle geschlossenen Kurven Γ in Ω. Dann ist $\nabla \times u = 0$ in Ω.

Aufgaben zu Kapitel 69

69.1. Beweisen Sie den Satz von Stokes für eine Kurve Γ, die durch $s(t) = (x_1(t), x_2(t), f(x_1(t), x_2(t)))$, $t \in [a, b]$ gegeben ist, mit $f : \mathbb{R}^2 \to \mathbb{R}$. Dadurch wird eine Fläche $\Omega = \{x \in \mathbb{R}^3 : x_3 - f(x_1, x_2) = 0\}$ in $\mathbb{R}^3$ begrenzt. Hinweis: Die Projektion von Γ auf die $x_1 x_2$-Ebene entspricht der Kurve $\tilde{\Gamma}$, die durch $\tilde{s}(t) = (x_1(t), x_2(t), 0)$ dargestellt wird, wodurch das Gebiet $\tilde{\Omega}$ in der $x_1 x_2$-Ebene begrenzt wird. Zeigen Sie, indem Sie $u_i = u_i(x_1, x_2, f(x_1, x_2))$ schreiben, dass

$$\begin{aligned}
\int_\Gamma u \cdot ds &= \int_a^b \left(u_1 x_1' + u_2 x_2' + u_3 \left(\frac{\partial f}{\partial x_1} x_1' + \frac{\partial f}{\partial x_2} x_2' \right) \right) dt \\
&= \int_a^b \left(\left(u_1 + u_3 \frac{\partial f}{\partial x_1} \right) x_1' + \left(u_2 + u_3 \frac{\partial f}{\partial x_2} \right) x_2' \right) dt \\
&= \int_{\tilde{\Gamma}} \left(u_1 + u_3 \frac{\partial f}{\partial x_1}, u_2 + u_3 \frac{\partial f}{\partial x_2} \right) \cdot ds = I.
\end{aligned}$$

Nutzen Sie dann den Satz von Stokes für eine ebene Kurve, wie er oben gezeigt wurde, um zu zeigen, dass

$$I = \int_{\tilde{\Omega}} \left(\frac{\partial}{\partial x_1} \left(u_2 + u_3 \frac{\partial f}{\partial x_2} \right) - \frac{\partial}{\partial x_2} \left(u_1 + u_3 \frac{\partial f}{\partial x_1} \right) \right) dx$$

und beweisen Sie, indem Sie die Ableitungen ausführen und die entsprechenden Berechnungen durchführen, dass

$$I = \int_\Omega (\nabla \times u) \cdot n \, ds,$$

mit $n \, ds = (-\frac{\partial f}{\partial x_1}, -\frac{\partial f}{\partial x_2}, 1) \, dx$.

69.2. Beweisen Sie die Gleichung $\int_\Omega \nabla \times u \, dx = \int_\Gamma n \times u \, ds$, wobei Ω eine Untermenge von $\mathbb{R}^3$ ist mit Begrenzung Γ und auswärts gerichteter Einheitsnormalen n. Wenden Sie dazu den Divergenzsatz auf $u \times a$ an, wobei a ein beliebiger konstanter Vektor ist.

69.3. Untersuchen Sie die Beziehung zwischen der Greenschen Formel (67.9) in der Gestalt von (67.10) und dem Divergenzsatz, der auf das zwei-dimensionale Gebiet S mit der Begrenzung Γ angewendet wird:

$$\int_S \left(\frac{\partial v_1}{\partial x_1} + \frac{\partial v_2}{\partial x_2} \right) dx_1 \, dx_2 = \int_\Gamma (v_1 n_1 + v_1 n_2) \, ds \,,$$

wobei $(u_1, u_2) = (-v_2, v_1)$ gelten soll, was einer Drehung des Vektors (v_1, v_2) um $\pi/2$ gegen den Uhrzeigersinn entspricht. Erklären Sie, wie der Uhrzeigersinn im Satz von Stokes in (67.9) zu einer Richtung gegen den Uhrzeigersinn wird.

69.4. Berechnen Sie das Integral

$$\int_\Gamma (x_1^2 x_2, -x_1^3)/\|x\|^4 \cdot ds,$$

wobei Γ die Kurve in der $x_1 x_2$-Ebene zwischen $(1,0)$ und $(0,1)$ ist, die durch $(x_1(t), x_2(t)) = (\cos(t)^{15}, \sin(t)^{17})$, $0 \le t \le \pi/2$ definiert ist.

69.5. Berechnen Sie das Integral

$$\int_\Gamma \frac{1}{x_1^2 + x_2^2} \frac{(-x_2, x_1, x_3)}{\|x\|} \cdot ds,$$

wobei Γ eine Kurve ist, die auf dem Einheitskreis in der $x_1 x_2$-Ebene fünfmal gegen den Uhrzeigersinn verläuft, darauf zweimal im Uhrzeigersinn und dann wiederum viermal gegen den Uhrzeigersinn.

69.6. Beweisen Sie mit Hilfe des Satzes von Stokes, dass

$$\int_\Gamma v \, ds = \int_S n \times \nabla v \, ds,$$

wobei S eine Fläche in $\mathbb{R}^3$ ist, die durch die geschlossene Kurve Γ begrenzt ist. Hinweis: Nutzen Sie den Satz von Stokes mit $u = va$ für einen beliebigen Vektor a in $\mathbb{R}^3$.

69.7. Zeigen Sie durch direkte Berechnung den Satz von Stokes für (a) den Halbkreis $S = \{x \in \mathbb{R}^3 : \|x\| = 1, x_3 \ge 0\}$ und $u = (x_2, 2x_3, 3x_1)$, (b) $S = \{x \in \mathbb{R}^3 : x_3 = 1 - x_1^2 - x_2^2, x_3 \ge 0\}$.

69.8. (a) Sei Ω ein Gebiet in $\mathbb{R}^2$ mit Grenzkurve Γ. Zeigen Sie, dass die Fläche $A(\Omega)$ durch die Formel

$$A(\Omega) = \frac{1}{2} \int_\Gamma u \cdot ds,$$

gegeben wird, mit $u(x) = (-x_2, x_1)$ und Γ gegen den Uhrzeigersinn. Nutzen Sie dieses Ergebnis, um zu zeigen, dass die Fläche, die durch die Ellipse $x = (a\cos(t), b\sin(t))$, $0 \leq t \leq 2\pi$ mit den Halbachsen a und b beschränkt ist, gleich πab ist. (b) Versuchen Sie ein mechanisches Instrument zur Messung der Fläche eines Gebiets in $\mathbb{R}^2$ zu konstruieren (Planimeter).

70
Potentialfelder

Er ist ein sehr großer, schlaksig aussehender Mann mit Schnurrbart, ergrauendem Bart, einer etwas rauen Stimme und er ist ziemlich taub. Er war ungewaschen, mit seiner Kaffeetasse und Zigarre. Einer seiner Fehler ist es, dass er die Zeit vergisst. Er zieht seine Uhr hervor, merkt, dass es nach drei Uhr ist und rennt hinaus, ohne auch nur den Satz zu beenden. (Thomas Hirst über Dirichlet, 1850)

70.1   Einleitung

Wir wissen aus dem Kapitel „Kurvenintegrale", dass Potentialkraftfelder eine wichtige Rolle in der Mechanik spielen. Sei $u : \Omega \to \mathbb{R}^3$ eine gegebene Vektorfunktion, wobei Ω ein Gebiet in $\mathbb{R}^3$ ist. Wie können wir dann prüfen, ob $u(x)$ ein *Potentialfeld* ist, d.h. ob es eine skalare Funktion oder ein skalares *Potential* φ gibt, so dass

$$u(x) = \nabla\varphi(x) \quad \text{für } x \in \Omega\,? \tag{70.1}$$

Wir erinnern daran, dass bei einer Parametrisierung $s : [0,1] \to \mathbb{R}^3$ einer Kurve Γ von $a = s(0)$ nach $b = s(1)$ sich die Arbeit im Potentialfeld $u = \nabla\varphi$ entlang Γ wie folgt errechnet:

$$\int_\Gamma u \cdot ds = \int_0^1 \nabla\varphi(s(t)) \cdot s'(t)\, dt = \int_0^1 \frac{d\varphi(s(t))}{dt}\, dt = \varphi(b) - \varphi(a).$$

Insbesondere ist die Arbeit für alle Kurven von a nach b identisch. Ist die Kurve geschlossen mit $\varphi(1) = \varphi(0)$, dann ist die Arbeit für die Bewegung entlang der Kurve gleich Null. Ein Feld mit der Eigenschaft, dass die Arbeit entlang einer geschlossenen Kurve gleich Null ist, wird als *konservatives Feld* bezeichnet. Ein Potentialfeld ist daher ein konservatives Feld.

Ein wichtiges Beispiel für ein Potentialfeld ist das Gravitationsfeld einer Masse m im Ursprung:

$$u(x) = -m\frac{x}{\|x\|^3} = \nabla\left(\frac{m}{\|x\|}\right).$$

Dabei haben wir die Einheiten so normiert, dass die Gravitationskonstante gleich Eins ist. Das elektrische Feld einer Ladung m im Ursprung besitzt die gleiche Gestalt. Für diesen Fall steht das Potential $\varphi(x) = m/\|x\|$ für die *potentielle Energie* (der Gravitation oder der elektrischen Wechselwirkung) und die Kurvenintegrale $\int_\Gamma u \cdot ds = \varphi(b) - \varphi(a)$ entsprechen der Arbeit, die aufzubringen ist, um eine Einheitsmasse oder eine Einheitsladung entlang Γ von a nach b zu bewegen.

70.2   Ein rotationsfreies Feld ist ein Potentialfeld

Wir haben bereits früher gesehen, dass ein Potentialfeld $u = \nabla\varphi$ rotationsfrei ist, d.h., dass $\nabla \times u = \nabla \times (\nabla\varphi) = 0$. Dies ergibt sich aus einer direkten Berechnung mit Hilfe von $\frac{\partial^2\varphi}{\partial x_i \partial x_j} = \frac{\partial^2\varphi}{\partial x_j \partial x_i}$. Anders formuliert, so ist $\nabla \times u = 0$ in Ω eine *notwendige Bedingung*, damit u ein Potentialfeld in Ω ist.

Wir wollen nun beweisen, dass die Bedingung $\nabla \times u = 0$ in Ω eine *hinreichende Bedingung* ist, damit u ein Potentialfeld in Ω ist, wenn Ω konvex ist. Wir erinnern daran, dass Ω *konvex* ist, wenn für zwei beliebige Punkte $\bar{x}$ und x in Ω auch die Strecke $\bar{x}+t(x-\bar{x})$, $0 \le t \le 1$ zwischen $\bar{x}$ und x vollständig in Ω liegt, vgl. Abb. 70.1. Konvexität impliziert insbesondere, dass Ω „keine Löcher" besitzt. Wir fassen also zusammen, dass u dann und nur dann ein Potentialfeld in einem konvexen Gebiet Ω ist, wenn u in Ω rotationsfrei ist. Oder anders formuliert, so gilt dann und nur dann $u = \nabla\varphi$ in Ω für ein Potential φ, wenn $\nabla \times u = 0$ in Ω.

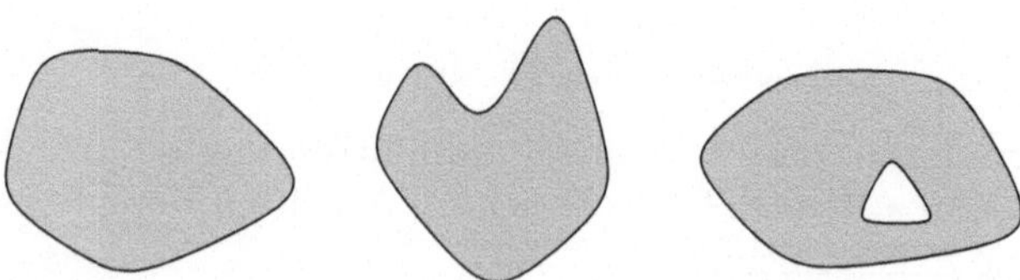

Abb. 70.1. Ein konvexes und zwei nicht konvexe Gebiete

Wir führen den Beweis so aus, dass wir ein Potential φ *konstruieren*, so dass $\nabla\varphi = u$ für ein vorgegebenes rotationsfreies Feld $u(x)$ im konvexen

Gebiet Ω. Für die Konstruktion wählen wir einen festen Punkt $\bar{x}$ in Ω. Für jeden Punkt x sei Γ_x eine Kurve in Ω, die $\bar{x}$ mit x verbindet und wir definieren

$$\varphi(x) = \int_{\Gamma_x} u \cdot ds. \tag{70.2}$$

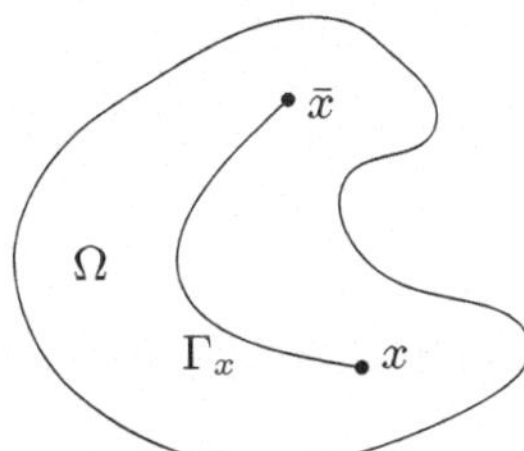

Abb. 70.2. Eine Kurve Γ_x in Ω, die $\bar{x}$ mit x verbindet

Wir beweisen zunächst, dass $\varphi(x)$ von der Wahl der Kurve Γ_x von $\bar{x}$ nach x unabhängig ist. Angenommen, Γ_x und $\tilde{\Gamma}_x$ seien zwei Kurven von x nach x. Zusammen bilden sie eine geschlossene Kurve Γ, die eine Fläche S begrenzt. Nach dem Satz von Stokes ergibt sich somit:

$$\int_{\Gamma} u \cdot ds = \pm \int_{S} (\nabla \times u) \cdot n \, ds = 0,$$

da $\nabla \times u = 0$ auf S. Nun gilt

$$\int_{\Gamma} u \cdot ds = \int_{\Gamma_x} u \cdot ds - \int_{\tilde{\Gamma}_x} u \cdot ds,$$

wenn wir Γ mit derselben Richtung betrachten wie Γ_x und folglich in entgegengesetzter Richtung zu $\tilde{\Gamma}_x$. Wir folgern, dass

$$\int_{\tilde{\Gamma}_x} u \cdot ds = \int_{\Gamma_x} u \cdot ds,$$

woraus sich die Unabhängigkeit von der Wahl der Kurve, die $\bar{x}$ mit x verbindet, ergibt.

Als Nächstes beweisen wir, dass die Funktion $\varphi(x)$, die durch (70.2) definiert wird, für $x \in \Omega$ die Gleichung $\nabla\varphi(x) = u(x)$ erfüllt. Dazu wählen wir eine Kurve Γ_x, die x mit $\bar{x}$ verbindet und teilweise entlang der x_1-Achse oder der x_2-Achse oder entlang der x_3-Achse verläuft, vgl. Abb. 70.3. Sei die Laufrichtung entlang der x_1-Achse wie in Abb. 70.3, so erhalten wir ein $\hat{x}$ nahe bei x, so dass

$$\varphi(x) - \varphi(\hat{x}) = \int_{\hat{x}_1}^{x_1} u_1(t, x_2, x_3) \, dt\,.$$

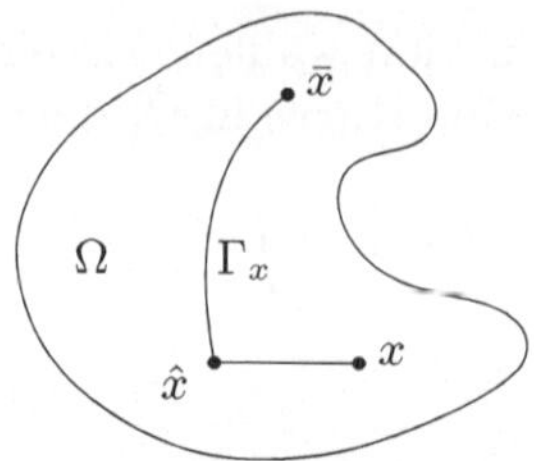

Abb. 70.3. Eine Kurve Γ_x, die x und $\bar{x}$ verbindet und teilweise entlang der x_1-Achse verläuft

Nach dem Fundamentalsatz folgt daraus, dass

$$\frac{\partial \varphi}{\partial x_1}(x) = u_1(x).$$

Ähnlich erhalten wir $\frac{\partial \varphi}{\partial x_i}(x) = u_i(x)$ für $i = 2, 3$. Wir fassen zusammen:

Satz 70.1 *Wenn für* $u : \Omega \to \mathbb{R}^d$ *auf einem konvexen Gebiet in* $\mathbb{R}^d$ *für* $d = 2, 3$ *gilt, dass* $\nabla \times u(x) = 0$ *für alle* $x \in \Omega$, *dann gibt es eine Funktion* $\varphi : \Omega \to \mathbb{R}$, *so dass* $u(x) = \nabla \varphi(x)$ *für alle* $x \in \Omega$.

70.3   Ein Gegenbeispiel für ein nicht konvexes Ω

Wir betrachten die Funktion $u : \Omega \to \mathbb{R}^2$, die durch $u(x) = (-x_2, x_1)/\|x\|^2$ mit $\Omega = \{x \in \mathbb{R}^2 : x \neq 0\}$ definiert ist. Diese Funktion erfüllt

$$\nabla \times u(x) = \frac{\partial u_2}{\partial x_1} - \frac{\partial u_1}{\partial x_2} = \frac{-2x_1 x_2}{\|x\|^4} - \frac{-2x_1 x_2}{\|x\|^4} = 0 \quad \text{für } x \in \dot{\Omega}.$$

Nichtsdestotrotz kann $u(x)$ nicht in der Form $u(x) = \nabla \varphi(x)$ für $x \in \Omega$ geschrieben werden. Dies ergibt sich daraus, dass für die geschlossene Kurve Γ, die durch $s(t) = r(\cos(t), \sin(t))$, $0 \leq t < 2\pi$ gegeben wird, gilt:

$$\int_\Gamma u \cdot ds = \int_0^{2\pi} \frac{1}{r^2} r^2 \, dt = 2\pi,$$

wohingegen $\int_\Gamma u \cdot ds = 0$ gelten sollte, falls $u(x) = \nabla \varphi(x)$, da Γ geschlossen ist. Der Grund liegt darin, dass in diesem Fall Ω *nicht konvex* ist. Der Punkt $x = 0$ gehört nicht zu Ω, d.h., Ω besitzt ein „Loch". Wir können Ω nicht erweitern, um $x = 0$ einzubeziehen, da die Funktion $u(x)$ in $x = 0$ singulär und insbesondere nicht Lipschitz-stetig ist.

Aufgaben zu Kapitel 70

70.1. Finden Sie, falls möglich, ein Potential φ für (a) $u(x) = (x_1, x_2, x_3)$ (b) $u(x) = (x_3, x_1, x_2)$ (c) $u(x) = (x_2^2 - x_3, 2x_1x_2, 3x_3^2 - x_1)$.

70.2. Wir wiederholen von oben, dass $\nabla \times u = 0$ dann und nur dann, wenn $u = \nabla\varphi$ für ein φ.

Wir stellen nun die Frage, ob dann und nur dann $\nabla \cdot u = 0$, wenn $u = \nabla \times \psi$ für ein (Vektor-)Potential ψ gilt. Beachten Sie, dass wir bereits wissen, dass der „dann-Teil" der Aussage wahr ist, d.h., dass $\nabla \cdot u = 0$, wenn $u = \nabla \times \psi$ für ein ψ.

Es zeigt sich, dass auch der „und nur dann, wenn-Teil" wahr ist, d.h. für $\nabla \cdot u = 0$ können wir ein (Vektor-)Potential ψ konstruieren, so dass $u = \nabla \times \psi$. Beweisen Sie dies mit Hilfe der Konstruktion $\psi(x) = \int_0^1 u(tx) \times tx \, dt$ unter der vereinfachenden Annahme, dass $\nabla \cdot u$ in ganz $\mathbb{R}^3$ definiert ist.

70.3. Erweitern Sie das obige Gegenbeispiel auf die Funktion $u : \mathbb{R}^3 \to \mathbb{R}^3$, die durch $u(x) = (-x_2, x_1, 0)/\|x\|^2$ gegeben ist. Durch diese Funktion wird das Magnetfeld um einen Leiter längs der x_3-Achse beschrieben.

71
Massenschwerpunkt und archimedisches Prinzip*

Das einfachste Schulkind ist heutzutage mit Tatsachen vertraut, für die Archimedes sein Leben geopfert hätte. (Ernest Renan)

71.1   Einleitung

Wir wenden uns nun der Stabilitätsuntersuchung für schwimmende Körper zu und untersuchen dabei auch die Frage, wie ein großes Schiff oder ein Segelboot entworfen werden muss, so dass es nicht umkippt. Ein Beispiel für einen ungünstigen Entwurf liefert das Kriegsschiff Vasa, das auf seiner Jungfernfahrt am 10. August 1628 im Hafen von Stockholm umkippte und zusammen mit 50 von 150 Mann Besatzung sank. Bei der anschließenden Gerichtsverhandlung wurde entschieden, dass das Schiff „wohl gebaut aber schlecht proportioniert" war und niemand wurde für das Unglück für schuldig befunden. Das Schiff ist nun im Vasa Museum in Stockholm ausgestellt.

Offensichtlich kam die Instabilität der Vasa überraschend. Die Vasa wurde nach einem neuen Entwurf mit zwei statt einem Kanonendeck für schwere Artillerie gebaut, und der geplante Ballast mit Steinen war als Gegengewicht nicht ausreichend. Die alten Gesetze für den Schiffbau waren offensichtlich nicht für den neuen Entwurf anwendbar, und Infinitesimalrechnung und wissenschaftliche Berechnungen waren zu der Zeit für glaubwürdige Vorhersagen zu primitiv.

Wozu wären wir heute mit ein bisschen Infinitesimalrechnung in der Lage? Wir beginnen mit dem Begriff des *Massenschwerpunkts*, fahren dann mit dem *archimedischen Prinzip* fort und stellen die Frage nach der Stabilität schwimmender Körper.

Abb. 71.1. 10. August 1628: Die Vasa wird instabil und sinkt

71.2   Massenschwerpunkt

Wir betrachten einen Körper B, der das Volumen V in $\mathbb{R}^3$ einnimmt. Wir nehmen dazu an, dass die *Dichte* des Körpers in x durch $\rho(x)$ gegeben wird. Die Gesamtmasse $m(B)$ des Körpers beträgt:

$$m(B) = \int_V \rho(x)\,dx.$$

Der *Massenschwerpunkt* $\bar{x} = (\bar{x}_1, \bar{x}_2, \bar{x}_3) \in \mathbb{R}^3$ des Körpers B wird durch

$$\bar{x}_i \int_V \rho(x)\,dx = \int_V x_i \rho(x)\,dx, \quad i = 1, 2, 3$$

definiert, d.h.,

$$\bar{x}_i = \frac{\int_V x_i \rho(x)\,dx}{\int_V \rho(x)\,dx}, \quad i = 1, 2, 3.$$

In Vektorschreibweise lautet dies:

$$\bar{x} = \frac{\int_V x\rho(x)\,dx}{\int_V \rho(x)\,dx}.$$

Wir wollen nun die Bedeutung des Begriffs des Massenschwerpunkts mit Hilfe des Begriffs des *Drehmoments* erläutern. Dazu betrachten wir die Wirkung eines senkrechten Gravitationskraftfelds $-e_3$ mit Einheitsstärke, das auf den Körper B einwirkt, wobei die Koordinatenrichtung e_3 senkrecht nach oben orientiert ist. Das Drehmoment um einen Punkte $\bar{x}$, das eine Kraft F, die in x angreift, ausübt, lautet:

$$(x - \bar{x}) \times F = -F \times (x - \bar{x}),$$

vgl. Abb. 71.2. Anders formuliert, so ist das Drehmoment ein Vektor, der senkrecht zu der Ebene ist, die durch die Richtung der Kraft und den Hebelarm $x - \bar{x}$ aufgespannt wird. Der Betrag entspricht dem Betrag der Kraft F multipliziert mit dem Abstand zwischen Punkt $\bar{x}$ und dem Angriffspunkt x.

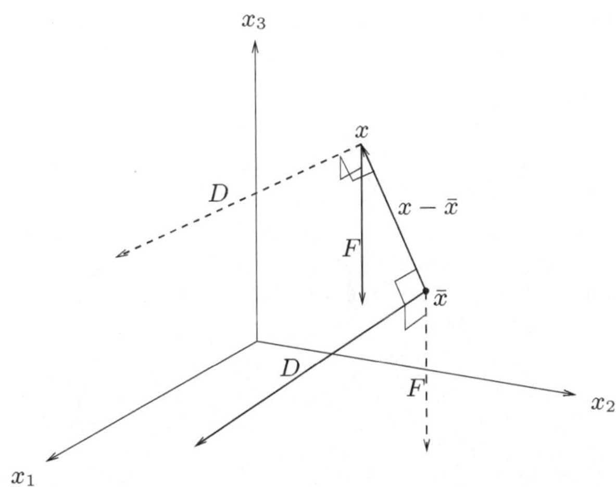

Abb. 71.2. Das Drehmoment $D = (x - \bar{x}) \times F$ um den Punkt $\bar{x}$ einer in x angreifenden Kraft F

Das Drehmoment um einen gegebenen Punkt $\bar{x}$, das durch das Schwerkraftfeld (unter der Annahme einer Gravitationsbeschleunigung $g = 1$) im Punkt x mit dem Massenelement $\rho(x)\,dx$ hervorgerufen wird, entspricht:

$$\rho(x)\,dx\,e_3 \times (x - \bar{x}).$$

Das Gesamtdrehmoment D des Gravitationsfeldes $-e_3$ für den Körper B um $\bar{x}$ ergibt sich folglich zu:

$$D = e_3 \times \int_V \rho(x)(x - \bar{x})\, dx = 0,$$

wobei wir die Definition des Massenschwerpunkts benutzen. Das Drehmoment um $\bar{x}$ verschwindet also, was bedeutet, dass der Körper ausbalanciert ist, wenn er im Punkt $\bar{x}$ unterstützt wird, vgl. Abb. 71.3.

Genauer formuliert, gilt

$$D = e_3 \times \left(\int_V \rho(x)x\, dx - \bar{x} \int_V \rho(x)\, dx \right) = 0 \qquad (71.1)$$

dann und nur dann, wenn

$$\bar{x}_i = \frac{\int_V x_i \rho(x)\, dx}{\int_V \rho(x)\, dx}$$

für $i = 1, 2$. Das heißt, dass der Körper ausbalanciert ist, wenn er in einem Punkte $x = (x_1, x_2, x_3)$ unterstützt wird mit $x_1 = \bar{x}_1$, $x_2 = \bar{x}_2$, wohingegen x_3 beliebig gewählt werden kann, vgl. Abb. 71.3. Daher wird der Körper unabhängig von seiner Orientierung ausbalanciert sein, wenn er in seinem Massenschwerpunkt $\bar{x}$ unterstützt wird. Wird der Körper in einem anderen Punkt x als dem Massenschwerpunkt $\bar{x}$ unterstützt, so ist er dann und nur dann balanciert, wenn $\bar{x} - x$ zur Richtung des Gravitationsfeldes parallel ist.

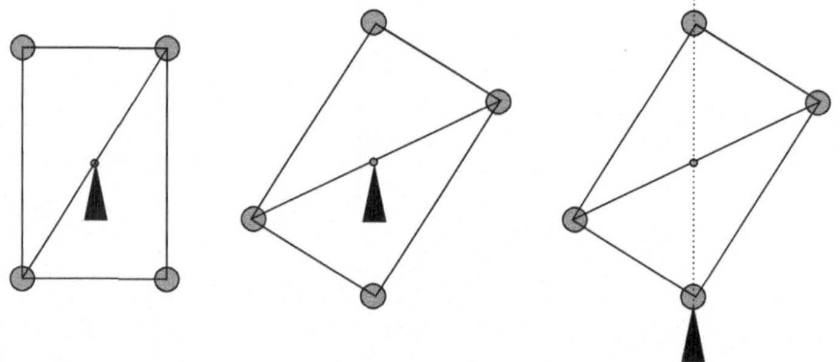

Abb. 71.3. Ein in seinem Massenschwerpunkt unterstützter Körper in zwei stabilen Positionen und ein Körper, der in einem Eckpunkt unterstützt wird; balanciert aber instabil

Beispiel 71.1. Wir berechnen den Massenschwerpunkt $\bar{x}$ einer dünnen dreieckigen Platte mit einheitlicher Dicke, die in der Ebene den Bereich $\Omega = \{x \in \mathbb{R}^2 : 0 \leq x_1, x_2, x_1 + x_2 \leq 1\}$ einnimmt. Wir erhalten

$$\bar{x}_i = \frac{\int_\Omega x_i\, dx}{\int_\Omega dx} = \frac{1/6}{1/2} = \frac{1}{3}.$$

Beispiel 71.2. Wir berechnen den Massenschwerpunkt der Halbkugel $\Omega = \{x \in \mathbb{R}^3 : \|x\| \le 1,\, x_3 \ge 0\}$. Aus Symmetriegründen ist $\bar{x}_1 = \bar{x}_2 = 0$. Für $\bar{x}_3$ erhalten wir mit Hilfe von sphärischen Koordinaten:

$$\int_\Omega x_3 \, dx = \int_0^{2\pi} \int_0^{\pi/2} \int_0^1 r\cos(\varphi)\, r^2 \sin(\varphi)\, dr d\varphi d\theta$$

$$= \int_0^{2\pi} \int_0^{\pi/2} \frac{1}{2}\sin(2\varphi)\left[\frac{1}{4}r^4\right]_0^1 d\varphi d\theta$$

$$= \frac{1}{4}\int_0^{2\pi}\left[-\frac{1}{4}\cos(2\varphi)\right]_0^{\pi/2} d\theta = \frac{1}{8}\int_0^{2\pi} d\theta = \pi/4,$$

d.h., $\bar{x}_3 = \int_\Omega x_3 \, dx / \int_\Omega dx = \frac{\pi/4}{2\pi/3} = \frac{3}{8}$.

71.3 Das archimedische Prinzip

Das archimedische Prinzip besagt, dass die *Auftriebskraft* eines vollständig eingetauchten Körpers B (i) dem Gewicht der verdrängten Flüssigkeit entspricht und (ii) senkrecht zum Massenschwerpunkt der verdrängten Flüssigkeit, den wir als Auftriebszentrum c_b bezeichnen, einwirkt. Wir wollen diese Tatsache nun mit Hilfe vektorieller Infinitesimalrechnung beweisen. Die Kraft durch die Flüssigkeit, die auf ein Element $ds = ds(x)$ der Fläche S eines Körpers B im Punkt x einwirkt, entspricht $-p(x)n(x)\,ds$, wobei $p(x)$ der Druck der Flüssigkeit ist und $n(x)$ ist die auswärts (von B) gerichtete Einheitsnormale an S in x. Die gesamte Druckkraft auf B beträgt daher

$$F = -\int_S p(x)n(x)\, ds(x) = -\int_S pn\, ds.$$

Da

$$\int_V \frac{\partial p}{\partial x_i}\, dx = \int_S pn_i\, ds, \quad i = 1, 2, 3,$$

wobei V dem Volumen von B entspricht, erhalten wir

$$F = -\int_V \nabla p(x)\, dx.$$

Der *Druck* $p(x)$ in einer ruhenden Flüssigkeit, der als *hydrostatischer Druck* bezeichnet wird, ergibt sich aus

$$p(x) = \rho z(x) + p_0.$$

Dabei ist $z(x)$ die Tiefe, ρ die konstante Dichte der Flüssigkeit und p_0 der Druck auf die Oberfläche der Flüssigkeit, vgl Abb. 71.4.

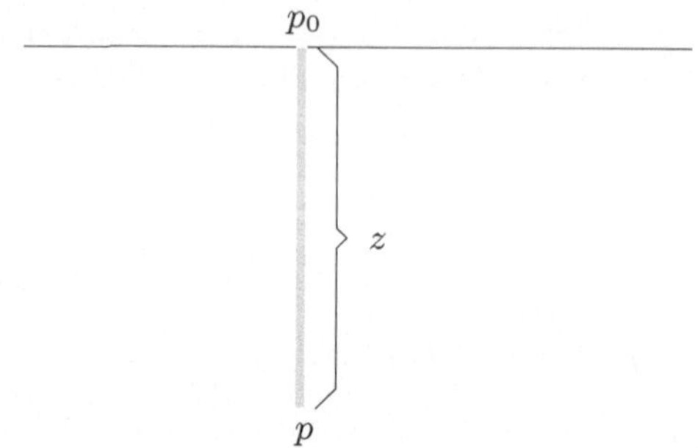

Abb. 71.4. Hydrostatischer Druck $p(x) = \rho z(x) + p_0$

Die Druckkraft in einem Punkt x ist in alle Richtungen gleich groß und ihr Betrag $p(x)$ entspricht dem Gewicht $\rho z(x)$ der Flüssigkeitssäule über dem Punkte x zuzüglich dem Oberflächendruck p_0 durch die Atmosphäre. Wir folgern, dass

$$\nabla p(x) = -\rho e_3,$$

wobei wir annehmen, dass die Koordinatenrichtung e_3 senkrecht und aufwärts gerichtet ist. Daher ist

$$F = \int_V \rho \, dx \, e_3 = M e_3,$$

wobei $M = \int_V \rho \, dx$ dem Gesamtgewicht der verdrängten Flüssigkeit entspricht. Damit ist der erste Teil des archimedischen Prinzips bewiesen.

Als Nächstes erhalten wir für das Gesamtdrehmoment D aus den Flüssigkeitsdruckkräften auf S:

$$D = \int_S (x - \bar{x}) \times (-p(x)n(x)) \, ds(x) = \int_S n(x) \times p(x)(x - \bar{x}) \, ds.$$

Wenn wir berücksichtigen, dass

$$\int_S n \times F \, ds = \int_V \nabla \times F \, dx,$$

so ergibt sich:

$$D = \int_V \nabla \times (p(x)(x - \bar{x})) \, dx.$$

Nun ist aber

$$\nabla \times (p(x)(x - \bar{x})) = \nabla p \times (x - \bar{x}) + p \, \nabla \times (x - \bar{x}).$$

Da $\nabla \times (x - \bar{x}) = 0$, folgt, dass

$$D = \int_V \nabla p \times (x - \bar{x})\, dx = -\int_V \rho(x - \bar{x})\, dx \times e_3.$$

Das Drehmoment D verschwindet folglich, wenn für $\bar{x}$ gilt:

$$\bar{x}_i \int_V \rho\, dx = \int_V x_i \rho\, dx \quad \text{für } i = 1, 2.$$

Wir fassen zusammen, dass die Auftriebskraft senkrecht aufwärts gerichtet ist und längs einer senkrechten Linie durch den Massenschwerpunkt der verdrängten Flüssigkeit einwirkt. Somit haben wir bewiesen:

Satz 71.1 (Archimedisches Prinzip) *Die auf einen in eine Flüssigkeit eingetauchten Körper einwirkende Auftriebskraft entspricht dem Gewicht der verdrängten Flüssigkeit. Sie wirkt längs einer vertikalen Geraden durch den Massenschwerpunkt der verdrängten Flüssigkeit.*

Wir können das archimedische Prinzip direkt auf teilweise eingetauchte Körper ausdehnen, indem wir annehmen, dass der Oberflächendruck der Flüssigkeit dabei Null beträgt.

71.4   Die Stabilität schwimmender Körper

Die Stabilität eines schwimmenden Körpers B ist von zentraler Wichtigkeit für alle Arten des Schiffbaus; angefangen bei Kanus bis hin zu großen Schiffen. Die Frage nach der Stabilität kann auf die Frage nach der relativen Lage (i) des Massenschwerpunkts c_m des Körpers B und (ii) des Zentrums der Auftriebskraft c_b von B entsprechend der folgenden Diskussion zurückgeführt werden. Wir betrachten dazu den Körper in Ruheposition mit einer vom Massenschwerpunkt senkrecht nach unten gerichteten Schwerkraft und die Auftriebskraft, die aus dem Zentrum der Auftriebskraft senkrecht nach oben wirkt. Wir nehmen an, dass der Körper sich im Gleichgewicht befindet, wobei die Gravitationskraft und die Auftriebskraft, die durch die senkrechten Geraden des Massenschwerpunkts und des Auftriebszentrums verlaufen, sich ausgleichen, vgl. Abb. 71.5.

Nun nehmen wir an, dass der Körper um einen kleinen Winkel geneigt wird, so dass das Zentrum der Massenschwerkraft und der Auftriebskraft horizontal gegeneinander verschoben sind, vgl. Abb. 71.5. Sei D das resultierende Drehmoment, das sich aus den beiden Kräften ergibt. Das Vorzeichen des Drehmoments wird für die Stabilität ausschlaggebend sein! Wirkt D in dieselbe Richtung wie die Neigung, wird sich die Neigungstendenz verstärken und der Körper wird sich aus der Gleichgewichtslage entfernen und gegebenenfalls umkippen, vgl. Abb. 71.5. Dies tritt auf, wenn das

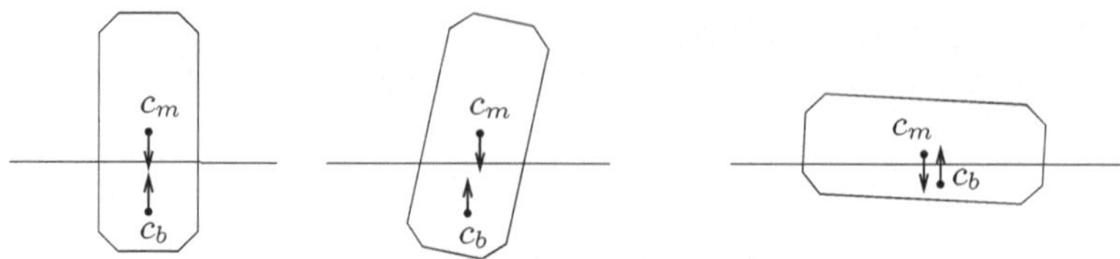

Abb. 71.5. Schwimmende Körper mit ihren Massenschwerpunkten und den Auftriebszentren

Schwerkraftzentrum sich horizontal schneller in Neigungsrichtung bewegt, als dies das Auftriebszentrum tut. Andererseits wird das Drehmoment negativ, wenn sich das Schwerkraftzentrum langsamer verschiebt und es wirkt dann als Rückstellkraft, die bestrebt ist, den Körper in die Ausgangslage zurückzubewegen, vgl. Abb. 71.5. Wir wollen nun zwei Beispiele mit einfachen Geometrien betrachten.

Beispiel 71.3. Nun wollen wir eine Raumkapsel mit konischer Spitze und halbkugelförmiger Grundfläche betrachten, die im Pazifik schwimmt und auf ihre Bergung wartet. Wird die Kapsel aufrecht schwimmen oder nicht? Angenommen, die Kapsel schwimmt aufrecht, so dass ein Teil der halbkugelförmigen Grundfläche in das Wasser eintaucht, vgl. Abb. 71.6.

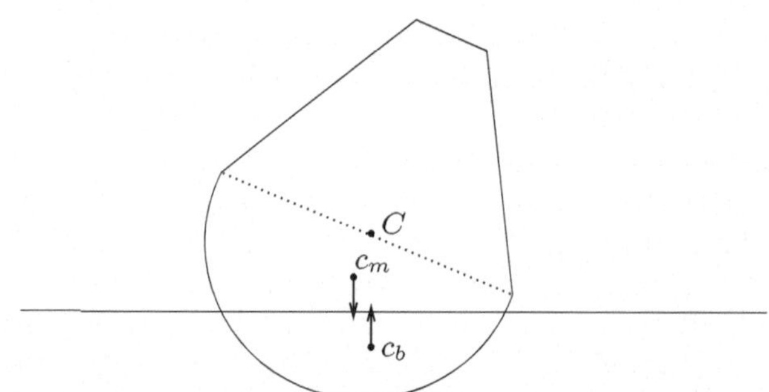

Abb. 71.6. Aufrecht schwimmende Raumkapsel

Die Resultierende der Auftriebskräfte ist aufwärts gerichtet und wirkt auf das Zentrum C der Halbkugel ein, vgl. Abb. 71.6. Wenn die Kapsel leicht geneigt wird, so ist die Auftriebskraft stets durch C gerichtet und das Drehmoment durch die Gravitationskraft wird destabilisierend sein, wenn sich der Massenschwerpunkt c_m der Kapsel oberhalb von C befindet und es wird stabilisierend wirken, wenn c_m unterhalb von C liegt (wenn c_m auf der Symmetrieachse der Kapsel liegt), vgl. Abb. 71.6.

Beispiel 71.4. Wir betrachten eine rechteckige Schachtel mit quadratischen Seitenflächen der Breite $2w$ und Höhe $2l$ und einer Dichte $\bar{\rho}$, die in einer

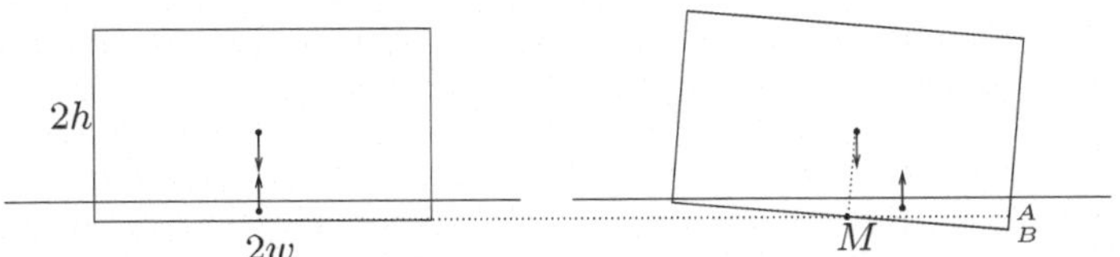

Abb. 71.7. Schwimmende Schachtel

Flüssigkeit der Dichte ρ schwimmt, vgl. Abb. 71.7. Angenommen, dass $\bar{\rho}$ verglichen zu ρ klein ist, so dass die Schachtel nur leicht ins Wasser eintaucht. Um die Stabilität der Schachtel zu prüfen, gehen wir von einer leichten Drehung um einen Winkel θ um den Mittelpunkt C im Boden aus. Das destabilisierende Drehmoment um C, das durch die Gravitationskraft durch das Massenzentrum hervorgerufen wird, entspricht $g\bar{\rho}(2w)^2 2hh\sin(\theta)$, vgl. Abb. 71.7. Das stabilisierende Drehmoment, das durch die Änderung der Auftriebskräfte durch die Drehung bewirkt wird, ergibt sich zu

$$2\frac{2}{3}www\sin\theta\frac{1}{2}\rho gw,$$

da die Fläche des Dreiecks CAB gleich $ww\sin\theta\frac{1}{2}$ ist und da das Massenzentrum von CAB im horizontalen Abstand $2\frac{2}{3}w$ von C liegt. Die Position ist stabil, falls

$$2\frac{2}{3}w^4\sin\theta\frac{1}{2}\rho g > g\bar{\rho}8w^2h^2\sin(\theta),$$

d.h., falls

$$w^2\rho > 12h^2\bar{\rho}.$$

Aufgaben zu Kapitel 71

71.1. Die Eisdichte beträgt das $0{,}917$-fache der Wasserdichte (bei $-4°C$). Wie viele Teile eines Eisbergs sind oberhalb der Wasserfläche sichtbar?

71.2. Wie schwimmt ein Baumstamm? Warum schwimmt er nicht in senkrechter Lage?

71.3. Untersuchen Sie, warum Katamaran-Boote gute Stabilitätseigenschaften besitzen.

71.4. Bestimmen Sie die stabile Schwimmlage eines „Baumstamms" mit quadratischer Grundfläche und Dichte $\bar{\rho} = \frac{1}{2}\rho$. Bestimmen Sie die stabilen Lagen als Funktion des Verhältnisses $\bar{\rho}/\rho$. (Wir wissen von oben, dass er für genügend kleines $\bar{\rho}/\rho$, flach wie die Schachtel in Abb. 71.7 schwimmen wird.) Gibt es mehr als eine stabile Position (neben Symmetrie-bedingten Positionen)? Diskutieren Sie! Hängen die Schlussfolgerungen von der Form der Grundfläche ab?

71.5. Wie schwimmt ein (perfekter) Eiswürfel? Wie schwimmt ein Fass (Zylinder), bei vorgegebenem Verhältnis von Höhe zu Durchmesser und Dichteverhältnis?

71.6. Untersuchen Sie den Entwurf von Segelbooten unter Stabilitätsgesichtspunkten. Vergleichen Sie insbesondere moderne Entwürfe mit guter Formstabilität (breiter und flacher Boden) und klassische Entwürfe mit einem engen tiefen Rumpf. Stellen Sie eine Verbindung zur Vasa her.

71.7. Verallgemeinern Sie das archimedische Prinzip auf einen Körper, der in ein System zweier aufeinander schwimmender Schichten verschiedener Flüssigkeiten eintaucht.

72
Der Albtraum von Newton*

Gott kümmert sich nicht um mathematische Schwierigkeiten. Er integriert empirisch. (Einstein)

Die Newtonsche Theorie der Schwerkraft besagt, dass das Schwerkraftfeld $F(x)$, das durch einen Massenpunkt m im Ursprung erzeugt wird, dem Potentialfeld

$$F(x) = -m\frac{x}{\|x\|^3} = \nabla\left(\frac{m}{\|x\|}\right) \tag{72.1}$$

entspricht, das zum Potential $\varphi(x) = m/\|x\|$ gehört. Dabei sind die Einheiten so gewählt, dass die Gravitationskonstante Eins beträgt. Das bedeutet, dass die Gravitationskraft auf eine Einheitspunktmasse im Punkt x, die durch eine Masse m im Ursprung hervorgerufen wird, $F(x)$ beträgt. In Absolutbeträgen ergibt sich

$$\|F(x)\| = \frac{m}{\|x\|^2},$$

was als *Newtonsches Gesetz mit inverser Proportionalität zum Abstandsquadrat* bekannt ist. Ganz allgemein lautet das Schwerkraftfeld einer Masse m in einer Position y:

$$F(x) = -m\frac{x-y}{\|x-y\|^3}, \tag{72.2}$$

wobei $F(x)$ die Kraft auf eine Einheitsmasse in Position x beschreibt mit zugehörigem Potential $\varphi(x) = m/\|x-y\|$.

Abb. 72.1. Isaac Newton 1689: „Ich war nicht in der Lage, ein Phänomen für die Ursache der Schwerkraft zu entdecken und ich möchte keine Hypothese aufstellen; denn alles, was sich nicht aus Phänomenen herleiten lässt, muss Hypothese genannt werden, und Hypothesen, seien sie metaphysisch oder physikalisch mit okkultem oder mechanischem Hintergrund, haben keinen Platz in der experimentellen Philosophie"

Über eine lange Zeit versuchte Newton eine Folgerung seiner neuen Gravitationstheorie zu zeigen: Die Gravitationskraft zwischen zwei festen Kugeln ist gleich der zwischen den in den Massenschwerpunkten der Kugeln konzentrierten Massen der Kugeln. Dieses Ergebnis hat wichtige praktische Auswirkungen. So würde es beispielsweise die Modellierung des Sonnensystems durch 9 kleine Punkte für die Planeten, die um einen fixen großen Massenpunkt, der für die Sonne steht, erlauben, d.h., als ein 9-Körper System. Ohne dieses vereinfachende wichtige Ergebnis müssten wir die Anziehungskraft zwischen den Teilen jedes dieser Körper betrachten, was das Modell beträchtlich komplizieren würde. Die praktische Anwendbarkeit des Newtonschen Gravitationsgesetzes wäre durch jeden, der wie die Kirche daran Interesse hatte, einfach in Frage zu stellen. In Ermangelung dieses wichtigen Ergebnisses verzögerte Newton die Veröffentlichung seines Monumentalwerks *Principia Mathematica* um viele Jahre. Newton behauptete, dass er die „Principia" absichtlich schwer zu lesen hielt, um „zu vermeiden, von kleinen Lichtern der Mathematik geschlagen zu werden". Newton liebte Kritiker nicht.

Tatsächlich kann auch ein 9-Körper System von Punktmassen weit jenseits des Verständnisses oder der mathematischen Analyse liegen. Glücklicherweise ist das Sonnensystem ein sehr spezielles 9-Körper System, bei der die Bewegung jedes Planeten in guter Näherung als ein 1-Körper System betrachtet werden kann, so als ob jeder Planet ungestört um eine schwere Sonne kreisen würde. Derartige 1-Körper Systeme besitzen eine vollständige analytische Lösung, wie wir im Kapitel „Lagrange und das Prinzip der kleinsten Wirkung" gesehen haben.

Das wichtige Ergebnis, das Newton schließlich erfolgreich bewies, lässt sich folgendermaßen in Worte fassen: Sei eine dünne Kugelhülle S mit Radius r und gleichmäßiger Dicke und Masse m im Ursprung zentriert. Sei $F(x)$ das Schwerkraftfeld, das durch diese sphärische Schale erzeugt wird, so dass $F(x)$ die Schwerkraft der Kugelhülle auf eine Einheitspunktmasse im Punkt x außerhalb der Kugel ist. Newton bewies, dass

$$F(x) = -m\frac{x}{\|x\|^3} \quad \text{für } \|x\| > r,$$

wonach das Schwerkraftfeld, das durch die Kugelhülle auf einen Punkt außerhalb ausgeübt wird, dem Feld entspricht, das durch eine Punktmasse m im Zentrum der Kugel erzeugt wird.

Das Gravitationsfeld $F(x)$ der Kugelhülle entspricht der Summe der Gravitationsfelder aller kleinen Teile $ds(y)$ der Oberfläche mit Masse $dm(y)$ im Punkt y, aus denen die Kugel zusammengesetzt ist, so dass also

$$F(x) = \int_S f(y)ds(y),$$

wobei

$$f(y)ds(y) = -dm(y)\frac{x-y}{\|x-y\|^3}$$

dem Schwerkraftfeld des Flächenstücks $ds(y)$ der Masse $dm(y)$ im Punkte y entspricht. Wir halten fest, dass

$$dm(y) = \frac{mds(y)}{4\pi r^2},$$

da die Fläche der Kugel $4\pi r^2$ beträgt und die Gesamtmasse m ist, so dass also

$$f(y) = -\frac{m}{4\pi r^2}\frac{x-y}{\|x-y\|^3}. \tag{72.3}$$

Newton wollte also beweisen, dass

$$\int_S f(y)\,ds(y) = -m\frac{x}{\|x\|^3} \quad \text{für } \|x\| > r, \tag{72.4}$$

wobei $f(y)$ durch (72.3) gegeben ist. Ist dieses wichtige Ergebnis für eine sphärische Schale gezeigt, so ergibt sich das entsprechende Ergebnis für eine feste Kugel einfach als Vereinigung einer Menge von dünnen Sphären verschiedener Radien. Das endgültige gesuchte Ergebnis für zwei feste Kugeln ergibt sich dann ganz ähnlich.

Wir wollen nun beweisen, dass (72.4) das Gravitationsfeld einer dünnen sphärischen Schale S mit Radius r und Gesamtmasse m, deren Zentrum im Ursprung liegt, beschreibt. Wir nehmen dazu an, dass $x = (R, 0, 0)$ mit

$R > r$. Aus Symmetriegründen deckt dies die ganze Kugel ab. Wir halten fest, dass die Komponenten $F_2(x)$ und $F_3(x)$ der Schwerkraft verschwinden, da die Schwerkraft von $(R, 0, 0)$ zum Ursprung hin gerichtet ist, so dass wir einfach nur zeigen müssen, dass

$$F_1(x) = -\frac{m}{4\pi r^2} \int_S \frac{R - y_1}{\|x - y\|^3} ds(y) = -\frac{m}{R^2}.$$

Wir setzen sphärische Koordinaten

$$y = (r\cos(\varphi), r\sin(\varphi)\cos(\theta), r\sin(\varphi)\sin(\theta))$$

ein, um das Flächenintegral mit $0 \leq \varphi \leq \pi$ und $0 \leq \theta \leq 2\pi$ zu berechnen, vgl. Abb. 72.2. Wir verweisen auf das Kapitel „Oberflächenintegrale" für

$$ds(y) = r^2 \sin(\varphi) d\varphi \, d\theta.$$

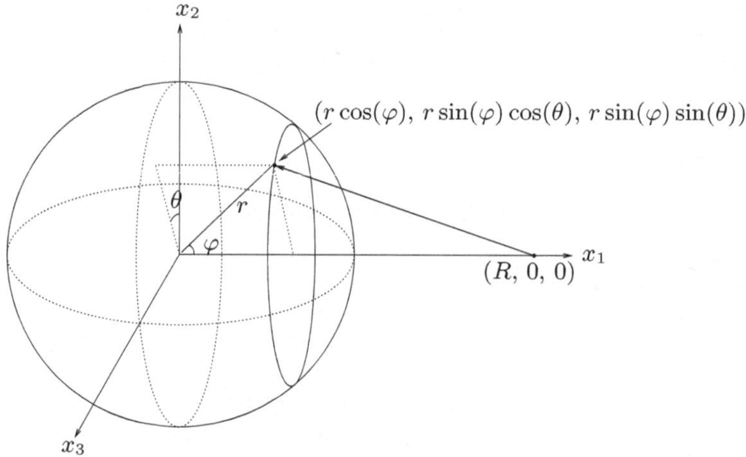

Abb. 72.2. Der Albtraum von Newton

Nach Abb. 72.2 erhalten wir

$$\begin{aligned}
F_1(x) &= -\frac{m}{4\pi r^2} \int_S \frac{R - y_1}{\|x - y\|^3} ds(y) \\
&= -\frac{m}{4\pi} \int_0^\pi \int_0^{2\pi} \frac{(R - r\cos(\varphi))\sin(\varphi)}{((R - r\cos(\varphi))^2 + (r\sin(\varphi))^2)^{3/2}} \, d\theta d\varphi \\
&= -\frac{m}{2} \int_0^\pi \frac{(R - r\cos(\varphi))\sin(\varphi)}{((R - r\cos(\varphi))^2 + (r\sin(\varphi))^2)^{3/2}} \, d\varphi,
\end{aligned}$$

wobei wir die Integration nach θ mit Hilfe der Tatsache, dass der Integrand von θ unabhängig ist, ausgeführt haben. Somit müssen wir beweisen, dass

$$I = \int_0^\pi \frac{(R - r\cos(\varphi))\sin(\varphi) \, d\varphi}{((R - r\cos(\varphi))^2 + (r\sin(\varphi))^2)^{3/2}} = \frac{2}{R^2}. \tag{72.5}$$

An dieser Stelle substituieren wir $t = \cos(\varphi)$ und benutzen $dt = -\sin(\varphi)d\varphi$:

$$I = \int_{-1}^{1} \frac{(R - rt)\,dt}{(R^2 + r^2 - 2Rrt)^{3/2}} = \frac{1}{R^2} \int_{-1}^{1} \frac{(1 - at)\,dt}{(1 + a^2 - 2at)^{3/2}}$$

mit $a = \frac{r}{R} < 1$. Durch eine Routine-Rechnung erhalten wir, dass aus $a < 1$ folgt, dass

$$\int_{-1}^{1} \frac{(1 - at)\,dt}{(1 + a^2 - 2at)^{3/2}}$$

$$= \int_{-1}^{1} \frac{(\frac{1+a^2}{2} - at)\,dt}{(1 + a^2 - 2at)^{3/2}} - \int_{-1}^{1} \frac{(\frac{1+a^2}{2} - 1)\,dt}{(1 + a^2 - 2at)^{3/2}}$$

$$= \frac{1}{2a}\left[-(1 + a^2 - 2at)^{1/2}\right]_{-1}^{1} - \frac{a^2 - 1}{2a}\left[(1 + a^2 - 2at)^{-1/2}\right]_{-1}^{1}$$

$$= \frac{1}{2a}(1 + a - (1 - a)) - \frac{a^2 - 1}{2a}\left(\frac{1}{1 - a} - \frac{1}{1 + a}\right) = 1 + 1 = 2,$$

woraus sich das erwünschte Ergebnis ergibt:

$$F_1(x) = -\frac{m}{R^2} \quad \text{falls } x = (0, 0, R), \quad R > r.$$

Unten werden wir noch einen viel kürzeren Beweis für dieses Ergebnis anführen, wobei wir Werkzeuge der Infinitesimalrechnung einsetzen, die wir in den nächsten Kapiteln entwickeln werden.

Aufgaben zu Kapitel 72

72.1. Beweisen Sie, dass das Schwerkraftfeld einer Kugelhülle *innerhalb* der Kugel gleich Null ist.

72.2. Berechnen Sie das Schwerkraftfeld $F(x)$ für $x \in \mathbb{R}^3$ für einen festen Ball mit Gesamtmasse m und Radius r, dessen Zentrum im Ursprung liegt.

72.3. Berechnen Sie das Schwerkraftfeld einer dünnen gleichförmigen Stange.

72.4. Bestimmen Sie das Schwerkraftfeld für einen dünnen kreisförmigen ebenen (a) Ring bzw. (b) eine Scheibe.

72.5. (a) Betrachten Sie eine Teilchenwolke gleichförmiger Dichte in Gestalt eines Balls. Gehen Sie davon aus, dass sich die Teilchen nach dem Newtonschen Schwerkraftgesetz gegenseitig anziehen. Berechnen Sie die Entwicklung der Wolke für $t > 0$ unter der Annahme, dass sich die Teilchen zur Zeit $t = 0$ in Ruhe befinden. (b) Wiederholen Sie dasselbe für eine Wolke in Gestalt des Volumens zwischen zwei konzentrischen Kugeln. (c) Erweitern Sie dies auf Wolken mit variabler Dichte.

73
Laplacesche Modelle

...on aura donc $\Delta u - 0$; cette équation remarquable nous sera de la plus grande utilité... (Laplace)

Wenn man bei diesen verdammten Quantensprüngen bleiben muss, dann bedaure ich, dass ich jemals damit zu tun hatte. Ich mag sie nicht (die Quantenmechanik) und es tut mir Leid, dass ich jemals etwas damit zu tun hatte. (Schrödinger)

73.1 Einleitung

In diesem Kapitel stellen wir einige wichtige Modelle vor, die den Laplace-Operator enthalten. Darunter sind Modelle für Wärmeleitung, Elastizität, Elektromagnetismus, Strömungsmechanik und Gravitation. Bei der Herleitung dieser Modelle werden wir von den Grundlagen der mehr-dimensionalen Infinitesimalrechnung Gebrauch machen wie den Sätzen von Gauss und Stokes und wir werden so eine schnelle und einfache Einführung in einige der Mysterien der Mechanik und der Physik „kontinuierlicher Medien" erhalten. Wir werden auch Brücken zur linearen Algebra schlagen, wenn wir den Laplace-Operator mit Hilfe des 5-Punkte Sterns und Varianten der „Svensson-Formel" diskretisieren.

73.2 Wärmeleitung

Als Erstes wollen wir die *Wärmeleitung* in einem wärmeleitenden Material, das das Volumen Ω in $\mathbb{R}^3$ mit der Begrenzung Γ einnimmt, über ein Zeitintervall $I = [0, T]$ modellieren. Dabei bezeichnet $u(x, t)$ die *Temperatur* und $q(x, t)$ den *Wärmefluss* im Punkte x zur Zeit t. Der Wärmefluss ist ein Vektor $q = (q_1, q_2, q_3)$, wobei q_i den Wärmefluss oder die Wärmemenge, die in Richtung x_i fließt, bezeichnet. Ferner bezeichnet $f(x, t)$ die Wärmemenge (pro Einheitsvolumen), die in (x, t) durch eine *Wärmequelle* eingespeist wird.

Wir leiten das Modell mit Hilfe eines wichtigen *Erhaltungsgesetzes* her, das die *Wärmeerhaltung* in der folgenden Form zum Ausdruck bringt: Für jedes feste Gebiet V in Ω mit Begrenzung Γ ist die gesamte Wärmemenge, die in V durch eine äußere Wärmequelle eingebracht wird, gleich der gesamten Wärmemenge, die sich in V angesammelt hat, zusätzlich des gesamten Wärmeflusses durch Γ. Dies basiert auf der Überzeugung, dass die Wärme, die in V durch eine äußere Quelle eingespeist wird, nur zwischen zwei Möglichkeiten wählen kann: (i) Fluss aus V hinaus und (ii) Ansammlung in V. Wenn Γ die Begrenzung von V bezeichnet und n die auswärts gerichtete Einheitsnormale zu Γ, vgl. Abb. 73.1, dann kann das Erhaltungsgesetz in der Form

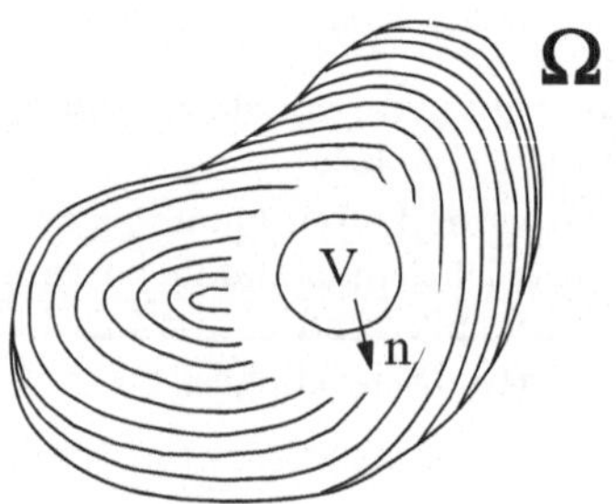

Abb. 73.1. Eine beliebige Teilmenge V eines wärmeleitenden Körpers Ω

$$\int_V f \, dx = \frac{\partial}{\partial t} \int_V \lambda u \, dx + \int_\Gamma q \cdot n \, ds \qquad (73.1)$$

geschrieben werden. Dabei ist $\lambda(x, t)$ der *Wärmekapazitätskoeffizient*, der die Wärmemenge pro Einheitsvolumen angibt, die nötig ist, um die Temperatur um eine Einheit zu erhöhen. Alle Funktionen werden dabei zu einer bestimmten Zeit $t \in I$ ausgewertet. Aus dem Divergenzsatz

$$\int_\Gamma q \cdot n \, ds = \int_V \nabla \cdot q \, dx,$$

ergibt sich in Kombination mit (73.1), dass

$$\int_V \left(\frac{\partial}{\partial t}(\lambda u) + \nabla \cdot q \right) dx = \int_V f \, dx,$$

wobei die Ableitung nach der Zeit unter das Integralzeichen gezogen werden kann, da V nicht von der Zeit t abhängt. Da V beliebig ist, ergibt sich unter der Annahme, dass die Integranden Lipschitz-stetig sind, dass

$$\frac{\partial}{\partial t}(\lambda u)(x,t) + \nabla \cdot q(x,t) = f(x,t) \quad \text{für alle } x \in \Omega,\ 0 < t \leq T. \qquad (73.2)$$

Wir erhalten so eine Differentialgleichung mit zwei Unbekannten, die die *Wärmeerhaltung* beschreibt: Die Temperatur $u(x,t)$ und den Wärmefluss $q(x,t)$. Wir benötigen zur Lösung dieser Gleichung mit zwei Unbekannten noch eine weitere Gleichung.

Die zweite Gleichung ist eine *Beobachtungsgleichung*, die den Wärmefluss q mit dem Temperaturgradienten ∇u in Zusammenhang bringt. Das *Fouriersche Gesetz* besagt, dass die Wärme von warm nach kalt fließt, wobei der Wärmefluss zum Temperaturgradienten proportional ist:

$$q(x,t) = -a(x,t)\nabla u(x,t) \quad \text{für } x \in \Omega,\ 0 < t \leq T, \qquad (73.3)$$

wobei der Proportionalitätsfaktor $a(x,t)$ dem Koeffizienten der Wärmeleitfähigkeit entspricht. Beachten Sie das Minuszeichen, durch das zum Ausdruck gebracht wird, dass die Wärme von warm nach kalt fließt und dass die Wärmeleitfähigkeit $a(x,t)$ positiv ist. Durch Kombination von (73.2) mit (73.3) erhalten wir die wichtige Differentialgleichung zur Beschreibung der Wärmeleitfähigkeit:

$$\frac{\partial}{\partial t}(\lambda u) - \nabla \cdot (a\nabla u) = f \quad \text{in } \Omega \times (0,T], \qquad (73.4)$$

wobei $a(x,t)$ und $\lambda(x,t)$ vorgegebene positive Koeffizienten sind, die von (x,t) abhängen, $f(x,t)$ ist eine gegebene Wärmequelle und die Unbekannte $u(x,t)$ steht für die Temperatur.

Um die Lösung eindeutig zu definieren, wird die Differentialgleichung durch Anfangs- und Randbedingungen vervollständigt. Das vollständige Modell mit *Dirichlet-Randbedingungen* lautet:

$$\begin{cases} \frac{\partial}{\partial t}(\lambda u) - \nabla \cdot (a\nabla u) = f & \text{in } \Omega \times (0,T], \\ u = u_b & \text{auf } \Gamma \times (0,T], \\ u(x,0) = u_0(x) & \text{für } x \in \Omega, \end{cases} \qquad (73.5)$$

wobei u_0 die Anfangstemperatur ist und u_b die Temperatur an den Grenzen. Die Dirichlet-Randbedingung beschreibt das Eintauchen des Körpers Ω in ein großes Reservoir mit einer bestimmten Temperatur u_b. Dabei nehmen wir an, dass die Begrenzung ein idealer Wärmeleiter ist, so dass die Temperatur der Körperhülle der Temperatur u_b des Reservoirs außen entspricht. Beachten Sie, dass die vorgegebene Außentemperatur $u_b = u_b(x,t)$ sich mit (x,t) verändern kann.

Andere übliche Randbedingungen sind *Neumann*- und *Robin*-Randbedingungen. Eine Neumann-Randbedingung bedeutet, dass der Wärmefluss durch die Grenze

$$q \cdot n = -a\nabla u \cdot n = -a\frac{\partial u}{\partial n} = -a\partial_n u = g \quad \text{auf } \Gamma$$

beträgt, wobei g vorgegeben ist. Eine *homogene Neumann-Randbedingung* mit $g = 0$ entspricht einer idealen Isolierungsschicht, wobei der Wärmefluss durch die Grenze Null ist. Eine homogene Robin-Randbedingung ist etwas dazwischen, wobei die Grenze weder ideal leitend noch ideal isolierend ist. Der Wärmefluss durch die Begrenzung ist dann proportional zur Temperaturdifferenz u innerhalb und einer vorgegebenen Temperatur u_b außerhalb von Ω:

$$-a\partial_n u = \kappa(u - u_b),$$

wobei κ ein positiver Koeffizient ist, der der Wärmeleitungfähigkeit der Begrenzung entspricht.

Wenn wir die Begrenzung Γ in unterschiedliche Teilstücke Γ_1, Γ_2 und Γ_3 mit verschiedenen Randbedingungen aufteilen, dann nimmt das *allgemeine Anfangs-/Randwertproblem* die folgende Gestalt an:

$$\begin{cases} \frac{\partial}{\partial t}(\lambda u) - \nabla \cdot (a\nabla u) = f & \text{in } \Omega \times (0, T], \\ u = u_b & \text{auf } \Gamma_1 \times (0, T], \\ -a\partial_n u = g & \text{auf } \Gamma_2 \times (0, T], \\ a\partial_n u + \kappa(u - u_b) = 0 & \text{auf } \Gamma_3 \times (0, T], \\ u(x, 0) = u_0(x) & \text{für } x \in \Omega, \end{cases} \tag{73.6}$$

wobei u_b für eine „äußere" Temperatur steht und g für den auswärts gerichteten Wärmefluss durch die Körperhülle.

Wir wollen noch festhalten, dass für ein stationäres Modell mit $\frac{\partial}{\partial t}(\lambda u) = 0$ und wenn die Wärmequelle $f = 0$ ist, die Gleichung (73.2), die den Wärmeerhalt beschreibt, folgende Form annimmt:

$$\nabla \cdot q = 0. \tag{73.7}$$

Wird Wärme weder erzeugt noch eingespeist, dann wird die Wärmeerhaltung durch die Gleichung $\nabla \cdot q = 0$ ausgedrückt, d.h. der Wärmefluss q ist *divergenzfrei*. Unten werden wir auf weitere Beispiele divergenzfreier Felder treffen.

73.3 Die Wärmegleichung

Wir bezeichnen den Spezialfall von (73.6) mit $\lambda = a = 1$ als *Wärmegleichung*. Für den Fall einer homogenen Dirichlet-Randbedingung erhalten wir das Modell

$$\begin{cases} \frac{\partial u}{\partial t} - \Delta u = f & \text{in } \Omega \times (0, T], \\ u = 0 & \text{auf } \Gamma \times (0, T], \\ u(x, 0) = u_0(x) & \text{für } x \in \Omega, \end{cases}$$

wobei u_0 die Anfangstemperatur ist und $\Delta u = \nabla \cdot (\nabla u)$ der Laplace-Operator. Die Wärmegleichung dient oft als wichtiger Prototyp für *parabolische Probleme*.

73.4 Die stationäre Wärmeleitung: Die Poisson-Gleichung

Das stationäre Analogon von (73.6) lautet

$$\begin{cases} -\nabla \cdot (a\nabla u) = f & \text{in } \Omega, \\ u = u_b & \text{auf } \Gamma_1, \\ -a\partial_n u = g & \text{auf } \Gamma_2, \\ a\partial_n u + \kappa(u - u_b) = 0 & \text{auf } \Gamma_3. \end{cases} \qquad (73.8)$$

Die Wahl von $a = 1$ führt uns zur *Poisson-Gleichung*:

$$\begin{cases} -\Delta u = f & \text{in } \Omega, \\ u = u_h & \text{auf } \Gamma_1, \\ -\partial_n u = g & \text{auf } \Gamma_2, \\ \partial_n u + \kappa(u - u_b) = 0 & \text{auf } \Gamma_3. \end{cases} \qquad (73.9)$$

Abb. 73.2. Poisson (1781–1840): „Es gibt nur zwei gute Dinge im Leben: Mathematik zu studieren und zu lehren"

Mit homogenen Dirichlet-Randbedingungen für die gesamte Begrenzung lautet die Poisson-Gleichung:

$$\begin{cases} -\Delta u = f & \text{in } \Omega, \\ u = 0 & \text{auf } \Gamma. \end{cases} \tag{73.10}$$

Die Poisson-Gleichung dient als wichtiges Modell für *elliptische* Probleme und sie besitzt zahlreiche Anwendungen in der Physik und der Mechanik, von denen wir unten einige wichtige vorstellen werden. Die Poisson-Gleichung $-\Delta u = f$ mit $f = 0$ wird auch als Laplace-Gleichung $\Delta u = 0$ bezeichnet.

Wir wollen nun einige analytische Lösungen für die Wärmegleichung in einfachen Situationen präsentieren:

Beispiel 73.1. Die stationäre Temperatur u in einem wärmeleitenden Einheitswürfel Q mit Wärmeproduktion und Leitfähigkeitskoeffizienten gleich Eins, Begrenzungstemperatur Null für $x_1 = 0, 1$ und Wärmefluss Null für $x_2, x_3 = 0, 1$ lautet:

$$u(x) = \frac{1}{2} x_1 (1 - x_1).$$

Wir sehen, dass die Temperatur in $x_1 = 0, 5$ maximal ist und quadratisch gegen die Dirichlet-Grenzen abfällt, vgl. Abb. 73.3, mit einer graphischen Darstellung des entsprechenden zwei-dimensionalen Falls auf dem Einheitsquadrat.

Beispiel 73.2. Wir betrachten die homogene Wärmegleichung auf dem Einheitsquadrat Q mit $f = 0$ und homogenen Dirichlet-Randbedingungen: Die Funktion

$$u(x, t) = e^{-(n^2 + m^2)t} \sin(nx_1) \sin(mx_2)$$

mit $m, n = 1, 2, 3, \ldots$ ist eine Lösung der homogenen Wärmegleichung $\frac{\partial u}{\partial t} - \Delta u = 0$ zu den Anfangsbedingungen $u_0(x_1, x_2) = \sin(nx_1) \sin(mx_2)$, vgl. Abb. 73.3. Wir erkennen, dass die Temperatur $u(x, t)$ mit der Zeit exponentiell abnimmt, wenn n und/oder m nur mäßig groß ist. Dies entspricht der Tatsache, dass eine räumlich oszillierende Temperatur schnell ausgeglichen wird.

Beispiel 73.3. Die stationäre Temperatur $u(x)$ zwischen den beiden Ebenen $\{x_3 = 0\}$ und $\{x_3 = 1\}$, die eine Wärme leitende Schicht mit Wärmeleitfähigkeitskoeffizienten gleich Eins begrenzen, ohne Wärmequelle und Temperaturen $u = 1$ in $\{x_3 = 1\}$ und $u = 0$ in $\{x_3 = 0\}$ ergibt sich zu $u(x) = x_3$, was einer linearen Änderung der Temperatur zwischen den Ebenen entspricht. Natürlich ist das keine Überraschung.

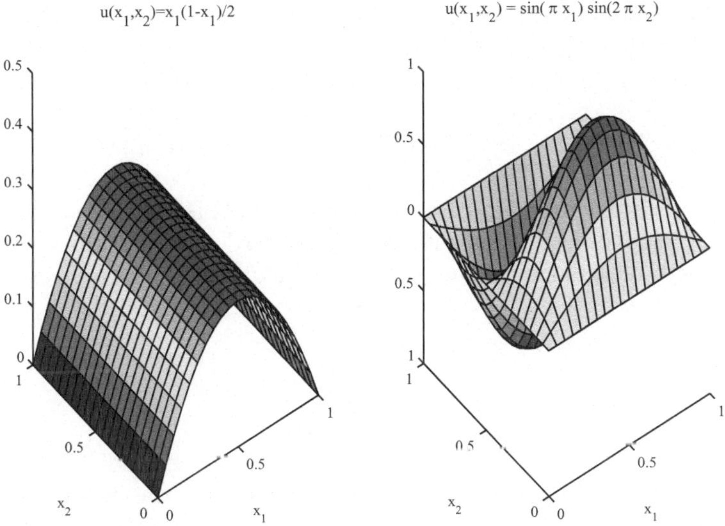

Abb. 73.3. Die Funktionen $\frac{1}{2}(x_1(1-x_1))$ und $\sin(\pi x_1)\sin(2\pi x_2)$

73.5   Ein Modell für Konvektion, Diffusion und Reaktion

Die Wärmegleichung modelliert das physikalische Phänomen der *Diffusion* und wir wollen nun dieses Modell erweitern, um *Konvektions-* und *Reaktionsphänomene* zu beschreiben. Wir erhalten eine skalare Gleichung zur Beschreibung von *Konvektion, Diffusion* und *Reaktion*; ein weiteres wichtiges Modell. Wir betrachten einen typischen Fall, in dem u für die Konzentration einer bestimmten chemischen Substanz steht, die Konvektion mit einem gegebenen Geschwindigkeitsfeld $\beta(x,t)$, Diffusion mit Diffusionskoeffizient $\epsilon(x,t)$ und einer Reaktion mit Reaktionsgrad $\alpha(x,t)$ ausgesetzt ist. Dabei kann u beispielsweise die Konzentration einer Verschmutzung in einem Wasservolumen darstellen, die sich mit der Geschwindigkeit $\beta(x,t)$ ausbreitet.

Das Modell ergibt sich aus dem Massenerhaltungssatz, zusammen mit einer Beobachtungsgleichung, mit der das Fouriersche Gesetz verallgemeinert wird. Dabei wird die *Fließgeschwindigkeit* q der chemischen Substanz durch ∇u und βu ausgedrückt. Der Massenerhalt wird wie folgt formuliert:

$$\dot{u} + \nabla \cdot q + \alpha u = f,$$

wobei f für einen Quellterm steht. Die Beobachtungsgleichung nimmt die Form

$$q = \beta u - \epsilon \nabla u$$

an, wodurch zum Ausdruck gebracht wird, dass sich die gesamte Fließgeschwindigkeit q als Summe der Konvektionsgeschwindigkeit βu und der Diffussionsgeschwindigkeit $-\epsilon \nabla u$ ergibt. Somit lautet das Modell:

$$\dot{u} + \nabla \cdot (\beta u) + \alpha u - \nabla \cdot (\epsilon \nabla u) = f \quad \text{in } \Omega \times (0, T]. \tag{73.11}$$

Es fehlen noch Anfangs- und Randbedingungen. Ω ist ein Gebiet im Raum und $[0, T]$ ein vorgegebenes Intervall. Wir werden unten auf dieses Modell und auf Verallgemeinerungen davon in mehreren verschiedenen Zusammenhängen treffen.

73.6   Eine elastische Membran

Wir betrachten ein waagrechtes elastisches Netz, das das Einheitsquadrat $Q = \{x \in \mathbb{R}^2 : 0 \leq x_i \leq 1, i = 1, 2\}$ bedeckt. Wir stellen uns elastische Fäden vor, die in den Knoten $a_{ij} \in \mathbb{R}^2$ mit $a_{ij} = (ih, jh), i, j = 0, 1, \ldots, N$, zu einem einheitlichen vierseitigen Gitter mit Gitterweite $h = 1/N$ zusammengebunden sind, wobei N die Zellenzahl in jeder Koordinatenrichtung angibt. Wir wollen annehmen, dass das Netz gedehnt ist, so dass die Spannung in jedem Faden gleich h ist, was bedeutet, dass die Spannung pro Einheitslänge gleich Eins ist. Beachten Sie, dass diese Normalisierung bedeutet, dass die Spannung in jedem Faden abnimmt, wenn die Zahl der Fäden zunimmt. Wir beziehen uns auf die Situation, bei der alle Knoten in der Ebene des Quadrats liegen und keine äußere Last auf das Netz einwirkt als die unbelastete Referenzkonfiguration des Netzes.

Angenommen, das Netz werde in den Knoten a_{ij} einer Menge von senkrecht nach unten gerichteter Belastungen der Größe $f_{ij} h^2$ ausgesetzt. Das Netz wird sich unter der Belastung verformen und die Knoten werden sich aus der unbelasteten Referenzkonfiguration entfernen. Sei die vertikale Entfernung des Knotens a_{ij} gleich $u_{i,j}$. Sind die Entfernungen klein, dann sind (mit Rückblick auf das Kapitel „Stringtheorie") die senkrecht aufwärts gerichteten Kräfte durch das Netz auf den Knoten a_{ij} gleich

$$(u_{i,j} - u_{i-1,j}) + (u_{i,j} - u_{i+1,j}) + (u_{i,j} - u_{i,j-1}) + (u_{i,j} - u_{i,j+1}),$$

wobei wir die Beiträge von den vier Fadenstücken, die in a_{ij} aufeinander treffen, erkennen. Diese Formel rührt daher, dass die senkrechte Neigung der Strecke zwischen beispielsweise dem Knoten (i, j) und $(i - 1, j)$ gleich $(u_{i,j} - u_{i-1,j})/h$ ist und dass die Spannung h beträgt. Dadurch erhalten wir die folgende Gleichgewichtsgleichung für jeden Knoten a_{ij}:

$$-\frac{u_{i-1,j} - 2u_{i,j} + u_{i+1,j}}{h^2} - \frac{u_{i,j-1} - 2u_{i,j} + u_{i,j+1}}{h^2} = f_{ij}.$$

Bilden wir den Grenzwert für h gegen Null und erinnern wir uns dabei an den Satz von Taylor, so folgt daraus

$$\lim_{h \to 0} \frac{u(x - h) - 2u(x) + u(x + h)}{h^2} = u''(x) = \frac{d^2 u}{dx^2}(x).$$

Ist $u : \mathbb{R} \to \mathbb{R}$ zweimal differenzierbar, so führt uns dies auf die Gleichung

$$-\Delta u(x) = f(x).$$

Diese Gleichung bringt das Gleichgewicht einer horizontalen Membran, die aus einem elastischen Material hergestellt ist und auf die eine senkrechte Belastung (Kraft pro Einheitsfläche) $f(x)$ einwirkt, zum Ausdruck. Dabei ist $u(x)$ die senkrechte Auslenkung der Membran in x und wir gehen davon aus, dass die Membran in der unbelasteten ebenen Referenzkonfiguration mit in allen Richtungen einheitlicher Spannung vorgespannt ist.

Wir können dies auf eine waagrechte Membran, die ein beliebiges Gebiet Ω in $\mathbb{R}^2$ bedeckt, verallgemeinern. Wenn wir annehmen, dass die Membran auf der Begrenzung Γ von Ω fixiert ist, so dass die vertikale Auslenkung $u(x)$ in Γ Null ist, so erhalten wir die Poisson-Gleichung

$$-\Delta u = f \quad \text{in } \Omega, \, u = 0 \quad \text{auf } \Gamma \tag{73.12}$$

als Modell für die senkrechte Auslenkung einer waagerechten elastischen Membran, die in der Begrenzung Γ eines Gebiets Ω in $\mathbb{R}^2$ eingespannt ist und die einer vertikalen Belastung $f(x)$ ausgesetzt wird. Dies ist ein wichtiges Modell für die Theorie der Elastizität.

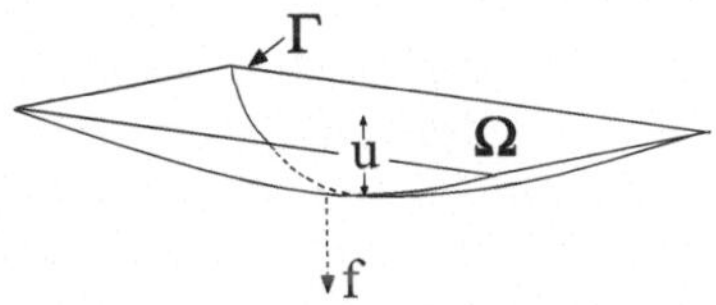

Abb. 73.4. Eine in Γ eingespannte elastische Membran unter einer Belastung f

Beispiel 73.4. Ist $\Omega = \{x \in \mathbb{R}^2 : \|x\| < 1\}$ die Einheitsscheibe und ist die Belastung f radial symmetrisch, dann ist auch die Auslenkung u radial symmetrisch. Wenn wir uns an die Form des Laplace-Operators in Polarkoordinaten aus dem Kapitel „Divergenz, Rotation und Laplace-Operator" erinnern, können wir (73.12) in der Form

$$-\Delta u = -\frac{1}{r} \frac{\partial}{\partial r} \left(r \frac{\partial u}{\partial r} \right) = f(r) \quad \text{für } 0 < r < 1, \, u(1) = 0, \frac{\partial u}{\partial r}(0) = 0$$

schreiben. Beachten Sie, dass die Randbedingung $\frac{\partial u}{\partial r}(0) = 0$, für die es in den x-Koordinaten kein Gegenstück gibt, besagt, dass $u(x)$ in $x = 0$

differenzierbar ist. Ist $\frac{\partial u}{\partial r}(0) \neq 0$, dann besitzt $u(x)$ eine konische Spitze in $x = 0$ und ist nicht in $x = 0$ differenzierbar. Ist $f(r) = 0$, dann lautet die Lösung:

$$u(r) = \frac{1}{4}(1 - r^2) \quad \text{für } 0 \leq r \leq 1.$$

73.7 Lösung der Poisson-Gleichung

Angenommen, wir wollten die Poisson-Gleichung

$$-\Delta u = f \quad \text{in } \Omega, \quad u = u_b \quad \text{auf } \Gamma$$

numerisch lösen, wobei Ω das Einheitsquadrat mit Begrenzung Γ ist und $f(x)$ eine gegebene Funktion auf Ω. Wenn wir uns an die Herleitung der Modellgleichung $-\Delta u = f$ im vorangegangenen Abschnitt erinnern, führt uns das auf die Berechnung von Näherungen $U_{i,j}$ von $u(ih, jh)$ für $i, j = 0, 1, \ldots, N$, mit $h = 1/N$ aus dem Gleichungssystem

$$-\frac{U_{i-1,j} - 2U_{i,j} + U_{i+1,j}}{h^2} - \frac{U_{i,j-1} - 2U_{i,j} + U_{i,j+1}}{h^2} = f(ih, jh),$$

$$i, j = 1, \ldots, N - 1,$$

d.h.,

$$4U_{i,j} - U_{i-1,j} - U_{i+1,j} - U_{i,j-1} - U_{i,j+1} = h^2 f(ih, jh),$$

$$i, j = 1, \ldots, N - 1, \quad (73.13)$$

mit $U_{i,j} = u_b(ih, jh)$, falls i oder j gleich 0 oder N ist. Wir erkennen, dass dies einem $m \times m$-Gleichungssystem entspricht, mit $m = (N-1) \times (N-1)$ und den Unbekannten $U_{i,j}$ mit $i, j = 1, \ldots, N - 1$. Dies ist der berühmte *5-Punkte Stern* für die Poisson-Gleichung, durch den die Unbekannten $U_{i,j}$ mit den vier Nachbarn $U_{i-1,j}$, $U_{i+1,j}$, $U_{i,j-1}$ und $U_{i,j+1}$ gekoppelt ist.

Für $f = 0$ nimmt der 5-Punkte Stern die Gestalt („Svensson-Formel")

$$U_{i,j} = \frac{1}{4}(U_{i-1,j} + U_{i+1,j} + U_{i,j-1} + U_{i,j+1}),$$

an, wonach jeder Wert $U_{i,j}$ sich als Mittelwert der Nachbarwerte ergibt (wodurch ein wichtiger schwedischer Nationalcharakter zum Ausdruck kommt).

Beachten Sie, dass (73.13) ein lineares Gleichungssystem für die Werte von U bildet, das zur Lösung einige Arbeit benötigt. So können wir beispielsweise versuchen, (73.13) durch eine Fixpunkt-Iteration mit $k = 0, 1, \ldots$ wie folgt zu lösen:

$$U_{i,j}^{k+1} = U_{i,j}^k$$

$$- \alpha\left(4U_{i,j}^k - U_{i-1,j}^k - U_{i+1,j}^k - U_{i,j-1}^k - U_{i,j+1}^k - h^2 f(ih, jh)\right), \quad (73.14)$$

für $i, j = 1, \ldots, N - 1$ mit $U_{i,j}^k = u_b(ih, jh)$, falls i oder j gleich 0 oder N ist. Hierbei ist $U_{i,j}^k$ eine Näherung für $U_{i,j}$ nach k Iterationsschritten, wobei wir mit einer Anfangsnäherung U_{ij}^0 beginnen; α ist eine positive Konstante. Es stellt sich heraus, dass die Iteration für genügend kleines α konvergiert, vgl. Aufgabe 73.9, obwohl die Konvergenz schlechter wird, wenn die Schrittweite h abnimmt.

Beispiel 73.5. Ist x_2 unabhängig, so führt uns dies zum Modell

$$-u''(x) = f(x) \quad \text{für } 0 < x < 1, \quad u(0) = u_0, \, u(1) = u_1,$$

mit $u'(x) = \frac{du}{dx}$. Das zugehörige diskrete Modell nimmt die Form

$$-(U_{i-1} - 2U_i + U_{i+1}) = h^2 f(ih),$$

$$i = 1, \ldots, N - 1, \, U_0 = u_0, \, U_N = u_1 \tag{73.15}$$

an, wobei U_i eine Näherung für $u(ih)$ ist. Wenn wir der Einfachheit halber $u_0 = u_1 = 0$ annehmen, dann kann das diskrete Modell als

$$AU - b,$$

geschrieben werden, mit $U = (U_1, \ldots, U_{N-1})$, $b = (b_1, \ldots, b_{N-1})$ mit $b_i = h^2 f(ih)$ und der $(N-1) \times (N-1)$-Matrix $A = (a_{ij})$ mit $a_{ii} = 2$, $a_{i,i-1} = a_{i-1,i} = -1$ und $a_{ij} = 0$ für $|i - j| > 1$. Die oben vorgestellte Fixpunkt-Iteration nimmt dann folgende Gestalt an:

$$U^{k+1} = U^k - \alpha(AU^k - b).$$

Als Kriterium für die Konvergenz ergibt sich daraus $\|I - \alpha A\| < 1$. In Aufgabe 73.9 beweisen Sie, dass dies für genügend kleine $\alpha > 0$ erfüllt ist. Hierbei ist $\|I - \alpha A\|$ die euklidische Norm der Matrix $I - \alpha A$, wobei aus dem Spektralsatz folgt, dass

$$\|I - \alpha A\| = \max_i |1 - \alpha \lambda_i|,$$

wobei die λ_i die Eigenwerte der symmetrischen Matrix A sind.

73.8 Die Wellengleichung: Eine schwingende elastische Membran

Als Nächstes wollen wir die dynamische Bewegung der elastischen Membran, die wir oben statisch betrachtet haben, untersuchen. Dazu erweitern wir die vorgegebene äußere Kraft $f(x, t)$, die nun auch von der Zeit abhängen mag, um eine dynamische Kraft, die nach dem Newtonsche Gesetz die Form $m\ddot{u}$ besitzt. Dabei steht m für die Masse pro Einheitsfläche und $\ddot{u}$ für die Beschleunigung der senkrechten Auslenkung u. Dies führt uns auf die *Wellengleichung*, die eine schwingende Membran unter einer äußeren Last modelliert:

$$\begin{cases} \ddot{u} - \Delta u = f & \text{in } \Omega \times (0, T], \\ u = 0 & \text{auf } \Gamma \times (0, T], \\ u(x, 0) = u^0(x), \ \dot{u}(x, 0) = \dot{u}^0(x) & \text{für } x \in \Omega. \end{cases} \tag{73.16}$$

Dabei ist Ω ein Gebiet in $\mathbb{R}^d$ mit der Begrenzung Γ, u^0 ist eine gegebene Anfangsauslenkung, $\dot{u}^0$ entspricht einer gegebenen anfänglichen Auslenkungsgeschwindigkeit und wir gehen der Einfachheit halber von homogenen Dirichlet-Randbedingungen aus. Andere Randbedingungen, insbesondere periodische Randbedingungen, spielen für dieses Modell aber auch eine wichtige Rolle.

73.9 Strömungsmechanik

Die Strömung von Flüssigkeiten bietet ein reiches Feld für die mathematische Modellierung. Dabei stellen wir uns eine Flüssigkeit als eine Ansammlung sehr kleiner „Flüssigkeitsteilchen" vor und wir versuchen, die Strömung der Flüssigkeit als Ergebnis der Bewegung aller dieser Flüssigkeitsteilchen zu beschreiben. Wir arbeiten dabei mit der Annahme, dass diese Teilchen so klein sind und dass es so viele davon gibt, dass wir die Flüssigkeit als ein Kontinuum betrachten können. Normalerweise benutzen wir eine *Eulersche* Beschreibungstechnik, indem wir die Strömung mit Hilfe der *Geschwindigkeit* $u(x, t) \in \mathbb{R}^3$ der Flüssigkeitsteilchen in der Position $x \in \mathbb{R}^3$ zur Zeit t beschreiben oder einfach nur die Geschwindigkeit der Flüssigkeit in (x, t). Dies entspricht der Vorstellung, in jedem Punkt x einen Beobachter zu haben, um die Geschwindigkeit $u(x, t)$ der Flüssigkeitsteilchen, die gerade zur Zeit t in der Position x sind, zu messen. Der Beobachter sitzt somit in Position x und beobachtet die Flüssigkeitsteilchen, wie sie vorbei wirbeln.

Alternativ können wir uns in der *Lagrangeschen* Beschreibungstechnik einen Beobachter denken, der in jedem Flüssigkeitsteilchen sitzt, um die Veränderung der Geschwindigkeit dieses Flüssigkeitsteilchen mit der Zeit zu beobachten. Dabei folgt der Beobachter dem Teilchen. Beide Beschreibungsmodi sind nützlich und können gemeinsam benutzt werden, vgl. die Kapitel über die Konvektion-Diffusion in [10].

Die Massenerhaltungsgleichung

Wir betrachten die Strömung einer Flüssigkeit in einem bestimmten Volumen $\Omega \in \mathbb{R}^3$ mit Hilfe einer Eulerschen Beschreibung, wobei $u(x, t)$ für die

Geschwindigkeit der Flüssigkeit in x zur Zeit t steht. Die Geschwindigkeit u ist ein Vektor $u = (u_1, u_2, u_3)$.

Sei $\rho(x, t)$ die *Dichte* einer Flüssigkeit in (x, t), die die Masse der Flüssigkeitsteilchen pro Einheitsvolumen angibt. Sei V ein festes Volumen mit Begrenzung S. Die gesamte Masse der Flüssigkeit in V zur Zeit t ergibt sich aus

$$\int_V \rho(x, t)\, dx.$$

Die Masse der Flüssigkeit, die zur Zeit t pro Einheitszeit durch die Grenze S fließt, wird durch

$$\int_S \rho(x, t) u(x, t) \cdot n(x)\, ds(x) = \int_V \nabla \cdot (\rho u)(x, t)\, dx$$

gegeben, wobei wir den Divergenzsatz benutzen. Die Veränderung der Masse in V muss zusammen mit dem Massenfluss durch die Begrenzung Null ergeben, wenn wir davon ausgehen, dass keine Flüssigkeit weggenommen wird oder hinzukommt. Dies führt uns zu folgendem Ausdruck für die *Massenerhaltung*:

$$\frac{\partial}{\partial t} \int_V \rho(x, t)\, dx + \int_V \nabla \cdot (\rho u)(x, t)\, dx = 0.$$

Wenn sich ρ allmählich verändert, kann $\frac{\partial}{\partial t}$ unter das Integralzeichen gezogen werden. Da V beliebig war, führt uns das zur Differentialgleichung für die *Massenerhaltung*:

$$\frac{\partial \rho}{\partial t} + \nabla \cdot (\rho u) = 0. \tag{73.17}$$

Dies ist natürlich eine wichtige Gleichung in der mathematischen Modellierung. Wenn wir die Ableitung nach x ausführen, können wir die Massenerhaltung auch in folgender Form schreiben:

$$\frac{\partial \rho}{\partial t} + u \cdot \nabla \rho + \rho \nabla \cdot u = 0. \tag{73.18}$$

Bahnlinien und Strömungslinien

Die Geschwindigkeit einer Flüssigkeit sei durch die Funktion $u(x, t)$ gegeben. Wir betrachten das AWP

$$\frac{d}{dt} x(t) = u(x(t), t) \quad \text{für } t > 0,\; x(0) = x_0.$$

Die Lösung $x(t)$ bildet eine Kurve, eine Bahnlinie oder eine Trajektorie, die sich aus der Verfolgung eines Flüssigkeitsteilchens ergibt, die in der Position x_0 zur Zeit $t = 0$ beginnt und mit der Geschwindigkeit $u(x(t), t)$ für $t > 0$ fortgesetzt wird. Ist die Geschwindigkeit $u(x, t) = u(x)$ unabhängig von der Zeit t, so werden die Teilchentrajektorien auch als *Strömungslinien* bezeichnet.

Inkompressible Strömung

Wenn für die Strömungsgeschwindigkeit $u(x,t)$ gilt, dass

$$\nabla \cdot u(x,t) = \left(\frac{\partial u_1}{\partial x_1} + \frac{\partial u_2}{\partial x_2} + \frac{\partial u_3}{\partial x_3} \right)(x,t) = 0 \quad \text{für } x \in \Omega, \quad t > 0,$$

dann wird die Strömung als *inkompressibel* in Ω für $t > 0$ bezeichnet.

Ist die Strömung inkompressibel, dann nimmt die Gleichung (73.18) für den Massenerhalt die folgende Gestalt an:

$$\frac{\partial \rho}{\partial t} + u \cdot \nabla \rho = 0. \tag{73.19}$$

Da für eine gegebene Teilchentrajektorie $\frac{dx}{dt} = u$ gilt, ergibt sich aus der Kettenregel, dass

$$\frac{\partial}{\partial t} \rho(x(t),t) = \frac{\partial \rho}{\partial t} + u \cdot \nabla \rho = 0.$$

Diese Gleichung besagt, dass die Dichte entlang einer Teilchentrajektorie konstant ist, oder anders formuliert, dass das Volumen, das von einer gewissen Menge an Flüssigkeitsteilchen eingenommen wird, konstant ist. Somit kann die Flüssigkeit nicht verdichtet, d.h. komprimiert, werden. Im Allgemeinen wird angenommen, dass die Dichte einer inkompressiblen Flüssigkeit konstant ist.

Wasser ist fast inkompressibel; das Volumen eines Eimers voller Wasser zu verändern ist sehr schwierig. Luft ist kompressibel; die Pressluftflasche eines Tauchers enthält ein großes Luftvolumen bei Normaldruck, das in einem kleinen Volumen unter hohem Druck komprimiert und aufbewahrt wird. Allerdings ist Energie notwendig, um die Luft in die Pressluftflasche hineinzudrücken.

Inkompressible Potentialströmung

Bei sogenannter *stationärer Strömung* ist die Geschwindigkeit $u(x,t)$ von der Zeit unabhängig, so dass die Strömungsgeschwindigkeit $u(x)$ nur eine Funktion von $x \in \Omega$ ist. Beachten Sie, dass sich bei einer stationären Strömung die Flüssigkeitsteilchen in x bewegen, wenn $u(x) \neq 0$, aber dass sich die Teilchengeschwindigkeit, die in x gemessen wird, nicht mit der Zeit verändert.

Das Geschwindigkeitsfeld $u(x)$ einer *rotationsfreien* Flüssigkeitsströmung erfüllt $\nabla \times u = 0$, woraus unter entsprechenden Konvexitätsannahmen für eine skalares *Geschwindigkeitspotential* φ folgt, dass $u = \nabla \varphi$. Ist die Flüssigkeit *inkompressibel*, dann ist $\nabla \cdot u = 0$ und wir erhalten die Laplace-Gleichung $\Delta \varphi = 0$ für das Potential einer rotationsfreien inkompressiblen Strömung. An einer festen Begrenzung, die die Flüssigkeit nicht durchdringen kann, ist die Geschwindigkeit senkrecht zur Begrenzung gleich Null, wodurch wir für das Potential φ eine homogene Neumann-Randbedingung $\partial_n\varphi = 0$ erhalten.

Wir wollen nun einige wichtige Beispiele für inkompressible Potentialströmungen geben. Der Einfachheit halber betrachten wir nur Situationen, in denen die Geschwindigkeit $u(x)$ nicht von der x_3-Koordinate abhängig ist.

Beispiel 73.6. Das Potential

$$\varphi(x_1, x_2) = x_1^2 - x_2^2$$

erfüllt $\Delta\varphi = 0$ und die zugehörige Strömungsgeschwindigkeit $u = \nabla\varphi$ wird durch

$$u(x) = (2x_1, -2x_2)$$

gegeben. Daher stellt sich in den Ecken eine stationäre Strömung ein, vgl. Abb. 73.5. Für eine Strömungslinie $x(t)$ gilt $\frac{dx}{dt} = (2x_1, -2x_2)$, wodurch wir eine separierbare Gleichung mit Lösungen

$$x_1(t)x_2(t) = c$$

erhalten, wobei c eine beliebige Konstante ist, vgl. Abb. 73.5. Wir überprüfen dies, indem wir $\frac{d}{dt}x_1x_2 = \dot{x}_1x_2 + x_1\dot{x}_2 = 2x_1x_2 - 2x_1 2x_2 = 0$ berechnen.

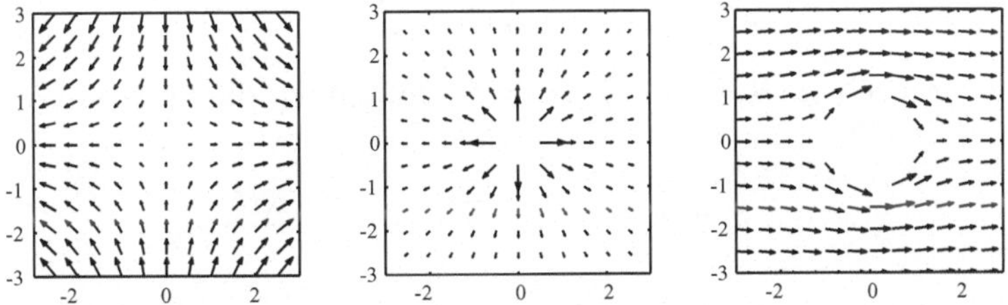

Abb. 73.5. Beispiele für inkompressible Potentialströmungen

Beispiel 73.7. Das Potential

$$\varphi(x) = \log(\|x\|)$$

erfüllt $\Delta\varphi = 0$ für $x \neq 0$ und die zugehörige Fließgeschwindigkeit $u = \nabla\varphi$ wird durch $u(x) = \frac{x}{\|x\|^2}$ gegeben, vgl. Abb. 73.5.

Beispiel 73.8. Wir betrachten die inkompressible Potentialströmung von links nach rechts um einen senkrechten unendlichen kreisförmigen Zylinder mit Querschnitt $\Omega = \{x = (x_1, x_2) \in \mathbb{R}^2 : \|x\| < 1\}$, vgl. Abb. 73.5. Das Potential φ lautet in Polarkoordinaten $x = r(\cos(\theta), \sin(\theta))$:

$$\varphi(x) = \varphi(r, \theta) = \left(r + \frac{1}{r}\right)\cos(\theta)$$

und entspricht damit einer Strömung von links nach rechts um Ω herum, die sich für große $\|x_2\|$ an $u(x) = (1, 0)$ annähert. Wir halten fest, dass $\nabla \varphi = 0$ für $r \neq 0$ und dass $\frac{\partial \varphi}{\partial r} = 1 - 1/r^2 = 0$ für $r = 1$, so dass die Strömung zur Zylinderwand tangential verläuft.

Beachten Sie, dass die Strömung von Flüssigkeiten selten im gesamten Gebiet, das die Flüssigkeit einnimmt, rotationsfrei ist. Insbesondere dann nicht, wenn die Flüssigkeit viskos (zähflüssig) ist, da dann an festen Grenzen Wirbel erzeugt werden.

Inkompressible Strömung mit Rotation

Als Nächstes betrachten wir die zwei-dimensionale inkompressible Strömung mit von Null verschiedener Rotation. Wir gehen davon aus, dass $u(x) = (u_1(x), u_2(x))$ die Gleichung $\nabla \cdot u = 0$ erfüllt, mit $x = (x_1, x_2)$. Indem wir $v = (-u_2, u_1)$ definieren, lässt sich diese Gleichung in der Form $\nabla \times v = 0$ schreiben und unter geeigneten Konvexitätsannahmen existiert ein Potential φ mit $v = \nabla \varphi$. Somit gilt:

$$u = (v_2, -v_1) = \left(\frac{\partial \varphi}{\partial x_2}, -\frac{\partial \varphi}{\partial x_1}\right) = \nabla \times \varphi.$$

Für die vorgegebene Rotation $\nabla \times u = f$ erhalten wir die Poisson-Gleichung für φ:

$$f = \nabla \times u = \nabla \times (\nabla \times \varphi) = -\Delta \varphi.$$

Beispiel 73.9. Für $f = 4$ erhalten wir für das Potential $\varphi(x) = -\|x\|^2$ die Strömungsgeschwindigkeit $u(x_1, x_2) = (-2x_2, 2x_1)$, vgl. Abb. 73.6. Die Wahl von $\varphi(x) = \log(\|x\|)$ entspricht $f(x) = 0$ für $x \neq 0$ mit zugehöriger Geschwindigkeit $u(x_1, x_2) = \|x\|^{-2}(-x_2, x_1)$, vgl. Abb. 73.6.

Die Euler- und die Navier-Stokes-Gleichung

Die *Euler-Gleichung* für eine inkompressible *nicht viskose* Flüssigkeit mit konstanter Dichte gleich Eins besitzt die Form:

$$\frac{\partial u}{\partial t} + (u \cdot \nabla)u + \nabla p = f, \quad \nabla \cdot u = 0, \tag{73.20}$$

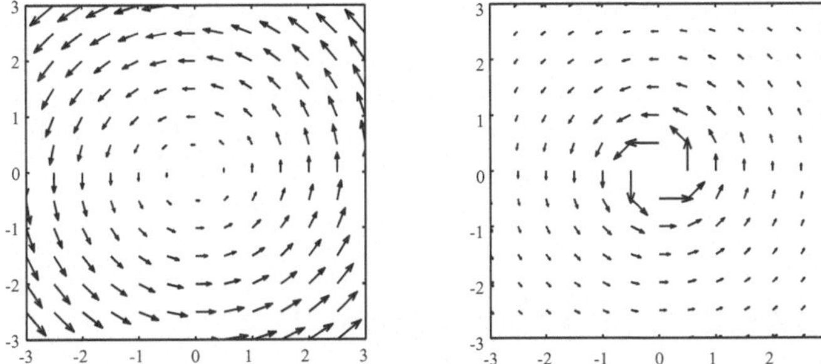

Abb. 73.6. Inkompressible Strömung mit Rotation

wobei $u(x,t)$ die Geschwindigkeit und $p(x,t)$ der *Druck* der Flüssigkeit im Punkte x zur Zeit t ist. Dabei ist f eine einwirkende Volumenkraft wie beispielsweise die Schwerkraft. Bei einer nicht viskosen Flüssigkeit ist die *Viskosität* gleich Null und zwischen den Flüssigkeitsteilchen herrscht als einzige innere Kraft die Druckkraft, die in alle Richtungen gleich ist und auf alle Flächen senkrecht einwirkt. Die Gleichung $\nabla \cdot u = 0$ bringt zum Ausdruck, dass die Flüssigkeit inkompressibel ist. Ist $x(t)$ die Trajektorie, der ein Flüssigkeitsteilchen folgt, für das $\frac{dx}{dt} = u(x(t),t)$ gilt, so ist nach dem Newtonschen Gesetz die Beschleunigung $\frac{d}{dt}u(x(t),t)$ gleich der Kraft $-\nabla p + f$. Dies ist in der linken Gleichung formuliert, wobei sich die Kraft aus der Druckkraft $-\nabla p$ und der einwirkenden Kraft f zusammensetzt. Dieser Zusammenhang wird deutlich, wenn wir die Kettenregel und die Gleichung $\frac{dx}{dt} = u(x(t),t)$ benutzen:

$$\frac{d}{dt}u_i(x(t),t) = \frac{\partial u_i}{\partial t} + \frac{dx}{dt} \cdot \nabla u_i = \frac{\partial u_i}{\partial t} + (u \cdot \nabla)u_i.$$

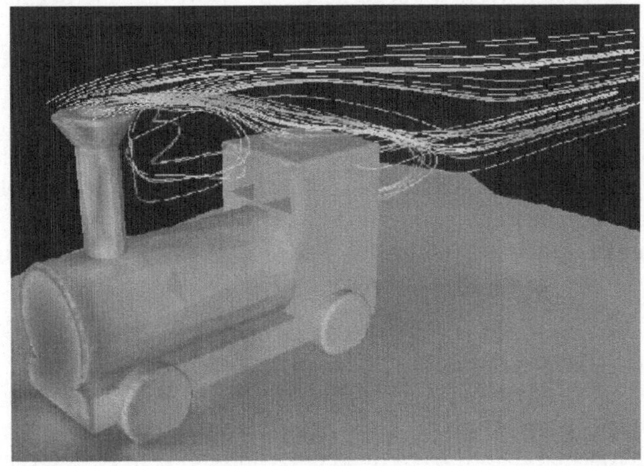

Abb. 73.7. Luftströmung und Druck um einen Spielzeugzug

Dies ist die Vektorschreibweise von (73.20). Die *Navier-Stokes-Gleichung* ist eine Modifikation der Euler-Gleichung und enthält einen zusätzlichen Ausdruck für die Viskositätskraft $-\nu\Delta u$ mit dem Viskositätskoeffizienten ν. In einer viskosen Flüssigkeit treten außerdem tangentiale (Scher-) Kräfte an den Flächen auf.

73.10   Die Maxwellschen Gleichungen

Die Wechselwirkungen zwischen elektrischen und magnetischen Feldern werden durch die *Maxwellschen Gleichungen* beschrieben:

$$\begin{cases} \dfrac{\partial B}{\partial t} + \nabla \times E = 0, \\[2mm] -\dfrac{\partial D}{\partial t} + \nabla \times H = J, \\[2mm] \nabla \cdot B = 0, \quad \nabla \cdot D = \rho, \\[2mm] B = \mu H, \quad D = \epsilon E, \quad J = \sigma E. \end{cases} \tag{73.21}$$

Dabei ist E das *elektrische Feld*, H das *magnetische Feld*, D die *elektrische Verschiebung*, B die *magnetische Flussdichte*, J der *elektrische Strom*, ρ die *Ladung*, μ die *magnetische Permeabilität*, ϵ die *Dielektrizitätskonstante* der *elektrischen Leitfähigkeit* und σ die *elektrische Leitfähigkeit*. Die erste Gleichung ist auch als *Faradaysches Gesetz* bekannt, die zweite als *Ampèresches Gesetz*, $\nabla \cdot D = \rho$ ist das *Coulomb Gesetz*. Das Gesetz von Gauss $\nabla \cdot B = 0$ bringt die Abwesenheit einer „magnetischen Ladung" zum Ausdruck und $J = \sigma E$ entspricht dem *Ohmschen Gesetz*. Von Maxwell, vgl. Abb. 73.8, wurde der Ausdruck $\partial D / \partial t$ aus rein mathematischen Gründen eingeführt. Dann nutzte er die Infinitesimalrechnung, um die Existenz von elektromagnetischen Wellen vorherzusagen, bevor diese experimentell entdeckt wurden.

Typische Randbedingungen beinhalten verschiedene Kombinationen von $E \cdot n$ (idealer Isolator), $E \times n$ (idealer Leiter), $H \cdot n$ und $H \times n$.

Die Maxwellschen Gleichungen beschreiben sämtliche elektromagnetischen Phänomene mit einer in Erstaunen versetzenden kurzen Schreibweise und Modellierungsgenauigkeit. Unsere moderne Informationsgesellschaft ist auf elektromagnetische Wellen aufgebaut. Wir wollen nun eine Reihe von Modellen mit Laplace-Gleichungen aus den Maxwellschen Gleichungen herausgreifen indem wir einige wichtige Spezialfälle betrachten.

Elektrostatik

Ein wichtiges Problem in der *Elektrostatik* ist die Beschreibung des stationären elektrischen Feldes $E(x)$ in einem Volumen Ω in $\mathbb{R}^3$, das eine *Ladung*

Abb. 73.8. Maxwell (1831–1879), Erfinder der mathematischen Theorie für den Elektromagnetismus: „ Wir können wohl kaum der Folgerung entgehen, dass Licht in transversalen schlängelnden Bewegungen desselben Mediums besteht, das auch Ursache für elektrische und magnetische Phänomene ist"

mit Dichte $\rho(x)$ enthält und von einer ideal leitenden Fläche Γ umgeben ist. Nach dem Faradayschen Gesetz gilt

$$\nabla \times E = 0 \quad \text{in } \Omega,$$

da wir von $\frac{\partial B}{\partial t} = 0$ ausgehen. Wir erinnern uns an das Kapitel „Potentialfelder", wonach das elektrische Feld E dem Gradienten eines skalaren *elektrischen Potentials* φ entspricht, d.h. $E = \nabla\varphi$. Nach dem Coulomb Gesetz gilt:

$$\nabla \cdot E = \rho \quad \text{in } \Omega,$$

wodurch wir die Poisson-Gleichung für das Potential φ erhalten:

$$\Delta\varphi = \nabla \cdot \nabla\varphi = \rho \quad \text{in } \Omega.$$

Die Randbedingung $E \times n = 0$ für die Begrenzung Γ von Ω, mit der auswärts gerichteten Einheitsnormalen n, besagt, dass die tangentiale Komponente von E auf der Begrenzung verschwindet. Dadurch wird eine ideal leitende Begrenzungsfläche modelliert, in der natürlich alle Unterschiede im elektrischen Feld ausgeglichen werden. Dies bedeutet, dass $E = \nabla\varphi$ zur Begrenzung normal ist, d.h. die Begrenzung ist eine Isofläche von φ und das Potential φ ist auf der Begrenzungsfläche konstant. Da φ nur bis auf einen konstanten Wert eindeutig bestimmt ist, können wir auf der Begrenzung $\varphi = 0$ setzen, wodurch wir die Poisson-Gleichung $-\Delta\varphi = f$ mit $f = -\rho$ in Ω mit homogenen Dirichlet-Randbedingungen $\varphi = 0$ auf Γ erhalten.

Das Potential $\varphi(x)$ einer Punktladung im Ursprung lautet

$$\varphi(x) = \frac{c}{\|x\|}$$

mit zugehörigem elektrischen Feld

$$E(x) = -\frac{cx}{\|x\|^3}$$

für eine geeignete Konstante c. Wir werden unten auf diese Lösung zurückkommen.

Beispiel 73.10. Sei $\Omega = \{x \in \mathbb{R}^2 : \|x\| < 1, x_1 < 0 \text{ und } x_2 > 0\}$ ein Teil einer kreisförmigen Scheibe mit Winkel $\omega = \frac{3\pi}{2}$, aus der ein Stück herausgeschnitten ist, vgl. Abb. 73.9. Durch direkte Berechnung können wir zeigen, dass die Funktion

$$\varphi(x) = r^\alpha \sin(\alpha\theta),$$

die in Polarkoordinaten $x = r(\cos(\theta), \sin(\theta))$ mit $\alpha = \frac{\pi}{\omega} = \frac{2}{3}$ formuliert ist, die Laplace-Gleichung $\Delta\varphi = 0$ in Ω erfüllt und dabei auch der Randbedingung $\varphi = 0$ auf den geraden Teilen der Grenzlinien, die durch den Ursprung laufen, genügt. Wenn φ für ein elektrisches Potential steht, dann gilt für das zugehörige elektrische Feld $E(x) = \nabla\varphi(x)$:

$$\frac{\partial E}{\partial r} = \alpha r^{\alpha-1} \sin(\alpha\theta).$$

Da $\alpha < 1$, ist dieses Feld in der Ecke mir $r = 0$ singulär (unendlich). Dies bedeutet, dass das elektrische Feld nahe dieser Ecke sehr stark ist. Je schärfer diese Ecke ist (α ist dann kleiner), desto stärker ist das Feld. Diesen Effekt kennen wir aus unserer Erfahrung, wonach ein elektrischer Blitz wahrscheinlicher in einen spitzen Turm einer Kirche einschlägt als in einen flachen Berg, oder auch von einem elektronischen Scanner, bei dem Elektronen aus der Spitze einer scharfen Nadel herausspringen.

Beispiel 73.11. Das Potential φ des elektrischen Feldes zwischen zwei konzentrischen Kugeln $S_1 = \{x \in \mathbb{R}^3 : \|x\| < r_1\}$ und $S_2 = \{x \in \mathbb{R}^3 : \|x\| < r_2\}$ mit $r_2 > r_1$ lautet

$$\varphi(x) = \frac{1}{\|x\|},$$

wenn wir annehmen, dass $\varphi = 1/r_i$ auf S_i, $i = 1, 2$.

Beispiel 73.12. Die für $x_1 > 0$ definierte Funktion

$$\varphi(x_1, x_2) = \arctan\left(\frac{x_2}{x_1}\right)$$

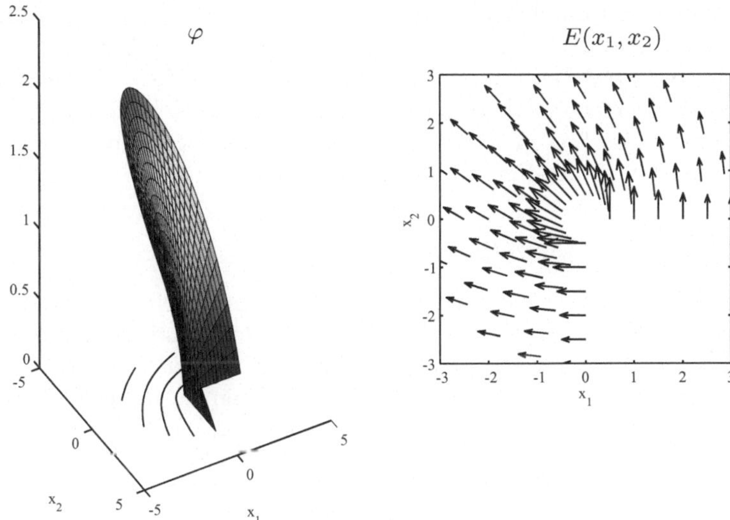

Abb. 73.9. Ein Potential mit einem singulären elektrischen Feld

erfüllt die Gleichung $\Delta\varphi(x) = 0$ für $x_1 > 0$. Die Funktion ist auf Strahlen $x_2 = cx_1$, die durch den Ursprung mit Neigung c verlaufen, konstant gleich $\arctan(c)$. Das zugehörige elektrische Feld $E(x) = \nabla\varphi(x)$ wird durch

$$E(x) = \frac{(-x_2, x_1)}{\|x\|^2}$$

gegeben. Wir können erkennen, dass $E(x)$ in $x = 0$ singulär ist.

Magnetostatik

Wenn wir annehmen, dass μ konstant ist und dabei gleichzeitig gewährleisten, dass $H = \nabla \times \psi$ für ein Vektorpotential ψ für das $\nabla \cdot \psi = 0$ gilt, erhalten wir ein wichtiges Problem der *Magnetostatik*. Dabei kombinieren wir das Gesetz von Gauss $\nabla \cdot H = 0$ mit dem Faradayschen Gesetz $\nabla \times H = J$ zu:

$$\nabla \times (\nabla \times \psi) = -\Delta\psi = J,$$

wobei wir die Tatsachen ausnutzen, dass $\nabla \times (\nabla \times \psi) = -\Delta\psi + \nabla(\nabla \cdot \psi)$ und $\nabla \cdot \psi = 0$.

Das magnetische Feld um einen Einheitsstrom J in x_3-Richtung wird durch

$$H(x) = \frac{1}{2\pi} \frac{(-x_2, x_1, 0)}{\|x\|^2}$$

gegeben, was sich durch direkte Berechnung zeigen lässt. Dazu prüfen wir zunächst nach, dass $\nabla \cdot H(x) = 0$ und $\nabla \times H(x) = 0$ für $(x_1, x_2) \neq 0$. Die Gegenwart des Faktors $\frac{1}{2\pi}$ führt zu $\int_\Gamma H \cdot ds = 1$ für jeden im Uhrzeigersinn orientierten Kreis in der $x_1 x_2$-Ebene, woraus nach dem Satz von Stokes folgt, dass $\nabla \times H = J$, wie wir in den nächsten Abschnitten über Gravitation und Delta-Funktionen zeigen werden.

Zeitabhängiger Magnetismus

In niederfrequenten Anwendungen spielt der so intelligent von Maxwell eingeführte Ausdruck $\frac{\partial D}{\partial t}$ eine vernachlässigbare Rolle und kann weggelassen werden. Wir wollen untersuchen, wohin uns das führen mag. Da $\nabla \cdot B = 0$, können wir das Magnetfeld B als $B = \nabla \times \psi$ schreiben, wobei ψ ein magnetisches Vektorpotential ist. Wenn wir diesen Ausdruck in das Faradaysche Gesetz einsetzen, erhalten wir

$$\nabla \times \left(\frac{\partial \psi}{\partial t} + E \right) = 0,$$

woraus folgt, dass

$$\frac{\partial \psi}{\partial t} + E = \nabla \varphi$$

für ein skalares Potential φ. Wir können mit σ multiplizieren und das Ohmsche und das Ampèresche Gesetz benutzen und erhalten so eine Vektorgleichung für das magnetische Potential ψ:

$$\sigma \frac{\partial \psi}{\partial t} + \nabla \times \left(\mu^{-1} \nabla \times \psi \right) = \sigma \nabla \varphi.$$

Dieses System lässt sich unter der Annahme, dass $B = (B_1, B_2, 0)$ von x_3 unabhängig ist, zu einer skalaren Gleichung in zwei Variablen reduzieren. Daraus ergibt sich für ψ die Gestalt $\psi = (0, 0, u)$ mit einer skalaren Funktion u, die nur von x_1 und x_2 abhängt, so dass also $B_1 = \partial u / \partial x_2$ und $B_2 = -\partial u / \partial x_1$. Wir gelangen schließlich zu einer skalaren Gleichung für das skalare magnetische Potential u in der Form

$$\sigma \frac{\partial u}{\partial t} - \nabla \cdot \left(\mu^{-1} \nabla u \right) = f, \tag{73.22}$$

mit einer Funktion $f(x_1, x_2)$. Wenn wir $\sigma = \mu = 1$ wählen, gelangen wir zu der Wärmegleichung

$$\begin{cases} \frac{\partial}{\partial t} u(x, t) - \Delta u(x, t) = f(x, t) & \text{für } x \in \Omega,\ 0 < t \leq T, \\ u(x, t) = 0 & \text{für } x \in \Gamma,\ 0 < t \leq T, \\ u(x, 0) = u_0(x) & \text{für } x \in \Omega, \end{cases} \tag{73.23}$$

für $\Omega \subset \mathbb{R}^2$ mit der Begrenzung Γ, wobei wir die homogene Dirichlet-Randbedingung formuliert haben. Im stationären Fall erhalten wir wiederum die Poisson-Gleichung mit Dirichlet-Randbedingungen.

73.11   Die Gravitation

In seinem berühmten fünfbändigen Werk *Mécanique Céleste*, das zwischen 1799–1825 veröffentlicht wurde, erweiterte Laplace die Newtonsche Gravitationstheorie und entwickelte insbesondere eine Theorie für die Beschreibung von Schwerkraftfeldern, die auf Gravitationspotentialen, die die Laplace-Gleichung oder ganz allgemein die Poisson-Gleichung erfüllen, aufbaut.

Wir betrachten ein Schwerkraftfeld in $\mathbb{R}^3$ mit Gravitationskraft $F(x)$ in der Position x, das durch eine Massenverteilung der Dichte $\rho(x)$ hervorgerufen wird. Wir berücksichtigen dabei, dass die Arbeit, um eine Einheitsmasse entlang einer Kurve Γ zu bewegen, durch

$$\int_{\Gamma} F \cdot ds$$

gegeben ist. Ist die Kurve Γ geschlossen, dann sollte die zu verrichtende Gesamtarbeit gleich Null sein. Nach dem Satz von Stokes folgt, dass für ein Schwerkraftfeld F die Gleichung $\nabla \times F = 0$ gelten sollte. Mit Hilfe des wichtigen Ergebnisses aus dem Kapitel „Potentialfelder" können wir den Schluss ziehen, dass F dem Gradienten eines skalaren Potentials φ entspricht, d.h.

$$F(x) = \nabla\varphi(x). \tag{73.24}$$

Laplace schlug die folgende Beziehung zwischen dem Schwerkraftfeld F und der Massenverteilung ρ vor:

$$-\nabla \cdot F(x) = \rho(x), \tag{73.25}$$

wobei wir von einer auf Eins normierten Gravitationskonstanten ausgehen. Diese Formulierung ist analog zum Coulomb Gesetz $\nabla \cdot E = \rho$ der Elektrostatik und zur Energieausgleichsgleichung $\nabla \cdot q = f$ der stationären Wärmeleitung, wobei q für den Wärmefluss steht und f für eine Wärmequelle. Insbesondere besagt (73.25), dass in den Punkten x, in denen keine Masse vorhanden ist und folglich $\rho(x) = 0$ gilt, die Gleichung $\nabla \cdot F(x) = 0$ erfüllt ist. Wenn wir (73.24) und (73.25) kombinieren, gelangen wir zur Poisson-Gleichung $-\Delta\varphi = \rho$ für das Graviationspotential φ.

Da für die Ursache und die Eigenschaft der „entfernten Wirkung" der Gravitation immer noch eine überzeugende physikalische Erklärung fehlt, sollte die Gleichung $-\nabla\cdot F(x) = \rho(x)$ und somit $\nabla\cdot F(x) = 0$ im materiefreien Raum als das zentrale Postulat über die Natur eines Gravitationsfeldes aufgefasst werden. Natürlich fällt es sehr schwer, sich vorzustellen, dass $\nabla \cdot F(x)$ im materiefreien Raum etwas anderes als Null sein sollte, aber ein echter „Beweis" dafür, dass $\nabla \cdot F(x)$ Null sein muss, scheint noch zu fehlen.

Newton betrachtete Gravitationsfelder, die durch *Punktmassen* erzeugt wurden. Mathematisch betrachtet wird eine Einheitspunktmasse in einem

Punkte $z \in \mathbb{R}^3$ durch die so genannte *Delta-Funktion* δ_z in z dargestellt, die durch die Eigenschaft definiert wird, dass für jede glatte Funktion v

$$\int_{\mathbb{R}^3} \delta_z \, v \, dx = v(z) \tag{73.26}$$

gilt, wobei die Integration in einem verallgemeinerten Sinne zu sehen ist. Wir können uns δ_z als Grenzwert der positiven Funktionen $\varphi_h(x)$ für kleiner werdendes h vorstellen, mit $\varphi_h(x) = 0$ für $\|x - z\| > h$, wobei die $\varphi_h(x)$

$$\int_{\mathbb{R}^3} \varphi_h(x) \, dx = 1$$

erfüllen. Beispielsweise könnten wir

$$\varphi_h(x) = \begin{cases} \frac{3}{4\pi h^3} & \text{für } \|x - z\| < h \\ 0 & \text{sonst} \end{cases}$$

wählen. Ist $v(x)$ in z Lipschitz-stetig, dann folgt

$$lim_{h \to 0} \int_{\mathbb{R}^3} \varphi_h(x) v(x) \, dx = v(z),$$

wodurch (73.26) eine praktische Bedeutung erhält. Die Funktion $\varphi_h(x)$ beschreibt einen sehr spitzen und schmalen „Hügel" um z mit Volumen Eins.

Wir erwarten, dass das Gravitationspotential $\Phi(x)$, das zu einer Einheitsmasse im Ursprung gehört, die Gleichung

$$-\Delta\Phi = \delta_0 \quad \text{in } \mathbb{R}^3 \tag{73.27}$$

erfüllt, wobei wir von der Gravitationskonstanten gleich Eins ausgehen. Um dieser Gleichung eine exakte Bedeutung zu verleihen und insbesondere die etwas mysteriöse Delta-Funktion δ_0 in 0 zu erklären, multiplizieren wir (73.27) zunächst mit einer glatten *Testfunktion* v, die außerhalb einer beschränkten Menge verschwindet. Wir erhalten so:

$$-\int_{\mathbb{R}^3} \Delta\Phi(x) v(x) \, dx = v(0). \tag{73.28}$$

Als Nächstes integrieren wir die linke Seite rein formal mit Hilfe der Greenschen Formel partiell, um so den Laplace-Operator von Φ auf v zu verschieben. Dabei beachten wir, dass Randausdrücke wegfallen, da v außerhalb einer beschränkten Menge verschwindet. Somit können wir (73.27) als die Suche nach einem Potential $\Phi(x)$ formulieren, das

$$-\int_{\mathbb{R}^3} \Phi(x) \Delta v(x) \, dx = v(0) \tag{73.29}$$

für alle glatten Funktionen $v(x)$, die außerhalb einer beschränkten Menge verschwinden, erfüllt. Wir können dies als die konkrete Interpreation von (73.27) betrachten, die nun wohl-definiert ist, da der Laplace-Operator nun auf eine glatte Funktion $v(x)$ angewandt wird und wir davon ausgehen, dass $\Phi(x)$ integrierbar ist. Wir verlangen außerdem, dass das Potential $\Phi(x)$ auf Null abnimmt, wenn $\|x\|$ gegen Unendlich wächst, was einer „Dirichlet-Randbedingung im Unendlichen" entspricht.

Im Kapitel „Divergenz, Rotation und Laplace-Operator" haben wir gezeigt, dass die Funktion $1/\|x\|$ die Laplace-Gleichung $\Delta u(x) = 0$ für $0 \neq x \in \mathbb{R}^3$ erfüllt, aber in $x = 0$ singulär ist. Wir wollen nun beweisen, dass die folgende skalierte Version dieser Funktion

$$\Phi(x) = \frac{1}{4\pi} \frac{1}{\|x\|} \tag{73.30}$$

die Gleichung (73.29) erfüllt. Wir bezeichnen diese Lösung als die *Fundamentallösung* von $-\Delta$ in $\mathbb{R}^3$. Wir werden insbesondere folgern, dass das Gravitationsfeld in $\mathbb{R}^3$, das durch eine Einheitsmasse im Ursprung erzeugt wird, durch

$$F(x) = \nabla\Phi(x) - -\frac{1}{4\pi} \frac{x}{\|x\|^3}$$

beschrieben wird, was genau dem Newtonschen Gravitationsgesetz mit inverser Proportionalität zum Quadrat des Abstands entspricht. Laplace liefert folglich eine Begründung für das quadratische Verhalten, was Newton nicht konnte (weswegen er von Leibniz kritisiert wurde). Natürlich fehlt uns noch die Begründung von (73.25). Im Zusammenhang mit der Wärmeleitung beschreibt die Fundamentallösung $\Phi(x)$ die stationäre Temperatur in einem homogenen Körper mit der Wärmeleitfähigkeit Eins, der den gesamten $\mathbb{R}^3$ ausfüllt, in dem eine konzentrierte Wärmequelle der Stärke Eins im Ursprung sitzt und die Temperatur gegen Null abnimmt, wenn $\|x\|$ gegen Unendlich geht.

Wir wollen nun beweisen, dass die Funktion $\Phi(x)$, die durch (73.30) definiert wird, die Gleichung (73.29) erfüllt. Dazu halten wir zunächst fest, dass

$$\int_{\mathbb{R}^3} \Phi \Delta v \, dx = \lim_{a \to 0^+} \int_{D_a} \Phi \Delta v \, dx, \tag{73.31}$$

da Δv eine glatte Funktion ist, die außerhalb einer beschränkten Menge verschwindet und wir annehmen, dass $\Phi(x)$ über beschränkte Gebiete integrierbar ist. Dabei ist $D_a = \{x \in \mathbb{R}^3 : a < \|x\| < a^{-1}\}$ mit einem kleinen positiven a ein beschränkter Bereich, den wir aus $\mathbb{R}^3$ erhalten, indem wir eine kleine Kugel mit Radius a und Begrenzungsfläche S_a entfernen und auch Punkte, die weiter als a^{-1} vom Ursprung entfernt sind, weglassen, vgl. Abb. 73.10. Wir benutzen nun die Greensche Formel für D_a mit $w = \Phi$. Da v für große $\|x\|$ Null ist, verschwinden die Integrale über die äußere Begrenzung, wenn a genügend klein ist. Wenn wir dann noch ausnutzen, dass $\Delta\Phi = 0$ in D_a, $\Phi = 1/(4\pi a)$ auf S_a und $\partial\Phi/\partial n = 1/(4\pi a^2)$ auf S_a, wobei die Normale zum Ursprung hin gerichtet ist, erhalten wir:

$$-\int_{D_a} \Phi\Delta v\,dx = \int_{S_a} \frac{1}{4\pi a^2}\,v\,ds - \int_{S_a} \frac{1}{4\pi a}\,\frac{\partial v}{\partial n}\,ds = I_1(a) + I_2(a),$$

mit entsprechenden Definitionen für $I_1(a)$ und $I_2(a)$. Da $v(x)$ in $x = 0$ stetig ist und die Fläche von S_a gleich $4\pi a^2$ beträgt, gilt aber $\lim_{a\to 0} I_1(a) = v(0)$. Andererseits gilt aber $\lim_{a\to 0} I_2(a) = 0$. Die gewünschte Gleichung (73.29) ergibt sich nun daraus, wenn wir dabei noch (73.31) bedenken.

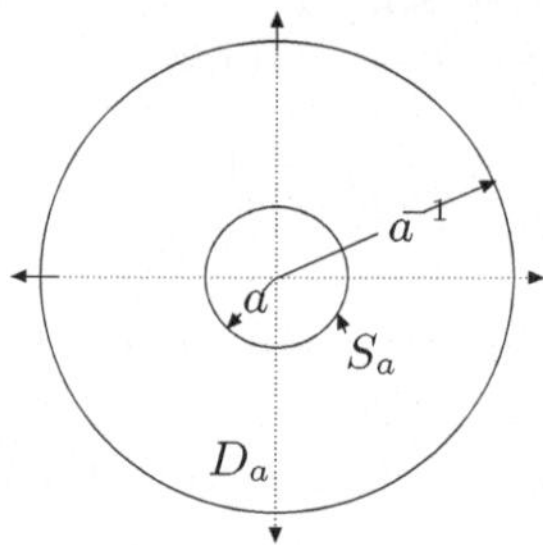

Abb. 73.10. Ein Querschnitt durch das Gebiet D_a

Die zugehörige Fundamentallösung von $-\Delta$ in $\mathbb{R}^2$ lautet

$$\Phi(x) = \frac{1}{2\pi}\log\left(\frac{1}{\|x\|}\right). \tag{73.32}$$

Für diesen Fall ist die Fundamentallösung im Unendlichen nicht Null.

Wenn wir 0 durch einen beliebigen Punkt $z \in \mathbb{R}^3$ ersetzen, wird (73.29) zu

$$-\int_{\mathbb{R}^3} \Phi(z - x)\Delta v(x)\,dx = v(z), \tag{73.33}$$

womit wir eine Lösungsformel für die Poisson-Gleichung in $\mathbb{R}^3$ erhalten. Erfüllt u beispielsweise die Poisson-Gleichung $-\Delta u = f$ in $\mathbb{R}^3$ und $\|u(x)\| = O(\|x\|^{-1})$ für $\|x\| \to \infty$, dann kann u mit Hilfe der Fundamentallösung Φ und der rechten Seite f folgendermaßen formuliert werden:

$$u(z) = \int_{\mathbb{R}^3} \Phi(z - x)f(x)\,dx = \frac{1}{4\pi}\int_{\mathbb{R}^3} \frac{f(x)}{\|z - x\|}\,dx. \tag{73.34}$$

Wir erkennen, dass $u(z)$ einem Mittelwert von f entspricht, der um z zentriert ist und so gewichtet ist, dass der Einfluss der Werte von $f(x)$ invers proportional zum Abstand von z ist.

Ganz ähnlich ergibt sich das Potential u auf einer (beschränkten) Oberfläche Γ in $\mathbb{R}^3$, das durch eine Massenverteilung mit Dichte $\rho(x)$ erzeugt wird, zu

$$u(z) = \frac{1}{4\pi}\int_\Gamma \frac{\rho(x)}{\|z - x\|}\,ds(x). \tag{73.35}$$

Formal erhalten wir diese Formel, indem wir einfach die Potentiale der verschiedenen Teile der Masse auf Γ addieren. Wir können zeigen, dass das Potential u, das durch (73.35) definiert wird, in $\mathbb{R}^3$ stetig ist, wenn ρ auf Γ beschränkt ist und natürlich erfüllt u die Laplace-Gleichung außerhalb von Γ. Angenommen, wir wollten nun die Massenverteilung ρ auf Γ bestimmen, so dass das zugehörige Potential u, das durch (73.35) definiert ist, dem vorgegebenen Potential u_0 auf Γ entspricht, d.h. wir suchen insbesondere eine Funktion u, die das Randwertproblem $\Delta u = 0$ in Ω erfüllt mit $u = u_0$ auf Γ, wobei Ω für das Volumen steht, das von Γ umschrieben wird. Dies führt uns zu folgender *Integralgleichung*: Sei u_0 auf Γ gegeben, so suchen wir die Funktion ρ auf Γ, so dass gilt:

$$\frac{1}{4\pi} \int_\Gamma \frac{\rho(y)}{\|x - y\|} \, ds(y) = u_0(x) \quad \text{für } x \in \Gamma. \tag{73.36}$$

Dies ist eine *Fredholm-Integralgleichung* erster Art, die nach dem schwedischen Mathematiker Ivar Fredholm (1866–1927) benannt ist. Zu Anfang des 20. Jahrhunderts wetteiferten Fredholm und Hilbert mit Hilfe von Integralgleichungsmethoden um den Existenzbeweis für Lösungen der zentralen Randwertprobleme der Mechanik und der Physik. Die Integralgleichung (73.36) ist eine alternative Formulierung für das Randwertproblem zur Suche von u, so dass $\Delta u = 0$ in Ω und $u = u_0$ auf Γ. Integralgleichungen können auch mit Hilfe von Galerkin-Methoden gelöst werden.

73.12 Das Eigenwertproblem für den Laplace-Operator

Das *Eigenwertproblem* für den Laplace-Operator mit Dirichlet-Randbedingungen auf einem Gebiet Ω in $\mathbb{R}^d$ besitzt die folgende Form: Gesucht sind die von Null verschiedenen *Eigenfunktionen* $\varphi(x)$ mit den zugehörigen *Eigenwerten* λ, so dass

$$\begin{cases} -\Delta\varphi = \lambda\varphi & \text{in } \Omega, \\ \varphi = 0 & \text{auf } \Gamma. \end{cases} \tag{73.37}$$

Im ein-dimensionalen Fall mit $\Omega = (0, \pi)$ lauten die Eigenfunktionen (modulo einer Normierung) $\varphi_n(x) = \sin(nx)$ mit den zugehörigen Eigenwerten $\lambda_n = n^2$, $n = 1, 2, \dots$. Für ein zwei-dimensionales Quadrat $\Omega = (0, \pi) \times (0, \pi)$ lauten die Eigenfunktionen $\varphi_{nm}(x_1, x_2) = \sin(nx_1)\sin(mx_2)$, $n, m = 1, 2, \dots$, mit den Eigenwerten $\lambda_{nm} = n^2 + m^2$.

Durch Multiplikation von (73.37) mit φ und anschließender partieller Integration ergibt sich, dass alle Eigenwerte λ positiv sind. Genauer formuliert, so existiert eine anwachsende gegen Unendlich strebende Folge von Eigenwerten. Eigenfunktionen zu verschiedenen Eigenwerten sind bezüglich des Skalarprodukts $(v, w) = \int_\Omega vw \, dx$ orthogonal.

Ist $\varphi(x)$ eine Eigenfunktion mit zugehörigem Eigenwert λ, dann löst die Funktion $u(x,t) = \exp(it\sqrt{\lambda})\varphi(x)$, genauer gesagt, ihr Realteil, die homogene Wellengleichung

$$\ddot{u} - \Delta u = 0 \text{ in } \Omega \times \mathbb{R},$$

die ebenso eine schwingende elastische Membran (Schlagzeugfell) für $d = 2$ (eine Saite für $d = 1$) beschreibt. Der kleinste Eigenwert entspricht dem Grundton des Schlagzeugfells.

In Abb. 73.11 sind Konturzeichnungen für die ersten vier Eigenfunktionen dargestellt, die zu $\lambda_1 \approx 38,6$, $\lambda_2 \approx 83,2$, $\lambda_3 \approx 111,0$ und $\lambda_4 \approx 122,0$ gehören. Dabei soll Ω der Decke einer Gitarre in Ellipsenform entsprechen mit Dirichlet-Randbedingungen an den äußeren Grenzen und Neumann-Randbedingungen im Deckenloch.

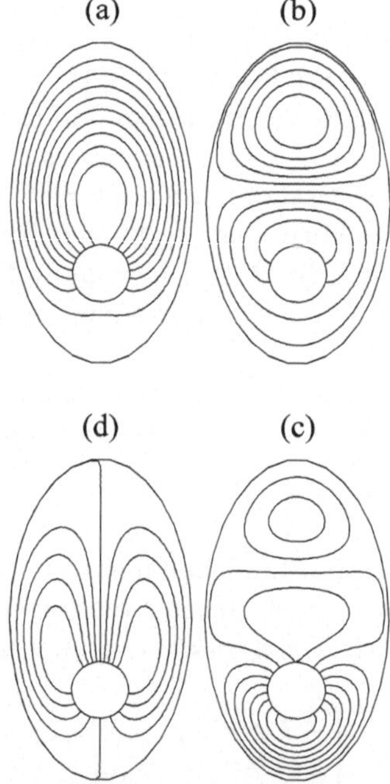

Abb. 73.11. Konturzeichnungen der ersten vier Eigenfunktionen einer Gitarrendecke zu (**a**) $\lambda_1 \approx 38,6$, (**b**) $\lambda_2 \approx 83,2$, (**c**) $\lambda_3 \approx 111$ und (**d**) $\lambda_4 \approx 122$. Sie wurden mit Femlab mit festem Gitterabstand von $0,02$ Durchmesser berechnet

Die kleineren Eigenwerte sind bei Betrachtungen zum Design am wichtigsten. Dies gilt insbesondere beim Entwurf von Hängebrücken, die so gebaut werden müssen, dass die unteren Schwingungseigenwerte in der Brücke nicht nahe bei möglichen durch den Wind induzierten Frequenzen liegen. Dies wurde bei den ersten Hängebrücken nicht richtig verstanden, was zum berühmten Einsturz der Brücke von Tacoma im Jahre 1940 führte.

Der kleinste Eigenwert entspricht dem Minimum des *Rayleigh-Quotienten*

$$\frac{(\nabla\psi, \nabla\psi)}{(\psi, \psi)},$$

wenn wir über alle Funktionen ψ, die die Randbedingungen erfüllen, minimieren. Ganz allgemein entsprechen die Eigenwerte stationären Punkten des Rayleigh-Quotienten.

73.13   Quantenmechanik

Die beiden revolutionärsten Ergebnisse der Physik während des 20. Jahrhunderts waren die Entwicklung der *Allgemeinen Relativitätstheorie* durch Albert Einstein zur Gravitation in astronomischen Skalen und die *Quantenmechanik* durch Schrödinger (1887-1961, 1933 Nobelpreis für Physik) für atomare Skalen, vgl. Abb. 73.12. Einstein akzeptierte die Quantenmechanik niemals vollständig. Die *große einheitliche Theorie*, die Schwerkraft und Quantenmechanik miteinander verbindet, wobei die *Stringtheorie* zu den neueren Versuchen zählt, um diese Lücke zu überbrücken, fehlt nach wie vor.

Die zentrale Gleichung der Quantenmechanik ist die *Schrödingergleichung*, die für ein System von N-Elektronen (in der Born-Oppenheimer Näherung) die folgende normierte Form annimmt:

$$i\frac{\partial\varphi}{\partial t} = H\varphi = \left(-\frac{1}{2}\sum_j \Delta_j + V(r_1,\ldots,r_N)\right)\varphi, \tag{73.38}$$

mit der imaginären Einheit i und einer *Wellenfunktion* $\varphi = \varphi(r_1,\ldots,r_N,t)$, die von der Menge der Raumkoordinaten $(r_1,\ldots,r_N)$ abhängt. Dabei verändert sich jedes r_j über die Zeit t in $\mathbb{R}^3$, und Δ_j bezeichnet den Laplace-Operator bezüglich der Koordinaten $r_j \in \mathbb{R}^3$. Die abstoßenden Coulomb Kräfte zwischen den Elektronen und die anziehenden Coulomb Kräfte zwischen den Elektronen und den (fixen) Kernen des Systems werden im *Coulomb Potential* $V(r_1,\ldots,r_N)$ zusammengefasst, das von den Koordinaten $(r_1,\ldots,r_N)$ abhängt. $H = -\frac{1}{2}\sum_j \Delta_j + V$ wird als *Hamilton-Operator* bezeichnet. Er fasst die Summe aus kinetischer und potentieller Energie zusammen. Die Wellenfunktion ist komplexwertig und ihr Betragsquadrat steht für die Wahrscheinlichkeitsdichte von Elektronen.

Die Schrödingergleichung scheint eine sehr gute Beschreibung für Phänomene auf atomaren Skalen zu liefern, aber unglücklicherweise ist ihre Handhabung nicht einfach, da so viele räumliche Dimensionen berücksichtigt werden müssen: Für ein System mit 100 Elektronen, was immer noch sehr

Abb. 73.12. Schrödinger (1887–1961) im Alter von 13: „Ich war in allen Fächern ein guter Student, liebte Mathematik und Physik, aber auch die strenge Logik der antiken Grammatiken und hasste nur das Auswendiglernen von Geschichtsdaten und Fakten. Von den deutschen Dichtern liebte ich besonders die Dramatiker, hasste aber die pedantische Zergliederung dieser Werke

klein ist, beträgt die Zahl der Raum-Dimensionen 300 und Standardtechniken für die analytische wie auch die numerische Lösung sind doch sehr eingeschränkt.

Obwohl die Schrödingergleichung zugegebenermaßen eine wundervolle Gleichung ist, die eine überraschend präzise Beschreibung der atomaren Physik erlaubt, kann sie sicherlich unmöglich exakt analytisch gelöst werden, weswegen Näherungslösungen eine Schlüsselrolle zukommen. Der Nobelpreis für Chemie wurde 1998 an Robert Kohn für seine Näherungslösung der Schrödingergleichung verliehen, die darauf beruht, ein einziges *Elektronendichtefunktional* zu benutzen, dessen räumliche Abhängigkeit unabhängig von der Zahl der Elektronen und zugehörigen Näherungspotentialen auf $\mathbb{R}^3$ beschränkt ist. Derartig vereinfachte Schrödingergleichungen, die als *Kohn-Sham Gleichungen* bezeichnet werden, werden heute in der theoretischen Chemie ausgiebig eingesetzt.

Das Wasserstoffatom

Das Wasserstoffatom, das aus einem Elektron und einem Proton besteht, ist der einzige Fall, für den eine analytische Lösung der Schrödingergleichung möglich ist: Für diesen Fall nimmt die Schrödingergleichung unter der Annahme, dass das Proton im Ursprung positioniert ist, die folgende (normierte) Gestalt an: Gesucht ist die Wellenfunktion $\varphi(x,t)$ mit $x \in \mathbb{R}^3$, so dass für $t > 0$

$$i\frac{\partial \varphi}{\partial t} = \left(-\frac{1}{2}\Delta + V\right)\varphi \quad \text{in } \mathbb{R}^3 \tag{73.39}$$

gilt, wobei Δ der übliche Laplace-Operator bezüglich x ist und $V(x) = -\frac{1}{|x|}$ ist das Coulomb Potential des Protons. Die Normierung erfolgt so, dass

$$\int_{\mathbb{R}^3} |\varphi(x,t)|^2\, dx = 1 \quad \text{für } t > 0.$$

Für ein Gebiet $\Omega \in \mathbb{R}^3$ beschreibt das Integral

$$\int_{\Omega} |\varphi(x,t)|^2\, dx$$

die Wahrscheinlichkeit dafür, das Elektron zur Zeit t im Gebiet Ω anzutreffen. Rein formal betrachtet, beschreibt $-\frac{1}{2}\Delta$ die kinetische Energie $\frac{p^2}{2m}$ mit Impuls p und Masse m, wobei p durch $-i\nabla$ ersetzt und $m = 1$ gesetzt wird.

Für den harmonischen Fall mit einer Zeitabhängigkeit $\exp(-i\omega t)$ mit Frequenz ω erhalten wir das Eigenwertproblem: Gesucht ist $\varphi(x) \neq 0$ und $\omega \in \mathbb{R}$, so dass

$$H\varphi = \omega\varphi, \tag{73.40}$$

wobei $H = -\frac{1}{2}\Delta + V$ der Hamilton-Operator ist und der Eigenwert ω ein Energieniveau beschreibt. Die Eigenwerte sind reell und die (reelle) Eigenfunktion, die zum kleinsten Eigenwert (kleinste Energie) gehört, wird als *Grundzustand* bezeichnet und die Eigenfunktionen zu höheren Eigenwerten als *angeregte Zustände*.

Wenn wir sphärische Symmetrie annehmen, nimmt (73.40) in sphärischen Koordinaten mit Radius r die folgende Form an: Gesucht ist $\varphi(r)$, so dass

$$-\frac{1}{2}\frac{d^2\varphi}{dr^2} - \frac{1}{r}\frac{d\varphi}{dr} - \frac{1}{r}\varphi = \omega\varphi \quad \text{für } r > 0,$$

mit der Nebenbedingung, dass $\varphi(0)$ endlich ist und das Quadrat von $\varphi(x)$ über $\mathbb{R}^3$ integrierbar ist. Der Grundzustand wird durch die Eigenfunktion $\varphi(r) = \exp(-r)$ gegeben mit zugehörigem Eigenwert $\omega = -\frac{1}{2}$.

Aufgaben zu Kapitel 73

73.1. Interpretieren Sie die Fixpunkt-Iteration für die Poisson-Gleichung als explizites Zeitschrittverfahren für die Wärmegleichung $\frac{du}{dt} - \Delta u = f$ mit Zeitschritten αh^2 und einem Startwert, der der Anfangsnäherung U^0 entspricht. Erklären Sie, warum die Konvergenz für kleineres h langsamer wird.

73.2. Betrachten Sie eine waagerechte elastische Membran, die im unbelasteten Zustand mit homogener konstanter Spannung H auf einen geschlossenen Ring aufgezogen ist. Diskutieren Sie, unter welchen Bedingungen die Membran ein von Null verschiedenes Wasservolumen tragen kann und versuchen Sie, das Volumen zu berechnen.

73.3. Beweisen Sie, dass (73.32) eine Fundamentallösung von $-\Delta$ in $\mathbb{R}^2$ ist.

73.4. Da die vorgestellten mathematischen Modelle für den Wärmefluss und die Gravitation, insbesondere die Poisson-Gleichung, gleich sind, können wir uns ein Gravitationspotential als „Temperatur" und ein Gravitationsfeld als „Wärmefluss" denken. Können Sie mit Hilfe dieser Analogie etwas über die Gravitation „verstehen"?

73.5. Formulieren Sie für $d = 2$ die Integralgleichung (73.36).

73.6. Welche Gleichung erhält man, wenn der Ausdruck $\partial D/\partial t$ bei der Betrachtung des zeitabhängigen Magnetismus' nicht vernachlässigt, sondern in der x_3-Koordinate berücksichtigt wird?

73.7. Leiten Sie die Wärmegleichung her, die die Wärmeleitung in einem dünnen Drahtstück der Länge Eins, dessen Enden bei konstanter Temperatur gehalten werden, beschreibt (d.h. formulieren Sie die ein-dimensionale Wärmegleichung):

$$\begin{cases} \dot{u} - u'' = f & \text{in } (0,1) \times (0,T], \\ u(0,t) = u(1,t) = 0 & \text{für } t \in (0,T], \\ u(x,0) = u_0(x) & \text{für } x \in (0,1). \end{cases} \qquad (73.41)$$

73.8. Sei $F(x)$ das durch eine homogene Kugel der Masse m mit dem Volumen $\{x \in \mathbb{R}^3 : \|x\| \leq r\}$ erzeugte Gravitationsfeld. Es erfülle $\nabla F(x) = \rho$ für $\|x\| < r$ und $\nabla F(x) = 0$ für $\|x\| > r$, wobei ρ die Dichte der Kugel angibt. Begründen Sie, dass Symmetrie bedingt $F(x) = f(\|x\|)\frac{-x}{\|x\|}$ für $\|x\| > r$ mit einer Funktion $f : (0, \infty) \to \mathbb{R}$ gelten muss. Benutzen Sie den Divergenzsatz, um zu zeigen, dass für $R > r$ gilt:

$$\int_{S_R} F(x) \cdot n \, dS = 4\pi R^2 f(R) = \int_{K_R} \nabla F(x) \, dx = m.$$

Dabei ist S_R die Begrenzung der Kugel $K_R = \{x \in \mathbb{R}^3 : \|x\| \leq R\}$. Folgern Sie, dass $f(R) = \frac{m}{4\pi R^2}$ und somit $F(x) = \frac{m}{4\pi} \frac{-x}{\|x\|^3}$ für $\|x\| > r$ gilt. Auf diese Weise erhalten Sie einen alternativen Zugang zum Albtraum von Newton. Beachten Sie die Veränderung in der Normierung, wodurch hier der Faktor $1/4\pi$ auftritt.

73.9. Für die Konvergenzanalyse der Fixpunkt-Iteration für das Gleichungssystem (73.15) müssen wir zeigen, dass $\|I - \alpha A\| < 1$, wobei $A = (a_{ij})$ die $(N-1) \times (N-1)$-Matrix mit $a_{ii} = 2$, $a_{i,i-1} = a_{i-1,i} = -1$ und $a_{ij} = 0$ für $|i - j| > 1$ ist. Da A symmetrisch ist, erhalten wir mit Rückblick auf das Kapitel „Der Spektralsatz":

$$\|I - \alpha A\| = \max_i |1 - \alpha \lambda_i|,$$

wobei λ_i, $i = 1, \ldots, N-1$ die Eigenwerte von A sind. Diagonalisieren Sie A, um dies nachzuvollziehen. Beweisen Sie, dass für alle von Null verschiedenen $V \in \mathbb{R}^{N-1}$

$$AV \cdot V = \sum_{i,j=1}^{N-1} a_{ij} V_i V_j > 0$$

gilt und folgern Sie, dass $\lambda_i > 0$ für alle i (Hinweis: Quadratische Ergänzung!). Ähnlich können Sie zeigen, dass für alle $V \in \mathbb{R}^{N-1}$

$$(I - \alpha A)V \cdot V \geq 0$$

gilt, falls $\alpha \leq \frac{1}{4}$ (Hinweis: Quadratische Ergänzung!). Folgern Sie, dass die Fixpunkt-Iteration konvergiert, wenn $0 < \alpha \leq \frac{1}{4}$. Können Sie die Konvergenz für $\alpha < \frac{1}{2}$ beweisen? Was geschieht mit der Konvergenz für $\alpha < 0$? (Hinweis: Machen Sie Gebrauch davon, dass für eine symmetrische $m \times m$-Matrix A mit den Eigenwerten $\lambda_1 \leq \lambda_2 \leq \ldots \leq \lambda_m$ gilt, dass $\lambda_1 = \min_{V \in \mathbb{R}^m}(AV \cdot V)/(V \cdot V)$ und $\lambda_m = \max_{V \in \mathbb{R}^m}(AV \cdot V)/(V \cdot V)$ für $V \neq 0$.).

73.10. Erweitern Sie die obige Analyse auf den 5-Punkte Stern für den Laplace-Operator und zeigen Sie, dass Fixpunkt-Iterationen konvergieren, wenn $0 < \alpha < \frac{1}{8}$ (oder besser noch $\alpha < \frac{1}{4}$).

73.11. Treffen Sie sich mit einigen Freunden und stellen Sie sie in einem quadratischen regelmäßigen Gitter auf. Bitten Sie ihre Freunde, ihren eigenen Wert immer wieder nach der Svensson-Formel als den Mittelwert der Werte der Nachbarn neu zu berechnen (beginnend bei Null), nachdem Sie den Freunden auf der Begrenzung bestimmte andere Werte zugewiesen haben. Notieren Sie die Werte nachdem Konvergenz erzielt wurde. Sie haben jetzt die Laplace-Gleichung auf einem Quadrat mit Dirichlet-Randbedingungen numerisch gelöst. Welchen Wert für α haben Sie dabei effektiv in der Fixpunkt-Iteration benutzt?

73.12. Beweisen Sie den Satz von Bernoulli, nach dem für eine stationäre Eulersche Strömung, für die $(u \cdot \nabla)u + \nabla p = 0$ gilt, die Größe $\frac{1}{2}\|u\|^2 + p$ entlang von Strömungslinien konstant bleibt.

73.13. Erklären Sie den *Magnuseffekt*, nach dem ein Tennisball mit Top-Spin eine abwärts gerichtete Kurve beschreibt, vgl. auch das Kapitel „Analytische Funktionen".

73.14. Beweisen Sie, dass das Wasserstoffatom stabil ist, in dem Sinne, dass für den *Rayleigh-Quotienten*

$$RQ(\psi) = \frac{\frac{1}{2}\int_\Omega |\nabla \psi|^2 \, dx - \int_\Omega \psi^2/r \, dx}{\int_\Omega \psi^2 \, dx}$$

gilt:

$$\min_{\psi \in V} RQ(\psi) \geq -2.$$

Dadurch wird verhindert, dass das Elektron in das Proton stürzt. Hinweis: Schätzen Sie $\int_\Omega \psi \frac{\psi}{r}$ mit Hilfe der Cauchyschen Ungleichung und der folgenden Poincaréschen Ungleichung ab:

$$\int_\Omega \frac{\psi^2}{r^2}\, dx \leq 4 \int_\Omega |\nabla \psi|^2\, dx. \tag{73.42}$$

Dadurch zeigen Sie, dass die potentielle Energie im Rayleigh-Quotienten nicht über die kinetische Energie dominieren kann. Um die letzte Ungleichung zu beweisen, nutzen Sie zusammen mit der Cauchyschen Ungleichung die folgende Gleichung

$$\int_\Omega \frac{\psi^2}{r^2}\, dx = - \int_\Omega 2\psi \nabla \psi \cdot \nabla \ln(|x|)\, dx,$$

die sich aus der Greenschen Formel ergibt.

73.15. (a) Zeigen Sie, dass das Eigenwertproblem für das Wasserstoffatom für Eigenfunktionen, die nur radiale Abhängigkeit besitzen, auch in der folgenden ein-dimensionalen Formulierung geschrieben werden kann:

$$-\frac{1}{2}\varphi_{rr} - \frac{1}{r}\varphi_r - \frac{1}{r}\varphi = \lambda\varphi, \quad r > 0, \quad \varphi(0) \text{ endlich}, \quad \int_{\mathbb{R}} \varphi^2 r^2\, dr < \infty, \tag{73.43}$$

mit $\varphi_r = \dfrac{d\varphi}{dr}$. (b) Zeigen Sie, dass $\psi(r) = \exp(-r)$ eine zum Eigenwert $\lambda = -\frac{1}{2}$ zugehörige Eigenfunktion ist. (c) Bestimmen Sie λ_2 und die zugehörige Eigenfunktion, indem Sie wie folgt substituieren: $\varphi(r) = v(r)\exp(-\frac{r}{2})$. (d) Lösen Sie (73.43) numerisch.

> Uns scheint das Kontinuum einfach zu sein. Irgendwie haben wir den Blick für die Probleme verloren, die es mit sich bringt ... Uns wird gesagt, dass die Bedenken zu einer Zahl wie Wurzel 2 Pythagoras und seine Schule fast zur Verzweiflung brachte. Nun, da wir an derartige seltsame Zahlen von Kindheit an gewohnt sind, sollten wir uns davor hüten, die mathematische Intuition dieser klassischen Periode zu belächeln; ihre Bedenken sind wohl begründet. (Schrödinger)

74
Chemische Reaktionen*

Wir kennen bereits die Gesetze, die das Verhalten von Materie unter
allen, außer den extremsten Situationen, beschreiben. Insbesondere
kennen wir die zentralen Gesetze, die die Grundlage der Chemie und
der Biologie bilden. Dennoch betrachten wir diese Gebiete sicherlich
nicht als gelöste Probleme; wir hatten bisher recht geringen Erfolg
darin, das menschliche Verhalten aus mathematischen Gleichungen
vorherzusagen. Selbst wenn wir eine vollständige Menge von Grund-
gesetzen kennen, wird es für die kommenden Jahren eine Herausforderung an unsere Intelligenz bleiben, bessere Näherungsmethoden zu
entwickeln, um sinnvolle Vorhersagen über das wahrscheinliche Ergebnis in komplizierten und realistischen Situationen zu treffen.
(S. Hawking in „Eine kurze Geschichte der Zeit")

Es ist besonders schwer, exakte Lösungen der (Einsteinschen) Gleichungen zu finden, da diese Gleichungen nicht linear sind. (Einstein)

Da eine sich ausbreitende Flamme als Welle einer chemischen Reaktion betrachtet werden kann, die durch ein strömendes Gas verläuft,
bietet sie einen ausgezeichneten Prüfstein für die analytischen Fähigkeiten eines Strömungsmechanikers, eines Spezialisten für Wärme-
und Massentransport und eines physikalischen Chemikers, die alle
zusammen in einem rundum bewanderten angewandten Mathematiker vereint sind. (M. Kanury)

74.1   Konstante Temperatur

Wir betrachten N verschiedene chemische Substanzen $A_1, \ldots, A_N$, die an
J Reaktionen mit den stöchiometrischen (positiven) ganzzahligen Koeffizi-

enten $\nu_{n,j}$ und $\lambda_{n,j}$ teilnehmen, wobei die Substanz n in der Reaktion j als Reaktand ($\nu_{n,j}$) oder als Produkt ($\lambda_{n,j}$) auftreten kann. (Die Koeffizienten sind Null, wenn die Substanz in einer Reaktion weder Reaktand noch Produkt ist.) Dies wird im Allgemeinen wie folgt formuliert:

$$\sum_{n=1}^{N} \nu_{n,j} A_n \to \sum_{n=1}^{N} \lambda_{n,j} A_n \quad \text{für } j = 1, \dots, J. \tag{74.1}$$

Wir sagen, dass die *Ordnung* der Reaktion j gleich $\sum_{n=1}^{N} \nu_{n,j}$ ist und bezeichnen die *molare Konzentration* (ausgedrückt in Mol pro Einheitsvolumen) einer Substanz A_n mit c_n. Wir nehmen an, dass die *Reaktionsgeschwindigkeit* r_j von Reaktion j durch

$$r_j = k_j(T) \prod_{m=1}^{N} c_m^{\nu_{m,j}}$$

ausgedrückt werden kann, wobei der *Reaktionskoeffizient* oder der *Arrhenius Faktor* $k_j(T)$ sich wie folgt ergibt:

$$k_j(T) = B_j T^{\alpha_j} \exp\left(-\frac{E_j}{RT}\right),$$

wobei $E_j > 0$ die *Aktivierungsenergie* angibt, R ist die Gaskonstante und $B_j T^{\alpha_j}$ steht für den *Häufigkeitsfaktor*, wobei B_j und α_j positive Konstanten sind. Wir gehen davon aus, dass die absolute Temperatur T für alle Substanzen gleich ist. Der zentrale Gedanke hinter der Produktformulierung $\prod_{m=1}^{N} c_m^{\nu_{m,j}}$ ist der, dass die Reaktionsgeschwindigkeit zur molaren Konzentration des Reaktanden A_m, die $\nu_{m,j}$-fach reagiert, proportional ist. Der Arrhenius Faktor ist klein, wenn T unterhalb eines bestimmten Grenzwertes liegt, was damit zusammenhängt, dass dann der Quotient $\frac{E_j}{RT}$ nur mäßig groß ist.

Die Nettoproduktion (in Mol pro Volumen pro Einheitszeit) von Substanz A_n in Reaktion j entspricht $\alpha_{n,j} r_j$ mit

$$\alpha_{n,j} = \lambda_{n,j} - \nu_{n,j},$$

und die gesamte Nettoproduktionsgeschwindigkeit s_n von Substanz A_n beträgt:

$$s_n = \sum_{j=1}^{J} \alpha_{n,j} r_j.$$

Wir wollen nun annehmen, dass die Temperatur T konstant und vorgegeben ist. Wir suchen den Konzentrationsvektor $c(t) = (c_1(t), \dots, c_N(t))$ als Funktion der Zeit t. Er beschreibt die Dynamik der Reaktionen für $t > 0$, wobei wir annehmen, dass $c(0) = c^0$ der Vektor $c^0 = (c_1^0, \ldots, c_N^0)$ mit vorgegebenen Anfangskonzentrationen ist. Mit Hilfe der Balancegleichung $\dot{c}_n = s_n$, die für jede Substanz $n = 1, 2, \ldots, N$ gilt, erhalten wir das folgende Anfangswertproblem für ein System gewöhnlicher Differentialgleichungen: Gesucht ist $c(t) = (c_1(t), \ldots, c_N(t))$, so dass

$$\begin{cases} \dot{c}_n(t) = \sum_{j=1}^{J} \alpha_{n,j} k_j(T) \prod_{m=1}^{N} c_m^{\nu_{m,j}}(t) & \text{für } t > 0, \, n = 1, \ldots, N, \\ c(0) = c^0. \end{cases} \qquad (74.2)$$

Dies entspricht einem Anfangswertproblem der Form $\dot{u}(t) = f(u(t))$ für $t > 0$ mit $u(0) = c^0$ und $u(t) = c(t)$ und einer vorgegebenen Funktion $f : \mathbb{R}^N \to \mathbb{R}^N$.

Ein *Gleichgewicht* bei einer bestimmten Temperatur T bedeutet dann $\dot{c}_n(t) = 0$ für $t > 0$, $n = 1, \ldots, N$. Es wird durch das algebraische Gleichungssystem

$$\sum_{j=1}^{J} \alpha_{n,j} k_j(T) \prod_{m=1}^{N} c_m^{\nu_{m,j}} = 0 \quad \text{für } n = 1, \ldots, N \qquad (74.3)$$

beschrieben, was der Gleichung $f(u) = 0$ entspricht.

Beispiel 74.1. Die Reaktion

$$2\text{NO} + \text{Cl}_2 \to 2\text{NOCl}$$

kann in die Form (74.1) gebracht werden, wenn wir $A_1 = \text{NO}$, $A_2 = \text{Cl}_2$, $A_3 = \text{NOCl}$, $N = 3$, $J = 1$, $\nu_{1,1} = 2$, $\nu_{2,1} = 1$, $\nu_{3,1} = 0$, $\lambda_{1,1} = 0$, $\lambda_{2,1} = 0$, $\lambda_{3,1} = 2$, $\alpha_{1,1} = -2$, $\alpha_{2,1} = -1$ und $\alpha_{3,1} = 2$ setzen.

Beispiel 74.2. Die zwei Reaktionen

$$2\text{NO} + \text{Cl}_2 \xrightarrow{k_1} 2\text{NOCl},$$
$$2\text{NOCl} \xrightarrow{k_2} 2\text{NO} + \text{Cl}_2$$

können in die Form (74.1) gebracht werden, wenn wir $A_1 = \text{NO}$, $A_2 = \text{Cl}_2$, $A_3 = \text{NOCl}$, $N = 3$, $J = 2$, $\nu_{1,1} = 2$, $\nu_{2,1} = 1$, $\nu_{3,1} = 0$, $\lambda_{1,1} = 0$, $\lambda_{2,1} = 0$, $\lambda_{3,1} = 2$, $\alpha_{1,1} = -2$, $\alpha_{2,1} = -1$, $\alpha_{3,1} = 2$, $\nu_{1,2} = 0$, $\nu_{2,2} = 0$, $\nu_{3,2} = 2$, $\lambda_{1,2} = 2$, $\lambda_{2,2} = 1$, $\lambda_{3,2} = 0$, $\alpha_{1,2} = 2$, $\alpha_{2,2} = 1$ und $\alpha_{3,2} = -2$ setzen. Das Gleichgewicht wird folgendermaßen beschrieben:

$$k_1 c_1^2 c_2 = k_2 c_3^2 \quad \text{oder} \quad \frac{c_1^2 c_2}{c_3^2} = \frac{k_2}{k_1}.$$

Beispiel 74.3. Ein *idealer Tankreaktor erster Ordnung* wird durch die Gleichung

$$q c^0 - V k c = q c$$

beschrieben, wobei c^0 die Konzentration des Reaktanden am Einlass ist, c ist die Konzentration im Reaktor, q die einströmende (= ausströmende) Menge, V das Tankvolumen und k der Reaktionskoeffizient. Die Gleichung bringt zum Ausdruck, dass die (Menge an) Reaktandenzugabe abzüglich der durch die Reaktion verbrauchte Reaktandenmenge dem Reaktandabfluss entspricht. Wenn wir die Zeit $\tau = \frac{V}{q}$ einführen, die sich der Reaktand im Reaktor aufhält, erhalten wir:

$$c = \frac{c^0}{1 + \tau k}.$$

Der *Wirkungsgrad* des Reaktors ergibt sich zu:

$$\eta = \frac{c^0 - c}{c^0} = \frac{\tau k}{1 + \tau k} = \frac{1}{1 + \frac{1}{\tau k}}.$$

Insbesondere erkennen wir, dass der Wirkungsgrad abnimmt, wenn τ abnimmt.

Beispiel 74.4. Ein *idealer Rohrreaktor erster Ordnung*, der das Intervall $(0, 1)$ einnimmt, kann als eine in Serie geschaltete Menge von Tankreaktoren erster Ordnung betrachtet werden. Er wird durch

$$qc(x) - A\Delta x k c(x) = qc(x + \Delta x) \quad \text{für } 0 < x < 1$$

modelliert, wobei q die (konstante) Fließgeschwindigkeit, A der Durchmesser des Rohrs und Δx ein kleines x-Inkrement ist. Wenn wir durch Δx dividieren und Δx gegen Null streben lassen, führt uns dies zu einem Anfangswertproblem, bei dem wir nach der Konzentration $c(x)$ für $0 \leq x \leq 1$ suchen, so dass

$$\frac{dc}{dx} = -\tau k c \quad \text{für } 0 < x \leq 1, \quad c(0) = c^0,$$

mit $\tau = \frac{A}{q}$. Die Lösung lautet $c(x) = c^0 e^{-\tau k x}$ und der Wirkungsgrad beträgt $\eta = \frac{c^0 - c(1)}{c^0} = 1 - e^{-\tau k}$. Wenn wir nun bedenken, dass $\frac{x}{1+x} < 1 - e^{-x}$ für $x > 0$, so folgt daraus, dass der ideale Rohrreaktor einen höheren Wirkungsgrad besitzt als der ideale Tankreaktor.

74.2   Veränderliche Temperatur

Wir wollen nun zulassen, dass sich die Temperatur $T(t)$ mit der Zeit t verändert und ebenso wie die Konzentrationen $c_1(t), \ldots, c_N(t)$ unbekannt ist. Die *Reaktionswärme* von Reaktion j ergibt sich aus

$$\left(-\sum_{m=1}^{N} \alpha_{m,j} h_m \right) r_j,$$

wobei h_m der *molaren Enthalpie* der Substanz A_m entspricht. Die Reaktionswärme ist für eine *exotherme* Reaktion positiv und für eine *endotherme* Reaktion negativ.

Das Problem besteht nun darin, $c(t) = (c_1(t), \ldots, c_N(t))$ und $T(t)$ für $t > 0$ zu bestimmen, so dass

$$\begin{cases} \dot{c}_n = \sum_{j=1}^{J} \alpha_{n,j} k_j(T) \prod_{m=1}^{N} c_m^{\nu_{m,j}}, & t > 0,\ n = 1, \ldots, N, \\ C_p \dot{T} = \sum_{j=1}^{J} (-\sum_{m=1}^{N} \alpha_{m,j} h_m) k_j(T) \prod_{m=1}^{N} c_j^{\nu_{m,j}}, \\ c(0) = c^0,\ T(0) = T^0 \end{cases}$$

mit den Anfangskonzentrationen $c^0 = (c_1^0, \ldots, c_N^0)$ und der Anfangstemperatur T^0. C_p ist die spezifische Wärme der Substanzmischung.

74.3   Räumliche Abhängigkeit

Wenn wir räumliche Abhängigkeiten in einem Gebiet Ω in $\mathbb{R}^3$ berücksichtigen, führt uns dies zu folgendem Modell: Gesucht wird $T(x,t)$ und $c(x,t) = (c_1(x,t), \ldots, c_N(x,t))$ für $x \in \Omega$, $t > 0$, so dass

$$\begin{cases} \dot{c}_n + \nabla \cdot (c_n \beta) - \nabla \cdot (\epsilon_n \nabla c_n) \\ \qquad = \sum_{j=1}^{J} \alpha_{n,j} k_j(T) \prod_{m=1}^{N} c_m^{\nu_{m,j}} & \text{für } x \in \Omega,\ t > 0,\ n = 1, \ldots, N, \\ C_p \dot{T} + \nabla \cdot (C_p T \beta) - \nabla \cdot (\epsilon_0 \nabla T) \\ \qquad = \sum_{j=1}^{J} (-\sum_{m=1}^{N} \alpha_{m,j} h_m) k_j(T) \prod_{m=1}^{N} c_m^{\nu_{m,j}} & \text{für } x \in \Omega,\ t > 0, \\ c(x,0) = c^0,\quad T(x,0) = T^0 & \text{für } x \in \Omega, \end{cases}$$

wobei $\beta(x,t)$ eine vorgegebene Konvektionsgeschwindigkeit ist und die ϵ_n sind gegebene Diffusionskoeffizienten. Das System wird durch Randbedingungen vervollständigt, die für jede Gleichung vom Dirichlet-, Neumann- oder vom Robin-Typ sein können.

Beispiel 74.5. Eine stationäre Reaktion erster Ordnung mit konstanter Temperatur und einer Substanz mit konstanter Diffusion, aber ohne Konvektion, wird in dimensionsloser Form durch die Gleichung

$$\Delta u = \varphi^2 u \quad \text{in } \Omega,$$

zusammen mit Dirichlet-, Neumann- oder Robin-Randbedingungen modelliert, wobei φ der *Thiele-Modulus* ist und Ω ein Gebiet in $\mathbb{R}^d$, $d = 1, 2, 3$. Dabei interessiert vor allem die *Gesamtproduktion* $\int_\Omega u(x)\, dx$ als Funktion von Ω, dem Thiele-Modulus φ^2 und den Randbedingungen.

Beispiel 74.6. Ein einfaches Modell für die *Flammenausbreitung* in einem Kanal besitzt folgende Gestalt:

$$\begin{cases} \dot{u}_1 - \Delta u_1 + \beta_1 \dfrac{\partial u_1}{\partial x_1} = u_2 f(u_1) & x \in \Omega,\, t > 0, \\[2mm] \dot{u}_2 - \Delta u_2 + \beta_1 \dfrac{\partial u_2}{\partial x_1} = -u_2 f(u_1) & x \in \Omega,\, t > 0, \end{cases} \tag{74.4}$$

wobei geeignete Randbedingungen noch fehlen. Dabei ist $\Omega = \mathbb{R} \times (0, 1)$, u_1 steht für die Temperatur, u_2 beschreibt die Konzentration des Reaktanden, β_1 die Geschwindigkeit des Reaktanden in x_1-Richtung und $u_2 f(u_1)$ die Reaktionsgeschwindigkeit, wobei $f : \mathbb{R}^+ \to \mathbb{R}^+$ vorgegeben ist. Bei geeigneter Wahl von β_1 können wir stationäre Lösungen mit $\dot{u} = 0$ finden, die eine sich ausbreitende Flammenfront beschreiben.

Beispiel 74.7. Ein wichtiges Modell für die *Verbrennung* in einem Gebiet Ω in $\mathbb{R}^3$ besitzt die folgende Gestalt: Gesucht ist die Konzentration c und die Temperatur T, so dass

$$\begin{cases} \dot{c} - \epsilon_1 \Delta c = -B_1 e^{-\frac{E}{RT}} c, & x \in \Omega,\, t > 0, \\[2mm] \dot{T} - \epsilon_0 \Delta T = B_0 e^{-\frac{E}{RT}} c & x \in \Omega,\, t > 0, \end{cases} \tag{74.5}$$

beispielsweise in Verbindung mit homogenen Neumann-Randbedingungen und positiven Konstanten B_0 und B_1. Abhängig von der Aktivierungsenergie E und den Anfangsbedingungen kann der Prozess in Raum und Zeit schnell oder langsam ablaufen.

Axiom 1: Alle Körper sind entweder in Bewegung oder in Ruhe.
Axiom 2: Jeder Körper kann seine Geschwindigkeit verändern.
Lemma 1: Körper unterscheiden sich voneinander bezüglich ihrer Bewegung oder ihrer Ruhe, ihrer Schnelligkeit oder Langsamkeit und nicht bezüglich ihres Materials.
Lemma 2: Alle Körper stimmen in gewissen Gesichtspunkten überein.
Lemma 3: Ein Körper in Bewegung oder in Ruhe muss durch einen anderen Körper veranlasst worden sein sich zu bewegen oder zu ruhen. Dieser andere Körper wurde seinerseits zur Bewegung oder Ruhe durch einen anderen Körper veranlasst, der wiederum durch einen anderen und so weiter.

...

Lemma 6: Werden gewisse Körper, die ein individuelles Ding bilden, zu einer Änderung der Bewegungsrichtung veranlasst und zwar so, dass sie alle ihre Bewegung fortsetzen können und dieselbe relative Beziehung behalten wie zuvor, so wird auch dieses individuelle Ding seine relative Beziehung und seine eigene Natur ohne Änderung der Gestalt erhalten.
(Spinoza 1632–1677, Ethica II)

75
Werkzeugkoffer: Infinitesimalrechnung II

Timeo hominem unius libri. (Thomas von Aquin)

75.1 Einleitung

Wir sammeln hier die zentralen Werkzeuge der Infinitesimalrechnung für die Funktionen $f : \mathbb{R}^n \to \mathbb{R}^m$, das bedeutet die Infinitesimalrechnung von vektorwertigen Funktionen in mehreren Variablen. Die euklidische Norm eines Vektors $x = (x_1, \ldots, x_n) \in \mathbb{R}^n$ wird als $\|x\| = \sum_{i=1}^n x_i^2$ bezeichnet.

75.2 Lipschitz-Stetigkeit

Eine Funktion $f : A \to \mathbb{R}^m$ ist auf einer Untermenge A von $\mathbb{R}^n$ Lipschitz-stetig, wenn es eine Konstante L gibt, so dass

$$\|f(x) - f(y)\| \leq L\|x - y\| \quad \text{für alle } x, y \in A.$$

75.3 Differenzierbarkeit

Eine Funktion $f : A \to \mathbb{R}^m$ ist in $\bar{x} \in A$ *differenzierbar*, wobei A eine offene Untermenge des $\mathbb{R}^n$ ist, wenn eine $m \times n$-Matrix $f'(\bar{x})$, die als *Jacobi-Matrix* der Funktion $f(x)$ in $\bar{x}$ bezeichnet wird, und eine Konstante $K_f(\bar{x})$

existiert, so dass für alle $x \in A$ in der Nähe von $\bar{x}$ gilt:

$$f(x) = f(\bar{x}) + f'(\bar{x})(x - \bar{x}) + E_f(x, \bar{x}),$$

wobei $E_f(x, \bar{x})$ ein m-Vektor ist, für den $\|E_f(x, \bar{x})\| \leq K_f(\bar{x})\|x - \bar{x}\|^2$ gilt. Wir sagen, dass $f : A \to \mathbb{R}^m$ *gleichmäßig differenzierbar auf* A ist, wenn die Konstante $K_f(\bar{x}) = K_f$ unabhängig von $\bar{x} \in A$ gewählt werden kann. Wir schreiben $f' = \nabla f$ für $m = 1$ und bezeichnen ∇f als den Gradienten von f.

75.4   Die Kettenregel

Ist $g : \mathbb{R}^n \to \mathbb{R}^m$ Lipschitz-stetig und in $\bar{x} \in \mathbb{R}^n$ differenzierbar und ist ferner $f : \mathbb{R}^m \to \mathbb{R}^p$ in $g(\bar{x}) \in \mathbb{R}^m$ differenzierbar, dann ist auch die zusammengesetzte Funktion $f \circ g : \mathbb{R}^n \to \mathbb{R}^p$ in $\bar{x} \in \mathbb{R}^n$ differenzierbar, mit der Jacobi-Matrix:

$$(f \circ g)'(\bar{x}) = f'(g(\bar{x}))g'(\bar{x}).$$

75.5   Der Mittelwertsatz für $f : \mathbb{R}^n \to \mathbb{R}$

Ist $f : \mathbb{R}^n \to \mathbb{R}$ auf $\mathbb{R}^n$ differenzierbar und ist der Gradient ∇f Lipschitz-stetig, dann gibt es für vorgegebene x und $\bar{x}$ in $\mathbb{R}^n$ ein $y = x + \bar{t}(x - \bar{x})$ mit $\bar{t} \in [0, 1]$, so dass

$$f(x) - f(\bar{x}) = \nabla f(y) \cdot (x - \bar{x}).$$

75.6   Ein Minimum ist ein stationärer Punkt

Ist $\bar{x} \in \mathbb{R}^n$ ein *lokales Minimum* einer differenzierbaren Funktion $f : \mathbb{R}^n \to \mathbb{R}$, d.h. $f(\bar{x}) \leq f(x)$ für alle x nahe bei $\bar{x}$, dann gilt: $\nabla f(\bar{x}) = 0$.

75.7   Der Satz von Taylor

Ist $f : \mathbb{R}^n \to \mathbb{R}$ zweifach differenzierbar mit der Lipschitz-stetigen Hesse-schen Matrix $H = (h_{ij})$ mit den Elementen $h_{ij} = \frac{\partial^2 f}{\partial x_i \partial x_j}$, dann gibt es für vorgegebene x und $\bar{x} \in \mathbb{R}^n$ ein $y = x + \bar{t}(x - \bar{x})$ mit $\bar{t} \in [0, 1]$, so dass

$$f(x) = f(\bar{x}) + \nabla f(\bar{x}) \cdot (x - \bar{x}) + \frac{1}{2} \sum_{i,j=1}^n \frac{\partial^2 f}{\partial x_i \partial x_j}(y)(x_i - \bar{x}_i)(x_j - \bar{x}_j)$$

$$= f(\bar{x}) + \nabla f(\bar{x}) \cdot (x - \bar{x}) + \frac{1}{2}(x - \bar{x})^\top H(y)(x - \bar{x}).$$

75.8   Der Kontraktionssatz

Ist $g : \mathbb{R}^n \to \mathbb{R}^n$ Lipschitz-stetig zur Lipschitz-Konstanten $L < 1$, dann besitzt die Gleichung $x = g(x)$ eine eindeutige Lösung $\bar{x} = \lim_{i \to \infty} x^{(i)}$, wobei $\{x^{(i)}\}_{i=1}^{\infty}$ eine Folge in $\mathbb{R}^n$ ist, die beginnend bei irgendeinem Anfangswert $x^{(0)}$ durch die Fixpunkt-Iteration $x^{(i)} = g(x^{(i-1)})$ erzeugt wird.

75.9   Der Satz zur inversen Funktion

Sei $f : \mathbb{R}^n \to \mathbb{R}^n$ und habe $f'(x)$ nahe bei $\bar{x}$ Lipschitz-stetige Koeffizienten und sei $f'(\bar{x})$ nicht singulär. Dann besitzt die Gleichung $f(x) = y$ eine eindeutige Lösung x für ein y nahe bei $\bar{y} = f(\bar{x})$. Dadurch wird x als eine Funktion $x = f^{-1}(y)$ von y definiert.

75.10   Die Newtonsche Methode

Ist $\bar{x}$ eine Nullstelle von $f : \mathbb{R}^n \to \mathbb{R}^n$ und $f(x)$ in der Nähe von $\bar{x}$ mit einer Lipschitz-stetigen Ableitung $f'(\bar{x})$ gleichmäßig differenzierbar, die nicht singulär ist. Dann konvergiert die Newtonsche Methode $x^{(i+1)} = x^{(i)} - f'(x^{(i)})^{-1} f(x^{(i)})$ quadratisch zur Lösung von $f(x) = 0$, wenn wir genügend nahe bei $\bar{x}$ beginnen.

75.11   Differential-Operatoren

Der **Gradient** einer Funktion $u : \mathbb{R}^d \to \mathbb{R}$:

$$\operatorname{grad} u = \nabla u = \left(\frac{\partial u}{\partial x_1}, \frac{\partial u}{\partial x_2}, \ldots, \frac{\partial u}{\partial x_d} \right).$$

Die **Divergenz** einer Vektorfunktion $u : \mathbb{R}^d \to \mathbb{R}^d$:

$$\operatorname{div} u = \nabla \cdot u = \sum_{i=1}^{d} \frac{\partial u_i}{\partial x_i}.$$

Die **Rotation** einer Vektorfunktion $u : \mathbb{R}^3 \to \mathbb{R}^3$:

$$\operatorname{rot} u = \nabla \times u = \left(\frac{\partial u_3}{\partial x_2} - \frac{\partial u_2}{\partial x_3}, \frac{\partial u_1}{\partial x_3} - \frac{\partial u_3}{\partial x_1}, \frac{\partial u_2}{\partial x_1} - \frac{\partial u_1}{\partial x_2} \right).$$

Der **Laplace-Operator** einer Funktion $u : \mathbb{R}^d \to \mathbb{R}$:

$$\Delta u = \nabla \cdot (\nabla u) = \operatorname{div} (\operatorname{grad} u) = \sum_{i=1}^{d} \frac{\partial^2 u}{\partial x_i^2}.$$

Gleichungen:

$$\nabla \cdot (\nabla \times u) = 0,$$
$$\nabla \times (\nabla u) = 0,$$
$$\nabla \times (\nabla \times u) = -\Delta u + \nabla(\nabla \cdot u).$$

Der *Laplace-Operator in* $\mathbb{R}^2$ lautet *in Polarkoordinaten* $x = (x_1, x_2) = (r\cos(\theta), r\sin(\theta))$:

$$\Delta u = \frac{1}{r}\frac{\partial}{\partial r}\left(r\frac{\partial u}{\partial r}\right) + \frac{1}{r^2}\frac{\partial^2 u}{\partial \theta^2}.$$

Der *Laplace-Operator* lautet *in sphärischen Koordinaten*
$x = (r\sin(\varphi)\cos(\theta), r\sin(\varphi)\sin(\theta), r\cos(\varphi))$:

$$\Delta u = \frac{1}{r^2}\frac{\partial}{\partial r}\left(r^2\frac{\partial u}{\partial r}\right) + \frac{1}{r^2\sin(\theta)}\frac{\partial}{\partial \theta}\left(\sin(\theta)\frac{\partial u}{\partial \theta}\right) + \frac{1}{r^2\sin^2(\theta)}\frac{\partial^2 u}{\partial \varphi^2}.$$

Der Laplace-Operator ist unter orthogonalen Koordinatentransformationen
invariant in $\mathbb{R}^d$.

75.12   Kurvenintegrale

Sei $\Gamma = s([a,b])$ eine Kurve in $\mathbb{R}^n$, die durch die Funktion $s : [a,b] \to \mathbb{R}^n$
gegeben ist und sei $u : \Gamma \to \mathbb{R}$, dann gilt:

$$\int_\Gamma u\,ds = \int_\Gamma u(x)\,ds(x) = \int_a^b u(s(t))\|s'(t)\|\,dt,$$
$$\int_\Gamma u \cdot ds = \int_a^b u(s(t)) \cdot s'(t)\,dt,$$
$$\int_\Gamma ds = \int_a^b \|s'(t)\|\,dt = \text{Länge von } \Gamma.$$

Ist $u = \nabla\varphi$, dann gilt:

$$\int_\Gamma u \cdot ds = \varphi(s(b)) - \varphi(s(a)).$$

75.13   Mehrfachintegrale

Integrale über dem Einheitsquadrat: Ist $f : Q = [0,1] \times [0,1] \to \mathbb{R}$ Lipschitz-
stetig, dann gilt:

$$\int_Q f(x)\,dx = \int_0^1 \int_0^1 f(x_1, x_2)\,dx_1\,dx_2 = \lim_{n\to\infty} \sum_{i=1}^{N}\sum_{j=1}^{N} f(x_{1,i}^n, x_{2,j}^n)h_n h_n,$$

mit $h_n = 2^{-n}$, $x_{j,i}^n = ih_n$, $N = 2^n$ und

$$\int_Q f(x)\,dx = \int_0^1 \left(\int_0^1 f(x_1, x_2)\,dx_2 \right) dx_1 = \int_0^1 \left(\int_0^1 f(x_1, x_2)\,dx_1 \right) dx_2.$$

Substitution: Die Funktion $y \to x = g(y)$ bilde ein Gebiet $\tilde{\Omega}$ in $\mathbb{R}^d$ auf ein Gebiet Ω in $\mathbb{R}^d$ ab, wobei die Jacobi-Matrix von g wie auch $f : \Omega \to \mathbb{R}$ Lipschitz-stetig ist. Dann gilt:

$$\int_\Omega f(x)\,dx = \int_{\tilde{\Omega}} f(g(y))|\det g'(y)|\,dy.$$

Polarkoordinaten:

$$\int_\Omega f(x_1, x_2)\,dx_1 dx_2 = \int_{\tilde{\Omega}} f(r\cos(\theta), r\sin(\theta))\,r dr\,d\theta,$$

wobei $(r, \theta) \to x$ eine Eins zu Eins Abbildung von $\tilde{\Omega}$ auf Ω ist, mit $x = (r\cos(\theta), r\sin(\theta))$.

Sphärische Koordinaten:

$$\int_\Omega f(x)\,dx$$
$$= \int_{\tilde{\Omega}} f\big(r\sin(\varphi)\cos(\theta), r\sin(\varphi)\sin(\theta), r\cos(\varphi)\big)r^2 \sin(\varphi)\,dr\,d\theta\,d\varphi,$$

wobei $(r, \theta, \varphi) \to x$ eine Eins zu Eins Abbildung von $\tilde{\Omega}$ auf Ω ist, mit $x = (r\sin(\varphi)\cos(\theta), r\sin(\varphi)\sin(\theta), r\cos(\varphi))$.

75.14   Oberflächenintegrale

Ist $S = s(\Omega)$ eine Fläche in $\mathbb{R}^3$, die durch die Abbildung $s : \Omega \to \mathbb{R}^3$ parametrisiert ist, wobei Ω ein Gebiet in $\mathbb{R}^2$ ist und $u : S \to \mathbb{R}$ eine reellwertige Funktion, die auf S definiert ist. Dann gilt:

$$\int_S u\,ds = \int_\Omega u(s(y))\|s'_{,1}(y) \times s'_{,2}(y)\|\,dy,$$

mit $s'_{,i} = (\frac{\partial s_1}{\partial y_i}, \frac{\partial s_2}{\partial y_i}, \frac{\partial s_3}{\partial y_i})$.

75.15   Die Greensche Formel und der Satz von Gauss

Ist Ω ein Gebiet in $\mathbb{R}^3$ mit der Begrenzung Γ und der auswärts gerichteten Normalen $n = (n_1, n_2, n_3)$ und ist $u : \Omega \to \mathbb{R}^3$ und $v, w : \Omega \to \mathbb{R}$, dann gilt:

$$\int_\Omega \frac{\partial v}{\partial x_i}\,dx = \int_\Gamma v\,n_i\,ds, \quad i = 1, 2, 3,$$

$$\int_\Omega \frac{\partial v}{\partial x_i} w \, dx = \int_\Gamma vw \, n_i \, ds - \int_\Omega v\frac{\partial w}{\partial x_i} \, dx, \quad i = 1, 2, 3,$$

$$\int_\Omega \nabla \cdot u \, dx = \int_\Gamma u \cdot n \, ds, \quad \text{(Divergenzsatz von Gauss)}$$

$$\int_\Omega \nabla \times u \, dx = \int_\Gamma n \times u \, ds,$$

$$\int_\Omega \nabla v \cdot \nabla w \, dx = \int_\Gamma v\partial_n w \, ds - \int_\Omega v\Delta w \, dx,$$

$$\int_\Omega v\Delta w \, dx - \int_\Omega \Delta v \, w \, dx = \int_\Gamma v \, \partial_n w \, ds - \int_\Gamma \partial_n v \, w \, ds.$$

75.16   Der Satz von Stokes

Sei S eine Fläche in $\mathbb{R}^3$, die durch eine geschlossene Kurve Γ begrenzt ist und sei n eine Einheitsnormale zu S. Γ sei dabei in Uhrzeigerrichtung zur positiven Richtung der Normalen n orientiert. Ferner sei $u : \mathbb{R}^3 \to \mathbb{R}^3$ differenzierbar. Dann gilt:

$$\int_S (\nabla \times u) \cdot n \, ds = \int_\Gamma u \cdot ds.$$

76

Stückweise lineare Polynome in $\mathbb{R}^2$ und $\mathbb{R}^3$

... normalerweise saß er in bequemer Haltung, nach unten schauend, leicht gebeugt mit im Schoß gefalteten Händen. Er sprach frei, sehr deutlich, einfach und gerade heraus: Wenn er aber einen neuen Gesichtspunkt betonen wollte, ... dann hob er seinen Kopf, wendete sich an einen von denen, die ihm am nächsten saßen und starrte ihn mit seinen schönen, durchdringenden blauen Augen während seiner energischen Rede an. ... Wenn er von einer Erklärung von Prinzipien zur Entwicklung mathematischer Formeln überging, dann stand er auf und schrieb in einer würdevollen sehr aufrechten Haltung in seiner eigenartigen schönen Handschrift an die Tafel neben ihm: Dank seiner Sparsamkeit und besonnenen Aufteilung genügte ihm stets sehr wenig Platz. Für numerische Beispiele, auf deren sorgfältige Fertigstellung er besonderen Wert legte, brachte er die erforderlichen Daten auf kleinen Zetteln mit sich. (Dedekind über Gauss)

76.1 Einleitung

In diesem Kapitel werden wir den Einsatz der FEM für partielle Differentialgleichungen vorbereiten, indem wir Näherungen von Funktionen durch stückweise lineare Funktionen in $\mathbb{R}^2$ und $\mathbb{R}^3$ untersuchen. Wir betrachten drei Hauptgebiete: (i) Die Konstruktion eines Gitters oder *Triangulierung* für ein Gebiet in $\mathbb{R}^2$ oder $\mathbb{R}^3$, (ii) die Konstruktion von stückweise linearen Funktionen auf einer Triangulierung und (iii) die Abschätzung von Interpolationsfehlern.

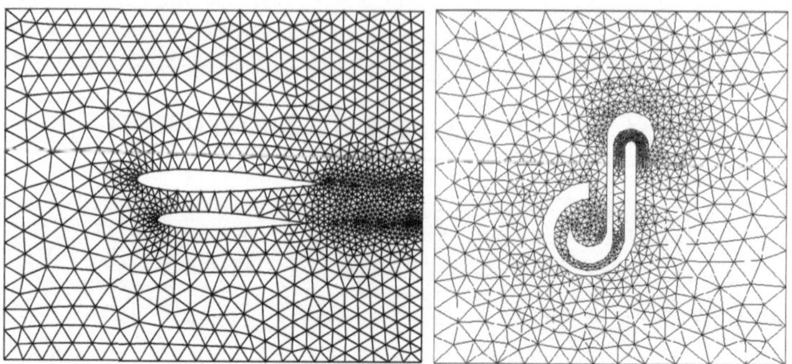

Abb. 76.1. Das Gitter *links* wurde benutzt, um die Luftströmung um zwei Tragflügel zu berechnen. Das Gitter *rechts* wurde benutzt, um ein Stück Metall, in das ein Fantasiezeichen eingestanzt ist, zu diskretisieren. In beiden Fällen handelt es sich um ein adaptives Gitter, um so bei gleichzeitiger Berücksichtigung des Lösungsverhaltens und der Gebietsform genaue Berechnungen zu erhalten

76.2   Die Triangulierung eines Gebiets in $\mathbb{R}^2$

Wir beginnen mit der Betrachtung eines zwei-dimensionalen Gebiets Ω mit einem Polygonzug als Begrenzung Γ. Eine *Triangulierung* $\mathcal{T}_h = \{K\}$ ist eine Unterteilung von Ω in eine Menge sich nicht überlagernder Dreiecke oder *Elemente* K, die so konstruiert sind, dass keine Ecke eines Dreiecks auf einer Seite eines anderen Dreiecks liegt, vgl. Abb. 76.2. Wir verwenden $\mathcal{N}_h = \{N\}$, um die Menge von *Knoten* N oder Ecken der Dreiecke zu bezeichnen, die üblicherweise mit $N_1, N_2, \ldots, N_M$ nummeriert werden. Dabei entspricht M der Gesamtzahl an Knoten. Eine Triangulierung wird durch eine Liste der Koordinaten der Knoten zusammen mit einer Liste der Knotennummern jedes Dreiecks spezifiziert. Wir können auch die Menge an Dreiecksseiten oder *Kanten* $\mathcal{S}_h = \{S\}$ auflisten, wobei jede Kante S durch die zwei Knotennummern ihrer Endpunkte spezifiziert wird, zusammen mit einer Liste der Knoten und Kanten auf der Begrenzung Γ.

Wir messen die Größe eines Dreiecks $K \in \mathcal{T}_h$ als die Länge h_K seiner längsten Seite, die auch als *Durchmesser* des Dreiecks bezeichnet wird. Die *Gitterfunktion* $h(x)$, die einer Triangulierung $\mathcal{T}_h$ zugeordnet wird, ist die stückweise konstante Funktion, die durch $h(x) = h_K$ für $x \in K$ für jedes $K \in \mathcal{T}_h$ definiert ist. Wir messen die *Isotropie* eines Elements $K \in \mathcal{T}_h$ als den kleinsten Winkel τ_K. Ist $\tau_K \approx \pi/3$, dann ist K fast gleichschenklig, wohingegen K spitz ist, wenn τ_K klein ist, vgl. Abb. 76.3. Wir nutzen den kleinsten Winkel in allen Dreiecken in $\mathcal{T}_h$, d.h.

$$\tau = \min_{K \in \mathcal{T}_h} \tau_K,$$

als Maß für die Anisotropie der Triangulierung $\mathcal{T}_h$. Unten werden wir sehen, dass bestimmte Interpolationsfehler, die in Verbindung mit der Näherung

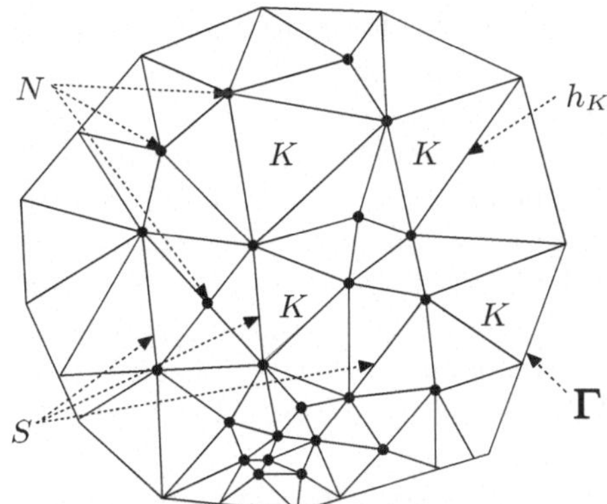

Abb. 76.2. Eine Triangulierung eines Gebiets Ω

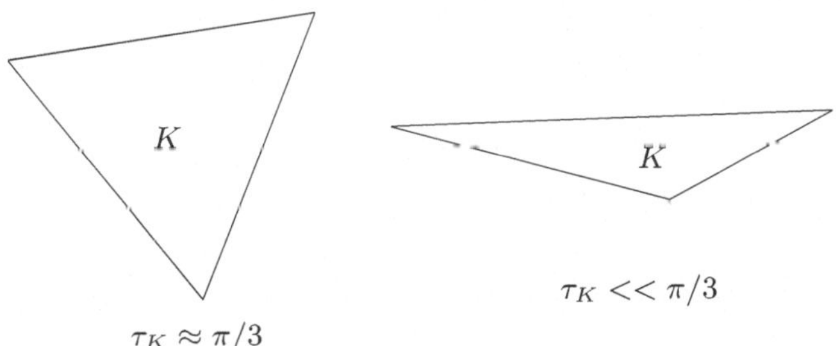

Abb. 76.3. Zur Isotropie von Dreiecken

durch stückweise lineare Funktionen auftreten, bei vorgegebener Triangulierung größer werden, wenn τ gegen Null geht, d.h., wenn die Dreiecke sehr spitz sind.

Das zentrale Problem der *Gittergenerierung* ist es, eine Triangulierung eines gegebenen Gebiets zu erzeugen, dessen Gitterweite durch eine Gitterfunktion $h(x)$ vorgeschrieben ist. Dieses Problem tritt in jedem Schritt eines adaptiven Algorithmuses auf, in dem eine neue Gitterfunktion aus einer Näherungslösung auf einem vorgegebenen Gitter berechnet und ein neues Gitter konstruiert wird, dessen Gitterweite durch die neue Gitterfunktion festgelegt ist. Dieser Vorgang wird dann wiederholt, bis ein Endkriterium erfüllt ist. Das neue Gitter kann vollständig neu gebildet werden oder durch Veränderung des vorhergehenden Gitters unter Berücksichtigung lokaler Verfeinerungen oder Vergröberungen.

Bei der *Frontstrategie* wird ein Gitter zu gegebener Gitterweite so konstruiert, dass an einem Punkt (meist auf der Begrenzung) begonnen wird und nach und nach ein Dreieck hinzugefügt wird, wobei dessen Durchmesser durch die Gitterfunktion bestimmt wird. Die Kurve, die den triangulierten Teil des Gebiets vom verbleibenden Teil abtrennt, wird als *Front* bezeichnet.

Die Front bewegt sich mit der fortschreitenden Triangulierung durch das Gebiet. Alternativ dazu kann eine *h-Verfeinerungsstrategie* benutzt werden. Dabei wird ein Gitter mit einer vorgegebenen lokalen Gitterweite so konstruiert, dass nach und nach Elemente einer anfänglichen groben Triangulierung, dessen Elemente *Eltern* genannt werden, in kleinere Elemente, die *Kinder* genannt werden, unterteilt werden. Wir veranschaulichen die Verfeinerungs- und die Frontstrategie in Abb. 76.4. Oft ist es sinnvoll, beide Strategien zu kombinieren und die Frontstrategie zu benutzen, um ein Anfangsgitter zu konstruieren, die die Geometrie des Gebiets mit angemessener Genauigkeit wiedergibt und anschließend mit der *h*-Verfeinerung weiterzuarbeiten.

Es gibt verschiedene Strategien für die Unterteilung bei einer Verfeinerung, um die Anisotropie der Elemente gering zu halten. Nach der Verfeine-

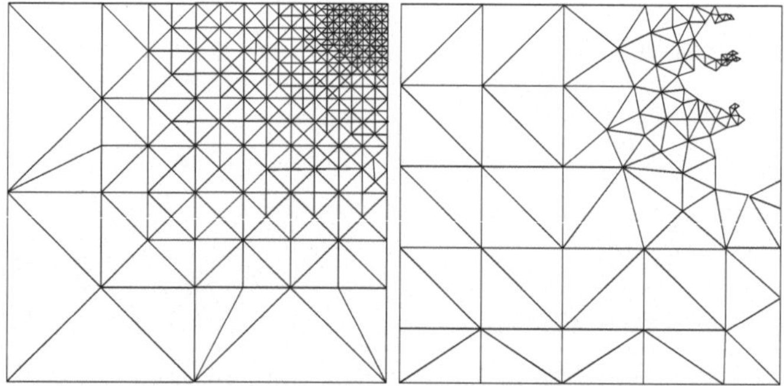

Abb. 76.4. Das Gitter *links* wird durch wiederholte *h*-Verfeinerung aus dem groben Elterngitter in *dicken Linien* gebildet. Das Gitter *rechts* wird durch die Frontstrategie erzeugt. In beiden Fällen wird in der oberen rechten Ecke besondere Genauigkeit verlangt

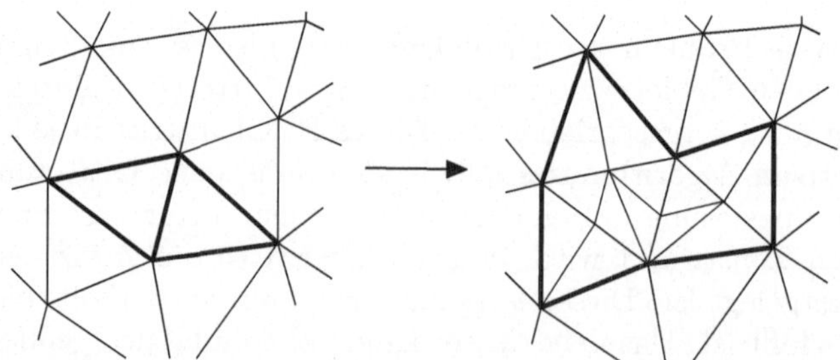

Abb. 76.5. *Links* sind zwei Elemente im Gitter zur Verfeinerung markiert. Die Verfeinerung nutzt den Algorithmus nach Rivara, wobei ein Element durch eine Kante, die die längste Seite halbiert und mit dem Knoten gegenüber verbindet, in zwei Teile unterteilt wird. Zusätzliche Seiten verhindern, dass ein Knoten eines neuen Elements auf der Seitenmitte eines alten Elements liegt. Das Ergebnis der Verfeinerung ist *rechts* zu sehen, wobei alle Elemente, die verändert werden mussten, umrahmt sind

rung wird das erhaltene Gitter korrigiert, indem Seiten eingefügt werden, um zu vermeiden, dass Knoten auf Seitenmitten liegen. Dadurch wird das adaptierte Gebiet etwas „ausgeweitet". Eine Technik zur h-Verfeinerung haben wir in Abb. 76.5 veranschaulicht. Im Allgemeinen werden durch Gitterverfeinerungen Elemente mit kleinen Winkeln eingeführt, wie in Abb. 76.5 zu sehen ist. Daher ist es ein interessantes Problem, Algorithmen für die Gitterverfeinerung zu konstruieren, die diese Tendenz in Situationen vermeiden, in denen die Anisotropie beschränkt werden muss. Auf der anderen Seite ist in gewissen Situationen der Einsatz von „gezogenen" Gittern, die Bereiche mit dünnen Elementen, die aneinander gereiht einen hohen Verfeinerungsgrad in einer Richtung, besitzen, wichtig. In solchen Situationen benutzen wir auch Gitterfunktionen, die Informationen zum Dehnungsgrad, der Anisotropie und der Orientierung von Elementen enthalten. Wir untersuchen die Konstruktion und den Einsatz derartiger Gitter in den fortgeschrittenen begleitenden Bänden.

76.3   Die Erzeugung von Gittern in $\mathbb{R}^3$

Die Erzeugung von Gittern in drei Dimensionen verläuft ähnlich zu der in zwei Dimensionen, wobei die Dreiecke durch *Tetraeder* ersetzt werden. In der Praxis sind die auftretenden geometrischen Einschränkungen komplizierter und die Anzahl an Elementen wächst außerdem dramatisch an. Wir haben Beispiele in Abb. 76.6 und Abb. 76.7 und weitere in Abb. 76.13 und Abb. 76.14 dargestellt.

76.4   Stückweise lineare Funktionen

Sei $\mathcal{T}_h = \{K\}$ eine Triangulierung eines zwei-dimensionalen Gebiets Ω, das durch einen Polygonzug begrenzt wird. Mit $\mathcal{N}_h = \{N\}$ bezeichnen wir

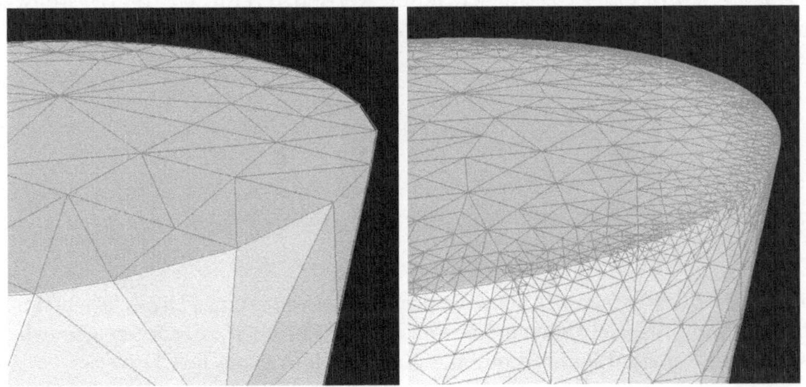

Abb. 76.6. Anfängliches und verfeinertes Gitter für einen Zylinder

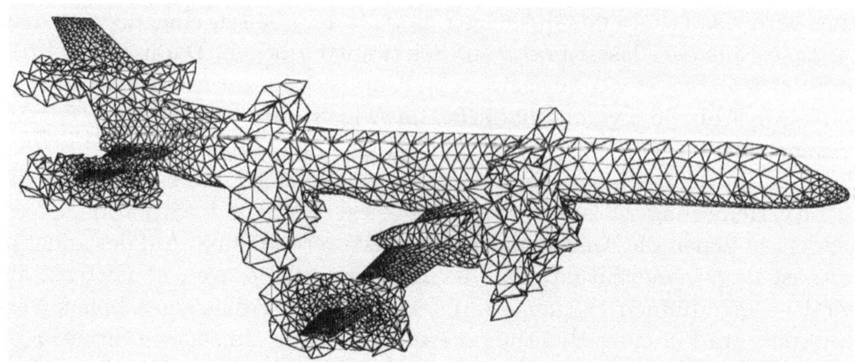

Abb. 76.7. Das Oberflächengitter und Teile des tetraedrischen Gitters um eine Saab 2000

die Knoten von $\mathcal{T}_h$ und wir führen den zugehörigen endlich-dimensionalen Vektorraum V_h ein, der aus den stetigen stückweise linearen Funktionen auf $\mathcal{T}_h$ besteht. Mit anderen Worten, so ist

$$V_h = \left\{ v : v \text{ ist stetig auf } \Omega, v|_K \in \mathcal{P}(K) \text{ für } K \in \mathcal{T}_h \right\},$$

wobei $\mathcal{P}(K)$ die Menge der linearen Funktionen auf K bezeichnet, d.h. die Menge der Funktionen $v(x) = v(x_1, x_2)$ der Form $v(x) = c_0 + c_1 x_1 + c_2 x_2$ mit Konstanten c_i. Wir können aus zwei Gründen jede Funktion $v(x)$ in V_h durch den Wert der Funktion $v(x)$ in den Knotenpunkten $v(N)$ mit $N \in \mathcal{N}_h$ beschreiben. Zum einen wird eine lineare Funktion eindeutig durch ihre Werte in drei Punkten bestimmt, so lange diese Punkte nicht auf einer Geraden liegen. Um diese Behauptung zu überprüfen, gehen wir davon aus, dass $K \in \mathcal{T}_h$ die Ecken $a^i = (a_1^i, a_2^i)$, $i = 1, 2, 3$ besitzt, vgl. Abb. 76.8. Wir wollen nun zeigen, dass $v \in \mathcal{P}(K)$ durch die drei Werte $\{v(a^1), v(a^2), v(a^3)\} = \{v_1, v_2, v_3\}$ eindeutig bestimmt ist. Eine lineare Funktion v kann für Konstanten c_0, c_1 und c_2 in der Form $v(x_1, x_2) = c_0 + c_1 x_1 + c_2 x_2$ geschrieben werden. Wenn wir die Knotenwerte von v in diesen Ausdruck einsetzen, erhalten wir ein lineares Gleichungs-

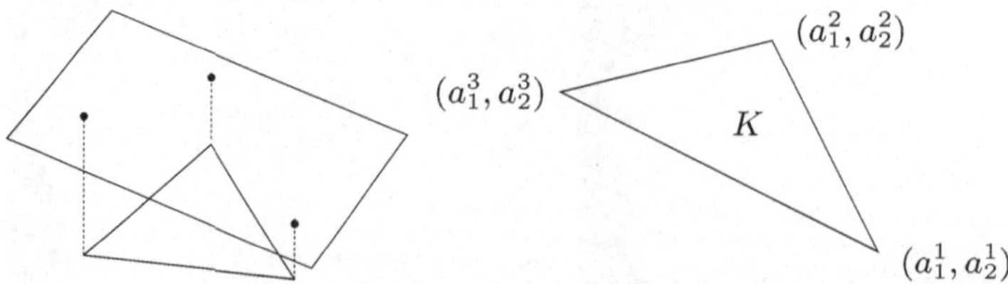

Abb. 76.8. *Links* zeigen wir, dass die drei Knotenwerte eines Dreiecks eine lineare Funktion, vgl. Kapitel „Geometrie im $\mathbb{R}^n$", beschreiben. *Rechts* zeigen wir die Beschriftung für die Beschreibung der Knoten eines typischen Dreiecks

system:

$$\begin{pmatrix} 1 & a_1^1 & a_2^1 \\ 1 & a_1^2 & a_2^2 \\ 1 & a_1^3 & a_2^3 \end{pmatrix} \begin{pmatrix} c_0 \\ c_1 \\ c_2 \end{pmatrix} = \begin{pmatrix} v_1 \\ v_2 \\ v_3 \end{pmatrix}. \tag{76.1}$$

Die Determinante der Koeffizientenmatrix ist mit der Determinante der folgenden Matrix identisch, die wir durch Subtraktion der ersten Zeile von der zweiten und dritten Zeile erhalten:

$$\begin{pmatrix} 1 & a_1^1 & a_2^1 \\ 0 & a_1^2 - a_1^1 & a_2^2 - a_2^1 \\ 0 & a_1^3 - a_1^1 & a_2^3 - a_2^1 \end{pmatrix}.$$

Die Determinante ist (bis auf das Vorzeichen) gleich der doppelten Fläche des Dreiecks K. Daher ist die Determinante der Koeffizientenmatrix von Null verschieden und wir folgern, dass das Gleichungssystem (76.1) eine eindeutige Lösung hat und dass daher eine lineare Funktion eindeutig durch die Werte in drei (nicht auf einer Geraden liegenden) Punkte, hier wählen wir die Eckpunkte eines Dreiecks K, bestimmt wird.

Der zweite Grund ist der, dass, wenn eine Funktion in zwei benachbarten Dreiecken linear ist und wenn die Knotenwerte in zwei gemeinsamen Knoten der Dreiecke gleich sind, dass dann eine Funktion, die über die gemeinsame Seite hinweg verläuft, stetig ist. Um dies zu sehen, seien K_1 und K_2 zwei benachbarte Dreiecke mit gemeinsamer Begrenzung $\partial K_1 = \partial K_2$, vgl. die Zeichnung links in Abb. 76.9. Wenn wir v entlang dieser Begrenzung parametrisieren, erkennen wir, dass v eine lineare Funktion einer Variablen ist. Derartige Funktionen werden eindeutig durch die Werte in zwei Punkten bestimmt. Da die Werte von v in K_1 und K_2 in den gemeinsamen Ecken übereinstimmen, stimmt v auf allen Werten der gemeinsamen Grenze zwischen K_1 und K_2 überein und daher ist v tatsächlich beim Überschreiten der Begrenzung stetig.

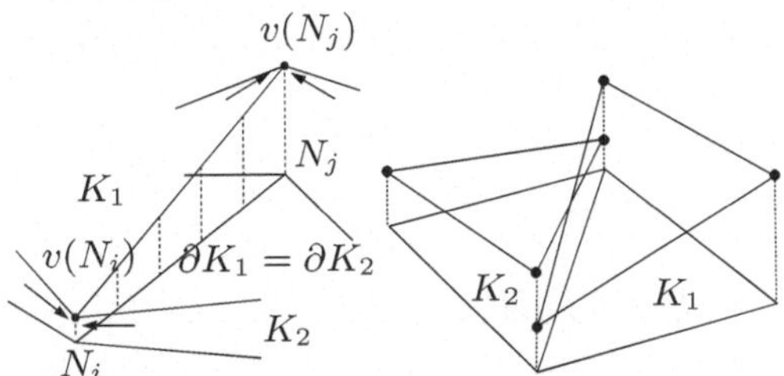

Abb. 76.9. *Links* zeigen wir, dass eine stückweise lineare Funktion auf Dreiecken in eine lineare Funktion in einer Variablen reduziert wird, wenn sie auf einer Dreiecksseite verläuft. *Rechts* zeichnen wir eine Funktion, deren Werte in den gemeinsamen Knoten zweier benachbarter Dreiecke nicht übereinstimmen und die stückweise linear aber nicht stetig ist

Um eine Menge von Basisfunktionen für V_h zu konstruieren, beginnen wir mit der Beschreibung einer Menge von *Elementbasisfunktionen* für Dreiecke. Wiederum führt uns die Annahme, dass ein Dreieck K in $\{a^1, a^2, a^3\}$ Knoten besitzt, dazu, als Elementknotenbasis die Menge an Funktionen $\lambda_i \in \mathcal{P}(K)$, $i = 1, 2, 3$ zu wählen, mit

$$\lambda_i(a^j) = \begin{cases} 1, & i = j, \\ 0, & i \neq j. \end{cases}$$

Wir haben diese Funktion in Abb. 76.10 dargestellt.

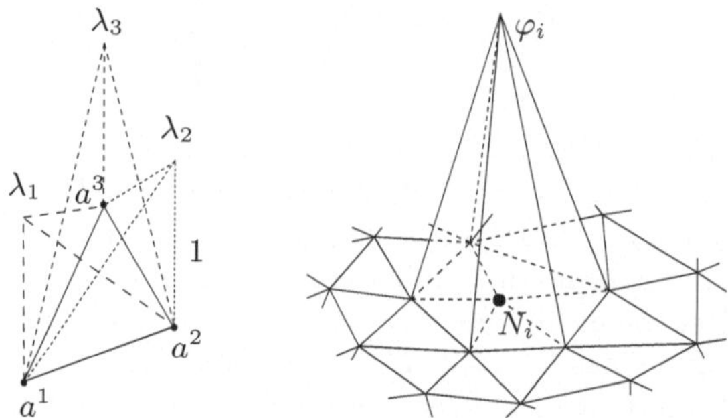

Abb. 76.10. *Links* haben wir die Knotenbasisfunktionen bei drei Elementen für lineare Funktionen auf K dargestellt. *Rechts* zeigen wir eine typische „Zelt"-Funktion einer globalen Basis

Wir konstruieren die *globalen* Basisfunktionen für V_h, indem wir die Elementbasisfunktionen auf benachbarten Elementen zusammensetzen und dabei die Stetigkeitsanforderung benutzen, d.h. dadurch dass wir Elementbasisfunktionen auf benachbarten Dreiecken zusammenbringen, die in der gemeinsamen Seite dieselben Knotenwerte besitzen. Die daraus resultierende Menge an Basisfunktionen $\{\varphi_j\}_{j=1}^M$, wobei $N_1, N_2, \ldots, N_M$ eine Nummerierung der Knoten $N \in \mathcal{N}_h$ wiedergibt, wird als Menge der *Zelt*-Funktionen bezeichnet. Die Zelt-Funktionen können auch so definiert werden, dass wir fordern, dass für $\varphi_j \in V_h$ gilt:

$$\varphi_j(N_i) = \begin{cases} 1, & i = j, \\ 0, & i \neq j, \end{cases}$$

für $i, j = 1, \ldots, M$. Wir haben eine typische Zeltfunktion in Abb. 76.10 dargestellt. Wir können dabei insbesondere erkennen, dass genau die Dreiecke, denen der Knoten N_i gemeinsam ist, den sogenannten *Träger* von φ_i bilden. Die Zeltfunktionen bilden eine Knotenbasis für V_h, da für $v \in V_h$ gilt:

$$v(x) = \sum_{i=1}^M v(N_i)\varphi_i(x).$$

76.5 Fehlerabschätzungen mit der Maximum-Norm

In diesem Kapitel beweisen wir die zentrale punktweise Fehlerabschätzung in der Maximum-Norm für die lineare Interpolation auf einem Dreieck. Der Interpolationsfehler hängt dabei von der partiellen Ableitung zweiter Ordnung der zu interpolierenden Funktion ab, d.h. von der „Krümmung" der Funktion und natürlich von der Gitterweite und der Dreiecksform. Für andere Normen lässt sich Ähnliches zeigen. Die Ergebnisse lassen sich direkt für mehr als zwei Raumdimensionen verallgemeinern.

Sei K ein Dreieck mit den Eckpunkten $a^i, i = 1, 2, 3$. Für eine stetige Funktion v, die auf K definiert ist, definieren wir die lineare Interpolierende $\pi_K v \in \mathcal{P}(K)$ durch:

$$\pi_K v(a^i) = v(a^i), \quad i = 1, 2, 3.$$

Wir haben dies in Abb. 76.11 dargestellt.

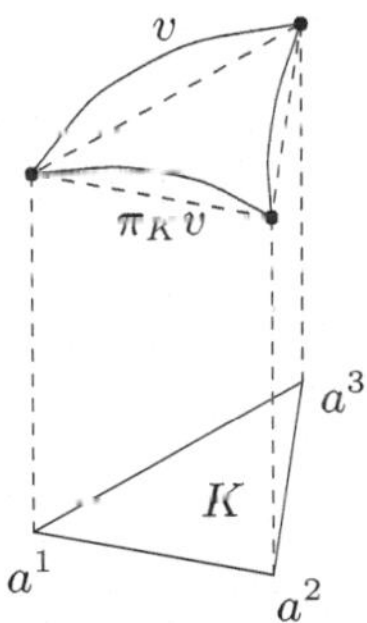

Abb. 76.11. Die Knoteninterpolierende $\pi_K v$ von v

Satz 76.1 *Besitzt v stetige zweite Ableitungen, dann gilt:*

$$\|v - \pi_K v\|_{L_\infty(K)} \le \frac{1}{2} h_K^2 \|D^2 v\|_{L_\infty(K)}, \tag{76.2}$$

$$\|\nabla(v - \pi_K v)\|_{L_\infty(K)} \le \frac{3}{\sin(\tau_K)} h_K \|D^2 v\|_{L_\infty(K)}, \tag{76.3}$$

wobei h_K die größte Seite und τ_K der kleinste Winkel von K ist. Dann ist:

$$D^2 v = \left(\sum_{i,j=1}^{2} \left(\frac{\partial^2 v}{\partial x_i \partial x_j} \right)^2 \right)^{1/2}.$$

Ist ∇v stetig, dann gilt:

$$\|v - \pi_K v\|_{L_\infty(K)} \le h_K \|Dv\|_{L_\infty(K)}. \tag{76.4}$$

Beachten Sie, dass die Abschätzung des Gradienten von dem Reziprokwert des Sinus des kleinsten Winkels von K abhängt, weswegen diese Fehlergrenze sich verschlechtert, wenn das Dreieck spitzer wird.

Der Beweis verläuft in seinen Grundzügen wie die Beweise der entsprechenden Ergebnisse im Kapitel „Stückweise lineare Polynome". Seien λ_i, $i = 1, 2, 3$ die Elementbasisfunktionen für $\mathcal{P}(K)$, die durch $\lambda_i(a^j) = 1$ für $i = j$ und $\lambda_i(a^j) = 0$ sonst, definiert sind. Eine Funktion $w \in \mathcal{P}(K)$ besitzt die folgende Darstellung:

$$w(x) = \sum_{i=1}^{3} w(a^i)\lambda_i(x) \quad \text{für } x \in K$$

und folglich ist

$$\pi_K v(x) = \sum_{i=1}^{3} v(a^i)\lambda_i(x) \quad \text{für } x \in K, \tag{76.5}$$

da $\pi_K v(a^i) = v(a^i)$. Wir werden darstellende Formeln für die Interpolationsfehler $v - \pi_K v$ und $\nabla(v - \pi_K v)$ herleiten und dabei die Taylor-Entwicklung in $x \in K$ benutzen:

$$v(y) = v(x) + \nabla v(x) \cdot (y - x) + R(x, y),$$

wobei

$$R(x, y) = \frac{1}{2} \sum_{i,j=1}^{2} \frac{\partial^2 v}{\partial x_i \partial x_j}(\xi)(y_i - x_i)(y_j - x_j)$$

der Restterm mit Ordnung 2 ist und ξ ein Punkt auf dem Geradenstück zwischen x und y. Wenn wir insbesondere $y = a^i = (a_1^i, a_2^i)$ wählen, erhalten wir:

$$v(a^i) = v(x) + \nabla v(x) \cdot (a^i - x) + R_i(x), \tag{76.6}$$

mit $R_i(x) = R(x, a^i)$. Wenn wir (76.6) in (76.5) einsetzen, erhalten wir für $x \in K$:

$$\pi_K v(x) = v(x)\sum_{i=1}^{3} \lambda_i(x) + \nabla v(x)\cdot \sum_{i=1}^{3}(a^i - x)\lambda_i(x) + \sum_{i=1}^{3} R_i(x)\lambda_i(x). \tag{76.7}$$

Wir werden die folgenden Gleichungen benutzen, die für $j, k = 1, 2$ und $x \in K$ gelten:

$$\sum_{i=1}^{3} \lambda_i(x) = 1, \quad \sum_{i=1}^{3}(a_j^i - x_j)\lambda_i(x) = 0, \tag{76.8}$$

$$\sum_{i=1}^{3} \frac{\partial}{\partial x_k}\lambda_i(x) = 0, \quad \sum_{i=1}^{3}(a_j^i - x_j)\frac{\partial \lambda_i}{\partial x_k} = \delta_{jk}, \tag{76.9}$$

mit $\delta_{jk} = 1$ für $j = k$ und ansonsten $\delta_{jk} = 0$. Die erste der Gleichung in (76.8) ergibt sich nach Wahl von $v(x) = 1$ in (76.7). Die zweite ergibt sich durch Wahl von $v(x) = d_1 x_1 + d_2 x_2$ mit $d_i \in \mathbb{R}$. Schließlich folgt (76.9) durch Ableitung von (76.8).

Mit Hilfe von (76.8) erhalten wir die folgende Darstellung des Interpolationsfehlers:

$$v(x) - \pi_K v(x) = -\sum_{i=1}^{3} R_i(x)\lambda_i(x).$$

Da $|a^i - x| \leq h_K$, können wir den Restterm $R_i(x)$ durch

$$|R_i(x)| \leq \frac{1}{2} h_K^2 \|D^2 v\|_{L_\infty(K)}, \quad i = 1, 2, 3$$

abschätzen, wobei wir die Cauchysche Ungleichung zweimal benutzt haben, um einen Ausdruck der Form $\sum_{ij} x_i c_{ij} x_j = \sum_i x_i \sum_j c_{ij} x_j$ abzuschätzen.

Nun erhalten wir mit Hilfe der Tatsache, dass $0 \leq \lambda_i(x) \leq 1$ für $x \in K$ für $i = 1, 2, 3$:

$$|v(x) - \pi_K v(x)| \leq \max_i |R_i(x)| \sum_{i=1}^{3} \lambda_i(x) \leq \frac{1}{2} h_K^2 \|D^2 v\|_{L_\infty(K)} \quad \text{für } x \in K,$$

womit (76.2) bewiesen ist.

Um (76.3) zu beweisen, leiten wir (76.5) nach x_k, $k = 1, 2$ ab und erhalten:

$$\nabla(\pi_K v)(x) = \sum_{i=1}^{3} v(a^i)\nabla\lambda_i(x).$$

Daraus ergibt sich zusammen mit (76.6) und (76.9) die folgende Fehlerdarstellung:

$$\nabla(v - \pi_K v)(x) = -\sum_{i=1}^{3} R_i(x)\nabla\lambda_i(x) \quad \text{für } x \in K.$$

Wir halten noch fest, dass

$$\max_{x \in K} |\nabla\lambda_i(x)| \leq \frac{2}{h_K \sin(\tau_K)},$$

was sich durch eine einfache Abschätzung der kürzesten Höhe (Abstand zwischen einem Knoten und der gegenüberliegenden Seite) von K ergibt. Wir erhalten nun (76.3) und (76.4) ergibt sich schließlich mit Hilfe des Mittelwertsatzes. Damit ist der Beweis abgeschlossen.

Sei nun $\mathcal{T}_h = \{K\}$ eine Triangulierung eines Gebiets Ω mit der Gitterfunktion $h(x)$ und ferner bezeichne π_h die Knoteninterpolierende auf den zugehörigen Raum der stetigen stückweise linearen Funktionen V_h auf $\mathcal{T}_h$. Die Abschätzungen für den Interpolationsfehler in Satz 76.1 nehmen nun die folgende Form an:

$$\|v - \pi_h v\|_{L_\infty(\Omega)} \leq \frac{1}{2} \|h^2 D^2 v\|_{L_\infty(\Omega)}, \qquad (76.10)$$

$$\|v - \pi_h v\|_{L_\infty(\Omega)} \leq \|h D v\|_{L_\infty(\Omega)}, \qquad (76.11)$$

$$\|\nabla(v - \pi_h v)\|_{L_\infty(\Omega)} \leq \frac{3}{\sin(\tau)} \|h D^2 v\|_{L_\infty(\Omega)}, \qquad (76.12)$$

wobei τ dem Minimum der τ_K entspricht. Unten werden wir analoge Abschätzungen benutzen und dabei $L_\infty(\Omega)$ durch $L_2(\Omega)$ ersetzen.

76.6 Sobolev und seine Räume

Sergei Sobolev (1908–1989) spielte in der mathematischen Welt der früheren Sowjetunion eine führende Rolle und er leistete wichtige Beiträge zur Theorie und dem praktischen Einsatz von partiellen Differentialgleichungen, insbesondere zu Fragen der Existenz, Eindeutigkeit, Stabilität und Regularität von Lösungen, indem er die Werkzeuge der *Funktionalanalysis* entwickelte. Er arbeitete auch über numerische Methoden und erzielte wichtige Ergebnisse zur Interpolation und Quadratur von Funktionen mehrerer Variabler, indem er Techniken von *Sobolev-Räumen* entwickelte.

Ein zentraler Sobolev-Raum, der als $H^1(\Omega)$ bezeichnet wird, ist der Raum der reellwertigen Funktionen, die auf einem Gebiet Ω in $\mathbb{R}^d$ definiert und quadratisch integrierbar sind zuzüglich ihrer ersten partiellen Ableitungen.

Abb. 76.12. Sergei Lvovich Sobolev (1908–1989), Begründer der Funktionalanalysis und Erfinder der Sobolov-Räume: „Ich frage mich, ob mein Funktionenraum $H^1(\Omega)$ groß genug ist, um die Lösung zu enthalten?"

76.7 Quadratur in $\mathbb{R}^2$

Um die Steifigkeitsmatrix und den Lastvektor bei der FEM aufzustellen, müssen wir Integrale der Form $\int_K g(x)\,dx$ berechnen, wobei K ein Dreieck oder Tetraeder ist und g eine vorgegebene Funktion. Manchmal können wir diese Integrale exakt bestimmen, aber normalerweise ist dies entweder unmöglich oder ineffektiv. Daher werten wir im Allgemeinen diese Integrale näherungsweise mit Hilfe von Quadraturformeln aus. Wir wollen einige Quadraturformeln für Integrale über Dreiecke in Kurzform vorstellen.

Im Allgemeinen würden wir gerne Quadraturformeln verwenden, die die Genauigkeit der zugrunde liegenden finiten Element-Methode nicht beeinflusst, wozu wir natürlich eine Abschätzung für den Fehler bei der Quadratur benötigen. Eine Quadraturformel für ein Integral über ein Element K besitzt die Form

$$\int_K g(x)\,dx \approx \sum_{i=1}^{q} g(y^i)\omega_i, \tag{76.13}$$

bei vorgegebener Wahl der *Knoten* $\{y^i\}$ in K und *Gewichten* $\{\omega_i\}$. Wir wollen nun einige Möglichkeiten für die Quadratur anführen, wobei wir die Schreibweise a_K^i benutzen, um damit die Ecken eines Dreiecks K zu identifizieren. Dabei bezeichnet a_K^{ij} den Mittelpunkt der Seite zwischen a_K^i und a_K^j, a_K^{123} den Massenschwerpunkt von K und $|K|$ die Fläche von K:

$$\int_K g\,dx \approx g\big(a_K^{123}\big)|K|, \tag{76.14}$$

$$\int_K g(x)\,dx \approx \sum_{j=1}^{3} g(a_K^j)\frac{|K|}{3}, \tag{76.15}$$

$$\int_K g\,dx \approx \sum_{1\le i<j\le 3} g\big(a_K^{ij}\big)\frac{|K|}{3}, \tag{76.16}$$

$$\int_K g\,dx \approx \sum_{j=1}^{3} g\big(a_K^i\big)\frac{|K|}{20} + \sum_{1\le i<j\le 3} g\big(a_K^{ij}\big)\frac{2|K|}{15} + g\big(a_K^{123}\big)\frac{9|K|}{20}. \tag{76.17}$$

Wir bezeichnen die Formel (76.14) als die Quadratur im Schwerkraftszentrum, (76.15) als Knotenquadratur und (76.16) als Mittelpunktsquadratur. Bedenken Sie, dass die Genauigkeit einer Quadraturformel mit der *Genauigkeit* der Formel verknüpft ist. Eine Quadraturformel besitzt die Genauigkeit r, falls die Formel den exakten Wert des Integrals für Polynome vom Grade kleiner gleich $(r-1)$ liefert, es aber ein Polynom vom Grade r gibt, so dass die Formel nicht exakt ist. Der Quadraturfehler für eine Quadraturformel mit der Genauigkeit r ist proportional zu h^r, wobei h die Gitterweite angibt. Genauer formuliert, so erfüllt der Fehler der Quadraturformel (76.13):

$$\left| \int_K g\,dx - \sum_{i=1}^q g(y^i)\omega_i \right| \le Ch_K^r \sum_{|\alpha|=r} \int_K |D^\alpha g|\,dx,$$

wobei C eine Konstante ist. Knotenquadratur und Quadratur im Schwerkraftszentrum besitzen die Genauigkeit 2, Mittelpunktsquadratur Genauigkeit 3, wohingegen (76.17) die Genauigkeit 4 besitzt.

Bei finiten Element-Methoden, die auf stetigen stückweise linearen Funktionen aufbauen, wird oft Knotenquadratur eingesetzt, die auch als *knotige Massenquadratur* bezeichnet wird, da die so berechnete Massenmatrix diagonal ist.

Beispiel 76.1. In Abb. 76.13 und Abb. 76.14 geben wir zwei Beispiele: Eines aus der Elektromagnetik und ein anderes aus der Strömungsmechanik.

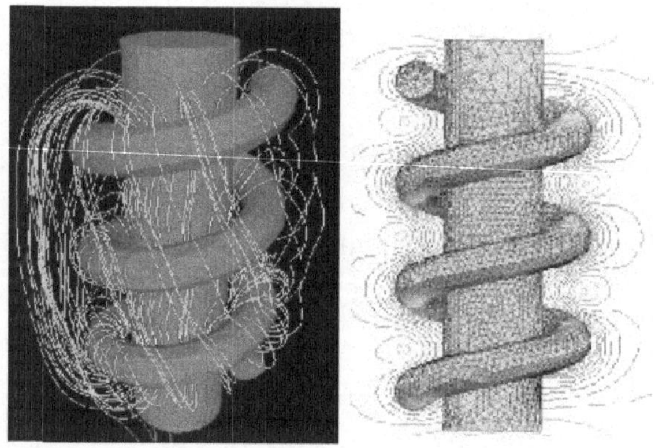

Abb. 76.13. Magnetfeld um eine Spule und das verwendete Gitter

Aufgaben zu Kapitel 76

76.1. Bestimmen Sie für ein gegebenes Dreieck K die Beziehung zwischen dem kleinsten Winkel τ_K, dem Dreiecksdurchmesser h_K und den Durchmesser ρ_K des größten einbeschriebenen Kreises.

76.2. Zeichnen Sie das verfeinerte Gitter, das sich durch Unterteilung der beiden kleinsten Dreiecke im Gitter rechts von Abb. 76.5 ergibt.

76.3. Sei K ein Tetraeder mit den Ecken $\{a^i, i = 1, \ldots, 4\}$. Zeigen Sie, dass ein lineares Polynom $v(x) = c_0 + c_1 x_1 + c_2 x_2 + c_3 x_3$ auf K durch die Knotenwerte $\{v(a^i), i = 1, \ldots, 4\}$ eindeutig definiert ist. Zeigen Sie, dass der zugehörige finite Elementeraum V_h aus stetigen Funktionen besteht.

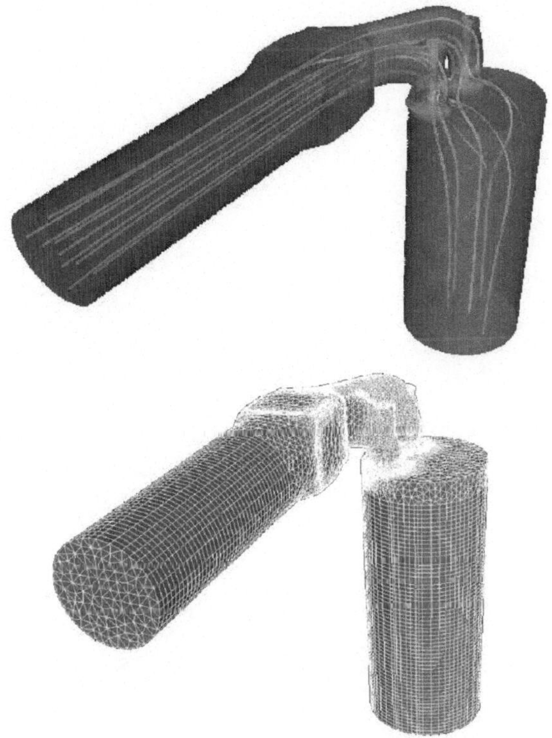

Abb. 76.14. Strömung in der Zylinderöffnung eines Dieselmotors und das verwendete Gitter

76.4. Beweisen Sie, dass die Quadraturformeln (76.14), (76.15), (76.16) und (76.17) die angeführten Genauigkeiten besitzen.

76.5. Beweisen Sie, dass die Knotenquadratur zur Berechnung einer Massenmatrix für stückweise lineare Funktionen eine diagonale Massenmatrix ergibt, wobei ein Diagonalausdruck der Summe der Ausdrücke in der zugehörigen Spalte für die exakt berechnete Massenmatrix entspricht. Begründen Sie den Ausdruck „knotig".

77

FEM für Randwertprobleme in $\mathbb{R}^2$ und $\mathbb{R}^3$

... waren sehr verwirrt und plötzlich wurde das Thema gewechselt, von einer Formel zur nächsten, ohne einen Versuch, eine Verbindung zwischen ihnen zu knüpfen. Seine Präsentationen waren dunkle Wolken, die von Zeit zu Zeit von Genieblitzen durchzuckt wurden. ... von den dreißig, die sich zusammen mit mir angemeldet haben, war ich der Einzige, der es zu Ende brachte. (Menabrea über Cauchy, 1832)

77.1 Einleitung

In diesem Kapitel werden wir die cG(1)-FEM für ein-dimensionale Konvektions-, Diffusions- und Reaktionsprobleme auf entsprechende Randwertprobleme in $\mathbb{R}^2$ und $\mathbb{R}^3$ der folgenden Form erweitern: Gesucht ist $u : \Omega \to \mathbb{R}$, so dass

$$-\nabla \cdot (a\nabla u) + \nabla \cdot (ub) + cu = f \quad \text{in } \Omega \tag{77.1}$$

in Verbindung mit Dirichlet-, Neumann- oder Robin-Randwertbedingungen, wobei $a(x) > 0$, $b(x)$ und $c(x)$ vorgegebene variable Koeffizienten sind, $f(x)$ ist eine gegebene rechte Seite und Ω ein beschränktes offenes Gebiet in $\mathbb{R}^2$ oder $\mathbb{R}^3$. Beachten Sie, dass der Koeffizient b ein Vektor ist (üblicherweise eine vorgegebene Konvektionsgeschwindigkeit) und dass Gleichung (77.1) alternativ wie folgt geschrieben werden kann:

$$-\nabla \cdot (a\nabla u) + b \cdot \nabla u + \hat{c}u = f \quad \text{in } \Omega, \tag{77.2}$$

mit $\hat{c} = c + \nabla \cdot b$. Im Allgemeinen können Probleme dieser Art nicht analytisch gelöst werden und wir müssen auf numerische Methoden, wie der

FEM, für die Berechnung der Lösung $u(x)$ zu vorgegebenen Daten vertrauen.

Wir betrachten unten die Erweiterung auf zugehörige Zeit-abhängige Probleme der Form

$$\dot{u} - \nabla \cdot (a\nabla u) + \nabla \cdot (ub) + cu = f, \tag{77.3}$$

zusammen mit Anfangs- und Randwertproblemen und eine Erweiterung auf Gleichungssysteme derartiger Probleme mit Hilfe der Kapitel „Das allgemeine Anfangswertproblem" und „Adaptive AWP-Löser".

Das wichtigste Beispiel der Form (77.1) ist die Poisson-Gleichung mit homogenen Dirichlet-Randbedingungen, das entspricht $a = 1$, $b = 0$ und $c = 0$:

$$\begin{cases} -\Delta u(x) = f(x) & \text{für } x \in \Omega, \\ u(x) = 0 & \text{für } x \in \Gamma, \end{cases} \tag{77.4}$$

wobei Ω ein beschränktes Gebiet in $\mathbb{R}^2$ ist, das durch einen Polygonzug Γ begrenzt wird. Wir erinnern daran, dass $\nabla \cdot (\nabla u) = \Delta u$. Wir stellen nun die cG(1)-Methode für (77.4) vor und verallgemeinern damit cG(1) für das Zwei-Punkte Randwertproblem (53.9) und erweitern darauf zum allgemeinen Problem (77.1).

77.2 Richard Courant: Erfinder der FEM

Richard Courant (1888–1972) war Student von Hilbert und veröffentlichte zusammen mit ihm das gewaltige Werk „Methoden der Mathematischen Physik". Mitte der 1930er floh er vor den Nationalsozialisten nach

Abb. 77.1. Richard Courant (1888–1972), Pionier der finiten Elemente: „Tatsächlich hatte ich bereits 1910 beim Schreiben meiner Doktorarbeit über den Gebrauch des Dirichlet Minimumsprinzips, um die Existenz von Lösung zur Poisson-Gleichung auf einem Gebiet Ω zu beweisen, die Idee, Näherungslösungen in einem Unterraum des Sobolev-Raums $H^1(\Omega)$ zu suchen, der aus stückweise linearen Funktionen auf einer Triangulierung von Ω besteht ..."

New York und gründete das „Courant Institute of Mathematical Sciences“, das seit 1964 ein 13-stöckiges Gebäude nahe dem Washington Square in Greenwich Village auf Manhattan belegt. Courant legte in einer berühmten Veröffentlichung ab 1943 die Grundlagen der finiten Elemente Näherung für Differentialgleichungen als Erweiterung einer Fußnote in den 1924 erschienenen „Methoden“. Diese Fußnote muss einer der fruchtbarsten Bemerkungen in der Wissenschaftsgeschichte gewesen sein, die hunderttausende wissenschaftlicher Artikel und eine Fülle von Software seit der Mitte der 1960er nach sich zog.

77.3   Variationsformulierung

Sei $\mathcal{T}_h = \{K\}$ eine Triangulierung von Ω mit der Gitterfunktion $h(x)$ und internen Knoten $N_1, \ldots, N_M$. Sei ferner V_h der zugehörige finite Elementeraum von stetigen stückweise linearen Funktionen, die auf der Begrenzung Γ verschwinden. Wir formulieren zunächst für (77.4) eine vorläufige Variationsformulierung

$$- \int_\Omega \Delta u\, v\, dx = \int_\Omega f\, v\, dx \tag{77.5}$$

für alle geeigneten Testfunktionen v, die sich durch Multiplikation von (77.4) mit $v(x)$ und Integration über Ω ergibt. Wir wollen nun die rechte Seite umschreiben, um eine Ableitung von Δu zu v zu verschieben. Unter der Annahme, dass die Testfunktion v auf Γ Null ist, folgt aus der Greenschen Formel:

$$- \int_\Omega \Delta u\, v\, dx = - \int_\Gamma \partial_n u v\, ds + \int_\Omega \nabla u \cdot \nabla v\, dx = \int_\Omega \nabla u \cdot \nabla v\, dx,$$

wobei $\partial_n = \frac{\partial}{\partial n}$ die auswärts gerichtete Ableitung der Einheitsnormalen auf Γ bezeichnet. Wir erkennen, dass für eine Lösung $u(x)$ von (77.4) gilt:

$$\int_\Omega \nabla u \cdot \nabla v\, dx = \int_\Omega f\, v\, dx, \tag{77.6}$$

für alle Testfunktionen v mit $v = 0$ auf Γ.

77.4   Die cG(1)-FEM

Unsere Ergebnisse führen uns zu folgender Formulierung der cG(1)-FEM für (77.4): Gesucht ist $U \in V_h$, so dass

$$\int_\Omega \nabla U \cdot \nabla v\, dx = \int_\Omega f\, v\, dx \quad \text{für alle } v \in V_h, \tag{77.7}$$

wobei V_h der Raum der stetigen stückweise linearen Funktionen, die auf der Begrenzung Γ verschwinden, auf einer Triangulierung $\mathcal{T}_h$ von Ω ist. Mit Hilfe der Bezeichnungen

$$(w,v) = \int_\Omega wv\,dx \quad \text{und} \quad (\nabla w, \nabla v) = \int_\Omega \nabla w \cdot \nabla v\,dx,$$

können wir cG(1) in der folgenden Form schreiben: Gesucht ist $U \in V_h$, so dass

$$(\nabla U, \nabla v) = (f, v) \quad \text{für alle } v \in V_h. \tag{77.8}$$

Wir sehen, dass der Versuchsraum und der Testraum gleich sind ($= V_h$) und die homogene Dirichlet-Randbedingung beinhalten. Die Galerkin-Orthogonalität wird wie folgt ausgedrückt:

$$(\nabla u - \nabla U, \nabla v) = 0 \quad \text{für alle } v \in V_h. \tag{77.9}$$

Diese Beziehung ergibt sich durch die Subtraktion von (77.8) von (77.6) für $v \in V_h$.

Wir erinnern uns daran, dass die Knotenbasisfunktionen $\{\varphi_i\}_{i=1}^M$, die mit den internen Knoten $N_1, \ldots, N_M$ auf $\mathcal{T}_h$ assoziiert sind, eine Basis für V_h bilden. Wir können U in dieser Basis ausdrücken,

$$U(x) = \sum_{j=1}^M U(N_j)\varphi_j(x), \tag{77.10}$$

diesen Ausdruck in (77.8) einsetzen und dabei $v = \varphi_i$ für $i = 1, \ldots, M$ wählen und erhalten:

$$\sum_{j=1}^M (\nabla \varphi_j, \nabla \varphi_i) U(N_j) = (f, \varphi_i), \quad i = 1, \ldots, M.$$

Dies entspricht dem linearen Gleichungssystem

$$A\xi = b, \tag{77.11}$$

wobei $\xi = (\xi_j)$ der Vektor aus internen Knotenwerten $\xi_j = U(N_j)$ ist, $A = (a_{ij})$ ist die *Steifigkeitsmatrix* mit den Elementen $a_{ij} = (\nabla \varphi_j, \nabla \varphi_i)$ und $b = (b_i)$ mit $b_i = (f, \varphi_i)$ ist der *Lastvektor*.

Die Steifigkeitsmatrix A ist offenbar symmetrisch und außerdem noch positiv-definit, da für jedes $v = \sum_{i=1}^M \eta_i \varphi_i$ in V_h gilt:

$$\sum_{i,j=1}^M \eta_i a_{ij} \eta_j = \sum_{i,j=1}^M \eta_i (\nabla \varphi_i, \nabla \varphi_j) \eta_j$$

$$= \left(\nabla \sum_{i=1}^M \eta_i \varphi_i, \nabla \sum_{j=1}^M \eta_j \varphi_j \right) = (\nabla v, \nabla v) > 0,$$

es sei denn, $\eta_i = 0$ für alle i. Insbesondere bedeutet dies, dass (77.11) einen eindeutigen Lösungsvektor U besitzt und somit besitzt das cG(1) finite Elementproblem (77.8) eine eindeutige Lösung $U \in V_h$.

Ein Dreieck mit seiner zugehörigen linearen Näherung, d.h. das zugrundeliegende *finite Element* von cG(1), wird auch in Andenken an seinen Erfinder *Courant-Element* genannt.

Gleichförmige Triangulierung eines Quadrats

Wir berechnen explizit die Steifigkeitsmatrix A und den Lastvektor b in (77.11) auf dem Quadrat $\Omega = [0,1] \times [0,1]$ für die in Abb. 77.2 dargestellte gleichförmige Triangulierung. Wir wählen eine ganze Zahl $m \geq 1$, setzen $h = 1/(m+1)$ und konstruieren die Dreiecke wie skizziert. Der Durchmesser der Dreiecke in $\mathcal{T}_h$ beträgt $\sqrt{2}h$ mit $M = m^2$ internen Knoten. Wir nummerieren die Knoten beginnend bei der linken unteren Ecke, bewegen uns zunächst nach rechts und so weiter von Reihe zu Reihe.

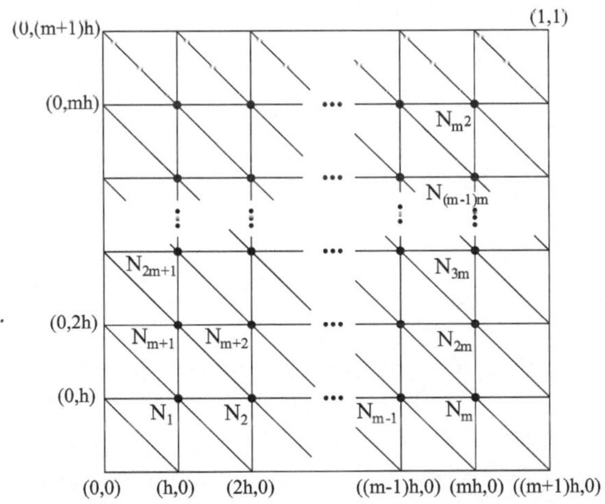

Abb. 77.2. Die Standardtriangulierung des Einheitsquadrats

In Abb. 77.3 haben wir den Träger der Basisfunktion, die zum Knoten N_i gehört, zusammen mit Teilen der Basisfunktionen für die Nachbarknoten dargestellt. Wie in einer Dimension sind die Basisfunktionen „fast" orthogonal, in dem Sinne, dass nur Basisfunktionen φ_i und φ_j, die ein Dreieck im Träger gemeinsam haben, einen von Null verschiedenen Wert für $(\nabla\varphi_i, \nabla\varphi_j)$ ergeben. Wir haben die Knoten, die zu N_i benachbart sind, in Abb. 77.4 dargestellt. Die Träger zweier beliebiger benachbarter Basisfunktionen überlappen sich genau auf zwei Dreiecken, wohingegen eine Basisfunktion sich selbst auf sechs Dreiecken „überlappt".

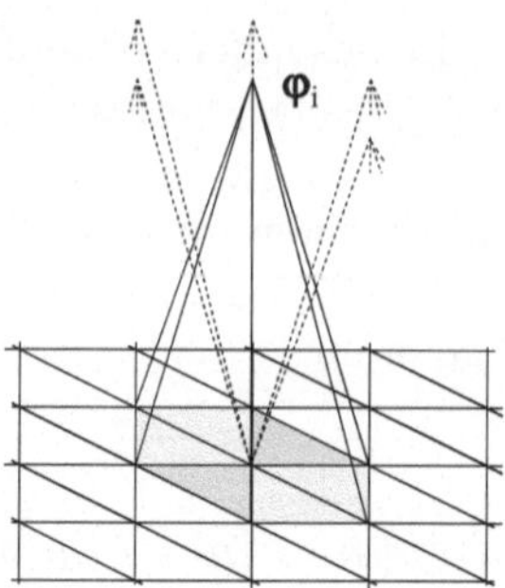

Abb. 77.3. Der Träger der Basisfunktion φ_i zusammen mit Teilen benachbarter Basisfunktionen

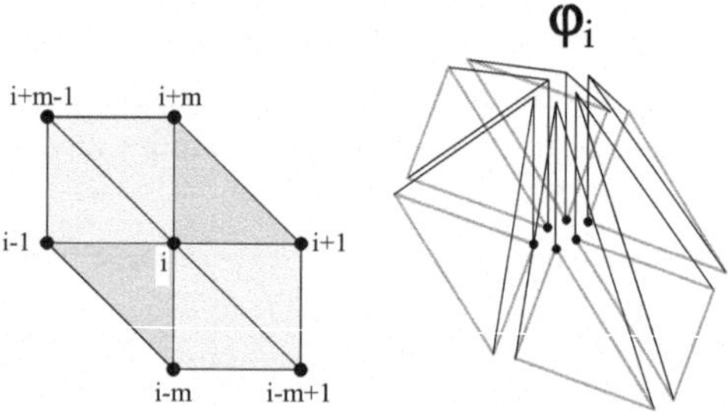

Abb. 77.4. Die Indizes der Knoten, die N_i benachbart sind, und eine „gesprengte" Ansicht von φ_i

Zunächst berechnen wir

$$a_{ii} = (\nabla\varphi_i, \nabla\varphi_i) = \int_\Omega |\nabla\varphi_i|^2\, dx = \int_{\text{Träger von } \varphi_i} |\nabla\varphi_i|^2\, dx,$$

für $i = 1, \ldots, m^2$. Wie gesagt, müssen wir nur das Integral über das in Abb. 77.4 dargestellte Gebiet betrachten, das sich als Summe von Integralen über die sechs Dreiecke, die dieses Gebiet bilden, schreiben lässt. Wenn wir φ_i auf diesen Dreiecken näher betrachten, vgl. Abb. 77.4, erkennen wir, dass es nur zwei verschiedene Integrale zu berechnen gilt, da φ_i abgesehen von der Orientierung auf zweien der sechs Dreiecke identisch ist. Ähnliches gilt für die verbleibenden vier Dreiecke. Wir haben die entsprechenden Dreiecke in Abb. 77.3 schraffiert dargestellt. Die Orientierung beeinflusst natürlich die Richtung von $\nabla\varphi_i$, aber sie hat keinen Einfluss auf $|\nabla\varphi_i|^2$.

Wir berechnen $(\nabla\varphi_i, \nabla\varphi_i)$ für das in Abb. 77.5 dargestellte Dreieck. In diesem Fall besitzt φ_i den Wert Eins im Knoten mit dem rechten Winkel und Null in den beiden anderen Knoten. Wir verändern die Koordinaten zur Berechnung von $(\nabla\varphi_i, \nabla\varphi_i)$ auf dem *Referenzdreieck* in Abb. 77.5. Dabei verändert dieser Koordinatenwechsel wiederum nicht den Wert von

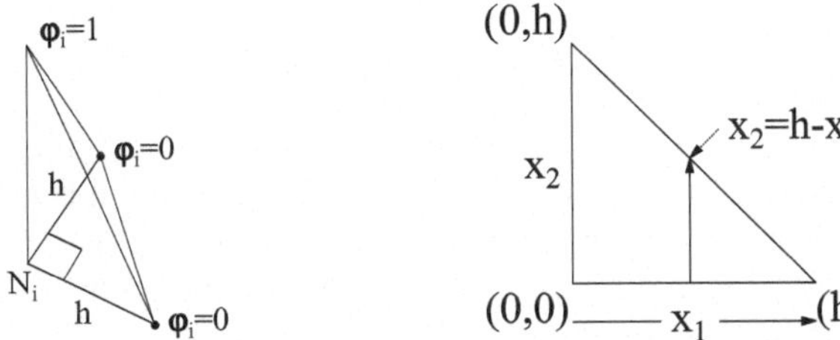

Abb. 77.5. φ_i für den ersten Fall *links* zusammen mit den Variablen, die im Referenzdreieck *rechts* benutzt werden

$(\nabla\varphi_i, \nabla\varphi_i)$, da $\nabla\varphi_i$ auf dem Dreieck konstant ist. Auf dem Dreieck kann φ_i in der Form $\varphi_i = ax_1 + bx_2 + c$ mit Konstanten a, b, c geschrieben werden. Da $\varphi_i(0,0) = 1$, gilt $c = 1$. Ähnlich können wir a und b berechnen und erhalten so für dieses Dreieck: $\varphi_i = 1 - x_1/h - x_2/h$. Daher gilt $\nabla\varphi_i = \left(-h^{-1}, -h^{-1}\right)$ und für das Integral ergibt sich:

$$\int_{\triangleright} |\nabla\varphi_i|^2 \, dx = \int_0^h \int_0^{h-x_1} \frac{2}{h^2} \, dx_2 \, dx_1 = 1.$$

Im zweiten Fall besitzt φ_i den Wert Eins in einem Knoten mit spitzem Winkel und den Wert Null in den anderen Knoten des Dreiecks, vgl. Abb. 77.6. Wir wechseln zum Referenzdreieck in Abb. 77.6 und erhalten $\varphi_i = 1 - x_1/h$.

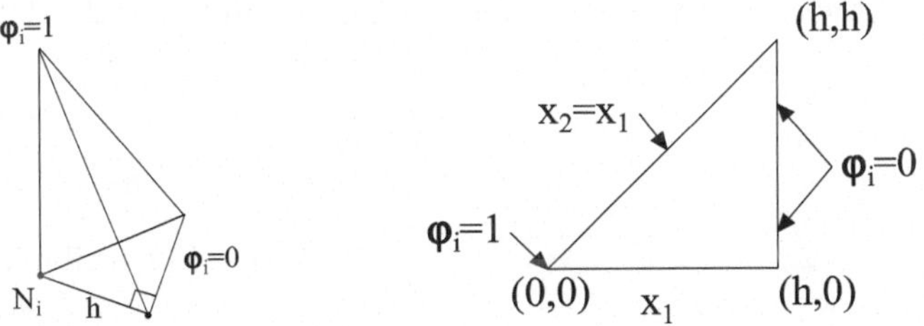

Abb. 77.6. φ_i für den zweiten Fall zusammen mit dem Referenzdreieck

Die Integration über das Dreieck liefert $1/2$.
Wenn wir die Beiträge von allen Dreiecken summieren, erhalten wir:

$$a_{ii} = (\nabla\varphi_i, \nabla\varphi_i) = 1 + 1 + \frac{1}{2} + \frac{1}{2} + \frac{1}{2} + \frac{1}{2} = 4.$$

Als Nächstes berechnen wir $(\nabla\varphi_i, \nabla\varphi_j)$ für Indizes zu benachbarten Knoten. Für einen allgemeinen Knoten N_i ergeben sich zwei unterschiedliche Arten von inneren Produkten, vgl. Abb. 77.4 und Abb. 77.3:

$$a_{i\,i-1} = (\nabla\varphi_i, \nabla\varphi_{i-1}) = (\nabla\varphi_i, \nabla\varphi_{i+1}) = (\nabla\varphi_i, \nabla\varphi_{i-m}) = (\nabla\varphi_i, \nabla\varphi_{i+m})$$

und

$$a_{i\,i-m+1} = (\nabla\varphi_i, \nabla\varphi_{i-m+1}) = (\nabla\varphi_i, \nabla\varphi_{i+m-1}).$$

Die Orientierung dieser Dreiecke ist für jeden der beiden Fälle unterschiedlich, aber das innere Produkt der Gradienten der jeweiligen Basisfunktionen wird nicht durch die Orientierung beeinflusst. Beachten Sie, dass wir Knoten, die nahe der Begrenzung liegen, besonders behandeln müssen, da die Knotenwerte auf der Begrenzung Null sind, vgl. Abb. 77.2. So beinhaltet beispielsweise die Gleichung für N_1 nur N_1, N_2 und N_{m+1}.

Als ersten Fall berechnen wir als Nächstes $(\nabla\varphi_i, \nabla\varphi_{i+1})$. Wenn wir die Schnittmenge der jeweiligen Träger zeichnen, vgl. Abb. 77.7, sehen wir, dass die beiden Dreiecke in der Schnittmenge gleich viel beitragen. Wir wählen

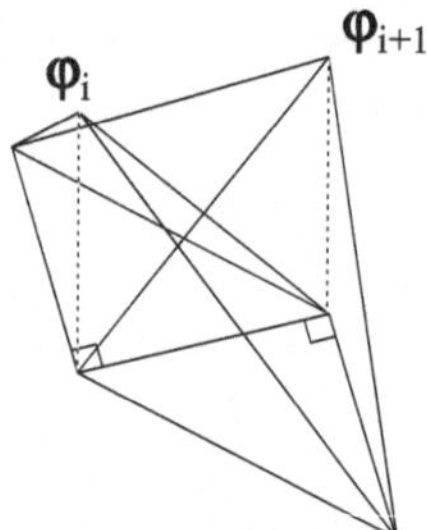

Abb. 77.7. Die Überlappung von φ_i und φ_{i+1}

eines der Dreiecke aus und konstruieren wie oben ein Referenzdreieck. Wenn wir die Variablen geeignet wählen, erhalten wir

$$\nabla\varphi_i \cdot \nabla\varphi_{i+1} = \left(-\frac{1}{h}, -\frac{1}{h}\right) \cdot \left(\frac{1}{h}, 0\right) = -\frac{1}{h^2},$$

so dass die Integration über das Dreieck den Wert $-1/2$ ergibt. Ganz ähnlich erkennen wir, dass

$$(\nabla\varphi_i, \nabla\varphi_{i-m+1}) = (\nabla\varphi_i, \nabla\varphi_{i+m-1}) = 0.$$

Mit diesen Informationen können wir die Steifigkeitsmatrix A aufstellen. Wir beginnen mit der ersten Zeile. Der erste Eintrag ergibt sich aus $(\nabla\varphi_1, \nabla\varphi_1) = 4$, da N_1 weder links noch unten Nachbarn besitzt. Der nächste Eintrag lautet $(\nabla\varphi_1, \nabla\varphi_2) = -1$. Da die Träger von φ_1 und φ_3 sich nicht überlappen, lautet der nächste Eintrag Null. Dies trifft allerdings für alle Einträge bis einschließlich φ_m zu. Dagegen ist $(\nabla\varphi_1, \nabla\varphi_{m+1}) = -1$, da die Träger dieser benachbarten Basisfunktionen zwei Dreiecke gemeinsam überdecken. Schließlich sind alle weiteren Einträge in dieser Zeile gleich Null, da die Träger der zugehörigen Basisfunktionen sich nicht überlappen. Auf gleiche Weise arbeiten wir uns Zeile für Zeile vor. Das Ergebnis dieser Vorgehensweise ist in Abb. 77.8 dargestellt. Wir erkennen, dass A

Blockstruktur besitzt und aus einem Band von $m \times m$-Untermatrizen besteht, die hauptsächlich nur Nullen enthalten. Beachten Sie das Muster der Einträge in den Ecken zwischen Diagonalblockmatrizen; diese Werte werden sehr oft falsch programmiert.

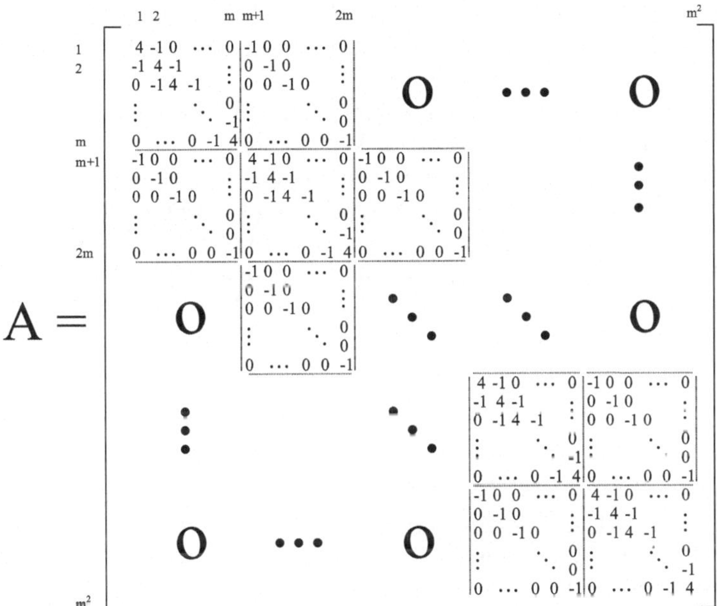

Abb. 77.8. Die Steifigkeitsmatrix

Der benötigte Speicherplatz und die Lösung des dünn besetzten Systems sind von der *Struktur* oder dem *Besetzungsmuster* der Matrix A abhängig. Das Besetzungsmuster selbst ist wiederum vom Nummerierungsschema abhängig, das wir für die Markierung der Knoten benutzen.

Es gibt verschiedene Algorithmen zur Umordnung der Koeffizienten einer dünn besetzten Matrix, um eine Matrix mit kleinerer Bandbreite zu erhalten. Die Umnummerierung der Koeffizienten ist äquivalent dazu, eine andere Basis für den Vektorraum zu benutzen.

Der Lastvektor b wird auf dieselbe Weise berechnet, indem jedes Integral

$$\int_{\Omega} f\varphi_i \, dx = \int_{\text{Träger von } \varphi_i} f(x)\varphi_i(x) \, dx$$

in Integrale über Dreiecke, die den Träger von φ_i bilden, zerlegt wird. Wir setzen oft eines der in Kapitel 76 vorgestellten Quadraturverfahren ein, um die Elemente (f, φ_i) des Lastvektors zu berechnen.

77.5 Wichtige Datenstrukturen

Um die finite Elemente Näherung U zu berechnen, müssen wir die Koeffizienten der Steifigkeitsmatrix A und den Lastvektor b bestimmen und das lineare Gleichungssystem (77.11) lösen. Wir haben gerade A und b für eine gleichförmige Triangulierung des Einheitsquadrats aufgestellt und wir wollen nun den Fall einer allgemeinen Triangulierung eines allgemeinen Gebiets untersuchen.

Dazu müssen wir die von Null verschiedenen Elemente $a_{ij} = (\nabla\varphi_i, \nabla\varphi_j)$ der Steifigkeitsmatrix A berechnen. Wir wissen, dass $a_{ij} = 0$, außer wenn sowohl N_i als auch N_j Knoten desselben Dreiecks K sind, da nur dann die Träger der Basisfunktionen φ_i und φ_j überlappen. Der gemeinsame Träger, der für ein von Null verschiedenes Element a_{ij} verantwortlich ist, entspricht für $j = i$ dem Träger von φ_i und für $i \neq j$ den beiden Dreiecken, deren gemeinsame Kante N_j und N_i verbindet. In jedem Fall ergibt sich a_{ij} aus der Summe der Beiträge

$$a_{ij}^K = \int_K \nabla\varphi_i \cdot \nabla\varphi_j \, dx, \qquad (77.12)$$

wobei über die Dreiecke K mit gemeinsamem Träger summiert wird. Der Vorgang des Aufsummierens der Beiträge a_{ij}^K der relevanten Dreiecke K, um das Element a_{ij} zu berechnen, wird als *Assemblierung* oder als *Kombination* der Steifigkeitsmatrix A bezeichnet. Wenn wir für ein bestimmtes Dreieck K die Zahlen a_{ij}^K anordnen, wobei N_i und N_j Knoten von K sind, erhalten wir eine 3×3-Matrix, die *Elementsteifigkeitsmatrix* für das Dreieck K genannt wird. Die assemblierte Matrix A wird dagegen auch als *globale Steifigkeitsmatrix* bezeichnet. Beachten Sie, dass wir den Begriff *Element* mit zwei verschiedenen Bedeutungen benutzen: Als ein Element a_{ij} der Steifigkeitsmatrix A und als ein finites Element oder Dreieck der Triangulierung.

Um die Elementsteifigkeitsmatrix a_{ij}^K für ein bestimmtes Dreieck K zu berechnen, benötigen wir die physikalischen Koordinaten der Knoten von K. Um die Assemblierung durchzuführen, wobei wir alle Elemente ablaufen und dabei die entsprechenden Beiträge zur globalen Steifigkeitsmatrix addieren, benötigen wir die Knotennummern jedes Dreiecks. Ähnliche Informationen benötigen wir auch für die Berechnung des Lastvektors.

Die notwendige Information wird in einer *Datenstruktur* oder einer Datenbasis organisiert. Sie muss (i) eine Liste der Koordinaten der Knoten, die in einer bestimmten Weise nummeriert sind, und (ii) eine Liste der Knotennummern für jedes Dreieck enthalten. Außerdem benötigen wir noch eine Liste für die Knotennummern auf der Begrenzung, um die Randbedingungen gezielt behandeln zu können. All diese Informationen liefert üblicherweise der sogenannte Gittergenerator, der eine Triangulierung des Gebiets erzeugt.

77.6   Die Lösung des diskreten Systems

Wenn wir die Steifigkeitsmatrix A assembliert haben und der Lastvektor b berechnet ist, müssen wir das lineare System $AU = b$ lösen, um die finite Elemente Lösung $U(x)$ zu erhalten. Wir wollen dieses Gebiet nun kurz diskutieren, wobei wir auf dem Stoff aus Kapitel „Die Lösung linearer Gleichungssysteme" aufbauen. Die Steifigkeitsmatrix, die durch die Diskretisierung des Laplace-Operators entsteht, ist symmetrisch und positiv-definit und folglich invertierbar. Diese Eigenschaften bedeuten auch, dass wir über eine breite Palette an Möglichkeiten verfügen, um das lineare System $AU = b$ zu lösen, die außerdem berücksichtigen, dass A dünn besetzt ist.

Für den Fall der standardmäßigen gleichförmigen Diskretisierung eines Quadrats haben wir für A eine Bandmatrix mit fünf von Null verschiedenen Diagonalen und Bandbreite $m + 1$ erhalten. Dabei ist m die Zahl der Knoten auf einer Seite des Quadrats. Die Dimension von A beträgt m^2 und die asymptotische Zahl von Rechenoperationen für das Gausssche Eliminationsverfahren beträgt etwa $O(m^4) = O(h^{-4})$. Beachten Sie dabei, dass während der Elimination neue von Null verschiedene Elemente innerhalb des Bandes erzeugt werden, obwohl die meisten Diagonalen von A innerhalb des Bandes Null sind. Eine kluge Umordnung von A zur Reduktion der Zahl der neu erzeugten Elemente führt uns zu einem Lösungsalgorithmus, der ungefähr $O(m^3) = O(h^{-3})$ Operationen benötigt. Würden wir vergleichsweise A als voll besetzte Matrix behandeln, müssten wir asymptotisch $O(h^{-6})$ Operationen ausführen, was bei einer großen Zahl von Elementen beträchtlich mehr ist.

Im Allgemeinen erhalten wir eine dünn besetzte Steifigkeitsmatrix, jedoch meist ohne eine lineare Bandstruktur. Um im Allgemeinen ein Gausssches Eliminationsverfahren effektiv einzusetzen, ist eine Umordnung auf eine möglichst dünne Bandstruktur unumgänglich.

Wir können auch sowohl das Jacobi- als auch das Gauss-Seidel-Verfahren anwenden, um das lineare Gleichungssystem, das bei der Diskretisierung der Poisson-Gleichung entsteht, zu lösen. Im Falle der gleichförmigen standardmäßigen Diskretisierung eines Quadrats beträgt die Zahl der Operationen für beide Verfahren pro Iteration $O(M)$, wenn wir dabei berücksichtigen, dass A dünn besetzt ist. Daher ist ein einziger Schritt mit jeder dieser Methoden viel billiger als eine direkte Lösung. Allerdings stellt sich die Frage: Wie viele Iterationen benötigen wir für die Berechnung, um eine genaue Lösung zu erhalten?

Üblicherweise liegt der Spektralradius der Iterationsmatrix des Jacobi- oder des Gauss-Seidel-Verfahrens bei $1 - Ch^2$, wobei C eine mäßig große positive Zahl ist. Dies führt dazu, dass die Konvergenzgeschwindigkeit schnell abnimmt, wenn h kleiner wird: Um den Fehler um einen bestimmten Faktor zu reduzieren, benötigen wir etwa $O(h^{-2})$ Iterationen und, da in jeder Iteration $O(h^{-2})$ Operationen anfallen, verhält sich die Gesamtzahl an

Operationen wie $O(h^{-4})$, womit wir in dieselbe Größenordnung gelangen wie bei einem Gaussschen Eliminationsverfahren für Bandmatrizen.

Es gab beträchtliche Anstrengungen, um iterative Methoden zu entwickeln, die schneller als das Jacobi- oder das Gauss-Seidel-Verfahren konvergieren. In den letzten Jahren wurden sehr effektive *Multigrid Methoden* entwickelt, die allmählich zum Standardwerkzeug werden. Eine Multigrid Methode basiert auf einer Folge von Gauss-Seidel- oder Jacobi-Schritten, die auf einer Hierarchie von immer gröber werdenden Gittern ausgeführt werden. Die Methoden sind insofern optimal, als die Arbeit zur Lösung zur Gesamtzahl an Unbekannten (das sind in unserem Modellproblem h^{-2}) proportional ist.

77.7 Ein äquivalentes Minimierungsproblem

Das Variationsproblem (77.8) ist zu folgendem quadratischen *Minimierungsproblem* äquivalent: Gesucht ist $U \in V_h$, so dass

$$F(U) \leq F(v) \quad \text{für alle } v \in V_h, \tag{77.13}$$

mit

$$F(v) = \frac{1}{2} \int_\Omega |\nabla v|^2 \, dx - \int_\Omega fv \, dx = \frac{1}{2}(\nabla v, \nabla v) - (f, v).$$

Die Größe $F(v)$ kann als *Gesamtenergie* der Funktion $v(x)$ aufgefasst werden, die sich aus der *inneren Energie* $\frac{1}{2}(\nabla v, \nabla v)$ und dem *Lastpotential* $-(f, v)$ zusammensetzt. Daher minimiert die Lösung U die Gesamtenergie $F(v)$, wobei sich v in V_h verändert.

Um die Äquivalenz von (77.8) und (77.13) zu erkennen, gehen wir zunächst davon aus, dass $U \in V_h$ die Gleichung (77.8) erfüllt. Sei dann $v \in V_h$, so schreiben wir $v = U + (v - U) = U + w$ mit $w = v - U \in V_h$. Mit Hilfe von $(\nabla U, \nabla w) = (\nabla w, \nabla U)$ erhalten wir:

$$F(v) = F(U + w) =$$
$$\frac{1}{2}(\nabla U, \nabla U) + (\nabla U, \nabla w) + \frac{1}{2}(\nabla w, \nabla w) - (f, U) - (f, w)$$
$$= F(U) + \frac{1}{2}(\nabla w, \nabla w) \geq F(U),$$

wobei die Gleichheit nur für $w = 0$ gilt. Wir folgern daraus, dass U die Bedingung (77.13) erfüllt.

Andererseits, wenn U eine Lösung von (77.13) ist, dann gilt für alle $v \in V_h$:

$$g_v(\epsilon) = F(U + \epsilon v) \geq g_v(0) = F(U) \quad \text{für alle } \epsilon \in \mathbb{R},$$

so dass $\epsilon = 0$ ein Minimum von $g_v(\epsilon)$ für festes v ist, weswegen $g'_v(0) = 0$ gilt. Eine einfache Berechnung liefert:

$$0 = g'_v(0) = (\nabla U, \nabla v) - (f, v)$$

und daher erfüllt U Gleichung (77.8). Wir fassen dies in folgendem Satz zusammen:

Satz 77.1 *Die Probleme (77.8) und (77.13) sind in dem Sinne äquivalent, als sie die gleiche eindeutige Lösung besitzen.*

77.8 Eine a priori Fehlerabschätzung in der Energienorm

In den folgenden Abschnitten wollen wir eine a priori und eine a posteriori Abschätzung des Fehlers $u - U$ in der *Energienorm* $\|\nabla(u - U)\|$ geben, wobei

$$\|\nabla v\| = \left(\int_\Omega |\nabla v|^2 \, dx\right)^{1/2}. \tag{77.14}$$

Dabei ist u die exakte Lösung und U eine finite Elemente-Lösung der Poisson-Gleichung mit homogenen Dirichlet-Randbedingungen. Die Energienorm, die in diesem Problem der L_2-Norm des Gradienten einer Funktion entspricht, tritt ganz selbstverständlich bei der Fehleranalyse der finiten Elemente Methode auf, da sie mit dem Variationsproblem eng verknüpft ist. Der Gradient der Lösung, der beispielsweise den Wärmefluss, das elektrische Feld, die Strömungsgeschwindigkeit oder den Druck beschreibt, kann eine Variable mit physikalischer Bedeutung sein, so wie die Lösung selbst auch, die beispielsweise die Temperatur, das Potential oder eine Versetzung beschreibt. Und für diese Fälle ist die Energienorm das relevante Fehlermaß.

Zunächst wollen wir beweisen, dass die Galerkin finite Elemente Näherung die beste Näherung der wahren Lösung in V_h bezüglich der Energienorm liefert.

Satz 77.2 *Angenommen, u löse die Poisson-Gleichung (77.4) und U sei die Galerkin finite Elemente Näherung, die (77.8) löst. Dann gilt:*

$$\|\nabla(u - U)\| \leq \|\nabla(u - v)\| \quad \textit{für alle } v \in V_h. \tag{77.15}$$

Der Beweis lautet folgendermaßen: Mit Hilfe der Galerkin-Orthogonalität (77.9), wobei wir v durch $U - v \in V_h$ ersetzen, können wir schreiben:

$$\|\nabla e\|^2 = (\nabla e, \nabla(u - U)) = (\nabla e, \nabla(u - U)) + (\nabla e, \nabla(U - v)).$$

Wenn wir die Ausdrücke, die U enthalten, auf der rechten Seite addieren, fällt U heraus und wir erhalten mit Hilfe der Cauchyschen Ungleichung:

$$\|\nabla e\|^2 = (\nabla e, \nabla(u - v)) \leq \|\nabla e\|\,\|\nabla(u - v)\|,$$

womit der Satz nach Division durch $\|\nabla e\|$ bewiesen ist.

Wenn wir $v = \pi_h u$ wählen und ein $L_2(\Omega)$ Analogon der Interpolationsabschätzung (76.12) benutzen, erhalten wir die folgende quantitative Fehlerabschätzung (mit $\|v\| = \|v\|_{L_2(\Omega)}$):

Korollar 77.3 *Es gibt eine Konstante C_i, die nur von dem kleinsten Winkel τ in $\mathcal{T}_h$ abhängt, so dass*

$$\|\nabla(u - U)\| \leq C_i\|hD^2 u\|. \tag{77.16}$$

77.9 Eine a posteriori Fehlerabschätzung in der Energienorm

Wir wollen nun eine a posteriori Fehlerabschätzung beweisen, wobei wir wie beim zwei-Punkte Randwertproblem in Kapitel 53 vorgehen. Als neue Eigenschaft bei höheren Dimensionen treten Integrale über die inneren Kanten S in $\mathcal{S}_h$ auf. Wir beginnen damit, dass wir mit Hilfe von (77.6) und (77.8) eine Gleichung für den Fehler $e = u - U$ formulieren, um

$$\begin{aligned}
\|\nabla e\|^2 &= (\nabla(u - U), \nabla e) = (\nabla u, \nabla e) - (\nabla U, \nabla e) \\
&= (f, e) - (\nabla U, \nabla e) = (f, e - \pi_h e) - (\nabla U, \nabla(e - \pi_h e))
\end{aligned}$$

zu erhalten, wobei $\pi_h e \in V_h$ eine Interpolierende von e ist. Wir teilen nun die Integrale über Ω in Summen über Integrale über die Dreiecke K in $\mathcal{T}_h$ auf und führen partielle Integration im letzten Ausdruck über jedes Dreieck aus und erhalten

$$\|\nabla e\|^2 = \sum_K \int_K (f + \Delta U)(e - \tilde{\pi}_h e)\,dx - \sum_K \int_{\partial K} \frac{\partial U}{\partial n_K}(e - \pi_h e)\,ds, \tag{77.17}$$

wobei $\partial U/\partial n_K$ die Ableitung von U in Richtung der auswärts gerichteten Normalen n_K der Begrenzung ∂K von K bezeichnet. In der Integralsumme in (77.17) über die Begrenzung tritt jede innere Kante $S \in \mathcal{S}_h$ als Teil jeder der Begrenzungen ∂K der beiden Dreiecke K, die S als gemeinsame Kante besitzen, doppelt auf. Natürlich weisen die auswärts gerichteten Normalen n_K der beiden Dreiecke K, mit gemeinsamem S, in entgegengesetzte Richtungen. Für jede Kante S wählen wir eine dieser Normalenrichtungen und bezeichnen die Ableitung einer Funktion v in diese Richtung auf S als $\partial_S v$. Wir halten fest, dass für $v \in V_h$ im Allgemeinen $\partial_S v$ auf den beiden Dreiecken, die S gemeinsam besitzen, verschieden ist, vgl. Abb. 76.9, in welcher der „Knick" über S im Graphen von v angedeutet ist. Wir können die Summe der Randintegrale in (77.17) als eine Summe von Integralen über die Kanten als

$$\int_S [\partial_S U](e - \pi_h e)\, ds$$

ausdrücken, wobei $[\partial_S U]$ den Unterschied oder den Sprung der Ableitung $\partial_S U$ zum Ausdruck bringt, der bei den beiden Dreiecken, die S gemeinsam besitzen, vorliegt. Der Sprung tritt auf, da die auswärtigen Normalenrichtungen der beiden Dreiecke, die S gemeinsam besitzen, entgegengesetzt sind. Wir halten außerdem fest, dass $e - \tilde{\pi}_h e$ über S stetig ist, aber im Allgemeinen nicht auf S verschwindet, selbst dann nicht, wenn π_h die Knoteninterpolierende ist. Dies ist anders als im ein-dimensionalen Fall, in dem die entsprechende Summe über die Knoten tatsächlich verschwindet, da $e - \pi_h e$ in den Knoten verschwindet. Wir können daher (77.17) wie folgt umschreiben, wobei wir die zweite Summe durch eine Summe über die inneren Kanten S ersetzen:

$$\|\nabla e\|^2 = \sum_K \int_K (f + \Delta U)(e - \pi_h e)\, dx + \sum_{S \in \mathcal{S}_h} \int_S [\partial_S U](e - \pi_h e)\, ds.$$

Als Nächstes wandeln wir dies zu einer Summe über die Elementkanten ∂K um, indem wir einfach jeden Sprung gleichmäßig auf die beiden Dreiecke, denen er gemeinsam ist, verteilen. So erhalten wir eine *Fehlerdarstellung* in der Energienorm für den Fehler als Ausdruck des Residualfehlers:

$$\|\nabla e\|^2 = \sum_K \int_K (f + \Delta U)(e - \pi_h e)\, dx$$
$$+ \sum_K \frac{1}{2} \int_{\partial K} h_K^{-1} [\partial_S U](e - \pi_h e) h_K\, ds,$$

wobei wir darauf vorbereitet sind, die zweite Summe abzuschätzen, indem wir einen Faktor h_k einfügen und wieder ausgleichen. Grob gesprochen, so ergibt sich der Residualfehler durch die Substitution von U in die Differentialgleichung $-\Delta u - f = 0$, aber in der Praxis ist eine direkte Substitution nicht möglich, da U nicht zweifach differenzierbar in Ω ist. Das Integral über K auf der rechten Seite ist der Restterm der Substitution von U in die Differentialgleichung innerhalb jedes Dreiecks K, wohingegen das Integral über ∂K daher kommt, dass sich $\partial_S U$ im Allgemeinen unterscheidet, wenn es auf den beiden Dreiecken, denen S gemeinsam ist, berechnet wird.

Wir schätzen den ersten Ausdruck in der Fehlerdarstellung dadurch ab, dass wir einen Faktor h einfügen, dies wieder ausgleichen und die Abschätzung $\|h^{-1}(e - \pi_h e)\| \leq C_i \|\nabla e\|$ in Analogie zu (76.12) benutzen. So erhalten wir:

$$\left| \sum_K \int_K h(f + \Delta U) h^{-1}(e - \pi_h e)\, dx \right|$$

$$\leq \|hR_1(U)\| \|h^{-1}(e - \pi_h e)\| \leq C_i \|hR_1(U)\| \|\nabla e\|,$$

wobei wir die Funktion $R_1(U)$ auf Ω definieren, indem wir auf jedem Dreieck $K \in \mathcal{T}_h$ setzen: $R_1(U) = |f + \Delta U|$. Wir schätzen den Beitrag durch die Sprünge an den Kanten ähnlich ab. Rein formal ergeben sich die Abschätzungen dadurch, dass wir $h_K ds$ durch dx ersetzen, was dem Ersatz der Integrale über die Elementgrenzen ∂K durch Integrale über Elemente K entspricht. Durch Division mit $\|\nabla e\|$ erhalten wir die folgende a posteriori Fehlerabschätzung:

Satz 77.4 *Es gibt eine Interpolationskonstante C_i, die nur von dem kleinsten Winkel τ abhängt, so dass für den Fehler der Galerkin finite Elemente Näherung U verglichen zur Lösung u der Poisson-Gleichung gilt:*

$$\|\nabla u - \nabla U\| \leq C_i \|hR(U)\|, \tag{77.18}$$

mit $R(U) = R_1(U) + R_2(U)$ mit

$$R_1(U) = |f + \Delta U| \quad \text{auf } K \in \mathcal{T}_h,$$

$$R_2(U) = \frac{1}{2} \max_{S \subset \partial K} h_K^{-1} |[\partial_S U]| \quad \text{auf } K \in \mathcal{T}_h.$$

Beachten Sie, dass $R_1(U)$ der Beitrag zum gesamten Residuum aus dem Inneren der Elemente K ist. Im vorgestellten Fall einer stückweise linearen Näherung gilt $R_1(U) = |f|$. Des Weiteren ist $R_2(U)$ der Beitrag zum Residuum durch den Sprung der Ableitungen von U in Normalenrichtung an den Kanten. Im ein-dimensionalen Fall, den wir in Kapitel 53 untersucht haben, tritt dieser Beitrag nicht auf, da der Interpolationsfehler dort so gewählt werden kann, dass er in den Knotenpunkten Null ist.

77.10 Adaptive Fehlerkontrolle

Das grundlegende Ziel einer adaptiven Fehlerkontrolle ist es, eine Triangulierung $\mathcal{T}_h$ mit der geringsten Knotenanzahl zu finden, so dass für die zugehörige finite Elemente Näherung U gilt:

$$\|\nabla u - \nabla U\| \leq \text{TOL}. \tag{77.19}$$

Mit Hilfe der a posteriori Fehlerabschätzung führt uns dies zu einer Triangulierung $\mathcal{T}_h$ mit der geringsten Knotenanzahl, so dass für die zugehörige finite Elemente Näherung U gilt:

$$C_i \|hR(U)\| \leq \text{TOL}. \tag{77.20}$$

Dies entspricht einem nicht linearen Minimierungsproblem, da U von $\mathcal{T}_h$ abhängt. Ist (77.18) eine vernünftige und präzise Fehlerabschätzung, dann wird eine Lösung dieser Optimierungsaufgabe unsere vordringliche Bedingung erfüllen.

Wir können nicht erwarten, diese Minimierungsaufgabe analytisch lösen zu können. Stattdessen müssen wir einen iterativen Prozess benutzen, bei dem wir mit einem groben Anfangsgitter beginnen und dann nach und nach das Gitter verändern und dabei versuchen, das Endkriterium (77.20) mit einer minimalen Anzahl von Elementen zu erfüllen. Genauer gesagt, so führen wir den folgenden *adaptiven Algorithmus* durch:

1. Wahl einer anfänglichen Triangulierung $\mathcal{T}_h^{(0)}$.

2. Für die j. Triangulierung $\mathcal{T}_h^{(j)}$ mit Gitterfunktion $h^{(j)}$ berechnen wir die zugehörige finite Elemente Näherung $U^{(j)}$.

3. Berechnung des zugehörigen Residuums $R_1(U^{(j)})$ und $R_2(U^{(j)})$ zusammen mit der Überprüfung, ob (77.20) erfüllt ist. Falls ja, sind wir am Ziel.

4. Wahl einer neuen Triangulierung $\mathcal{T}_h^{(j+1)}$ mit der Gitterfunktion $h^{(j+1)}$ mit einer minimalen Anzahl von Knoten, so dass $C_i \| h^{(j+1)} R(U^{(j)}) \| \leq TOL$ und Fortsetzung bei Punkt 2.

Der Erfolg dieser Iteration hängt von der Strategie bei der Gitterveränderung in Schritt 4 ab. Eine natürliche Strategie zur Fehlerkontrolle, die auf der L_2-Norm basiert, verwendet das *Gleichverteilungsprinzip* des Fehlers, bei dem wir versuchen, den Beitrag von jedem Element zum Integral, mit dem die L_2-Norm definiert ist, überall gleich zu halten. Die Idee dabei ist, dass die Verfeinerung eines Elements mit einem großen Fehlerbeitrag einen großen Gewinn im Sinne einer Fehlerreduktion durch jedes neue Element liefert.

Anders formuliert, so erfüllt die Näherung auf dem optimalen Gitter $\mathcal{T}_h$ im Hinblick auf den Rechenaufwand:

$$\|\nabla e\|_{L_2(K)}^2 \approx \frac{\mathrm{TOL}^2}{M} \quad \text{für alle } K \in \mathcal{T}_h,$$

wobei M der Anzahl der Elemente in $\mathcal{T}_h$ entspricht. Aufbauend auf (77.18) sind wir daher an einer Triangulierung in Schritt 4 interessiert, für die

$$C_i^2 \left(\left\| h^{(j+1)} R(U^{(j+1)}) \right\|_{L_2(K)}^2 \right) \approx \frac{\mathrm{TOL}^2}{M^{(j+1)}} \quad \text{für alle } K \in \mathcal{T}_{h^{(j+1)}} \qquad (77.21)$$

gilt, wobei $M^{(j+1)}$ die Anzahl der Elemente in $\mathcal{T}_h^{(j+1)}$ wiedergibt. Die Gleichung (77.21) ist jedoch eine nicht lineare Gleichung, da wir $M^{(j+1)}$ und

$U^{(j+1)}$ nicht kennen, bevor wir die Triangulierung gewählt haben. Daher ersetzen wir (77.21) durch

$$C_i^2\big(\|h^{(j+1)}R(U^{(j)})\|^2_{L_2(K)}\big) \approx \frac{\mathrm{TOL}^2}{M^{(j)}} \quad \text{für alle } K \in \mathcal{T}_h^{(j+1)} \qquad (77.22)$$

und nutzen stattdessen diese Formel zur Berechnung einer neuen Gitterweite $h^{(j+1)}$.

Es gibt mehrere offene Fragen zu dem hier vorgestellten Schema: Welche Effizienz verlieren wir durch den Ersatz von (77.19) durch (77.20)? Konvergiert der iterative Prozess mit den Schritten 1-4? Ist die Näherung (77.22) gerechtfertigt? Wir greifen diese Fragen in den weiterführenden Begleitwerken auf.

77.11   Ein Beispiel

Wir wollen die Lösung

$$u(x) = \frac{a}{\pi}\,\exp\big(-a(x_1^2 + x_2^2)\big), \quad a = 400,$$

der Poisson-Gleichung $-\Delta u = f$ auf dem Quadrat $(-0,5; 0,5) \times (-0,5; 0,5)$ berechnen, wobei $f(x)$ die folgende „genäherte Deltafunktion" ist:

$$f(x) = \frac{4}{\pi}\,a^2\,\big(1 - ax_1^2 - ax_2^2\big)\,\exp\big(-a(x_1^2 + x_2^2)\big).$$

Wir haben f in Abb. 77.9 zusammen mit dem Anfangsgitter mit 224 Elementen dargestellt. (Achten Sie auf den vertikalen Maßstab!) Der adaptive Algorithmus benötigt 5 Iterationen, um einen geschätzten relativen Fehler von $0,5\%$ zu erhalten. Wir haben das resultierende Gitter zusammen mit der zugehörigen finite Elemente Näherung in (77.10) veranschaulicht. Der Algorithmus erzeugt Gitter mit jeweils 224, 256, 336, 564, 992 und 3000 Elementen.

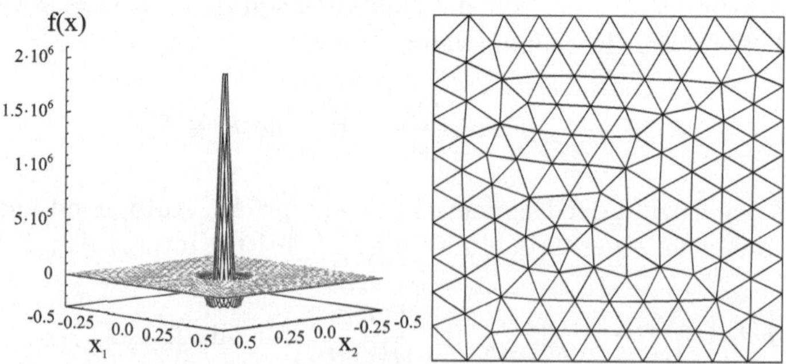

Abb. 77.9. Die genäherte Deltafunktion f und das Anfangsgitter, das bei der finiten Elemente Näherung benutzt wurde

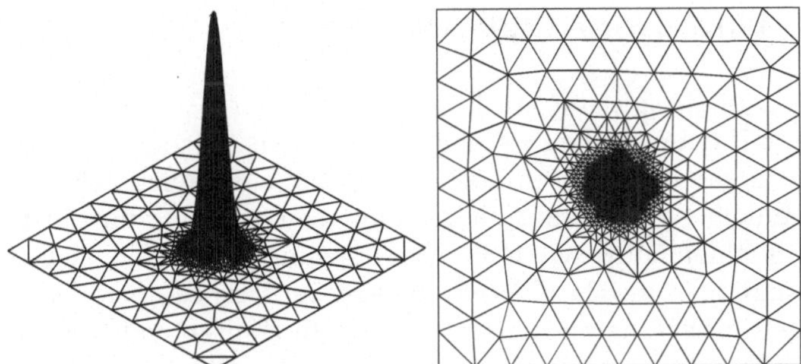

Abb. 77.10. Die finite Elemente Näherung mit einem relativen Fehler von $0,5\%$ und das resultierende Gitter, das bei der finiten Elemente Näherung benutzt wurde. Die Näherung besitzt eine maximale Höhe von etwa 5

77.12   Nicht homogene Dirichlet-Randbedingungen

Nun wollen wir die Poisson-Gleichung mit nicht homogenen Dirichlet-Randbedingungen betrachten:

$$\begin{cases} -\Delta u = f & \text{in } \Omega, \\ u = g & \text{auf } \Gamma, \end{cases} \tag{77.23}$$

wobei g vorgegeben Daten auf der Begrenzung sind.

Wir berechnen eine finite Elemente Näherung auf einer Triangulierung $\mathcal{T}_h$, wobei wir nun die Knoten auf der Begrenzung mit berücksichtigen. Wir bezeichnen die inneren Knoten wie oben mit $\mathcal{N}_h$ und die Menge an Knoten auf der Grenze mit $\mathcal{N}_b$. Wir berechnen eine Näherung U der Form

$$U = \sum_{N_j \in \mathcal{N}_b} \xi_j \varphi_j + \sum_{N_j \in \mathcal{N}_h} \xi_j \varphi_j, \tag{77.24}$$

wobei φ_j die zu den Knoten N_j gehörenden Basisfunktionen bezeichnet und über alle Knoten nummeriert wird. Wegen der Randbedingungen gilt $\xi_j = g(N_j)$ für $N_j \in \mathcal{N}_b$. Daher werden die Grenzwerte von U durch g auf Γ gegeben und nur die Koeffizienten zu U für innere Knoten müssen noch bestimmt werden. An dieser Stelle setzen wir (77.24) in die Variationsformel (77.23) ein, wobei die Testfunktionen allen möglichen Basisfunktionen der inneren Knoten entsprechen, wodurch wir das folgende quadratische lineare Gleichungssystem für die unbekannten Koeffizienten von U erhalten:

$$\sum_{N_j \in \mathcal{N}_h} \xi_j (\nabla \varphi_j, \nabla \varphi_i) = (f, \varphi_i) - \sum_{N_j \in \mathcal{N}_b} g(N_j)(\nabla \varphi_j, \nabla \varphi_i), \quad N_i \in \mathcal{N}_h.$$

Dabei haben wir die Ausdrücke mit den bekannten Randwerten von U auf die rechte Seite als Eingabedaten verschoben.

77.13 Eine L-förmige Membran

Wir geben ein Beispiel für ein Problem mit einer *Singularität* auf der Begrenzung, mit dem wir die Leistung des adaptiven Algorithmuses aufzeigen. Die Ableitungen der exakten Lösung sind dabei in einer Ecke der Begrenzung unendlich. Wir betrachten die Laplace-Gleichung für ein L-förmiges Gebiet mit einer konvexen Ecke im Ursprung mit homogenen Dirichlet-Randbedingungen in den Kanten, die sich im Ursprung treffen, und nicht homogene Randbedingungen auf den anderen Kanten, vgl. Abb. 77.11. Wir wählen die Randbedingungen so, dass die exakte Lösung in Polarkoordinaten (r, θ) mit Zentrum im Ursprung $u(r, \theta) = r^{2/3} \sin(2\theta/3)$ lautet, die eine typische Singularität für ein Eckenproblem besitzt:

$$\frac{\partial u}{\partial r}(r, \theta) = \frac{2}{3} r^{-1/3} \sin(2\theta/3).$$

Die Ableitung geht gegen Unendlich, wenn r gegen 0 strebt (außer für $\theta = 0$ oder $\theta = \frac{3\pi}{2}$). Wir setzen die Kenntnis der exakten Lösung ein, um die Leistung des adaptiven Algorithmuses zu beurteilen.

Wir führen die Berechnung mit einem adaptiven FEM-Löser mit Fehlerkontrolle in der Energienorm, die auf (77.18) basiert, durch, um so eine Fehlertoleranz von TOL $= 0,005$ zu erreichen, wobei wir die h-Verfeinerung zur Gitterveränderung benutzen. In Abb. 77.11 haben wir das Anfangsgitter $\mathcal{T}_h^{(0)}$ mit 112 Knoten und 182 Elementen dargestellt. In Abb. 77.12 zeigen wir die Höhenlinien der Lösung und das abschließende Gitter mit 295 Knoten und 538 Elementen, mit dem wir die gewünschte Fehlertoleranz erreichen. Die Interpolationskonstante wurde dabei auf $C_i = 1/8$ gesetzt. Der Quotient zwischen dem geschätzten und dem tatsächlichen Fehler auf dem abschließenden Gitter beträgt $1, 5$.

Da in diesem Beispiel die exakte Lösung bekannt ist, können wir auch die a priori Fehlerabschätzung benutzen, um ein Gitter zu bestimmen, das die gewünschte Genauigkeit liefert. Dazu kombinieren wir die a priori Fehlerabschätzung (77.16) und das Fehlergleichverteilungsprinzip um $h(r)$ zu bestimmen, so dass $C_i \|h D^2 u\| = \text{TOL}$, wobei wir h so groß wie möglich halten (und somit die Zahl der Elemente so klein wie möglich). Da $D^2 u(r) \approx r^{-4/3}$,

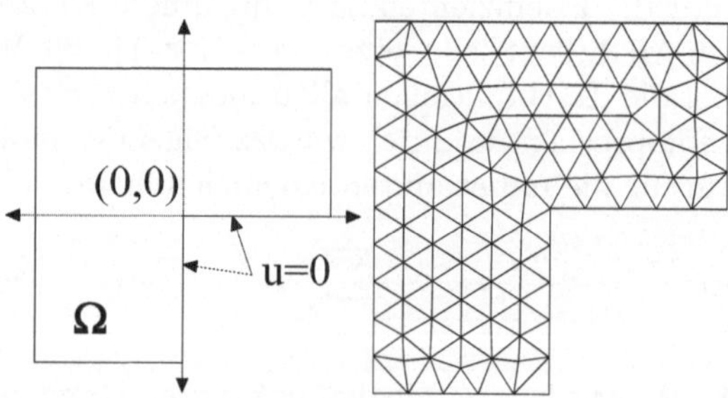

Abb. 77.11. Das L-förmige Gebiet und das Anfangsgitter

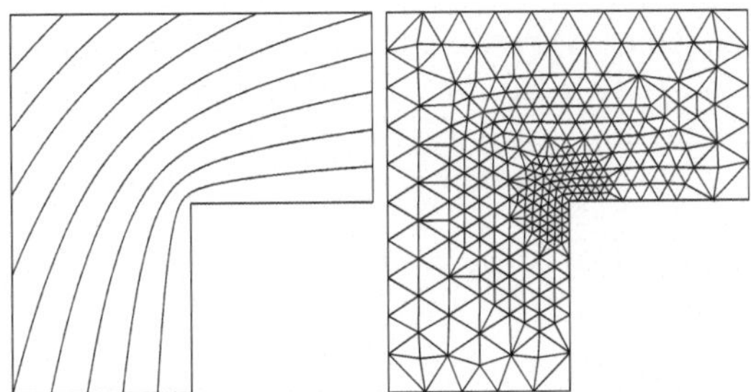

Abb. 77.12. Höhenlinien der Lösung und das abschließende adaptive Gitter auf dem L-förmigen Gebiet

so lange wie $h \leq r$, d.h. bis zu den Elementen, die die innere Ecke berühren, bestimmen wir:

$$\left(hr^{-4/3}\right)^2 h^2 \approx \frac{\mathrm{TOL}^2}{M} \qquad \text{oder} \quad h^2 = \mathrm{TOL}\, M^{-1/2} r^{4/3},$$

wobei M die Anzahl der Elemente und h^2 ein Maß für die Elementfläche ist. Um M aus dieser Beziehung zu berechnen, halten wir fest, dass $M \approx \int_{\Omega} h^{-2}\, dx$, da die Anzahl der Elemente pro Einheitsfläche sich wie $O(h^{-2})$ verhält, woraus wir

$$M \approx M^{1/2}\mathrm{TOL}^{-1} \int_{\Omega} r^{-4/3}\, dx$$

erhalten. Da das Integral konvergent ist (Überprüfen Sie dies!), ergibt sich $M \propto \mathrm{TOL}^{-2}$, woraus folgt, dass $h(r) \propto r^{1/3}\, \mathrm{TOL}$. Beachten Sie, dass die Gesamtzahl an Unbekannten bis auf eine Konstante mit der Zahl, die wir für eine glatte Lösung ohne Singularität benötigen, gleich ist, nämlich gleich TOL^{-2}. Dies hängt mit der sehr lokalisierten Singularität im vorliegenden Beispiel zusammen. Im Allgemeinen benötigen Lösungen mit Singularitäten eine viel größere Zahl von Elementen als glatte Lösungen.

77.14 Robin- und Neumann-Randbedingungen

Als Nächstes betrachten wir die Poisson-Gleichung mit homogenen Dirichlet-Randbedingungen auf dem Grenzstück Γ_1 und nicht homogene Robin-Bedingungen auf dem verbleibenden Grenzstück Γ_2:

$$\begin{cases} -\Delta u = f & \text{in } \Omega, \\ u = 0 & \text{auf } \Gamma_1, \\ \partial_n u + \kappa u = g & \text{auf } \Gamma_2, \end{cases} \tag{77.25}$$

wobei $\kappa \geq 0$ ein vorgegebener Koeffizient ist und f und g sind vorgegebene Daten. Wenn wir $\kappa = 0$ sezten, erhalten wir die Neumann-Bedingung

$\partial_n u = g$. Um zu einer Variationsformulierung zu gelangen, multiplizieren wir die Poisson-Gleichung mit einer Testfunktion v, die die homogene Dirichlet-Randbedingung löst, integrieren über Ω und benutzen die Greensche Formel, um Ableitungen von u auf v zu verschieben:

$$(f, v) = -\int_\Omega \Delta u\, v\, dx = \int_\Omega \nabla u \cdot \nabla v\, dx - \int_\Gamma \partial_n u v\, ds$$
$$= \int_\Omega \nabla u \cdot \nabla v\, dx + \int_{\Gamma_2} \kappa u v\, ds - \int_{\Gamma_2} g v\, ds.$$

Dabei benutzen wir die Randbedingungen, um das Randintegral neu zu schreiben. Dies führt uns zu der folgenden cG(1)-FEM auf einem Raum V_h von stetigen stückweise linearen Funktionen, die auf Γ_1 verschwinden: Gesucht ist $U \in V_h$, so dass

$$(\nabla U, \nabla v) + \int_{\Gamma_2} \kappa U v\, ds = (f, v) + \int_{\Gamma_2} g v\, ds \quad \text{für alle } v \in V_h. \tag{77.26}$$

Wir erinnern daran, dass Randbedingungen, die wie die Dirichlet-Bedingung explizit durch die Wahl des Raumes V_h erzwungen werden, *essentielle Randbedingungen* genannt werden. Randbedingungen wie die Robin-Bedingung, die implizit in der schwachen Formulierung enthalten sind, werden als *natürliche Randbedingungen* bezeichnet. (Als Eselsbrücke: explizit, erzwungen und essentiell beginnen mit einem „e".)

Beachten Sie, dass die zu (77.26) gehörende Steifigkeitsmatrix und der Lastvektor Beiträge von Integralen sowohl über Ω als auch über Γ_2 enthalten, die mit den Basisfunktionen für die Knoten auf der Grenze Γ_2 zusammenhängen.

Zur Veranschaulichung berechnen wir die Lösung der Laplace-Gleichung mit einer Kombination von Dirichlet-, Neumann- und Robin-Randbedingungen mit einem adaptiven FEM-Löser auf dem in Abb. 77.13 dargestellten Gebiet. Wir haben die Randbedingung in der Abbildung wiedergegeben. Durch das Problem wird beispielsweise stationärer Wärmefluss in der Ebene um ein heißes Rohr modelliert. Wir haben das benutzte Gitter für eine Näherung, deren Fehler in der L_2-Norm kleiner als $0,0013$

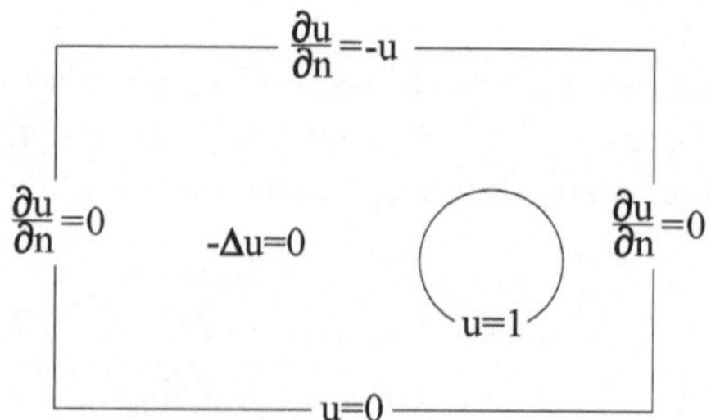

Abb. 77.13. Gebiet und verwendete Randbedingungen

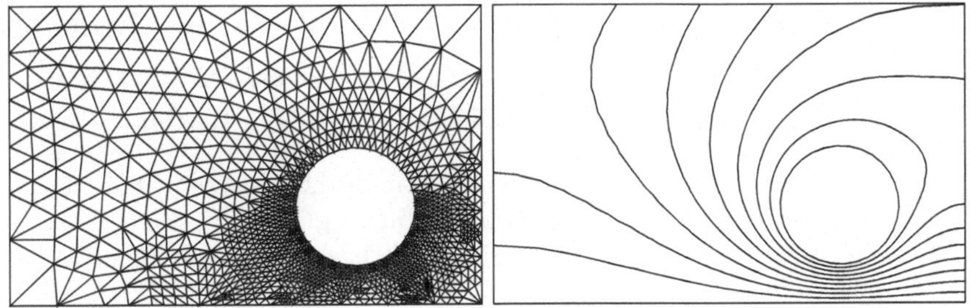

Abb. 77.14. Das adaptive Gitter und die Höhenlinien für die adaptive Lösung des Problems in Abb. 77.13 mit einer Fehlertoleranz von $0,0013$

ist, zusammen mit einer Höhenlinienzeichnung in Abb. 77.14 dargestellt. Wir beobachten, dass die Höhenlinien zu der Grenzlinie mit homogener Dirichlet-Bedingung parallel verlaufen und orthogonal zu einer Grenze mit homogener Neumann-Bedingung.

77.15 Das stationäre Problem für Konvektion, Diffusion und Reaktion

Wir wollen nun die Erweiterung eines Problems für Konvektion, Diffusion und Reaktion in der Form

$$
\begin{aligned}
-\nabla \cdot (a\nabla u) + \nabla \cdot (ub) + cu &= f \quad \text{in } \Omega, \\
a\partial_n u + \kappa u &= g \quad \text{auf } \Gamma,
\end{aligned}
\tag{77.27}
$$

mit Robin-Randbedingungen betrachten, wobei f und g vorgegebene Daten sind, $a > 0$, b, c und $\kappa \geq 0$ sind gegebene Koeffizienten und Ω ist ein vorgegebenes Gebiet in $\mathbb{R}^2$ mit Begrenzung Γ. Der Ausdruck cu modelliert Absorption für $c \geq 0$ und Produktion für $c < 0$.

Sei V_h der Raum der stetigen stückweise linearen Funktionen auf einer Triangulierung von Ω ohne Beschränkung der Knotenwerte auf der Begrenzung. Die cG(1)-FEM für (77.27) nimmt die folgende Form an: Gesucht ist $U \in V_h$, so dass

$$
\int_\Omega a\nabla U \cdot \nabla v \, dx + \int_\Omega \nabla \cdot (Ub)v \, dx + \int_\Omega cUv \, dx + \int_\Gamma \kappa Uv \, ds
$$
$$
= \int_\Omega fv \, dx + \int_\Gamma gv \, ds, \tag{77.28}
$$

für alle $v \in V_h$. Beachten Sie, dass die Einbeziehung der neuen Ausdrücke $\nabla \cdot (Ub)$ und cu ganz natürlich erfolgt und dass die entsprechenden Ausdrücke in der Variationsformulierung durch Multiplikation mit der Testfunktion v ohne partielle Integration erhalten werden. Für den Ausdruck

$-\nabla \cdot (a\nabla u)$ erkennen wir, dass Multiplikation mit $v(x)$ und Integration über Ω mit Hilfe des Divergenzsatzes

$$-\int_\Omega \nabla \cdot (a\nabla u)v\,dx = \int_\Omega a\nabla U \cdot \nabla v\,dx - \int_\Gamma a\partial_n u\,v\,ds$$

ergibt. Die Variationsformulierung erhält man durch Ersetzen von $-a\partial_n u\,ds$ durch $ku - g$ mit Hilfe der Robin-Randbedingung.

Die zu (77.28) zugehörige Matrixgleichung besitzt Bandstruktur mit einer dünn besetzten Steifigkeitsmatrix. Die Symmetrie ist jedoch verloren gegangen, wenn $b \neq 0$, was sofort aus der Gegenwart des unsymmetrischen Ausdrucks $\int_\Omega \nabla \cdot (ub)v\,dx$ deutlich wird. Die Asymmetrie des Konvektionsausdrucks verhindert die beste Näherungseigenschaft der FEM, sie kann jedoch trotzdem gute Ergebnisse liefern. Ist $c < 0$, dann können Lösungen nicht eindeutig sein, was damit zusammenhängt, dass es von Null verschiedene Lösungen (Eigenfunktionen) des homogenen Problems $-\nabla \cdot (a\nabla u) + \nabla \cdot (ub) + cu = 0$ geben kann.

Der Fall mit dominanter Konvektion

Ist $|b| > \frac{a}{h}$ für die Gitterweite $h(x)$, so liegt eine *dominante Konvektion* vor. Die exakte Lösung ist nicht glatt und zeigt schnelle Änderungen und die FEM Lösung kann falsche Oszillationen ergeben. Für den Fall muss die cG(1)-Methode (77.28) durch Veränderung der Testfunktion von v zu $v + \delta\nabla\cdot(vb)$ in allen Ausdrücken, außer bei der Diffusion und auf der Begrenzung, angepasst werden, wobei $\delta = \frac{h}{2|b|}$ als Parameter wirkt. Die Veränderung $\delta\nabla\cdot(vb)$ führt nach Wahl von $v = U$ zu einem positiven quadratischen Ausdruck $\int_\Omega \delta(\nabla \cdot (Ub))^2\,dx$, der die Stabilität erhöht und (nahezu) die falschen Oszillationen zum Verschwinden bringt. Die Tatsache, dass diese Veränderung nicht für den Diffusionsausdruck gemacht wird, verschlechtert die Genauigkeit nicht, da im Fall mit dominanter Konvektion der Diffusionskoeffizient klein ist. Die veränderte Methode wird auch *Strömungslinien-Diffusions-Methode* oder *gewichtete Stabilisierung mit kleinsten Fehlerquadraten* genannt.

77.16 Das zeitabhängige Problem für Konvektion, Diffusion und Reaktion

Als Nächstes betrachten wir das zeitabhängige Analogon zu (77.27), d.h. das Problem

$$\dot{u} - \nabla \cdot (a\nabla u) + \nabla \cdot (ub) + cu = f \quad \text{in } \Omega \times (0,T],$$

$$a\partial_n u + \kappa u = g \quad \text{auf } \Gamma \times (0,T], \qquad (77.29)$$

$$u(\cdot) = u^0 \quad \text{in } \Omega,$$

wobei $[0, T]$ ein gegebenes Zeitintervall ist und u^0 ein vorgegebener Anfangswert. Für die Zeitdiskretisierung können wir beispielsweise dG(0) oder cG(1) für eine Unterteilung $0 = t_0 < t_1 < \cdots < t_N = T$ mit Zeitintervallen $I_n = (t_{n-1}, t_n]$ und Zeitschritten $k_n = t_n - t_{n-1}$ benutzen. Wenn wir dG(0) verwenden, dann suchen wir $U^n \in V_h$ für $n = 1, \ldots, N$, so dass für $n = 1, \ldots, N$ gilt:

$$\int_\Omega U^n v \, dx + \int_{\Omega \times I_n} a \nabla U^n \cdot \nabla v \, dx \, dt$$

$$+ \int_{\Omega \times I_n} \nabla \cdot (U^n b) v \, dx \, dt + \int_{\Omega \times I_n} c U^n v \, dx \, dt + \int_{\Gamma \times I_n} \kappa U^n v \, ds \, dt \quad (77.30)$$

$$= \int_\Omega U^{n-1} v \, dx + \int_{\Omega \times I_n} f v \, dx \, dt + \int_{\Gamma \times I_n} g v \, ds \, dt,$$

für alle $v \in V_h$ mit $U^0 = u^0$. Das zugehörige diskrete System für U^n lautet wie folgt:

$$M \xi^n + k_n \Lambda_n \xi^n = M \zeta^{n-1} + k_n b^n,$$

wobei der Vektor ξ^n die Knotenwerte von $U^n \in V_h$ enthält, M ist die zu V_h gehörige Massenmatrix, A_n die Steifigkeitsmatrix, in die die Ausdrücke für die Konvektion, Diffusion und Reaktion eingehen, und b^n ist der zugehörige Lastvektor.

Im von Konvektion dominierten Fall werden die Testfunktionen v wiederum in allen Ausdrücken mit Integration über $\Omega \times I_n$ zu $v + \delta \nabla \cdot (vb)$ verändert, außer im Diffusionsausdruck.

77.17 Die Wellengleichung

Wir untersuchen nun die Erweiterung auf die Wellengleichung mit homogenen Dirichlet-Randbedingungen:

$$\begin{aligned}
\ddot{u} - \Delta u &= f \quad \text{in } \Omega \times (0, T], \\
u &= 0 \quad \text{auf } \Gamma \times (0, T], \\
u &= u^0, \quad \dot{u} = \dot{u}^0 \quad \text{in } \Omega,
\end{aligned} \quad (77.31)$$

wobei u^0 und $\dot{u}^0$ gegebene Anfangsbedingungen sind. Wie oben ist V_h die Menge der stückweise linearen Funktionen auf einer Triangulierung von Ω, die die homogenen Dirichlet-Randbedingungen erfüllen. Ferner ist $0 = t_0 < t_1 < \cdots < t_N = T$ eine Unterteilung von $[0, T]$ in Zeitintervalle $I_n = (t_{n-1}, t_n]$ mit den Zeitschritten $k_n = t_n - t_{n-1}$. Wir benutzen die cG(1)-Methode in Raum und Zeit und suchen eine diskrete Lösung U im

Funktionenraum W_h, der durch die Funktionen

$$v(x,t) = \sum_{n=0}^{N} \sum_{j=1}^{M} \eta_j^n \varphi_j(x)\psi_n(t)$$

aufgespannt wird, wobei $\{\varphi_j(x)\}_{j=1}^{M}$ eine Basis für V_h bildet und $\{\psi_n(t)\}_{n=0}^{N}$ eine Basis für den Raum der stetigen stückweise linearen Funktionen auf der Unterteilung $0 = t_0 < t_1 < \cdots < t_N = T$. Das zugehörige diskrete System nimmt die folgende explizite Form an, wenn wir sowohl im Raum als auch in der Zeit die „knotige" Massenmatrix benutzen und der Zeitschritt $k_n = k$ konstant ist:

$$\xi^{n+1} = 2\xi^n - \xi^{n-1} + k^2 A\xi^n \quad \text{für } n = 1, \ldots, N-1,$$

für geeignete Startwerte ξ^0 und ξ^1, die aus den Anfangsbedingungen berechnet werden. A ist die entsprechende Steifigkeitsmatrix zum Laplace-Operator.

77.18 Beispiele

Wir stellen einige Beispiele für Systeme von nicht linearen Gleichungen für Probleme mit Diffusion, Konvektion und Reaktion (77.27) vor, die in der Physik, der Chemie und der Biologie auftreten:

$$\dot{u}_i - \nabla \cdot (a_i \nabla u_i) + \nabla \cdot (u_i b_i) + c_i u_i = f_i(u_1, \ldots, u_d) \text{ in } \Omega \times I,\ i = 1, \ldots, d,$$
$$(77.32)$$

mit $f_i : \mathbb{R}^d \to \mathbb{R}$ und vorgegebenen Koeffizienten $a_i > 0$, b_i und c_i. Diese Systeme können numerisch durch eine direkte Erweiterung der oben vorgestellten cG(1)-Methode in Raum und Zeit gelöst werden. In allen Beispielen ist a eine positive Konstante.

Beispiel 77.1. Die bistabile Gleichung für den Ferromagnetismus:

$$\dot{u} - a\Delta u = u - u^3.$$

Beispiel 77.2. Superleitfähigkeit von Flüssigkeiten:

$$\dot{u}_1 - a\Delta u_1 = (1 - |u|^2)u_1,$$
$$\dot{u}_2 - a\Delta u_2 = (1 - |u|^2)u_2.$$

Beispiel 77.3. Flammenausbreitung:

$$\dot{u}_1 - a\Delta u_1 = -u_1 e^{-\alpha_1/u_2},$$
$$\dot{u}_2 - a\Delta u_2 = \alpha_2 u_1 e^{-\alpha_1/u_2},$$

mit Konstanten $\alpha_1, \alpha_2 > 0$.

Beispiel 77.4. Wechselwirkung zweier Arten:

$$\dot{u}_1 - a\Delta u_1 = u_1 M(u_1, u_2),$$
$$\dot{u}_2 - a\Delta u_2 = u_2 N(u_1, u_2),$$

wobei $M(u_1, u_2)$ und $N(u_1, u_2)$ vorgegebene Funktionen sind für unterschiedliche Situationen: (i) Räuber-Beute ($M_{u_2} < 0$, $N_{u_1} > 0$), (ii) konkurrierende Arten ($M_{u_2} < 0$, $N_{u_1} < 0$) und (iii) Symbiose ($M_{u_2} > 0$, $N_{u_1} > 0$).

Beispiel 77.5. Morphogenese von Mustern (Zebra):

$$\dot{u}_1 - a\Delta u_1 = -u_1 u_2^2 + \alpha_1(1 - u_1),$$
$$\dot{u}_2 - a\Delta u_2 = u_1 u_2^2 - (\alpha_1 + \alpha_2)u_2.$$

Beispiel 77.6. Belousov-Zhabotinski Reaktion der chemischen Kinetik:

$$\dot{u}_1 - a\Delta u_1 = \alpha_1(u_2 - u_1 u_2 + u_1 - \alpha_2 u_2^2),$$
$$\dot{u}_2 - a\Delta u_2 = \alpha_1^{-1}(\alpha_3 u_3 - u_2 - u_1 u_2),$$
$$\dot{u}_3 - a\Delta u_3 = \alpha_4(u_1 - u_3),$$

mit $\alpha \approx 10^2$, $\alpha_2 \approx 10^{-2}$, $\alpha_3 \approx 1$ und $\alpha_4 \approx 10^{-1}$.

Aufgaben zu Kapitel 77

77.1. Berechnen Sie die Koeffizienten der Massenmatrix M für die Standard-Triangulierung eines Quadrats mit Gitterweite h. Hinweis: Man kann die Quadratur benutzen, die auf den Mittelpunkten der Kanten eines Dreiecks aufsetzt, da diese für quadratische Funktionen exakt ist. Die Diagonalausdrücke lauten $h^2/2$ und die außer-Diagonalausdrücke sind alle gleich $h^2/12$. Die Elementensumme in einer Zeile ist gleich h^2.

77.2. Berechnen Sie die Steifigkeitsmatrix für cG(1) für das Problem $-\Delta u = 1$ in $\Omega = (0,1) \times (0,1)$ mit $u = 0$ auf der Seite mit $x_2 = 0$ und $\partial_n u + u = 1$ auf den anderen drei Seiten von Ω mit der Standard-Triangulierung. Beachten Sie die Beiträge zur Steifigkeitsmatrix durch die Knoten auf der Begrenzung.

77.3. Beschreiben Sie das Besetzungsmuster der Steifigkeitsmatrizen A für die Poisson-Gleichung mit homogenen Dirichlet-Randbedingungen auf dem Einheitsquadrat, das sich aus der stetigen stückweise linearen finite Elemente Methode auf der Standard-Triangulierung für die drei Nummerierungsschemata in Abb. 77.15 ergibt.

77.4. Berechnen Sie den Lastvektor für $f(x) = x_1 + x_2^2$ auf der Standard-Triangulierung des Einheitsquadrats mit Hilfe exakter Integration und der Quadratur mit knotiger Masse (Trapez-Regel).

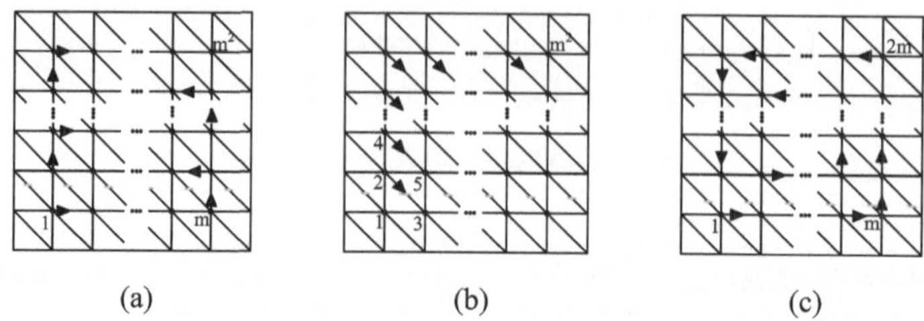

Abb. 77.15. Drei Knotennummerierungen für die Standard-Triangulierung des Einheitsquadrats

77.5. Schreiben Sie ein Programm zur Lösung von $A\xi = b$ nach dem Jacobi- und dem Gauss-Seidel-Verfahren, wobei Sie die dünne Besetzung von A in punkto Speicherung und Rechenoperationen ausnutzen. Vergleichen Sie die Konvergenzgeschwindigkeit der beiden Methoden mit Hilfe des Ergebnisses eines direkten Lösers als Referenz.

77.6. Schreiben Sie ein Programm zur Lösung von $A\xi = b$ für eine Bandmatrix A.

77.7. Berechnen Sie die Steifigkeitsmatrix für die Poisson-Gleichung mit homogenen Dirichlet-Randbedingungen für (a) die *Union Jack* Triangulierung eines Quadrats wie in Abb. 77.16 und (b) die Triangulierung des dreieckigen Gebiets in Abb. 77.16.

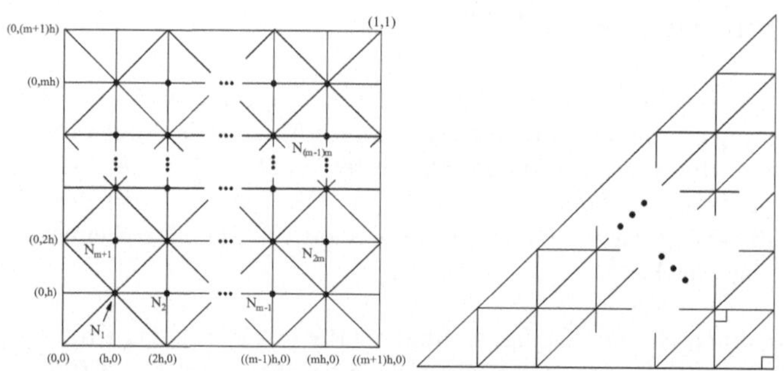

Abb. 77.16. Die Union Jack Triangulierung des Einheitsquadrats und eine gleichförmige Triangulierung eines rechtwinkligen Dreiecks

77.8. Berechnen Sie die diskreten Gleichungen für die finite Elemente Näherung für $-\Delta u = 1$ auf $\Omega = (0,1) \times (0,1)$ mit Randbedingungen $u = 0$ für $x_1 = 0$, $u = x_1$ für $x_2 = 0$, $u = 1$ für $x_1 = 1$ und $u = x_1$ für $x_2 = 1$ mit Hilfe der Standard-Triangulierung, vgl. Abb. 77.2.

77.9. (a) Zeigen Sie, dass die Element-Steifigkeitsmatrix (77.12) für die linearen Polynome auf einem Dreieck K mit den Knoten $(0,0)$, $(h,0)$, und $(0,h)$, die mit

1, 2 und 3 nummeriert werden, lautet:

$$\begin{pmatrix} 1 & -1/2 & -1/2 \\ -1/2 & 1/2 & 0 \\ -1/2 & 0 & 1/2 \end{pmatrix}.$$

(b) Benutzen Sie das Ergebnis, um die Formel für die Steifigkeitsmatrix A für die stetige stückweise lineare finite Elemente Methode für die Poisson-Gleichung mit homogenen Randbedingungen auf dem Einheitsquadrat mit Standard-Triangulierung zu beweisen. (c) Berechnen Sie die Element-Steifigkeitsmatrix für ein Dreieck K mit den Knoten $\{a^i\}$.

77.10. Berechnen Sie den asymptotischen Berechnungsaufwand für die direkte Lösung des Systems $A\xi = b$ für die drei in Aufgabe 77.3 berechneten Matrizen A.

77.11. Wenden Sie die finite Elemente Methode mit stückweise linearer Näherung für die Poisson-Gleichung in drei Dimensionen für verschiedene Randbedingungen an. Berechnen Sie die Steifigkeitsmatrix und den Lastvektor für einige einfache Fälle.

77.12. Leiten Sie die a priori Fehlerabschätzung in der Energienorm für die cG(1)-FEM für die Poisson-Gleichung mit Robin-Randbedingungen her. Verallgemeinern Sie dies für Probleme der Form $-\nabla \cdot (a\nabla u) + cu = f$, für $a(x) > 0$ und $c \geq 0$.

77.13. Leiten Sie die a posteriori Fehlerabschätzung in der Energienorm für die cG(1)-FEM für die Poisson-Gleichung mit Robin-Randbedingungen her. Verallgemeinern Sie dies für Probleme der Form $-\nabla \cdot (a\nabla u) + cu = f$, für $a(x) > 0$ und $c \geq 0$.

77.14. Implementieren Sie die adaptive Fehlerkontrolle mit einer a posteriori Fehlerabschätzung in der Energienorm für cG(1) für die Poisson-Gleichung.

77.15. Finden Sie eine exakte Lösung für die L-förmige Membran, wenn Sie die Dirichlet-Bedingung durch eine Neumann-Bedingung auf einer der Seiten, die sich in der $\frac{3\pi}{2}$ Ecke treffen, ersetzen. Welche Art von Singularität liegt vor?

77.16. Sei $\omega(x)$ eine positive Gewichtsfunktion, die auf dem Gebiet $\Omega \subset \mathbb{R}^2$ definiert ist. Nehmen Sie an, dass die Gitterfunktion $h(x)$ das Integral $\int_\Omega h^2(x)\omega(x)\,dx$ unter der Nebenbedingung $\int_\Omega h^{-2}(x)\,dx = N$ minimiert, wobei N eine gegebene positive ganze Zahl ist. Beweisen Sie, dass $h^4(x)\omega(x)$ konstant sein muss. Interpretieren Sie das Ergebnis als Gleichverteilung im Zusammenhang mit der Fehlerkontrolle. Hinweis: Behaupten Sie, dass $h^4(x)\omega(x)$ dem Gewinn entspricht, wenn wir einen Knoten hinzufügen.

78
Inverse Probleme

Ich rate nie. Es ist ein schwerer Fehler zu theoretisieren, bevor man
Daten hat. Unmerklich beginnt man, die Tatsachen an die Theorien
anzupassen, anstatt die Theorien an die Tatsachen.

Wenn man das Unmögliche ausgeschlossen hat, muss das, was übrig
bleibt, so unwahrscheinlich es auch sei, die Wahrheit sein.
(Sherlock Holmes in „The sign of Four", 1888)

78.1   Einleitung

Wir haben oben bei unserer Untersuchung der Poisson-Gleichung „nach
vorne gerichtete" Probleme der folgenden Form betrachtet: Für eine ge-
gebene Funktion $f : \Omega \to \mathbb{R}$ wird eine Funktion $u : \Omega \to \mathbb{R}$ gesucht, so
dass

$$
\begin{cases}
-\Delta u = f & \text{in } \Omega, \\
\partial_n u + \kappa u = 0 & \text{auf } \Gamma,
\end{cases}
\tag{78.1}
$$

wobei $\kappa \geq 0$ eine gegebene Konstante ist. Ein entsprechendes „inverses"
Problem wäre, die Kenntnis von $u(x)$ anzunehmen und die zugehörige
Funktion $f(x)$ zu suchen, so dass (78.1) erfüllt ist! Wenn wir $u(x)$ auf dem
Gesamtgebiet Ω kennen, stellt sich die Frage nach der Ableitung: Wir berechnen einfach $\Delta u(x)$ aus $u(x)$. Damit erhalten wir $-\Delta u = f$! Wir haben
diese Fragestellung bereits im Kapitel „Die Ableitung" untersucht und wir
erinnern daran, dass dieses Problem etwas knifflig werden kann, wenn wir

die Schrittlänge h bei einer Näherung von Δ durch Differenzenquotienten auf die Genauigkeit der vorgegebenen Daten $u(x)$ anpassen müssen.

Nun wollen wir annehmen, dass wir $u(x)$ nur auf der Begrenzung Γ kennen. Können wir dann noch $f(x)$ auf Ω bestimmen? Diese Art von Fragestellung tritt bei einer Fülle wichtiger Anwendungen der folgenden Form auf: Angenommen, wir können etwas auf der *Begrenzung* eines Körpers messen. Können wir dann eine Aussage dazu machen, welche Verhältnisse *innerhalb* des Körpers herrschen? Betrachten wir beispielsweise den menschlichen Körper und die Messung einer Eigenschaft auf der Haut (oder außerhalb). Können wir dann Informationen dazu bekommen, was im Körper vorgeht? Oder auch, wenn wir Daten für die Erdoberfläche ansammeln; können wir dann etwas darüber sagen, wie es in der Erde aussieht, wie etwa wo ein Öllager zu finden ist? Dies sind Beispiele für *inverse Probleme*.

Es liegt in der Natur von inversen Problemen, dass sie „schlecht gestellt" sind, in dem Sinne, dass kleine Veränderungen der Daten bereits große Veränderungen in der Lösung bewirken. Ein wichtiges Beispiel für ein gut gestelltes Problem ist die Integration im Zusammenhang mit der Lösung einer Differentialgleichung. Das zugehörige inverse Problem ist die Ableitung, das schlecht gestellt ist, wie wir gerade bemerkt haben. Die Lösung einer Differentialgleichung ist nicht immer mit einem gut gestellten Problem verbunden: Im Kapitel „Lorenz und das Wesentliche am Chaos" haben wir eine einfache Differentialgleichung getroffen, deren Lösung hochgradig von Veränderungen in den Ausgangsdaten abhängt.

Beispiel 78.1. Ein *Elektrokardiogramm* EKG liefert eine Kurve, die die elektrische Aktivität des Herzens an Hand von Messungen des elektrischen Potentials auf der Brust widerspiegelt. Die Kurve gibt dem Spezialisten Informationen zu anormalen Herzaktivitäten wie etwa Herzrhythmusstörungen (Arrhythmie) an die Hand. Ähnlich liefert ein *Elektroenzephalogramm* (EEG) Informationen über die elektrische Aktivität des Gehirns durch Messungen des elektrischen Potentials auf der Kopfhaut.

Diese Techniken sind jedoch für viele Diagnosen zu ungenau und erst kürzlich wurden elektrokardiographische Bildtechniken entwickelt, die auf der Lösung von inversen Problemen, die der Poisson-Gleichung ähnlich sind, beruhen. Die geometrischen Daten eines jeden Patienten werden dabei aus der Computertomographie erhalten und ein Bild der elektrischen Aktivität im Innern des Körpers wird aus Messungen des elektrischen Potentials an der Grenzfläche (d.h. der Brust oder der Kopfhaut) durch Lösung von inversen Problemen, die der Poisson-Gleichung ähnlich sind, errechnet (mit Hilfe der finiten Elemente Methode). Elektrokardiographische Bildtechniken können beispielsweise genauere Informationen zu einer anormalen Herztätigkeit oder Gehirnaktivität liefern als das EKG oder das EEG und die Methode wird allmählich zum Bestandteil in fortgeschrittenen neurologischen und radiologischen Instituten. Weitere Entwicklungen, insbesondere auf der algorithmischen Seite (Adaptivität, geometrische Modellierung) sind nötig, um die Genauigkeit weiter zu erhöhen.

Beispiel 78.2. Ein weiteres für die Menschheit wichtiges inverses Problem tritt in der inversen seismischen Schürftechnik auf: Auf der Oberfläche der Erde werden Explosionen ausgelöst und die Reflektionen der ausgelösten Wellen im Erdmantel werden auf der Erdoberfläche gemessen. Aus dieser Information versucht man Rückschlüsse auf unterirdische Strukturen zu ziehen wie beispielsweise auf ölhaltiges Gestein. Um diese Rekonstruktion aufzustellen, werden Berechnungsmethoden verwendet, die auf der Lösung der Wellengleichung beruhen, wobei charakteristische Wellenausbreitungskoeffizienten für verschiedene Materialien benutzt werden. Durch Optimierung versucht man, den lokalen Wellenausbreitungskoeffizienten an die gemessenen Daten, die an der Erdoberfläche gemessen werden, mit kleinsten quadratischen Abweichungen anzupassen, woraus dann Informationen über unbekannte unterirdische Schichten gewonnen werden.

78.2 Ein inverses Problem für die ein-dimensionale Konvektion

Wir beginnen mit dem einfachsten Randwertproblem:

$$u'(x) = f(x), \quad \text{für } x \in (0,1], \, u(0) = 0 \tag{78.2}$$

modelliert die Konvektion, wobei $u : [0,1] \to \mathbb{R}$ für eine Konzentration steht und $f : [0,1] \to \mathbb{R}$ ist ein Quellterm. Wir versuchen die Funktion $f : [0,1] \to \mathbb{R}$ durch *Beobachtung* eines Randwertes $u(1)$ der zugehörigen Lösung $u(x)$ von (78.2) zu bestimmen oder zu *rekonstruieren*. Natürlich können wir nicht davon ausgehen, dass wir $f(x)$ für alle $x \in (0,1)$ aus dieser Beobachtung allein bestimmen können. Das liegt daran, dass es viele Funktionen $f(x)$ gibt, so dass die zugehörige Funktion $u(x)$ die Gleichung (78.2) mit $u(1) = 0$ erfüllt. Wir erkennen dies daran, dass wir eine von Null verschiedene Funktion $u(x)$ auf $[0,1]$ wählen, für die $u(0) = u(1) = 0$ gilt, und $f(x) = u'(x)$ definieren. Offensichtlich bleibt die Rekonstruktion bis auf derartige Funktionen unbestimmt.

Die Unbestimmtheit der Rekonstruktion $f(x)$ spiegelt wider, dass das inverse Problem *schlecht gestellt* ist; selbst wenn die Messung des Randwertes $u(1)$ sehr genau ist, ist der zugehörige Quellterm $f(x)$ nicht gut definiert. Daher benötigen wir einige *zusätzliche Bedingungen*, um einen (hoffentlich) eindeutigen Quellterm $f(x)$ zu bestimmen. Es gibt dafür viele Möglichkeiten und wir erhalten abhängig von den zusätzlichen Bedingungen unterschiedliche Rekonstruktionen $f(x)$. Wir wollen nun auf eine Möglichkeit hinweisen, bei der wir u unter der zusätzlichen Bedingung wählen, dass

$f(x)$ bezüglich der kleinsten quadratischen Abweichung *so klein wie möglich* ist, was einer üblichen Regularisierungstechnik entspricht. Wir formulieren dann das inverse Problem in das folgende *Optimierungsproblem mit kleinster quadratischer Abweichung*: Gesucht ist die Funktion $f : [0,1] \to \mathbb{R}$, die die „Gesamtkosten"

$$J(f) = (u(1) - \bar{u}(1))^2 + \mu \int_0^1 f(x)^2\, dx$$

minimiert, wobei $u(x)$ das Problem (78.2) löst, $\bar{u}(1)$ ist der beobachtete Randwert in $x = 1$ und $\mu > 0$ ist eine Konstante. Wir können dies als ein Kontrollproblem betrachten, wobei das Ziel ist, die *Kontrollfunktion* $f : [0,1] \to \mathbb{R}$ zu finden, mit der die Gesamtkosten $J(f)$ minimiert werden, wobei der μ-Ausdruck ein Maß für die Kosten der Kontrollfunktion f ist, und der erste Ausdruck beziffert die Kosten für eine Abweichung in den Randwerten $u(1) - \bar{u}(1)$.

Wir können dieses Problem so formulieren, dass wir eine Funktion $u(x)$ suchen, für die $u(0) = 0$ gilt und die

$$(u(1) - \bar{u}(1))^2 + \mu \int_0^1 (u')^2\, dx$$

minimiert. Wenn wir uns an das Kapitel „FEM für Zwei-Punkte Randwertprobleme" erinnern, erkennen wir, dass die Lösung $u(x)$ die Gleichungen $u''(x) = 0$ in $(0,1)$, $u(0) = 0$ und $u(1) - \bar{u}(1) + \mu u'(1) = 0$ erfüllt. Wir folgern daraus, dass $u(x) = \frac{1}{1+\mu}\bar{u}(1)x$, und dass daher der rekonstruierte Quellterm $f(x) = u'(x)$ einen konstanten Wert annimmt, der lautet:

$$f(x) = \frac{1}{1+\mu}\,\bar{u}(1) \quad \text{für } x \in [0,1].$$

Offensichtlich sollten wir den Regularisierungsparameter μ klein wählen; je kleiner μ ist, desto genauer werden wir den beobachteten Randwert $\bar{u}(1)$ anpassen. Da die rekonstruierte Funktion $f(x)$ konstant ist, müssen wir praktisch nur eine Konstante bestimmen und wir können davon ausgehen, diesen einzigen Wert aus der einzigen Beobachtung $\bar{u}(1)$ zu erhalten.

Wir können das Optimierungsproblem auch folgendermaßen umformulieren, indem wir den Integraloperator B einführen, der für Funktionen auf $[0,1]$ durch $Bf(x) = \int_0^x f(y)\, dy$ für $x \in [0,1]$ definiert ist: Gesucht ist die Funktion $f : [0,1] \to \mathbb{R}$, die

$$J(f) = (Bf(1) - \bar{u}(1))^2 + \mu \int_0^1 f(x)^2\, dx$$

minimiert. Die Optimalitätseigenschaft, die wir durch $\frac{d}{d\epsilon}J(f + \epsilon g) = 0$ für $\epsilon = 0$ erhalten, wobei $g : [0,1] \to \mathbb{R}$ eine beliebige Funktion ist, nimmt die folgende Form an:

$$(Bf(1) - \bar{u}(1))Bg(1) + \mu \int_0^1 f(x)g(x)\,dx = 0 \qquad (78.3)$$

für alle Funktionen $g : [0,1] \to \mathbb{R}$. Nun wollen wir diese Bedingung umschreiben, indem wir den *adjungierten Operator* $B^\top$ einführen, der folgendermaßen für Funktionen $w(x)$ definiert ist: Für ein vorgegebenes $w = w(x)$ ist $B^\top w$ die Funktion auf $[0,1]$, für die $(B^\top w)'(x) = 0$ für $x \in (0,1)$ und $B^\top w(1) = w(1)$ gilt, d.h. $B^\top w$ ist die konstante Funktion auf $[0,1]$, die für alle x den Wert $w(1)$ annimmt. Wir können dann (78.3) wie folgt schreiben:

$$\int_0^1 B^\top(Bf - \bar{u}(1))(x)g(x)\,dx + \mu \int_0^1 f(x)g(x)\,dx = 0 \qquad (78.4)$$

für alle Funktionen $g : [0,1] \to \mathbb{R}$, da nach partieller Integration gilt:

$$\int_0^1 B^\top(Bf - \bar{u}(1))(x) \underbrace{(Bg(x))'}_{=g(x)}\,dx = (Bf(1) - \bar{u}(1))Bg(1),$$

wobei wie angedeutet gilt: $(Bg(x))' = g(x)$ und $B^\top w(1) = w(1)$. Wir folgern, dass

$$\int_0^1 (B^\top Bf + \mu f)g\,dx = \int_0^1 B^\top \bar{u}(1)g\,dx$$

für alle Funktionen $g : [0,1] \to \mathbb{R}$. Daher gilt:

$$B^\top Bf + \mu f = B^\top \bar{u}(1) \quad \text{auf } (0,1) \qquad (78.5)$$

oder mit dem Identitätsoperator I:

$$(B^\top B + \mu I)f = B^\top \bar{u}(1). \qquad (78.6)$$

Wir folgern, dass $f(x)$ auf $[0,1]$ konstant ist und den Wert

$$f(x) = \frac{1}{1+\mu}\,\bar{u}(1) \quad \text{für } x \in [0,1]$$

annimmt, womit wir dasselbe Ergebnis erhalten wie oben. Bitte beachten Sie die Formulierung (78.6) für die Optimalitätseigenschaft (78.3) mit dem Operator $B^\top B + \mu I$. Wir werden unten auf dieselbe Gleichung mit veränderten Lösungsoperatoren B und Adjungierten $B^\top$ treffen.

78.3   Ein inverses Problem für die ein-dimensionale Diffusion

Wir fahren mit dem Randwertproblem

$$-u'' = f \quad \text{in } (0,1), \quad u'(0) = 0, \quad u'(1) + u(1) = 0 \qquad (78.7)$$

fort, wobei wir den Quellterm $f(x)$ in $(0,1)$ bestimmen wollen, indem wir die Randwerte $u(0)$ und $u(1)$ der zugehörigen Lösung $u(x)$ von (78.7) beobachten. Wiederum ist es selbstverständlich, dass wir nicht hoffen können, $f(x)$ für alle $x \in (0,1)$ aus diesen beiden Beobachtungen alleine zu bestimmen, da es viele Funktionen $f(x)$ gibt, so dass die zugehörige Funktion $u(x)$ das System (78.7) löst und $u(0) = u(1) = 0$ gilt. Dazu müssen wir nämlich nur eine von Null verschiedene Funktion $u(x)$ auf $[0,1]$ wählen, für die $u(0) = u'(0) = u(1) = u'(1) = 0$ gilt, und dann $f(x) = -u''(x)$ setzen.

Wir versuchen wie oben, $f(x)$ unter der zusätzlichen Bedingung, dass $f(x)$ so klein wie möglich ist, zu rekonstruieren und wir formulieren das inverse Problem dazu neu als das folgende Optimierungsprobleme mit der kleinsten quadratischen Abweichung: Gesucht ist $f(x)$ in $(0,1)$, so dass

$$J(f) = (u(0) - \bar{u}(0))^2 + (u(1) - \bar{u}(1))^2 + \mu \int_0^1 f^2(x)\, dx$$

so klein wie möglich ist, wobei $\mu > 0$ eine positive Konstante ist, die als Regularisierung wirkt und $\bar{u}(0)$ und $\bar{u}(1)$ sind die Beobachtungswerte am Rand; natürlich löst $u(x)$ das System (78.1). Wir suchen daher ein $f(x)$, so dass im Sinne der kleinsten quadratischen Abweichung die Beobachtungswerte am Rand zusammen mit der Minimaleigenschaft von $f(x)$ gleichzeitig so gut wie möglich erfüllt sind.

Um die Optimalitätsgleichungen aufstellen zu können, führen wir den zu (78.7) zugehörigen Lösungsoperator B ein, d.h. zu einer gegebenen Funktion $f : [0,1] \to \mathbb{R}$ definieren wir $Bf(x)$ als die Funktion auf $[0,1]$, für die gilt:

$$\int_0^1 (Bf)' g'\, dx + Bf(1)g(1) = \int_0^1 fg\, dx, \qquad (78.8)$$

für alle Funktionen $g(x)$ auf $[0,1]$. Dies folgt aus dem Kapitel „FEM für Zwei-Punkte Randwertprobleme". Wenn wir $\frac{d}{d\epsilon} J(f + \epsilon g) = 0$ für $\epsilon = 0$ setzen, erhalten wir die Optimalitätseigenschaft in der Form:

$$(Bf(0) - \bar{u}(0), Bg(0)) + (Bf(1) - \bar{u}(1), Bg(1)) + \mu \int_0^1 f(x)g(x)\, dx = 0,$$

$$(78.9)$$

für alle Funktionen $g(x)$ auf $[0,1]$. Als Nächstes definieren wir den adjungierten Operator $B^\top$, wie folgt: Sind die Werte $w(0)$ und $w(1)$ gegeben, so ist $B^\top w$ die Funktion auf $[0, 1]$, für die für alle $v(x)$ gilt:

$$\int_0^1 (B^\top w)' v' \, dx + B^\top w(1) v(1) = w(0) v(0) + w(1) v(1). \qquad (78.10)$$

Wir erkennen, dass $-(B^\top w)'(0) = w(0)$, $B^\top w(1) + (B^\top w)'(1) = w(1)$ und $(B^\top w)'' = 0$. Anders formuliert, so ist $B^\top w$ eine lineare Funktion, die durch zwei Randbedingungen bestimmt wird. Insbesondere ist $B^\top w = w(1)$ eine Konstante, wenn $w(0) = 0$. Wenn wir nun in (78.10) $v = Bg$ setzen, erhalten wir:

$$w(0) Bg(0) + w(1) Bg(1) = \int_0^1 (B^\top w)' (Bg)' \, dx + B^\top w(1) Bg(1)$$

$$= \int_0^1 B^\top w q \, dx,$$

wobei wir (78.8) benutzt haben und dabei f durch g und v durch $B^\top w$ ersetzt haben. Daher können wir die Optimalitätsbedingung (78.9) auf dieselbe Weise schreiben wie oben:

$$(B^\top B + \mu I) f = B^\top \bar{u}. \qquad (78.11)$$

Diese Gleichung können wir eindeutig nach der Funktion $f(x)$ auflösen, wodurch wir eine lineare Funktion erhalten, die durch zwei Konstanten definiert wird, da nämlich $f = \frac{1}{\mu} B^\top (Bf - \bar{u})$. Ist beispielsweise $\bar{u}(0) = 0$ und $\bar{u}(1) = 1$, dann erhalten wir für ein kleines μ: $f(x) \approx 10\bar{u}(1)x - 8\bar{u}(1)$ mit zugehöriger Lösung $u(x) \approx -3x^3 + 4x^2$. Wir wollen nun noch einige Bemerkungen zur Optimalitätsgleichung (78.11) machen. Der Operator B bildet eine Menge von Quellfunktionen, etwa F, in einen Raum der Beobachtungen ab, etwa O, und der adjungierte Operator $B^\top$ bildet O auf F ab. Wir können uns die Dimension von F als groß vorstellen und die von O im Vergleich dazu kleiner. Zur Diskussion können wir annehmen, dass die Dimension von F genau n sei, und die Dimension von O sei m. Daher entspricht B einer $m \times n$-Matrix und $B^\top$ einer $n \times m$-Matrix, wobei $m \ll n$. Dies ist unsere Ausgangslage für die Berechnung der Näherungen für die Lösungsoperatoren B und $B^\top$. Insbesondere müssen die Spalten von B streng voneinander linear unabhängig sein, da es viel mehr Spalten als Zeilen gibt, und daher muss die $n \times n$-Matrix $B^\top B$ singulär sein, so dass viele von Null verschiedene n-Vektoren f die Gleichung $B^\top Bf = 0$ erfüllen. Auf der anderen Seite darf die Matrix $B^\top B + \mu I$ für $\mu > 0$ nicht singulär sein. Ansonsten würde aus $(B^\top B + \mu I) f = 0$ nach skalarer Multiplikation mit dem n-Vektor $f^\top$ folgen, dass $\|Bf\|^2 + \mu \|f\|^2 = 0$ und somit $f = 0$. Die von Null verschiedenen Lösungen f von $B^\top Bf = 0$ sind Eigenvektoren zum Eigenwert Null. Wenn wir zum regularisierten Operator $B^\top B + \mu I$ wechseln, verschieben wir das Spektrum auf das Intervall $[\mu, \infty)$ auf der positiven reellen Achse.

78.4 Ein inverses Problem für die Poisson-Gleichung

Wir wollen nun ein inverses Problem für die Poisson-Gleichung (78.1) betrachten und dabei annehmen, dass Ω, Γ und κ bekannt sind: Zu gegebenem $u(x) = \hat{U}(x)$ für $x \in \Gamma$ wird $f(x)$ für $x \in \Omega$ gesucht. Wir wollen dieses Problem direkt in diskretisierter Form als das folgende Problem mit der kleinsten quadratischen Abweichung angehen: Gesucht ist ein $F \in V_h$, wodurch

$$J(F) = \|U - \hat{U}\|_\Gamma^2 + \mu\|F\|_\Omega^2 \tag{78.12}$$

über V_h minimiert wird, wobei für $U \in V_h$ gilt:

$$(\nabla U, \nabla v)_\Omega + (\kappa U, v)_\Gamma = (F, v)_\Omega \quad \text{für alle } v \in V_h. \tag{78.13}$$

Dabei ist V_h der Raum der stetigen stückweise linearen Funktionen auf einer vorgegebenen Triangulierung von Ω mit Gitterweite $h(x)$. Wie oben wirkt $\mu \geq 0$ als *Regularisierungsparameter*, der uns dabei behilflich ist, dieses schlecht gestellte Problem in den Griff zu bekommen. Ferner bezeichnen $\|\cdot\|_\Omega$ und $(\cdot,\cdot)_\Omega$ die $L_2(\Omega)$-Norm und das zugehörige Skalarprodukt und ganz ähnlich $\|\cdot\|_\Gamma$ und $(\cdot,\cdot)_\Gamma$ die $L_2(\Gamma)$-Norm mit zugehörigem Skalarprodukt.

Wir führen in (78.12) den Lösungsoperator $B_h : V_h \to W_h$ ein, den wir durch $B_h F = U_F$ auf Γ definieren, wobei $U_F \in V_h$ die Gleichung (78.13) löst und W_h ist die Einschränkung des Raumes V_h auf die Begrenzung Γ, d.h. eine Menge von stückweise linearen Funktionen auf Γ. Nach der Definition erfüllt $U_f \in V_h$ die Gleichung

$$(\nabla U_F, \nabla v)_\Omega + (\kappa U_F, v)_\Gamma = (F, v)_\Omega \quad \text{für alle } v \in V_h. \tag{78.14}$$

Nun können wir das Minimierungsproblem (78.12) wie folgt formulieren: Gesucht ist das $F \in V_h$, durch das

$$J(F) = \|B_h F - \hat{U}\|_\Gamma^2 + \mu\|F\|_\Omega^2 \tag{78.15}$$

über V_h minimiert wird. Dies ist ein quadratisches Minimierungsproblem mit der eindeutigen Lösung $F \in V_h$, die durch die folgende Gleichung mit kleinster quadratischen Abweichung charakterisiert wird:

$$(B_h F, B_h G)_\Gamma + (\mu F, G)_\Omega = (\hat{U}, B_h G)_\Gamma \quad \text{für alle } G \in V_h. \tag{78.16}$$

Diese Gleichung bringt zum Ausdruck, dass $\frac{d}{d\epsilon} J(F + \epsilon G) = 0$ für $\epsilon = 0$ für alle $G \in V_h$.

Wir können (78.16) in der Form

$$(B_h^\top B_h F, G)_\Omega + (\mu F, G)_\Omega = (B_h^\top \hat{U}, G)_\Omega \quad \text{für alle } G \in V_h$$

schreiben, d.h.

$$(B_h^\top B_h + \mu I)F = B_h^\top \hat{U}, \tag{78.17}$$

wobei $B_h^\top : W_h \to V_h$ die folgendermaßen definierte Transponierte von B_h ist: Für $w \in W_h$ gelte für $B_h^\top w \in V_h$:

$$(\nabla v, \nabla B_h^\top w)_\Omega + (\kappa v, B_h^\top w)_\Gamma = (v, w)_\Gamma \quad \text{für alle } v \in V_h. \tag{78.18}$$

Anders formuliert, so ist $B_h^\top w$ eine Näherung der Lösung z für das Poisson-Problem

$$\begin{cases} -\Delta z = 0 & \text{in } \Omega, \\ \partial_n z + \kappa z = w & \text{auf } \Gamma. \end{cases} \tag{78.19}$$

Wenn wir in (78.18) $v = B_h G$ wählen, erhalten wir mit (78.13) und $v = B_h^\top w$:

$$(B_h G, w)_\Gamma = (\nabla B_h G, \nabla B_h^\top w)_\Omega + (\kappa B_h G, B_h^\top w)_\Gamma = (G, B_h^\top w)_\Omega$$

und somit, wie erwartet von einer Transponierten, dass

$$(B_h G, w)_\Gamma = (G, B_h^\top w)_\Omega,$$

d.h., die Transponierte $B_h^\top$ kommt ins Spiel, wenn wir B_h von G auf w bewegen.

Die Lösung von (78.17) liefert eine Näherung $F(x)$ für die gesuchte Funktion $f(x)$. Wir können (78.17) durch direkte Inversion der Matrix lösen, wenn die Zahl der Knoten gering ist, und durch eine iterative Methode wie ein Gradientenverfahren oder die Methode der konjugierten Gradienten für größere Probleme.

Das Gradientenverfahren nimmt dabei die folgende Form an:

$$F^{n+1} = F^n - \alpha((B_h^\top B_h + \mu I)F^n - B_h^\top \hat{U})$$
$$= F^n - \alpha(B_h^\top (B_h F^n - \hat{U}) + \mu F^n).$$

In jedem Schritt müssen wir zunächst $B_h F$ und dann $B_h^\top (B_h F - \hat{U})$ berechnen, was der Lösung von zwei Poisson-Problemen entspricht.

Beispiel 78.3. Bei unserer ersten Anwendung, die wir mit *MATLAB*$^©$ umgesetzt haben, interpretieren wir (78.17) als eine Matrixgleichung, die explizit gebildet wird, indem wir die Inversen der Steifigkeitsmatrizen für das Problem (78.14) und der Adjungierten (78.18) berechnen. Diese Matrixgleichung wird für die Knotenwerte von $F(x)$ gelöst. Auf diese Weise lassen sich einige hundert Knoten behandeln. Der Einfachheit halber haben wir den Fall $\Omega = \{(x_1, x_2) : 0 < x_1, x_2 < 1\}$ mit $\kappa = 1$ und $f = 0,5 + (x - y)(x + y - 1)$ betrachtet, die Randwerte des Ergebnisses aufgegriffen und dann eine Rekonstruktion für $\mu = 0,0001$ für das vorgegebene f gelöst. Das Ergebnis ist in Abb. 78.1 für einen Rekonstruktionsfehler $\sim 0,032$ in f und $\sim 0,000176$ für den zugehörigen Zustand (Randwerte) dargestellt.

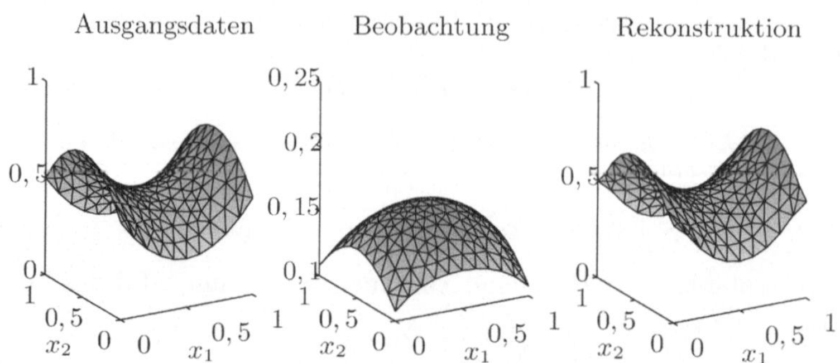

Abb. 78.1. Ausgangsdaten f (links), sich ergebender Zustand u (Mitte) und die Rekonstruktion von f (rechts) mit $\mu = 0,0001$ und Rekonstruktionsfehler $\sim 0,032$

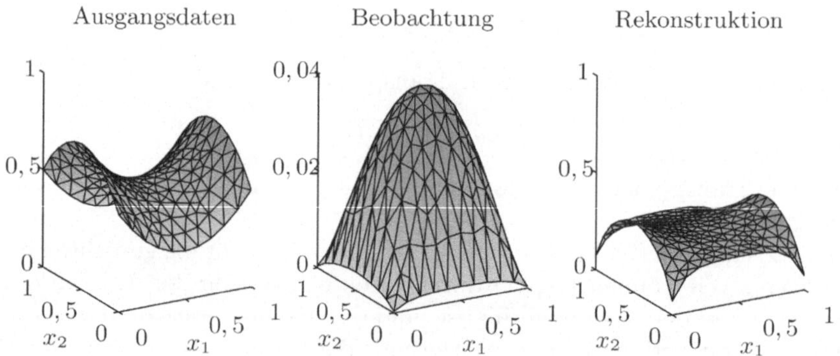

Abb. 78.2. Ausgangsdaten f (links), sich ergebender Zustand u (Mitte) und die Rekonstruktion von f (rechts) mit $\mu = 0,0001$ und Rekonstruktionsfehler $\sim 0,43$

Beispiel 78.4. Als Nächstes setzen wir $\kappa = 50$ und zeigen den resultierenden Zustand in Abb. 78.2. Die Rekonstruktion mit $\mu = 0,0001$ ist nun sehr schlecht, zumindest wenn wir f betrachten, das einen Rekonstruktionsfehler in der Größenordnung von $\sim 0,4$ aufweist. Dagegen bewegt sich der zugehörige Zustandsfehler in der Größenordnung von $\sim 0,02$. Die Wahl von $\mu = 0,00001$ verringert den Zustandsfehler auf $\sim 0,003$, wohingegen eine Rekonstruktion von f mit dem Fehler $\sim 0,04$ eine Wahl von $\mu = 0,0000005$ verlangt.

78.5 Ein inverses Problem für die Laplace-Gleichung

Sei Ω ein Gebiet in $\mathbb{R}^2$ mit der Begrenzung Γ, die aus drei Teilen Γ_0, Γ_1 und Γ_2 zusammengesetzt ist. Für eine gegebene Funktion f, die auf Γ_2 definiert

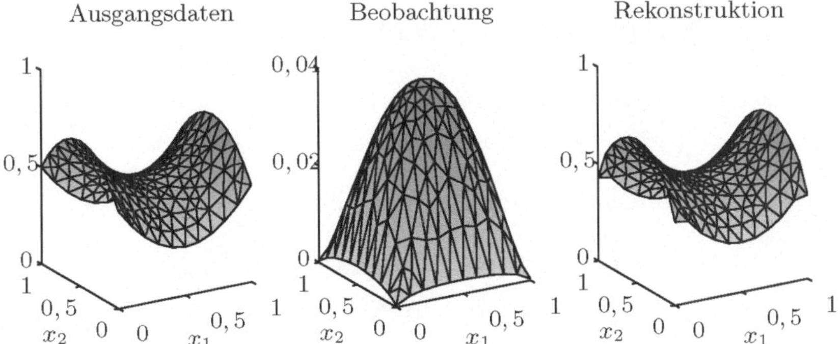

Abb. 78.3. Ausgangsdaten f (links), sich ergebender Zustand u (Mitte) und die Rekonstruktion von f (rechts) nach 10 Schritten der Methode der konjugierten Gradienten für $\mu = 0,000001$ mit einem Zustandsfehler $\sim 0,0003$ in (den Randwerten von) u und einen Rekonstruktionsfehler $\sim 0,07$ in f

ist, sei u_f die Lösung für das Randwertproblem

$$\begin{cases} -\Delta u_f = 0 & \text{in } \Omega, \\ \quad u_f = 0 & \text{auf } \Gamma_0 \cup \Gamma_1, \quad u_f = f \quad \text{auf } \Gamma_2. \end{cases} \qquad (78.20)$$

Wir definieren $Bf = \frac{\partial u_f}{\partial n}$ auf Γ_1, wobei n die auswärts gerichtete Einheitsnormale zu Γ_1 ist. Wir können uns u_f als eine stationäre Temperatur denken, die auf Ω definiert ist und vorgegebene Randbedingungen auf Γ ($= 0$ auf $\Gamma_0 \cup \Gamma_1$ und $= f$ auf Γ_2) erfüllt. Dabei steht Bf für den Wärmefluss auf Γ_1. Angenommen, wir können den Wärmefluss auf Γ_1 messen und wir wollten die Temperatur f auf Γ_2 bestimmen. Bei der vorliegenden Situation haben wir also Zugang zur Temperatur ($= 0$) auf $\Gamma_0 \cup \Gamma_1$ und können auch den Wärmefluss, etwa $\bar{q}$, entlang Γ_1 messen und wir wollen die Temperatur f auf dem unzugänglichen Teil der Begrenzung Γ_2 bestimmen. Dieses Problem stellt sich etwa beim EKG, wobei u ein Potential ist, Γ_1 ist die Brustfläche und Γ_2 die Oberfläche des Herzens. Das inverse Problem besteht darin, das Potential am Herzen aus Messungen an der Brust zu rekonstruieren.

Wir formulieren das Rekonstruktionsproblem als eine Optimierung der kleinsten quadratischen Abweichung: Gesucht ist f auf Γ_2, das

$$J(f) = \|Bf - \bar{q}\|_{\Gamma_1}^2 + \mu\|f\|_{\Gamma_2}^2$$

minimiert, wobei wir die Schreibweise aus dem vorherigen Abschnitt benutzen und $\mu > 0$ annehmen. Die Optimalitätsgleichung nimmt wie üblich die folgende Form an:

$$(B^\top B + \mu I)f = B^\top \bar{q},$$

mit $B^\top g = \frac{\partial u^g}{\partial n}$ auf Γ_2 und u^g löst das Problem:

$$\begin{cases} -\Delta u^g = 0 & \text{in } \Omega, \\ \quad u^g = g & \text{auf } \Gamma_1, \quad u^g = 0 \quad \text{auf } \Gamma_0 \sqcup \Gamma_2. \end{cases} \tag{78.21}$$

Durch partielle Integration ergibt sich nämlich:

$$(g, Bf)_{\Gamma_1} = (\nabla u^g, \nabla u_f)_\Omega = (B^\top g, f)_{\Gamma_2}.$$

Beispiel 78.5. Wir betrachten wieder das Gebiet $\Omega = \{(x_1, x_2) : 0 < x_1,$ $x_2 < 1\}$ mit $\Gamma_1 = \{(0, x_2) : 0 < x_2 < 1\}$, $\Gamma_2 = \{(1, x_2) : 0 < x_2 < 1\}$ und $\Gamma_0 = \Gamma \backslash \Gamma_1$ mit einem beobachteten Fluss $\bar{q}$ auf Γ_1, der der Funktion $f = 6\,x_2^2\,(1 - x_2)$ auf Γ_2 entspricht. Die Abbildung zeigt links die ursprüngliche (Dirichlet-) Randbedingung, den sich ergebenden Zustand u und den zugehörigen beobachteten Fluss q entlang Γ_1 in der Mitte und die Kontrolle/Rekonstruktion f nach einigen Iterationen mit konjugierten Gradienten auf der rechten Seite; dabei ist $\mu = 0,001$. Der Fehler in der (stückweise konstanten) Rekonstruktion der Randwerte entlang Γ_2 beträgt $\sim 0,02$ und der sich ergebende Fehler im Fluss durch Γ_1 ergibt sich zu $\sim 0,006$.

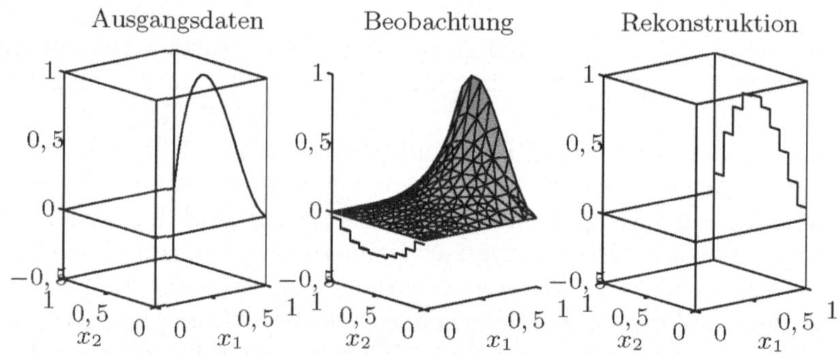

Abb. 78.4. Ursprüngliche Dirichlet-Randwerte (links), der sich ergebender Zustand u und der beobachtete Fluss q entlang Γ_1 (Mitte) und die Rekonstruktion der Randwerte auf Γ_2 (rechts) mit $\mu = 0,001$ nach einigen (5) Schritten mit der Methode der konjugierten Gradienten

78.6   Die rückwärtige Wärmegleichung

Ein anderes wichtiges inverses Problem ist die *rückwärtige Wärmeglei-chung*: Bei gegebener Temperatur zur Endzeit $t = T$ wird die Temperatur zu Beginn $t = 0$ gesucht. Wir betrachten das Problem in der Formulierung:

Sei $f(x)$ eine Anfangstemperatur und $u(x,t)$ die zugehörige Lösung der Wärmegleichung:

$$\begin{cases} \dot{u} - \Delta u = 0 & \text{in } \Omega \times (0,T], \\ \partial_n u + \kappa u = 0 & \text{auf } \Gamma \times (0,T], \\ u(x,0) = f(x) & \text{für } x \in \Omega. \end{cases} \qquad (78.22)$$

Dabei sind das Gebiet $\Omega \in \mathbb{R}^d$ und der Koeffizient $\kappa \geq 0$ gegeben. Wir betrachten das folgende inverse Problem: Bei gegebener Endtemperatur $u(x,T)$ wird die Anfangstemperatur $u(x,0) = f(x)$ gesucht. Das ist das Gleiche, wie die Wärmegleichung „rückwärts" zu lösen.

Wir betrachten das folgende diskrete Analogon von (78.22) mit einer Diskretisierung im Raum: Sei V_h der übliche Raum der stetigen stückweise linearen Funktionen auf einer Triangulierung von Ω mit Gitterweite $h(x)$ und sei $F \in V_h$. Ferner sei $U(t) \in V_h$ die Lösung der diskreten Wärmegleichung:

$$\begin{cases} (\dot{U},v)_\Omega + (\nabla U(t), \nabla v)_\Omega = 0 & \text{für } t \in (0,T], \ v \in V_h, \\ (U(0),v)_\Omega = (F,v)_\Omega & \text{für } v \in V_h. \end{cases} \qquad (78.23)$$

Das diskrete inverse Problem, das einer diskreten „rückwärtigen" Wärmegleichung entspricht, lautet nun: Bei gegebener Endtemperatur $U(T) = \hat{U} \in V_h$ ist die Anfangstemperatur $U(0) = F \in V_h$ gesucht.

Wir führen den Lösungsoperator $B_h : V_h \to V_h$ ein, um dieses Problem als ein regularisiertes Problem mit kleinster quadratischer Abweichung zu formulieren und folgendermaßen zu definieren: $B_h F = U(T) \in V_h$, wobei U das Problem löst mit $U(0) = F \in V_h$. Der Operator B_h erzeugt daher aus einer Anfangstemperatur F die zugehörige Endtemperatur $B_h F$. Das regularisierte Problem mit kleinster quadratischen Abweichung lautet daher wie oben, d.h., wir suchen das $F \in V_h$, das

$$J(F) = \|B_h F - \hat{U}\|_\Omega^2 + \mu \|F\|_\Omega^2 \qquad (78.24)$$

in V_h minimiert. Die eindeutige Lösung $F \in V_h$ dieses quadratischen Minimierungsproblems wird durch eine Gleichung mit kleinster quadratischen Abweichung der Form

$$(B_h F, B_h G)_\Omega + (\mu F, G)_\Omega = (\hat{U}, B_h G)_\Omega \quad \text{für alle } G \in V_h \qquad (78.25)$$

charakterisiert, die auch wie folgt geschrieben werden kann:

$$(B_h^\top B_h F, G)_\Omega + (\mu F, G)_\Omega = (B_h^\top \hat{U}, G)_\Omega \quad \text{für alle } G \in V_h,$$

d.h.

$$(B_h^\top B_h + \mu I)F = B_h^\top \hat{U}, \qquad (78.26)$$

wobei $B_h^\top : V_h \to V_h$ wie folgt definiert ist: $B_h^\top G = Z(0) \in V_h$, wobei $Z(t) \in V_h$ die diskrete Wärmegleichung

$$\begin{cases} -(v, \dot{Z})_\Omega + (\nabla v, \nabla Z)_\Omega = 0 & \text{für } t \in (0, T], \ v \in V_h, \\ (v, Z(T))_\Omega = (G, v)_\Omega & \text{für } v \in V_h \end{cases} \tag{78.27}$$

löst. Beachten Sie, dass die Berechnung von $B_h^\top$ der Lösung der Wärmegleichung entspricht: Beachten Sie dabei das Minuszeichen im Ausdruck $-(v, \dot{Z})$ und dass wir bei der Lösung mit $t = T$ beginnen und bei $t = 0$ enden. Die Substitution zur neuen Variablen $s = T - t$ überführt dieses Problem in die übliche Wärmegleichung. Beachten Sie, dass (78.27) ein diskretes Analogon des Problems

$$\begin{cases} -\dot{z} - \Delta z = 0 & \text{in } \Omega \times (0, T], \\ \partial_n z + \kappa z = 0 & \text{auf } \Gamma \times [0, T), \\ z(x, T) = g(x) & \text{für } x \in \Omega \end{cases}$$

ist, wobei $G \in V_h$ eine Näherung von $g(x)$ ist und $Z(t) \in V_h$ eine Näherung von $z(\cdot, t)$ für $t \in [0, T]$.

Um die Gleichung mit kleinster quadratischen Abweichung durch ein Gradientenverfahren oder die Methode der konjugierten Gradienten zu lösen, müssen wir $B_h F^n$ und $B_h^\top G$ für vorgegebene Vektoren F^n und G in V_h berechnen, wobei wir eine Art von Zeitschrittverfahren wie etwa dG(0) oder cG(1) benötigen.

Beispiel 78.6. Wir betrachten ein vorgegebenes Problem auf dem Gebiet Ω aus den vorhergehenden Beispielen, mit einer Wahl von $\kappa = 1000$, was einer Randbedingung $u \approx 0$ entspricht. Der Endzeitpunkt ist $T = 0,1$ und der beobachtete Zustand zur Zeit T entspricht den Anfangswerten $u_0 = 16\, x_1\, (1 - x_1)\, x_2\, (1 - x_2)$ und $u_0 = 2 \min(\, x_1, 1 - x_1, x_2, 1 - x_2)$. Wir wollen nun diese Anfangswerte aus den Beobachtungen der sich ergebenden Lösungen zur Zeit $T = 0,1$ mit $\mu = 0,001$ rekonstruieren, wozu wir einige Iterationsschritte mit konjugierten Gradienten und die cG(1)-Methode verwenden (angeführt von zwei dG(0) Schritten, um hochfrequentes Rauschen zu filtern) mit Zeitschritten $k = 0,0025$. Die Ergebnisse sind in Abb. 78.5 und Abb. 78.6 wiedergegeben. Der Rekonstruktionsfehler beträgt im ersten Fall $\sim 0,057$ und im zweiten $\sim 0,19$. Man könnte auf den Gedanken kommen, dass mit einem kleineren μ eine bessere Rekonstruktion der Spitze in den Anfangsdaten u_0 im zweiten Beispiel möglich sei. Wir gehen aber davon aus, dass die Beobachtungen in den meisten Fällen ungenau und nicht sehr detailliert sind, so dass in diesem Fall die Rekonstruktion nicht wesentlich besser wird, wenn wir μ verkleinern. Wenn wir jedoch T etwa auf $0,02$ verringern, können wir auch die detaillierten Strukturen von u_0 im zweiten Beispiel mit $\mu = 0,00001$ und einem Rekonstruktionsfehler von $\sim 0,068$ rekonstruieren.

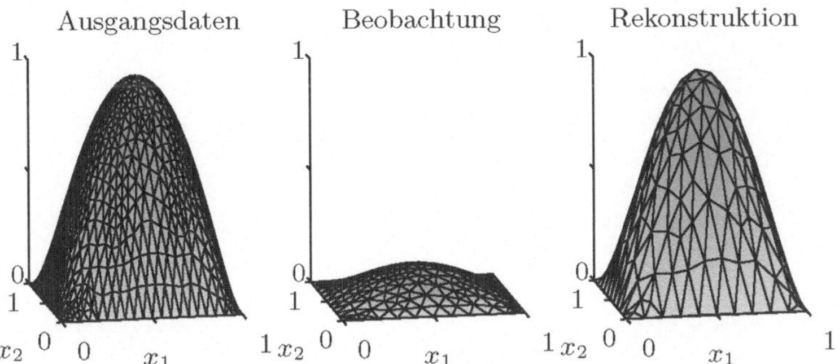

Abb. 78.5. Ausgangsdaten $u_0 = 16\,x_1\,(1-x_1)\,x_2\,(1-x_2)$ (links), zugehörige Beobachtung/Lösung zur Zeit $T = 0,1$ (Mitte) und Rekonstruktion von u_0 (rechts) mit $\mu = 0,001$

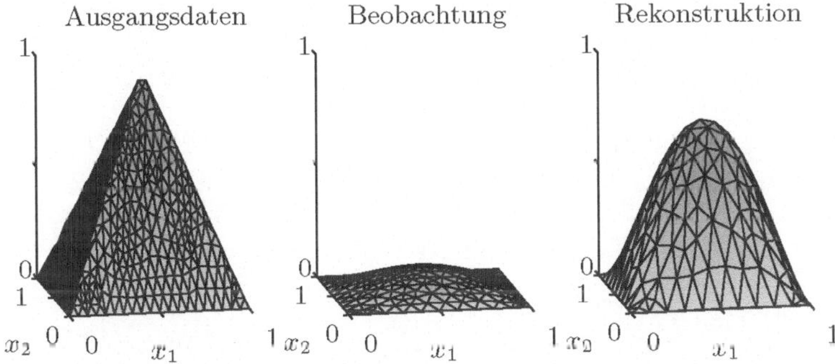

Abb. 78.6. Ausgangsdaten $u_0 = 2\max(\,x_1,\,1-x_1,\,x_2,\,1-x_2)$ (links), zugehörige Beobachtung/Lösung zur Zeit $T = 0,1$ (Mitte) und Rekonstruktion von u_0 (rechts) mit $\mu = 0,001$

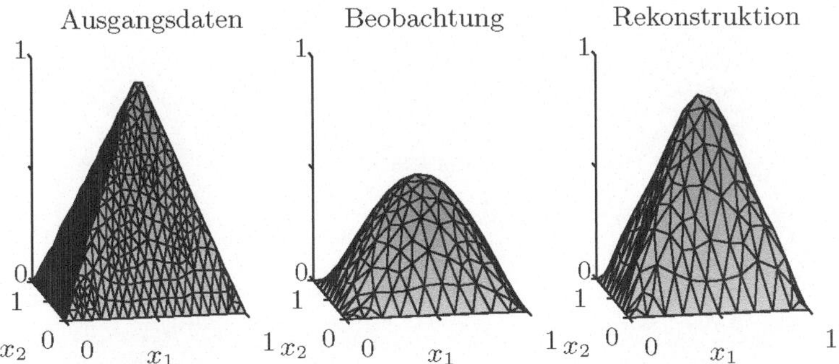

Abb. 78.7. Ausgangsdaten $u_0 = 2\max(\,x_1,\,1-x_1,\,x_2,\,1-x_2)$ (links), zugehörige Beobachtung/Lösung zur Zeit $T = 0,02$ (Mitte) und Rekonstruktion von u_0 (rechts) mit $\mu = 0,00001$

79
Optimale Kontrolle

Wir treffen die richtigen Entscheidungen, um die Lösung zu einem
Ende zu bringen. (George W. Bush)

79.1   Einleitung

In diesem Kapitel fahren wir mit Gesichtspunkten der Optimierung fort,
die in folgendem Zusammenhang mit einer *optimalen Kontrolle* stehen: Wir
betrachten das AWP in der Form: Gesucht ist der *Zustand* $v : [0, T] \to \mathbb{R}^n$,
der die *Zustandsgleichung*

$$\dot{v}(t) + f(v(t), q(t)) = 0, \quad 0 < t \leq T, \quad v(0) = u^0 \tag{79.1}$$

löst, wobei $f : \mathbb{R}^n \times \mathbb{R}^m \to \mathbb{R}^n$ eine vorgegebene Funktion ist, u^0 ist ein
gegebener Anfangswert und $q : [0, T] \to \mathbb{R}^m$ eine *Kontrollfunktion*. Wir
versuchen, eine *optimale Kontrollfunktion* $p : [0, T] \to \mathbb{R}^m$ zu bestimmen,
so dass $J(p) \leq J(q)$ für alle $q : [0, T] \to \mathbb{R}^m$ mit

$$J(q) = \frac{1}{2}\|v - \hat{u}\|^2 + \frac{\alpha}{2}\|q\|^2. \tag{79.2}$$

Dabei ist α eine positive Konstante, v löst die Gleichung (79.1) und $\hat{u} :$
$[0, T] \to \mathbb{R}^n$ ist eine vorgegebene Funktion. Die Norm $\| \cdot \|$ wird durch

$$\|w\|^2 = \int_0^T |w(t)|^2 \, dt$$

definiert, wobei $|\cdot|$ für die euklidische Norm steht. Wir versuchen daher, die Kontrollfunktion q so zu wählen, dass der zugehörige Zustand v in der $\|\cdot\|$-Norm so nahe wie möglich an einen vorgegebenen Zustand $\hat{u}$ herankommt. Ferner addieren wir einen Kostenausdruck für die Kontrollfunktion, der mit dem Faktor $\alpha > 0$ eingeht.

Wir formulieren dieses Problem zu einem *Sattelpunktproblem* um:

$$\min_{v,q} \max_{\mu} L(v, q, \mu) \tag{79.3}$$

mit dem *Lagrange-Operator* L, der durch

$$L(v, q, \mu) = \frac{1}{2}\|v - \hat{u}\|^2 + \frac{\alpha}{2}\|q\|^2 + (\dot{v} + f(v, q), \mu) \tag{79.4}$$

definiert wird, wobei $(\cdot, \cdot)$ das zur Norm $\|\cdot\|$ zugehörige Skalarprodukt ist und (v, q, μ) sich frei (mit $v(0) = u^0$ und $\mu(T) = 0$) verändern kann.

$L(v, q, \mu)$ ist in (u, p, λ) stationär, wenn $L'(u, p, \lambda) = 0$, wobei L' die Jacobi-Matrix von $L : \mathbb{R}^n \times \mathbb{R}^m \times \mathbb{R}^n \to \mathbb{R}$ ist, oder in Komponentenschreibweise:

$$(\dot{u} + f(u, p), \mu) = 0 \quad \text{für alle } \mu, \tag{79.5}$$

$$(u - \hat{u}, v) + (\dot{v} + f'_v(u, p)v, \lambda) = 0 \quad \text{für alle } v, \tag{79.6}$$

$$(f'_q(u, p)q, \lambda) + \alpha(p, q) = 0 \quad \text{für alle } q, \tag{79.7}$$

wobei $f'_v(u, p)$ und $f'_q(u, p)$ die Jacobi-Matrizen von $f(v, q)$ bezüglich v und q in (u, p) bezeichnen und wir annehmen, dass $v(0) = 0$ und $\mu(T) = 0$. Wir können diese Gleichungen in (u, p, λ) punktweise in der Zeit folgendermaßen neu formulieren:

$$\dot{u} + f(u, p) = 0 \quad \text{auf } [0, T], \quad u(0) = u^0, \tag{79.8}$$

$$-\dot{\lambda} + f'_v(u, p)^\top \lambda = \hat{u} - u \quad \text{auf } [0, T], \quad \lambda(T) = 0. \tag{79.9}$$

$$f'_q(u, p)^\top \lambda + \alpha p = 0 \quad \text{auf } [0, T], \tag{79.10}$$

wobei $\top$ die Transponierte bezeichnet. Dabei ist (79.8) die Zustandsgleichung, (79.9) die *Kozustandsgleichung* und (79.10) die *Feedback Kontrollfunktion*, durch die die *optimale Kontrollfunktion* p mit dem *Kozustand* λ gekoppelt ist.

Um die stationären Gleichungen zu lösen, können wir das folgende *Gradientenverfahren* für die Kontrollfunktion p benutzen:

$$p^{n+1} = p^n - \kappa(\alpha p^n + f'_q(u^n, p^n)^\top \lambda^n), \tag{79.11}$$

wobei u^n und λ^n die Zustandsgleichung $\dot{u}^n + f(u^n, p^n) = 0$ und die Kozustandsgleichung $-\dot{\lambda}^n + f'_v(u^n, p^n)^\top \lambda^n = \hat{u} - u^n$ lösen. Dabei ist $\kappa > 0$ die *Schrittlänge*.

Beispiel 79.1. Sei $f(v,q) = Av - Bq$ mit einer $n \times n$-Matrix A und einer $n \times m$-Matrix B. Dann lauten die stationären Gleichungen:

$$\dot{u} + Au = Bp \quad \text{auf } [0,T], \quad u(0) = u^0, \tag{79.12}$$

$$-\dot{\lambda} + A^\top \lambda = \hat{u} - u \quad \text{auf } [0,T], \quad \lambda(T) = 0, \tag{79.13}$$

$$\alpha p = B^\top \lambda \quad \text{auf } [0,T]. \tag{79.14}$$

79.2 Die Verbindung zwischen $\frac{dJ}{dp}$ und $\frac{\partial L}{\partial p}$

Wir wollen nun beweisen, dass

$$J'(p) - \frac{dJ}{dp}(p) = \frac{\partial L}{\partial p}(u, p, \lambda), \tag{79.15}$$

wobei der Zustand $u = u(p)$ die Zustandsgleichung (79.8) mit der Kontrollfunktion p löst, und der Kozustand λ löst die Kozustandsgleichung (79.9). Wir können daher den Gradienten $J'(p) = \frac{dJ}{dp}(p)$ der Zielfunktion bzw. Kostenfunktion $J(p)$ mit Hilfe des zugehörigen Zustands $u = u(p)$ und des Kozustands λ ausdrücken, während eine direkte Berechnung von $J'(p)$ die Berechnung der Ableitung $u'(p)$ des Zustands $u(p)$ nach der Kontrollfunktion p verlangt: Nach der Kettenregel erhalten wir

$$J'(p)q = \frac{\partial}{\partial \epsilon} J(p + \epsilon q)|_{\epsilon=0} = (u(p) - \hat{u}, u'(p)q) + \alpha(p, q),$$

worin wir also $u'(p)$ eliminieren wollen. Dazu leiten wir die Zustandsgleichung in der Form (unter der Annahme, dass $u^0 = 0$)

$$0 = (u, -\dot{\mu}) + (f(u,p), \mu) \quad \text{für alle } \mu \text{ mit } \mu(T) = 0$$

nach p ab, um für alle μ mit $\mu(T) = 0$ zu erhalten:

$$0 = \frac{d}{d\epsilon}\left((u(p + \epsilon q), -\dot{\mu}) + (f(u(p + \epsilon q), p + \epsilon q, \mu))\right)|_{\epsilon=0},$$

d.h.,

$$0 = (u'(p)q, -\dot{\mu}) + (f'_u(u(p), p)u'(p)q + f'_p(u(p), p)q, \mu)$$

oder

$$(u'(p)q, -\dot{\mu}) + (u'(p)q, f'_u(u(p), p)^\top \mu) = -(q, f'_p(u(p), p)^\top \mu).$$

Wenn wir nun $\mu = \lambda$ wählen und ausnutzen, dass durch die Kozustandsgleichung

$$(u'(p)q, -\dot{\lambda}) + (u'(p)q, f'_u(u(p), p)^\top \lambda) = -(u(p) - \hat{u}, u'(p)q),$$

können wir nun $J'(p)$ in der Form

$$J'(p)q = (q, f'_p(u(p), p)^\top \lambda) + \alpha(p, q)$$

oder

$$J'(p) = f'_p(u(p), p)^\top \lambda + \alpha p = \frac{\partial L}{\partial p}(u, p, \lambda)$$

ausdrücken, wie wir ja zeigen wollten.

Die Einführung des Kozustands λ versetzt uns somit in die Lage, den Gradienten der Kostenfunktion $J(p)$ in Abhängigkeit von der Kontrollfunktion p auszudrücken und wir können dann ein Gradientenverfahren einsetzen, um das Minimum von $J(p)$ zu suchen.

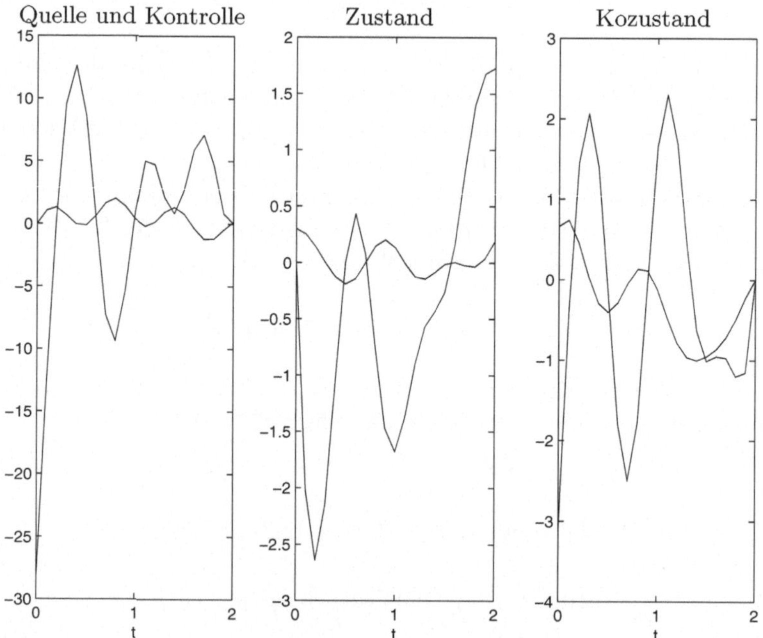

Abb. 79.1. Quelle, Kontrollfunktion, Zustand und Kozustand für das Problem eines inversen Pendels

Beispiel 79.2. Wir betrachten das Problem, ein umgekehrtes Pendel auf einer Fingerspitze zu balancieren, wobei die Masse Störungen einer horizontalen Kraft ausgesetzt ist und eine Anfangsbedingung gilt. Wenn wir kleine Verschiebungen um die vertikale Position annehmen, nimmt die Zustandsgleichung die Form $\dot{u}_2(t) - u_1(t) = f(t)$ und $\dot{u}_1(t) - u_2(t) = p(t)$ für $0 < t \leq T$, $u_1(0) = u_1^0$, $u_2(0) = u_2^0$ an, wobei $f(t)$ die Störung ist und

$p(t)$ die Kontrollfunktion. Das Problem der optimalen Kontrolle, um das Pendel senkrecht zu halten, wobei u_1 und u_2 nahe bei Null sind, nimmt die folgende Form an: Gesucht ist $p : [0, T] \to \mathbb{R}$, so dass die Kostenfunktion

$$J(p) = \frac{1}{2} \int_0^T (a_1 u_1^2(t) + a_2 u_2^2(t))\, dt + \frac{\alpha}{2} \int_0^T p^2(t)\, dt$$

minimiert wird, wobei (u_1, u_2) die Zustandsgleichung mit Kontrollfunktion p löst und a_1, a_2 und α positive Konstanten sind. In Abb. 79.1 haben wir das Ergebnis nach Einsatz des Gradientenverfahrens (79.11) für dieses Problem mit $f(t) = \sin(2t) + \sin(10t)$, $u_1^0 = 0,3$, $u_2^0 = 0$, $T = 2$, $a_1 = 100$, $a_2 = 1$, $\alpha = 0,0001$ und $\kappa = 0,005$ dargestellt. Wir halten fest, dass eine Gewichtung mit $a_1 >> a_2$ die Kontrollfunktion so ausrichtet, dass es besser ist, die Position $u_1(t)$ anstelle der Geschwindigkeit $u_2(t)$ nahe bei Null zu halten.

80
Werkzeugkoffer: Differentialgleichungen

Ich glaube, dass es vernünftigerweise mindestens vier verschiedene Meinungen – oder besser extreme Meinungen – gibt, die sich vertreten lassen:

1. Alles Denken ist ähnlich einem Computer; insbesondere werden Gefühle, derer man sich bewusst wird, ausschließlich durch das Ausführen geeigneter Abläufe im Computer hervorgerufen.

2. Bewusstsein ist eine Eigenschaft eines physiologischen Vorgangs eines Gehirns; und auch wenn jeder physikalische Vorgang mit dem Computer simuliert werden kann, so können Simulationen am Computer nicht selbständig ein Bewusstsein erzeugen.

3. Geeignete physikalische Vorgänge des Gehirns erzeugen Bewusstsein, aber dieser physikalische Vorgang lässt sich nicht einmal angemessen mit dem Computer simulieren. (Ansicht von Penrose)

4. Das Bewusstsein lässt sich weder durch physikalische noch durch Abläufe im Computer oder irgendwelche anderen wissenschaftlichen Ausdrücke erklären.

(R. Penrose in *Shadows of the Mind*)

80.1 Einleitung

Hier stellen wir wichtige Fakten über die analytische und numerische Lösung von Differentialgleichungen zusammen.

80.2 Die Gleichung $u'(x) = \lambda(x)u(x)$

Die Lösung des skalaren Anfangswertproblems

$$u'(x) = \lambda(x)u(x), \quad \text{für } x > a, \quad u(a) = u_a,$$

wobei $\lambda(x)$ eine gegebene Funktion von x ist und u_a ein gegebener Anfangswert, lautet:

$$u(x) = \exp(\Lambda(x))u_a = e^{\Lambda(x)}u_a,$$

wobei $\Lambda(x)$ eine Stammfunktion von $\lambda(x)$ ist, so dass $\Lambda(a) = 0$. Insbesondere gilt, wenn λ eine Konstante ist, dass $u(x) = \exp(\lambda x)u_a$.

80.3 Die Gleichung $u'(x) = \lambda(x)u(x) + f(x)$

Die Lösung des skalaren Anfangswertproblems

$$u'(x) = \lambda(x)u(x) + f(x), \quad \text{für } x > a, \quad u(a) = u_a,$$

wobei $\lambda(x)$ und $f(x)$ vorgegebene Funktionen von x sind und u_a ein gegebener Anfangswert, lässt sich mit Hilfe der Methode von Duhamel schreiben:

$$u(x) = e^{\Lambda(x)}u_a + e^{\Lambda(x)} \int_a^x e^{-\Lambda(y)} f(y)\, dy.$$

wobei $\Lambda(x)$ eine Stammfunktion von $\lambda(x)$ ist, so dass $\Lambda(a) = 0$.

80.4 Die Differentialgleichung $\sum_{k=0}^n a_k D^k u(x) = 0$

Eine Lösung der Differentialgleichung mit konstanten Koeffizienten

$$p(D)u(x) = \sum_{k=0}^n a_k D^k u(x) = 0, \quad \text{für } x \in I,$$

wobei I ein Intervall reeller Zahlen ist, lautet:

$$u(x) = \alpha_1 \exp(\lambda_1) + \ldots + \alpha_n \exp(\lambda_n),$$

wobei die α_i beliebige Konstanten sind, und die λ_i sind die Nullstellen des Polynoms $p(\lambda) = \sum_{k=0}^{n} a_k \lambda^k$ unter der Annahme, dass es n verschiedene Nullstellen gibt. Besitzt $p(\lambda)$ eine r-fache Nullstelle λ_i, dann ergibt sich die Lösung als eine Summe von Ausdrücken der Form $q(x)\exp(\lambda_i x)$, wobei $q(x)$ ein Polynom mit Höchstgrad $r - 1$ ist. Ist beispielsweise $p(D) = (D - 1)^2$, dann besitzt eine Lösung von $p(D)u = 0$ die Form: $u(x) = (a_0 + a_1 x)\exp(x)$.

80.5   Der gedämpfte lineare Oszillator

Eine Lösung $u(t)$ von

$$\ddot{u} + \mu\dot{u} + ku = 0, \quad \text{für } t > 0,$$

wobei μ und k Konstanten sind, lautet:

$$u(t) = ae^{-\frac{1}{2}(\mu+\sqrt{\mu^2-4k})t} + be^{-\frac{1}{2}(\mu-\sqrt{\mu^2-4k})t},$$

für $\mu^2 - 4k > 0$,

$$u(t) = ae^{-\frac{1}{2}\mu t}\cos\left(\frac{t}{2}\sqrt{4k-\mu^2}\right) + be^{-\frac{1}{2}\mu t}\sin\left(\frac{t}{2}\sqrt{4k-\mu^2}\right),$$

für $\mu^2 - 4k < 0$ und

$$u(t) = (a + bt)e^{-\frac{1}{2}\mu t},$$

für $\mu^2 - 4k = 0$, wobei a und b beliebige Konstanten sind.

80.6   Die Exponentialfunktion einer Matrix

Die Lösung für das lineare Anfangswertproblem

$$u'(x) = Au(x), \quad \text{für } 0 < x \leq T,\ u(0) = u_0,$$

wobei A eine *konstante* $d \times d$-Matrix ist, $u_0 \in \mathbb{R}^d$ und $T > 0$, lautet:

$$u(x) = \exp(xA)u_0 = e^{xA}u_0.$$

Ist A diagonalisierbar, so dass $A = SDS^{-1}$ mit einer nicht singulären Matrix S und Diagonalmatrix D mit den Diagonalelementen d_i (den Eigenwerten von A), dann gilt:

$$\exp(xA) = S\exp(xD)S^{-1},$$

wobei $\exp(xD)$ die Diagonalmatrix mit den Elementen $\exp(xd_i)$ ist.

Die Lösung für das Anfangswertproblem

$$u'(x) = Au(x) + f(x), \quad \text{für } 0 < x \le 1,\, u(0) = u_0,$$

wobei $f(x)$ eine gegebene Funktion ist, ergibt sich nach der Methode von Duhamel:

$$u(x) = \exp(xA)u_0 + \int_0^x \exp((x-y)A)f(y)\, dy.$$

80.7 Fundamentallösungen des Laplace-Operators

Die Funktion $\Phi(x) = \frac{1}{4\pi}\frac{1}{\|x\|}$ für $x \in \mathbb{R}^3$ löst die Differentialgleichung $-\Delta\Phi = \delta_0$ in $\mathbb{R}^3$, wobei δ_0 eine Punktmasse im Ursprung repräsentiert. Die Funktion $\Phi(x) = \frac{1}{2\pi}\log(\frac{1}{\|x\|})$ für $x \in \mathbb{R}^2$ löst die Differentialgleichung $-\Delta\Phi = \delta_0$ in $\mathbb{R}^2$, wobei δ_0 eine Punktmasse im Ursprung repräsentiert.

80.8 Die ein-dimensionale Wellengleichung

Die allgemeine Lösung für die ein-dimensionale Wellengleichung

$$\ddot{u} - u'' = 0, \quad \text{für } x, t \in \mathbb{R},$$

lautet: $u(x,t) = v(x-t) + w(x+t)$, wobei $v, w : \mathbb{R} \to \mathbb{R}$ beliebige Funktionen sind.

80.9 Numerische Methoden für AWPe

Die dG(0)-Methode, die diskontinuierliche Galerkin-Methode mit stückweise konstanten Funktionen, lautet für das Anfangswertproblem $\dot{u}(t) = f(u(t), t)$ für $t > 0$, $u(0) = u^0$ und $f : \mathbb{R}^{d+1} \to \mathbb{R}^d$:

$$U^n = U^{n-1} + \int_{t_{n-1}}^{t_n} f(U^n, t)\, dt, \quad n = 1, 2, \ldots,$$

wobei $U(t)$ auf einer Unterteilung $0 = t_0 < t_1 < \cdots < t_n < t_{n+1} < \cdots$ stückweise konstant ist, mit $U(t) = U^n$ für $t \in (t_{n-1}, t_n]$ und $U(0) = u^0$. Durch punktweise Quadratur von rechts erhalten wir das implizite rückwärtige Euler-Verfahren:

$$U^n = U^{n-1} + k_n f(U^n, t_n)\, dt, \quad n = 1, 2, \ldots,$$

mit $k_n = t_n - t_{n-1}$. Das implizite vorwärtige Euler-Verfahren lautet:

$$U^n = U^{n-1} + k_n f(U^{n-1}, t_{n-1})\, dt, \quad n = 1, 2, \ldots,$$

Die cG(1)-Methode, die kontinuierliche Galerkin-Methode mit stückweise linearen stetigen Funktionen, lautet:

$$U(t_n) = U(t_{n-1}) + \int_{t_{n-1}}^{t_n} f(U(t), t)\, dt, \quad n = 1, 2, \ldots,$$

wobei $U(t)$ stetig und stückweise linear ist mit $U(0) = u^0$ und den Knotenwerten $U(t_n) \in \mathbb{R}^d$.

80.10 cG(1) für Konvektion, Diffusion und Reaktion

Die cG(1) finite Elemente Methode für das skalare Problem der Konvektion, Diffusion und Reaktion

$$-\nabla \cdot (a\nabla u) + \nabla \cdot (ub) + cu = f \quad \text{in } \Omega,$$

$$a\frac{\partial u}{\partial n} + \kappa u = g \quad \text{auf } \Gamma,$$

mit Robin-Randbedingungen, lautet: Gesucht ist $U \in V_h$, so dass

$$\int_\Omega a\nabla U \cdot \nabla v\, dx + \int_\Omega \nabla \cdot (ub)v\, dx + \int_\Omega cuv\, dx$$
$$+ \int_\Gamma \kappa uv\, ds = \int_\Omega fv\, dx + \int_\Gamma gv\, ds,$$

wobei V_h ein Raum von stetigen stückweise linearen Funktionen auf einer Triangulierung von Ω ist, der keine Einschränkung für die Knotenwerte an der Begrenzung besitzt. Dabei sind f und g vorgegebene Daten, $a > 0$, b, c und $\kappa \geq 0$ sind gegebene Koeffizienten und Ω ist ein vorgegebenes Gebiet in $\mathbb{R}^2$ mit Begrenzung Γ.

80.11 Die Formel von Svensson für die Laplace-Gleichung

$$U_{i,j} = \frac{1}{4}(U_{i-1,j} + U_{i+1,j} + U_{i,j-1} + U_{i,j+1}), \quad \text{für } i, j \in \mathbb{Z},$$

wobei $U_{i,j}$ eine Näherung für $u(ih, jh)$ ist, mit $h > 0$ und $u : \mathbb{R}^2 \to \mathbb{R}$ löst die Gleichung $\Delta u = 0$.

80.12   Optimale Kontrolle

Für das Sattelpunktproblem $\min_{v,q} \max_\mu L(v, q, \mu)$ mit

$$L(v, q, \mu) = \frac{1}{2}\|v - \hat{u}\|^2 + \frac{\alpha}{2}\|q\|^2 + (\dot{v} + f(v, q), \mu),$$

wobei sich $(v, w) = \int_0^T v \cdot w \, dt$ und (v, q, μ) frei verändern (mit $v(0) = u^0$ und $\mu(T) = 0$), lauten die stationären Gleichungen:

$$\dot{u} + f(u, p) = 0 \quad \text{auf } [0, T], \quad u(0) = u^0, \tag{80.1}$$

$$-\dot{\lambda} + f_v'(u, p)^\top \lambda = \hat{u} - u \quad \text{auf } [0, T], \quad \lambda(T) = 0, \tag{80.2}$$

$$f_q'(u, p)^\top \lambda + \alpha p = 0 \quad \text{auf } [0, T], \tag{80.3}$$

wobei $\top$ die Transponierte bezeichnet. Hierbei ist (80.1) die *Zustandsgleichung*, (80.2) die *Kozustandsgleichung* und (80.3) die *Feedback Kontrolle*, die die *optimale Kontrollfunktion p* mit dem *Kozustand* λ koppelt.

81
Werkzeugkoffer: Anwendungen

81.1   Einleitung

In diesem Kapitel stellen wir wichtige Modelle für die Ingenieurwissenschaften und die Naturwissenschaften in Form von Differentialgleichungen
zusammen. Für genaue Angaben zu Rand- und Anfangswerten verweisen
wir auf den Text.

81.2   Malthus und Populationswachstum

$$\dot{u} = \lambda u - \mu u,$$

wobei $u(t)$ die Population zur Zeit t angibt, $\lambda \geq 0$ ist die Geburtenrate und
$\mu \geq 0$ die Sterberate.

81.3   Die logistische Gleichung

$$\dot{u} = u(1 - u)$$

81.4   Das Masse-Feder-Pralltopf System

$$m\ddot{u} + \mu\dot{u} + ku = f, \quad \text{(Kräftebalance)},$$

wobei $u(t)$ die Auslenkung ist, m die Masse, μ die Viskosität und k die Federkonstante.

81.5   Der LCR-Stromkreis

$$L\ddot{u} + R\dot{u} + \frac{u}{C} = f, \quad \text{(Balance von Potentialen)},$$

wobei $u(t)$ die Stammfunktion des Stroms ist, L ist die Induktivität, R der Widerstand, C die Kapazität und f ein Potential.

81.6   Die Laplace-Gleichung für die Gravitation

$$-\Delta u = \rho,$$

wobei $u : \mathbb{R}^3 \to \mathbb{R}$ das Gravitationspotential ist und $\rho(x)$ die Massendichte.

81.7   Die Wärmegleichung

$$\dot{u} - \nabla \cdot q = f, \quad q = k\nabla u, \quad \text{(Wärmebalance und Fouriersches Gesetz)},$$

wobei $u(x,t)$ eine Temperatur ist, $q(x,t)$ ein Wärmefluss, $k(x,t) > 0$ ein Leitfähigkeitskoeffizient und $f(x,t)$ eine Wärmequelle. Für $k = 1$ erhalten wir die Wärmegleichung: $\dot{u} - \Delta u = f$.

81.8   Die Wellengleichung

$$\ddot{u} - \Delta u = f.$$

81.9   Konvektion, Diffusion und Reaktion

$$\dot{u} + \nabla \cdot (\beta u) + \alpha u - \nabla \cdot (\epsilon\nabla u) = f,$$

wobei $u(x,t)$ eine Konzentration ist, $\beta(x,t)$ eine Konvektionsgeschwindigkeit, $\alpha(x,t)$ eine Reaktionskoeffizient, $\epsilon(x,t)$ ein Diffusionskoeffizient und $f(x,t)$ eine Produktionsgeschwindigkeit.

81.10   Die Maxwellschen Gleichungen

$$
\begin{cases}
\dfrac{\partial B}{\partial t} + \nabla \times E = 0, & \text{(Faradaysches Gesetz)} \\[2mm]
-\dfrac{\partial D}{\partial t} + \nabla \times H = J, & \text{(Ampèresches Gesetz)} \\[2mm]
\nabla \cdot B = 0, \quad \nabla \cdot D = \rho, & \text{(Gauss und Coulomb Gesetze)} \\[2mm]
B = \mu H, \quad D = \epsilon E, \quad J = \sigma E. & \text{(Bestimmungsgesetze und das} \\
& \text{Ohmsche Gesetz)}
\end{cases}
$$

Dabei ist E das elektrische Feld, H das magnetische Feld, D die elektrische Verschiebung, B die magnetische Flussdichte, J der elektrische Strom, ρ die Ladung, μ die magnetische Permeabilität, ϵ die Dielektrizitätskonstante und σ die elektrische Leitfähigkeit.

81.11   Die inkompressiblen Navier-Stokes-Gleichungen

$$
\frac{\partial u}{\partial t} + (u \cdot \nabla)u + \nabla p - \nu \Delta u = f, \quad \nabla \cdot u = 0,
$$

wobei $u(x,t)$ die Geschwindigkeit der Flüssigkeit ist, $p(x,t)$ der Druck, $f(x,t)$ eine vorgegebene Kraft und $\nu > 0$ eine konstante Viskosität.

81.12   Die Schrödingergleichung

$$
i\frac{\partial \varphi}{\partial t} = \left(-\frac{1}{2}\sum_j \Delta_j + V(r_1,\ldots,r_N) \right) \varphi(r_1,\ldots,r_N), \quad r_j \in \mathbb{R}^3.
$$

$$
i\frac{\partial \varphi}{\partial t} = \left(-\frac{1}{2}\Delta + \frac{1}{|x|} \right) \varphi(x), \quad x \in \mathbb{R}^3 \quad \text{(Wasserstoffatom)}.
$$

82
Analytische Funktionen

Ein Mathematiker der ersten Klasse, Laplace, offenbarte sich schnell als mittelmäßiger Verwalter. Wir waren von seiner ersten Arbeit getäuscht worden. Laplace erkannte nie die Wurzel eines Problems, sondern suchte überall nach Spitzfindigkeiten, hatte nur zweifelhafte Ideen und brachte zu guter Letzt den Geist des infinitesimal Kleinen in die Verwaltung. (Napoleon)

Wir gelangen nicht nur mit dem Verstand zur Wahrheit, sondern auch mit dem Herzen. (Pascal)

82.1 Einleitung

In diesem Kapitel werden wir in Kurzform über *analytische Funktionen* berichten. Dies sind differenzierbare Funktionen $f : \mathbb{C} \to \mathbb{C}$, die komplexe Argumente besitzen und komplexe Werte annehmen. Wir benutzen dabei intensiv den Stoff zur Infinitesimalrechnung in $\mathbb{R}^d$, $d = 1, 2$, insbesondere die Definition einer Ableitung einer Funktion $f : \mathbb{R}^d \to \mathbb{R}^d$ und die Green-schen Formeln in $\mathbb{R}^2$.

82.2 Die Definition einer analytischen Funktion

Wir wiederholen, dass wir jede komplexe Zahl $y \in \mathbb{C}$ in der Form $z = x + iy$ schreiben können, mit $x, y \in \mathbb{R}$ und der imaginären Einheit i und dass wir

$\mathbb{C}$ mit $\mathbb{R}^2$ identifizieren können, indem wir $x + iy \in \mathbb{C}$ mit $(x, y) \in \mathbb{R}^2$ identifizieren. Insbesondere gilt $i = (0, 1)$ und $|z| = (x^2 + y^2)^{1/2}$.

Sei $f : \Omega \to \mathbb{C}$ eine komplexwertige Funktion einer komplexen Variablen $z = x + iy \in \Omega$ mit $x, y \in \mathbb{R}$. Dabei ist Ω ein offenes Gebiet in der komplexen Ebene. Wir können die Funktion in reelle und imaginäre Teile zerlegen und erhalten:

$$f(z) = f(x + iy) = u(x, y) + iv(x, y),$$

wobei $u : \mathbb{R}^2 \to \mathbb{R}$ und $v : \mathbb{R}^2 \to \mathbb{R}$ die reellen und imaginären Teile von $f(z)$ sind, d.h. $u(x, y) = \operatorname{Re} f(z)$ und $v(x, y) = \operatorname{Im} f(z)$. Wir betrachten also $u(x, y)$ und $v(x, y)$ als Funktionen von $(x, y) \in \mathbb{R}^2$ mit Werten in $\mathbb{R}$.

Wir sagen, dass $f : \Omega \to \mathbb{C}$ in $z_0 \in \Omega$ mit der Ableitung $f'(z_0) \in \mathbb{C}$ *differenzierbar* ist, wenn für z nahe bei z_0 gilt:

$$|f(z) - f(z_0) - f'(z_0)(z - z_0)| \leq K_f(z_0)|z - z_0|^2, \qquad (82.1)$$

wobei $K_f(z_0)$ eine von Null verschiedene reelle Konstante ist, die von f und z_0 abhängt. Dies ist eine direkte Erweiterung der entsprechenden Definition der Ableitung einer Funktion $f : \mathbb{R} \to \mathbb{R}$ auf eine Funktion $f : \mathbb{C} \to \mathbb{C}$, und die üblichen Regeln für die Ableitung von Summen, Produkten und Quotienten lassen sich direkt übertragen.

Wir erinnern daran, dass Differenzierbarkeit einer Funktion $f : \mathbb{R} \to \mathbb{R}$ im Punkte x_0 bedeutet, dass $f(x)$ durch eine lineare Funktion $c_0 + c_1(x - x_0) = f(x_0) + f'(x_0)(x - x_0)$ für x nahe bei x_0 gut angenähert wird (bis auf einen quadratischen Ausdruck), wobei $c_0 = f(x_0)$ und $c_1 = f'(x_0)$ reelle Konstanten sind. Ähnlich bedeutet Differenzierbarkeit einer Funktion $f : \mathbb{C} \to \mathbb{C}$ in einem Punkt z_0, dass $f(z)$ für ein z nahe bei z_0 durch die lineare Funktion $c_0 + c_1(z - z_0) = f(z_0) + f'(z_0)(z - z_0)$ gut angenähert wird. Diese Funktion enthält eine Translation (Verschiebung) und eine Multiplikation mit einer komplexen Konstanten. Wir folgern daraus, dass Differenzierbarkeit einer Funktion $f : \mathbb{C} \to \mathbb{C}$ in einem Punkte z_0 bedeutet, dass sich $f(z)$ in der Nähe von z_0 wie eine Kombination aus einer Translation, einer Rotation und einer Betragsänderung auswirkt, vgl. Abb. 82.1.

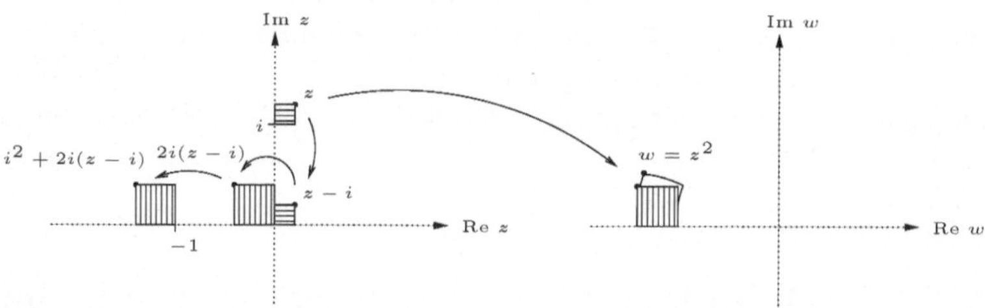

Abb. 82.1. Lineare Näherung einer Funktion $w = f(z) = z^2$ in der Nähe von $z = z_0 = i$ durch $f(z_0) + f'(z_0)(z - z_0) = i^2 + 2i(z - i)$

Wir sagen, dass $f : \Omega \to \mathbb{C}$ im offenen Gebiet Ω der komplexen Ebene *analytisch* ist, wenn $f(z)$ in allen $z_0 \in \Omega$ mit der Ableitung $f'(z_0)$ differenzierbar ist. Die Ableitung f' einer analytischen Funktion $f : \Omega \to \mathbb{C}$ ist wiederum eine Funktion $f' : \Omega \to \mathbb{C}$. Wir werden in Kürze die erstaunliche Tatsache beweisen, dass für eine analytische Funktion $f : \Omega \to \mathbb{C}$ auch $f' : \Omega \to \mathbb{C}$ eine analytische Funktion ist, mit der Ableitung $f'' : \Omega \to \mathbb{C}$, die ebenfalls analytisch ist, usw. Eine analytische Funktion $f : \Omega \to \mathbb{C}$ besitzt daher Ableitungen beliebiger Ordnung $f^{(n)} : \Omega \to \mathbb{C}$, $n = 1, 2, \ldots$, die ebenfalls alle analytisch sind. Wir erinnern daran, dass eine differenzierbare Funktion $f : \mathbb{R} \to \mathbb{R}$ keine differenzierbare Ableitung haben muss und daher im Allgemeinen diese besondere Eigenschaft nicht besitzt.

Wie oben angeführt, können wir eine Funktion $f : \mathbb{C} \to \mathbb{C}$ alternativ auch als Funktion $f : \mathbb{R}^2 \to \mathbb{R}^2$ betrachten, indem wir $\mathbb{C}$ und $\mathbb{R}^2$ miteinander identifizieren. Die Jacobi-Matrix $f'(x, y)$ einer Funktion $f : \mathbb{R}^2 \to \mathbb{R}^2$ entspricht einer 2×2-Matrix, die aus 4 reellen Zahlen besteht, wohingegen die Ableitung $f'(z) \in \mathbb{C}$ einer Funktion $f : \mathbb{C} \to \mathbb{C}$ eigentlich eine komplexe Zahl sein soll, die durch 2 reelle Zahlen ausgedrückt wird. Wir folgern daraus, dass die Differenzierbarkeit einer komplexwertigen Funktion $f : \mathbb{C} \to \mathbb{C}$ eine strengere Anforderung bedeutet als die Differenzierbarkeit der zugehörigen Funktion $f : \mathbb{R}^2 \to \mathbb{R}^2$, wofür nur die partiellen Ableitungen der reellen und der imaginären Teile $u(x, y)$ und $v(x, y)$ von $f(x)$ notwendig sind. Tatsächlich werden wir sehen, dass die partiellen Ableitungen der reellen und der imaginären Teile einer analytischen Funktion auf besondere Weise gekoppelt sein müssen, was durch die *Cauchy-Riemann Gleichungen*, die wir unten anführen, zum Ausdruck gebracht wird.

82.3 Die Ableitung als Grenzwert von Differenzenquotienten

Beachten Sie, dass aus (82.1) folgt, dass für $z \neq z_0$ gilt:

$$\left| \frac{f(z) - f(z_0)}{z - z_0} - f'(z_0) \right| \leq K_f(z_0) |z - z_0|,$$

was wir auch in der Form

$$\lim_{z \to z_0} \frac{f(z) - f(z_0)}{z - z_0} = f'(z_0) \tag{82.2}$$

schreiben können, wodurch wir natürlich zum Ausdruck bringen, dass

$$\left| \frac{f(z) - f(z_0)}{z - z_0} - f'(z_0) \right|$$

so klein wird, wie wir wollen, wenn wir nur $|z - z_0|$ klein genug wählen (unter Berücksichtigung von $z \neq z_0$). Im Hinblick auf (82.2) schreiben wir wie üblich $\frac{df}{dz} = f'$.

82.4 Lineare Funktionen sind analytisch

Wir betrachten die Funktion $f : \mathbb{C} \to \mathbb{C}$, die durch $f(z) = az + b$ gegeben ist, wobei a und b vorgegebene komplexe Zahlen sind. Für alle z und $z_0 \in \mathbb{C}$ gilt:

$$f(z) - f(z_0) - a(z - z_0) = 0$$

und somit ist $f(z)$ analytisch in $\mathbb{C}$, mit der Ableitung $f'(z) = a$.

82.5 Die Funktion $f(z) = z^2$ ist analytisch

Für $f(z) = z^2$ erhalten wir

$$f(z) - f(z_0) - 2z_0(z - z_0) = z^2 - z_0^2 - 2z_0 z + 2z_0^2 = (z - z_0)^2$$

und somit ist $f'(z_0) = 2z_0$ für $z_0 \in \mathbb{C}$.

82.6 Die Funktion $f(z) = z^n$ ist analytisch für $n = 1, 2, \ldots$

Die Funktion $f : \mathbb{C} \to \mathbb{C}$ mit $f(z) = z^n$ für eine natürliche Zahl $n = 1, 2, \ldots$ kann als eine Erweiterung der Funktion $f : \mathbb{R} \to \mathbb{R}$ mit $f(x) = x^n$ betrachtet werden. Durch Übertragung des Beweises für $f(x) = x^n$ erhalten wir

$$f'(z) = nz^{n-1}. \tag{82.3}$$

Wir folgern daraus, dass z^n auf ganz $\mathbb{C}$ differenzierbar ist, mit der Ableitung nz^{n-1}. Wir haben eben den Beweis für $n = 1, 2$ geliefert.

82.7 Ableitungsregeln

Wie schon angedeutet, lassen sich die üblichen Ableitungsregeln für Summen, Produkte und Quotienten, die für Funktionen $f : \mathbb{R} \to \mathbb{R}$ gelten, auf Funktionen $f : \mathbb{C} \to \mathbb{C}$ übertragen. Insbesondere erhalten wir für $f(z_0) \neq 0$ und $g(z) = \frac{1}{f(z)}$, dass

$$g'(z_0) = -\frac{f'(z_0)}{f^2(z_0)}. \tag{82.4}$$

Ferner ist auch eine aus analytischen Funktionen zusammengesetzte Funktion wieder analytisch und die Kettenregel behält ihre Gültigkeit: Ist $g(z)$ in z_0 ableitbar und $f(z)$ in $g(z_0)$ ableitbar, dann ist die zusammengesetzte Funktion $h(z) = f(g(z))$ in z_0 differenzierbar, mit der Ableitung

$h'(z_0) = f'(g(z_0))g'(z_0)$. Der Beweis ist eine direkte Erweiterung des entsprechenden Beweises für reellwertige Funktionen mit reellwertigen Variablen.

82.8 Die Funktion $f(z) = z^{-n}$

Mit Hilfe der Formel (82.4) erkennen wir, dass $f(z) = z^{-n}$ für $n = 1, 2, \ldots$ für $z \neq 0$ differenzierbar ist, mit:

$$f'(z) = -nz^{-n-1}, \quad \text{für } z \neq 0. \tag{82.5}$$

Zusammenfassend kommen wir zu dem Ergebnis, dass $f(z) = z^n$ für $n = \pm 1, \pm 2, \ldots$ differenzierbar ist, mit $f'(z) = nz^{n-1}$, wobei wir annehmen, dass $z \neq 0$ für $n < 0$.

82.9 Die Cauchy-Riemann Gleichungen

Wir wollen nun die sogenannten *Cauchy-Riemann Gleichungen* herleiten, die eine Verbindung herstellen zwischen der Bedingung (82.1) und der partiellen Ableitung des Realteils $u(x, y)$ und des Imaginärteils $v(x, y)$ einer komplexwertigen Funktion $f(z) = u(x, y) + iv(x, y)$ einer komplexen Variablen $z = x + iy$ im Punkte $z_0 = x_0 + iy_0$. Wenn wir $f'(z_0) = a + ib$ mit $a, b \in \mathbb{R}$ schreiben, können wir (82.1) in der Form

$$|u(x, y) + iv(x, y) - u(x_0, y_0) - iv(x_0, y_0) - (a + ib)(x - x_0 + i(y - y_0))|$$
$$\leq K_f(z_0)|z - z_0|^2$$

schreiben. Wenn wir diese Ungleichung in Real- und Imaginärteil auftrennen, erhalten wir (unter Beachtung von (22.7)):

$$\begin{aligned} |u(x, y) - u(x_0, y_0) - a(x - x_0) + b(y - y_0)| &\leq K_f(z_0)|z - z_0|^2, \\ |v(x, y) - v(x_0, y_0) - a(y - y_0) - b(x - x_0)| &\leq K_f(z_0)|z - z_0|^2. \end{aligned} \tag{82.6}$$

Wenn wir uns an die Definition für die partielle Ableitung von $u(x, y)$ und $v(x, y)$ in (x_0, y_0) aus dem Kapitel „Vektorwertige Funktionen mehrerer Variablen" erinnern, können wir folgern, dass

$$a = \frac{\partial u}{\partial x}(x_0, y_0), \quad b = -\frac{\partial u}{\partial y}(x_0, y_0),$$
$$a = \frac{\partial v}{\partial y}(x_0, y_0), \quad b = \frac{\partial v}{\partial x}(x_0, y_0)$$

und somit erhalten wir:

$$\frac{\partial u}{\partial x}(x_0, y_0) = \frac{\partial v}{\partial y}(x_0, y_0), \qquad \frac{\partial u}{\partial y}(x_0, y_0) = -\frac{\partial v}{\partial x}(x_0, y_0). \tag{82.7}$$

Dies sind die *Cauchy-Riemann Gleichungen* für $u(x,y)$ und $v(x,y)$ im Punkte (x_0, y_0).

Wir folgern daraus, dass für eine in einem offenen Gebiet Ω der komplexen Ebene analytische Funktion $f(z) = u(x,y) + iv(x,y)$, die Real- und Imaginärteile $u(x,y)$ und $v(x,y)$ die Cauchy-Riemann Gleichungen in Ω erfüllen, d.h.:

$$\frac{\partial u}{\partial x} = \frac{\partial v}{\partial y} \quad \text{und} \quad \frac{\partial u}{\partial y} = -\frac{\partial v}{\partial x} \quad \text{in } \Omega. \tag{82.8}$$

Beachten Sie, dass wir die Cauchy-Riemann Gleichungen auch in der Form $\nabla v = -\nabla \times u$ schreiben können, wobei $\nabla \times u = (\frac{\partial u}{\partial y}, -\frac{\partial u}{\partial x})$.

Beispiel 82.1. Die analytische Funktion $f(z) = z^2 = (x + iy)^2 = x^2 - y^2 + 2ixy$ mit $u(x,y) = x^2 - y^2$ und $v(x,y) = 2xy$ erfüllt $\frac{\partial u}{\partial x} = 2x = \frac{\partial v}{\partial y}$ und $\frac{\partial u}{\partial y} = -2y = -\frac{\partial v}{\partial x}$.

Wir wissen nun, dass die Cauchy-Riemann Gleichungen (82.8) sich aus der analytischen Eigenschaft einer komplexwertigen Funktion $f = u + iv$ ergeben. Anders formuliert, so sind die Cauchy-Riemann Gleichungen eine *notwendige Bedingung* dafür, dass $f = u + iv$ analytisch ist. Die Cauchy-Riemann Gleichungen sind darüber hinaus eine *hinreichende Bedingung*: Erfüllt das Paar reeller Funktionen $u(x,y)$ und $v(x,y)$ die Cauchy-Riemann Gleichungen, dann ist die Funktion $f = u + iv$ analytisch. Wir erkennen dies daran, dass für differenzierbares $u(x,y)$ und $v(x,y)$, für die (82.8) gilt, auch die Gleichungen (82.6) und somit (82.1) erfüllt sind. D.h. aber, dass $f = u + iv$ analytisch ist.

Beispiel 82.2. Wir betrachten die Funktionen $u(x,y) = x + 2xy$ und $v(x,y) = y - x^2 + y^2$ und erhalten $\frac{\partial u}{\partial x} = 1 + 2y = \frac{\partial v}{\partial y}$ und $\frac{\partial u}{\partial y} = 2x = -\frac{\partial v}{\partial x}$, d.h., u und v erfüllen die Cauchy-Riemann Gleichungen. Wir folgern daraus, dass die Funktion $f(z) = u(x,y) + iv(x,y)$ analytisch sein muss. Tatsächlich gilt $f(z) = u + iv = x + 2xy + i(y - x^2 + y^2) = x + iy - i(x + iy)^2 = z - iz^2$, woraus offensichtlich folgt, dass $f(z)$ analytisch ist.

Wir können dies folgendermaßen zusammenfassen:

Satz 82.1 *Die Funktion $f(z) = u(x,y) + iv(x,y)$ ist dann und nur dann analytisch, wenn die Cauchy-Riemann Gleichungen (82.8) erfüllt sind.*

82.10 Die Cauchy-Riemann Gleichungen und die Ableitung

Wenn wir zunächst nur Veränderungen in x zulassen, können wir mit Hilfe der Grenzwertdefinition (82.2) für die Ableitung $f'(z_0)$ schreiben:

$$f'(z_0) = \lim_{x \to x_0} \frac{f(z) - f(z_0)}{x - x_0} = \frac{\partial u}{\partial x}(x_0, y_0) + i\frac{\partial v}{\partial x}(x_0, y_0), \tag{82.9}$$

für $z = x + iy_0$. Nun lassen wir nur Veränderungen in y zu:

$$f'(z_0) = \lim_{y \to y_0} \frac{f(z) - f(z_0)}{i(y - y_0)} = \frac{1}{i}\frac{\partial u}{\partial y}(x_0, y_0) + \frac{\partial v}{\partial y}(x_0, y_0),$$

mit $z = x_0 + iy_0$. Daraus ergeben sich die Cauchy-Riemann Gleichungen direkt nach Gleichsetzen der Real- und Imaginärteile von $f'(z_0)$ mit Hilfe von $\frac{1}{i} = -i$.

Beispiel 82.3. Im letzten Beispiel haben wir gesehen, dass $u(x, y) = x + 2xy$ und $v(x, y) = y - x^2 + y^2$ die Cauchy-Riemann Gleichungen erfüllen. Nach (82.9) erhalten wir als Ableitung der zugehörigen analytischen Funktion $f = u + iv$: $f' = \frac{\partial u}{\partial x} + i\frac{\partial v}{\partial x} = 1 + 2y + i(-2x)$. Dies stimmt mit unserer Beobachtung überein, dass $f(z) = z - iz^2$ die Ableitung $f'(z) = 1 - 2iz = 1 - 2i(x + iy) = 1 + 2y - 2ix$ besitzt.

Beispiel 82.4. Durch direktes Einsetzen mit Hilfe der Cauchy-Riemann Gleichungen erhält man, dass $f(z) = e^z = e^x(\cos(y) + i\sin(y))$ in $\mathbb{C}$ analytisch ist, mit $\frac{d}{dz}e^z = e^z$. Daraus folgt, dass auch $\sin(z) = \frac{1}{2i}(e^{iz} - e^{-iz})$ und $\cos(z) = \frac{1}{2}(c^{iz} + c^{-iz})$ in $\mathbb{C}$ analytisch sind, mit $\frac{d}{dz}\sin(z) = \cos(z)$ und $\frac{d}{dz}\cos(z) = -\sin(z)$. Vergleichen Sie auch Aufgabe 82.1.

82.11 Die Cauchy-Riemann Gleichungen in Polarkoordinaten

Die Cauchy-Riemann Gleichungen nehmen in Polarkoordinaten $z = re^{i\theta}$ die folgende Form an:

$$\frac{\partial u}{\partial r} = \frac{1}{r}\frac{\partial v}{\partial \theta}, \quad \frac{\partial v}{\partial r} = -\frac{1}{r}\frac{\partial u}{\partial \theta}. \tag{82.10}$$

Beispiel 82.5. Die Funktion $\mathrm{Log}(z) = \log(|z|) + i\,\mathrm{Arg}\,z$ ist in $\{z \in \mathbb{C} : z \neq 0, 0 \leq \arg z < 2\pi\}$ analytisch, wie sich aus den Cauchy-Riemann Gleichungen in Polarkoordinaten ergibt. Wir erinnern daran, dass $\log(z) = \log(|z|) + i\arg z$ mehrdeutig ist, da $\arg z$ mehrdeutig ist. Die Funktion $\log(z)$, bei der $\arg z$ auf $0 \leq \arg z < 2\pi$ beschränkt ist, ist jedoch eindeutig und analytisch.

82.12 Der Real- und der Imaginärteil einer analytischen Funktion

Wir wollen nun beweisen, dass aus den Cauchy-Riemann Gleichungen (82.8) folgt, dass sowohl $u(x, y)$ als auch $v(x, y)$ in Ω harmonisch sind, d.h., dass

$$\Delta u = 0 \quad \text{und} \quad \Delta v = 0 \quad \text{in } \Omega.$$

Tatsächlich ergibt sich dies direkt durch Ableitung von (82.8) nach x und y, wenn wir davon ausgehen, dass $u(x,y)$ und $v(x,y)$ zweimal differenzierbar sind, da

$$\frac{\partial^2 u}{\partial x^2} = \frac{\partial^2 v}{\partial x \partial y} = \frac{\partial^2 v}{\partial y \partial x} = -\frac{\partial^2 u}{\partial y^2} \quad \text{in } \Omega \tag{82.11}$$

und somit $\Delta u = 0$ in Ω. Ganz ähnlich erhält man $\Delta v = 0$ in Ω.

Nun können wir zeigen, dass Lösungen der Cauchy-Riemann Gleichungen tatsächlich zweimal differenzierbar sein müssen, und dass folglich Real- und Imaginärteile einer analytischen Funktion harmonisch sind. Wir fassen dies in folgendem Satz zusammen:

Satz 82.2 *Ist* $f : \Omega \to \mathbb{C}$ *auf einem offenen Gebiet* Ω *in der komplexen Ebene* $\mathbb{C}$ *analytisch, dann sind der Realteil* $u(x,y) = \operatorname{Re} f(z)$ *und der Imaginärteil* $v(x,y) = \operatorname{Im} f(z)$ *in* Ω *harmonisch.*

82.13   Konjugiert harmonische Funktionen

Sei $u(x,y)$ in einem einfach verknüpften Gebiet Ω in $\mathbb{R}^2$ harmonisch. Wir wollen nun zeigen, dass es eine harmonische Funktion $v(x,y)$ gibt, die bis auf eine Konstante eindeutig bestimmt ist, so dass $f(z) = u(x,y) + iv(x,y)$ analytisch in Ω ist. Wir sagen, dass die Funktion $v(x,y)$ zu $u(x,y)$ *konjugiert* ist. Um dies zu beweisen, lösen wir einfach die Cauchy-Riemann Gleichungen $\nabla v = -\nabla \times u$, wobei wir u aus dem zentralen Ergebnis in Kapitel „Potentialfelder" erhalten, wenn wir beachten, dass $\nabla \times (-\nabla \times u) = \Delta u = 0$, d.h. $-\nabla \times u$ ist rotationsfrei und folglich der Gradient einer Funktion v. Vergleichen Sie auch Aufgabe 82.10.

Beispiel 82.6. Für die harmonische Funktion $u(x_1, x_2) = x_1 x_2$ gilt für die konjugierte Funktion $v(x_1, x_2)$, dass $\frac{\partial v}{\partial x_2} = \frac{\partial u}{\partial x_1} = x_2$, d.h. $v = \frac{1}{2}x_2^2 + C(x_1)$ für eine Funktion C. Aus $\frac{\partial v}{\partial x_1} = -\frac{\partial u}{\partial x_2} = -x_1$ ergibt sich $C'(x_1) = -x_1$ und wir folgern, dass $C(x_1) = -\frac{1}{2}x_1^2 + D$ mit einer beliebigen Konstanten D. Wir erkennen, dass auch v harmonisch ist und folgern daraus, dass u und seine konjugierte Funktion v die Real- und Imaginärteile der analytischen Funktion $f(z) = x_1 x_2 + i(\frac{1}{2}x_1^2 - \frac{1}{2}x_2^2) = -\frac{1}{2}z^2$ sind.

82.14   Die Ableitung einer analytischen Funktion ist analytisch

Angenommen, $f(z)$ ist *analytisch* in dem offenen Gebiet Ω in der komplexen Ebene. Dies bedeutet, dass die Ableitung $f'(z)$ existiert und für $z \in \Omega$ eine komplexwertige Funktion ist. Nun können wir fragen, ob $f'(z)$ selbst wieder eine Ableitung in Ω besitzt, d.h. ob $f'(z)$ in Ω analytisch ist. Die einfache Antwort lautet JA, wie wir unten beweisen werden. Ist daher $f(z)$ in Ω analytisch, dann ist auch $f'(z)$ in Ω analytisch und somit ist auch die Ableitung von $f'(z)$, dies entspricht der zweiten Ableitung $f''(z)$, analytisch usw. Wir folgern, dass eine analytische Funktion beliebig oft differenzierbar ist. Dies ist eine bemerkenswerte Eigenschaft einer analytischen Funktion.

Um die gestellte Frage zu beantworten, genügt es zu beachten, dass für Funktionen $u(x, y)$ und $v(x, y)$, die die Cauchy-Riemann Gleichungen erfüllen, dies auch für alle Ableitungen von $u(x, y)$ und $v(x, y)$ gilt. Insbesondere gilt dies für $\frac{\partial u}{\partial x}$ und $\frac{\partial v}{\partial x}$ und daher ist $f' = \frac{\partial u}{\partial x} + i\frac{\partial v}{\partial x}$ in Ω analytisch. Wir formulieren dieses wichtige Ergebnis als Satz:

Satz 82.3 *Sei $f : \Omega \to \mathbb{C}$ auf einem offenen Gebiet Ω in der komplexen Ebene $\mathbb{C}$ analytisch. Dann sind alle Ableitungen $f^{(n)}(z)$, $n = 1, 2, \ldots$ von $f(z)$ in Ω analytisch.*

Wir halten fest, dass für eine reellwertige Funktion $f : \mathbb{R} \to \mathbb{R}$ einer reellen Variablen die analoge Aussage falsch sein kann: Selbst wenn $f'(x)$ existiert, folgt daraus nicht, dass auch $f''(x)$ existiert.

82.15   Kurven in der komplexen Ebene

Sei Ω ein offenes Gebiet in der komplexen Ebene $\mathbb{C}$ und sei $\gamma : I \to \Omega$ eine Lipschitz-stetige Funktion auf einem Intervall $I = [a, b]$ in $\mathbb{R}$. Wir sagen, dass $\Gamma = $ Wertebereich von $\gamma = \{\gamma(t) : t \in I\}$ eine durch $\gamma(t)$ parametrisierte *Kurve* in $\mathbb{C}$ ist. Beispielsweise ist $\gamma(t) = \exp(it)$, wobei $0 \leq t < 2\pi$ eine Parametrisierung des Einheitskreises ist.

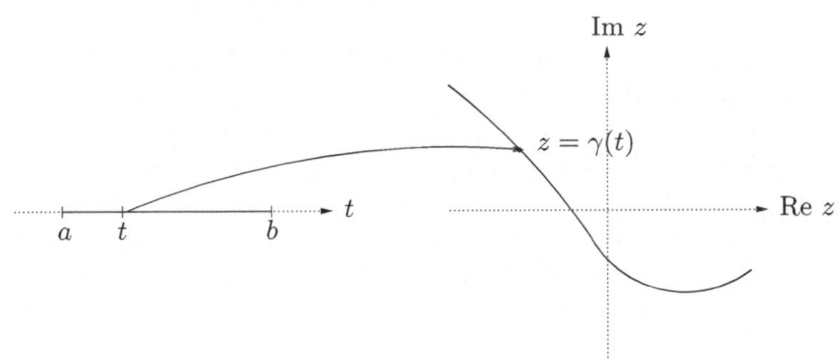

Abb. 82.2. Eine Kurve $z = \gamma(t)$

Wir bezeichnen Γ als *differenzierbare Kurve*, wenn die zugehörige Parametrisierung $\gamma : I \to \mathbb{C}$ auf I differenzierbar ist, in dem Sinne, dass die entsprechende Funktion $\gamma : I \to \mathbb{R}^2$ differenzierbar ist. Anders formuliert, so ist $\gamma(t)$ auf I differenzierbar, wenn die Real- und Imaginärteile $x : I \to \mathbb{R}$

und $y : I \to \mathbb{R}$ von $\gamma(t) = x(t) + iy(t)$ auf I differenzierbar sind. Wir sagen auch, dass $\gamma : I \to \mathbb{C}$ auf I Lipschitz-stetig ist, wenn die zugehörige Funktion $\gamma : I \to \mathbb{R}^2$ Lipschitz-stetig ist. Es gibt folglich in diesem Zusammenhang keine Überraschungen.

Eine Kurve Γ mit Parametrisierung $\gamma : [a, b] \to \mathbb{C}$ wird *einfach geschlossen* genannt, wenn $\gamma(s) \neq \gamma(t)$ für $s < t$, außer für $s = a$ und $t = b$.

Wir nennen ein Gebiet Ω in $\mathbb{C}$, das durch eine einfach geschlossene Kurve begrenzt ist, *einfach zusammenhängend*. Ein einfach zusammenhängendes Gebiet besitzt keine „Löcher".

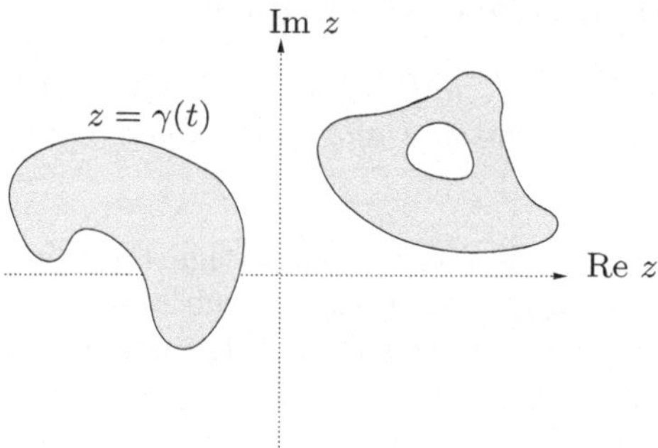

Abb. 82.3. *Links*, ein einfach zusammenhängendes Gebiet mit Begrenzung $z = \gamma(t)$ und *rechts* ein mehrfach zusammenhängendes Gebiet mit *einem* Loch, dessen Begrenzung aus *zwei* einfach geschlossenen Kurven besteht

82.16   Konforme Abbildungen

Sei $f : \Omega \to \mathbb{C}$ auf einem offenen Gebiet Ω in $\mathbb{C}$ analytisch. Wir wollen nun beweisen, dass die Abbildung $z \to w = f(z)$ in Ω *konform* ist, in dem Sinne, dass Winkel unter der Abbildung $w = f(z)$ erhalten bleiben. Wir werden zeigen, dass dies eine direkte Folge der Kettenregel ist und der Tatsache, dass $f(z)$ analytisch ist. Sei nun $\gamma : I \to \mathbb{C}$ eine Kurve durch $z_0 \in \Omega$ mit $I = [-\delta, \delta]$ für $\delta > 0$ und $\gamma(0) = z_0$. Nun betrachten wir die Kurve $\kappa(t) = f(\gamma(t))$, die sich als Bild von $\gamma(t)$ unter der Abbildung $w = f(z)$ ergibt. Nach der Kettenregel gilt:

$$\frac{d\kappa}{dt} = \frac{df}{dz}\frac{d\gamma}{dt}.$$

Wenn wir uns daran erinnern, dass das Argument des Produkts zweier komplexer Zahlen der Summe der Argumente der Zahlen entspricht, erhalten wir

$$\arg \frac{d\kappa}{dt}(0) = \operatorname{Arg} f'(z_0) + \operatorname{Arg} \frac{d\gamma}{dt}(0),$$

wobei wir annehmen, dass $f'(z_0) \neq 0$. Da $f(z)$ in z_0 analytisch ist, ist $f'(z_0)$ von der Kurve γ unabhängig und daher unterscheidet sich die Tangentenrichtung $\frac{d\kappa}{dt}(0)$ von der Richtung von $\frac{d\gamma}{dt}(0)$ durch den konstanten Wert Arg $f'(z_0)$ und das unabhängig von γ. Wir folgern, dass der Winkel zwischen zwei Kurven durch z_0 identisch ist mit dem Winkel zwischen den zugehörigen transformierten Kurven durch $f(z_0)$. Das bedeutet aber, dass die Abbildung $w = f(z)$ in z_0 *konform* ist: Winkel bleiben lokal erhalten.

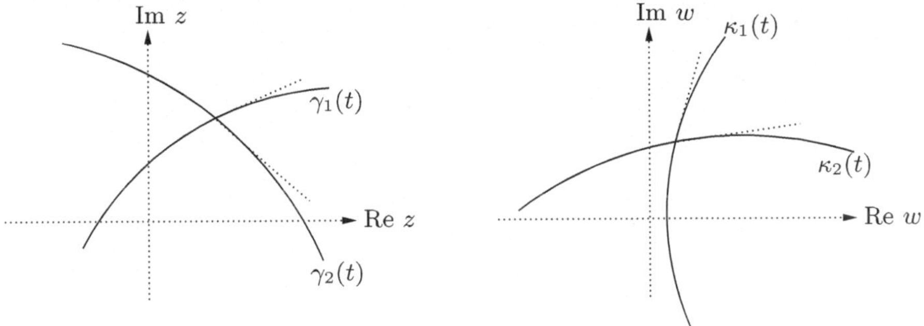

Abb. 82.4. Eine analytische Abbildung ist Winkel erhaltend

Beachten Sie, dass die Abbildung $w = f(z)$ lokal die Längenverhältnisse um den Faktor $|f'(z_0)| \neq 0$ verändert, da

$$\lim_{z \to z_0} \left| \frac{f(z) - f(z_0)}{z - z_0} \right| = |f'(z_0)|.$$

Ein Bild einer großen Figur kann aufgrund der Veränderung der Längenverhältnisse beträchtlich verzerrt werden, obwohl die Abbildung $w = f(z)$ lokal konform ist, vgl. Abb. 82.5.

Wir wollen nun einige wichtige analytische Funktionen $w = f(z)$ und die zugehörigen konformen Abbildungen $f : \mathbb{C} \to \mathbb{C}$ vorstellen.

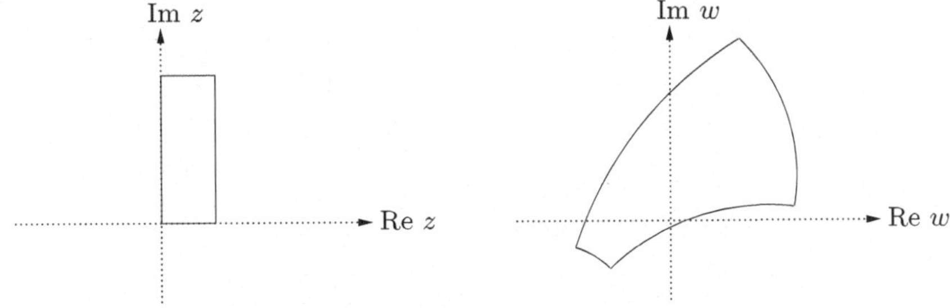

Abb. 82.5. Eine konforme Abbildung mit großen Verformungen

82.17 Verschiebung, Rotation, Ausdehnung bzw. Kontraktion

Die lineare Abbildung

$$w = f(z) = az + b,$$

mit $a, b \in \mathbb{C}$, entspricht einer Drehung um Arg a, einer Ausdehnung bzw. Kontraktion um $|a|$ und einer Verschiebung um b, vgl. Abb. 82.6.

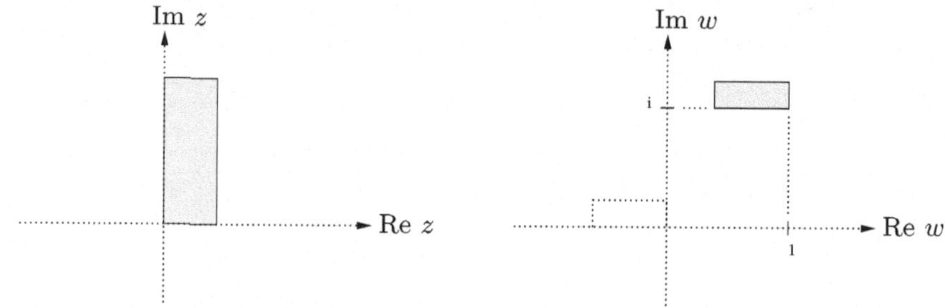

Abb. 82.6. Die Abbildung $w = az + b$ mit $a = \frac{1}{2}i$ und $b = 1 + i$

82.18 Inversion

Die Abbildung

$$w = f(z) = \frac{1}{z}$$

wird auch als *Inversion* bezeichnet. Wir wollen nun zeigen, dass eine Inversion jede Gerade und jeden Kreis in der komplexen Ebene wieder in eine

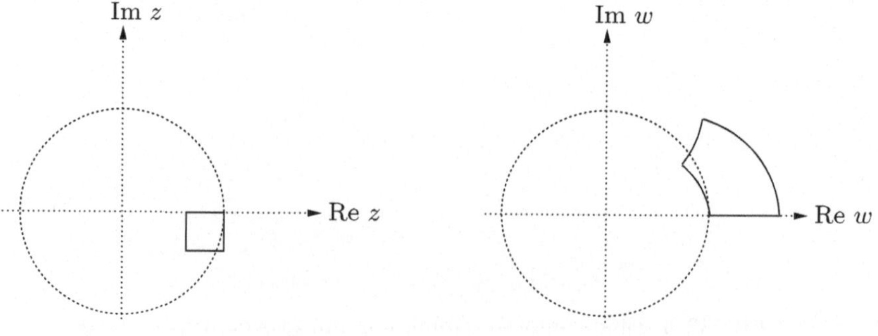

Abb. 82.7. Die Abbildung $w = 1/z$

Gerade oder einen Kreis abbildet. Tatsächlich kann ein Kreis oder eine Gerade in $\mathbb{R}^2$ in der Form

$$A(x^2 + y^2) + Bx + Cy + D = 0$$

geschrieben werden, wobei A, B, C und D reell sind, mit $A = 0$ im Falle der Geraden. Ausgedrückt in $z = x + iy$ und $\bar{z} = x - iy$, nimmt die Gleichung folgende Gestalt an:

$$Az\bar{z} + B\frac{z + \bar{z}}{2} + C\frac{z - \bar{z}}{2i} + D = 0.$$

Die Substitution von $z = \frac{1}{w}$ liefert (nach Multiplikation mit $w\bar{w}$):

$$A + B\frac{\bar{w} + w}{2} + C\frac{\bar{w} - \bar{w}}{2i} + Dw\bar{w} = 0,$$

wodurch wiederum ein Kreis oder eine Gerade dargestellt wird.

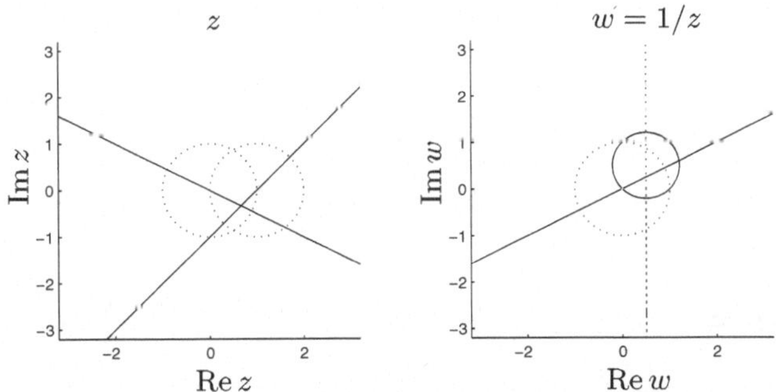

Abb. 82.8. Weitere Skizze zur Abbildung $f(z) = 1/z$. Beachten Sie, dass der Einheitskreis auf sich selbst abgebildet wird, wohingegen ein Kreis durch den Ursprung auf eine Gerade abgebildet wird. Beachten Sie auch, dass die Gerade $y = ax$ mit $a \neq 0$, die durch den Ursprung verläuft, in die konjugierte Gerade $y = -ax$ abgebildet wird, wohingegen andere Geraden in Kreise abgebildet werden

82.19   Möbius-Abbildungen

Eine Abbildung der Form

$$w = f(z) = \frac{az + b}{cz + d},$$

mit $a, b, c, d \in \mathbb{C}$, wird als *Möbius-Abbildung* bezeichnet. Es gilt:

$$f'(z) = \frac{ad - bc}{(cz + d)^2},$$

was uns zur Annahme von $ad - bc \neq 0$ führt, um Konformität zu erhalten. Offensichtlich ist die Inversion $w = \frac{1}{z}$ ein Spezialfall einer Möbius-Abbildung. Es lässt sich zeigen, dass durch eine Möbius-Abbildung jede Gerade oder Kreis in der komplexen Ebene in einen Kreis oder eine Gerade abgebildet wird, vgl. Aufgabe 82.6.

Beispiel 82.7. (**Scheibe auf Scheibe**) Die Funktion

$$w = f(z) = e^{i\alpha}\frac{z - z_0}{1 - \bar{z}_0 z}\,,$$

mit $\alpha \in \mathbb{R}$ und $z_0 \in \mathbb{C}$ mit $|z_0| < 1$, bildet die geschlossene Einheitsscheibe $\{|z| \leq 1\}$ auf die geschlossenen Einheitsscheibe $\{|w| \leq 1\}$ in einer eins-zu-eins Abbildung ab, mit $f(z_0) = 0$. Um dies zu verifizieren, genügt es zu zeigen, dass der Kreis $\{|z| = 1\}$ auf den Kreis $\{|w| = 1\}$ abgebildet wird.

Beispiel 82.8. (**Halbebene auf Einheitsscheibe**) Die Funktion

$$w = f(z) = e^{i\alpha}\frac{z - z_0}{z - \bar{z}_0}\,,$$

mit $\alpha \in \mathbb{R}$ und $\operatorname{Im} z_0 > 0$, bildet die obere Halbebene $\{\operatorname{Im} z > 0\}$ auf die offene Einheitsscheibe $\{|w| < 1\}$ mit $f(z_0) = 0$ ab.

82.20 $w = z^{1/2}$, $w = e^z$, $w = \log(z)$ und $w = \sin(z)$

Wir wollen einige Beispiele für die Abbildungseigenschaften von Elementarfunktionen geben.

Beispiel 82.9. Die Funktion

$$w = f(z) = z^{1/2} = \sqrt{|z|}\,e^{\frac{i}{2}\operatorname{Arg} z}\,,$$

bildet den Keil $\{0 \leq \arg z < \theta\}$ für $0 \leq \theta < 2\pi$ auf den Keil $\{0 \leq \arg w < \frac{\theta}{2}\}$ ab, vgl. Abb. 82.9.

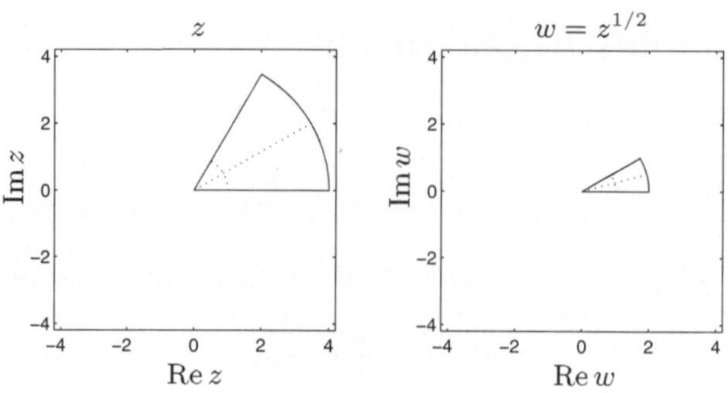

Abb. 82.9. Darstellung der Abbildung $f(z) = z^{1/2}$

Beispiel 82.10. Die Funktion $w = e^z$ bildet das Band $\{z = x + iy : x \in \mathbb{R},\ 0 \leq y < 2\pi\}$ auf die komplexe Ebene $\mathbb{C}$ ohne den Ursprung ab. Die Gerade $\{x + iy : x \in \mathbb{R}\}$ wird für festes y auf die Halbgerade $\{(r, \theta) : r > 0\}$ mit $\theta = y$ abgebildet, wobei wir Polarkoordinaten benutzen.

Beispiel 82.11. Die Funktion $w = \mathrm{Log}(z)$ bildet $\mathbb{C}$ ohne den Ursprung auf das Band $\{w \in \mathbb{C} : 0 \leq \mathrm{Im}(w) < 2\pi\}$ ab.

Beispiel 82.12. Die Funktion

$$w = f(z) = \sin(z) = \frac{1}{2i}(e^{i(x+iy)} - e^{-i(x+iy)})$$

$$= \sin(x)\cosh(y) + i\cos(x)\sinh(y) = u(x, y) + iv(x, y)$$

bildet das Band $\{z = x + iy : \frac{-\pi}{2} < x < \frac{\pi}{2},\ y \in \mathbb{R}\}$ auf $\{w = u + iv : v \neq 0$ für $|u| > 1\}$ ab, was der gesamten Ebene ohne die beiden Halbgeraden $\{u + iv : |u| > 1, v = 0\}$ entspricht. Die Isolinien von u und v bilden Hyperbeln und Ellipsen, vgl. Abb. 82.10.

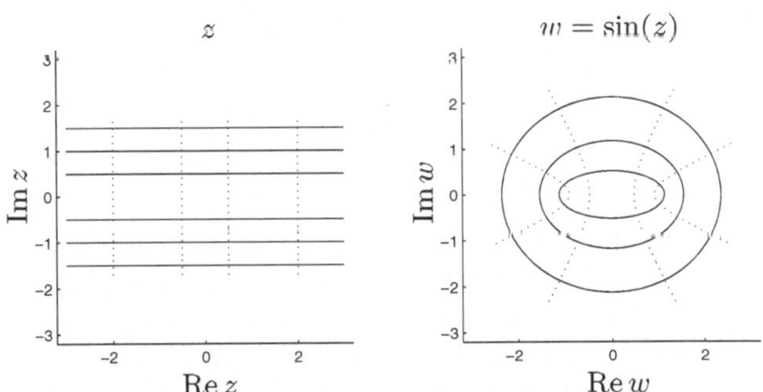

Abb. 82.10. Darstellung der Abbildung $f(z) = \sin(z)$

82.21 Komplexe Integrale: Ein erster Versuch

Wir beginnen mit einer direkten Erweiterung des Integrals einer differenzierbaren Funktion $F : \mathbb{R} \to \mathbb{R}$ auf das Integral einer analytischen Funktion $F : \mathbb{C} \to \mathbb{C}$, wobei wir uns eng an die Vorlage im Kapitel „Das Integral" halten.

Sei $F(z)$ auf dem Gebiet Ω in der komplexen Ebene analytisch mit Lipschitz-stetiger Ableitung $f(z) = F'(z)$. Sei Γ eine differenzierbare Kurve in Ω, die durch $\gamma : [a, b] \to \mathbb{C}$ parametrisiert wird und die Punkte $z_a = \gamma(a)$ und $z_b = \gamma(b)$ miteinander verbindet. Sei ferner $z_a = z_0, z_1, \ldots, z_n = z_b$ eine Folge von Punkten auf Γ, die von z_a zu z_b verlaufen, vgl. Abb. 82.11, wobei wir annehmen, dass $z_k \neq z_{k-1}$ für $k = 1, \ldots, n$.

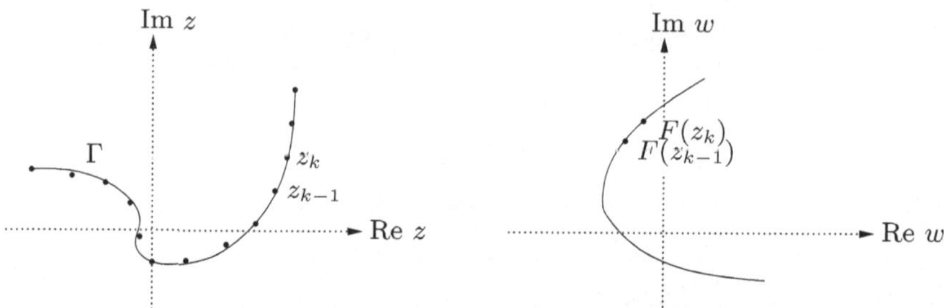

Abb. 82.11. Eine Kurve Γ mit Punkten z_k und zugehörigen Funktionswerten $F(z_k)$

Wir können

$$F(z_b) - F(z_a) = \sum_{k=1}^{n}(F(z_k) - F(z_{k-1})) = \sum_{k=1}^{n} \frac{F(z_k) - F(z_{k-1})}{z_k - z_{k-1}}(z_k - z_{k-1})$$

schreiben. Wenn wir $\max_{k=1,\dots,n}|z_k - z_{k-1}|$ gegen Null gehen lassen, sind wir versucht,

$$F(z_b) - F(z_a) = \int_\Gamma f(z)\,dz \qquad (82.12)$$

zu schreiben, wobei wir $z_k - z_{k-1}$ durch dz und $\frac{F(z_k)-F(z_{k-1})}{z_k-z_{k-1}}$ durch die Ableitung $F'(z_{k-1}) = f(z_{k-1})$ ersetzen.

Wir erkennen, dass das Integral $\int_\Gamma f(z)\,dz$, das gleich $F(z_b) - F(z_a)$ ist, daher unabhängig von der Wahl der Kurve Γ ist, die z_a und z_b verbindet. Als Spezialfall sehen wir, dass für eine geschlossene Kurve Γ, das entspricht einer Wahl von $z_a = z_b$, gilt:

$$\int_\Gamma f(z)\,dz = 0. \qquad (82.13)$$

Wir erinnern uns daran, dass $f(z)$ analytisch ist, wenn $F(z)$ analytisch ist. Somit haben wir einen Grund gefunden, an den *Satz von Cauchy* zu glauben, nach dem das Integral einer analytischen Funktion $f : \Omega \to \mathbb{C}$ entlang einer einfach geschlossenen Kurve in Ω, die einen in Ω enthaltenen Bereich umläuft, Null ist. Dies ist ein Eckstein in der Theorie über analytische Funktionen. Unten werden wir mit Hilfe der Greenschen Formel einen Beweis für den Satz von Cauchy geben.

82.22 Komplexe Integrale: Der Allgemeinfall

Sei Ω ein offenes Gebiet in der komplexen Ebene und sei Γ eine differenzierbare Kurve in $\mathbb{C}$, die durch $\gamma : [a,b] \to \mathbb{C}$ parametrisiert ist. Sei

$f = u + iv : \Gamma \to \mathbb{C}$ Lipschitz-stetig. Wir definieren

$$\int_\Gamma f(z)\, dz = \int_a^b \big(u(x(t), y(t)) + iv(x(t), y(t))\big)(\dot{x}(t) + i\dot{y}(t))\, dt, \quad (82.14)$$

wobei folglich rein formell $dz = dx + idy = \dot{x}dt + i\dot{y}dt = (\dot{x} + i\dot{y})\,dt$ gilt. Das Integral ist definiert, wenn $u(x, y)$ und $v(x, y)$ Lipschitz-stetig in (x, y) sind und $\dot{x}(t)$ und $\dot{y}(t)$ in t Lipschitz-stetig sind. Wie uns schon aus dem Kapitel „Kurvenintegrale" bekannt ist, ist das Integral von der Parametrisierung unabhängig.

Wir können das Integral wie üblich als einen Grenzwert von Riemannschen Summen ausdrücken:

$$\int_\Gamma f(z)\, dz = \lim_{n \to \infty} \sum_{k=1}^n f(z_{k-1})(z_k - z_{k-1}), \quad (82.15)$$

wobei $z_a = z_0, z_1, \ldots, z_n = z_b$ eine Folge von Punkten entlang Γ ist und $\max_{k=1,\ldots,n} |z_k - z_{k-1}|$ gegen Null geht, wenn n gegen Unendlich strebt.

Unten benutzen wir auch ζ als komplexe Variable und schreiben dabei insbesondere:

$$\int_\Gamma f(z)\, dz = \int_\Gamma f(\zeta)\, d\zeta.$$

Beispiel 82.13. Sei Γ ein Kreis um den Ursprung mit Radius Eins, der gegen den Uhrzeigersinn orientiert ist und durch $\gamma(t) = e^{it} = \cos(t) + i\sin(t) = (\cos(t), \sin(t))$ mit $0 \leq t < 2\pi$ parametrisiert ist. Sei $f(z) = z^n$ für eine ganze Zahl n. Für $n \neq 1$ erhalten wir, da $dz = (-\sin(t) + i\cos(t))dt = ie^{it}\,dt$:

$$\int_\Gamma f(z)\, dz = \int_\Gamma z^n\, dz = \int_0^{2\pi} e^{int}(-\sin(t) + i\cos(t))\, dt$$

$$= i \int_0^{2\pi} e^{int} e^{it}\, dt = i \int_0^{2\pi} e^{i(n+1)t}\, dt$$

$$= \frac{i}{n+1}[\sin((n+1)t) - i\cos((n+1)t)]_0^{2\pi} = 0.$$

Dies entspricht dem Satz von Cauchy für $n = 0, 1, 2, \ldots$, da dann $f(z)$ in $\mathbb{C}$ analytisch ist. Für $n = -1$ mit $f(z) = \frac{1}{z}$ erhalten wir:

$$\int_\Gamma \frac{1}{z}\, dz = \int_\Gamma \frac{dz}{z} = \int_0^{2\pi} \frac{ie^{it}}{e^{it}}\, dt = 2\pi i. \quad (82.16)$$

Beachten Sie die Orientierung von Γ gegen den Uhrzeigersinn. Die Funktion $f(z) = \frac{1}{z}$ ist in dem von Γ umschriebenen Gebiet nicht analytisch, da $\frac{1}{z}$ für $z = 0$ nicht differenzierbar ist und daher kann das Integral $\int_\Gamma \frac{dz}{z}$ ungleich Null sein. Wir werden unten sehen, dass die Ableitung von $\log(z)$ gleich $\frac{1}{z}$

ist. Aber $\log(z)$ ist für $z \neq 0$ nicht eindeutig definiert und daher kann $\int_\Gamma \frac{dz}{z}$ ungleich Null sein.

Die Funktionen $f(z) = z^n$ mit $n = -2, -3, \ldots$ sind alle Ableitungen von analytischen Funktionen und daher gilt $\int_\Gamma f(z)\, dz = 0$, falls Γ eine geschlossene Kurve ist, die nicht durch 0 verläuft.

82.23   Wichtige Eigenschaften des komplexen Integrals

Das komplexe Integral besitzt analoge Eigenschaften wie das übliche reelle Integral wie die Linearität, die Additivität über Teilintervalle und die partielle Integration. So gilt beispielsweise, wenn $|f(z)| \leq M$ für $z \in \Gamma$:

$$\left| \int_\Gamma f(z)\, dz \right| \leq M \int_\Gamma ds = M L(\Gamma), \tag{82.17}$$

wobei $L(\Gamma)$ der Länge von Γ entspricht:

$$L(\Gamma) = \int_a^b (\dot{x}^2(t) + \dot{y}^2(t))^{1/2}\, dt.$$

Wenn wir die Absolutwerte in (82.15) nehmen und zum Grenzwert übergehen, dann folgt daraus:

$$\left| \int_\Gamma f(z)\, dz \right| \leq \int_\Gamma |f(z)|\, |dz| = \int_\Gamma |f(z)|\, ds \leq M L(\Gamma),$$

wobei formal $|dz| = ds$ gilt. Daher kann diese Abschätzung als verallgemeinerte Dreiecksungleichung betrachtet werden.

82.24   Die Taylor-Formel: Ein erster Versuch

Sei $f : \Omega \to \mathbb{C}$ analytisch und Γ eine Gerade in Ω, die z_0 mit z verbindet. Dann können wir schreiben:

$$f(z) = f(z_0) + \int_\Gamma f'(\zeta)\, d\zeta = f(z_0) + \int_\Gamma f'(\zeta) \frac{d}{d\zeta}(\zeta - z_0)\, d\zeta.$$

So erhalten wir durch partielle Integration (mit den üblichen Regeln):

$$f(z) = f(z_0) + f'(z_0)(z - z_0) - \int_\Gamma f''(\zeta)(\zeta - z_0)\, d\zeta.$$

Wenn wir fortsetzen und $(\zeta - z_0) = \frac{1}{2}\frac{d}{d\zeta}(\zeta - z_0)^2$ schreiben, erhalten wir:

$$f(z) = f(z_0) + f'(z_0)(z - z_0) + \frac{f''(z_0)}{2}(z - z_0)^2 + \int_\Gamma f^{(3)}(\zeta)\frac{(\zeta - z_0)^2}{2}\,d\zeta.$$

Wir folgern daraus, dass für z nahe bei z_0 gilt:

$$f(z) = f(z_0) + f'(z_0)(z - z_0) + \frac{f''(z_0)}{2}(z - z_0)^2 + E_f(z, z_0), \qquad (82.18)$$

mit

$$|E_f(z, z_0)| \leq K \int_\Gamma \frac{|\zeta - z_0|^2}{2}\,|d\zeta| = \frac{K}{6}|z - z_0|^3,$$

wobei wir annehmen, dass $|f^{(3)}(\zeta)| \leq K$ für $\zeta \in \Gamma$. Ganz allgemein gelangen wir zur Taylor-Formel:

Satz 82.4 *Sei $f : \Omega \to \mathbb{C}$ in Ω analytisch mit $|f^{(n+1)}(z)| \leq K$ für $z \in \Omega$. Dann gilt für $z, z_0 \in \Omega$ (wobei die Gerade, die z und z_0 miteinander verbindet, in Ω ist):*

$$f(z) = f(z_0) + f'(z_0)(z - z_0) + \ldots + \frac{f^{(n)}(z_0)}{n!}(z - z_0)^n + R_n(z, z_0), \quad (82.19)$$

mit $|R_n(z, z_0)| \leq \frac{K}{(n+1)!}|z - z_0|^{n+1}$.

82.25 Der Satz von Cauchy

Wir werden nun beweisen, dass für ein analytisches $f(z)$ in Ω und einer einfach geschlossenen Kurve Γ in Ω, die einen Bereich Ω_Γ umschreibt, der in Ω enthalten ist, gilt:

$$\oint_\Gamma f(z)\,dz = 0.$$

Dazu schreiben wir

$$\int_\Gamma f(z)\,dz = \int_a^b \left(u\left(x(t), v(t)\right) + iv\left(x(t), y(t)\right)\right)\left(\dot{x}(t) + i\dot{y}(t)\right)\,dt,$$

wobei $\gamma(t) = (x(t), y(t))$ mit $a \leq t \leq b$ eine Parametrisierung von Γ ist. Wenn wir den Realteil betrachten, erhalten wir:

$$\mathrm{Re}\left(\int_\Gamma f(z)\,dz\right) = \int_a^b u(x(t), y(t))\dot{x}(t) - v(x(t), y(t))\dot{y}(t)\,dt$$

$$= \int_a^b \left(u(x, y), -v(x, y)\right) \cdot (\dot{x}, \dot{y}))\,dt.$$

Aus den Cauchy-Riemann Gleichungen ergibt sich

$$\nabla \times (u, -v) = \frac{\partial u}{\partial y} + \frac{\partial v}{\partial x} = 0 \quad \text{in } \Omega_\Gamma,$$

wodurch mit Hilfe des Satzes von Stokes (69.1) bewiesen ist, dass

$$\int_a^b (u(x,y), -v(x,y)) \cdot (\dot{x}, \dot{y})\, dt = \int_\Gamma (u(x,y), -v(x,y)) \cdot ds$$

$$= \int_{\Omega_\Gamma} \nabla \times (u, -v)\, dxdy = 0.$$

Wir folgern, dass $\text{Re}(\int_\Gamma f(z)\, dz) = 0$ und ganz ähnlich erhalten wir, dass $\text{Im}(\int_\Gamma f(z)\, dz) = 0$ und wir haben somit den folgenden Satz von Cauchy bewiesen:

Satz 82.5 (Satz von Cauchy): *Sei $f(z)$ analytisch in Ω und Γ eine einfach geschlossene Kurve in Ω, die ein Gebiet in Ω umschreibt. Dann gilt*

$$\int_\Gamma f(z)\, dz = 0.$$

Beachten Sie, dass Γ keine „Löcher" in Ω umschreiben darf, auf denen $f(z)$ nicht analytisch ist. So haben wir etwa gesehen, dass $\int_\Gamma \frac{1}{z}\, dz = 2\pi i \neq 0$, falls Γ einen Kreis um den Ursprung beschreibt. Dies liegt daran, dass Γ den Punkt $z = 0$ umschreibt, in dem $\frac{1}{z}$ nicht analytisch ist.

82.26   Die Cauchysche Integralformel

Wir beweisen, dass für eine analytische Funktion $f(z)$ in einem offenen Gebiet Ω und einer einfach geschlossenen Kurve in Ω, die gegen den Uhrzeigersinn orientiert ist und die das offene Gebiet $\Omega_\Gamma \subset \Omega$ umschreibt, für $z_0 \in \Omega_\Gamma$ gilt:

$$f(z_0) = \frac{1}{2\pi i} \int_\Gamma \frac{f(z)}{z - z_0}\, dz. \tag{82.20}$$

Dies ist die *Cauchysche Integralformel*. Beachten Sie die Orientierung gegen den Uhrzeigersinn. Beachten Sie ferner, dass z_0 nicht auf der Kurve Γ liegen darf; wir gehen davon aus, dass z_0 *innerhalb* von Γ liegt. Die Cauchysche Integralformel (82.20) zeigt uns, dass alle Werte von $f(z)$ im Gebiet Ω_Γ, das durch Γ begrenzt ist, nur von den Werten von $f(z)$ auf Γ bestimmt werden. Das bedeutet, dass eine analytische Funktion keine Überraschungen bergen kann: Wenn wir $f(z)$ auf Γ kennen, dann kennen wir $f(z)$ auf dem ganzen Gebiet Ω_Γ, das von Γ begrenzt wird. Der Beweis ergibt sich aus der Beobachtung, dass die Funktion

$$g(z) = \frac{f(z) - f(z_0)}{z - z_0} \quad \text{für } z \neq z_0, \quad g(z_0) = f'(z_0)$$

in Ω analytisch ist, da $g(z)$ offensichtlich für $z \neq z_0$ differenzierbar ist. Mit Hilfe einer Taylor-Entwicklung von $f(z)$ folgt außerdem, dass $g(z)$ auch in $z = z_0$ differenzierbar ist, mit der Ableitung $g'(z_0) = \frac{f''(z_0)}{2}$. Tatsächlich erhalten wir unter Berücksichtigung von (82.18):

$$g(z) - g(z_0) = \frac{f(z) - f(z_0) - f'(z_0)(z - z_0)}{(z - z_0)} = \frac{f''(z_0)}{2}(z - z_0) + E_f(z, z_0)$$

mit $|E_f(z, z_0)| \leq \frac{K}{6}|z - z_0|^2$ und K als Schranke für $|f^{(3)}(z)|$, womit wir das Gewünschte bewiesen haben. Wir folgern, dass

$$\int_\Gamma \frac{f(z) - f(z_0)}{z - z_0} dz = 0$$

und erhalten mit Hilfe von

$$\int_\Gamma \frac{f(z_0)}{z - z_0} dz = f(z_0) \int_\Gamma \frac{1}{z - z_0} dz = 2\pi i \, f(z_0)$$

das gewünschte Ergebnis (82.20). Wir fassen zusammen:

Satz 82.6 (Cauchysche Integralformel): *Sei $f(z)$ auf einem offenen Gebiet Ω analytisch und Γ eine einfach geschlossene Kurve in Ω, die gegen den Uhrzeigersinn orientiert ist und ein offenes Gebiet Ω_Γ in Ω umschreibt. Dann gilt für $z_0 \in \Omega_\Gamma$:*

$$f(z_0) = \frac{1}{2\pi i} \int_\Gamma \frac{f(z)}{z - z_0} \, dz. \tag{82.21}$$

Durch Ableitung nach z_0 erhalten wir die folgende allgemeinere Integralformel:

Satz 82.7 (Verallgemeinerte Cauchysche Integralformel): *Sei $f(z)$ auf einem offenen Gebiet Ω analytisch und Γ eine einfach geschlossene Kurve in Ω, die gegen den Uhrzeigersinn orientiert ist und ein offenes Gebiet Ω_Γ in Ω umschreibt. Dann gilt für $z_0 \in \Omega_\Gamma$ und $n = 0, 1, 2, \ldots$:*

$$f^{(n)}(z_0) = \frac{n!}{2\pi i} \int_\Gamma \frac{f(z)}{(z - z_0)^{n+1}} \, dz. \tag{82.22}$$

Wir halten fest, dass für ein z_0, das außerhalb des von Γ umschriebenen Bereichs liegt,

$$\frac{1}{2\pi i} \int_\Gamma \frac{f(z)}{z - z_0} \, dz = 0,$$

gilt, da in dem Fall $\int_\Gamma \frac{1}{z-z_0} dz = 0$. Dies ergibt sich als einfache Konsequenz daraus, dass $\frac{1}{z-z_0}$ im Gebiet, das Γ umschreibt, analytisch ist. Die Wahl von $z_0 \in \Gamma$ führt zu einem divergenten Integral, aufgrund der Singularität des Faktors $\frac{1}{z-z_0}$. Unten werden wir für diesen Fall einen sinnvollen Wert für das Integral definieren.

82.27   Die Taylor-Formel: Ein zweiter Versuch

Mit Hilfe der Cauchyschen Integralformel erhalten wir nun eine andere Version der Taylor-Formel für eine Funktion $f(z)$, die in der Umgebung Ω eines Punktes $z_0 \in \mathbb{C}$ analytisch ist. Wir beginnen damit, die Cauchysche Integralformel in der Form

$$f(z) = \frac{1}{2\pi i} \int_\Gamma \frac{f(\zeta)}{\zeta - z}\, d\zeta \tag{82.23}$$

zu schreiben. Um Definitheit zu gewährleisten, wählen wir Γ als gegen den Uhrzeigersinn orientierten Kreis um z_0 mit Radius r, der in Ω enthalten ist. Mit Hilfe der Gleichung

$$\frac{1}{1-q} = 1 + q + q^2 + \ldots + q^n + \frac{q^{n+1}}{1-q},$$

für $q \in \mathbb{C}$ mit $|q| < 1$, erhalten wir, wenn wir $q = \frac{z-z_0}{\zeta-z_0}$ mit $z \in \Omega$ und $\zeta \in \Gamma$ setzen:

$$\frac{1}{\zeta - z} = \frac{1}{\zeta - z_0}\left[1 + \frac{z - z_0}{\zeta - z_0} + \ldots + \left(\frac{z - z_0}{\zeta - z_0}\right)^n\right] + \frac{1}{\zeta - z}\left(\frac{z - z_0}{\zeta - z_0}\right)^{n+1},$$

wobei wir ausgenutzt haben, dass

$$\frac{1}{\zeta - z} = \frac{1}{\zeta - z_0 - (z - z_0)} = \frac{1}{\zeta - z_0}\,\frac{1}{1-q}.$$

Das Einsetzen in (82.23) liefert uns

$$f(z) = \frac{1}{2\pi i} \int_\Gamma \frac{f(\zeta)}{\zeta - z_0}\, d\zeta + \frac{z - z_0}{2\pi i} \int_\Gamma \frac{f(\zeta)}{(\zeta - z_0)^2}\, d\zeta + \ldots$$

$$+ \frac{(z - z_0)^n}{2\pi i} \int_\Gamma \frac{f(\zeta)}{(\zeta - z_0)^{n+1}}\, d\zeta + R_n(z),$$

mit

$$R_n(z) = \frac{(z - z_0)^{n+1}}{2\pi i} \int_\Gamma \frac{f(\zeta)}{(\zeta - z_0)^{n+1}(\zeta - z)}\, d\zeta. \tag{82.24}$$

Mit Hilfe der Cauchyschen Integralformel erhalten wir somit die folgende Taylor-Formel:

Satz 82.8 *Sei $f(z)$ in der Umgebung Ω von $z_0 \in \mathbb{C}$ analytisch. Dann gilt*

$$f(z) = f(z_0) + f'(z_0)(z - z_0) + \ldots + \frac{f^{(n)}(z_0)}{n!}(z - z_0)^n + R_n(z), \tag{82.25}$$

wobei der Restausdruck $R_n(z)$ durch (82.24) gegeben ist, und Γ einen Kreis gegen den Uhrzeigersinn um z_0 beschreibt.

Gilt $\lim_{n \to \infty} R_n(z) = 0$ für z in einer Umgebung Ω von z_0, so erhalten wir die folgende Potenzreihenentwicklung von $f(z)$ für $z \in \Omega$:

$$f(z) = \sum_{n=0}^{\infty} \frac{f^{(n)}(z_0)}{n!}(z - z_0)^n. \tag{82.26}$$

Wir beenden diese Diskussion mit dem Beweis, dass tatsächlich für z in einer Umgebung von z_0 gilt: $\lim_{n \to \infty} R_n(z) = 0$. Dazu nehmen wir an, dass die Kreisscheibe $D_r(z_0) = \{z \in \mathbb{C} : |z - z_0| \leq r\}$ im Gebiet Ω, in dem $f(z)$ analytisch ist, enthalten ist und dass $|f(z)| \leq M$ für $z \in D_r(z_0)$. Unter der Annahme, dass $|z - z_0| < \frac{r}{2}$, erhalten wir durch Einsetzen der Absolutbeträge in (82.24) und der Tatsachen, dass $|\zeta - z| \geq \frac{r}{2}$ und $L(\Gamma) = 2\pi r$:

$$|R_n(z)| \leq \left(\frac{|z - z_0|}{r}\right)^{n+1} 2M,$$

womit bewiesen ist, dass $\lim_{n \to \infty} R_n(z) = 0$ für $|z - z_0| < \frac{r}{2}$. Wir können die Argumentation auf z mit $|z - z_0| < r$ erweitern. Wir fassen dies zusammen:

Satz 82.9 (Die Taylor-Formel) *Sei* $f : \Omega \to \mathbb{C}$ *analytisch,* $D_r(z_0) = \{z \in \mathbb{C} : |z - z_0| \leq r\}$ *in* Ω *enthalten und* f *auf* $D_r(z_0)$ *beschränkt. Dann kann* $f(z)$ *für* $|z - z_0| < r$ *als konvergente Potenzreihe (82.26) formuliert werden.*

Potenzreihenentwicklungen von analytischen Funktionen wie in (82.26) spielen eine wichtige Rolle und wir widmen diesem Gebiet den nächsten Abschnitt, wobei wir mit dem Fall $z_0 = 0$ beginnen wollen.

82.28 Potenzreihenentwicklungen von analytischen Funktionen

Wir betrachten eine Reihe der Form

$$\sum_{m=0}^{\infty} a_m z^m \tag{82.27}$$

mit Koeffizienten $a_m \in \mathbb{C}$ und wir gehen von $z \in \mathbb{C}$ aus. Die Vorstellungen über Konvergenz und absolute Konvergenz für (82.27) sind analog zu den entsprechenden Konzepten für Reihen mit reellen a_m und z, vgl. das Kapitel „Reihen". Insbesondere bezeichnen wir $\sum_{m=0}^{\infty} a_m z^m$ als absolut konvergent, wenn $\sum_{m=0}^{\infty} |a_m z^m|$ konvergent ist und halten fest, dass eine absolut konvergente Reihe konvergiert.

Jeder Ausdruck in der Reihe (82.27) ist in $\mathbb{C}$ analytisch und somit ist auch jede der Teilsummen

$$\sum_{m=0}^{n} a_m z^m$$

in $\mathbb{C}$ analytisch. Angenommen, die Reihe (82.27) konvergiere für ein bestimmtes $z = \hat{z}$ mit $|\hat{z}| = r$. Da die Ausdrücke b_m einer konvergenten Reihe $\sum_{m=0}^{\infty} b_m$ gegen Null gehen müssen, gibt es folglich eine Konstante C, so dass

$$|a_n \hat{z}^n| = |a_n| r^n \leq C \quad n = 0, 1, 2, \ldots$$

Angenommen, es gelte $|z| < r$. Wir erhalten dann

$$\sum_{n=0}^{\infty} |a_n z^n| = \sum_{n} |a_n r^n| \left|\frac{z}{r}\right|^n \leq C \sum_{n=0}^{\infty} \left|\frac{z}{r}\right|^n < \infty,$$

da $\left|\frac{z}{r}\right| < 1$. Damit ist bewiesen, dass $\sum_{n=0}^{\infty} a_n z^n$ absolut konvergent ist für $|z| < r$ und somit für $|z| < r$ konvergiert.

Wir sagen, dass der *Konvergenzradius* von $\sum_{n=0}^{\infty} a_n z^n$ gleich r ist, wenn $\sum_{n=0}^{\infty} a_n z^n$ für $|z| < r$ konvergiert, aber divergiert für ein z mit $|z| \geq r$. Es lässt sich (einfach) zeigen, dass eine Reihe $\sum_{n=0}^{\infty} a_n z^n$ innerhalb des Konvergenzradiuses r differenzierbar ist, mit

$$\left(\sum_{n=0}^{\infty} a_n z^n\right)' = \sum_{n=1}^{\infty} n a_n z^{n-1},$$

wobei diese Reihe, die Ausdruck für Ausdruck abgeleitet wird, auch für $|z| < r$ konvergent ist.

Ganz allgemein betrachten wir eine Potenzreihe der Form

$$\sum_{m=0}^{\infty} a_m (z - z_0)^m, \tag{82.28}$$

wobei wir eine Variablenverschiebung von z zu $z - z_0$ vornehmen und $z_0 \in \mathbb{C}$ gegeben ist. Die Formulierungen für die Konvergenz und den Konvergenzradius lassen sich entsprechend einfach erweitern. Natürlich wird über (82.28) die Brücke zur Taylor-Entwicklung von $f(z)$ in z_0 mit $a_m = \frac{f^{(m)}(z_0)}{m!}$ geschlagen.

Beispiel 82.14. Die Reihe

$$\sum_{n=0}^{\infty} \frac{z^n}{n!}$$

ist für jedes feste $z \in \mathbb{C}$ konvergent, da $n! = 1 \cdot 2 \cdot 3 \cdots n$ viel schneller anwächst als r^n für jedes $r > 0$. Wir können daher Ausdruck für Ausdruck ableiten und erhalten:

$$\left(\sum_{n=0}^{\infty} \frac{z^n}{n!} \right)' = \sum_{n=1}^{\infty} \frac{z^{n-1}}{(n-1)!} = \sum_{n=0}^{\infty} \frac{z^n}{n!}.$$

Wir erkennen daran, dass $\sum_{n=0}^{\infty} \frac{z^n}{n!}$ die Differentialgleichung $u'(z) = u(z)$ für die „Anfangsbedingung" $u(0) = 1$ löst. Daraus folgt, dass

$$\exp(z) = \sum_{n=0}^{\infty} \frac{z^n}{n!}. \tag{82.29}$$

Dies ergibt sich alternativ auch aus der Beobachtung, dass diese Reihe der Taylor-Reihenentwicklung von $f(z) = \exp(z)$ um $z_0 = 0$ entspricht, wenn wir beachten, dass $f^{(n)}(z) = \exp(z)$ für $n = 1, 2, \ldots$.

Wenn wir $\cos(z) = \frac{1}{2}(\exp(iz) + \exp(-iz))$ und $\sin(z) = \frac{1}{2i}(\exp(iz) - \exp(-iz))$ betrachten, erhalten wir die folgenden Taylor-Entwicklungen, die für $z \in \mathbb{C}$ gültig sind:

$$\cos(z) = \sum_{n=0}^{\infty} (-1)^n \frac{z^{2n}}{(2n)!} \quad \text{und} \quad \sin(z) = \sum_{n=0}^{\infty} (-1)^n \frac{z^{2n+1}}{(2n+1)!}.$$

Beispiel 82.15. Ein anderes wichtiges Beispiel lautet:

$$\log(1+z) = \sum_{n=1}^{\infty} \frac{(-1)^{n-1}}{n} z^n, \quad \text{für } |z| < 1.$$

Dies lässt sich einfach durch Ableiten von $\log(1 + z)$ nachprüfen.

82.29   Laurentreihen

Wir betrachten eine Reihe der Form

$$\sum_{m=1}^{\infty} b_m z^{-m}, \tag{82.30}$$

die wir durch Ersetzen von z mit $\frac{1}{z}$ in einer Potenzreihe $\sum_{m=1}^{\infty} b_m z^m$ mit Konvergenzradius r erhalten. Die Reihe (82.30) konvergiert daher für $|z| > r$. Ganz allgemein können wir eine *Laurentreihe* der Form

$$f(z) = \sum_{m=0}^{\infty} a_m z^m + \sum_{m=1}^{\infty} b_m z^{-m} \tag{82.31}$$

betrachten, für die wir Konvergenz in einem Segment $\{r_1 < |z| < r_2\}$ annehmen. Die durch (82.31) definierte Funktion $f(z)$ ist in $\{r_1 < |z| < r_2\}$ analytisch. Ist andererseits $f(z)$ in $\{r_1 < |z| < r_2\}$ analytisch, dann besitzt $f(z)$ eine Laurentreihenentwicklung (82.31) mit den Koeffizienten a_m und b_m, die durch

$$a_m = \frac{1}{2\pi i} \int_\Gamma \frac{f(\zeta)}{\zeta^{m+1}} \, d\zeta \quad \text{und} \quad b_m = \frac{1}{2\pi i} \int_\Gamma f(\zeta)\zeta^{m-1} \, d\zeta \qquad (82.32)$$

gegeben sind. Dabei ist Γ eine einfach geschlossene gegen den Uhrzeigersinn orientierte Kurve in $\{r_1 < |z| < r_2\}$, die den Ursprung umschreibt. Die Formel für die Koeffizienten erhält man durch Multiplikation mit einer geeigneter Potenz von z und Integration auf Γ.

Wir können auf Verschiebungen des Ursprungs auf einen Punkt z_0 verallgemeinern, wenn wir z durch $z - z_0$ ersetzen.

Beispiel 82.16. Es gilt:

$$\frac{1}{1-z} = \sum_{m=0}^{\infty} z^m \quad \text{für } |z| < 1,$$

$$\frac{1}{1-z} = \frac{-1}{z(1-z^{-1})} = \sum_{m=1}^{\infty} z^{-m} \quad \text{für } |z| > 1.$$

82.30   Das Residuum: Einfache Pole

Sei $f(z)$ auf einem einfach zusammenhängenden offenen Gebiet Ω analytisch, außer in einem isolierten Punkt $z_0 \in \Omega$. Sei Γ eine einfach geschlossene gegen den Uhrzeigersinn orientierte Kurve in Ω, so dass z_0 im offenen Gebiet Ω_Γ, das durch Γ begrenzt wird, enthalten ist. Wir sagen, dass die einfach geschlossene Kurve Γ den Punkt z_0 gegen den Uhrzeigersinn *umläuft*. Im Allgemeinen wird das Integral

$$\int_\Gamma f(z) \, dz$$

dann nicht Null sein, aber das Integral wird für jede derartige einfach geschlossene Kurve Γ, die z_0 gegen den Uhrzeigersinn umläuft, denselben Wert annehmen. Wir erkennen dies, wenn wir zwei derartige Kurven Γ_1 und Γ_2 betrachten und zusätzlich die beiden zusammenfallenden Kurven $\Gamma_3^{\pm}$ mit entgegengesetzter Richtung, die wie in Abb. 82.12 die Kurven Γ_1 und Γ_2 verbinden. Wenn wir die Kurven Γ_1, Γ_3^{+}, $-\Gamma_2$ (Γ_2 rückwärts) und Γ_3^{-} miteinander verbinden, erhalten wir eine einfach geschlossene Kurve, die ein Gebiet einschließt, auf dem $f(z)$ analytisch ist, (d.h. das den Punkt z_0 nicht enthält,) weswegen das Integral von $f(z)$ mit dem Satz von Cauchy verschwindet. Wenn wir jetzt bedenken, dass sich die Integrale über Γ_3^+ und Γ_3^- aufheben, erhalten wir:

$$0 = \int_{\Gamma_1} f(z)\,dz + \int_{-\Gamma_2} f(z)\,dz = \int_{\Gamma_1} f(z)\,dz - \int_{\Gamma_2} f(z)\,dz,$$

wobei wir die unterschiedliche Richtung von $-\Gamma_2$ und Γ_2 berücksichtigt haben. Daraus folgt, dass die Integrale über Γ_1 und Γ_2 gleich sind.

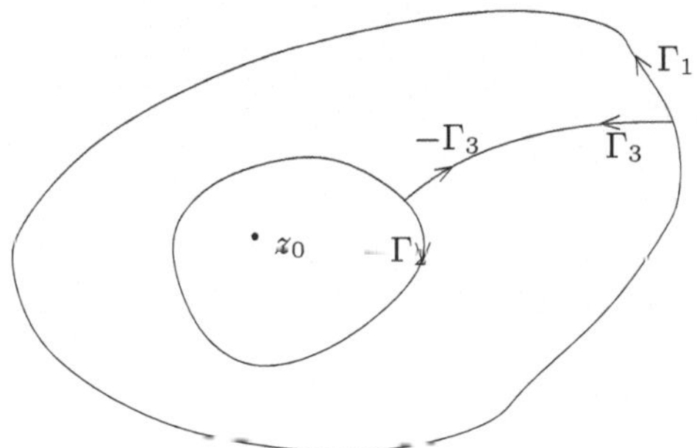

Abb. 82.12. Zwei einfache Kurven Γ_1 und $-\Gamma_2$ (Γ_2 rückwärts), die z_0 umlaufen. Zusammen mit den Kurven $\Gamma_3^{\pm}$ bilden sie eine Kurve, die z_0 *nicht umläuft*

Angenommen, $f(z)$ habe die Form

$$f(z) = \frac{g(z)}{z - z_0},$$

wobei $g(z)$ in Ω und $z_0 \in \Omega$ analytisch ist. Wir sagen dann, dass $f(z)$ einen *einfachen Pol* in $z = z_0$ besitzt. Aus der Cauchyschen Integralformel ergibt sich für eine einfach geschlossene Kurve Γ, die z_0 gegen den Uhrzeigersinn umläuft, dass

$$\int_{\Gamma} f(z)\,dz = \int_{\Gamma} \frac{g(z)}{z - z_0}\,dz = 2\pi i g(z_0).$$

Der Wert $g(z_0)$ wird *Residuum* von $f(z)$ in z_0 genannt und wir bezeichnen es mit $\operatorname{Res} f(z_0)$. Daher gilt:

$$\operatorname{Res} f(z_0) = g(z_0) = \lim_{z \to z_0} (z - z_0) f(z).$$

Beispiel 82.17. Sei $f(z) = \frac{z}{z-1}$ und sei Γ der Kreis $\gamma(t) = (\cos(t) - 1, \sin(t))$ mit $0 \leq t \leq 2\pi$, der $(1, 0)$ gegen den Uhrzeigersinn umläuft. Da offensichtlich $\operatorname{Res} f(1) = 1$, gilt nach dem Residuensatz:

$$\int_{\Gamma} \frac{z}{z - 1}\,dz = 2\pi i.$$

Beispiel 82.18. Wir berechnen $\int_\Gamma f(z)\,dz$ für $f(z) = \frac{1}{e^z-1}$ und einen Kreis Γ, der gegen den Uhrzeigersinn orientiert und im Ursprung zentriert ist. Dazu beachten wir, dass

$$f(z) = \frac{z}{e^z-1}\frac{1}{z} = \frac{g(z)}{z}$$

mit

$$\frac{1}{g(z)} = \frac{e^z-1}{z} = h(z).$$

Da $\lim_{z\to 0} h(z) = 1$ ist, erhalten wir $\operatorname{Res} f(0) = g(0) = 1$ und somit ist $\int_\Gamma f(z)\,dz = 2\pi i$.

82.31   Das Residuum: Pole beliebiger Ordnung

Angenommen, $f(z)$ habe einen (mehrfachen) *Pol der Ordnung $n = 2, 3, \ldots$* in z_0, d.h. $f(z)$ besitzt die Form

$$f(z) = \frac{g(z)}{(z-z_0)^n},$$

wobei $g(z)$ in einer Umgebung von z_0 analytisch ist. Nach der verallgemeinerten Cauchyschen Integralformel erhalten wir für eine einfach geschlossene Kurve Γ, die z_0 gegen den Uhrzeigersinn umläuft:

$$\int_\Gamma f(z)\,dz = \int_\Gamma \frac{g(z)}{(z-z_0)^n}\,dz = \frac{2\pi i}{(n-1)!}\,g^{(n-1)}(z_0).$$

Nun können wir die Definition des Residuums $\operatorname{Res} f(z_0)$ auf Pole der Ordnung $n = 1, 2, \ldots$ erweitern:

$$\operatorname{Res} f(z_0) = \frac{g^{(n-1)}(z_0)}{(n-1)!},$$

wodurch wir wiederum erhalten:

$$\int_\Gamma f(z)\,dz = 2\pi i\,\operatorname{Res} f(z_0).$$

Beispiel 82.19. Die Funktion

$$f(z) = \frac{1}{(z-1)^2(z-3)}$$

hat einen Pol der Ordnung 2 in $z = 1$ und der Ordnung 1 in $z = 3$. Wir berechnen $\operatorname{Res} f(3) = \frac{1}{4}$ und $\operatorname{Res} f(1) = -\frac{1}{4}$, da $\frac{d}{dz}\frac{1}{z-3} = -\frac{1}{(z-3)^2} = -\frac{1}{4}$ für $z = 1$.

82.32   Der Residuensatz

Wir wollen nun das folgende wichtige Ergebnis im Umgang mit Residuen beweisen:

Satz 82.10 (Residuensatz) *Sei $f(z)$ in einem einfach zusammenhängenden offenen Gebiet Ω analytisch, außer in endlich vielen isolierten Punkten $z_1, z_2, \ldots, z_n$ in Ω, in denen $f(z)$ einfache oder mehrfache Pole besitzt. Sei Γ eine einfach geschlossene Kurve in Ω, die alle z_m gegen den Uhrzeigersinn umläuft. Dann gilt:*

$$\int_\Gamma f(z)\, dz = \sum_{m=1}^{n} 2\pi i \operatorname{Res} f(z_m).$$

Wenn wir jedes der z_m mit einem kleinen, gegen den Uhrzeigersinn orientierten Kreis Γ_m innerhalb von Γ umgeben, ergibt sich das Resultat mit Hilfe des Satzes von Cauchy:

$$\int_\Gamma f(z)\, dz + \sum_{m=1}^{n} \int_{-\Gamma_m} f(z)\, dz = 0,$$

wobei wir wie im Abschnitt 82.30 argumentieren. Dies führt uns zu

$$\int_\Gamma f(z)\, dz = \sum_{m=1}^{n} \int_{\Gamma_m} f(z)\, dz = 2\pi i \sum_{m=1}^{n} \operatorname{Res} f(z_m),$$

womit wir das gewünschte Ergebnis bewiesen hätten.

Beispiel 82.20. Wir berechnen

$$I = \int_\Gamma \frac{4-3z}{z^2-z}\, dz = \int_\Gamma \frac{4-3z}{z(z-1)}\, dz$$

für eine einfach geschlossene Kurve Γ, die die zwei einfachen Pole der Funktion $\frac{4-3z}{z^2-z}$ in $z = 1$ und $z = 0$ umläuft und erhalten $I = 2\pi i(-4+1) = -6\pi i$.

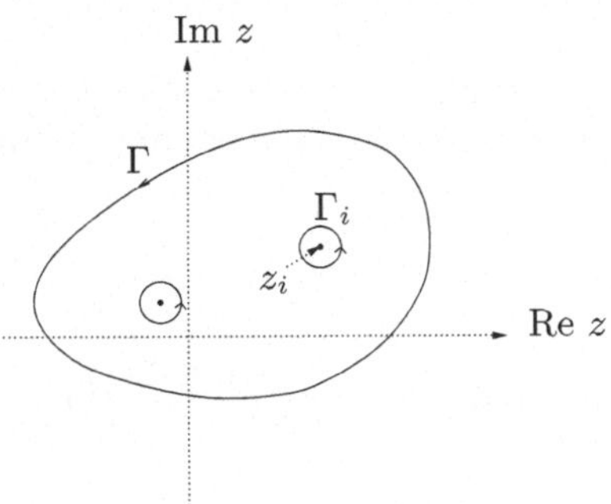

Abb. 82.13. Eine Kurve Γ und Kurven Γ_i, die die Pole von $f(z)$ umlaufen

82.33 Berechnung von $\int_0^{2\pi} R(\sin(t), \cos(t))\, dt$

Wir betrachten ein Integral der Form

$$\int_0^{2\pi} R(\sin(t), \cos(t))\, dt,$$

wobei $R(x, y)$ eine rationale Funktion von $x, y \in \mathbb{R}$ ist. Durch folgende Substitution

$$z = e^{it}, \quad dz = ie^{it}dt = iz\, dt,$$
$$\cos(t) = \frac{e^{it} + e^{-it}}{2} = \frac{1}{2}\left(z + \frac{1}{z}\right),$$
$$i\sin(t) = \frac{e^{it} - e^{-it}}{2} = \frac{1}{2}\left(z - \frac{1}{z}\right),$$

können wir das Integral in

$$\int_{|z|=1} R\left(\frac{z^2 - 1}{2iz}, \frac{z^2 + 1}{2z}\right) \frac{dz}{iz}$$

umformen. Dieses Integral können wir mit Hilfe des Residuensatzes berechnen, falls der Integrand in $|z| = 1$ keine Pole hat.

Beispiel 82.21. Wir berechnen

$$I = \int_0^{2\pi} \frac{dt}{a + \cos(t)},$$

mit Konstanter $a > 1$. Die eben formulierte Umformung führt uns zu

$$I = -2i \int_{|z|=1} \frac{dz}{z^2 + 2az + 1} = -2i \int_{|z|=1} \frac{dz}{(z - \alpha)(z - \beta)},$$

mit $\alpha = -a + \sqrt{a^2 - 1}$ und $\beta = -a - \sqrt{a^2 - 1}$. Da $|\alpha| < 1$ und $|\beta| > 1$, beträgt das Residuum in α gleich $\frac{1}{\alpha - \beta}$ und somit ergibt sich für das Integral:
$I = \frac{2\pi}{\sqrt{a^2-1}}$.

82.34 Berechnung von $\int_{-\infty}^{\infty} \frac{p(x)}{q(x)}\, dx$

Integrale der Form

$$\int_{-\infty}^{\infty} f(x)\, dx \qquad\qquad (82.33)$$

können mit Hilfe des Residuensatzes berechnet werden, wenn wir annehmen, dass die erweiterte Funktion $f(z)$ mit $z \in \mathbb{C}$ keine Pole auf der reellen Achse besitzt und dass $|f(z)| \leq M|z|^{-2}$ für große $|z|$. Wir beginnen mit der Berechnung des Integrals

$$I = \int_{-\infty}^{\infty} \frac{1}{1+x^2}\, dx,$$

(ohne zu wissen, dass $\arctan(x)$ eine Stammfunktion von $\frac{1}{1+x^2}$ ist). Wir schreiben

$$I = \lim_{R\to\infty} \int_{-R}^{R} \frac{1}{1+x^2}\, dx = \lim_{R\to\infty} \int_{\Gamma_R} f(z)\, dz,$$

mit $f(z) = \frac{1}{1+z^2}$. Γ_R ist die Begrenzung der Halbscheibe $|z| < R$ mit $\operatorname{Re} z = x \geq 0$. Dies ergibt sich daraus, dass

$$\lim_{R\to\infty} \int_{\Gamma_R^+} f(z)\, dz = 0,$$

wobei Γ_R^+ den oberen Teil des Halbkreises mit $\operatorname{Re} z = x > 0$ bezeichnet. Nach dem Residuensatz folgt, dass

$$\int_{\Gamma_R} f(z)\, dz = 2\pi i \frac{1}{2i} = \pi,$$

da das Residuum von $f(z) = \frac{1}{(z-i)(z+i)}$ innerhalb von Γ_R gleich ist mit $\frac{1}{z+i}$ für $z = i$. Wir folgern, dass

$$\int_{-\infty}^{\infty} f(x)\, dx = \pi,$$

was natürlich mit dem Ergebnis übereinstimmt, wenn wir $\frac{d}{dx}\arctan(x) = \frac{1}{1+x^2}$ benutzen.

Dieselbe Technik können wir einsetzen, falls $f(x) = \frac{p(x)}{q(x)}$ eine rationale Funktion ist, falls der Grad von $q(x)$ mindestens um zwei größer ist als der des Zählers $p(x)$. Wir können dieselbe Technik auch benutzen, um die Fouriertransformierte (s.u.) von $\frac{p(x)}{q(x)}$ zu berechnen:

$$\frac{1}{2\pi} \int_{-\infty}^{\infty} \frac{p(x)e^{i\xi x}}{q(x)}\, dx.$$

82.35 Anwendungen für die Potentialtheorie in $\mathbb{R}^2$

Zwischen analytischen Funktionen und der Potentialtheorie in $\mathbb{R}^2$ besteht ein enger Zusammenhang, da für eine analytische Funktion $f(z) = u(x,y) +$

$iv(x, y)$ in Ω der Real- und der Imaginärteil $u(x, y)$ und $v(x, y)$ harmonisch in Ω sind, d.h. $\Delta u = \Delta v = 0$ in Ω. Andererseits, wie wir oben gesehen haben, existiert für eine harmonische Funktion $u(x, y)$ auf einem einfach zusammenhängenden Gebiet Ω in $\mathbb{R}^2$ eine bis auf eine Konstante eindeutig bestimmte *konjugiert harmonische* Funktion $v(x, y)$, so dass $f(z) = u(x, y) + iv(x, y)$ in Ω analytisch ist, vgl. Aufgabe 82.10. Nach den Cauchy-Riemann Gleichungen gilt $\nabla u = \nabla \times v$, d.h.:

$$\nabla u = \left(\frac{\partial u}{\partial x}, \frac{\partial u}{\partial y}\right) = \nabla \times v = \left(\frac{\partial v}{\partial y}, -\frac{\partial v}{\partial x}\right).$$

Daraus folgt, dass ∇u und ∇v zueinander orthogonal sind:

$$\nabla u \cdot \nabla v = \frac{\partial u}{\partial x}\frac{\partial v}{\partial x} + \frac{\partial u}{\partial y}\frac{\partial v}{\partial y} = \frac{\partial v}{\partial y}\frac{\partial v}{\partial x} - \frac{\partial v}{\partial x}\frac{\partial v}{\partial y} = 0.$$

Wir folgern daraus, dass die Isolinien von $u(x, y)$ und der Konjugierten $v(x, y)$ zueinander orthogonal verlaufen müssen. Dabei entsprechen die Isolinien von $u(x, y)$ und $v(x, y)$ in der $z = (x, y)$-Ebene den Isolinien der analytischen Funktion $w = u + iv$ in der $w = (u, v)$-Ebene, auf denen u und v konstant sind.

Tatsächlich entstammt viel von dem Interesse an analytischen Funktionen aus dieser Verbindung zur Potentialtheorie in $\mathbb{R}^2$. Heutzutage haben die verfügbaren Berechnungsmethoden, die auch in der Lage sind, Probleme in $\mathbb{R}^3$ zu lösen, dieses Bild verändert und analytische Funktionen spielen nun eine weniger wichtige Rolle bei Anwendungen aus der Strömungs- und Festkörpermechanik.

Anwendungen in der Strömungsmechanik behandeln typischerweise inkompressible rotationsfreie Strömungen in 2D, wobei $u(x, y)$ für ein Geschwindigkeitsfeld steht und $v(x, y)$ für eine assoziierte Strömungsfunktion. Die Geschwindigkeit U der Strömung wird durch $U = \nabla u = \nabla \times v$ gegeben:

$$U = \nabla u = \left(\frac{\partial u}{\partial x}, \frac{\partial u}{\partial y}\right) = \nabla \times v = \left(\frac{\partial v}{\partial y}, -\frac{\partial v}{\partial x}\right).$$

Es gilt $\nabla \cdot U = \Delta u = 0$ und $\nabla \times U = -\Delta v = 0$ und somit ist U inkompressibel und rotationsfrei. Die Isolinien von $u(x, y)$ mit Normaler ∇u entsprechen Äquipotentialkurven und die Isolinien von v mit Normaler $\nabla v = -\nabla \times u$ entsprechen *Bahnlinien*, denen ein Flüssigkeitsteilchen mit der Geschwindigkeit U folgt. Wir folgern, dass jede analytische Funktion $f(z) = u(x, y) + iv(x, y)$ mit einer bestimmten stationären inkompressiblen rotationsfreien Strömung assoziiert werden kann und dass die Isolinien von u und v zueinander orthogonale Kurven bilden, wobei die Isolinien von v die Bahnlinien des Flusses beschreiben.

Bei Anwendungen in der Elektromagnetik repräsentiert $u(x, y)$ ein elektrisches Potential und ∇u ein elektrisches Feld und die Isolinien von $v(x, y)$

repräsentieren die Kurven, die von elektrischen Teilchen im elektrischen Feld gezogen werden.

Bei Anwendungen zum Wärmefluss kann $u(x, y)$ für die Temperatur stehen und die Isolinien von u entsprechen folglich Isolinien der Temperatur. ∇u ist dabei dem Wärmefluss proportional.

Beispiel 82.22. (**Fluss in eine Ecke**) Die Funktion $w = u + iv = z^2$ beschreibt einen bestimmten Fluss in der Viertelebene $\{z = x + iy : x, y \geq 0\}$ mit zugehörigem Potential $u(x, y) = x^2 - y^2$ und Strömung $v(x, y) = 2xy$, vgl. Abb. 82.14.

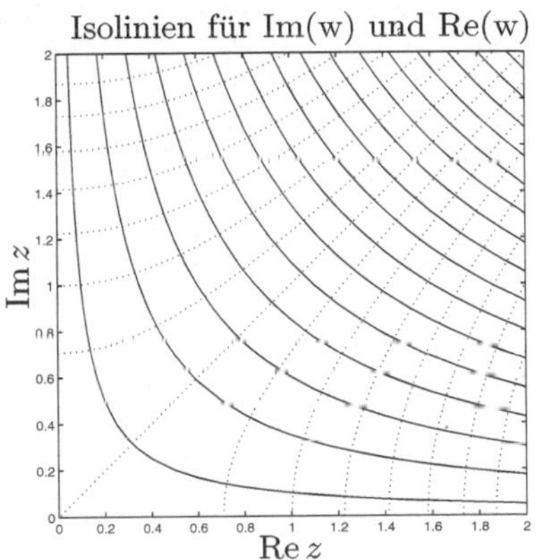

Abb. 82.14. Isolinien für $\text{Im}(w) = 2xy$ (durchgezogen) und $\text{Re}(w) = x^2 - y^2$ (gepunktet) für $w = z^2$

Die Äquipotentiallinien $u(x, y) = $ konstant und die Stromlinien $v(x, y) = $ konstant in der (x, y)-Ebene sind die Bilder der Linien $u = $ konstant und $v = $ konstant unter der Abbildung $z = w^{1/2}$, die die Halbebene $\{w = u + iv : v \geq 0\}$ auf die Viertelebene $\{z = x + iy : x, y \geq 0\}$ abbildet.

Beispiel 82.23. (**Drehender Tennisball**) Wir betrachten zwei Typen von rotationsfreien inkompressiblen Strömungen in zwei Dimensionen um den Einheitskreis $\{(x_1, x_2) : x_1^2 + x_2^2 < 1\}$. Der erste Typ ergibt sich aus der Funktion $f(z) = z + \frac{1}{z}$, die in Polarkoordinaten $z = re^{i\theta}$ lautet:

$$f(z) = u(r, \theta) + iv(r, \theta) = \left(r + \frac{1}{r}\right)\cos(\theta) + i\left(r - \frac{1}{r}\right)\sin(\theta). \quad (82.34)$$

Sie repräsentiert einen symmetrischen Fluss mit Geschwindigkeit $\approx (1, 0)$ (weit) von der Scheibe entfernt. Die Isolinien von $v(r, \theta)$ entsprechen den Bahnlinien um die Scheibe herum, vgl Abb. 82.15.

Der zweite Typ entspricht der Strömung um die Scheibe, die durch

$$g(r, \theta) = -\frac{iK}{2\pi}\log(z) = \frac{K}{2\pi}\theta + i\left(-\frac{K}{2\pi}\log(r)\right) \quad (82.35)$$

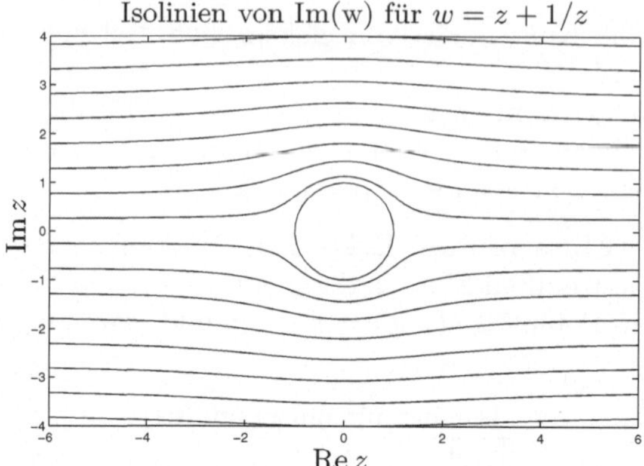

Abb. 82.15. Isolinien von Im(w) für $w = z + 1/z$

gegeben wird. Wir betrachten nun den Fluss, der durch $f(z)$ und $g(z)$ mit der Strömungsfunktion $(r - \frac{1}{r})\sin(\theta) - \frac{K}{2\pi}\log(r)$ beschrieben wird. Wir können uns diesen als Fluss um einen sich drehenden Tennisball in einem waagerechten Luftstrom denken, vgl. Abb. 82.16.

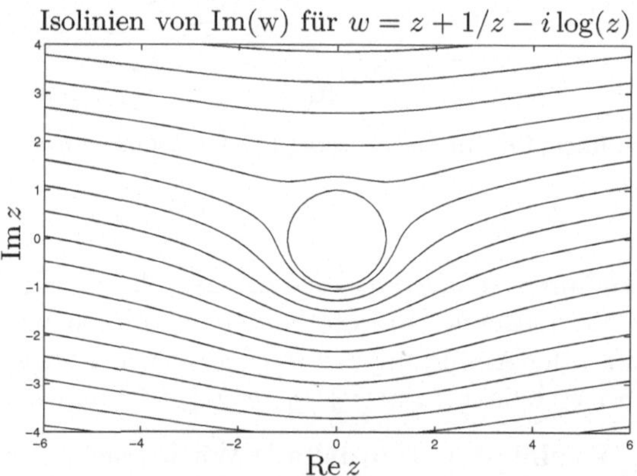

Abb. 82.16. Isolinien von Im(w) für $w = z + 1/z - i\log(z)$

Wir erinnern uns nun an das Gesetz von *Bernoulli*, nach dem bei stationärem nicht-viskosen rotationsfreien Fluss die Größe

$$p + \frac{|U|^2}{2}$$

konstant ist, da $\nabla(p + \frac{|U|^2}{2}) = 0$, wie sich durch direkte Berechnung ergibt, vgl. Aufgabe 82.13. Wir folgern daraus, dass hohe Geschwindigkeit zu geringem Druck führt. Wenn wir nun Abb. 82.16 betrachten, erkennen wir, dass die Geschwindigkeit unterhalb des Balls hoch ist (eng zusammengedrückte Isolinien der Strömungsfunktion), weshalb der Druck unterhalb des Balls gering ist, was zu einer resultierenden, nach unten gerichteten Kraft führt, die als *Auftrieb* bezeichnet wird. Dies ist der Grund dafür, dass der Top-Spin im Tennis so effektiv ist, um den Ball innerhalb des Spielfelds zu halten. Je größer der Top-Spin ist, desto stärker ist die Fluglinie gekrümmt! Björn Borg war einer der ersten, der dieses mechanische Gesetz richtig ausgenutzt hat. Es lässt sich zeigen, dass der *Auftrieb* zur *Zirkulation* proportional ist, die sich aus

$$\int_\Gamma u \cdot ds$$

ergibt, wobei Γ dem gegen den Uhrzeigersinn orientierten Einheitskreis entspricht. Die Zirkulation des Flusses aus Gleichung (82.34) ist aus Symmetriegründen gleich Null, wohingegen die Zirkulation, die sich aus (82.35) ergibt, gleich K ist. Der Auftrieb eines sich drehenden Tennisballs gibt uns einen Hinweis auf den Mechanismus hinter dem Fliegen. Tatsächlich führt der Entwurf eines Flügels, mit nicht-symmetrischem Durchschnitt und einer scharfen abreißenden Kante, eine Zirkulation um den Flügel, der zu einem Auftrieb führt, vgl. Abb. 82.17.

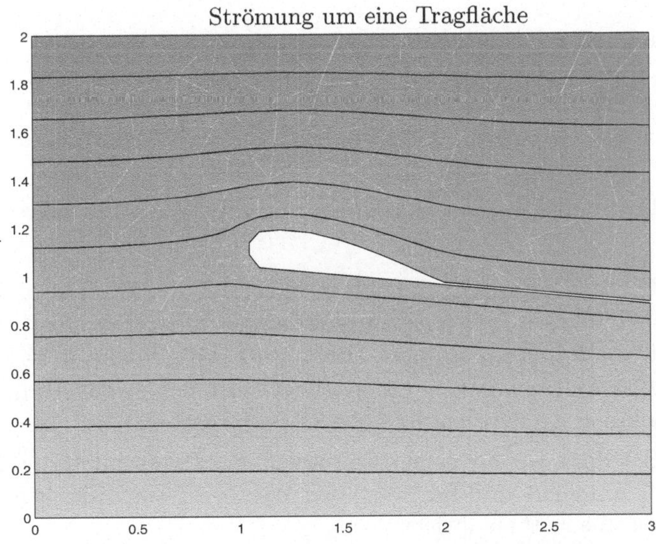

Abb. 82.17. Strömung um eine Tragfläche

Die Zirkulation im Uhrzeigersinn um den Flügel mit Auftriebswirkung wird gewissermaßen durch gegen den Uhrzeigersinn orientierte Wirbel in der turbulenten Schicht hinter dem Flügel kompensiert, so dass die Gesamtrotation der Strömung gleich Null ist.

Isolinien von Im(w) und Re(w) für $w = \sin^{-1}(z)$

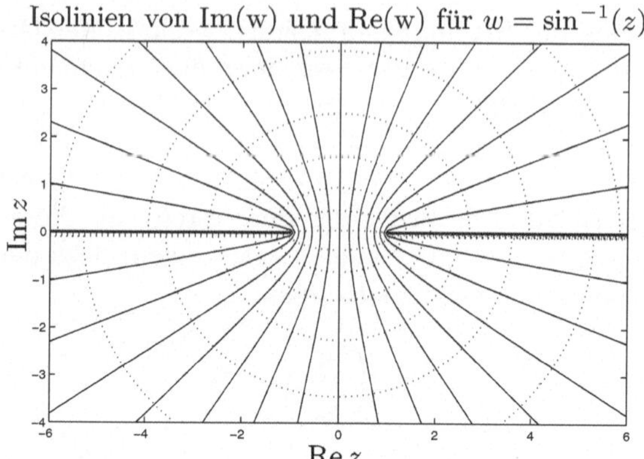

Abb. 82.18. Isolinien von Im(w) (durchgezogen) und Re(w) (gepunktet) für $w = \arcsin(z)$

Beispiel 82.24. (**Fluss durch eine Blende**) Die Funktion

$$z = \sin(w) = \frac{1}{2i}\left(e^{i(u+iv)} - e^{-i(u+iv)}\right)$$
$$= \sin(u)\cosh(v) + i(\cos(u)\sinh(v))$$

bildet den Streifen $\{w = u + iv : \frac{-\pi}{2} < u < \frac{\pi}{2}, v \in \mathbb{R}\}$ auf $\{z = x + iy : y \neq 0 \text{ für } |x| > 1\}$ ab, d.h. die gesamte Ebene ohne die beiden Halbgeraden $\{x + iy : |x| > 1, y = 0\}$. Die zugehörige inverse Funktion $w = f(z) = \arcsin(z) = \sin^{-1}(z)$ kann als das Potential für den Fluss durch eine Blende betrachtet werden, vgl. Abb. 82.18.

Die Bahnlinien entsprechen Hyperbeln und die Äquipotentiallinien bilden Ellipsen.

Beispiel 82.25. (**Diskontinuierliches elektrisches Potential**) Wir betrachten die Funktion $f(z) = u(x,y) + iv(x,y) = i\log(z) = i\log(|z|) - \text{Arg } z$ in der rechten Halbebene $\{z \in \mathbb{C} : \text{Re } z \geq 0\}$. Es gilt $u(x,y) = \arctan(\frac{y}{x})$ und $v(x,y) = \log(r)$ mit $r = (x^2 + y^2)^{1/2}$. Wir haben die Äquipotential- und die Isolinien der Kurven in Abb. 82.19 dargestellt.

Beachten Sie, dass, wenn x gegen Null strebt, das Potential $u(x,y)$ für $y > 0$ den Wert $\frac{\pi}{2}$ annähert und für $y < 0$ den Wert $-\frac{\pi}{2}$, was diskontinuierlichen Randwerten in $x = 0$ entspricht.

Aufgaben zu Kapitel 82

82.1. (a) Beweisen Sie, dass $f(z) = e^z$ analytisch ist mit $f'(z) = e^z$. (b) Beweisen Sie, dass $\sin(z)$ und $\cos(z)$ analytisch sind und die Ableitungen $\cos(z)$ und $-\sin(z)$ besitzen.

Isolinien von Im(w) und Re(w) für $w = i\log(z)$

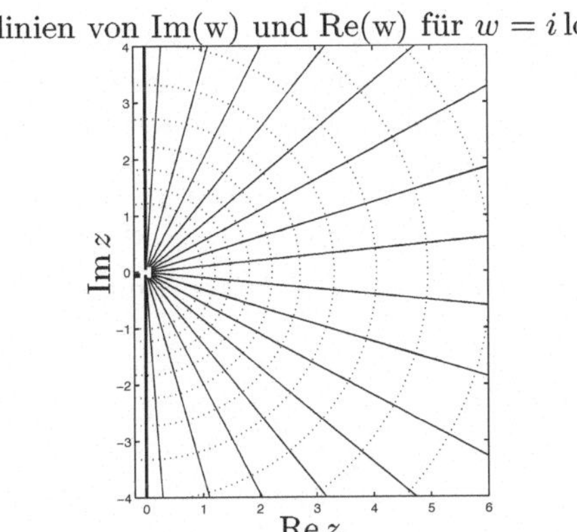

Abb. 82.19. Isolinien von Im(w) (durchgezogen) und Re(w) (gepunktet) für $w = i\log(z)$

82.2. Wir können eine analytische Funktion $f : \mathbb{C} \to \mathbb{C}$ als eine Funktion $F : \mathbb{R}^2 \to \mathbb{R}^2$ betrachten, wenn wir $f(z) = u(x,y) + iv(x,y)$, $z = x + iy$ und $F(x,y) = (u(x,y), v(x,y))$ setzen. Erklären Sie den Zusammenhang zwischen der Jacobi-Matrix F' von $F(x,y)$ und der Ableitung f' und begründen Sie auf diese Weise die Cauchy-Riemann Gleichungen.

82.3. Was passiert, wenn wir in der Cauchyschen Integralformel $z_0 \in \Gamma$ wählen wollen?

82.4. Beweisen Sie den Satz von Liouville, nach dem $f(z)$ konstant ist, wenn $f(z)$ auf der gesamten komplexen Ebene analytisch und beschränkt ist. Hinweis: Nutzen Sie die Integralformel für $f'(z)$ für einen Kreis Γ mit großem Radius.

82.5. Beweisen Sie den Satz von Morera, nach dem $f(z)$ in Ω analytisch ist, wenn für $f : \Omega \to \mathbb{C}$ für alle einfach geschlossenen Kurven in Ω gilt: $\int_\Gamma f(z)\,dz = 0$. Hinweis: Definieren Sie $F(z) = \int_{\Gamma_z} f(\zeta)\,d\zeta$, wobei Γ_z eine Kurve ist, die einen festen Punkt z_0 mit einem beliebigen Punkt $z \in \Omega$ verbindet. Zeigen Sie die Unabhängigkeit von der Wahl von Γ_z und dass $F'(z) = f(z)$.

82.6. Beweisen Sie, dass durch eine Möbius-Abbildung jede Gerade und jeder Kreis in der komplexen Ebene in einen Kreis oder Gerade abgebildet wird. Hinweis: Schreiben Sie $w = \frac{az+b}{cz+d}$ in der Form: $w = -\frac{ad-bc}{c}\frac{1}{cz+d} + \frac{a}{c}$.

82.7. Berechnen Sie (a) $\int_0^{2\pi} \frac{d\theta}{5-3\sin(\theta)}$ und (b) $\int_{-\infty}^{\infty} \frac{x}{1+x^4}\,dx$.

82.8. Beweisen Sie, dass $\int_{-\infty}^{\infty} \frac{\sin\theta}{\theta} = 2\pi$.

82.9. Beweisen Sie (82.10).

82.10. Beweisen Sie, dass für harmonisches $u(x,y)$ in einem einfach zusammenhängenden Gebiet Ω eine Funktion v existiert, so dass $u + iv$ die Cauchy-Riemann Gleichungen in Ω erfüllt. Hinweis: Benutzen Sie das zentrale Ergebnis im Kapitel „Potentialfelder".

82.11. Konstruieren Sie eigene Beispiele für zwei-dimensionalen Potentialfluss, Elektrostatik und den Wärmefluss, indem sie Elementarfunktionen wie z^α, e^z, $\log(z)$, $\sin(z)$, $\sinh(z)$ und Möbius-Abbildungen kombinieren.

82.12. Geben Sie einen anderen Beweis für die Cauchysche Integralformel, wobei Sie benutzen, dass $\frac{g(z)}{z-z_0}$ auf dem Gebiet $\Omega_\epsilon = \{z \in \Omega : |z - z_0| > \epsilon\}$ analytisch ist, so dass $\int_{\Gamma_\epsilon} \frac{g(z)}{z-z_0}\, dz = 0$, wobei Γ_ϵ die Begrenzung von Ω_ϵ ist. Nun lassen Sie ϵ gegen Null gehen.

82.13. Zeigen Sie, dass $\nabla(p + \frac{|u|^2}{2}) = 0$ in Ω, falls für die Flüssigkeitsgeschwindigkeit $u = (u_1, u_2)$, die auf dem Gebiet Ω in $\mathbb{R}^2$ definiert ist, gilt: $\nabla \cdot u = \nabla \times u = 0$. Außerdem löse u die stationäre Impulsgleichung $(u \cdot \nabla)u + \nabla p - \Delta u = 0$ in Ω. Damit wird das Gesetz von Bernoulli bewiesen, nach dem $p + \frac{|u|^2}{2}$ konstant ist, so dass also hohe Geschwindigkeiten kleinem Druck entsprechen.

82.14. Bestimmen Sie das Bild des Kreises $|z| = 1$ und der Einheitsscheibe $|z| < 1$ unter der Abbildung $w = \frac{i(1-z)}{1+z}$. Benutzen Sie das Ergebnis, um das elektrostatische Potential $\varphi(x, y)$, $(z = x + iy)$ in der Einheitsscheibe $|z| < 1$ mit den folgenden Randwerten zu bestimmen:

$$\varphi(x, y) = \begin{cases} P, & \text{für } |z| = 1, \quad x > 0, \ y > 0, \\ 0, & \text{für } |z| = 1, \quad x < 0, \ \text{oder } y < 0. \end{cases}$$

82.15. Sei T ein Dreieck mit den Ecken 0, 1 und $1 + i$. Bestimmen Sie die Bilder von T unter der Abbildung $w = \frac{z}{1-z}$.

82.16. Bestimmen Sie eine harmonische Funktion $\varphi(x, y)$ im Gebiet zwischen den Hyperbeln $x^2 - y^2 = 1$ und $x^2 - y^2 = 4$ mit den Randwerten (i) $\varphi(x, y) = 2xy$ auf $x^2 - y^2 = 1$ und (ii) $\varphi(x, y) = 4xy$ auf $x^2 - y^2 = 4$.

83

Fourier-Reihen

Gestern hatte ich meinen 21. Geburtstag. In dem Alter hatten Newton und Pascal bereits mehrfach Anspruch auf Unsterblichkeit erhoben. (Fourier 1789)

83.1   Einleitung

In den folgenden zwei Kapiteln geben wir einen kurzen Einblick in die *Fourier-Analyse*. Wir beginnen in diesem Kapitel mit *Fourier-Reihen* und fahren im nächsten Kapitel mit *Fourier-Transformationen* fort. Die zentrale Idee dabei ist, vorgegebene Funktionen als Linearkombinationen trigonometrischer Funktionen darzustellen (oder anzunähern). Wir haben dieselbe prinzipielle Idee im Kapitel „Stückweise lineare Näherung" kennen gelernt, in dem wir die Näherung gegebener Funktionen durch die Linearkombination von stückweise definierten Polynomen untersucht haben. Fourier-Darstellungen haben besondere Eigenschaften, die z.B. in der Signal- und Bildverarbeitung nützlich sind, woraus sich wichtige Anwendungen ergeben, wie etwa die Computer-Tomographie. In jüngerer Zeit wurden Varianten der Fourier-Analyse, die als *Wavelets* bezeichnet werden, entwickelt, die beispielsweise bei der Kompression von Bildern Verwendung finden. Wir werden auf diesen Aspekt am Ende des Kapitels „Fourier-Transformation" kurz eingehen.

Fourier (1768–1830), vgl. Abb. 83.1, benutzte trigonometrische Reihen in seinem berühmten Werk *Théorie analytique de la chaleur* (1822), um Eigenschaften von Lösungen der Wärmegleichung zu untersuchen. Die Idee, all-

Abb. 83.1. Fourier, Erfinder der Fourier-Reihen: „Mathematik ist mit den verschiedensten Phänomenen vergleichbar und bringt die geheimen Ähnlichkeiten zwischen ihnen zum Vorschein"

gemeine Funktionen als eine Fourier-Reihe darzustellen (oder eine Potenzreihe) beeinflusste die Entwicklung der mathematischen Analyse grundlegend, vorangetrieben durch den beeindruckenden Erfolg dieser Techniken für gewisse Problemklassen, wie beispielsweise für Differentialgleichungen mit linearen konstanten Koeffizienten. Wie jedes hochgradig spezialisierte Werkzeug oder Lebewesen, so konnten diese Techniken sich jedoch nicht an die Notwendigkeiten einer sich verändernden Welt anpassen, in der auf Computer basierende Methoden zum Arbeitspferd für nicht lineare Differentialgleichungen in den Anwendungen wurden. Nichtsdestotrotz spielt die Fourier-Analyse eine fundamentale Rolle für das Grundverständnis vieler Phänomene.

Wir beginnen mit Fourier-Reihen im Komplexen und präsentieren dann reelle Reihen als Spezialfall. Fourier-Reihen betreffen Funktionen $f : \mathbb{R} \to \mathbb{C}$, die mit einer bestimmten Periode $a > 0$ *periodisch* sind, d.h. $f(x+a) = f(x)$ für $x \in \mathbb{R}$. Oft normieren wir zu $a = 2\pi$ und betrachten folglich 2π-periodische Funktionen $f : \mathbb{R} \to \mathbb{C}$, für die $f(x + 2\pi) = f(x)$ für $x \in \mathbb{R}$ gilt. Normalerweise beschränken wir unsere Betrachtungen auf reellwertige Funktionen $f : \mathbb{R} \to \mathbb{R}$. Die Fourier-Transformation beschäftigt sich mit nicht periodischen Funktionen $f : \mathbb{R} \to \mathbb{C}$.

Wir werden sehen, dass für eine gegebene 2π-periodische Funktion $f(x)$ die Darstellung als eine Fourier-Reihe der Darstellung von $f(x)$ als Linearkombination einer bestimmten Menge von trigonometrischen Funktionen $\{e_m(x)\}$ entspricht:

$$f(x) = \sum_m c_m e_m(x), \tag{83.1}$$

mit bestimmten Koeffizienten $c_m \in \mathbb{C}$. Wir betrachten die Funktionen $e_m(x)$ daher als *Basisfunktionen* und stellen eine allgemeine Funktion $f(x)$ als eine bestimmte *Linearkombination* von Basisfunktionen dar. So ist beispielsweise $f(x) = 0,5\sin(2x) - 0,8\sin(7x)$ eine Linearkombination der beiden Basisfunktionen $\sin(2x)$ und $\sin(7x)$ mit den Koeffizienten $0,5$ und $0,8$, vgl. Abb. 83.2.

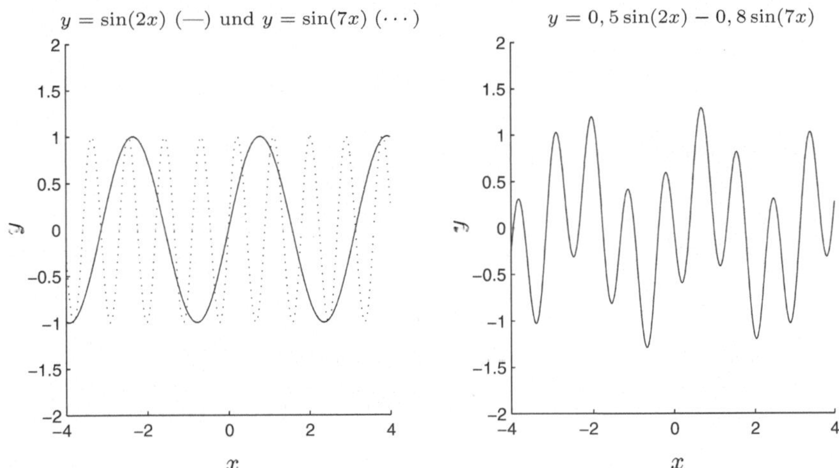

Abb. 83.2. Die Funktionen $\sin(2x)$ und $\sin(7x)$ und deren Linearkombination $0,5\sin(2x) - 0,8\sin(7x)$

Die trigonometrischen Basisfunktionen $e_m(x)$, die in den Fourier-Reihen benutzt werden, sind

$$\sin(mx), \quad \cos(mx), \ m = 0,1,2,\ldots, \quad \text{(reelle Fourier-Reihen)} \tag{83.2}$$

oder

$$e^{imx} = \cos(mx) + i\sin(mx), \ m = 0, \pm 1, \ldots, \quad \text{(komplexe Fourier-Reihen)}. \tag{83.3}$$

Jede Basisfunktion $\sin(mx)$, $\cos(mx)$ oder e^{imx} ist periodisch mit der Periode $\frac{2\pi}{|m|}$ und besitzt die (Winkel-) *Frequenz* oder *Wellenzahl* $|m|$. Je größer $|m|$ ist, desto höher ist die Frequenz und desto schneller „oszillieren " die Funktionen $\sin(mx)$, $\cos(mx)$ und e^{imx}. In der Reihe (83.1) wird $f(x)$ als Linearkombination von Basisfunktionen mit steigenden Frequenzen dargestellt. Da die Basisfunktionen alle mit der Periode 2π periodisch sind, gilt dies auch für die Linearkombination $f(x)$.

Die Basisfunktionen (83.2) und (83.3) sind bezüglich des $L_2(-\pi, \pi)$-Skalarprodukts

$$(v, w) = \int_{-\pi}^{\pi} v(x)\overline{w(x)}\,dx \tag{83.4}$$

orthogonal. Dabei bezeichnet $\overline{w(x)}$ die komplex Konjugierte von $w(x)$. Die zugehörige Norm ist $\|v\| = (v,v)^{1/2}$. Wegen der Orthogonalität der Basisfunktionen können die Koeffizienten c_m direkt aus dem $L_2(-\pi,\pi)$-Skalarprodukt von (83.1) mit e_m berechnet werden. Wir erhalten so:

$$c_m = \frac{(f,e_m)}{(e_m,e_m)}.$$

83.2   Anlauf I: Orthonormale Basis in $\mathbb{C}$

Zur Vorbereitung betrachten wir Bekanntes in $\mathbb{C}^n$: Wir erinnern uns, dass $\mathbb{C}^n$ der Menge aller geordneten n-Tupel $x = (x_1,\dots,x_n)$ entspricht, mit $x_k \in \mathbb{C}$ für $k = 1,\dots,n$. Das Skalarprodukt (x,y) zweier Vektoren x und y in $\mathbb{C}^n$ wird durch $x \cdot y = (x,y) = \sum_{j=1}^{n} x_j \overline{y_j}$ definiert, mit der zugehörigen Norm $\|x\| = (x,x)^{1/2}$.

Sei nun $\{g_1,\dots,g_n\}$ eine Menge von n Vektoren in $\mathbb{C}^n$, d.h. jedes $g_k = (g_{k1},\dots,g_{kn})$ ist ein Vektor in $\mathbb{C}^n$ mit den Komponenten $g_{kj} \in \mathbb{C}$. Wir erinnern daran, dass die Menge $\{g_1,\dots,g_n\}$ eine orthonormale Basis in $\mathbb{C}^n$ bildet, wenn die g_k zueinander orthogonal sind und alle Vektoren die Norm Eins besitzen, d.h.

$$(g_k,g_m) = 0, \quad \text{falls } k \neq m \quad \text{und } \|g_m\| = 1, \quad \text{für } m = 1,\dots,n.$$

Ist $\{g_1,\dots,g_n\}$ eine orthonormale Basis, dann können wir einen gegebenen Vektor $u \in \mathbb{C}^n$ als Linearkombination der Basisvektoren folgendermaßen darstellen:

$$u = \sum_{m=1}^{n} c_m g_m, \quad \text{mit } c_m = (u,g_m) \quad \text{für } m = 1,\dots,n,$$

wobei $c_m = (u,g_m)$ sich ergibt, wenn wir das Skalarprodukt bilden und dabei die Orthonormalität beachten.

83.3   Anlauf II: Reihen

Wir wiederholen aus dem Kapitel „Reihen", dass eine Reihe $\sum_{m=1}^{\infty} \alpha_m$ mit den Koeffizienten $\alpha_m \in \mathbb{C}$ *konvergent* ist, falls die Folge $\{s_n\}_{n=1}^{\infty}$ der Teilsummen $s_n = \sum_{m=1}^{n} \alpha_m$ konvergiert, wenn n gegen Unendlich strebt. Die Reihe heißt *absolut konvergent*, wenn $\sum_{m=1}^{\infty} |\alpha_m|$ konvergent ist, was identisch ist zur Forderung, dass die Folge der Teilsummen $\hat{s}_n = \sum_{m=1}^{n} |\alpha_m|$ nach oben beschränkt ist, d.h., dass $\hat{s}_n \leq K$ für $n = 1,2,\dots$, für eine positive Konstante K. Für eine Reihe mit nicht negativen Summanden stimmen die Begriffe Konvergenz und absolute Konvergenz überein. Ein typisches

Beispiel für eine positive (absolut) konvergente Reihe ist $\sum_{m=1}^{\infty} m^{-2}$. Wir erkennen, dass $s_n = \sum_{m=1}^{n} m^{-2}$ nach oben beschränkt ist, indem wir

$$s_n \leq 1 + \sum_{m=2}^{n} \int_{m-1}^{m} x^{-2}\, dx \leq 1 + \int_{1}^{n} x^{-2}\, dx \leq 1 + [-x^{-1}]_1^n \leq 2.$$

betrachten. Mit demselben Argument können wir zeigen, dass $\sum_{m=1}^{\infty} m^{-\alpha}$ für $\alpha > 1$ konvergent ist.

Wir erinnern auch daran, dass eine alternierende Reihe $\sum_{m=1}^{\infty} (-1)^m a_m$, wobei $\{a_m\}$ eine positive abnehmende Folge ist, die gegen Null strebt, konvergent ist.

83.4 Komplexe Fourier-Reihen

Eine Reihe der Form

$$\sum_{m=-\infty}^{\infty} c_m e^{imx} = \sum_{m=1}^{\infty} c_{-m} e^{-imx} + c_0 + \sum_{m=1}^{\infty} c_m e^{imx}, \tag{83.5}$$

mit $x \in \mathbb{R}$ wird *Fourier-Reihe* mit den *Fourier-Koeffizienten* $c_m \in \mathbb{C}$ mit $m = 0, \pm 1, \pm 2, \ldots$ genannt. Die zugehörige *abgeschnittene Fourier-Reihe* lautet:

$$\sum_{m=-n}^{n} c_m e^{imx} - \sum_{m=1}^{n} c_{-m} e^{-imx} + c_0 + \sum_{m=1}^{n} c_m e^{imx}, \tag{83.6}$$

mit $n = 1, 2, \ldots$, die als eine endliche Linearkombination aus der Menge der Basisfunktionen

$$\{1, e^{\pm ix}, e^{\pm i2x}, \ldots, e^{\pm inx}\}$$

mit Koeffizienten c_m betrachtet werden kann.

Die Orthogonalität der Basisfunktionen $\{e^{imx}\}$ formulieren wir wie folgt:

$$\int_{-\pi}^{\pi} e^{imx} e^{-ikx}\, dx = \begin{cases} 0 & \text{für } k \neq m, \\ 2\pi & \text{für } k = m. \end{cases} \tag{83.7}$$

Dies ergibt sich direkt durch die Integration.

Üblicherweise betrachten wir Fälle, in denen für die Fourier-Koeffizienten c_m gilt:

$$|c_m| \leq K m^{-2}, \quad m = \pm 1, \pm 2, \ldots, \tag{83.8}$$

mit positiver Konstanten K. In diesen Fällen konvergiert die Reihe (83.5) absolut für alle x, da

$$\sum_{-\infty}^{\infty} |c_m e^{imx}| = \sum_{-\infty}^{\infty} |c_m| \leq |c_0| + 2K \sum_{m=1}^{\infty} m^{-2} < \infty.$$

Folglich wird durch die Reihe eine Funktion $f : \mathbb{R} \to \mathbb{C}$ definiert, die durch die konvergente Fourier-Reihe dargestellt wird:

$$f(x) = \sum_{m=-\infty}^{\infty} c_m e^{imx}. \tag{83.9}$$

Die Reihe (83.9) liefert eine *Spektralzerlegung* von $f(x)$ in die *Winkelfunktionen* e^{imx} mit unterschiedlichen Amplituden c_m, und somit eine Beschreibung der Funktion $f(x)$ als Summe von Amplituden der verschiedenen Winkelfunktionen, die in $f(x)$ enthalten sind. In der Musik können wir uns $f(x)$ als den „Akkord" denken, der aus einer Anzahl von „Tönen" $c_m e^{imx}$ mit unterschiedlichen Frequenzen m und Amplituden c_m zusammengesetzt ist. Eine Spektralzerlegung eines „Akkords" $f(x)$ würde uns die „Töne" liefern, aus denen der „Akkord" zusammengesetzt ist, vgl. *The Sound of Functions* in unserem „Mathematischen Labor".

Die Basisfunktionen $\{e^{imx}\}$ besitzen einen *globalen Träger*, d.h., jede Basisfunktion e^{imx} ist für alle $x \in \mathbb{R}$ ungleich Null. Die Basisfunktionen $\{e^{imx}\}$ verbinden somit die folgenden Eigenschaften: Orthogonalität und globaler Träger. Wir stellen dies den „Hütchen-Funktionen" gegenüber, die für die stetige stückweise lineare Näherung als Basisfunktionen eingesetzt werden: Die Hütchen-Funktionen besitzen einen lokalen Träger, aber sie sind alle nicht (ganz) orthogonal zueinander. Die für Basisfunktionen beste Kombination wäre Orthogonalität mit einem lokalen Träger. Sogenannte *Wavelets*, die in jüngerer Zeit eingeführt wurden, verbinden diese beiden Eigenschaften.

Angenommen, $f(x)$ sei durch eine konvergente Fourier-Reihe (83.9) definiert. Die Multiplikation mit e^{-imx} mit $m = 0, \pm 1, \pm 2, \dots$ und anschließende Integration über das Intervall $[-\pi, \pi]$ liefert mit Hilfe der Orthogonalitätseigenschaft (83.7):

$$c_m = c_m(f) = \frac{1}{2\pi} \int_{-\pi}^{\pi} f(x) e^{-imx} \, dx, \tag{83.10}$$

wobei wir die Abhängigkeit des Fourier-Koeffizienten $c_m = c_m(f)$ von der Funktion $f(x)$ angedeutet haben. Somit lautet die *Darstellung als Fourier-Reihe*:

$$f(x) = \sum_{m=-\infty}^{\infty} c_m(f) e^{imx}, \tag{83.11}$$

wodurch $f(x)$ als Linearkombination der verschiedenen Winkelfunktionen e^{imx} mit unterschiedlichen Frequenzen ausgedrückt wird, wobei die Fourier-Koeffizienten $c_m(f)$ durch (83.10) erhalten werden.

Ist andererseits $f : \mathbb{R} \to \mathbb{C}$ eine gegebene 2π-periodische (Lipschitz-stetige) Funktion und definieren wir $c_m(f)$ durch (83.10), dann stellt sich die Frage, ob $f(x)$ für alle x durch ihre Fourier-Reihe (83.11) dargestellt werden kann. Wir werden unten beweisen, dass dies tatsächlich stimmt, wenn $f(x)$ differenzierbar ist und 2π-periodisch. Dies ist das zentrale Ergebnis der Fourier-Analyse, nach der eine beliebige 2π-periodische differenzierbare Funktion durch ihre Spektralzerlegung in Form einer Fourier-Reihe dargestellt werden kann. Dieses Ergebnis beinhaltet den Aspekt der „Vollständigkeit" der Basisfunktionen $\{e^{imx}\}$, d.h., die Tatsache, dass *jede* differenzierbare Funktion als eine Fourier-Reihe darstellbar ist.

83.5 Fourier-Reihen als Entwicklung in einer orthonormalen Basis

Wenn wir die Basisfunktionen e^{imx} normieren, erhalten wir orthonormale Basisfunktionen $e_m(x) = \frac{1}{\sqrt{2\pi}}e^{imx}$, für die gilt:

$$(e_m, e_k) = 0 \quad \text{falls } k \neq m \quad \text{und} \quad (e_m, e_m) = 1. \tag{83.12}$$

Somit nimmt eine Fourier-Reihe in der normierten Basis die folgende Form an:

$$f(x) = \sum_{m=-\infty}^{\infty} \tilde{c}_m(f)\frac{1}{\sqrt{2\pi}}e^{imx}, \quad \tilde{c}_m(f) = \frac{1}{\sqrt{2\pi}}\int_{-\pi}^{\pi} f(x)e^{-imx}\,dx.$$

Natürlich wäre es möglich, mit den normierten Basisfunktionen $\{\frac{1}{\sqrt{2\pi}}e^{imx}\}$ und den zugehörigen Fourier-Koeffizienten $\tilde{c}_m(f)$ zu arbeiten, wodurch die 2π-Faktoren in zwei $\sqrt{2\pi}$ Faktoren aufgeteilt würden. Wir halten uns aber an die üblichere Schreibweise mit dem Faktor 2π bei den Fourier-Koeffizienten $c_m(f)$ und den nicht normierten Basisfunktionen $\{e^{imx}\}$. Dadurch wird die Schreibweise etwas vereinfacht.

83.6 Abgeschnittene Fourier-Reihen und beste L_2-Näherung

Die *abgeschnittene Fourier-Reihe*

$$S_n f(x) = \sum_{m=-n}^{n} c_m(f)e^{imx}$$

einer gegebenen Funktion $f(x)$ ist eine *beste Näherung* für $f(x)$ in dem Sinne, dass

$$\|f - S_n f\| \leq \|f - g_n\|$$

für jedes $g_n(x) = \sum_{m=-n}^{n} d_m e^{imx}$ mit $d_m \in \mathbb{C}$, $m = 0, \pm 1, \dots, \pm n$. Dies liegt daran, dass aufgrund der Definition der Fourier-Koeffizienten

$$(f - S_n f, e_m) = 0 \quad \text{für } m = 0, \pm 1, \dots, \pm n$$

und daher ist $S_n f(x)$ in dem linearen Raum, der durch die Funktionen $\{1, e^{\pm ix}, e^{\pm i2x}, \dots, e^{\pm inx}\}$ aufgespannt wird, die beste Näherung in der $L_2(-\pi, \pi)$-Norm für $f(x)$, vgl. Kapitel „Stückweise lineare Näherung".

83.7 Reelle Fourier-Reihen

Wenn wir $e^{imx} = \cos(mx) + i\sin(mx)$ ausnutzen und dass $\cos(-mx) = \cos(mx)$ und $\sin(-mx) = -\sin(mx)$, können wir (83.9) folgendermaßen schreiben:

$$\sum_{m=-\infty}^{\infty} c_m e^{imx} = c_0 + \sum_{m=1}^{\infty} a_m \cos(mx) + \sum_{m=1}^{\infty} b_m \sin(mx),$$

mit

$$a_m = c_m + c_{-m}, \quad b_m = i(c_m - c_{-m}), \quad m = 1, 2, \dots .$$

Ist $f(x)$ reell, d.h. $f : \mathbb{R} \to \mathbb{R}$, dann gilt $\bar{c}_m = c_{-m}$ und somit $a_m = c_m + \bar{c}_m = 2\mathrm{Re}(c_m) \in \mathbb{R}$ und $b_m = i(c_m - \bar{c}_m) = -2\mathrm{Im}(c_m) \in \mathbb{R}$ und folglich:

$$c_m = \frac{a_m}{2} - i\frac{b_m}{2}, \quad c_{-m} = \frac{a_m}{2} + i\frac{b_m}{2}, \quad m = 0, 1, 2, \dots . \tag{83.13}$$

Die Fourier-Reihen reellwertiger 2π-periodischer Funktionen $f : \mathbb{R} \to \mathbb{R}$ können daher alternativ auch als Sinus- und Kosinus-Reihe geschrieben werden:

$$f(x) = \frac{a_0}{2} + \sum_{m=1}^{\infty} a_m \cos(mx) + \sum_{m=1}^{\infty} b_m \sin(mx),$$

wobei a_m, $b_m \in \mathbb{R}$ sich wie folgt ergeben:

$$a_m = a_m(f) = \frac{1}{\pi} \int_{-\pi}^{\pi} f(x) \cos(mx)\, dx, \quad \text{für } m = 0, 1, 2, \dots,$$

$$b_m = b_m(f) = \frac{1}{\pi} \int_{-\pi}^{\pi} f(x) \sin(mx)\, dx, \quad \text{für } m = 1, 2, \dots .$$

Wir beachten, dass für gerades $f(x)$, d.h. $f(x) = f(-x)$, $b_m = 0$ für $m = 1, 2, \dots$ gilt, weswegen $f(x)$ eine Darstellung als *Kosinus-Reihe* besitzt:

$$f(x) = \frac{a_0(f)}{2} + \sum_{m=1}^{\infty} a_m(f) \cos(mx). \tag{83.14}$$

Ist andererseits $f(x)$ ungerade, d.h. $f(x) = -f(-x)$, dann ist $a_m = 0$ für $m = 0, 1, \ldots$ und somit besitzt $f(x)$ eine Darstellung als *Sinus-Reihe*:

$$f(x) = \sum_{m=1}^{\infty} b_m(f) \sin(mx). \tag{83.15}$$

In den folgenden Anwendungen betrachten wir normalerweise Kosinus- und Sinus-Reihen für reellwertige Funktionen $f : \mathbb{R} \to \mathbb{R}$. Die komplexe Fourier-Reihe ist für die Konvergenzanalyse von Fourier-Reihen nützlich.

Wir wollen nun einige Beispiele geben, in denen die Fourier-Koeffizienten unterschiedlich schnell gegen Null konvergieren (wie m^{-2}, m^{-3} oder m^{-1}).

Beispiel 83.1. Sei $f : \mathbb{R} \to \mathbb{R}$ die 2π-periodische Funktion $f(x) = |x|$ für $-\pi \leq x \leq \pi$. Die Funktion $f(x)$ ist reellwertig und gerade und besitzt daher eine Kosinus-Reihe der Form (83.14). Wir berechnen durch partielle Integration für $m > 0$:

$$a_0(f) = \frac{1}{\pi} \int_{-\pi}^{\pi} f(x)\, dx = \frac{2}{\pi} \int_0^{\pi} x\, dx = \pi,$$

$$a_m(f) = \frac{1}{\pi} \int_{-\pi}^{\pi} f(x) \cos(mx)\, dx = \frac{2}{\pi} \int_0^{\pi} x \cos(mx)\, dx$$

$$= \frac{2}{\pi} \left[\frac{x \sin(mx)}{m} \right]_0^{\pi} - \frac{2}{\pi} \int_0^{\pi} \frac{\sin(mx)}{m}\, dx = \frac{2}{\pi} \frac{(-1)^m - 1}{m^2}.$$

Da $(-1)^m - 1 = -2$ für m ungerade und $(-1)^m - 1 = 0$ für m gerade, lautet die Fourier-Reihe von $f(x) = |x|$ wie folgt:

$$|x| = \frac{\pi}{2} - \frac{4}{\pi} \sum_{k=1}^{\infty} \frac{\cos((2k-1)x)}{(2k-1)^2}.$$

Wir haben die zugehörigen abgeschnittenen Reihen für verschiedene End-werte n in Abb. 83.3 dargestellt.

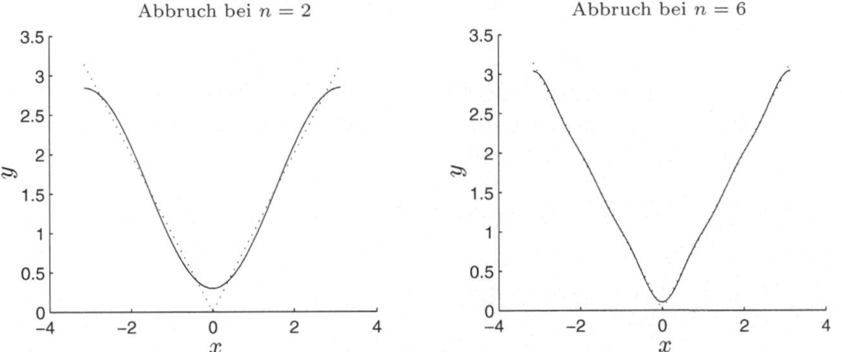

Abb. 83.3. Die Summe der ersten beiden und der ersten sechs Ausdrücke der Fourier-Reihe von $|x|$ (gepunktet)

Beispiel 83.2. Sei $f : \mathbb{R} \to \mathbb{R}$ die ungerade 2π-periodische Funktion $f(x) = x(\pi - x)$ für $0 \le x \le \pi$. Wir berechnen ihre Sinus-Reihe:

$$b_m(f) = \frac{1}{\pi} \int_{-\pi}^{\pi} f(x) \sin(mx)\, dx = \frac{2}{\pi} \int_0^{\pi} x(\pi - x) \sin(mx)\, dx$$

$$= -\frac{2}{\pi} \left[\frac{x(\pi - x) \cos(mx)}{m} \right]_0^{\pi} + \frac{2}{\pi} \int_0^{\pi} \frac{(\pi - 2x) \cos(mx)}{m}\, dx$$

$$= \frac{2}{\pi m} \left[\frac{(\pi - 2x) \sin(mx)}{m} \right]_0^{\pi} + \frac{2}{\pi m^2} \int_0^{\pi} 2 \sin(mx)\, dx$$

$$= \frac{4}{\pi m^3} (1 - (-1)^m).$$

Beispiel 83.3. Wir definieren eine 2π-periodische Funktion $f(x)$ durch

$$f(x) = \begin{cases} 1 & \text{für } |x| < a, \\ 0 & \text{für } a < |x| \le \pi, \end{cases}$$

mit $0 < a < \pi$, vgl. Abb. 83.4.

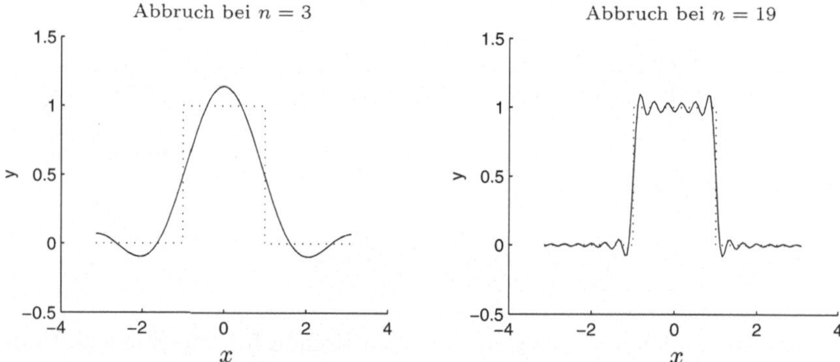

Abb. 83.4. Die Summe der ersten 3 und der ersten 19 Ausdrücke der Fourier-Reihe einer stückweise konstanten Funktion (gepunktet)

Dies entspricht einer stückweise Lipschitz-stetigen 2π-periodischen geraden Funktion, für die wir die Fourier-Koeffizienten berechnen können. Wir erhalten $b_m(f) = 0$ für $m > 0$ und

$$a_m(f) = \frac{1}{\pi} \int_{-\pi}^{\pi} f(x) \cos(mx)\, dx = \frac{2}{\pi} \int_0^{a} \cos(mx)\, dx = \frac{2 \sin(ma)}{\pi m} \tag{83.16}$$

und $a_0(f) = \frac{2a}{\pi}$. Wir erwarten daher, dass

$$f(x) = \frac{a}{\pi} + \frac{2}{\pi} \sum_{m=1}^{\infty} \frac{\sin(ma)}{m} \cos(mx).$$

Wir werden unten auf diese Gleichung zurückkommen, wobei wir besonders auf die Werte $x = \pm a$ schauen werden, in denen $f(x)$ unstetig ist.

83.8 Grundlegende Eigenschaften der Fourier-Koeffizienten

Wir stellen nun einige grundlegende Eigenschaften der Fourier-Koeffizienten

$$c_m(f) = \frac{1}{2\pi} \int_{-\pi}^{\pi} f(x)e^{-imx}\,dx, \quad m = 0, \pm 1, \pm 2, \dots$$

für eine gegebene 2π-periodische Lipschitz-stetige Funktion $f : \mathbb{R} \to \mathbb{C}$ vor.

Linearität

Fourier-Koeffizienten erfüllen die folgenden offensichtlichen Linearitätseigenschaften:

$$c_m(f + g) = c_m(f) + c_m(g), \quad c_m(\alpha f) = \alpha c_m(f),$$

wobei f und g zwei Funktionen mit den Fourier-Koeffizienten $c_m(f)$ und $c_m(g)$ sind und $\alpha \in \mathbb{C}$.

Fourier-Koeffizienten der Ableitung $Df = f'$

Wir schlagen nun eine Verbindung zwischen den Fourier-Koeffizienten der Ableitung $Df = \frac{df}{dx}$ einer 2π-periodischen Funktion $f : \mathbb{R} \to \mathbb{C}$ zu den Fourier-Koeffizienten von f. Der Trick dabei ist die partielle Integration: Mit Hilfe der Periodizität von $f(x)$ erhalten wir:

$$c_m(Df) = \frac{1}{2\pi} \int_{-\pi}^{\pi} Df(x)e^{-imx}\,dx = im\frac{1}{2\pi} \int_{-\pi}^{\pi} f(x)e^{-imx}\,dx = im\,c_m(f),$$

womit wir bewiesen haben:

Satz 83.1 *Sei $f : \mathbb{R} \to \mathbb{C}$ eine 2π-periodische und differenzierbare Funktion mit der Ableitung Df. Dann gilt für $m = 0, \pm 1, \pm 2, \dots$*

$$c_m(Df) = im\,c_m(f). \tag{83.17}$$

Dies ist eines der grundlegenden Ergebnisse der Fourier-Analyse, wodurch die Ableitung $D = \frac{d}{dx}$ nach x in eine Multiplikation der Fourier-Koeffizienten mit im überführt wird, wobei m die Frequenz ist. Damit erschließt sich der Weg für die Überführung von Differentialgleichungen der Variablen x zu algebraischen Gleichungen in der Frequenz m, was für einige Anwendungen sehr nützlich und aufschlussreich sein kann.

Wir können direkt verallgemeinern:

Satz 83.2 *Sei $f : \mathbb{R} \to \mathbb{C}$ eine 2π-periodische und k-fach differenzierbare Funktion mit den Ableitungen $D^k f$. Dann gilt für $m = 0, \pm 1, \pm 2, \dots$*

$$c_m(D^k f) = (im)^k c_m(f). \tag{83.18}$$

Beispiel 83.4. Wir betrachten die Differentialgleichung $Du(x) + u(x) = f(x)$, wobei $f(x)$ eine gegebene 2π-periodische Funktion ist. Wir suchen eine 2π-periodische Lösung $u(x)$. Diese Gleichung modelliert beispielsweise eine Serienschaltung eines Widerstands mit einem Kondensator, wobei $u(x)$ eine Stammfunktion des Stroms ist, $f(x)$ die angelegte Spannung und x steht für die Zeit, vgl. das Kapitel „Elektrische Stromkreise". Alternativ kann $Du(x)+u(x) = f(x)$ eine Serienschaltung eines Widerstands mit einer Spule modellieren, wobei $u(x)$ diesmal für den Strom steht und $f(x)$ wiederum für die angelegte Spannung. Für die Fourier-Koeffizienten erhalten wir mit Hilfe von Satz 83.1:

$$im\, c_m(u) + c_m(u) = c_m(f)$$

und somit

$$c_m(u) = \frac{c_m(f)}{1 + im} = \frac{(1 - im)c_m(f)}{1 + m^2}.$$

Wir erkennen daran, dass die angedeuteten Stromkreise als sogenannte *Tiefpassfilter* wirken, die die Eigenschaft haben, hochfrequente Komponenten zu dämpfen: Wir betrachten $f(x)$ als Eingabe und $u(x)$ als Ausgabe und halten fest, dass die hochfrequenten Fourier-Koeffizienten von $u(x)$ schneller abnehmen als die von $f(x)$.

Beispiel 83.5. Wir betrachten die Differentialgleichung $-D^2 u(x) + u(x) = f(x)$, wobei $f(x)$ eine gegebene 2π-periodische Funktion ist. Wir suchen eine 2π-periodische Lösung $u(x)$. Da $c_m(D^2 u) = (im)^2 c_m(u)$, erhalten wir die folgende algebraische Gleichung für die Fourier-Koeffizienten:

$$(m^2 + 1)c_m(u) = c_m(f) \quad \text{für } m \neq 0.$$

Wir können daher die Lösung $u(x)$ von $-D^2 u(x)+u(x) = f(x)$ als Fourier-Reihe

$$u(x) = \sum_{-\infty}^{\infty} \frac{c_m(f)}{m^2 + 1} e^{imx}$$

darstellen, falls die Funktion $f(x)$ als Fourier-Reihe $f(x) = \sum_{-\infty}^{\infty} c_m(f)e^{imx}$ gegeben ist. Wiederum erkennen wir, dass die Differentialgleichung als Tiefpassfilter wirkt, der hochfrequente Komponenten der Eingabe $f(x)$ dämpft.

Beispiel 83.6. Noch allgemeiner betrachten wir die folgende Differentialgleichung $p(D)u(x) = f(x)$, wobei $p(D) = \sum_{k=0}^{q} a_k D^k$ eine Differentialgleichung mit konstanten Koeffizienten $a_k \in \mathbb{C}$ ist, $f(x)$ ist eine 2π-periodische Funktion und wir suchen eine 2π-periodische Lösung $u(x)$. Mit denselben Argumenten wie oben erhalten wir die folgende Gleichung für die Fourier-Koeffizienten:

$$p(im)c_m(u) = \sum_{k=0}^{q} a_k(im)^k c_m(u) = c_m(f),$$

d.h. unter der Annahme, dass $p(im) \neq 0$ (oder $c_m(f) = 0$, falls $p(im) = 0$):

$$c_m(u) = \frac{c_m(f)}{p(im)},$$

wodurch wir die Fourier-Reihe für die Lösung erhalten, falls die Fourier-Reihe für die Eingabe $f(x)$ bekannt ist.

Die Fourier-Koeffizienten $c_m(f)$ streben für $|m| \to \infty$ gegen Null

Als direkte Folge der obigen Ergebnisse folgern wir, dass die Fourier-Koeffizienten $c_m(f)$ einer 2π-periodischen differenzierbaren Funktion $f(x)$ mit integrierbarer Ableitung Df gegen Null streben, wenn $|m|$ gegen Unendlich geht: Da $|im\,c_m(f)| = |c_m(Df)|$, erhalten wir:

$$|c_m(f)| = \frac{1}{|m|}|c_m(Df)| \leq \frac{1}{2\pi|m|}\int_{-\pi}^{\pi} |Df|\,dx \to 0\,, \quad \text{für } |m| \to \infty.$$

Ist andererseits $f(x)$ eine 2π-periodische Funktion mit integrierbarer Ableitung $D^k f$ der Ordnung $k > 1$, dann gilt für $m = \pm 1, \pm 2, \dots$,

$$|c_m(f)| \leq \frac{1}{2\pi|m^k|}\int_{-\pi}^{\pi} |D^k f|\,dx.$$

Wir folgern, dass $c_m(f)$ umso schneller gegen Null konvergiert, je größer k ist.

Wir können uns auch in die Richtung auf weniger Regularität bewegen und fragen, ob wir zeigen können, dass die Fourier-Koeffizienten $c_m(f)$ gegen Null streben, wenn $|m| \to \infty$, falls wir nur von der schwächeren Annahme ausgehen, dass f nur Lipschitz-stetig ist. An dieser Stelle halten wir zunächst fest, dass für alle $-\pi < a < b < \pi$ gilt:

$$\int_a^b e^{-imx}dx = \frac{1}{-im}[e^{-imx}]_a^b \to 0 \quad \text{für } m \to \infty. \tag{83.19}$$

Dies kann als Folge der schnellen Oszillation von e^{-imx} für großes $|m|$ betrachtet werden, wodurch viele Einträge zu jedem Integral der Form (83.19)

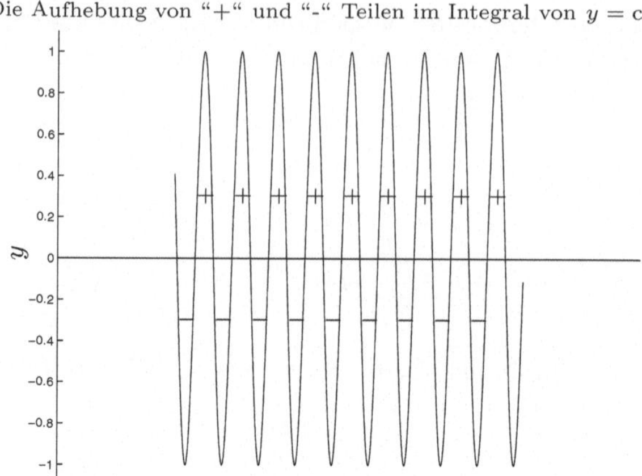

Abb. 83.5. Eine Darstellung der Tatsache, dass $\int_a^b \cos(mx)\,dx$ und $\int_a^b \sin(mx)\,dx$ für großes m klein wird

ausgelöscht werden, was dazu führt, dass die Integrale gegen Null gehen, wenn m gegen Unendlich strebt, vgl. Abb. 83.5.

Liegt eine stückweise konstante Funktion $f(x)$ auf $[-\pi, \pi]$ vor, die als Linearkombination von Funktionen dargestellt werden kann, die in einem Intervall $[a, b] \subset [-\pi, \pi]$ konstant gleich Eins sind und sonst Null, so zeigt die Abschätzung (83.19), dass dann $c_m(f) \to 0$ für $|m| \to \infty$.

Ferner wissen wir, dass eine Lipschitz-stetige Funktion $f : [-\pi, \pi] \to \mathbb{C}$ durch eine stückweise konstante Funktion $\tilde{f}(x)$ angenähert werden kann, so dass

$$\int_{-\pi}^{\pi} |f(x) - \tilde{f}(x)|\,dx$$

so klein wird, wie wir wollen. Dies führt uns zum berühmten

Satz 83.3 (Riemann-Lebesgue Lemma) *Sei $f : [-\pi, \pi]$ Lipschitz-stetig. Dann gilt $c_m(f) \to 0$ für $|m| \to \infty$.*

Die Annahmen kann auf stückweise Lipschitz-stetige Funktionen erweitert werden.

Faltung

Für zwei 2π-periodische Funktionen $f(x)$ und $g(x)$ definieren wir eine neue 2π-periodische Funktion $f * g$ durch:

$$(f * g)(x) = \int_{-\pi}^{\pi} f(x - y)g(y)\,dy, \quad x \in \mathbb{R}.$$

Wir sagen, dass $f * g$ die *Faltung* von f und g ist. Die Substitution von $y = x - t$ liefert:

$$(f * g)(x) = \int_{-\pi}^{\pi} f(t)g(x - t)\, dt = \int_{-\pi}^{\pi} f(y)g(x - y)\, dy$$

und folglich kann der Integrand die Form $f(x - y)g(y)$ oder $f(y)g(x - y)$ haben.

Wir wollen nun beweisen, dass

$$c_m(f * g) = 2\pi\, c_m(f)c_m(g). \tag{83.20}$$

Durch direkte Berechnung mit Hilfe einer Änderung der Integrationsreihenfolge und der Substitution $t = x - y$ erhalten wir:

$$\begin{aligned}
c_m(f * g) &= \frac{1}{2\pi} \int_{-\pi}^{\pi} (f * g)(x) e^{-imx}\, dx \\
&= \frac{1}{2\pi} \int_{-\pi}^{\pi} \int_{-\pi}^{\pi} f(x - y)g(y)\, dy\, e^{-imx}\, dx \\
&= \int_{-\pi}^{\pi} g(y)e^{-imy} \left(\frac{1}{2\pi} \int_{-\pi}^{\pi} f(x - y)\, e^{-im(x-y)}\, dx \right) dy \\
&= \int_{-\pi}^{\pi} g(y)e^{-imy} \left(\frac{1}{2\pi} \int_{-\pi}^{\pi} f(t)\, e^{-imt}\, dt \right) dy \\
&= c_m(f) \int_{-\pi}^{\pi} g(y)e^{-imy}\, dy = 2\pi c_m(f)c_m(g).
\end{aligned}$$

Beispiel 83.7. Sei $g : \mathbb{R} \to \mathbb{R}$ die 2π-periodische Funktion

$$\begin{cases} g(x) = \frac{1}{2a} & \text{für } -a \leq x \leq a, \\ g(x) = 0 & \text{sonst} \end{cases}$$

mit $0 < a < \pi$. Für kleines a können wir $g(x)$ als eine Näherung an die Delta-Funktion betrachten. Die Faltung

$$(f * g)(x) = \int_{-\pi}^{\pi} f(x - y)g(y)\, dy = \frac{1}{2a} \int_{-a}^{a} f(x - y)\, dy$$

liefert einen Durchschnitt von $f(x)$ über dem Intervall $[x - a, x + a]$. Wenn wir uns an (83.16) erinnern und (83.20) benutzen, erhalten wir:

$$c_m(f * g) = c_m(f)\frac{\sin(ma)}{ma}.$$

Wir folgern, dass $c_m(f * g)$ nahe bei $c_m(f)$ ist, wenn ma klein ist und dass $c_m(f * g)$ viel kleiner ist als $c_m(f)$, wenn ma groß ist. Die Fourier-Koeffizienten des Durchschnitts $f * g$ nehmen daher schneller ab als die von f und daher ist $f * g$ eine geglättete Version von f: Durchschnittsbildung erhöht die Glattheit, wie sich an den schnell abnehmenden Fourier-Koeffizienten zeigt.

83.9 Die Fourier-Inversion

Wir wollen nun beweisen, dass für eine 2π-periodische und differenzierbare Funktion $f : \mathbb{R} \to \mathbb{C}$ für alle $x \in \mathbb{R}$ gilt:

$$\lim_{n \to \infty} \sum_{-n}^{n} c_m(f) e^{imx} = f(x).$$

Anders formuliert, so kann die Funktion $f(x)$ als eine konvergente Fourier-Reihe dargestellt werden:

$$f(x) = \sum_{m=-\infty}^{\infty} c_m(f) e^{imx}, \quad \text{für } x \in \mathbb{R}.$$

Wir erhalten:

$$\sum_{-n}^{n} c_m e^{imx} = \sum_{-n}^{n} \frac{1}{2\pi} \int_{-\pi}^{\pi} f(y) e^{-imy} \, dy \, e^{imx}$$

$$= \int_{-\pi}^{\pi} f(y) \frac{1}{2\pi} \sum_{-n}^{n} e^{im(x-y)} \, dy = \int_{-\pi}^{\pi} f(y) D_n(x-y) \, dy,$$

$$(83.21)$$

wobei, wenn wir $\theta = x - y$ setzen,

$$D_n(\theta) = \frac{1}{2\pi} \sum_{-n}^{n} e^{im\theta} = \frac{1}{2\pi} e^{-in\theta} \sum_{m=0}^{2n} e^{im\theta}$$

$$= \frac{1}{2\pi} e^{-in\theta} \frac{1 - e^{i(2n+1)\theta}}{1 - e^{i\theta}} = \frac{1}{2\pi} \frac{e^{-i\frac{\theta}{2}}}{e^{-i\frac{\theta}{2}}} \frac{e^{-in\theta} - e^{i(n+1)\theta}}{1 - e^{i\theta}}$$

$$= \frac{1}{2\pi} \frac{\sin(n\theta + \frac{\theta}{2})}{\sin(\frac{\theta}{2})}$$

der sogenannte *Dirichlet-Kern* ist. Dabei haben wir ausgenutzt, dass $\sum_{m=0}^{2n} e^{im\theta}$ eine finite geometrische Reihe mit Faktor $e^{i\theta}$ ist. Mit Hilfe der Schreibweise für die Faltung können wir (83.21) in Kompaktform schreiben:

$$\sum_{-n}^{n} c_m e^{imx} = f * D_n(x).$$

Damit $f * D_n(x)$ die Funktion $f(x)$ annähert, erwarten wir von D_n, dass es sich etwa wie die Identität verhält. Wir haben in Abb. 83.6 eine Zeichnung von $D_n(\theta)$ dargestellt.

Wir erkennen, dass $D_n(\theta)$ oszilliert und bei $\theta = 0$ eine Spitze besitzt. Wenn wir $D_n(\theta) = \frac{1}{2\pi} \sum_{-n}^{n} e^{im\theta}$ Ausdruck für Ausdruck über $[-\pi, \pi]$ integrieren und dabei beachten, dass alle bis auf einen der integrierten Ausdrücke verschwinden, erkennen wir, dass die Gesamtfläche (mit Vorzeichen)

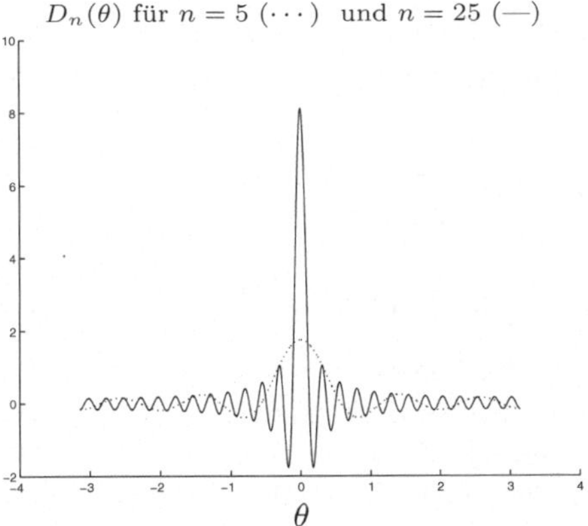

Abb. 83.6. Eine Zeichnung von $D_n(\theta)$

unter dem Graphen von D_n gleich Eins ist, d.h.,

$$\int_{\pi}^{\pi} D_n(\theta)\, d\theta = 1, \tag{83.22}$$

womit einer der Gesichtspunkte bei der Vorstellung, dass D_n sich wie die Identität verhält, zum Ausdruck kommt. Der andere Gesichtspunkt bei dieser Annäherung ist, dass die Spitze in 0 von D_n zunehmend fokussiert, wenn n anwächst.

Mit Hilfe von (83.22) können wir schreiben:

$$f(x) - f * D_n(x) = \frac{1}{2\pi} \int_{-\pi}^{\pi} (f(x) - f(y)) D_n(x - y)\, dy$$

$$= \frac{1}{2\pi} \int_{-\pi}^{\pi} g(x, y) \sin\left(\left(n + \frac{1}{2}\right)(x - y)\right) dy$$

mit

$$g(x, y) = \frac{f(x) - f(y)}{\sin(\frac{x-y}{2})}.$$

Ist nun $f(x)$ zweifach differenzierbar, dann ist $g(x, y)$ für alle $y \in \mathbb{R}$ nach y mit der Ableitung $Dg(x, y)$ differenzierbar (vergleichen Sie dies mit dem entsprechenden Argument beim Beweis der Cauchyschen Integralformel). Die partielle Integration liefert uns daher

$$f(x) - D_n * f(x) = -\frac{1}{2\pi} \frac{1}{n + \frac{1}{2}} \int_{-\pi}^{\pi} Dg(x, y) \cos\left(\left(n + \frac{1}{2}\right)(x - y)\right) dy \to 0$$

für $n \to \infty$. Für den Fall, dass $f(x)$ mit stückweise Lipschitz-stetiger Ableitung differenzierbar ist, ist $Dg(x, y)$ Lipschitz-stetig in y. Das Riemann-Lebesgue Lemma führt zu derselben Schlussfolgerung. Wir fassen dies im folgenden wichtigen Satz zusammen:

Satz 83.4 *Sei* $f : \mathbb{R} \to \mathbb{C}$ 2π*-periodisch mit stückweise Lipschitz-stetiger Ableitung. Dann kann* $f(x)$ *durch eine konvergente Fourier-Reihe dargestellt werden:*

$$f(x) = \sum_{m=-\infty}^{\infty} c_m(f)e^{imx}, \quad \textit{für } x \in \mathbb{R},$$

wobei die Koeffizienten c_m *durch (83.10) gegeben werden.*

Die Annahmen für $f(x)$ können etwas abgeschwächt werden: Die Annahme, dass $f(x)$ stückweise differenzierbar ist mit stückweise Lipschitz-stetiger Ableitung, genügt. An einer Unstetigkeitsstelle x konvergiert die Fourier-Reihe gegen den Mittelwert des Grenzwertes auf der linken Seite $f^-(x) = \lim_{y \to x, y < x} f(y)$ und des Grenzwertes auf der rechten Seite $f^+(x) = \lim_{y \to x, y > x} f(y)$:

$$\sum_{m=-\infty}^{\infty} c_m(f)e^{imx} = \frac{f^-(x) + f^+(x)}{2}. \tag{83.23}$$

Beispiel 83.8. Wir erhalten:

$$\sum_{m=1}^{\infty} \frac{\sin(ma)}{\pi\,m} \cos(mx) = \begin{cases} 1 & \text{für } |x| < a, \\ \frac{1}{2} & \text{für } |x| = a, \\ 0 & \text{für } |x| > a. \end{cases}$$

83.10   Parseval- und Plancheral-Formeln

Sei $f : \mathbb{R} \to \mathbb{C}$ eine 2π-periodische Funktion mit einer konvergenten Fourier-Reihe:

$$f(x) = \sum_{m=-\infty}^{\infty} c_m(f)e^{imx}, \tag{83.24}$$

mit

$$c_m(f) = \frac{1}{2\pi} \int_{-\pi}^{\pi} f(x)e^{-imx}\,dx.$$

Mit Hilfe der Orthogonalität (83.7) der Funktionen $\{e^{imx}\}$ erhalten wir:

$$\int_{-\pi}^{\pi} |f(x)|^2 dx = \int_{-\pi}^{\pi} f(x)\overline{f(x)}\,dx$$

$$= \int_{-\pi}^{\pi} \left(\sum_{m=-\infty}^{\infty} c_m(f)e^{imx} \right) \left(\sum_{k=-\infty}^{\infty} \overline{c_k(f)}e^{-ikx} \right) dx$$

$$= \sum_{m,k=-\infty}^{\infty} c_m(f)\overline{c_k(f)} \int_{-\pi}^{\pi} e^{imx}e^{-ikx}\,dx = 2\pi \sum_{m=-\infty}^{\infty} |c_m(f)|^2.$$

Somit haben wir den viel gerühmten Satz bewiesen:

Satz 83.5 (Parseval-Formel) *Wenn $f(x)$ eine Darstellung als konvergente Fourier-Reihe besitzt, dann gilt:*

$$\int_{-\pi}^{\pi} |f(x)|^2 \, dx = 2\pi \sum_{m=-\infty}^{\infty} |c_m(f)|^2.$$

Wir können dies offensichtlich verallgemeinern:

Satz 83.6 (Plancherel-Formel) *Wenn $f(x)$ und $g(x)$ Darstellungen als konvergente Fourier-Reihen besitzen, dann gilt:*

$$\int_{-\pi}^{\pi} f(x)\overline{g(x)} \, dx = 2\pi \sum_{m=-\infty}^{\infty} c_m(f)\overline{c_m(g)}.$$

83.11   Orts- versus Frequenzanalyse

Nun wollen wir uns einen Augenblick zurücklehnen und über die Eigenschaften der Fourier-Reihen nachdenken. Sei $f(x)$ eine gegebene 2π-periodische Funktion. Wenn wir das Verhalten der Funktion $f(x)$ beschreiben wollen, d.h. die Veränderung von $f(x)$ mit x, können wir versuchen, eine Art von Liste von Werten von $f(x)$ für verschiedene x Werte aufzustellen. Wir können dies als eine Art physikalische Beschreibung bezeichnen, wobei wir uns x als eine Orts- oder Zeitvariable vorstellen. Mit der Hilfe von Fourier-Reihen können wir stattdessen die Funktion $f(x)$ als eine Fourier-Reihe, die durch ihre Fourier-Koeffizienten $\{c_m(f)\}$ bestimmt wird, darstellen. Die Beschreibung von $f(x)$ durch ihre Fourier-Koeffizienten kann als eine Beschreibung durch die Frequenz betrachtet werden. Bei der physikalischen Beschreibung, beschreiben wir die Funktion f mit Hilfe von Funktionswerten $f(x)$ für verschiedene Werte von x. Bei der Frequenzbeschreibung beschreiben wir f mit Hilfe der Fourier-Koeffizienten $c_m(f)$ als eine Summe $f(x) = \sum_m c_m(f)e^{imx}$.

Um eine vorgegebene Funktion $f(x)$ zu beschreiben, können wir daher Veränderungen von $f(x)$ mit x betrachten oder Veränderungen von $c_m(f)$ mit m.

Wir bemerkten, dass die Abnahme von $c_m(f)$ mit m mit der Regularität (Glattheit) von $f(x)$ zusammenhängt: Ist $f(x)$ hochgradig regulär mit vielen Ableitungen, dann nehmen die Fourier-Koeffizienten $c_m(f)$ schnell mit wachsendem m ab und umgekehrt. Wenn die Fourier-Koeffizienten schnell abnehmen, dann genügen nur einige Ausdrücke der Fourier-Reihe, um die Funktion mit hoher Genauigkeit darzustellen.

83.12   Verschiedene Perioden

Sei $f : \mathbb{R} \to \mathbb{C}$ periodisch mit der Periode $\frac{2\pi}{\omega}$ mit $\omega > 0$. Wir haben bisher den Fall $\omega = 1$ betrachten und wollen nun auf $\omega > 0$ verallgemeinern. Zum Beispiel sind die Funktionen $\sin(\omega x)$, $\sin(2\omega x)$, $\sin(3\omega x)$, ... periodisch mit der Periode $\frac{2\pi}{\omega}$.

Wenn wir $g(x) = f(\frac{x}{\omega})$ definieren, dann ist die Funktion $g(x)$ 2π-periodisch, da $g(x + 2\pi) = f(\frac{x+2\pi}{\omega}) = f(\frac{x}{\omega} + \frac{2\pi}{\omega}) = f(\frac{x}{\omega}) = g(x)$ und die Fourier-Reihe von $g(x)$ lautet:

$$g(x) = \sum_{m=-\infty}^{\infty} c_m(g)e^{imx}, \quad c_m(g) = \frac{1}{2\pi} \int_{-\pi}^{\pi} g(y)e^{-imy}\, dy.$$

Sie kann in die folgende Fourier-Reihe von $f(\frac{x}{\omega})$ überführt werden:

$$f\left(\frac{x}{\omega}\right) = \sum_{m=-\infty}^{\infty} c_m(g)e^{imx}, \quad c_m(g) = \frac{1}{2\pi} \int_{-\pi}^{\pi} f\left(\frac{y}{\omega}\right) e^{-imy}\, dy.$$

Nach Substitution der Variablen $\frac{x}{\omega}$ gegen x und $\frac{y}{\omega}$ gegen y erhalten wir:

$$f(x) = \sum_{m=-\infty}^{\infty} c_m(f)e^{im\omega x}, \quad c_m(f) = \frac{\omega}{2\pi} \int_{-\frac{\pi}{\omega}}^{\frac{\pi}{\omega}} f(y)e^{-im\omega y}\, dy. \qquad (83.25)$$

83.13   Weierstrasssche Funktionen

Wir betrachten eine Reihe der Form

$$\sum_{m=1}^{\infty} a^{-m} \sin(b^m x), \qquad (83.26)$$

mit $a > 1$ und $b > a$. Diese Art von Reihen wurde von Weierstrass als ein Beispiel für eine Lipschitz-stetige Funktion vorgestellt, die in keinem Punkt differenzierbar ist, vgl. Abb. 83.7. Darin haben wir die zugehörige abgeschnittene Reihe $\sum_{m=1}^{n} a^{-m} \sin(b^m x)$ für $n = 10$ dargestellt. Wir können erkennen, dass die Reihen für anwachsendes n zunehmend wilder oszillieren und einen irregulären „chaotischen" Eindruck vermitteln.

Da $a > 1$, ist die Reihe (83.26) absolut konvergent und durch sie wird eine Funktion $f(x) = \sum_{m=1}^{\infty} a^{-m} \sin(b^m x)$ definiert. Dagegen divergiert die Reihe

$$\sum_{m=1}^{\infty} a^{-m} b^m \cos(b^m x),$$

die wir durch Ableitung jedes Summanden erhalten, da $\frac{b}{a} > 1$ und somit ist $f(x)$ nirgendwo differenzierbar. Die Weierstrasssche Funktion, oder die

Abgeschnittene Weierstrasssche Funktion mit $n = 10$ für $a = 2$ und $b = 3$

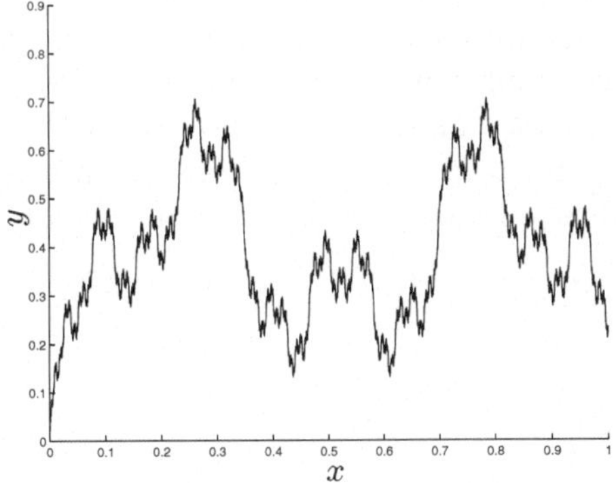

Abb. 83.7. Zeichnungen einer abgeschnittenen Weierstrassschen Funktion

zugehörige abgeschnittene Reihe, ist ein Beispiel einer Funktion mit einer Folge von „Mikroskalen" $\frac{2\pi}{b^m}$, $m = 1, 2, \ldots$ entsprechend der zugehörigen verschiedenen Basisfunktionen $\sin(b^m x)$. Die Funktion $f(x)$ besitzt daher auf allen Skalen dieselbe oszillierende Eigenschaft und besitzt daher eine „fraktale" Eigenschaft, die nützlich sein kann, um Mikroskalen zu modellieren, die auf andere Weise nicht numerisch modelliert werden können.

Die Wahl von $b = 2$ (oder jede natürliche Zahl > 1) ergibt eine Reihe der Form $\sum_{m=1}^{\infty} a^{-m} \sin(2^m x)$, die ein Beispiel für eine *lückenhafte Fourier-Reihe* ist, bei der nur einige wenige Fourier-Koeffizienten ungleich Null sind. Eine Weierstrasssche Funktion für eine natürliche Zahl b ist daher eine lückenhafte Fourier-Reihe.

83.14   Lösung der Wärmegleichung mit Fourier-Reihen

Wir betrachten die ein-dimensionale homogene Wärmegleichung:

$$\begin{aligned}
\dot{u}(x,t) - u''(x,t) &= 0 \quad \text{für } 0 < x < \pi,\, t > 0, \\
u(0,t) = u(\pi,t) &= 0 \quad \text{für } t > 0, \\
u(x,0) &= u_0(x) \quad \text{für } 0 < x < \pi
\end{aligned}$$

(83.27)

mit einem gegebenen Anfangswert u_0. Wir beobachten, dass die Funktion $v(x,t) = v_m(x,t) = e^{-m^2 t} \sin(mx)$ für $m = 1, 2, \ldots$ die Gleichungen

$$\dot{v}(x,t) - v''(x,t) = 0 \quad \text{für } 0 < x < \pi, \quad v(0,t) = v(\pi,t) = 0 \quad \text{für } t > 0$$

erfüllt und daher löst jede Linearkombination

$$u(x,t) = \sum_{m=1}^{J} b_m e^{-m^2 t} \sin(mx)$$

mit Koeffizienten $b_m \in \mathbb{R}$ die Gleichungen (83.27) mit zugehörigen Anfangsdaten $u_0 = \sum_{m=1}^{J} b_m \sin(mx)$. Jeder Ausdruck $e^{-m^2 t} \sin(mx)$ entspricht einem Produkt einer Funktion, nämlich $\sin(mx)$ mit der *Frequenz m*, die nur von x alleine abhängt und einer Funktion von t, nämlich $e^{-m^2 t}$. Der Faktor $e^{-m^2 t}$ nimmt für wachsendes t ab und die Abnahme nimmt schnell mit anwachsender Frequenz m zu. Wir haben dies in Abb. 83.8 dargestellt.

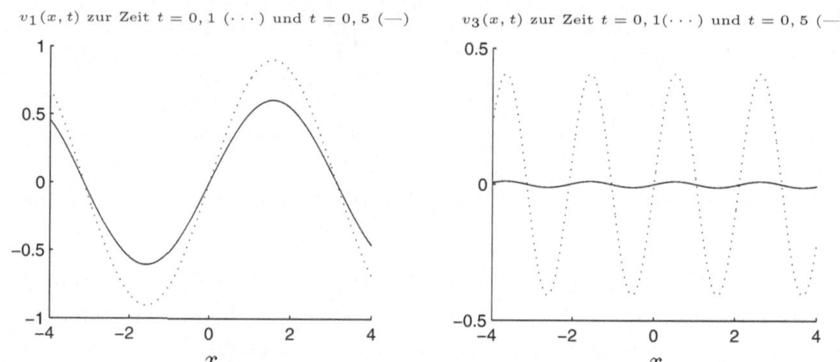

Abb. 83.8. Die Lösung $v_j(x, t)$ der Wärmegleichung mit den Frequenzen $j = 1$ und $j = 3$

Ganz allgemein löst die Funktion

$$u(x, t) = \sum_{m=1}^{\infty} b_m(u_0) e^{-m^2 t} \sin(mx) \qquad (83.28)$$

das Anfangswertproblem (83.27), falls die Anfangsdaten u_0 in einer konvergenten Sinus-Reihe (d.h. $u_0(x)$ ist eine ungerade Funktion auf $[-\pi, \pi]$)

$$u_0(x) = \sum_{m=1}^{\infty} b_m(u_0) \sin(mx) \qquad (83.29)$$

darstellbar sind, mit den Fourier-Koeffizienten

$$b_m(u_0) = \frac{2}{\pi} \int_0^{\pi} u_0(x) \sin(mx)\, dx. \qquad (83.30)$$

83.15 Berechnung von Fourier-Koeffizienten durch Quadratur

Um die Fourier-Koeffizienten

$$c_m(f) = \frac{1}{2\pi} \int_0^{2\pi} f(x) e^{-imx}\, dx, \quad m = 0, \pm 1, \pm 2, \ldots$$

für eine gegebene 2π-periodische Funktion $f : \mathbb{R} \to \mathbb{C}$ zu berechnen, werden wir im Allgemeinen zur Quadratur greifen müssen. Mit Hilfe der Quadraturpunkte $x_n = \frac{2\pi n}{N}$, $n = 0,\ldots,N-1$ mit den Gewichten $\omega_n = \frac{2\pi}{N}$, was einer Quadraturformel mit linkem Endpunkt und N gleichförmig verteilten Punkten entspricht, erhalten wir eine Näherung von $c_m(f)$ durch:

$$c_m(f) = \frac{1}{2\pi} \int_0^{2\pi} f(x)e^{-imx}\,dx \approx \frac{1}{2\pi} \sum_{n=0}^{N-1} f(x_n)e^{-imx_n}\,\omega_n = \widehat{f}(m).$$

Wir können nicht erwarten, dass diese Quadraturformel für $m > N$ genau ist, da dann die Veränderungen in e^{imx} nicht durch die Quadraturpunkte $\frac{2\pi n}{N}$ erfasst werden können. Wir erkennen, dass $\widehat{f}(m)$ periodisch ist mit Periode N: Das heißt, $\widehat{f}(m) - \widehat{f}(m+N)$, weswegen es natürlich ist, $\widehat{f}(m)$ für $m = 0,\ldots,N-1$ zu betrachten oder, was äquivalent ist, $|m| \leq (N-1)/2$. Wir bezeichnen $(N-1)/2$ als die Nyquistsche Abbruchfrequenz. So erhalten wir eine Formel mit mindestens 2 Quadraturpunkten in jeder Periode für alle Frequenzen m mit $|m| \leq (N-1)/2$. Unter der Annahme, dass die Fourier-Koeffizienten $c_m(f)$ klein genug sind, falls m größer als die Abbruchfrequenz ist, können wir mit Hinblick auf die Fourier-Inversion hoffen, dass

$$f(x_n) \approx \sum_{m=0}^{N-1} \widehat{f}(m)e^{imx_n} \quad \text{für } n = 0,\ldots,N-1, \tag{83.31}$$

womit wir somit eine genäherte diskrete Fourier-Zerlegung für die ausgewählten Werte x_n erhalten, die von der Berechnung der Fourier-Koeffizienten $c_m(f)$ für $m = 0,\ldots,N-1$ durch Quadratur ausgeht. Dies führt uns direkt zur *diskreten Fourier-Transformation*, die wir als Nächstes untersuchen wollen.

83.16 Die diskrete Fourier-Transformation

Sei $\{f_n\}_{n=0}^{N-1}$ eine Menge von N gegebenen komplexen Zahlen. Wir definieren eine zugehörige Folge $\{\widehat{f}_m\}_{m=0}^{N-1}$ durch:

$$\widehat{f}_m = \frac{1}{N} \sum_{n=0}^{N-1} f_n e^{-2\pi imn/N}, \quad \text{für } m = 0,\ldots,N-1.$$

Wir sagen, dass die Folge $\{\widehat{f}_m\}_{m=0}^{N-1}$ die *diskrete Fourier-Transformierte* der Folge $\{f_n\}_{n=0}^{N-1}$ ist. Im Zusammenhang mit dem obigen Abschnitt haben wir $f_n = f(\frac{2\pi n}{N})$ und $\widehat{f}_m \approx c_m(f)$.

Aus diesen Definitionen erhalten wir

$$\sum_{m=0}^{N-1} \widehat{f}(m)e^{2\pi imn/N} = \sum_{m=0}^{N-1} \frac{1}{N} \sum_{k=0}^{N-1} f_k e^{-2\pi imk/N} e^{2\pi imn/N}$$

$$= \sum_{k=0}^{N-1} f_k \frac{1}{N} \sum_{m=0}^{N-1} e^{2\pi im(n-k)/N}$$

und mit Hilfe von

$$\frac{1}{N} \sum_{m=0}^{N-1} e^{2\pi im(n-k)/N} = \begin{cases} 1 & \text{falls } k = n, \\ 0 & \text{sonst,} \end{cases}$$

kommen wir zu folgender Fourier-Inversion, vgl. (83.31)

$$f_n = \sum_{m=0}^{N-1} \widehat{f}(m)e^{2\pi imn/N}, \quad \text{für } n = 0,\ldots,N-1. \tag{83.32}$$

Zur Berechnung der diskreten Fourier-Transformation von $\{f_n\}_{n=0}^{N-1}$ benötigen wir etwa N^2 Operationen (Multiplikationen und Additionen). Ist $N = 2^k$ für eine natürliche Zahl k, können wir die Berechnung der diskreten Fourier-Transformation so organisieren, dass die Zahl der dafür benötigten Operationen bis auf einen Logarithmus in der Größenordnung von N liegt. Die zugehörige Transformation wird *Fast Fourier Transform FFT* genannt und wurde von Cooley und Tukey in den 1960ern entwickelt. Sie ist eine der Glanzpunkte der angewandten Mathematik in der Moderne.

Aufgaben zu Kapitel 83

83.1. Vervollständigen Sie die Details im Beweis von (83.17) und (83.18).

83.2. Beweisen Sie (83.23).

83.3. Zeigen Sie, dass die Koeffizienten der Sinus-Reihe für die ungerade Funktion $f(x) = x^3 - \pi^2 x$ für $-\pi \leq x \leq \pi$ lauten: $b_m(f) = 12\frac{(-1)^m}{m^3}$.

83.4. Zeigen Sie, dass die Koeffizienten der Kosinus-Reihe für die gerade Funktion $f(x) = x^4 - 2\pi^2 x^2$ für $-\pi \leq x \leq \pi$ lauten: $a_0 = \frac{14\pi^4}{15}$, $a_m(f) = 48\frac{(-1)^{m+1}}{m^4}$, $m = 1, 2, \ldots$.

83.5. Beweisen Sie, dass $\sum_{m=1}^{\infty} \frac{1}{m^4} = \frac{\pi^4}{90}$.

83.6. Definieren Sie eine 2-periodische Funktion $f(x)$ durch $f(x) = (x+1)^2$ für $-1 < x < 1$. Stellen Sie $f(x)$ als komplexe Fourier-Reihe dar. Finden Sie eine 2-periodische Lösung für die Differentialgleichung $2y'' - y' - y = f$.

83.7. Stellen Sie die Funktion $\cos x$ als eine π-periodische Sinus-Reihe auf dem Intervall $(0, \frac{\pi}{2})$ dar. Berechnen Sie mit Hilfe des Ergebnisses $\sum_{n=1}^{\infty} \frac{n^2}{(4n^2-1)^2}$.

83.8. Bestimmen Sie die diskrete Fourier-Transformierte $\widehat{f}_m$ für

$$f_n = \left\{ \begin{array}{ll} 1, & \text{für } 0 \leq n \leq k-1, \\ 0, & \text{für } k \leq n \leq N-1 \end{array} \right.$$

und benutzen Sie eine Parseval-Formel für die Berechnung von

$$\sum_{\mu=1}^{N-1} \frac{1 - \cos \frac{2\pi\mu k}{N}}{1 - \cos \frac{2\pi\mu}{N}} .$$

83.9. Berechnen Sie die diskrete Fourier-Transformierte von $f_n = \sin \frac{n\pi}{N}$, $n = 0, \ldots, N-1$.

84

Fourier-Transformation

Mit dem Fortschreiten der natürlichen Vorstellungen zur Freiheit wurde es möglich, die erhabene Hoffnung zu hegen, unter uns eine freie Regierung aufzubauen, die von Königen und Priestern befreit ist und Europas widerrechtlich angeeigneten Boden von diesem doppelten Joch zu befreien. Ich wurde leicht von dieser Sache entzückt, die meiner Meinung nach die größte und schönste Sache ist, die eine Nation jemals unternommen hat. (Fourier 1793, als er sich einem revolutionären Komitee der Französischen Revolution anschloss.)

84.1 Einleitung

Fourier-Reihen beschäftigen sich mit periodischen Funktionen $f : \mathbb{R} \to \mathbb{C}$. Wir betrachten nun in diesem Kapitel für nicht periodische Funktionen $f : \mathbb{R} \to \mathbb{C}$ die *Fourier-Transformation*, das nicht periodische Analogon, zu Fourier-Reihen. Zu einer gegebenen (stückweise Lipschitz-stetigen) Funktion $f : \mathbb{R} \to \mathbb{C}$, die über $\mathbb{R}$ integrierbar ist, d.h.

$$\int_{\mathbb{R}} |f(x)|\, dx < \infty, \tag{84.1}$$

definieren wir für $\xi \in \mathbb{R}$:

$$\widehat{f}(\xi) = \frac{1}{2\pi} \int_{-\infty}^{\infty} f(x) e^{-i\xi x}\, dx, \tag{84.2}$$

wobei wir festhalten, dass das Integral absolut konvergent und folglich durch die Bedingung (84.1) wohl-definiert ist. Wir sagen, dass die Funktion

$\widehat{f} : \mathbb{R} \to \mathbb{C}$, die durch (84.2) definiert wird, die *Fourier-Transformierte* von $f(x)$ ist.

Wir wollen nun Rechenvorschriften für die Fourier-Transformierte entwickeln, die analog zu denen sind, die wir für Fourier-Reihen im vorhergehenden Kapitel eingeführt haben. Insbesondere werden wir die Formel für die Inversion

$$f(x) = \int_{-\infty}^{\infty} \widehat{f}(\xi) e^{i\xi x} \, d\xi \quad \text{für } x \in \mathbb{R}$$

beweisen, die unter der Annahme gilt, dass $f(x)$ auf $\mathbb{R}$ differenzierbar ist. Wir werden dabei die Analogien zwischen Fourier-Reihen und Fourier-Transformationen nach und nach aufdecken.

Wir berechnen die Fourier-Transformierte für einige wichtige Funktionen.

Beispiel 84.1. Sei $f(x) = e^{-|x|}$ für $x \in \mathbb{R}$. Dann ist:

$$\begin{aligned}
\widehat{f}(\xi) &= \frac{1}{2\pi} \int_{-\infty}^{\infty} e^{-|x|-i\xi x} \, dx \\
&= \frac{1}{2\pi} \int_{-\infty}^{0} e^{x-i\xi x} \, dx + \frac{1}{2\pi} \int_{0}^{\infty} e^{-x-i\xi x} \, dx \\
&= \frac{1}{2\pi} \frac{1}{1-i\xi} + \frac{1}{2\pi} \frac{1}{1+i\xi} = \frac{1}{\pi} \frac{1}{1+\xi^2}.
\end{aligned}$$

Beispiel 84.2. Sei $f(x)$ wie folgt definiert:

$$f(x) = 1, \quad \text{für } -a \leq x \leq a$$

mit $a > 0$. Wir erhalten, vgl. Abb. 84.1:

$$\widehat{f}(\xi) = \frac{1}{2\pi} \int_{-a}^{a} e^{-i\xi x} \, dx = \frac{1}{\pi} \frac{\sin(\xi a)}{\xi}.$$

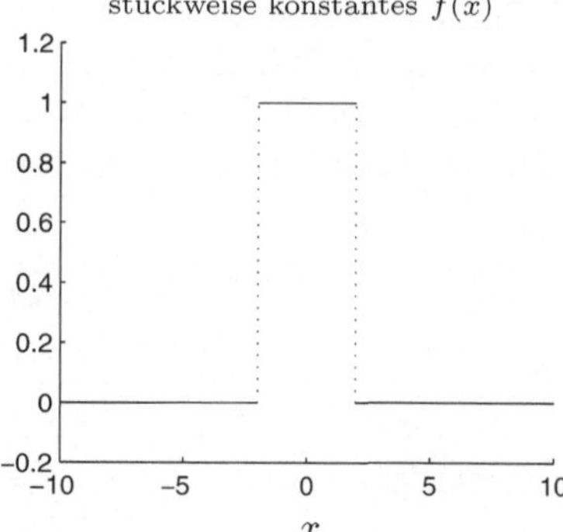

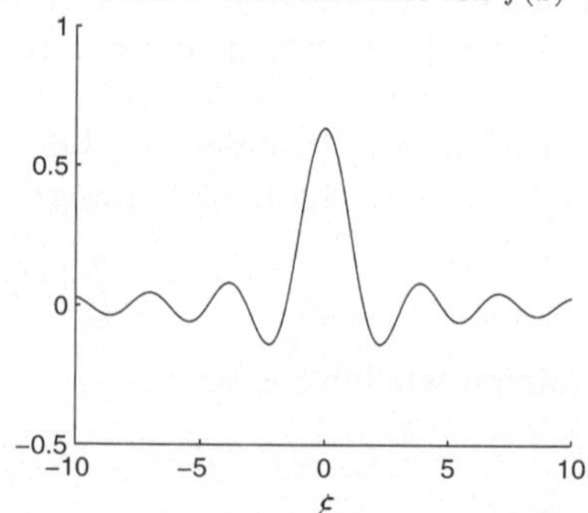

Abb. 84.1. Die stückweise konstante Funktion und ihre Fourier-Transformierte $\frac{1}{\pi} \frac{\sin(\xi a)}{\xi}$

Beispiel 84.3. Sei $f(x) = e^{-\frac{ax^2}{2}}$ für $x \in \mathbb{R}$, mit Konstanter $a > 0$. Dann gilt:

$$\widehat{f}(\xi) = \frac{1}{2\pi} \int_{-\infty}^{\infty} e^{-\frac{ax^2}{2}} e^{-i\xi x}\, dx = \frac{1}{2\pi} e^{-\frac{\xi^2}{2a}} \int_{-\infty}^{\infty} e^{-\frac{1}{2}(\sqrt{a}x + i\frac{\xi}{\sqrt{a}})^2}\, dx.$$

Wir benutzen den Satz von Cauchy für analytische Funktionen, um das Integral zu berechnen: Zunächst halten wir fest, dass die Funktion $g(z) = e^{-\frac{1}{2}(\sqrt{a}z + i\frac{\xi}{\sqrt{a}})^2}$ in z analytisch ist, weswegen wir die Integrationsgerade verschieben können. Wir erhalten:

$$\widehat{f}(\xi) = \frac{1}{2\pi} e^{-\frac{\xi^2}{2a}} \int_{-\infty}^{\infty} e^{-\frac{1}{2}(\sqrt{a}x)^2}\, dx.$$

Nun erinnern wir an (64.25) und erhalten:

$$\widehat{f}(\xi) = \frac{1}{2\pi} e^{-\frac{\xi^2}{2a}} \int_{-\infty}^{\infty} e^{-\frac{ax^2}{2}}\, dx = \frac{1}{\sqrt{2\pi a}} e^{-\frac{\xi^2}{2a}}.$$

Wir halten fest, dass die Funktion $f(x)$ für alle x gegen Eins strebt, wenn a gegen Null geht, während $\widehat{f}(\xi)$ gegen $\delta(0)$ strebt, der Delta-Funktion in Null, vgl. Abb. 84.2.

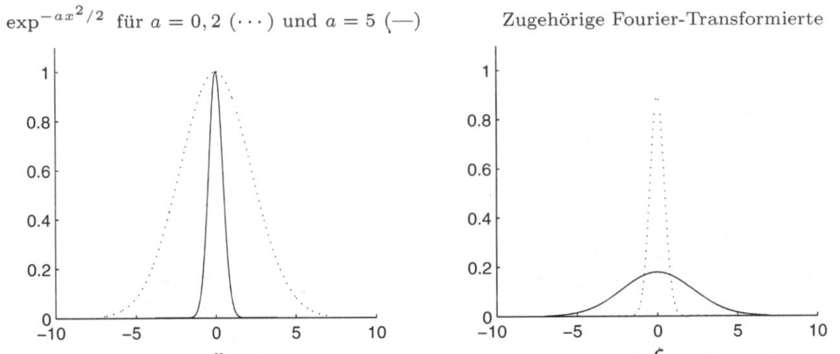

Abb. 84.2. Die Funktionen $e^{-\frac{ax^2}{2}}$ und ihre Fourier-Transformierte $\frac{1}{\sqrt{2\pi a}} e^{-\frac{\xi^2}{2a}}$ für verschiedene $a > 0$

84.2 Wichtige Eigenschaften der Fourier-Transformierten

Wir wollen nun einige wichtige Eigenschaften der Fourier-Transformierten

$$\widehat{f}(\xi) = \frac{1}{2\pi} \int_{-\infty}^{\infty} f(x) e^{-i\xi x}\, dx, \quad \xi \in \mathbb{R}$$

einer gegebenen Funktion $f : \mathbb{R} \to \mathbb{R}$, die auf $\mathbb{R}$ integrierbar ist, vorstellen.

Linearität

Die Fourier-Transformierte erfüllt offensichtlich die folgenden Linearitätseigenschaften:

$$\widehat{(f+g)}(\xi) = \widehat{f}(\xi) + \widehat{g}(\xi) \quad \text{und} \quad \widehat{(\alpha f)}(\xi) = \alpha \widehat{f}(\xi)$$

mit $\alpha \in \mathbb{C}$. Dabei sind f und g zwei Funktionen mit ihren Fourier-Transformierten $\widehat{f}$ und $\widehat{g}$.

Skalierbarkeit

Sei $g : \mathbb{R} \to \mathbb{R}$ integrierbar. Wir definieren $f(x) = g(ax)$ für konstantes $a > 0$. Dann gilt nach der Substitution $y = ax$:

$$\widehat{f}(\xi) = \frac{1}{2\pi} \int_{-\infty}^{\infty} g(ax)e^{-i\frac{\xi}{a}ax}\, dx = \frac{1}{2\pi} \int_{-\infty}^{\infty} g(y)e^{-i\frac{\xi}{a}y}\frac{1}{a}dy = \frac{1}{a}\,\widehat{g}\left(\frac{\xi}{a}\right).$$

Wir folgern, dass für $f(x) = g(ax)$ gilt: $\widehat{f}(\xi) = \frac{1}{a}\widehat{g}(\frac{\xi}{a})$.

Die Fourier-Transformierte der Ableitung $Df = \frac{df}{dx}$

Wir stellen nun einen Zusammenhang zwischen der Fourier-Transformierten der Ableitung $Df = \frac{df}{dx}$ einer Funktion f mit der Fourier-Transformierten von f her. Der Trick ist die partielle Integration:

$$\widehat{Df}(\xi) = \frac{1}{2\pi} \int_{-\infty}^{\infty} Df(x)e^{-i\xi x}\, dx = i\xi \frac{1}{2\pi} \int_{-\infty}^{\infty} f(x)e^{-i\xi x}\, dx = i\xi \widehat{f}(\xi).$$

Wir fassen dies in folgendem Satz zusammen:

Satz 84.1 *Sei $f : \mathbb{R} \to \mathbb{C}$ integrierbar mit integrierbarer Ableitung Df. Dann gilt für $\xi \in \mathbb{R}$:*

$$\widehat{Df}(\xi) = i\xi \widehat{f}(\xi). \tag{84.3}$$

Dieses ist eines der zentralen Ergebnisse der Fourier-Analyse. Es ermöglicht eine Umformung einer Differentiation $D = \frac{d}{dx}$ nach x in eine Multiplikation der Fourier-Transformierten mit $i\xi$ mit Frequenz ξ. Ganz allgemein gilt:

$$\widehat{D^k f}\xi = (i\xi)^k \widehat{f}(\xi). \tag{84.4}$$

Dies eröffnet die Möglichkeit, Differentialgleichungen in x in algebraische Gleichungen der Frequenz ξ zu überführen, was für bestimmte Anwendungen sehr nützlich und aufschlussreich sein kann.

Beispiel 84.4. Wir betrachten die Differentialgleichung $-D^2u(x) + u(x) = f(x)$ auf $\mathbb{R}$, wobei $f(x)$ eine gegebene integrierbare Funktion ist und wir suchen eine integrierbare Lösung $u(x)$. Da $\widehat{D^2u}(\xi) = (i\xi)^2\widehat{u}(\xi)$, erhalten wir die algebraische Gleichung

$$(\xi^2 + 1)\widehat{u}(\xi) = \widehat{f}(\xi) \quad \text{für } \xi \neq 0$$

und wir können folglich die Lösung $u(x)$ als ein Fourier-Integral

$$u(x) = \int_{\mathbb{R}} \frac{\widehat{f}(\xi)}{\xi^2 + 1} e^{i\xi x} \, d\xi$$

formulieren, wobei die Fourier-Transformierte $\widehat{f}(\xi)$ der Eingabefunktion $f(x)$ integriert wird.

84.3 Die Fourier-Transformierte $\widehat{f}(\xi)$ strebt für $|\xi| \to \infty$ gegen 0

Als direkte Folge aus dem obigen Ergebnis können wir erkennen, dass die Fourier-Transformierte $\widehat{f}(\xi)$ einer differenzierbaren Funktion $f(x)$ mit integrierbarer Ableitung $Df(x)$ gegen Null geht, wenn $|\xi|$ gegen Unendlich strebt. Dies liegt einfach daran, dass

$$|\widehat{f}(\xi)| = \frac{1}{|\xi|}\widehat{Df}(\xi) \leq \frac{1}{2\pi|\xi|} \int_{-\infty}^{\infty} |Df| \, dx \to 0 \quad \text{für } |\xi| \to \infty.$$

Dieses Ergebnis lässt sich wie bei der Fourier-Reihe für den Fall, dass $f(x)$ integrierbar ist, erweitern.

84.4 Faltung

Für zwei gegebene Funktionen $f : \mathbb{R} \to \mathbb{R}$ und $g : \mathbb{R} \to \mathbb{R}$ definieren wir eine neue Funktion $f * g : \mathbb{R} \to \mathbb{R}$ durch:

$$(f * g)(x) = \int_{-\infty}^{\infty} f(x - y)g(y) \, dy.$$

Wir bezeichnen $f * g$ als die *Faltung* von f und g. Wir werden beweisen, dass

$$\widehat{f * g} = 2\pi\widehat{f}\,\widehat{g}.$$

Durch direkte Berechnung mit Veränderung der Integrationsfolge und mit Hilfe der Substitution $t = x - y$ erhalten wir:

$$\widehat{f * g}(\xi) = \frac{1}{2\pi} \int_{-\infty}^{\infty} (f * g)(x) e^{-i\xi x} dx = \frac{1}{2\pi} \int_{-\infty}^{\infty} \int_{-\infty}^{\infty} f(x - y) g(y) dy \, e^{-i\xi x} dx$$

$$= \int_{-\infty}^{\infty} g(y) e^{-i\xi y} \left(\frac{1}{2\pi} \int_{-\infty}^{\infty} f(x - y) \, e^{-i\xi(x-y)} \, dx \right) dy$$

$$= \int_{-\infty}^{\infty} g(y) e^{-i\xi y} \left(\frac{1}{2\pi} \int_{-\infty}^{\infty} f(t) \, e^{-i\xi t} \, dt \right) dy$$

$$= \widehat{f}(\xi) \int_{-\infty}^{\infty} g(y) e^{-i\xi y} \, dy = 2\pi \widehat{f}(\xi) \widehat{g}(\xi).$$

Wir fassen zusammen:

Satz 84.2 *Es gilt* $\widehat{f * g}(\xi) = 2\pi \widehat{f}(\xi) \widehat{g}(\xi)$ *für* $\xi \in \mathbb{R}$.

84.5   Die Formel für die Inversion

Wir wollen nun beweisen, dass für differenzierbares $f(x)$ für alle $x \in \mathbb{R}$

$$\lim_{n \to \infty} f_n(x) = f(x),$$

mit

$$f_n(x) = \int_{-n}^{n} \widehat{f}(\xi) e^{i\xi x} \, d\xi.$$

Daher kann für alle $x \in \mathbb{R}$ die Funktion $f(x)$ als ein konvergentes Fourier-Integral dargestellt werden:

$$f(x) = \int_{-\infty}^{\infty} \widehat{f}(\xi) e^{i\xi x} \, d\xi.$$

Es gilt

$$f_n(x) = \int_{-n}^{n} \widehat{f}(\xi) e^{i\xi x} \, d\xi = \frac{1}{2\pi} \int_{-\infty}^{\infty} f(y) \int_{-n}^{n} e^{i\xi(x-y)} \, d\xi dy$$

$$= \int_{-\infty}^{\infty} f(y) D_n(x - y) \, dy, \tag{84.5}$$

wobei mit $\theta = x - y$

$$D_n(\theta) = \frac{1}{2\pi} \int_{-n}^{n} e^{i\xi\theta} \, d\xi = \frac{1}{\pi} \frac{\sin(n\theta)}{\theta}$$

der *Dirichlet-Kern* für die Fourier-Transformation ist. Mit Hilfe der Schreibweise für die Faltung können wir (84.5) in der kompakten Form schreiben:

$$f_n(x) = f * D_n(x).$$

Aus unserer Erfahrung mit dem Dirichlet-Kern für die Fourier-Reihe erwarten wir, dass D_n eine Näherung für die Identität beschreibt. An der Zeichnung von $D_n(\theta)$ in Abb. 84.3 erkennen wir, dass $D_n(\theta)$ eine Spitze

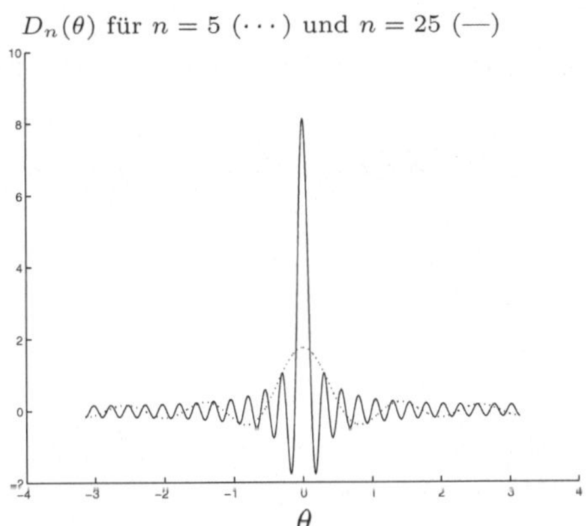

Abb. 84.3. Die Funktion $D_n(\theta)$

in $\theta = 0$ besitzt und oszilliert. Diese Spitze wird für größere n schärfer. Es lässt sich zeigen, vgl. Aufgabe 84.5, dass

$$\int_{-\infty}^{\infty} D_n(\theta)\, d\theta = 1 \tag{84.6}$$

und daher können wir schreiben:

$$f(x) - f_n(x) = \int_{-\infty}^{\infty} (f(x) - f(y)) D_n(x - y)\, dy$$
$$= \frac{1}{\pi} \int_{-\infty}^{\infty} g(y) \sin(n(x - y))\, dy,$$

mit

$$g(y) = \frac{f(x) - f(y)}{x - y}.$$

Ist $f(x)$ differenzierbar mit integrierbarer Ableitung, ergibt sich mit vergleichbaren Argumenten wie bei der Fourier-Reihe (partielle Integration), dass

$$f(x) - f_n(x) \to 0$$

für $n \to \infty$, womit wir den folgenden wichtigen Satz bewiesen haben:

Satz 84.3 *Sei $f(x)$ differenzierbar. Dann lässt sich $f(x)$ als ein konvergentes Fourier-Integral formulieren:*

$$f(x) = \int_{-\infty}^{\infty} \widehat{f}(\xi)e^{i\xi x}\, d\xi \quad \text{für } x \in \mathbb{R}.$$

84.6   Die Parseval-Formel

Die Parseval-Formel für die Fourier-Transformierte lautet (Beweis, s. Aufgabe 84.3):

Satz 84.4 *Lässt sich $f(x)$ durch eine konvergente Fourier-Reihe darstellen, dann gilt:*

$$\int_{-\infty}^{\infty} |f(x)|^2\, dx = 2\pi \int_{-\infty}^{\infty} |\widehat{f}(\xi)|^2\, d\xi.$$

84.7   Die Lösung der Wärmegleichung mit Hilfe der Fourier-Transformation

Wir betrachten die ein-dimensionale Wärmegleichung in $\mathbb{R}$:

$$\begin{aligned}
\dot{u}(x,t) - u''(x,t) &= 0 \quad \text{für } x \in \mathbb{R},\, t > 0, \\
u(x,0) &= u_0(x) \quad \text{für } x \in \mathbb{R},
\end{aligned} \tag{84.7}$$

mit über $\mathbb{R}$ integrierbaren Anfangsdaten $u_0(x)$. Wir suchen eine Lösung $u(x,t)$, die über $\mathbb{R}$ für alle $t > 0$ integrierbar ist. Wenn wir die Fourier-Transformation nach x bilden, führt uns das zu folgendem Anfangswertproblem für jedes $\xi \in \mathbb{R}$:

$$\begin{aligned}
\frac{d}{dt}\widehat{u}(\xi,t) + \xi^2\widehat{u}(\xi,t) &= 0 \quad \text{für } t > 0, \\
\widehat{u}(\xi,0) &= \widehat{u}_0(\xi)
\end{aligned}$$

mit der Lösung

$$\widehat{u}(\xi,t) = e^{-t\xi^2}\widehat{u}_0(\xi).$$

Somit erhalten wir die folgende Lösungsformel:

$$u(x,t) = \frac{1}{\sqrt{4\pi t}} \int_{-\infty}^{\infty} e^{-\frac{(x-y)^2}{4t}} u_0(y)\, dy.$$

Hierbei haben wir ausgenutzt, dass $\widehat{u}$ das Produkt von $\widehat{u}_0$ und der Fourier-Transformierten $e^{-t\xi^2}$ der Funktion $\sqrt{\pi/t}\,e^{-\frac{x^2}{4t}}$ ist. Deren inverse Transformierte ist folglich die Faltung von $\frac{1}{4\pi t}e^{-\frac{x^2}{4t}}$ und u_0.

84.8   Fourier-Reihen und Fourier-Transformation

Sei $f : \mathbb{R} \to \mathbb{C}$ periodisch mit Periode $\frac{2\pi}{\omega}$ für $\omega > 0$ mit folgender Darstellung als Fourier-Reihe:

$$f(x) = \sum_{m=-\infty}^{\infty} c_m(f)e^{im\omega x}, \quad c_m(f) = \frac{\omega}{2\pi} \int_{-\frac{\pi}{\omega}}^{\frac{\pi}{\omega}} f(y)e^{-im\omega y}\, dy,$$

die wir als

$$f(x) = \sum_{m=-\infty}^{\infty} \frac{1}{2\pi} \left(\int_{-\frac{\pi}{\omega}}^{\frac{\pi}{\omega}} f(y)e^{-im\omega y}\, dy \right) e^{im\omega x} \omega \qquad (84.8)$$

schreiben. Wir vergleichen dies nun mit der Darstellung einer nicht periodischen Funktion $f : \mathbb{R} \to \mathbb{C}$ entsprechend den vorangegangenen Abschnitten als Fourier-Transformierte:

$$f(x) = \int_{-\infty}^{\infty} \frac{1}{2\pi} \left(\int_{-\infty}^{\infty} f(y)e^{-i\xi y}\, dy \right) e^{i\xi x}\, d\xi. \qquad (84.9)$$

Rein formal erhalten wir (84.9) aus (84.8), wenn wir $m\omega$ durch ξ und ω durch $d\xi$ ersetzen, die Summe über m als eine Riemannsche Summe betrachten und dabei ω gegen Null gehen lassen.

Beachten Sie die Normierung mit $\frac{1}{2\pi}$, die bei der Definition der Fourier-Transformierten $\widehat{f}(\xi)$ zum Einsatz kommt und den Faktor $\frac{\omega}{2\pi}$ bei der Definition der Fourier-Koeffizienten $c_m(f)$ für eine Funktion f mit Periode $\frac{2\pi}{\omega}$.

84.9   Der Abtastsatz

Sei $f : \mathbb{R} \to \mathbb{C}$ eine vorgegebene Funktion mit der Fourier-Transformierten $\widehat{f}(\xi)$ und sei $\widehat{f}(\xi) = 0$ für $|\xi| \geq \pi$. Aus der Formel für die Inversion erhalten wir:

$$f(x) = \int_{-\pi}^{\pi} \widehat{f}(\xi)e^{ix\xi}\, d\xi.$$

Nun entwickeln wir $\widehat{f}(\xi)$ als Fourier-Reihe:

$$\widehat{f}(\xi) = \sum_{m=-\infty}^{\infty} c_m(\widehat{f})e^{im\xi}$$

mit den Fourier-Koeffizienten

$$c_m(\widehat{f}) = \frac{1}{2\pi} \int_{-\pi}^{\pi} \widehat{f}(\eta)e^{-im\eta}\, d\eta.$$

Mit Hilfe von $\widehat{f}(\eta) = 0$ für $|\eta| \geq \pi$ können wir schreiben:

$$c_m(\widehat{f}) = \frac{1}{2\pi} \int_{-\infty}^{\infty} \widehat{f}(\eta) e^{-im\eta}\, d\eta = \frac{1}{2\pi} f(-m),$$

wobei wir von der Formel für die Inversion Gebrauch gemacht haben. Somit erhalten wir die folgende Darstellung:

$$f(x) = \int_{-\pi}^{\pi} \frac{1}{2\pi} \sum_{m=-\infty}^{\infty} f(-m) e^{im\xi} e^{ix\xi}\, d\xi$$

$$= \frac{1}{2\pi} \sum_{m=-\infty}^{\infty} f(-m) \int_{-\pi}^{\pi} e^{im\xi} e^{ix\xi}\, d\xi$$

$$= \sum_{m=-\infty}^{\infty} f(-m) \frac{\sin(x+m)}{\pi(x+m)} = \sum_{m=-\infty}^{\infty} f(m) \frac{\sin(x-m)}{\pi(x-m)},$$

die uns eine Darstellung von $f(x)$ für jedes x als Ausdruck von den Werten $\{f(m)\}$ für die ganzen Zahlen m liefert. Damit haben wir den berühmten Satz bewiesen:

Satz 84.5 (Abtastsatz) $f : \mathbb{R} \to \mathbb{C}$ *habe eine Fourier-Transformierte* $\widehat{f}(\xi)$, *so dass* $\hat{f}(\xi) = 0$ *für* $|\xi| \geq \pi$. *Dann gilt:*

$$f(x) = \sum_{m=-\infty}^{\infty} f(m) \frac{\sin(x-m)}{\pi(x-m)}.$$

Wir folgern, dass wir aus *Proben* in den Werten $f(m)$ für die ganzen Zahlen $m = 0, \pm 1, \pm 2, \ldots$ Informationen über das Verhalten aller Werte $x \in \mathbb{R}$ von $f(x)$ erhalten, wenn gilt, dass $\widehat{f}(\xi) = 0$ für $|\xi| \geq \pi$.

Beispiel 84.5. Der Abtastsatz nimmt für eine Funktion $f(x)$ mit $\widehat{f}(\xi) = 0$ für $|\xi| \geq a\pi$ mit Konstante $a > 0$ die folgende Form an:

$$f(x) = \sum_{m=-\infty}^{\infty} f\left(\frac{m}{a}\right) \frac{\sin(ax-m)}{\pi(ax-m)}.$$

Dies ergibt sich durch die Anwendung des Abtastsatzes für $g(x) = f(\frac{x}{a})$, wenn wir dabei bedenken, dass $\widehat{g}(\xi) = a\widehat{f}(a\xi)$ und dass $\widehat{g}(\xi) = 0$ für $|\xi| \geq \pi$, da $\widehat{f}(\xi) = 0$ für $|\xi| \geq a\pi$. Wir erkennen, dass ein größerer Faktor a dazu führt, dass die Stichproben $\frac{m}{a}$ näher beieinander liegen. Dies steht natürlich mit der Nyquistschen Abbruchfrequenz in Verbindung.

84.10   Die Laplace-Transformation

Wir geben eine kurze Einführung in die *Laplace-Transformation*, die mit der Fourier-Transformation in engem Zusammenhang steht. Die Laplace-

Transformation ist zur analytischen Lösung bestimmter linearer Anfangswertprobleme mit konstanten Koeffizienten nützlich und sie besitzt beispielsweise in der Kontrolltheorie klassische Anwendungen.

Für eine gegebene Funktion $f : [0, \infty) \to \mathbb{R}$ definieren wir die *Laplace-Transformation* $Lf : [0, \infty)$ durch

$$Lf(s) = \int_0^\infty e^{-st} f(t)\, dt \quad \text{für } s \in [0, \infty).$$

Dabei verwenden wir t für die unabhängige Variable, da typische Anwendungen über die Zeit integrieren.

Beispiel 84.6. Sei $f(t) = e^{-at}$. Dann ist $Lf(s) = \frac{1}{s+a}$.

Beispiel 84.7. Sei $f(t) = \frac{t^n}{n!}$. Dann folgt durch wiederholte partielle Integration, dass $Lf(s) = \frac{1}{s^{n+1}}$.

Beispiel 84.8. Sei $f(t) = \sin(mt)$. Dann ist $Lf(s) = \frac{m}{m^2+s^2}$. Ist $f(t) = \cos(mt)$, dann gilt: $Lf(s) = \frac{s}{m^2+s^2}$.

Wir halten den folgenden Zusammenhang zwischen der Laplace-Transformation von $Df = f'$ und f fest:

$$Lf'(s) = sLf(s) - f(0). \tag{84.10}$$

Dies ergibt sich durch partielle Integration.

Laplace-Transformationen und lineare Anfangswertprobleme mit konstanten Koeffizienten

Die übliche Anwendung lautet folgendermaßen: Wir betrachten das Anfangswertproblem $u'(t) + u(t) = f(t)$ für $t > 0$ mit $u(0) = 0$. Wir bilden auf beiden Seiten die Laplace-Transformation und erhalten:

$$sLu(s) + Lu(s) = Lf(s) \quad \text{oder } Lu(s) = \frac{Lf(s)}{s+1}.$$

Ist beispielsweise $f(t) = 1$, dann ist $Lf(s) = \frac{1}{s}$ und folglich $Lu(s) = \frac{1}{s(s+1)} = \frac{1}{s} - \frac{1}{s+1}$ und wir folgern daraus, dass $u(s) = 1 - e^{-t}$. Wenn wir einen Katalog von Laplace-Transformationen zur Hand haben, können wir voraussichtlich lineare Anfangswertprobleme mit konstanten Koeffizienten lösen.

84.11   Wavelets und die Haar Basis

Wir geben eine kurze Einführung in Wavelets in ihrer einfachsten Form als ein-dimensionale stückweise konstante Näherung mit Hilfe der *Haar Basis,* deren Basisfunktionen sowohl die Eigenschaft der Orthogonalität besitzt als auch einen lokalen Träger. Wir betrachten Funktionen, die auf dem Einheitsintervall $[0,1]$ definiert sind und wir gehen von einer gleichförmigen Unterteilung $0 = x_0 < x_1 < \ldots < x_N = 1$ mit $x_j = jh_n$, $h_n = 2^{-n}$ und $N = 2^n$ aus, wobei n eine natürliche Zahl ist. Eine natürliche orthogonale Basis für den Raum V_n der stückweise konstanten Funktionen auf der Unterteilung $0 = x_0 < x_1 < \ldots < x_N = 1$ besteht aus der Menge von Funktionen $\{\varphi_{n,k}\}_{k=0}^N$, mit $\varphi_{n,k}(x) = 1$ für $x \in I_{n,k} = (kh_n, (k+1)h_n)$ und $\varphi_{n,k}(x) = 0$ sonst. Damit ist jede Basisfunktion $\varphi_{n,k}(x)$ gleich 1 auf dem Teilintervall $I_{n,k}$ und verschwindet außerhalb. Wir können diese Funktionen durch Skalierung und Translation durch eine einzige Funktion formulieren:

$$\varphi_{n,k} = \varphi(2^n x - k) \quad \text{für} \quad k = 0, \ldots, N - 1,$$

mit $\varphi(x) = 1$ für $x \in (0,1)$ und $\varphi(x) = 0$ sonst. Wir halten fest, dass V_{n-1} einen Unterraum zu V_n bildet, da der Raum V_n auf einer feineren Unterteilung aufbaut als V_{n-1}.

Wir werden nun eine andere orthogonale Basis für V_n vorstellen, die den „Unterschied" zwischen V_n und V_{n-1} zum Ausdruck bringt und die nützliche Informationen zu verschiedenen Maßstäben in V_n liefert. Genauer gesagt, so werden wir jedes $u \in V_n$ in der Form $u = v + w$ darstellen, mit $v \in V_{n-1}$ und $w \in W_{n-1}$, wobei W_{n-1} durch die Funktionen $\psi_{n-1,k} = \psi(2^{n-1}x - k)$ für $k = 1, \ldots, 2^{n-1}$ aufgespannt ist. Diese Funktionen können durch Skalierung und Translation durch eine einzige Funktion $\psi(x)$ formuliert werden:

$$\psi(x) = \begin{cases} 1 & \text{für } 0 < x < \tfrac{1}{2}, \\ -1 & \text{für } \tfrac{1}{2} < x < 1, \\ 0 & \text{sonst}. \end{cases}$$

Wir halten fest, dass $(v,w) = \int_0^1 v(x)w(x)\,dx = 0$ für $v \in V_{n-1}$ und $w \in W_{n-1}$. Ferner spannen die beiden Funktionen $\varphi_{n-1,k}$ und $\psi_{n-1,k}$ offensichtlich den zwei-dimensionalen Raum der Funktionen auf dem Intervall $I_{n,k}$ auf, die auf den Teilintervallen $kh_n < x < kh_n + h_{n+1}$ und $kh_n + h_{n+1} < x < kh_n + h_n$ stückweise konstant sind. Somit liegt die folgende orthogonale Zerlegung vor:

$$V_n = V_{n-1} \oplus W_{n-1},$$

und jede Funktion $u \in V_n$ kann daher in der Form $u = v + w$ ausgedrückt werden, mit $v \in V_{n-1}$, $w \in W_{n-1}$ und $(v,w) = 0$, vgl Abb. 84.4.

Wir können daher V_n als orthogonale Summe formulieren:

$$V_n = V_0 \oplus W_0 \oplus W_1 \oplus \ldots \oplus W_{n-1},$$

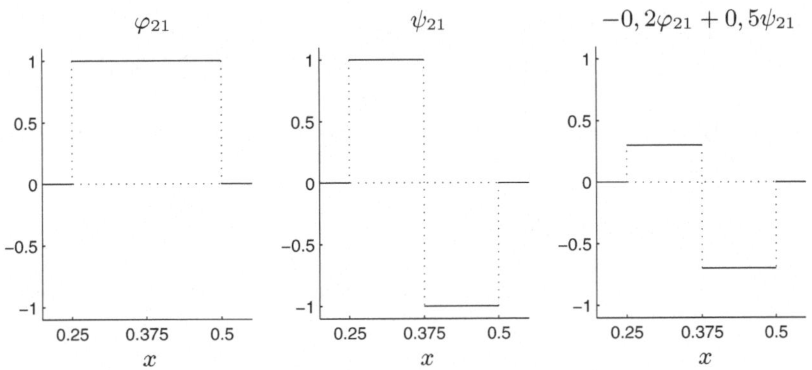

Abb. 84.4. Darstellung der orthogonalen Zerlegung $V_n = V_{n-1} \oplus W_{n-1}$

wobei jeder Raum $\oplus W_j$ nur Änderungen in der Größenordnung 2^{-j} enthält. Die zugehörigen Basisfunktionen bilden die sogenannte *Haar Basis* für V_n

$$\{\varphi_0 = \varphi, \psi_{1,1} = \psi, \psi_{2,1}, \psi_{2,2}, \psi_{3,1}, \psi_{3,2}, \psi_{3,3}, \psi_{3,4}, \dots, \psi_{n-1,1}, \dots, \psi_{n-1,2^{n-1}}\}$$

die Orthogonalität mit lokalem Träger verbindet.

Aufgaben zu Kapitel 84

84.1. Lösen Sie mit Hilfe von Fourier-Reihen die Differentialgleichung $-D^2 u(x) = f(x)$ für eine gegebene 2π-periodische Funktion $f(x)$ mit Null als Mittelwert. Wir suchen eine 2π-periodische Lösung $u(x)$ mit Null als Mittelwert.

84.2. Modellieren Sie die folgenden elektrischen Stromkreise: (i) Widerstand 1 und Spule in Serie gegen die angelegte Spannung, (i) Widerstand 1 und Kondensator in Serie gegen die angelegte Spannung, (iii) Widerstand 2 und Widerstand 1 in Serie parallel zu einer Spule gegen die angelegte Spannung. Lösen Sie die Probleme mit Hilfe von Fourier-Reihen. Zeigen Sie, dass (i) und (ii) den Tiefpass-Filtern entsprechen und (iii) einem Hochpass-Filter.

84.3. Beweisen Sie die Parseval-Formel für die Fourier-Transformation. Hinweis: Setzen Sie $\widehat{g}(\xi) = \overline{\widehat{f}}(\xi)$, was $g(-x) = \overline{f}(x)$ entspricht, und integrieren Sie über ξ:

$$\int_{-\infty}^{\infty} f(x)\overline{f}(x)\,dx = f * g(0) = \int_{-\infty}^{\infty} \widehat{f * g}(\xi)\,d\xi = 2\pi \int_{-\infty}^{\infty} |\widehat{f}(\xi)|^2\,d\xi.$$

Benutzen Sie dabei Satz 84.2.

84.4. Beweisen Sie, dass für $a \in \mathbb{R}$ gilt: (i) $\widehat{g}(\xi) = e^{-ia\xi}\widehat{f}(\xi)$ für $g(x) = f(x-a)$ und (ii) $\widehat{g}(\xi) = \widehat{f}(\xi - a)$ für $g(x) = e^{iax}f(x)$.

84.5. Beweisen Sie (84.6).

84.6. Berechnen Sie die Fourier-Transformierte für die Funktionen a) $\frac{x}{(x^2+a^2)^2}$, b) $\frac{1}{(x^2+a^2)^2}$,   c) $\frac{x}{(x^2+1)(x^2+2x+5)}$ und d) $e^{-a|x|}\sin xt$ $(a>0, b>0)$.

84.7. Die Funktion $f(x)$ besitzt die Fourier-Transformierte $\frac{1-i\xi}{1+i\xi}\frac{\sin\xi}{\xi}$. Berechnen Sie $\int_{-\infty}^{\infty}|f(x)|^2 dx$.

84.8. Berechnen Sie mit Hilfe der Fourier-Transformation: $\int_{-\infty}^{\infty}\frac{\sin x}{x(x^2+1)}dx$.

84.9. Eine Funktion $f(x)$ besitze die Fourier-Transformierte $\frac{1}{|\xi|^3+1}$. Berechnen Sie $\int_{-\infty}^{\infty}|f*f'|^2\,dx$.

84.10. Berechnen Sie die Fourier-Transformierte der Funktion $f(x)=\int_0^2\frac{\sqrt{\xi}}{1+\xi}e^{i\xi x}d\xi$. Berechnen Sie dann a) $\int_{-\infty}^{\infty}f(x)\cos x dx$ und b) $\int_{-\infty}^{\infty}|f(x)|^2 dx$.

84.11. Bestimmen Sie die Lösung $f(t)$, $t>0$ für das Anfangswertproblem

$$f''(t)-f'(t)+f(t)+6\int_0^t f(\tau)d\tau=2e^t \quad \text{für } t>0$$

mit den Anfangswerten $f(0)=1$, $f'(0)=0$.

85

Werkzeugkoffer: Analytische Funktionen

85.1 Differenzierbarkeit und analytische Eigenschaft

Eine Funktion $f : \Omega \to \mathbb{C}$ ist in $z_0 \in \Omega$ *differenzierbar* mit der Ableitung $f'(z_0) \in \mathbb{C}$, wenn für z nahe bei z_0 gilt, dass

$$|f(z) - f(z_0) - f'(z_0)(z - z_0)| \leq K_f(z_0)|z - z_0|^2,$$

wobei $K_f(z_0)$ eine nicht negative reelle Konstante ist, die von f und z_0 abhängt.

Eine Funktion $f : \Omega \to \mathbb{C}$ ist im offenen Gebiet Ω in der komplexen Ebene *analytisch*, wenn $f(z)$ in allen Punkten $z_0 \in \Omega$ mit der Ableitung $f'(z_0)$ differenzierbar ist. Ist $f : \Omega \to \mathbb{C}$ analytisch, dann ist auch $f' : \Omega \to \mathbb{C}$ analytisch, usw. Eine analytische Funktion $f : \Omega \to \mathbb{C}$ besitzt daher Ableitungen beliebiger Ordnung $f^{(n)} : \Omega \to \mathbb{C}$, $n = 1, 2, \ldots$, die alle analytisch sind.

Die üblichen Regeln für die Ableitung von Summen, Produkten und Quotienten, die für Funktionen $f : \mathbb{R} \to \mathbb{R}$ gelten, besitzen auch für Funktionen $f : \mathbb{C} \to \mathbb{C}$ Gültigkeit.

Die Funktion $f(z) = z^n$ ist in $\mathbb{C}$ analytisch für $n = 1, 2, \ldots$ und für $z \neq 0$ auch für $n = -1, -2, \ldots$.

85.2 Die Cauchy-Riemann Gleichungen

Ist $f(z) = u(x, y) + iv(x, y)$ im offenen Gebiet Ω in der komplexen Ebene analytisch, dann erfüllen die Real- und die Imaginärteile $u(x, y)$ und $v(x, y)$

die Cauchy-Riemann Gleichungen in Ω:

$$\frac{\partial u}{\partial x} = \frac{\partial v}{\partial y} \quad \text{und} \quad \frac{\partial u}{\partial y} = -\frac{\partial v}{\partial x}$$

oder in Polarkoordinaten $z = re^{i\theta}$:

$$\frac{\partial u}{\partial r} = \frac{1}{r}\frac{\partial v}{\partial \theta} \quad \text{und} \quad \frac{\partial v}{\partial r} = -\frac{1}{r}\frac{\partial u}{\partial \theta}.$$

85.3 Real- und Imaginärteil einer analytischen Funktion

Ist $f : \Omega \to \mathbb{C}$ im offenen Gebiet Ω in der komplexen Ebene analytisch, dann sind der Realteil $u(x,y) = \mathrm{Re}\ f(z)$ und der Imaginärteil $v(x,y) = \mathrm{Im}\ f(z)$ harmonisch in Ω.

85.4 Konjugiert harmonische Funktionen

Ist $u(x,y)$ in einem einfach zusammenhängenden Gebiet Ω in $\mathbb{R}^2$ harmonisch, dann existiert eine harmonische Funktion $v(x,y)$, die bis auf eine Konstante eindeutig bestimmt ist, so dass $f(z) = u(x,y) + iv(x,y)$ in Ω analytisch ist. Die Funktion $v(x,y)$ ist zu $u(x,y)$ *konjugiert*.

85.5 Kurven in der komplexen Ebene

Eine Menge $\Gamma = $ Wertebereich von $\gamma = \{\gamma(t) : t \in I\}$, die in einem offenen Gebiet Ω in der komplexen Ebene $\mathbb{C}$ durch eine Lipschitz-stetige Abbildung $\gamma : I \to \Omega$ parametrisiert ist, wobei $I = [a,b]$ ein Intervall in $\mathbb{R}$ ist, wird als Kurve bezeichnet. Der Einheitskreis ist eine Kurve, die durch die Funktion $\gamma(t) = \exp(it)$ für $0 \le t < 2\pi$ parametrisiert ist. Γ ist eine *differenzierbare Kurve*, wenn die zugehörige Parametrisierung $\gamma : I \to \mathbb{C}$ in I differenzierbar ist. Zerlegen wir $\gamma(t) = x(t) + iy(t)$ in einen Real- und einen Imaginärteil, so bedeutet dies, dass γ differenzierbar ist, wenn $x(t)$ und $y(t)$ auf I differenzierbar sind.

Eine Kurve Γ mit Parametrisierung $\gamma : [a,b] \to \mathbb{C}$ heißt *einfach geschlossen*, wenn (i) $\gamma(a) = \gamma(b)$ und (ii) nur für $s = t = a = b$ gilt, dass $\gamma(s) = \gamma(t)$. Ein Gebiet Ω in $\mathbb{C}$, das durch eine einfach geschlossene Kurve begrenzt ist, heißt *einfach zusammenhängend*. Ein einfach zusammenhängendes Gebiet besitzt keine „Löcher".

85.6 Eine analytische Funktion definiert eine konforme Abbildung

Eine analytische Funktion $f : \Omega \to \mathbb{C}$ auf einem offenen Gebiet Ω in $\mathbb{C}$ ist *konform* in Ω, d.h., dass unter der Abbildung $w = f(z)$ Winkel erhalten bleiben.

85.7 Komplexe Integrale

Für ein offenes Gebiet Ω in der komplexen Ebene definieren wir:

$$\int_\Gamma f(z)\, dz = \int_a^b \big(u(x(t), y(t)) + iv(x(t), y(t)) \big) \left(\dot{x}(t) + i\dot{y}(t) \right) dt.$$

Dabei ist Γ eine differenzierbare Kurve in $\mathbb{C}$, die durch $\gamma = (x, y) : [a, b] \to \mathbb{C}$ parametrisiert ist und $f = u + iv : \Gamma \to \mathbb{C}$ ist Lipschitz-stetig. Formell gilt: $dz = dx + idy = \dot{x}dt + i\dot{y}dt = (\dot{x} + i\dot{y})\, dt$.

85.8 Der Satz von Cauchy

Ist $f(z)$ in Ω analytisch und ist Γ eine einfach geschlossene Kurve in Ω, die ein Gebiet begrenzt, das ganz in Ω enthalten ist, dann gilt:

$$\int_\Gamma f(z)\, dz = 0.$$

85.9 Die Cauchysche Integralformel

Ist $f(z)$ in einem offenen Gebiet Ω analytisch und ist Γ eine gegen den Uhrzeigersinn orientierte einfach geschlossene Kurve in Ω, die das offene Gebiet $\Omega_\Gamma \subset \Omega$ umschreibt, dann gilt für $z_0 \in \Omega_\Gamma$:

$$f(z_0) = \frac{1}{2\pi i} \int_\Gamma \frac{f(z)}{z - z_0}\, dz,$$

und für $n = 1, 2, \ldots,$

$$f^{(n)}(z_0) = \frac{n!}{2\pi i} \int_\Gamma \frac{f(z)}{(z - z_0)^{n+1}}\, dz.$$

85.10 Die Taylor-Formel

Ist $f(z)$ in einer Umgebung Ω von $z_0 \in \mathbb{C}$ analytisch, dann gilt:

$$f(z) = f(z_0) + f'(z_0)(z - z_0) + \ldots + \frac{f^{(n)}(z_0)}{n!}(z - z_0)^n + R_n(z),$$

mit

$$R_n(z) = \frac{(z - z_0)^{n+1}}{2\pi i} \int_\Gamma \frac{f(\zeta)}{(\zeta - z_0)^{n+1}(\zeta - z)} \, d\zeta.$$

85.11 Der Residuensatz

Ist $f(z)$ in einem einfach zusammenhängenden offenen Gebiet Ω analytisch, außer in einer endlich Anzahl isolierter Punkte $z_0, z_1, \ldots, z_n$ in Ω, in denen $f(z)$ einfache oder mehrfache Pole besitzt und ist ferner Γ eine einfach geschlossene Kurve in Ω, die alle z_m gegen den Uhrzeigersinn umläuft, dann gilt:

$$\int_\Gamma f(z) \, dz = \sum_{m=1}^{n} 2\pi i \operatorname{Res} f(z_m),$$

mit

$$\operatorname{Res} f(z_m) = \begin{cases} \frac{g^{(k-1)}(z_m)}{(k-1)!}, & z_m \text{ ist k-facher Pol}, k > 1 \\ g(z_m), & z_m \text{ ist einfacher Pol}, k = 1 \end{cases}$$

und

$$g(z_m) = \lim_{z \to z_m} (z - z_m)^k f(z_m).$$

86
Werkzeugkoffer: Fourier-Analyse

86.1 Eigenschaften der Fourier-Koeffizienten

Die Fourier-Koeffizienten $c_m(f)$ einer gegebenen 2π-periodischen Lipschitz-stetigen Funktion $f : \mathbb{R} \to \mathbb{C}$ werden durch

$$c_m(f) = \frac{1}{2\pi} \int_{-\pi}^{\pi} f(x)e^{-imx}\,dx \quad m = 0, \pm 1, \pm 2, \ldots$$

definiert und für sie gilt:

$$c_m(f + g) = c_m(f) + c_m(g),$$
$$c_m(\alpha f) = \alpha c_m(f), \quad \text{für } \alpha \in \mathbb{C},$$
$$c_m(D^k f) = (im)^k c_m(f), \quad \text{für } k = 0, 1, 2, \ldots.$$

Ist $f : [-\pi, \pi] \to \mathbb{C}$ Lipschitz-stetig, dann streben die $c_m(f)$ für $|m| \to \infty$ gegen Null (Riemann-Lebesgue Lemma).

86.2 Faltung

Wenn wir für 2π-periodische Funktionen $f(x)$ und $g(x)$ die Faltung $f * g$ durch

$$(f * g)(x) = \int_{-\pi}^{\pi} f(x - y)g(y)\,dy \quad x \in \mathbb{R}$$

definieren, gilt:

$$c_m(f * g) = 2\pi \, c_m(f)c_m(g).$$

86.3   Fourier-Reihen

Ist $f : \mathbb{R} \to \mathbb{C}$ eine 2π-periodische Funktion mit stückweise Lipschitz-stetiger Ableitung, dann kann $f(x)$ durch eine konvergente Fourier-Reihe dargestellt werden:

$$f(x) = \sum_{m=-\infty}^{\infty} c_m(f)e^{imx} \quad \text{für } x \in \mathbb{R}.$$

86.4   Die Parseval-Formel

Wenn $f(x)$ eine konvergente Fourier-Reihe besitzt, dann gilt:

$$\int_{-\pi}^{\pi} |f(x)|^2 \, dx = 2\pi \sum_{m=-\infty}^{\infty} |c_m(f)|^2.$$

86.5   Diskrete Fourier-Transformation

Ist $\{f_n\}_{n=0}^{N-1}$ eine Folge von N gegebenen komplexen Zahlen, dann können wir eine zugehörige Folge $\{\widehat{f}_m\}_{m=0}^{N-1}$ wie folgt definieren:

$$\widehat{f}_m = \frac{1}{N} \sum_{n=0}^{N-1} f_n e^{-2\pi imn/N}, \quad \text{für } m = 0,\ldots,N-1.$$

Wir sagen, dass die Folge $\{\widehat{f}_m\}_{m=0}^{N-1}$ die *diskrete Fourier-Transformierte* der Folge $\{f_n\}_{n=0}^{N-1}$ ist. Es gilt die folgende Formel für die Inversion:

$$f_n = \sum_{m=0}^{N-1} \widehat{f}(m)e^{2\pi imn/N}, \quad \text{für } n = 0,\ldots,N-1.$$

86.6   Fourier-Transformation

Zu einer stückweise Lipschitz-stetigen und über $\mathbb{R}$ integrierbaren Funktion $f : \mathbb{R} \to \mathbb{C}$ definieren wir die Fourier-Transformierte von $f(x)$ für $\xi \in \mathbb{R}$

durch:

$$\widehat{f}(\xi) = \frac{1}{2\pi} \int_{-\infty}^{\infty} f(x)e^{-i\xi x}\, dx.$$

Es gilt die Formel für die Inversion:

$$f(x) = \int_{-\infty}^{\infty} \widehat{f}(\xi)e^{i\xi x}\, d\xi \quad \text{für } x \in \mathbb{R},$$

wenn wir annehmen, dass $f(x)$ mit einer integrierbaren Ableitung in $\mathbb{R}$ differenzierbar ist.

Ist $f(x) = e^{-|x|}$ für $x \in \mathbb{R}$, dann gilt:

$$\widehat{f}(\zeta) - \frac{1}{\pi}\frac{1}{1+\xi^2}.$$

Ist $f(x) = e^{-\frac{ax^2}{2}}$ für $x \in \mathbb{R}$ mit Konstanter $a > 0$, dann gilt:

$$\widehat{f}(\xi) = \frac{1}{2\sqrt{a}}e^{-\frac{\xi^2}{2a}}.$$

Ist $f(x) = 1$ für $-a \leq x \leq a$ und $f(x) = 0$ sonst, dann gilt:

$$\widehat{f}(\xi) = \frac{\sin(\xi a)}{\xi}.$$

86.7 Eigenschaften der Fourier-Transformierten

Sind f und g zwei Funktionen mit den Fourier-Transformierten $\widehat{f}$ und $\widehat{g}$ und ist $\alpha \in \mathbb{C}$. Dann gilt:

$$\widehat{(f+g)}(\xi) = \widehat{f}(\xi) + \widehat{g}(\xi),$$
$$\widehat{(\alpha f)}(\xi) = \alpha\widehat{f}(\xi).$$

Ist $g : \mathbb{R} \to \mathbb{R}$ integrierbar und $f(x) = g(ax)$, dann ist $\widehat{f}(\xi) = \frac{1}{a}\widehat{g}(\frac{\xi}{a})$.
Ist $f : \mathbb{R} \to \mathbb{C}$ differenzierbar mit integrierbarer Ableitung, dann gilt:

$$\widehat{Df}(\xi) = i\xi\widehat{f}(\xi).$$

Wenn wir für zwei integrierbare Funktionen $f : \mathbb{R} \to \mathbb{R}$ und $g : \mathbb{R} \to \mathbb{R}$ die Faltung $f * g$ durch

$$(f * g)(x) = \int_{-\infty}^{\infty} f(x-y)g(y)\, dy$$

definieren, dann gilt:

$$\widehat{f * g}(\xi) = 2\pi \widehat{f}(\xi)\widehat{g}(\xi) \quad \text{für } \xi \in \mathbb{R}.$$

Die Parseval-Formel lautet:

$$\int_{-\infty}^{\infty} |f(x)|^2 \, dx = 2\pi \int_{-\infty}^{\infty} |\widehat{f}(\xi)|^2 \, d\xi.$$

86.8 Der Abtastsatz

Wenn $f : \mathbb{R} \to \mathbb{C}$ eine Fourier-Transformierte $\widehat{f}(\xi)$ besitzt, so dass $\widehat{f}(\xi) = 0$ für $|\xi| \geq a\pi$ mit konstantem $a > 0$, dann gilt:

$$f(x) = \sum_{m=-\infty}^{\infty} f\left(\frac{m}{a}\right) \frac{\sin(ax - m)}{\pi(ax - m)}.$$

87
Inkompressible Navier-Stokes-Gleichungen: Schnell und einfach

Meine Aufmerksamkeit wurde auf verschiedene mechanische Phänomene gelenkt, zu deren Erklärung, wie ich feststellen musste, mathematische Kenntnisse unerlässlich waren. (Reynolds)

Das Forschungsergebnis zeigt, dass es ein und nur ein vorstellbares
rein mechanisches System gibt, das zur Erklärung aller physikalischen Beweise, so weit wir sie im Universum kennen, in der Lage ist.
(Reynolds)

87.1 Einleitung

Die Navier-Stokes-Gleichungen sind das zentrale Modell für das Strömungsverhalten und sie beschreiben eine Vielzahl von Phänomenen in der Hydro-
und Aerodynamik, wie sie in der Industrie, der Biologie, der Ozeanographie,
der Geophysik, der Meteorologie und der Astrophysik bearbeitet werden.
Das Strömungsverhalten beinhaltet in all diesen Anwendungen normalerweise sowohl Eigenschaften von *turbulenter* als auch *laminarer* Strömung,
wobei turbulente Strömungen irregulär sind mit sowohl räumlich als auch
zeitlich schnellen Veränderungen, wohingegen laminare Strömungen besser
organisiert sind. Die zentrale Frage in der Computer-basierten Strömungsmechanik (engl. *Computational Fluid Dynamics* CFD) ist, wie die Navier-
Stokes-Gleichungen effizient und verlässlich sowohl für laminare als auch
turbulente Strömungen numerisch gelöst werden können.

Die Navier-Stokes-Gleichungen bilden ein System nicht-linearer Differentialgleichungen, die Konvektions- und Diffusionsphänomene miteinander

koppeln. Traditionell werden Untersuchungen der Navier-Stokes-Gleichungen in *inkompressible* und *kompressible* Strömungen getrennt, wobei unterschiedliche abhängige Variable benutzt werden: *Einfache Variable* (Geschwindigkeit, Druck, Temperatur) für inkompressible Strömungen und *Erhaltungsvariable* (Dichte, Impuls, Energie) für kompressible Strömungen. Wir konzentrieren uns in diesem Kapitel auf die inkompressiblen Navier-Stokes-Gleichungen für konstante Dichte, Viskosität und Temperatur und benutzen die Geschwindigkeit und den Druck als Variablen. Wir stellen die cG(1)dG(0) finite Elemente-Methode vor, mit cG(1) im Raum und dG(0) in der Zeit und befassen uns mit den entsprechenden cG(1)dG(1) und cG(1)cG(1)-Methoden. Unten haben wir in den Abb. 87.2 und Abb. 87.3 Ergebnisse zweier zeitabhängiger Testbeispiele dargestellt: Die Strömung um ein Hindernis und die Strömung über eine Stufe in einem Kanal.

87.2 Die inkompressiblen Navier-Stokes-Gleichungen

Die Navier-Stokes-Gleichungen für eine inkompressible Newtonsche Flüssigkeit in einem durch Γ begrenzten Volumen Ω in $\mathbb{R}^3$ mit konstanter kinematischer Viskosität $\nu > 0$, Einheitsdichte und konstanter Temperatur lauten: Gesucht ist die Geschwindigkeit und der Druck (u, p), so dass

$$
\begin{aligned}
\frac{\partial u}{\partial t} + (u \cdot \nabla)u - \nu \Delta u + \nabla p &= f && \text{in } \Omega \times I, \\
\nabla \cdot u &= 0 && \text{in } \Omega \times I, \\
u &= w && \text{auf } \Gamma \times I, \\
u(\cdot, 0) &= u^0 && \text{in } \Omega,
\end{aligned}
\tag{87.1}
$$

mit Geschwindigkeit $u = (u_1, u_2, u_3)$ und Flüssigkeitsdruck p, wobei f, w, u^0 und $I = (0, T)$ die vorgegebene antreibende Kraft, Grenzwerte, Anfangsdaten und das Zeitintervall sind. Wir wiederholen, dass

$$
\frac{\partial v}{\partial t} + (u \cdot \nabla)v = \frac{\partial v}{\partial t} + \sum_{i=1}^{3} u_i \frac{\partial v}{\partial x_i}
\tag{87.2}
$$

der *Teilchenableitung* einer Größe $v(x, t)$ entspricht, die die Veränderungsgeschwindigkeit von $v(x(t), t)$ mit der Zeit misst, d.h. die Veränderungsgeschwindigkeit von v entlang einer Trajektorie $x(t)$ eines Flüssigkeitsteilchens, das sich mit der Geschwindigkeit $u(x, t)$ bewegt und für das $\frac{dx}{dt} = u(x(t), t)$ gilt. Insbesondere entspricht $\frac{\partial u}{\partial t} + (u \cdot \nabla)u$ der Beschleunigung (Veränderung in der Geschwindigkeit) eines Flüssigkeitsteilchens. Der Ausdruck $\nu \Delta u - \nabla p$ steht für die Gesamtkraft auf ein Flüssigkeitsteilchen, die aus der viskosen Scherkraft und einem isotropen Druck stammt.

Die erste Gleichung in (87.1), die eine Vektorgleichung

$$\frac{\partial u_i}{\partial t} + (u \cdot \nabla)u_i - \nu \Delta u_i + \frac{\partial p}{\partial x_i} = f_i, \qquad i = 1, 2, 3$$

ist, entspricht der *Impulsgleichung* aus dem zweiten Newtonschen Gesetz, nach dem die Beschleunigung zur Kraft proportional ist. Die zweite Gleichung bringt die Bedingung für die Inkompressibilität zum Ausdruck. Wir betrachten hier den Fall von Dirichlet-Randbedingungen mit vorgegebener Geschwindigkeit u auf der Begrenzung Γ. Unten werden wir auch Neumann- und Robin-Randbedingungen betrachten. Wir werden im Folgenden oft die Kurzform $(u \cdot \nabla)u = u \cdot \nabla u$ verwenden.

Wir erhalten die linearen *Stokes-Gleichungen*, wenn wir den nicht-linearen Ausdruck $u \cdot \nabla u$ weglassen. Dies ist für kleine Geschwindigkeiten u möglich, wenn wir eine *kriechende Strömung* betrachten.

Die *Reynolds-Zahl Re* wird durch $Re = \frac{uL}{\nu}$ definiert, wobei u der Geschwindigkeit entspricht und L einer charakteristischen Längenskala der Strömung. Die Größe der Reynolds-Zahl ist ausschlaggebend für das Flüssigkeitsverhalten. Ist $Re \sim 1$, dann ist die Strömung sehr viskos. Derartige Verhältnisse treffen wir bei der Strömung von Polymeren oder bei Verformungsprozessen an. Bei den meisten Anwendungen in der Hydro- und Aerodynamik ist Re viel größer als 1; oft bis zu 10^6 und darüber hinaus. In diesen Fällen geringer Viskosität kann die Strömung sehr komplex und turbulent sein.

Wir erhalten ein stationäres Analogon zu (87.1), wenn wir annehmen, dass die Lösung zusammen mit der antreibenden Kraft und den Randwerten von der Zeit unabhängig ist. Normalerweise stellt sich eine stationäre Lösung als Grenzwert einer zeitabhängigen Lösung ein, wenn die Zeit gegen Unendlich geht. In Berechnungen von stationären Lösungen wird dies durch Zeitschritte bis zur Konvergenz nachempfunden. Für große Reynolds-Zahlen existieren im Allgemeinen keine stabilen stationären Lösungen.

87.3   Die zentrale Energieabschätzung für Navier-Stokes

Wir wollen nun eine wichtige Stabilitätsabschätzung vom Energietyp für die Geschwindigkeit u in der Navier-Stokes-Gleichung (87.1) herleiten. Dabei nehmen wir der Einfachheit halber an, dass $f = 0$ und $w = 0$. Skalare Multiplikation der Impulsgleichung mit u und Integration nach x liefert

$$\frac{1}{2}\frac{d}{dt}\int_\Omega |u|^2\, dx + \nu \sum_{i=1}^{3}\int_\Omega |\nabla u_i|^2\, dx = 0,$$

da (bei verschwindenden Randausdrücken) durch partielle Integration folgt, dass

$$\int_\Omega \nabla p \cdot u \, dx = - \int_\Omega p \nabla \cdot u \, dx = 0$$

und

$$\int_\Omega (u \cdot \nabla) u \cdot u \, dx = - \int_\Omega (u \cdot \nabla) u \cdot u \, dx - \int_\Omega \nabla \cdot u |u|^2 \, dx,$$

so dass

$$\int_\Omega (u \cdot \nabla) u \cdot u \, dx = 0.$$

Wenn wir nun nach der Zeit integrieren, erhalten wir die folgende wichtige Stabilitätsabschätzung für alle Zeiten $T > 0$:

$$\|u(\cdot, T)\|^2 + 2\nu \sum_{i=1}^{3} \int_0^T \|\nabla u_i\|^2 \, dt = \|u^0\|^2, \qquad (87.3)$$

wobei $\|\cdot\|$ für die $L_2(\Omega)$-Norm steht. Diese Abschätzung liefert eine Schranke für die Geschwindigkeit, wobei der zweite Ausdruck auf der linken Seite die viskose Dissipation in der Flüssigkeit ausdrückt. Wir erkennen, dass das Anwachsen dieses Ausdrucks mit der Zeit mit einer Abnahme der Geschwindigkeit (Impuls) der Strömung einhergehen muss.

Der Fall großer Reynolds-Zahlen mit geringer Viskosität ν, mit einer Normierung der Geschwindigkeit und der Einheitslänge als typische Längenskala ist besonders wichtig. Dabei treten üblicherweise turbulente Strömungen auf. Bei laminarer Strömung mit geringer Viskosität ist die Dissipation klein, da die Geschwindigkeitsgradienten gering sind, wohingegen bei turbulenter Strömung die Dissipation beträchtlich ist, da die Geschwindigkeitsgradienten groß sind, was damit zusammenhängt, dass die Geschwindigkeit bei fehlender antreibender Kraft abnimmt.

87.4   Lions und seine Schule

Jacques-Louis Lions (1928–2001), vgl. Abb. 87.1, setzte die ausgeprägte französische mathematische Tradition und deren Verbindung zur Physik und Mechanik während der zweiten Hälfte des 20. Jahrhunderts fort. Er leistete wichtige Beiträge zur Theorie und Praxis partieller Differentialgleichungen mit Hilfe von Werkzeugen aus der Funktionalanalysis im Geiste Sobolevs. Er gründete die französische Schule für numerische Analysis, die mit der Entwicklung der finiten Elemente-Methode in den 1960ern einen Aufschwung erlebte. Unter anderem bewies Lions die Existenz und Eindeutigkeit von Lösungen der Navier-Stokes-Gleichungen mit einer regularisierenden Viskositätsmodifizierung, wie wir unten andeuten werden.

Abb. 87.1. Jacques-Louis Lions (1928–2001), Gründer der französischen Schule für numerische Analysis: „... Probleme der optimalen Kontrolle für verteilte parametrische Systeme, die durch partielle Differentialgleichungen modelliert werden, hangen mit fundamentalen Gesichtspunkten von Body & Soul zusammen ..."

87.5 Turbulenz: Lipschitz-Stetigkeit zum Exponenten 1/3?

Die mathematische Modellierung und Simulation turbulenter Strömungen ist eines der offenen Probleme der klassischen Mechanik und Physik, wobei heutige Berechnungsmethoden neue Möglichkeiten eröffnen. Seit einigen Jahren werden Grobstruktursimulationen (*Large Eddy Simulation*, LES) mit einem Feinstrukturmodell zur Berechnung turbulenter Strömungen verknüpft. Turbulente Strömungen besitzen Eigenschaften (Wirbel) auf einer breiten Skala, die vom größten makroskopischen Durchmesser der Ordnung Eins bis zum kleinsten in der Größenordnung $\nu^{3/4}$ reicht. Dabei ist ν die Viskosität und wir gehen von einer Normierung auf die charakteristische makroskopische Geschwindigkeit und eine Längenskala der Größenordnung Eins aus, so dass die makroskopische Reynolds-Zahl Re gleich $1/\nu$ ist. In typischen Anwendungen kann Re in der Größenordnung 10^8 sein. Dazu muss die kleinste Längenskala etwa in der Größenordnung 10^{-6} liegen, was etwa 10^{18} Freiheitsgrade in *direkten numerischen Simulationen* (DNS) erfordert, um alle Skalen aufzulösen. Dies liegt auch in absehbarer Zeit weit über den Möglichkeiten jedes Computers. Dies setzt die Grenze für DNS bei einer kleinsten Skala von 10^{-3}, was einer Reynolds-Zahl von ungefähr 10^4 entspricht. Um Strömungen mit höheren Reynolds-Zahlen zu simulieren, können wir ein *Feinstrukturmodell* einsetzen, um nicht mehr durch das Rechengitter aufgelöste Strukturen zu modellieren. Dies kann durch die Eigenschaft der *Skalenähnlichkeit* turbulenter Strömungen möglich werden, die ein stufenförmiges Wiederholungsmuster von Strömungseigenschaften von gröberen zu feineren Skalen bis hin zu kleinsten Wirbeln, in denen beträchtliche Dissipation auftritt, widerspiegelt. In Abb. 87.4 zeigen wir einen Jetstrom beim Übergang von laminarer zu turbulenter Strömung auf einem $128 \times 32 \times 32$-Gitter.

Wir wollen zunächst eine Argumentation aufgreifen, die zuerst von dem russischen Mathematiker Kolmogorov 1941 vorgestellt wurde, die auf Ähnlichkeitseigenschaften auf verschiedenen Skalen hinweist: Sei h die kleinste Größenordnung, d.h. der Durchmesser des kleinsten Wirbels, und sei $\bar{u}$ die zugehörige Geschwindigkeit des kleinsten Wirbels. Wir können dann argumentieren, dass etwa $\bar{u}h \sim \nu$ gelten sollte, da der Zerfall größerer Wirbel in kleinere fortschreiten sollte, bis die lokale Reynolds-Zahl klein genug wird (in der Größenordnung 50–100). Ferner würde turbulente Dissipation auf der kleinsten Skala der Ordnung Eins bedeuten, dass $\nu(\frac{\bar{u}}{h})^2 \sim 1$. Aus diesen beiden Beziehungen können wir folgern, dass wie erwartet $h \sim \nu^{3/4}$ und ebenso $\bar{u} \sim \nu^{1/4}$. Wir folgern, dass

$$|u(x) - u(y)| \sim |x - y|^{1/3}$$

für $y = x + h$ und anhand der Skalenähnlichkeit können wir erwarten, dass diese Beziehung für allgemeine x und y gilt, d.h., dass die turbulente Geschwindigkeit Lipschitz(Hölder)-stetig sein sollte zum Exponenten 1/3.

Hat die obige Herleitung irgendetwas mit der Realität zu tun? Ja, sowohl physikalische Experimente und DNS lassen vermuten, dass turbulente Strömungen tatsächlich Skalenähnlichkeit aufweisen mit Lipschitz(Hölder)-Stetigkeit zum Exponenten 1/3. Dies lässt hoffen, dass Feinstrukturmodellierungen für turbulente Strömungen machbar sind und folglich auch Computer-Simulationen für turbulente Strömungen. Und dies umso mehr mit zunehmender Leistungsfähigkeit der Computer.

Zusammenfassend scheinen Simulationen turbulenter Strömungen am Computer möglich zu sein, wodurch die meisten Fragen von einem praktischen Standpunkt aus betrachtet gelöst werden: Wir wären in der Lage turbulente Strömungen zu simulieren und vorherzusagen. Uns würde aber immer noch ein mathematisches Modell für die Turbulenz fehlen, mit dem wir einfacher umgehen können, als nur die Navier-Stokes-Gleichungen in DNS zu lösen. Mag sein, dass menschliche Wesen nicht in der Lage sind, „Turbulenz zu verstehen", so wie wir beispielsweise die fundamentale Lösung des Laplace-Operators ($\frac{1}{4\pi|x|}$) verstehen können. Aber wir wären in der Lage, turbulente Strömungen am Computer zu simulieren. Vielleicht können wir nicht mehr erwarten?

87.6 Existenz und Eindeutigkeit von Lösungen

Die Frage nach der Existenz und der Eindeutigkeit von Lösungen der Navier-Stokes-Gleichungen ist eine der ungelösten Probleme der Mathematik. Wenn wir die Viskosität von einer Newtonschen konstanten Viskosität ν gegen eine nicht Newtonsche lösungsabhängige Viskosität $\hat{\nu} = \nu + Ch^2|\nabla u|$ ersetzen, wobei h ein Parameter entsprechend der kleinsten Größenordnung ist, dann kann die Existenz und die Eindeutigkeit mit Standardmethoden bewiesen werden, wie Lions zeigte. Da für kleines h die Modifikation klein sein wird, außer da, wo ∇u sehr groß ist, kann die Modifikation als Regularisierung betrachtet werden, die gewisse Extremsituationen mit sehr großen Geschwindigkeitsgradienten eliminiert, bei denen die Newtonsche Eigenschaft der konstanten Viskosität auf jeden Fall in Frage gestellt werden müsste. Dies schafft einen direkten Zusammenhang zur Feinstrukturmodellierung turbulenter Strömung, wobei $\hat{\nu}$ einer sogenannten *turbulenten Viskosität* entspricht, bei der die konstante C rechnerisch modelliert werden muss.

87.7   Numerische Methoden

Wenn wir die inkompressiblen Navier-Stokes-Gleichungen numerisch lösen wollen, treffen wir auf die folgenden Schwierigkeiten:

- Instabilitäten durch die Diskretisierung von Konvektionsausdrücken,

- Druckinstabilitäten in derselben Größenordnung wie Geschwindigkeit und Druck.

Das einfachste Hilfsmittel gegen die Instabilitäten bei der Konvektion ist, die Viskosität ν bei der Berechnung zu erhöhen, so dass $\nu \geq uh$, wobei u die lokale Flüssigkeitsgeschwindigkeit ist und h die lokale Gitterweite. Die einfachste Stabilisierung des Drucks p ist eine Modifikation der Gleichung für die Inkompressibilität $\nabla \cdot u = 0$ in $-\nabla \cdot (\delta \nabla p) + \nabla \cdot u = 0$ mit $\delta \approx h^2$, wobei $h(x)$ die lokale Gitterweite ist.

Bei Galerkin-Methoden kann die Stabilisation auch für höhere Ordnungen konsistent gemacht werden, indem eine kleinste quadratische Abweichungskontrolle für Residuen hinzugefügt wird. Wir werden diesen Ansatz unten in Verbindung mit der cG(1)dG(0)-Methode, mit cG(1) im Raum und dG(0) in der Zeit, vorstellen. Wir führen auch entsprechende cG(1)cG(1)- und cG(1)dG(1)-Methoden ein.

87.8   Die stabilisierte cG(1)dG(0)-Methode

Wir stellen nun die cG(1)dG(0)-Methode für (87.1) vor, wobei wir für den Anfang homogene Dirichlet-Randbedingungen benutzen. Sei $0 = t_0 < t_1 < \ldots < t_N = T$ eine Folge diskreter Zeiten mit zugehörigen Zeitschritten $k_n = t_n - t_{n-1}$. Sei W_h der übliche finite Elemente Raum der stetigen stückweise linearen Funktionen auf einer Triangulierung $\mathcal{T}_h = \{K\}$ von Ω mit Gitterfunktion $h(x)$. Sei W_h^0 der Raum der Funktionen in W_h, die auf Γ verschwinden. Wir suchen nach einer Näherungsgeschwindigkeit $U(x,t)$, so dass $U(x,t)$ in x für jedes t stetig und stückweise linear ist und gleichzeitig, dass $U(x,t)$ in t für jedes x stückweise konstant ist. Genauer formuliert, so suchen wir ein $U^n \in V_h^0$ mit $V_h^0 = W_h^0 \times W_h^0 \times W_h^0$ und $P^n \in W_h$ für $n = 1, \ldots, N$ und wir setzen

$$
\begin{aligned}
U(x,t) = U^n(x) \quad & x \in \Omega, \quad t \in (t_{n-1}, t_n], \\
P(x,t) = P^n(x) \quad & x \in \Omega, \quad t \in (t_{n-1}, t_n].
\end{aligned}
\tag{87.4}
$$

Ferner schreiben wir für Geschwindigkeiten $v = (v_i)$ und $w = (w_i)$:

$$
(v, w) = \int_\Omega v \cdot w \, dx, \qquad (\nabla v, \nabla w) = \int_\Omega \sum_i^3 \nabla v_i \cdot \nabla w_i \, dx
$$

und ähnlich auch für auf Ω definierte skalare Funktionen p und q:

$$
(p, q) = \int_\Omega pq \, dx.
$$

Wir formulieren nun die cG(1)dG(0)-Methode ohne Stabilisierung: Für $n = 1, \ldots, N$ suchen wir $(U^n, P^n) \in V_h^0 \times W_h$, so dass

$$
\left(\frac{U^n - U^{n-1}}{k_n}, v \right) + (U^n \cdot \nabla U^n + \nabla P^n, v) + (\nu \nabla U^n, \nabla v) = (f^n, v),
$$

$$
\text{für alle } v \in V_h^0,
$$
$$
(\nabla \cdot U^n, q) = 0, \text{ für alle } q \in W_h,
\tag{87.5}
$$

mit $U^0 = u^0$ und $f^n(x) = f(x, t_n)$. Wir erkennen, dass sich die diskreten Gleichungen durch Multiplikation der Impulsgleichung mit $v \in V_h^0$ und der Inkompressibilitätsgleichung mit $q \in W_h$ mit anschließender Integration über Ω ergeben, inklusive einer partiellen Integration im Ausdruck $(-\nu \Delta U, v)$.

Wir können die cG(1)dG(0)-Methode ohne Stabilisierung alternativ auch wie folgt schreiben: Für $n = 1, \ldots, N$ suchen wir $(U^n, P^n) \in V_h^0 \times W_h$, so dass

$$
\left(\frac{U^n - U^{n-1}}{k_n}, v \right) + (U^n \cdot \nabla U^n + \nabla P^n, v) + (\nabla \cdot U^n, q)
$$
$$
+ (\nu \nabla U^n, \nabla v) = (f^n, v) \text{ für alle } (v, q) \in V_h^0 \times W_h,
\tag{87.6}
$$

wobei wir einfach die Gleichungen in (87.5) addiert haben.

Die cG(1)dG(0)-Methode mit Stabilisierung lautet: Für $n = 1, \ldots, N$ suchen wir $(U^n, P^n) \in V_h^0 \times W_h$, so dass

$$\left(\frac{U^n - U^{n-1}}{k_n}, v\right) + (U^n \cdot \nabla U^n + \nabla P^n, v + \delta(U^n \cdot \nabla v + \nabla q)) + (\nabla \cdot U^n, q)$$

$$+ (\nu \nabla U^n, \nabla v) = (f^n, v + \delta(U^n \cdot \nabla v + \nabla q)) \text{ für alle } (v, q) \in V_h^0 \times W_h, \quad (87.7)$$

wobei der Stabilisierungsparameter δ wie folgt definiert wird: $\delta(x) = h^2(x)$, für den Fall einer durch *Diffusion dominierten* Strömung mit $\nu \geq Uh$ und

$$\delta = \left(\frac{1}{k} + \frac{U}{h}\right)^{-1}, \quad (87.8)$$

für den Fall einer durch *Konvektion dominierten* Strömung mit $\nu < Uh$. Beachten Sie, dass für $k \approx \frac{h}{U}$, was einer natürlichen Wahl für einen Zeitschritt im Konvektion dominierten Fall entspricht, $\delta \approx \frac{1}{2}\frac{h}{U}$. Beachten Sie ferner, dass wir die stabilisierte Form (87.7) der cG(1)dG(0)-Methode erhalten, wenn wir v durch $v + \delta(U^n \cdot \nabla v + \nabla q)$ in den Ausdrücken $(U^n \cdot \nabla U^n + \nabla P^n, v)$ und (f^n, v) ersetzen. Prinzipiell sollten wir diese Ersetzung überall vornehmen, aber aufgrund der niedrigen Ordnung der Näherung in der gegenwärtig betrachteten cG(1)dG(0)-Methode werden nur die angegebenen Ausdrücke berücksichtigt. Die Größenordnung der Störung der stabilisierten Methode liegt bei δ und somit besitzt die stabilisierte Methode dieselbe Ordnung wie die ursprüngliche Methode (erster Ordnung in h, falls $k \sim h$).

Wenn wir in (87.7) Veränderungen in v in (87.7) zulassen und gleichzeitig $q = 0$ wählen, erhalten wir die folgende Gleichung (die diskrete Impulsgleichung):

$$\left(\frac{U^n - U^{n-1}}{k_n}, v\right) + (U^n \cdot \nabla U^n + \nabla P^n, v + \delta U^n \cdot \nabla v)$$

$$+ (\nu \nabla U^n, \nabla v) = (f^n, v + \delta U^n \cdot \nabla v) \text{ für alle } v \in V_h^0. \quad (87.9)$$

Wenn wir Veränderungen in q zulassen und gleichzeitig $v = 0$ wählen, erhalten wir die diskrete Druckgleichung:

$$(\delta \nabla P^n, \nabla q) = -(\delta U^n \cdot \nabla U^n, \nabla q) - (\nabla \cdot U^n, q) + (\delta f^n, \nabla q)$$

$$\text{für alle } q \in W_h. \quad (87.10)$$

Normalerweise versuchen wir, das System (87.7) iterativ zu lösen, indem wir wechselweise die Geschwindigkeitsgleichung (87.9) für U^n bei vorgegebenem P^n lösen und die Druckgleichung (87.10) für P^n bei vorgegebenem U^n.

87.9 Die cG(1)cG(1)-Methode

Wir stellen die folgende cG(1)cG(1)-Variante der cG(1)dG(0)-Methode vor, die in der Zeit cG(1) statt dG(0) benutzt: Für $n = 1, \ldots, N$ wird

$(U^n, P^n) \in V_h^0 \times W_h$ gesucht, so dass

$$\left(\frac{U^n - U^{n-1}}{k_n}, v\right) + (\hat{U}^n \cdot \nabla \hat{U}^n + \nabla P^n, v + \delta(\hat{U}^n \cdot \nabla v + \nabla q)) + (\nabla \cdot \hat{U}^n, q)$$

$$+ (\nu \nabla \hat{U}^n, \nabla v) = (f^n, v + \delta(\hat{U}^n \cdot \nabla v + \nabla q)), \quad \text{für alle } (v, q) \in V_h^0 \times W_h,$$

mit $\hat{U}^n = \frac{1}{2}(U^n + U^{n-1})$. Offensichtlich erhalten wir die cG(1)cG(1)-Version durch Ersetzen von U^n durch $\hat{U}^n$ in der cG(1)dG(0)-Methode in allen Ausdrücken, außer dem ersten.

87.10   Die cG(1)dG(1)-Methode

Wir wollen nun die cG(1)dG(1)-Methode formulieren, die wir erhalten, wenn wir dG(0) durch dG(1) in der cG(1)dG(0)-Methode ersetzen. Bei dieser Methode ist die diskrete Geschwindigkeit $u(x, t)$ stückweise linear in der Zeit auf jedem Zeitintervall I_n, wobei Unstetigkeiten in den diskreten Zeiten t_n möglich sind. Genauer gesagt, so machen wir den Ansatz:

$$U^n(x, t) = \frac{t_n - t}{k_n} U_+^{n-1}(x) + \frac{t - t_{n-1}}{k_n} U_-^n(x), \qquad \text{für } t_{n-1} < t < t_n,$$

$$(87.11)$$

wobei U_+^{n-1} und U_-^n Elemente in V_h^0 sind. Wir halten fest, dass

$$U_\pm^n(x) = \lim_{s \to 0^+} U(x, t_n \pm s)$$

dem Grenzwert von $U(x, t)$ entspricht, wenn t sich von unten $(-)$ oder oben $(+)$ an t_n annähert. Die cG(1)dG(1)-Methode lautet: Für $n = 1, \ldots, N$ wird U^n in der Form (87.11) und $P^n \in W_h$ gesucht, so dass für alle $v(x, t) = w_1(x, t) + (t - t_{n-1})w_2(x, t)$ mit $w_1, w_2 \in V_h^0$ und $q \in W_h$ gilt:

$$(U_+^{n-1} - U_-^{n-1}, v) + \int_{t_{n-1}}^{t_n} ((\dot{U}^n + U^n \cdot \nabla U^n$$

$$+ \nabla P^n, v + \delta(\dot{U}^n + U^n \cdot \nabla v + \nabla q)) + (\nabla \cdot U^n, q))\, dt$$

$$+ \int_{t_{n-1}}^{t_n} (\nu \nabla U^n, \nabla v)\, dt = \int_{t_{n-1}}^{t_n} (f^n, v + \delta(\dot{U} + U^n \cdot \nabla v + \nabla q)).$$

Wir können ganz ähnlich auch für P Unstetigkeiten mit der Zeit zulassen.

87.11   Neumann-Randbedingungen

Um Neumann-Randbedingungen vernünftig modellieren zu können, müssen wir uns zunächst daran erinnern, dass die Komponenten σ_{ij} des *Gesamtspannungstensors* $\sigma = (\sigma_{ij})$, der auf ein Flüssigkeitsteilchen einwirkt, wie folgt lauten:

$$\sigma_{ij} = \bar{\sigma}_{ij} - p\delta_{ij}, \quad i,j = 1,2,3,$$

wobei die *deviatorische Spannung* $\bar{\sigma} = (\bar{\sigma}_{ij})$ mit dem *Deformationstensor* $\epsilon(u) = (\epsilon_{ij}(u))$, der die Komponenten

$$\epsilon_{ij}(u) = (\partial u_i/\partial x_j + \partial u_j/\partial x_i)/2, \quad i,j = 1,2,3$$

besitzt, wie folgt gekoppelt ist:

$$\bar{\sigma}_{ij} = 2\nu\epsilon_{ij}(u), \quad i,j = 1,2,3.$$

Dies ist die konstitutive Beziehung einer *Newtonschen Flüssigkeit*, wobei ν die konstante Viskosität ist und $\delta_{ij} = 1$ für $i = j$ und $\delta_{ij} = 0$ für $i \neq j$. Wir beobachten, dass die Spur der deviatorischen Spannung Null ist, d.h.

$$\sum_{i=1}^{3} \bar{\sigma}_{ii} = 2\nu \sum_{i=1}^{3} \epsilon_{ii}(u) = 2\nu\nabla \cdot u = 0$$

und dass die Gesamtspannung sich zerlegen lässt in eine deviatorische Spannung mit Spur Null und einen isotropen Druck p. Ferner zeigt uns eine direkte Berechnung, dass

$$\nu\Delta u - \nabla p = \nabla \cdot \sigma, \tag{87.12}$$

wobei $\nabla \cdot \sigma$ ein Vektor mit den Komponenten $(\nabla \cdot \sigma)_i$ ist, der durch

$$(\nabla \cdot \sigma)_i = \sum_{j=1}^{3} \frac{\partial \sigma_{ij}}{\partial x_j}$$

gegeben wird. Die Multiplikation von (87.12) mit $v = (v_i)$ und partielle Integration, wobei $v = 0$ auf Γ gilt, liefert:

$$\nu(\nabla u, \nabla v) + (\nabla p, v) = 2\nu(\epsilon(u), \epsilon(v)) + (\nabla p, v),$$

mit

$$(\epsilon(u), \epsilon(v)) = \sum_{i,j=1}^{3} \int_\Omega \epsilon_{ij}(u)\epsilon_{ij}(v)\, dx.$$

Somit können wir in der Variationsformulierung der Navier-Stokes-Gleichungen den Ausdruck $(\nu\nabla u, \nabla v)$ durch $(2\nu\epsilon(u), \epsilon(v))$ ersetzen. Für Dirichlet-Randbedingungen sind die beiden Ausdrücke für die Geschwindigkeit gleich, da die Testgeschwindigkeit v auf Γ verschwindet. Bei Neumann-Randbedingungen eröffnet uns dieses Ersetzen sogar die Möglichkeit, um in variationeller Form eine Neumann-Randbedingung zu erzwingen:

$$\sum_{j=1}^{3} \sigma_{ij} n_j = \sum_{j=1}^{3} \bar{\sigma}_{ij} n_j - p n_i = \sum_{j=1}^{3} 2\nu\epsilon_{ij}(u)n_j - p n_i = g_i \text{ auf } \Gamma_2, \ i = 1,2,3.$$

$$\tag{87.13}$$

Die Gleichung (87.13) bringt zum Ausdruck, dass die Gesamtkraft auf dem Randstück Γ_2 gleich der vorgegebenen Kraft $g = (g_i)$ ist. Ist beispielsweise $g = 0$, dann besagt diese Bedingung, dass die Gesamtkraft auf Γ_2 Null ist, weswegen wir dieses Stück als eine Randbedingung für einen Ausfluss benutzen können, durch das die Flüssigkeit frei in ein großes Reservoir abfließen kann. Genauer gesagt, so erzwingt die Gegenwart des Ausdrucks

$$-(p, \nabla \cdot v) + (2\nu\epsilon(u), \epsilon(v))$$

in einer Variationsformulierung, wobei v sich frei auf Γ_2 ändern darf, nach partieller Integration eine homogene Neumann-Randbedingung (87.13).

Wir wollen nun eine typische Situation betrachten, bei der die Begrenzung Γ in zwei Teile Γ_1 und Γ_2 zerfällt, wobei die Geschwindigkeit auf Γ_1 einer vorgegebenen Geschwindigkeit w entspricht und für Γ_2 die homogene Neumann-Randbedingung (87.13) gilt. Der Einfachheit halber nehmen wir an, dass w von der Zeit unabhängig ist, wobei die Erweiterung auf zeitabhängiges w offensichtlich ist. Üblicherweise ist w auf einem Teil von Γ_1 gleich Null und auf dem verbleibenden Teil in Ω hineingerichtet, was einem Einlass entspricht.

Sei V_h der Raum der stetigen stückweise linearen Geschwindigkeiten v auf einer Triangulierung $\mathcal{T}_h = \{K\}$ von Ω mit Gitterfunktion $h(x)$, so dass die Randbedingung $v = w$ auf Γ_1 erfüllt ist. Ferner sei V_h^0 der zugehörige Testraum mit Geschwindigkeiten, für die $v = 0$ auf Γ_1 gilt. Sei W_h der Raum der stetigen stückweise linearen Drücke p auf $\mathcal{T}_h = \{K\}$ und W_h^0 der zugehörige Testraum mit Drücken q, so dass $q = 0$ auf Γ_2.

Die stabilisierte cG(1)dG(0)-Methode kann nun wie folgt formuliert werden: Für $n = 1, \ldots, N$ suchen wir $U^n \in V_h$ und $P^n \in W_h$, so dass

$$\left(\frac{U^n - U^{n-1}}{k_n}, v\right) + (U^n \cdot \nabla U^n, v + \delta U^n \cdot \nabla v) - (P^n, \nabla \cdot v) \\ + (2\nu\epsilon(U^n), \epsilon(v)) = (f^n, v + \delta U^n \cdot \nabla v) \text{ für alle } v \in V_h^0, \tag{87.14}$$

$$(\delta \nabla P^n, \nabla q) = -(\delta U^n \cdot \nabla U^n, \nabla q) - (\nabla \cdot U^n, q) + (\delta f^n, \nabla q) \\ \text{für alle } q \in W_h^0, \tag{87.15}$$

wobei wir P^n auf Γ_2 entsprechend (87.13) mit $g = 0$ wählen und dabei u durch U ersetzen. Wir werden wiederum versuchen, das System iterativ zu lösen und wechselweise die Geschwindigkeitsgleichung (87.14) für U^n bei angenommenem P^n zu lösen und die Druckgleichung (87.15) für P^n bei angenommenem U^n.

87.12 Berechnungsbeispiele

Wir wollen nun einige Berechnungsbeispiele für zeit-abhängige drei-dimensionale Strömungen geben, wobei wir die stabilisierte cG(1)cG(1)-Methode

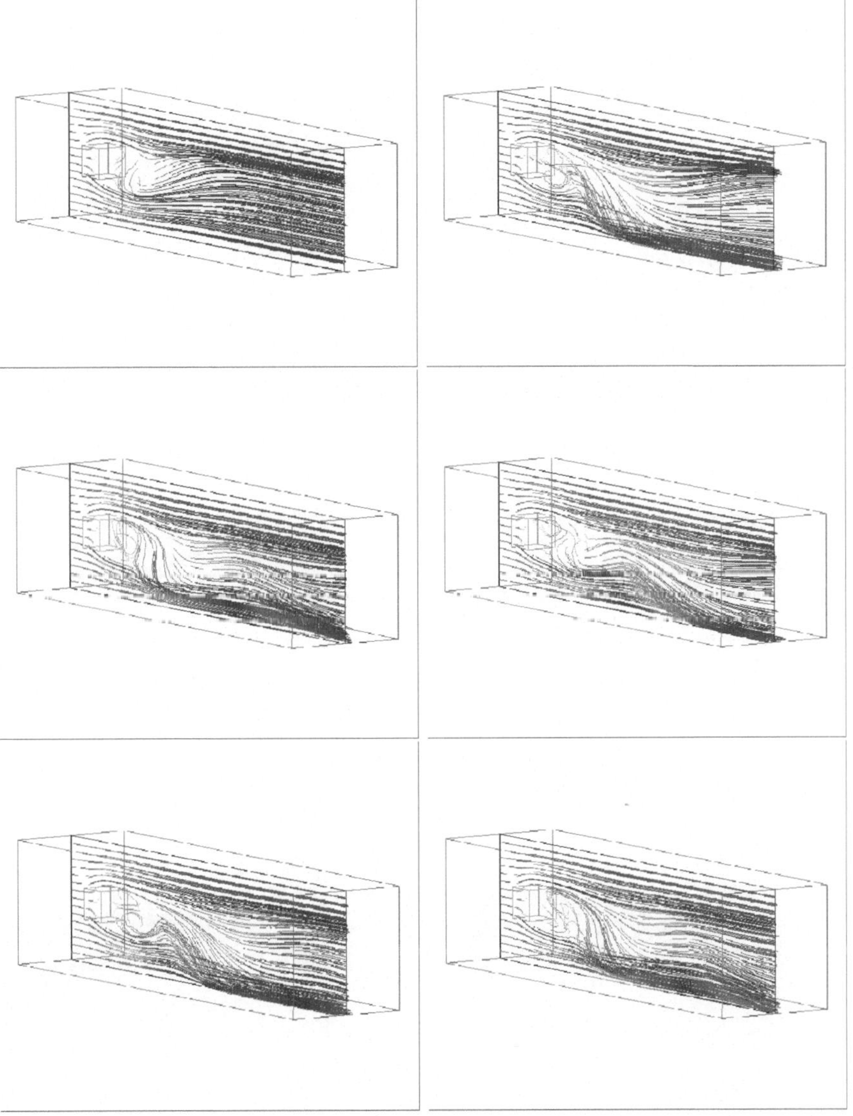

Abb. 87.2. Berechnete Strömung in einem Kanal mit einem Hindernis für $t = 2, 4, 6, 8, 10, 12$

auf einem Gitter mit Gitterweite $h = 1/32$ benutzen. In Abb. 87.2 zeigen wir die Lösung für die Strömung um ein Hindernis: Eine Strömung in einem Kanal mit 1×1 quadratischem Durchmesser und Länge 4 mit einem quadratischen Hindernis der Seitenlänge $0, 25$, das im Punkt $(0, 5; 0, 5; 0, 5)$ zentriert ist. Wir benutzten dabei Dirichlet-Randbedingungen für die Geschwindigkeit auf den Seitenwänden und Neumann-Randbedingungen für

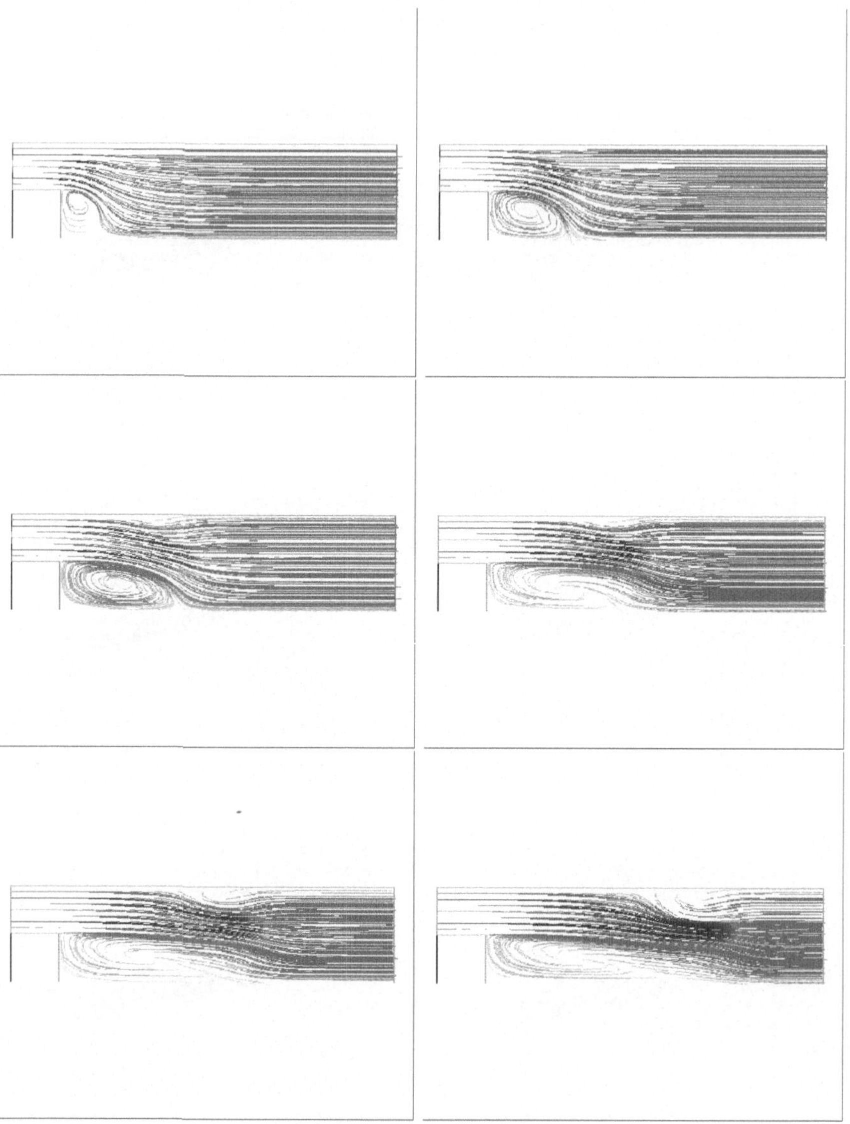

Abb. 87.3. Berechnete Strömung über eine Stufe für $t = 1, 2, 3, 4, 5, 6$

den Ausfluss. Für den Einlass geben wir ein parabolisches Geschwindig-
keitsprofil vor.

In Abb. 87.3 zeigen wir die Lösung für ein Stufenproblem in einem ähn-
lichen Kanal mit einer Stufe der Länge und Tiefe $0, 5$.

Schließlich zeigen wir in Abb. 87.4 Berechnungen für den Übergang zur
Turbulenz für einen kreisförmigen Jetstrom, den wir einer kleinen zufälli-
gen Störung aussetzen, mit Geschwindigkeit 1 innerhalb und 0 außerhalb

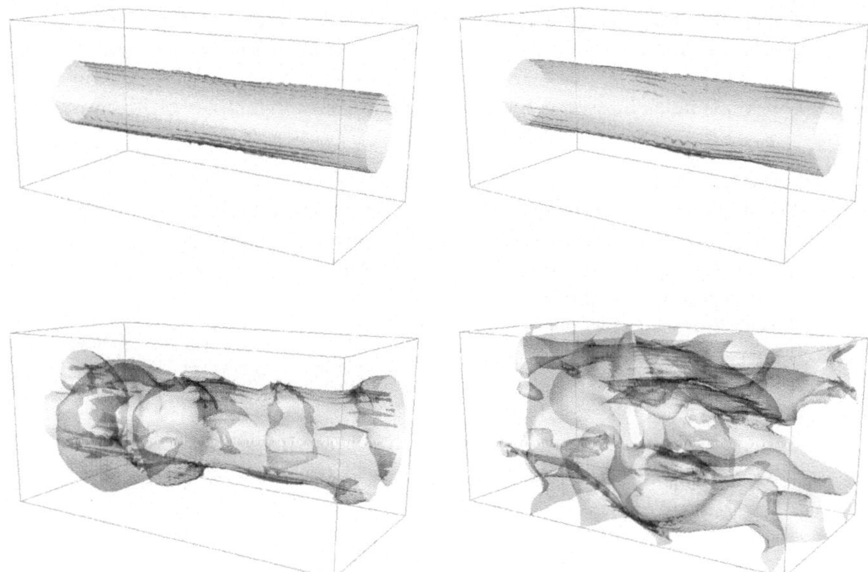

Abb. 87.4. Geschwindigkeitsisoflächen für $|u_\perp| = 0,02$ in einem Jetstrom beim Übergang von laminarer zur turbulenter Strömung für $t = 5, 7, 10, 15$

des Jetstroms. Wir benutzen dabei in allen Richtungen periodische Randbedingungen.

Aufgaben zu Kapitel 87

87.1. Zeigen Sie, dass die Lösung (u, p) von (87.1) mit $f = 0$ und $w = 0$ die folgende Energieabschätzung für $t > 0$ erfüllt:

$$\int_\Omega |u(x,t)|^2 + 2\nu \int_0^t \int_\Omega |\nabla u(x,s)|^2 dx ds = \int_\Omega |u^0(x)|^2 dx.$$

Hinweis: Multiplizieren Sie die Impulsgleichung mit u und benutzen Sie mit Hilfe partieller Integration, dass für $\nabla \cdot u = 0$ gilt, dass

$$\int_\Omega (u \cdot \nabla)u \cdot u \, dx = 0.$$

87.2. Beweisen Sie eine wichtige Stabilitätsabschätzung für (87.7), indem Sie $(v, q) = (U, P)$ wählen.

Somit sind die Methoden von Lagrange und Hamilton unzweifelhaft *nützlich*, um uns in die Lage zu versetzen, die vordringliche Aufgabe der Dynamik auszuführen - nämlich herauszufinden, wie Systeme sich bewegen. Aber es wäre falsch zu glauben, dass dies der einzige

Zweck für diese allgemeine Methoden ist oder auch nur ihr Haupt-zweck. Sie können viel mehr. Tatsächlich lehren sie uns, was *Dynamik* wirklich ist: Sie ist die Untersuchung von bestimmten Klassen von Differentialgleichungen. (Synge und Griffiths, „Principles of Mechanics", 1959)

I sing the body electric,
The armies of those I love engirth me and I engirth them,
They will not let me off till I go with them, respond to them,
And discorrupt them, and charge them full
with the charge of the soul.
Was it doubted that those who corrupt
their own bodies conceal themselves?
And if those who defile the living are as bad as
they who defile the dead?
And if the body does not do fully as much as the soul?
And if the body were not the soul, what is the soul?
(Walt Whitman).

Literaturverzeichnis

[1] L. AHLFORS, *Complex Analysis*, McGraw-Hill Book Company, New York, 1979.

[2] K. ATKINSON, *An Introduction to Numerical Analysis*, John Wiley and Sons, New York, 1989.

[3] L. BERS, *Calculus*, Holt, Rinehart, and Winston, New York, 1976.

[4] M. BRAUN, *Differential Equations and their Applications*, Springer-Verlag, New York, 1984.

[5] R. COOKE, *The History of Mathematics. A Brief Course*, John Wiley and Sons, New York, 1997.

[6] R. COURANT AND F. JOHN, *Introduction to Calculus and Analysis*, vol. 1, Springer-Verlag, New York, 1989.

[7] R. COURANT AND H. ROBBINS, *What is Mathematics?*, Oxford University Press, New York, 1969.

[8] P. DAVIS AND R. HERSH, *The Mathematical Experience*, Houghton Mifflin, New York, 1998.

[9] J. DENNIS AND R. SCHNABEL, *Numerical Methods for Unconstrained Optimization and Nonlinear Equations*, Prentice-Hall, New Jersey, 1983.

[10] K. ERIKSSON, D. ESTEP, P. HANSBO, AND C. JOHNSON, *Computational Differential Equations*, Cambridge University Press, New York, 1996.

[11] I. GRATTAN-GUINESS, *The Norton History of the Mathematical Sciences*, W.W. Norton and Company, New York, 1997.

[12] P. HENRICI, *Discrete Variable Methods in Ordinary Differential Equations*, John Wiley and Sons, New York, 1962.

[13] E. ISAACSON AND H. KELLER, *Analysis of Numerical Methods*, John Wiley and Sons, New York, 1966.

[14] M. KLINE, *Mathematical Thought from Ancient to Modern Times*, vol. I, II, III, Oxford University Press, New York, 1972.

[15] J. O'CONNOR AND E. ROBERTSON, *The MacTutor History of Mathematics Archive*, School of Mathematics and Statistics, University of Saint Andrews, Scotland, 2001. http://www-groups.dcs.st-and.ac.uk/~history/.

[16] W. RUDIN, *Principles of Mathematical Analysis*, McGraw–Hill Book Company, New York, 1976.

[17] T. YPMA, *Historical development of the Newton-Raphson method*, SIAM Review, 37 (1995), pp. 531–551.

Sachverzeichnis